电子信息学科基础课程系列教材

教育部高等学校电工电子基础课程教学指导委员会推荐教材

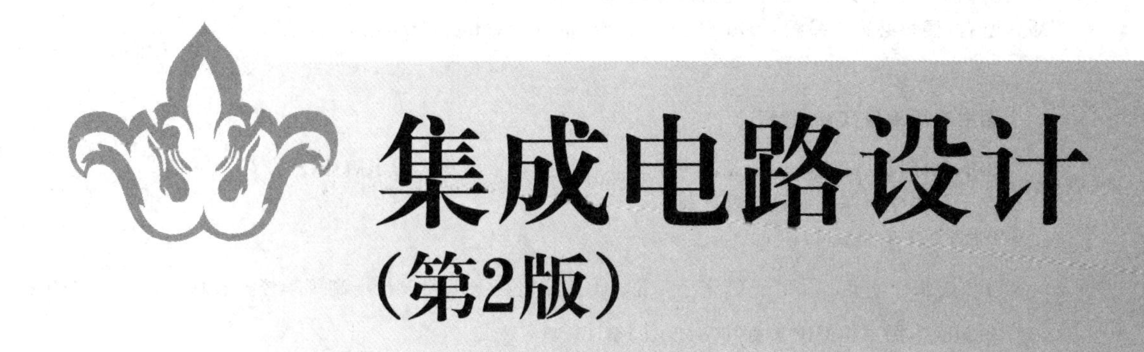

集成电路设计

（第2版）

叶以正　来逢昌　主编

清华大学出版社
北京

内容简介

本书比较全面深入地介绍了集成电路分析与设计的基础知识以及一些新技术的发展。其中,第1～4章介绍集成电路的发展、基本制造工艺、常用器件的结构及其寄生效应、版图设计基础知识、器件模型及SPICE模拟程序;第5～7章介绍双极型和CMOS型两大类数字集成电路和模拟集成电路基本单元分析与设计方法及其版图设计特点;第8～10章介绍数字集成电路自动化设计技术、测试技术、SoC/IP设计与验证技术及其发展趋势。

本书可以作为高等院校电子信息类本科生教材,也可作为相关领域研究生及工程师的参考用书。

图书在版编目(CIP)数据

集成电路设计/叶以正,来逢昌主编.--2版.--北京:清华大学出版社,2016(2025.1重印)
电子信息学科基础课程系列教材
ISBN 978-7-302-44718-4

Ⅰ.①集… Ⅱ.①叶… ②来… Ⅲ.①集成电路—电路设计—高等学校—教材 Ⅳ.①TN402

中国版本图书馆CIP数据核字(2016)第185419号

责任编辑:文　怡
封面设计:常雪影
责任校对:焦丽丽
责任印制:杨　艳

出版发行:清华大学出版社
网　　址:https://www.tup.com.cn,https://www.wqxuetang.com
地　　址:北京清华大学学研大厦A座　**邮　　编**:100084
社 总 机:010-83470000　**邮　　购**:010-62786544
投稿与读者服务:010-62776969,c-service@tup.tsinghua.edu.cn
质量反馈:010-62772015,zhiliang@tup.tsinghua.edu.cn
课件下载:https://www.tup.com.cn,010-83470236
印 装 者:三河市龙大印装有限公司
经　　销:全国新华书店
开　　本:185mm×260mm　**印　张**:29.25　**字　　数**:656千字
版　　次:2011年5月第1版　2016年9月第2版　**印　　次**:2025年1月第9次印刷
定　　价:69.00元

产品编号:071291-01

《电子信息学科基础课程系列教材》
编 审 委 员 会

《电子信息学科基础课程系列教材》丛书序

电子信息学科是当今世界上发展最快的学科，作为众多应用技术的理论基础，对人类文明的发展起着重要的作用。它包含诸如电子科学与技术、电子信息工程、通信工程和微波工程等一系列子学科，同时涉及计算机、自动化和生物电子等众多相关学科。对于这样一个庞大的体系，想要在学校将所有知识教给学生已不可能。以专业教育为主要目的的大学教育，必须对自己的学科知识体系进行必要的梳理。本系列丛书就是试图搭建一个电子信息学科的基础知识体系平台。

目前，中国电子信息类学科高等教育的教学中存在着如下问题：

(1) 在课程设置和教学实践中，学科分立，课程分立，缺乏集成和贯通；

(2) 部分知识缺乏前沿性，局部知识过细、过难，缺乏整体性和纲领性；

(3) 教学与实践环节脱节，知识型教学多于研究型教学，所培养的电子信息学科人才不能很好地满足社会的需求。

在新世纪之初，积极总结我国电子信息类学科高等教育的经验，分析发展趋势，研究教学与实践模式，从而制定出一个完整的电子信息学科基础教程体系，是非常有意义的。

根据教育部高教司2003年8月28日发出的[2003]141号文件，教育部高等学校电子信息与电气信息类基础课程教学指导分委员会(基础课分教指委)在2004—2005两年期间制定了"电路分析"、"信号与系统"、"电磁场"、"电子技术"和"电工学"5个方向电子信息科学与电气信息类基础课程的教学基本要求。然而，这些教学要求基本上是按方向独立开展工作的，没有深入开展整个课程体系的研究，并且提出的是各课程最基本的教学要求，针对的是"2＋X＋Y"或者"211工程"和"985工程"之外的大学。

同一时期，清华大学出版社成立了"电子信息学科基础教程研究组"，历时3年，组织了各类教学研讨会，以各种方式和渠道对国内外一些大学的EE(电子电气)专业的课程体系进行收集和研究，并在国内率先推出了关于电子信息学科基础课程的体系研究报告《电子信息学科基础教程2004》。该成果得到教育部高等学校电子信息与电气学科教学指导委员会的高度评价，认为该成果"适应我国电子信息学科基础教学的需要，有较好的指导意义，达到了国内领先水平"，"对不同类型院校构建相关学科基础教学平台均有较好的参考价值"。

在此基础上，由我担任主编，筹建了"电子信息学科基础课程系列教材"编委会。编委会多次组织部分高校的教学名师、主讲教师和教育部高等学校教学指导委员会委员，进一步探讨和完善《电子信息学科基础教程2004》研究成果，并组织编写了这套"电子信息学科基础课程系列教材"。

在教材的编写过程中，我们强调了“基础性、系统性、集成性、可行性”的编写原则，突出了以下特点：

(1) 体现科学技术领域已经确立的新知识和新成果。

(2) 学习国外先进教学经验，汇集国内最先进的教学成果。

(3) 定位于国内重点院校，着重于理工结合。

(4) 建立在对教学计划和课程体系的研究基础之上，尽可能覆盖电子信息学科的全部基础。本丛书规划的14门课程，覆盖了电气信息类如下全部7个本科专业：

- 电子信息工程
- 通信工程
- 电子科学与技术
- 计算机科学与技术
- 自动化
- 电气工程与自动化
- 生物医学工程

(5) 课程体系整体设计，各课程知识点合理划分，前后衔接，避免各课程内容之间交叉重复，目标是使各门课程的知识点形成有机的整体，使学生能够在规定的课时数内，掌握必需的知识和技术。各课程之间的知识点关联如下图所示：

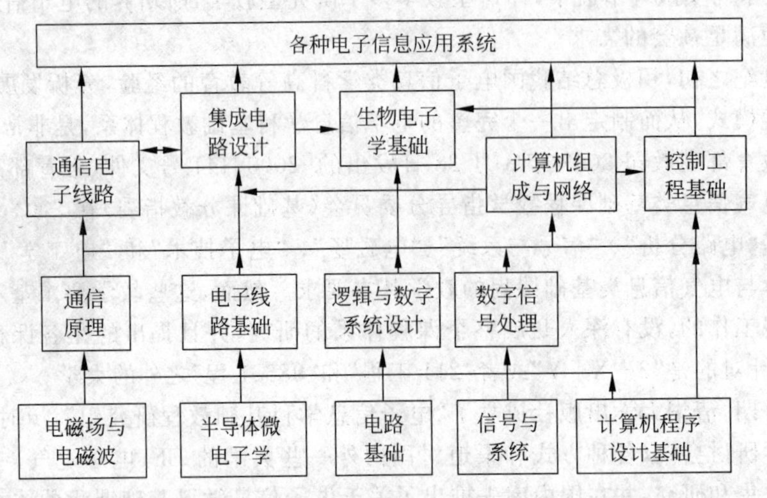

即力争将本科生的课程限定在有限的与精选的一套核心概念上，强调知识的广度。

(6) 以主教材为核心，配套出版习题解答、实验指导书、多媒体课件，提供全面的教学解决方案，实现多角度、多层面的人才培养模式。

(7) 由国内重点大学的精品课主讲教师、教学名师和教指委委员担任相关课程的设计和教材的编写，力争反映国内最先进的教改成果。

我国高等学校电子信息类专业的办学背景各不相同，教学和科研水平相差较大。本系列教材广泛听取了各方面的意见，汲取了国内优秀的教学成果，希望能为电子信息学科教学提供一份精心配备的搭配科学、营养全面的“套餐”，能为国内高等学校教学内容和课程体系的改革发挥积极的作用。

然而，对于高等院校如何培养出既具有扎实的基本功，又富有挑战精神和创造意识的社会栋梁，以满足科学技术发展和国家建设发展的需要，还有许多值得思考和探索的问题。比如，如何为学生营造一个宽松的学习氛围？如何引导学生主动学习，超越自己？如何为学生打下宽厚的知识基础和培养某一领域的研究能力？如何增加工程方法训练，将扎实的基础和宽广的领域才能转化为工程实践中的创造力？如何激发学生深入探索的勇气？这些都需要我们教育工作者进行更深入的研究。

提高教学质量，深化教学改革，始终是高等学校的工作重点，需要所有关心我国高等教育事业人士的热心支持。在此，谨向所有参与本系列教材建设工作的同仁致以衷心的感谢！

本套教材可能会存在一些不当甚至谬误之处，欢迎广大的使用者提出批评和意见，以促进教材的进一步完善。

王志功

2008 年 1 月

前言

本书比较全面深入地介绍了集成电路分析与设计的基础知识以及一些新技术的发展，可以作为高等院校电子信息类专业本科生教材，也可作为相关领域研究生及工程师的参考用书。

本书的编写架构由主编叶以正、来逢昌组织编写人员讨论拟定，全书共分10章。第1章绪论，主要内容包括：集成电路的诞生、发展和分类，集成电路产业链及EDA技术发展概况；第2章集成电路工程基础，主要内容包括：集成电路基本制造工艺、集成电路中常用器件的结构及其寄生效应、集成电路版图设计基础知识；第3章集成电路器件模型，主要内容包括：二极管、双极型晶体管和MOS场效应晶体管的各种模型及主要模型参数；第4章SPICE模拟程序，主要内容包括：SPICE模拟程序各种输入/输出语句格式、电路分析功能和举例；第5章双极型数字集成电路，主要内容包括：TTL集成电路各种单元电路、单管逻辑门电路、ECL和I^2L电路的分析、设计及其版图设计特点；第6章CMOS数字集成电路设计，主要内容包括：CMOS反相器、传输门、标准CMOS静态逻辑、伪NMOS逻辑与差分级联电压开关逻辑、传输门逻辑与差动传输管逻辑、CMOS动态逻辑、触发器、加法器、存储器等电路的分析与设计，以及CMOS集成电路版图设计特点和实现方法；第7章模拟集成电路设计，主要内容包括：电流镜电路、电流和电压基准源电路、单级及差分放大器电路、比较器电路、开关电容电路、DAC和ADC电路的工作原理和主要特性的分析与设计，以及模拟集成电路版图设计特点；第8章数字集成电路自动化设计，主要内容包括：数字集成电路自动化设计方法和流程、行为建模与Verilog硬件描述语言、设计综合技术和设计验证技术；第9章集成电路的测试技术，主要内容包括：故障模型、测试向量生成、可测性设计、系统芯片的测试结构及标准；第10章SoC设计概论，主要内容包括：SoC简介及SoC设计方法学、IP核的设计与复用技术、SoC/IP验证技术、基于片上网络互联的多核SoC以及SoC技术发展趋势。

编写分工为：叶以正编写第1、10章，来逢昌编写第2、5、6章，高志强编写第3、4章，王永生编写第7、9章，李晓明编写第8章。参加编写的人员还有：兰慕杰、罗敏、曹贝、付方发和周彬。喻明艳为教材架构的拟定提出了宝贵意见，全书由来逢昌整理、编辑成稿，由肖立伊和王进祥主审。

编写本书希望能够覆盖集成电路设计的基础知识并跟踪集成电路新技术的发展，但由于集成电路涉及的技术广泛、发展迅速，书中难免存在疏漏和错误，恳切希望广大读者批评指正。

编　者

2016年6月

目录

目录

目录

目录

目录

第1章 绪论

1.1 集成电路的诞生和发展

1947年,美国贝尔实验室(Bell Labs)的科学家威廉姆·肖克莱(William Shockley)、沃特·布拉顿(Walter Brattain)、约翰·巴丁(John Bardeen)发明了点接触型晶体管。他们发现:将两个金属探针接触到锗(Ge)晶片上(如图1-1所示),当一个探针电极的电流发生变化时,另一个探针电极的电流会成比例变化。1948年,美国专利局批准了晶体管发明专利。1949年,肖克莱提出一种由两个平行PN结构成结型晶体管的设想(如图1-2所示),通过控制中间一层很薄的基极上的电流实现放大作用,并在1950年与斯帕克斯(M. Sparks)和皮尔逊(G. L. Pearson)合作,在锗单晶生长过程中通过改变掺杂得到两个相距很近的平行PN结,成功地制成具有放大功能的结型晶体管,从此开辟了电子技术的新纪元。1956年,肖克莱、巴丁和布拉顿因发明晶体管共同获得诺贝尔物理学奖。

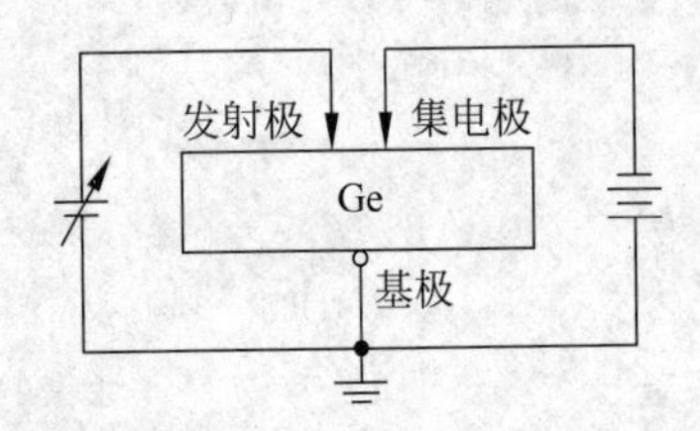

图1-1　点接触晶体管

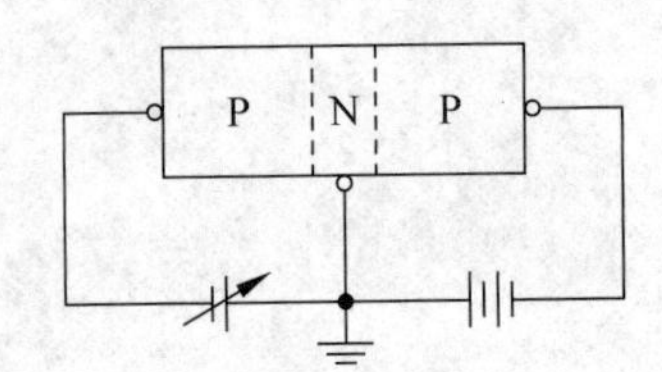

图1-2　平行PN结晶体管

集成电路(integrated circuit,IC)是把多个器件(如晶体管、电阻、电容等)及其间的连线同时制作在一个芯片上,形成的一块独立的、具有一定功能的整体电路。

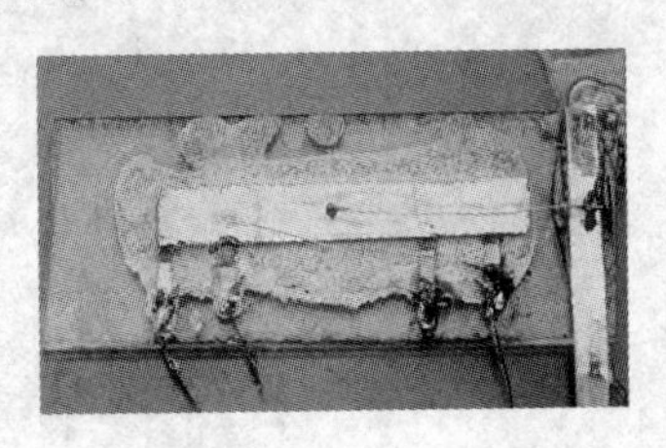
图1-3　第一块集成电路的雏形

1958年,美国德州仪器(TI)公司的杰克·基尔比(Jack Kilby)基于锗材料采用单管互连方法制作了世界上第一块集成电路的雏形(如图1-3所示),1959年申请了小型化的电子电路专利,并于2000年获得诺贝尔物理学奖。1959年提出的PN结隔离技术和平面工艺技术奠定了半导体集成电路技术的基础,美国仙童(Fairchild)公司在1959年推出平面型晶体管之后,1961年推出了用平面工艺制造出的第一块双极型集成电路,从此掀开了集成电路的新篇章。另一方面,1960年John Atalla和Dawon Kahng发明了MOS场效应晶体管,1962年美国RCA公司研制出MOS场效应晶体管,并于1963年研制出第一块MOS集成电路。

晶体管和集成电路的发明及平面技术的实现,是20世纪以来人类科技发展史上最具重大影响的事件之一,它开创了微电子时代,推动社会进一步信息化,为人类社会进步和经济发展做出了巨大贡献。今天,超过60多亿个晶体管可以集成到一个芯片上。

仙童公司的戈登·摩尔(Gordon Moore)1965年提出了著名的摩尔(Moore)定律,1975年又进行了确定:每一代(2～3年)硅芯片的集成度翻一番,加工工艺的特征尺寸缩小30%。集成度是指单个芯片上集成的元器件数；特征尺寸通常可以认为是芯片上光刻图形的最小尺寸，目前确切的定义是指芯片上光刻图形最小节距(pitch)的一半，即最小半节距。芯片上的最小节距通常是第一层金属(metal1)或多晶硅(poly)的节距。图1-4给出了节距定义的示意图。

按恒定电场等比例缩小原理，CMOS集成电路的特征尺寸等有关尺寸缩小$1/\alpha$倍($\alpha>1$)，电路速度可增加α倍，单元电路的功耗降低至$1/\alpha^2$倍，同样面积芯片上集成度增加到α^2，而单位芯片面积的功耗可保持不变。

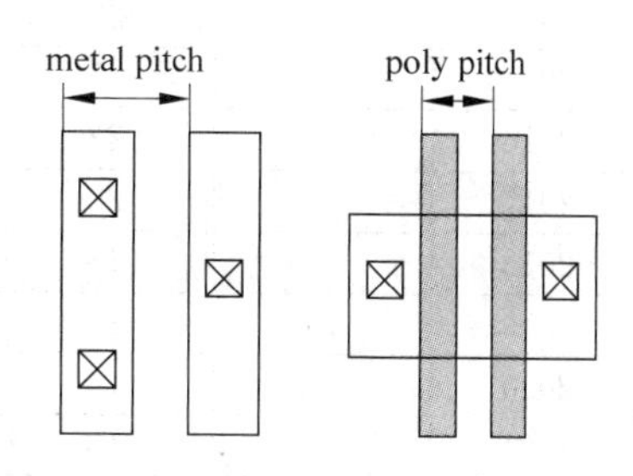

图1-4 节距的定义

微电子技术领域采用特征尺寸值来度量集成电路工艺水平。1987年集成电路特征尺寸缩小到1μm以下，其工艺称为"亚微米级"(sub micron,SM)；1992年工艺达到0.5μm，称为"深亚微米级"(deep sub micron,DSM)；1998年工艺达到0.25μm，称为"超深亚微米级"(very deep sub micron,VDSM)；2004年工艺线宽达到90nm，称为"纳米级"(nano micron,NM)。近50年来，集成电路的发展基本遵循着摩尔(Moore)定律。同时，保持按摩尔定律的规律发展已成为微电子科学和技术界努力发展集成电路技术和生产水平的目标，直到晶体管特征尺寸达到物理极限或制造平面晶体管的光刻掩膜版和工艺制造成本使尺寸进一步缩小失去经济意义。美国半导体行业协会(SIA)分别于1992年、1994年和1997年编写了美国半导体技术发展路线图(NTRS)。1999年与一些国家和地区联合编纂发表了第一版国际半导体技术发展路线图(ITRS)。之后，在每偶数年份进行更新，单数年进行全面修订。ITRS的整体目标是提供被工业界广泛认同的对未来15年内研发需求的最佳预测，它具有重要的指导作用。ITRS 2009版本预测2024年特征尺寸将达到9nm。表1-1给出集成电路按Moore定律发展及预测情况。

表1-1 2003—2022年集成电路按摩尔定律发展及预测情况

年份	技术节点/nm	芯片特征尺寸/nm	DRAM		ASIC		芯片频率/GHz
			bits/芯片	芯片面积/mm²	晶体管个数/芯片	芯片面积/mm²	
2003		100	4.29G	485	0.810G	572	2
2004	90	90	4.29G	383	1.020G	572	2.5
2005		80	8.59G	568	1.286G	572	3.125
2006		70	8.59G	419	1.620G	572	3.906
2007	65	65	17.18G	568	3.061G	858	4.700
2008		57	17.18G	449	3.857G	858	5.063
2009		50	34.36G	711	4.859G	858	5.454
2010	45	45	34.36G	563	6.122G	858	5.875
2011		40	34.36G	446	7.713G	858	6.329
2012		36	68.72G	706	9.718G	858	6.817
2013	32	32	68.72G	560	12.244G	858	7.344

续表

年份	技术节点/nm	芯片特征尺寸/nm	DRAM		ASIC		芯片频率/GHz
			bits/芯片	芯片面积/mm^2	晶体管个数/芯片	芯片面积/mm^2	
2014		28	68.72G	444	15.427G	858	7.911
2015		25	68.72G	351	19.436G	858	8.522
2016	22	22	137.44G	557	24.488G	858	9.180
2017		20	137.44G	442	30.853G	858	9.889
2018		18	137.44G	350	38.873G	858	10.652
2019	16	16	274.88G	555	48.977G	858	11.475
2020		14	274.88G	440	61.707G	858	12.361
2021		13	274.88G	349	77.746G	858	13.315
2022	11	11	549.76G	553	195.906G	1716	14.343

1.2 集成电路分类

由于集成电路的高速、高可靠、高集成度、低功耗、低成本等优点具有普遍需求性，使其在产生之后得到了迅猛发展，品种层出不穷。集成电路有多种分类方式。

(1) 按芯片规模分类

随着集成电路工艺水平和设计能力的提高，集成度不断提高，即集成电路规模不断增大。集成电路按规模可分为小规模集成电路(small scale integration，SSI)、中规模集成电路(middle scale integration，MSI)、大规模集成电路(large scale integration，LSI)、超大规模集成电路(very large scale integration，VLSI)、特大规模集成电路(ultra large scale integration，ULSI)和巨大规模集成电路(gigantic scale integration，GSI)。表 1-2 给出了集成电路不同规模的定义及其初次实现产品的年份。实际上，各种规模之间并没有非常严格的界限，而且由于不同工艺和不同电路类型的复杂度区别，有关规模的定义也不完全一致。

表 1-2　集成电路不同规模的定义及其初次实现产品的年份

规模	SSI	MSI	LSI	VLSI	ULSI	GSI
集成度	$<10^2$	$10^2\sim10^3$	$10^3\sim10^5$	$10^5\sim10^7$	$10^7\sim10^9$	$>10^9$
初次实现产品的年份	1961	1966	1971	1980	1990	2000

(2) 按器件结构分类

根据组成集成电路的器件结构不同，可以将其分为双极型集成电路、MOS 集成电路、Bi-CMOS 集成电路及其他特殊集成电路。

双极型集成电路(bipolar IC)：由双极型晶体管及与其工艺兼容的电阻、电容等器件组成。具有速度高、驱动能力强的优点，缺点是功耗较大、集成度较低。适用于一些功率较大的中小规模数字和模拟集成电路。

MOS集成电路(metal oxide semiconductor IC)：由MOS型晶体管及与其工艺兼容的电阻和电容等器件组成。包括NMOS电路、PMOS电路及由NMOS、PMOS晶体管互补组成的CMOS电路。其中CMOS电路由于具有功耗低、集成度高、抗干扰能力强、速度快和驱动能力较强及与其他电路兼容性好等特别的优势，已成为当前集成电路发展的主流。

Bi-CMOS集成电路(Bi-CMOS IC)：由双极型晶体管、MOS型晶体管及与其工艺兼容的电阻和电容等器件组成。综合了CMOS和双极型集成电路的优点，但其工艺比较复杂、成本较高。

其他特殊集成电路：包括高速、高频金属半导体场效应晶体管(MESFET)、高电子迁移率晶体管(HEMT)、异质结双极晶体管(HBT)等由Ⅲ/Ⅴ族化合物，如砷化镓(GaAs)、磷化铟(InP)、锗硅(SiGe)等构成的高速、高频、低功耗集成电路。

(3) 按功能分类

集成电路按功能可以分为模拟集成电路、数字集成电路、数模混合集成电路、射频集成电路及系统级芯片。

模拟(analog)集成电路：是一类处理模拟信号的集成电路。电路对输入的模拟信号进行一定处理后再以模拟信号输出，如运算放大器、开关电容滤波器等。

数字(digital)集成电路：是一类处理数字信号的集成电路。电路对输入的数字信号进行计算或函数运算后再以数字信号传送到输出。如各种逻辑门、存储器、微处理器等。

数模混合集成电路：是指在同一芯片上集成了数字电路和模拟电路。其特点是能同时处理模拟和数字两种信号。在电子系统中通常需要将现实中获得的模拟信号转变为数字信号(A/D)，经过复杂的功能处理、存储和传输，再转变为物理的模拟信号(D/A)提供给接口设备使用。

射频(radio frequency，RF)集成电路：是一类应用于无线通信系统的高频、超高频集成电路，是指从天线到收、发基带信号为止的这部分电路，它包括接收射频、发射射频和频率合成器三大部分。射频电路的应用领域包括移动电话、无线局域网和相控阵(phased array)射频系统等。

系统级芯片(system on chip，SoC)：是指在单一芯片上集成一个电子系统，是集成电路制造工艺和设计技术发展到深亚微米技术的产物。SoC中包括微处理器、存储器、专用功能单元等模块以及相应的嵌入式软件，能够实现信号采集、转换、存储、处理和输入输出等功能。

(4) 按实现方式分类

集成电路按实现方式可以分为全定制集成电路、半定制集成电路、定制集成电路以及用可编程逻辑器件实现的集成电路。

全定制(full-custom)集成电路：是指在电路的功能和性能要求确定后，从电路结构到版图实现的设计工作全部由设计人员精心完成设计的集成电路。具有芯片面积小、性能高的优点；缺点是人力消费大、设计周期长、设计成本高。适合于批量大(降低成本)、性能高的需要。

半定制(semi-custom)集成电路：目前专指用门阵列实现的集成电路，是根据某用户集成电路的特定要求，在已加工出的门阵列"母片"(没有任何功能，可供多个用户设计使用)上进行连线设计和完成连线以后的加工工序，设计中采用电子设计自动化(EDA)工具进行自动布局布线。优点是可以缩短设计和加工周期，降低设计和加工成本；缺点是芯片面积较大，利用率较低，性能不够佳。

定制(custom)集成电路：是指根据某用户集成电路的特定要求，采用EDA工具从已设计好的单元(具有特定功能和性能)库中调用所需单元进行自动布局布线完成设计的集成电路。定制设计方法有标准单元法和通用单元法，统称单元法。用标准单元法设计芯片所用的标准单元版图具有等高要求；通用单元法可以在标准单元基础上增加任意尺寸的宏单元模块。单元法可以缩短设计周期，降低设计成本，性能较佳，面积较小，是目前普遍采用的设计方法。

可编程逻辑器件(programmable logic devices，PLD)：是一种可以从市场上购买的已完成全部工艺的产品，但没有任何功能。用户只要对芯片编程就可以得到所需要功能的电路，而不需要再进行工艺加工。PLD可以重复编程、多次使用，种类有：可编程逻辑阵列(PLA)、可编程阵列逻辑(PAL)、通用可编程阵列逻辑(GAL)、复杂可编程逻辑器件(complex programmable logic device，CPLD)和现场可编程逻辑器件(field programmable gate array，FPGA)，且各类都有不同规模产品，用户可根据需要选用。用PLD实现集成电路的时间短、上市快；缺点是速度较慢、性能较差。适用于用量少、性能要求不是太高的需要，也常用于集成电路投片之前的验证。

(5) 按产品应用范围分类

集成电路按产品应用范围可分为通用集成电路和专用集成电路。

通用集成电路(general IC)：是指面向多用途的集成电路，它们在各种电子系统中具有普遍应用性，又可称为标准产品(standard products)，如通用逻辑电路(标准逻辑电路)、通用存储器、通用微处理器、通用放大器等以及可编程集成电路。这类芯片生产批量大，对设计成本、设计周期的要求较松，通常采用全定制方式实现。

专用集成电路(application specific integrated circuits，ASIC)：是针对某一用户特定要求、面向专门用途设计的集成电路，通常只用于某一类专用电子系统。用户对ASIC有降低成本、快速上市的需求，所以大都采用门阵列法、单元法和可编程逻辑器件法等研制成本低、设计时间短的设计方法实现。由于ASIC的产生，加快了电子产品的更新和性能提高，加强了电子产品的保密性和市场竞争力。

此外，还有一类称为专用标准产品(application specific standard products，ASSP)，是指一些具有一定的标准产品性质，具有一定的普遍应用性的ASIC产品，如通信用编解码电路、图形处理用集成电路、专用处理器等。

随着微电子技术的发展，在当今社会中，集成电路应用已渗入各个领域，如计算机(computer)领域、通信(communication)领域、控制(control)领域、消费(consume)领域、军事领域及航空航天领域等。集成电路的发展正从各个方面改变着人们的工作和生活方式。

1.3 集成电路产业链

集成电路的实现包括芯片设计、制造、封装和测试几个环节，产业链的组织有以下几种模式。

(1) 综合型企业　芯片设计和工艺制造在同一个公司完成，这种模式的简称为 IDM (integrated design and manufacture)。这类企业一般是综合型电子企业，其目的主要是为其自身制造的电子整机产品服务，它集整机产品和 IC 设计、制造、封装和测试等生产过程于一身。这是在产业早期发展就形成的一种模式，TI、Motorola、IBM 等公司都属于这类性质的企业。近期已有不少 IDM 公司基本上不从事整机业务，专门从事半导体设计、制造、封装和测试工作，如 Inter、AMD、STM 等公司。

(2) 集成电路设计企业　随着芯片复杂程度的不断提高及电子设计自动化(EDA)工具的发展，设计过程可以独立于生产工艺。只负责进行芯片设计而无晶圆芯片生产的公司称为 Fabless，即只设计，没有工艺线，不做生产。一般情况下，设计企业拥有芯片知识产权。近年来国际上也出现了为数不多的专门从事芯片设计服务的企业(design service)，其芯片所有权(知识产权)属于委托单位。

(3) 集成电路制造代工厂　在集成电路产业链中，专门为集成电路设计公司加工制造芯片的代工厂称为 Foundry。由于集成电路生产设备、材料和环境需要高精度、高纯度和高清洁度，生产线的建设和运营需要巨大的投资。全球大量的独立的中小型设计公司(Fabless)是依靠 Foundry 来实现投片服务的。目前，国际上规模最大的代工厂有中国台湾的台湾积体电路制造公司(台积电，TSMC)、中国台湾的联华电子公司(UMC)、新加坡的特许电子有限公司(Chartered)和中国的中芯国际公司(SMIC)等。在我国，集成电路产业已形成了“以 IC 设计业为先导、IC 制造业为主体”的集成电路产业发展战略。

(4) 封装和测试企业　芯片封装厂在各国已形成独立的生产企业；测试工序在样片投片、正式生产以后都需要进行，批量芯片的测试一般附属在制造厂和封装厂，但也有不少独立的测试企业。

(5) MPW 技术服务　工程流片是 IC 物理实现的必需途径，随着工艺加工技术的提升，工程流片的费用急剧上升，一旦设计中存在问题，用户将承担巨大的经济损失。为了减小 IC 设计开发的风险，针对在 IC 设计开发阶段所需测试用芯片数量远远小于工程流片生产数量的特点，产生了一种多项目晶圆(multi-project wafer，MPW)技术服务，简称 MPW 服务。MPW 就是将工艺上相兼容的多种芯片(称为“子芯片”)拼装构成一个宏芯片(macro-chip)，在同一晶圆上进行工程流片，流片后每个品种都可以得到充分满足测试需要的芯片数量，昂贵的工程流片费用由宏芯片中的“子芯片”根据面积来分摊，降低了“子芯片”试制费用，“子芯片”种类越多效果越显著。MPW 服务中心为 MPW 用户提供 Foundry 的设计接口服务，如协助提供各种工艺的设计库、设计模型、设计规则等，往往还可以为 MPW 用户代理芯片封装、验证或测试等外包业务。当前，MPW 已成为公认的促进集成电路设计成果转化的有效途径。它可以提高设计效率，降低研究开发成本；它还可以为设计人员提供低成本的实践机会,提高实际设计能力,降低了人才培养成本。

此外,集成电路设计自动化(EDA)工具,集成电路的有关材料、工艺设备的制造等是集成电路产业链中不可缺少的支撑产业。集成电路生产过程中要求材料的高纯度、加工设备的高精确度推动了相关产业的发展。

1.4 集成电路设计与 EDA 技术

1.4.1 集成电路设计

由于数字集成电路与模拟集成电路的差异,其设计过程有所不同。

(1) 数字集成电路设计

在数字集成电路设计过程中,通常按照行为设计、模块设计、逻辑设计、电路设计、版图设计的顺序自上而下进行,如图 1-5 所示。

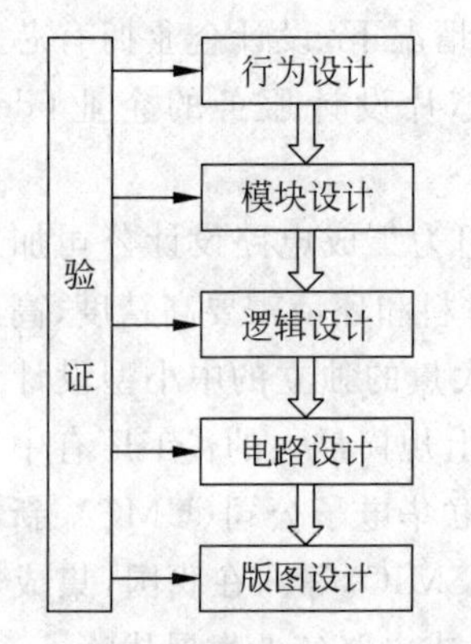

图 1-5 数字集成电路设计步骤

行为设计是按照芯片功能和性能的要求,给出详细的设计规范和端口安排,并进行行为建模和验证。

模块设计是将整个电路分成若干个功能模块,描述各功能模块需要完成的功能,规划好模块子端口之间的连接关系,对各模块进行建模和验证。对较大的模块还要再进行子模块划分。

逻辑设计是对各模块进行逻辑电路设计,并进行各模块及整体逻辑模拟,验证电路逻辑级的功能正确性。

电路设计是对各个逻辑单元进行晶体管级电路设计。由于电路的设计与工艺的选择有密切关系,需要根据工艺给出的晶体管模型参数对晶体管级电路进行电路模拟,以验证所设计的芯片功能、时序的正确性。

版图设计是按照工艺线给出的版图设计规则和电路要求进行芯片版图设计,布局布线,经过设计规则检查、版图与逻辑图一致性检查,并考虑版图中连线等的寄生效应对芯片性能的影响。最后将达到可以投片的水平版图转化为数据(tape out)送交工艺线制造光刻版和投片生产。

一般情况下,设计单位和工艺线都积累了针对一定工艺的不同结构的各种设计风格的单元库,每个单元包括确定的逻辑功能、电路结构、版图等层次,给设计带来很大方便,设计者可以集中在前端逻辑划分和后端的版图布局布线。

目前电子设计自动化领域已经开发了从集成电路硬件描述语言 VHDL、Verilog 到包括支持行为级综合和验证、逻辑综合、逻辑模拟和验证、电路模拟、版图自动布局布线、自动测试产生、可制造性设计等先进的 EDA 工具,为集成电路设计自动化提供了支持。

(2) 模拟集成电路设计

模拟集成电路的作用是对由端口输入的电压和电流物理量进行放大、变换等处理，其电路及组成电路的晶体管的工艺、结构、性能、寄生参数等对电路精度、干扰等指标有重要影响，通常集成度不会太高。

模拟电路的设计者在电路功能和性能指标要求确定后首先进行算法和结构建模，验证正确后进行电路级设计和版图设计。

到目前为止，还没有完善的模拟电路自动化设计工具在业界使用。为了使得在所选择的工艺下，芯片性能和面积最优，模拟电路的电路结构一般由人工设计，采用电路模拟软件经过反复模拟达到要求后，再由人工来进行版图设计，并进行相关的设计规则检查以及对称性和精度等方面的检查。

1.4.2 集成电路设计自动化技术的发展

微电子技术是信息技术发展的基础，信息产业的发展是推动经济增长的重要动力。集成电路的出现和发展带动了微处理器和计算机的发展。集成电路的特征尺寸减小、集成度提高是微处理器技术发展的基础。同时随着集成电路工艺和规模不断升级，复杂度不断提高，集成电路设计完全依靠人工是不可能实现的。计算机和软件的发展为集成电路设计者提供了从设计的辅助到设计自动化的工具。集成电路和微处理器一直是互相依赖而发展的。从集成电路设计自动化技术的发展历程可以了解到集成电路设计方法学的发展。

第一代集成电路设计工具被称为集成电路计算机辅助设计(IC computer aided design，ICCAD) 工具，简称 CAD 工具。由美国加州伯克利分校 1972 年公布、1975 年正式使用的采用 FORTRAN 语言编写的 SPICE 电路模拟软件，经过几十年不断改进和更新，推出了 SPICE2、SPICE3、PSPICE、HSPICE 等版本，其中 HSPICE 及在其基础上发展的相关软件除用于电路模拟、分析，还可以辅助调整电路参数，得到功率、延迟等信息，性能得到很大提高，是目前深亚微米、超深亚微米集成电路设计的重要工具。CAD 阶段的工具还包括设计过程中电路图编辑、版图编辑、版图设计规则检查和版图数据转换(其中 GDSII 数据格式一直为业界所采用)等软件，CAD 阶段的典型特征是电路模拟、版图编辑和规则检查(circuit simulation＋layout compile and checking)。

第二代集成电路设计工具被称为计算机辅助工程(computer aided engineering，CAE)工具。20 世纪 80 年代在模拟验证方面国际上一些公司推出了在工作站中具有图形处理功能、原理图输入和电路模拟功能的软件工具，可以通过逻辑模拟验证逻辑设计的正确性；特别是这一阶段给出了基于版图自动布局和布线工具，以及实用化很强的、比较完整的包括设计规则检查(DRC)、电学规则检查(ERC)、版图参数提取(LPE)和版图与电路图一致性检查(LVS)等工具，达到了比较全面的后端设计验证的要求。CAE 阶段的典型特征是版图自动布局布线和逻辑模拟(layout placement and routing＋logic simulation)。

第三代集成电路设计工具被称为电子设计自动化(electronics design automation, EDA)工具。在20世纪80年代末推出的硬件语言(VHDL、Verilog)基础上,20世纪90年代发展了逻辑综合(hardware description language+synthesis)技术和EDA工具。这是一个在集成电路设计发展历程中有重要标志性意义的创造,可以根据设计者的功能和性能要求由计算机系统给出可供选择的不同硬件结构。EDA工具的推出,支持了完整的自顶向下(top-down)的设计方法学,推动了超大规模集成电路设计紧跟微电子工艺水平的发展。

20世纪90年代中后期以来,集成电路工艺进入超深亚微米和纳米阶段,集成电路向系统设计规模发展。EDA技术面临的挑战涉及从顶层设计规范的行为级建模、系统软硬件划分、结构实现、系统验证到设计底层晶体管和连线的深亚微米二级效应带来的信号串扰、信号完整性、光刻版图完整等可制造性及芯片可测性设计等技术。整个设计形成了一套在超深亚微米工艺下完整的系统级、自顶向下和自底向上相结合的(top-down+bottom-up)设计技术:超深亚微米(very deep sub-micron)系统芯片设计EDA技术(SEDA)。

第2章 集成电路工程基础

2.1 平面工艺基础

集成电路的制造，首先是由设计人员根据功能、性能等指标要求，采用相应的设计方法和工具完成电路设计，然后根据设计规则设计电路版图，再进行光刻掩膜版制作，最后按工艺流程进行流片加工。

虽然 IC 设计人员不需要直接参与 IC 制造的工艺流程和了解工艺的每一个细节，但是了解 IC 制造工艺的基本原理和过程，对于 IC 设计是大有裨益的。

IC 制造基本工艺可以分为薄膜制备、刻蚀和掺杂三个主要方面。它们的组合构成某一特定集成电路产品的加工工艺流程。本节按此分类介绍主要工艺技术的基本原理和方法。在 2.2 节中介绍由它们组合成的典型集成电路制造工艺流程。

2.1.1 薄膜的制备

集成电路制造过程中广泛应用到各种薄膜。这些薄膜在经过图形加工后可起到不同的作用，例如作为器件工作区的外延层，限定区域的掩蔽膜，起保护、钝化和绝缘作用的绝缘介质膜，作为电极引线和器件互连的导电金属膜等。构成这些薄膜的材料有许多种，常见的有二氧化硅(SiO_2)、氮化硅(Si_3N_4)、硼磷硅玻璃(BPSG)、多晶硅(poly-Si)、导电金属(如 Al)、光刻抗蚀胶、难熔金属(如 Ti)等。如图 2-1 所示，在所形成的 NPN 晶体管结构中留下了经过加工的这些薄膜的一部分。

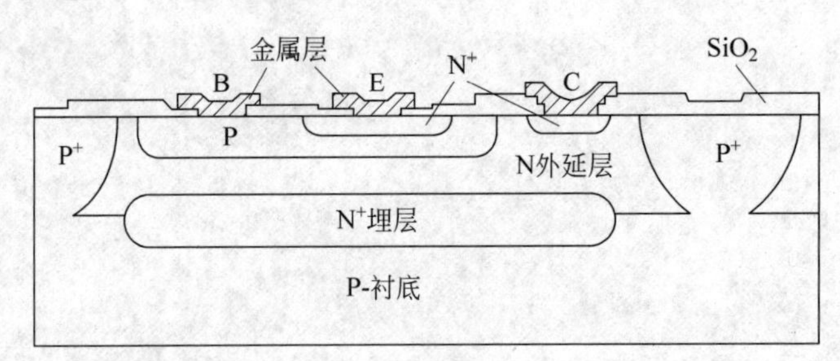

图 2-1 PN 结隔离工艺 NPN 双极晶体管结构剖面图

薄膜生长技术有很多种，依据形成的方式，可以分为间接生长和直接生长两大类。间接生长的特点是薄膜通过源物质发生化学反应形成，具体包括气相外延、化学气相淀积、热氧化等。直接生长的特点是源物质直接转移到硅片上，无化学作用，具体包括液相外延、物理气相淀积、涂敷等。

1. 外延生长

外延是指在单晶衬底的表面上淀积原子，并与衬底晶体的结构按一定关系继续生长成单晶层的工艺过程，是一种制取单晶薄膜的技术。采用外延工艺不仅可在 Si 单晶衬底上生长外延层，而且还可在其他许多种单晶甚至无定型材料上淀积硅薄膜并形成单晶层，必要时甚至可淀积上多层不同性质的薄膜，以满足器件制造之需要。外延技术解决了半导体器件中诸如击穿电压和串联电阻之间、频率和功率之间的矛盾，使得器件在频率响应、开关特性等方面都有重大改进；更重要的是由于异型外延层的成功生长，使双极型集成电路的生产工艺简化；而杂质浓度分布陡峭的薄外延层为微波管的制造提供了重要的材料基础。

外延片主要在两个方面优于体单晶片。第一，在衬底上的(一层或多层)外延层，可以有一个或多个隐埋层，这给设计者提供了一种不同于扩散或离子注入的控制器件结构中杂质分布的方法；第二，外延层的物理特性不同于体材料，例如，外延层一般不含氧和碳。

外延层与衬底是同种材料时称为同质外延，例如在硅衬底上外延生长硅；外延层与衬底材料不同时称为异质外延，如在蓝宝石上外延生长硅。从器件制造方式看，如果器件制作在外延层上(见图2-1)，称为正外延；反之，若器件制造在衬底上，外延层只起隔离作用，则称为反外延。

外延又可分为气相外延、液相外延和固相外延三大类，各类又有不同的制备方法。对于硅工艺，应用最广泛的方法是气相外延(vapor phase epitaxy，VPE)。气相外延是所有在气体环境下利用气相化学反应沉积在晶体表面进行外延生长技术的总称。

在高密度IC中，不仅需要缩小横向尺寸，同时也要缩小纵向尺寸。因此，近年来特别强调要求薄而高度精确的外延层。

其他先进的外延生长技术还包括金属有机物气相外延(metalorganic VPE)和分子束外延，目前主要用于微波和光电器件的化合物半导体材料的外延生长，是高质量和高精度的外延生长技术。

2. 绝缘膜制备

通常将某些绝缘膜——如二氧化硅(SiO_2)、氮化硅(Si_3N_4)、硼磷硅玻璃(BPSG)制作在半导体上面作为表面保护层或者进行选择性扩散和注入的掩膜，也可作为集成电路中半导体器件之间互连的基板或两层布线之间的绝缘中间层。在所有这些情况下，都要求它们在生长时以及在后续工艺的热处理中不产生针孔和裂纹。因此膜中的生长应力以及加工过程中产生的应力都必须非常小，以保持薄膜的完整性。在现代IC工艺中，由于芯片尺寸增大、特征尺寸减小(器件密度增加)，这些要求越来越重要。

作为掩蔽膜，必须能够阻挡掺杂剂通过掩膜扩散并在扩散温度下保持其完整性；此外，必须能够用光刻技术腐蚀成精细的线条图形。

淀积保护膜可在集成电路制作过程中起保护作用，也可用来改善集成电路使用时的可靠性，此外还可用来阻断轻的碱金属离子(如钠离子)的运动或者使它们固定不动。通常在金属布线后淀积这种膜以防止器件输送时的损伤。在许多消费应用中，带有保护膜的集成电路可以不必封装。

绝缘膜可通过热氧化法、化学气相淀积法或离子注入法制备。

(1) 热氧化法

热生长二氧化硅能够连接表面悬挂键而降低硅的表面态密度。此外，氧化硅生长时可以很好地控制界面陷阱和固定电荷。在现代微电子工艺中,SiO_2 有如下用途。

① 作为MOS器件的绝缘栅介质。在集成电路的特征尺寸越来越小的情况下,作为MOS结构中的栅介质的厚度也越来越小。SiO_2 作为器件的一个重要组成部分,它的质量直接决定器件的多个电学参数。同样,SiO_2 也可作为电容的介质材料。

② 作为选择性掺杂的掩膜。SiO_2 的掩蔽作用是指 SiO_2 膜具有阻挡杂质(例如硼、磷、砷等)向半导体中扩散的能力。利用这一性质,在硅片表面就可以进行有选择的扩散。同样,SiO_2 也可作为注入离子的阻挡层。

③ 作为隔离层。集成电路中,器件与器件之间的隔离可以分为PN结隔离和 SiO_2 介质隔离。SiO_2 介质隔离比PN结隔离的效果好。

④ 作为缓冲层。当 Si_3N_4 直接沉积在Si衬底上时,界面存在极大的应力与极高的界面态密度,因此多采用 $Si_3N_4/SiO_2/Si$ 结构。当进行场氧化时,SiO_2 会有软化现象,可以消除 Si_3N_4 和衬底Si之间的应力。

⑤ 作为绝缘层。在芯片集成度越来越高的情况下就需要多层金属布线。它们之间需要用绝缘性能良好的介电材料加以隔离,SiO_2 是一种理想的隔离材料。

⑥ 作为保护器件和电路的钝化层。在集成电路芯片制作完成后,为了防止机械性的损伤,或接触含有水汽的环境太久而造成器件失效,通常在IC制造工艺结束后在表面沉积一层钝化层,掺磷的 SiO_2 薄膜(磷硅玻璃)常用作这一用途。

制备 SiO_2 的热氧化法有干法氧化法和湿氧氧化法。干法氧化法是将硅片置于通有氧气的高温环境内,通过到达硅表面的氧原子与硅的作用,形成 SiO_2。湿氧氧化法是由水蒸气参与反应形成 SiO_2。一般来说,氧化物的厚度变化范围可以从低于10nm的栅氧化层到超过1μm的场氧化层。氧化过程发生在700～1100℃的温度范围内,而氧化物的厚度正比于生长时的温度和时间。

湿氧氧化速度相对较快,通常用于制备较厚的氧化膜。对于特别厚的氧化层(超过1μm)通常还采用高压低温氧化技术。因为在常压高温下生长需要很长的时间,会降低氧化膜的质量,并可能在后续工艺中开裂。

干法氧化生长的氧化膜特别致密,陷阱和界面态的密度较低,但是氧化速度慢。通常用于制备高质量的薄氧化膜,例如MOS器件的栅氧化层。

(2) 化学气相淀积法

化学气相淀积(chemical vapor deposition, CVD)技术在微电子制造工艺中广泛应用于导体、半导体和绝缘体薄膜的淀积制备,已成为ULSI工艺中最主要的薄膜淀积方式。

CVD是通过一种或多种气态物质以某种方式激活后,在衬底表面吸附并发生化学反应,生成固体薄膜。淀积层的成分都由外部源带入反应器,而不是来自衬底本身。CVD反应的温度范围很宽。由CVD技术生长的薄膜结构取决于淀积衬底的性质和淀积条件。

SiO_2 薄膜除可用热氧化法制备外,也常用CVD法制备。

氮化硅(Si_3N_4)也是一种常见的介电材料,常用于 SiO_2 刻蚀时的保护层,也可用于与 SiO_2 复合结构中的介电材料。它还经常作为钝化层保护内层薄膜避免碱金属离子的扩散和外界水汽的渗透。通常采用低压CVD(LPCVD)和等离子增强CVD(PECVD)来制备。

(3) 离子注入法

注氧隔离SIMOX(seperation by implanted oxygen)工艺可以形成SOI(silicon on isolation)衬底中的SiO_2绝缘层,其工艺可分两步:首先在适当的注入能量和温度下在衬底中注入适当剂量及适当浓度的氧,然后在适当的温度下退火。这样,在硅薄膜下就形成一层掩埋的氧化物(SiO_2),构成SOI结构。

3. 导电膜制备

导电膜的重要作用是在集成电路中器件的触点之间提供互连。互连用导电膜必须和半导体触点以及半导体表面上的绝缘层结合坚固;应该容易在较低的温度进行淀积;必须能够容易地刻成高分辨率的图形而不会腐蚀它下面的绝缘层;必须较软而有韧性,从而可以承受器件使用过程中周期性的温度变化而不被破坏;电导率应该很高,能够通过高电流密度而仍保持电学完整性;应该容易和外部的接线头连接。除金属膜外,作为导电膜的还有在MOS工艺中用作栅电极的掺杂的多晶硅膜。

(1) 金属膜制备

在集成电路中,器件与器件之间较长距离的信号传递是通过导电性能较好的金属连线来完成的。传统的金属化工艺采用Al为主要导电材料,因为铝具有电阻率低、淀积技术成熟、与其他材料附着力强、刻蚀容易、易与N^+/P^+硅形成良好的欧姆接触等优点。但是存在电子迁移、阻抗偏高和台阶覆盖性会随着接触孔尺寸变小而变差的缺点。

在现今的半导体制造工艺中,除了少数金属采用CVD方法淀积外,物理气相淀积(PVD)是一种广泛应用的金属镀膜技术。

一般来说,PVD可包含蒸镀、溅射和分子束外延(MBE)三种不同的技术。

蒸镀是在真空系统中,通过灯丝(电阻)、射频感应或电子束加热使金属原子获得足够的能量后得以脱离金属表面的束缚成为金属蒸气原子,在其运动过程中遇到晶片后在晶片上淀积一层金属薄膜的方法。

溅射是在真空系统中充入一定的惰性气体,如Ar,在高压电场作用下,由于气体放电形成离子,并在强电场作用下被加速,然后轰击靶材料,使靶原子逸出被溅射到晶片上,形成金属薄膜的方法。由于溅射可以同时达到极佳的沉积效率、大尺寸的沉积厚度控制、精确的成分控制和较低的制造成本,已成为硅基半导体工业采用的最主要的PVD方式。

(2) 多晶硅膜制备

多晶硅膜可用溅射、蒸发和CVD方法生长。其中,CVD方法能在氧化膜台阶上淀积均匀的多晶硅膜,特别是可以大批量、经济性生产的LPCVD法用得最普遍。

本征多晶硅膜的电阻率超过$500\Omega \cdot cm$,因此基本上是半绝缘膜。这种薄膜可直接用作高压器件的高阻层和场成形层及表面钝化层。用多晶硅膜作MOS晶体管的栅极时必须掺杂,重掺杂后电阻率可降到$300\mu\Omega \cdot cm$。

2.1.2 光刻工艺和技术

光刻是将掩膜版上的图形精确地复印到涂在硅片表面的光刻胶或其他掩蔽膜上面，然后在光刻胶或其他掩蔽膜的保护下对硅片进行离子注入、干法或湿法刻蚀、金属蒸镀等。它是集成电路工艺中关键的工艺技术。光刻原理示于图 2-2。光刻所需要的三要素为：光刻胶、掩膜版和光刻机。

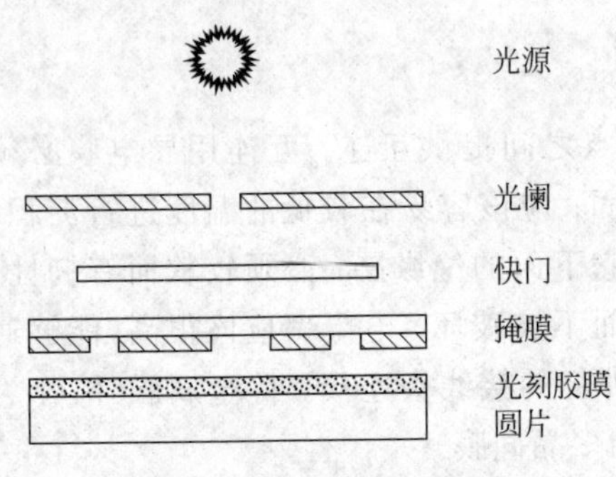

图 2-2 光刻原理示意图

光刻胶又叫光致抗蚀剂，它是由光敏化合物、基体树脂和有机溶剂等混合而成的胶状液体。当光刻胶受到特定波长光线的作用后，会发生化学反应，导致其化学结构发生变化，使其在某种特定溶液中的溶解特性改变。如果光刻胶在曝光前可溶于某种溶液而曝光后变为不可溶的，则称这种光刻胶为负胶；反之，如果曝光前不溶而曝光后变为可溶的，则称这种光刻胶为正胶。

使光刻胶感光的可以是可见光、近紫外光(NUV)、深紫外光(DUV)、真空紫外光(VUV)、极短紫外光(EUV)、X 射线等光源。近年来又发展了电子束和离子束曝光技术。

1. 掩膜版

掩膜版是将按照电路结构要求设计好的特定几何图形通过一定的方法以一定的间距和布局做在基板上，供光刻工艺中重复使用的“底片”。掩膜版质量的好坏直接影响到光刻质量的优劣，也就影响芯片的成品率。

传统的掩膜基板材料主要有乳胶基板、硬面铬膜基板和抗反射铬膜基板三种类型。随着技术的发展，又出现了适用于深紫外光及极短紫外光曝光的移相掩膜、适用于 X 光曝光的 X 光掩膜、适用于电子束照射的镂空式掩膜和散射式掩膜以及适用于离子束照射的镂空式掩膜和通道式掩膜。

掩膜版上的图形按照功能可以分为六大类。

① 主线路图形：为产品本身的线路图形。

② 独立测试图形：在新产品研发阶段，为测试、收集大量的电学参数，将特殊的测试器件布局在一起，占有一个或几个芯片的位置，待产品成熟定型后批量生产时将会被除去。

③ 测试器件图形：在工艺流程结束后，检测器件的电学参数是否达到要求时使用的测试图形。为了节省晶片的面积，常布置在划片道上。

④ 工艺监控图形：为工艺中间步骤设计的图形，当完成此工艺步骤后，检测该图形，确定是否可流向下一道工序。一般含有线宽、对准等模拟图形。

⑤ 标准定位图形：为掩膜版的坐标位置定位和对准的图形。

⑥ 其他图形单元：包括掩膜版的名称、条码、制造日期及任何特殊的辨识图形等。

2. 曝光

为了在光刻胶膜上复印掩膜版上的图形，首先要采用适当的光源，通过掩膜版对光刻胶膜曝光。曝光方法可以分为接触式、接近式和投影式三种。

在接触式曝光技术中，涂有光刻胶的硅片与掩膜版将直接接触，光刻分辨率比较高，但是容易造成掩膜版和光刻胶膜的损伤，一般只适用于中小规模集成电路。

接近式曝光和接触式曝光非常相似，只是曝光时在硅片和掩膜版之间保留一个很小的间隙，一般在 10～30μm 之间，以减小掩膜版的损伤，但由于光的衍射，使光刻的分辨率降低。接触或接近式光刻机的主要优点是生产效率较高。

投影式曝光是利用透镜或反射镜将掩膜版上的图形投影到衬底上的曝光方法，完全避免了掩膜版的损伤。为了解决大尺寸光学镜头制造和提高分辨率的矛盾，在投影式曝光中通常每次只曝光硅片的一小部分，然后再利用扫描(scan)和分步重复(step)的方法完成整个硅片的曝光，叫做分步重复投影曝光。投影光刻机所采用的掩膜版上的图形可以大于实际硅片上的图形 1、5 或 10 倍，从而缓解了制造高精度掩膜版的困难。

为了适应集成电路特征尺寸不断缩小的要求，根据光源波长与分辨率的关系，在传统的近紫外光基础上发展了远紫外线(EUV)、电子束、X 射线、离子束等多种新型曝光光源的光刻技术。

曝光之后对光刻胶膜进行显影，以获得光刻胶图形。

3. 刻蚀

曝光、显影后得到的光刻胶图形一般并不是器件的最终组成部分，只是临时图形。光刻的目的是将这些光刻胶图形转换为硅片上面各种薄膜的图形。刻蚀是完成这种图形转换的方法之一，所谓刻蚀是指将未被光刻胶掩蔽的部分有选择性地通过腐蚀去掉。

在集成电路的制造过程中，常常需要在晶片上做出极精细尺寸的图形，这些精细图形最主要的形成方式是使用刻蚀技术将光刻(lithography)技术所产生的光刻胶图形转印到光刻胶下面的材质上。因此，刻蚀技术与光刻技术合称为图形转印技术。

常用的刻蚀方法分为湿法刻蚀和干法刻蚀两大类，其中湿法刻蚀是指利用液态化学试剂或溶液通过化学反应进行刻蚀的方法；干法刻蚀则主要是指利用低压放电产生的等离子体中的离子或游离基(处于激发态的分子、原子及各种原子基团等)与材料发生化学反应或通过轰击等物理作用而达到刻蚀的目的。

湿法化学刻蚀的主要优点是选择性好、重复性好、生产效率高、设备简单、成本低，主要缺点是钻蚀严重、对图形的控制性较差。

干法刻蚀工艺的各向异性较好，可以高保真地转移光刻图形，特别适合于细线条刻蚀。在现代集成电路工艺中，干法刻蚀已经成了广泛采用的标准工艺。干法刻蚀的种类很多,有的采用物理的离子轰击方法,如溅射、离子束刻蚀等;有的采用化学刻蚀方法,如等离子刻蚀等;有的则同时采用物理和化学相结合的方法,如反应离子刻蚀、反应离子束刻蚀等。在VLSI工艺中,经常采用的干法刻蚀工艺主要有等离子刻蚀和反应离子刻蚀。

溅射与离子束铣蚀(sputtering and ion beam milling)一般是通过高能(≥500V,压强小于10Pa)惰性气体离子(如Ar^+等)的物理轰击作用进行刻蚀。由于离子主要是垂直入射而具有高度的各向异性,但它的选择性较差,在VLSI工艺中一般不采用这种方法。

等离子刻蚀(plasma etching)是利用放电产生的游离基与材料发生化学反应(压强一般大于10Pa),形成挥发性产物,从而实现刻蚀。其特点是选择性好、对衬底的损伤较小,但各向异性较差。主要用于去胶和要求不高的压焊点窗口刻蚀等,不适合于细线条刻蚀。

反应离子刻蚀(reactive ion etching,RIE)是指在活性离子对衬底的物理轰击和化学反应的双重作用下进行刻蚀的方法。它同时具有溅射刻蚀和等离子刻蚀两者的优点,即兼有各向异性和选择性好的优点,已经成为VLSI工艺中应用最多和最为广泛的主流刻蚀技术。

2.1.3 掺杂技术

掺杂是将化学杂质按照预期的浓度和分布掺进圆片的一些部位,并且使其激活,从而能够提供器件所需的载流子。

硅的原子密度是5×10^{22}个/cm^3,器件有源区域内常用的杂质浓度是10^{17}个原子/cm^3,相当于在硅中轻微地掺入了百万分之几的杂质。杂质被掺入圆片后,可能在圆片中进行再分布。再分布既可能是有意进行的,也可能是某些其他热处理过程的副效应。无论是哪一种情况,再分布都必须得到控制和监测。

热扩散和离子注入是两种主要掺杂技术。

1. 热扩散

热扩散是基本的掺杂技术,指的是在高温下,杂质原子在热力学的作用下从源运动到硅片表面并再分布的过程。依据源的不同,可分为气相扩散和固体源扩散。

气相扩散一般在通有杂质源气体的高温炉中进行,通过气体与硅片接触完成物质转移。

固体源扩散是从重掺杂介质(如二氧化硅、多晶硅等)中向硅片内扩散杂质,而重掺杂的介质层通常由气相淀积,并伴随扩散工艺形成。固体源扩散也称为两步扩散法。

杂质进入半导体后有替位式扩散和间隙式扩散两种扩散方式,相应地也可以将杂质分为替位式和间隙式两种。Ⅲ、Ⅴ族元素在硅中的扩散均为替位式扩散,Na、Cu、Au等元素在硅中的扩散为间隙式扩散。

杂质扩散的结果是在硅中形成一定的纵深分布,可用杂质浓度与深度的关系曲线来描述这种分布。气相扩散是余误差分布曲线,固体源扩散为高斯分布。

杂质扩散有两个质量参数:一是结深(X_J),即扩散杂质浓度与反型的衬底杂质在浓度相等处形成PN结,该结的几何位置到硅表面的距离;另一个是表面方块电阻($R_\square$),它是单位方块中的电阻值,定义式为$R_\square=\rho/X_J$。方块电阻排除了杂质分布曲线的影响,是衡量掺杂平均程度的标志。一般掺杂的硅表面方块电阻在几个欧姆每方到几千欧姆每方之间。

2. 离子注入

离子注入是指将高能杂质离子引入单晶衬底中以改变其电子学性质的过程。注入离子的能量一般在50～500keV,在某些特殊应用中可能需要高达几兆电子伏的能量。对注入系统功能的基本要求是离子源及离子的引出、加速和提纯系统,以及在射向衬底之前使离子束偏转和扫描的部分。

离子注入是半导体工艺中有别于扩散的一种掺杂方法,它适应了电路图形不断微细化的需要。应用离子注入掺杂技术,可以比较随心所欲地精密控制掺杂层的杂质浓度、掺杂深度和掺杂图形几何尺寸。它具有以下特点:

(1) 可以用质量分析系统获得单一能量的高纯杂质离子束而没有玷污。因此,一台注入机可用于多种杂质。此外,注入过程是在真空下,即在本身是清洁的气氛中进行的。

(2) 通往靶的剂量可以在很宽的范围(10^{11}～10^{17}个离子/cm^2)内变化,且在此范围内精度可控制到⊥1%。与此相反,在热扩散系统中,高浓度时杂质浓度的精度最多控制到5%～10%,低浓度时比这更差。

(3) 离子注入时,衬底一般是保持在室温或温度不高(≤400℃),因此,可用各种掩膜(如氧化硅、氮化硅、铝和光刻胶)进行选择掺杂。

(4) 离子束的穿透深度随离子能量的增大而增大,因此,控制同一种或不同的杂质进行多次注入时的能量和剂量,可以在很大的范围内得到不同的掺杂剂浓度分布。用这种方法比较容易获得超陡的和倒置的掺杂截面。

(5) 离子注入是非平衡过程,因此产生的载流子浓度不是受热力学而是受掺杂剂在基质晶格中的活化能力的限制。故加入半导体中的杂质浓度可以超过平衡固熔度。

但是离子注入会对半导体造成损伤,使材料的特性如迁移率及少子寿命蜕化。此外,注入后只有一部分注入离子位于替代位置而成为电活性的。因此,通常将注入离子的硅片在一定温度和真空或高纯惰性气体保护下,经过适当时间的热处理,则硅片中的损伤可能部分或全部得到消除,少子寿命及迁移率也会不同程度地得到恢复,掺入的杂质也将得到一定的电激活,这样的处理过程称为退火。

普通热退火的退火时间通常为15～30min,使用通常的扩散炉,在真空或惰性气体保护下进行。其缺点是清除缺陷不完全,注入杂质激活率不高,退火温度高、时间长,导致杂质再分布。

快速退火又可分为激光退火、电子束退火、离子束退火和非相干光退火等。其退火时间在10^{-11}～10s之间,也称瞬态退火。

实际退火工艺取决于为使电路中的器件能满意地工作而要求迁移率、寿命和载流子活化率恢复到何种程度,因此和器件及电路设计有关。

2.2 集成电路制造基本工艺流程

2.2.1 双极型集成电路制造工艺流程

典型PN结隔离工艺是实现集成电路制造的最原始工艺,迄今为止产生的各种双极型集成电路制造工艺都是在此工艺基础上为达到特定目的而增加适当的工序改进而来的。因此,本节以典型PN结隔离工艺为代表,并以图2-3所示双极型单元电路的形成过程为例,介绍双极型集成电路制造工艺。图2-4是典型PN结隔离工艺的主要流程,其中主要环节有以下几种。

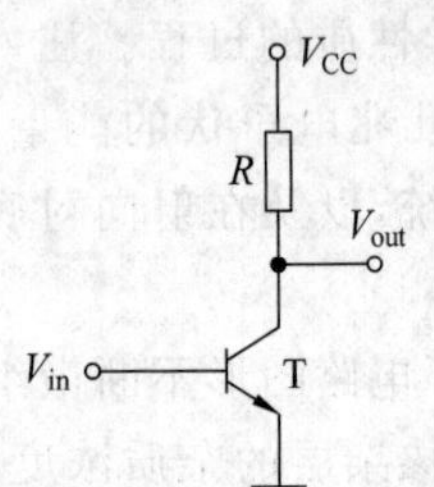

图2-3 双极型电路

(1) 衬底(P-sub)的选择 对于典型PN结隔离工艺来说,衬底既是整个芯片的基底,又是隔离PN结的一部分,一般选用(111)晶向、稍偏2°~5°的P型单晶硅衬底,以便后续工艺形成良好的隔离PN结和减少后续生长外延层的缺陷。为了提高隔离结的击穿电压,衬底电阻率应选得高一些;而为了不使外延层在后续工艺中下推太多,衬底电阻率又应选得低一些。因此衬底电阻率应根据需要折中选择。衬底的厚度随晶圆直径增大而增大,以便在集成电路加工过程中晶圆不易碎损,一般在划片前根据封装需要再对晶圆进行减薄。

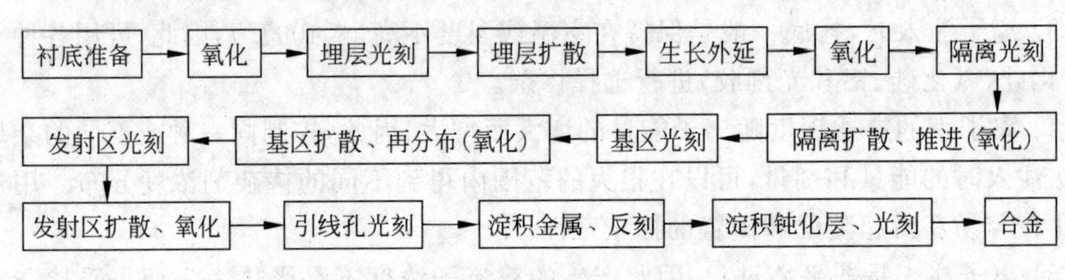

图2-4 典型PN结隔离工艺主要流程

(2) 埋层(N^+-BL)制作 对衬底表面进行氧化,形成一定厚度的氧化层(SiO_2绝缘膜),然后光刻氧化层形成埋层扩散窗口(第一次光刻),再进行埋层N^+扩散(掺杂)。图2-5给出了埋层光刻掩膜版图形及埋层扩散后的芯片剖面图。埋层扩散的杂质一般选择砷(As),因其具有固溶度大、扩散系数小、与硅衬底的晶格匹配好的特点。埋层是双极型集成电路工艺与分立双极型晶体管工艺相区别的主要特征之一,其作用是减小外延层串联电阻和减小寄生PNP管的影响(详见2.3.1节)。

(3) 外延 埋层扩散后去除表面氧化层,利用外延生长技术形成一定厚度的N型外延层(N-epi),图2-6是外延层生长后的芯片剖面图。外延层电阻率较高,有利于减小PN结电容、提高PN结击穿电压以及减小外延层在后续工艺过程中下推的距离。但是电阻率过高会增大外延层串联电阻对电路的影响。外延层的厚度T_{epi}应满足

$$T_{epi} > X_{JC} + X_{dC} + T_{BL\text{-}up} + T_{epi\text{-}ox} \tag{2-1}$$

式中，X_{JC}为基区扩散的结深(集电结深)；X_{dC}为集电结耗尽区在外延层中的宽度；$T_{BL\text{-}up}$为埋层上推的距离；$T_{epi\text{-}ox}$为各次氧化中消耗外延层的厚度。

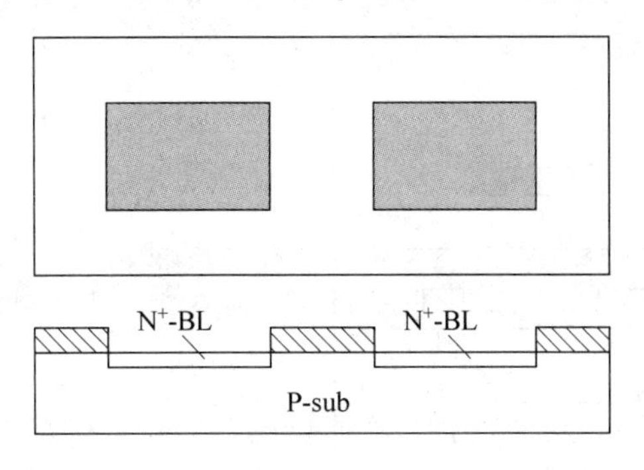

图 2-5 埋层光刻掩膜版图和埋层扩散后的芯片剖面图

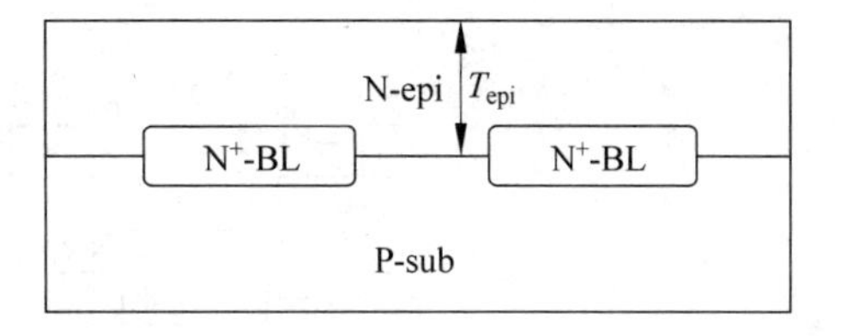

图 2-6 外延层生长后的芯片剖面图

(4) 形成隔离墙(P^+) 外延后对外延层表面进行氧化形成一定厚度的氧化层，然后光刻氧化层形成隔离扩散窗口(第二次光刻)，再进行隔离 P^+ 扩散和推进(同时氧化)。隔离扩散深度应大于外延层厚度(一般为 T_{epi}的 125%)，其目的是使隔离 P^+ 扩散与衬底 P-sub 有一定宽度的接触。图 2-7 给出了隔离光刻掩膜版图形及隔离墙形成后的芯片剖面图，外延层被分割成若干个孤立的岛。应用时隔离墙接电路中最低电位，即 P-sub 衬底为电路中最低电位，使相邻的外延层岛之间被两个背靠背的反偏 PN 结二极管隔开，而各个器件将被分别制作在不同的岛中，因此实现了所谓的器件间的“电隔离”。这是双极型集成电路工艺与分立双极型晶体管工艺相区别的另一个主要特征。本例中形成了两个外延层岛。

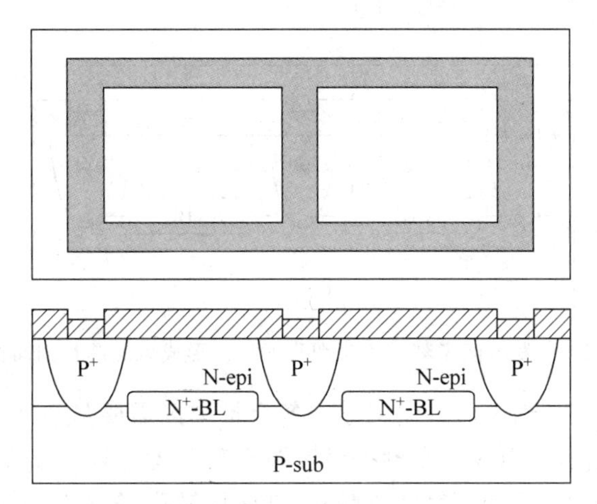

图 2-7 隔离光刻掩膜版图形和隔离墙形成后的芯片剖面图

(5) 基区扩散(又称硼扩散) 光刻表面氧化层形成基区扩散窗口(第三次光刻)，然后进行基区扩散、再分布(同时氧化)，形成 NPN 管的基区，同时也可以形成横向 PNP 管的发射区和集电区、硼扩散电阻等 P 型区，硼扩浓度和结深要兼顾各种器件的需求。图 2-8 给出了基区光刻掩膜版图形及基区形成后的芯片剖面图，左侧的 P 区是 NPN 管基区，右侧的 P 区是硼扩散电阻。

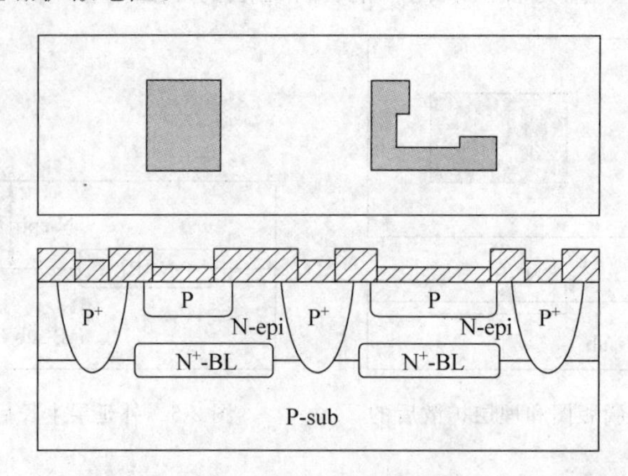

图 2-8　基区光刻掩膜版图形和基区形成后的芯片剖面图

(6) 发射区扩散(又称 N^+ 磷扩散)　光刻表面氧化层形成发射区扩散窗口(第四次光刻)，然后进行 N^+ 磷扩散、氧化，形成 NPN 管的发射区，同时也可以形成磷扩散电阻、外延层与金属的欧姆接触区等 N^+ 区。图 2-9 给出了发射区光刻掩膜版图形及发射区形成后的芯片剖面图，从左至右的 N^+ 区分别是 NPN 管的发射区、集电极欧姆接触区、电阻岛衬底欧姆接触区(不在图中所给的剖面上)。

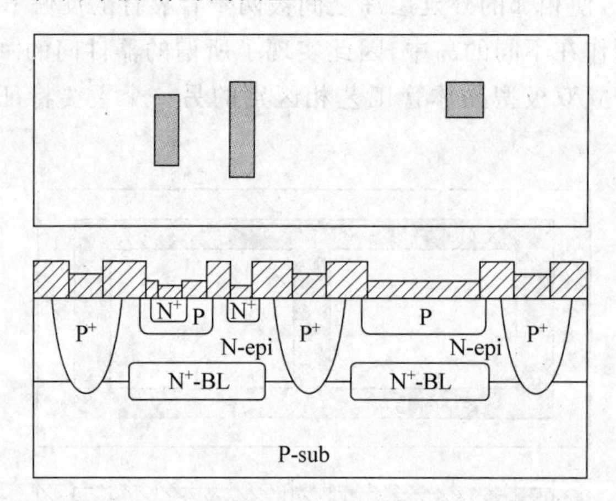

图 2-9　发射区光刻掩膜版图和发射区形成后的芯片剖面图

(7) 形成引线孔　光刻表面氧化层形成各个扩散区需要与金属线连接的接触孔(第五次光刻)，图 2-10 给出了引线孔光刻掩膜版图形和引线孔形成后的芯片剖面图，分别形成了隔离墙接触孔、NPN 管的发射区接触孔、基区接触孔、集电区接触孔、电阻接触孔 1，还有剖面图中未给出的电阻接触孔 2 和电阻岛衬底接触孔。

(8) 形成金属连线　淀积金属膜(导电膜)，金属膜通过引线孔与各电极接触，然后进行反刻金属(第六次光刻)，保留下来的金属实现各电极间的连接。图 2-11 给出了金属连

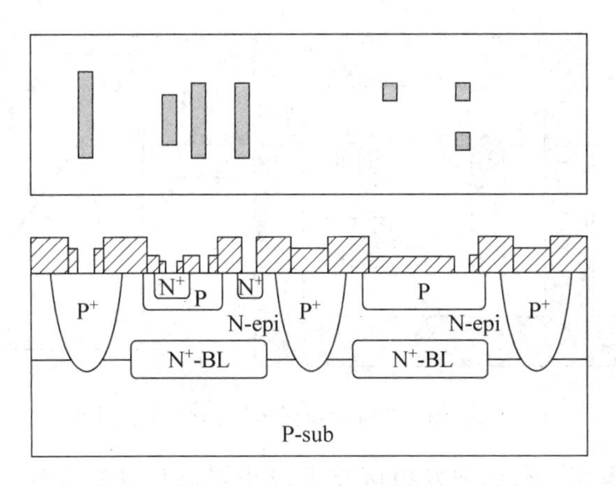

图 2-10 引线孔光刻掩膜版图形和引线孔形成后的芯片剖面图

线光刻掩膜版图形和形成金属连线后的芯片剖面图，其中：左起第一条金属连接隔离墙与 NPN 管发射区（接地），第二条金属将 NPN 管基极引出作为输入，第三条金属连接 NPN 管集电极与电阻的一端作为输出，第四条金属连接电阻的另一端与电阻岛衬底（接电源）。

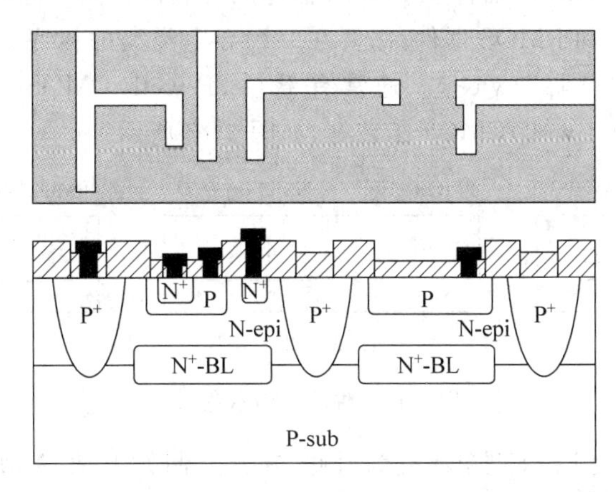

图 2-11 金属连线光刻掩膜版图形和金属连线形成后的芯片剖面图

（9）形成压焊窗口 为了防止外部杂质（如潮气、腐蚀性气体）入侵硅片内部而引起电路性能和可靠性下降，通常在金属线形成后，在芯片最上层淀积一层绝缘的钝化层（又称保护膜），然后光刻钝化层形成压焊窗口（第七次光刻），使压焊区域的金属层裸露出来，以便封装时压焊完成芯片与封装管脚的连接。压焊窗口一般放置在芯片的外围。

图 2-12 给出了上述制作图 2-3 电路过程中用的 7 块光刻掩膜版图形的集总图（即所谓的集成电路版图），从中可以进一步清晰地看出各层掩膜版图形之间的关系。

为了提高器件、电路的性能以及制作一些必需的特殊器件，通常采用典型 PN 结隔离工艺改良后的先进工艺。例如：采用对通隔离技术减小单向隔离扩散的深度，以便减小隔离扩散的横向扩散，缩小因隔离所占的面积；采用 N^+ 深磷扩散技术，又称 N^+ 磷穿透扩散，目的是减小 NPN 管集电极（PNP 管基极）串联电阻；采用离子注入技术制作面积

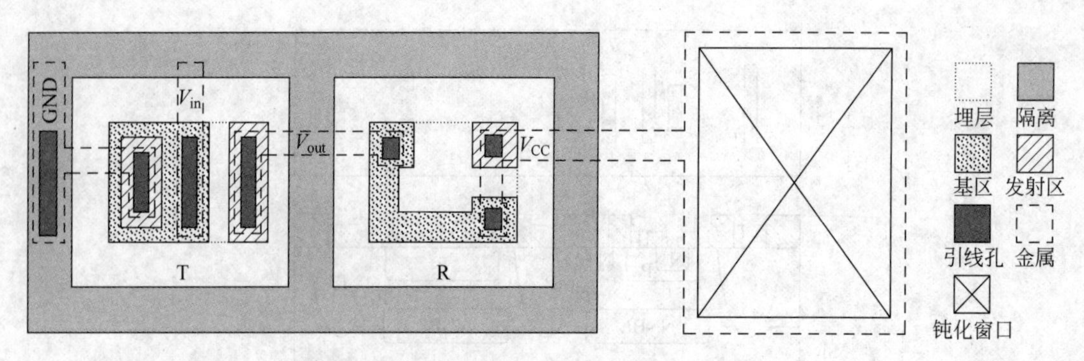

图 2-12　图 2-3 所示单元电路的版图及图例

小、精度高的高阻值电阻；利用泡发射区技术减小器件尺寸；等等。在此不再一一详细阐述。

2.2.2　CMOS 集成电路制造工艺流程

CMOS 工艺是将 NMOS 器件和 PMOS 器件同时制作在同一硅衬底上的工艺。为了同时能够制作 NMOS 和 PMOS 器件,需要在一种导电类型的衬底上形成另一种导电类型的衬底区域,称之为“阱”(well)。通常有 P 阱(P-well)CMOS 工艺、N 阱(N-well)CMOS 工艺、双阱(twin-well)CMOS 工艺等,如图 2-13 所示。

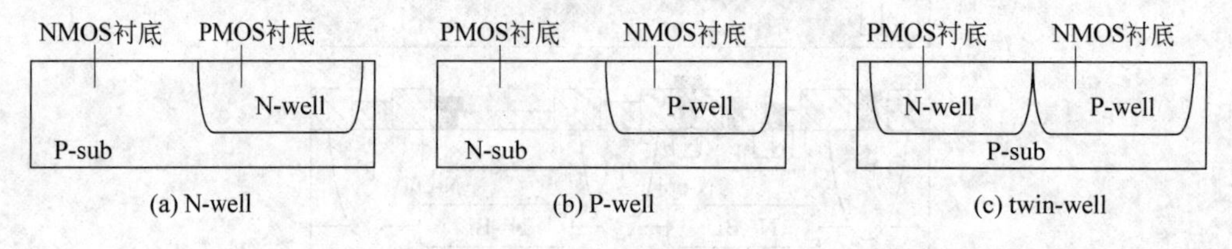

图 2-13　阱的结构示意图

P 阱 CMOS 工艺是以 N 型单晶硅为衬底,在其上制作 P 阱,NMOS 管做在 P 阱内,PMOS 管做在 N 型衬底上,P 阱接最负电位,N 型衬底接最正电位。

N 阱 CMOS 工艺与 P 阱 CMOS 工艺正好相反,是以 P 型单晶硅为衬底,在其上制作 N 阱,PMOS 管做在 N 阱内,NMOS 管做在 P 型衬底上,P 型衬底接最负电位,N 阱接阱内最正电位。N 阱 CMOS 工艺有利于发挥 NMOS 器件高速的优点和适用于多电源电路。

双阱 CMOS 工艺是在 P 型高阻衬底材料上同时制作 P 阱和 N 阱,除具备 N 阱 CMOS 工艺的优点外,还有利于 NMOS 管和 PMOS 管的性能匹配,也有利于提高器件密度和抑制有源寄生效应。

CMOS 技术已成为当前超大规模集成电路(VLSI)中的主流技术。世界上各个集成电路制造厂家、各条生产线按照不同需要形成了不同的 CMOS 工艺序列。CMOS 工艺通常按照生产厂家、阱(well)的种类(或工艺类别)、多晶硅(poly-Si)的层数、金属(metal)的层数以及特征尺寸等信息进行标记。

本节以单层多晶双层金属N阱CMOS工艺为代表，并以图2-14所示CMOS单元电路的形成过程为例，介绍CMOS集成电路制造工艺。图2-15给出了工艺主要流程，其中包括的主要环节如下。

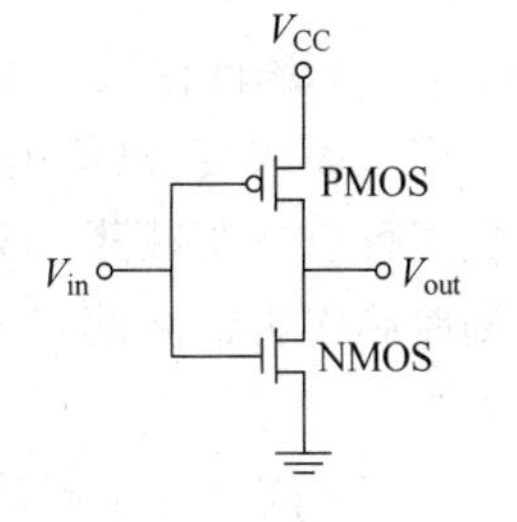

图2-14 CMOS电路

(1) 衬底选择 N阱CMOS工艺选择P型单晶或P^+/P外延片作为衬底，后者有利于抑制闩锁效应(见2.3.3小节)。

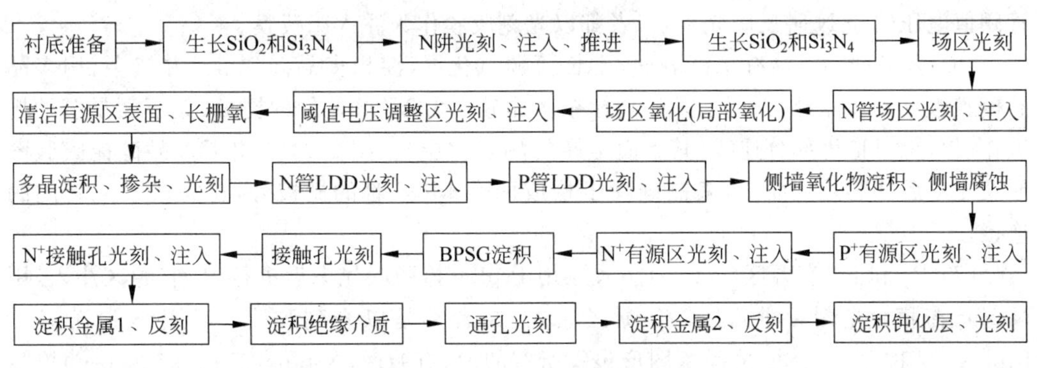

图2-15 单层多晶双层金属N阱CMOS工艺的主要流程

(2) 形成N阱 在P型衬底表面生长较薄的SiO_2膜后再生长Si_3N_4膜，用N阱(N-well)光刻掩膜版在P型衬底上光刻出N阱注入区域，然后进行N阱注入、推进，形成一定深度和浓度的N阱。后续工艺将PMOS管制作在N阱内，而将NMOS管制作在N阱外的P型衬底上。图2-16给出了N阱光刻掩膜版图形及N阱形成后的芯片剖面图。

(3) 场区氧化 清洁表面后重新生长较薄的SiO_2膜和Si_3N_4膜，然后用场区光刻掩膜版——有源区(active，包括芯片上所有的N^+区、P^+区和MOS器件的沟道区)的反版光刻出场区，再进行氧化。由于有源区上面保留有Si_3N_4而不能被氧化，场区上面去除了Si_3N_4而被氧化，因此称为局部氧化(LOCOS)技术。为了提高场开启电压，防止寄生MOS管(见2.3.3小节)开启，场区上的氧化层需要较厚。由于采用了局部氧化技术，场区氧化层一部分在硅衬底表面之下，使得高出表面部分的氧化层台阶变小，提高了金属布线的可靠性。图2-17给出了场区光刻版图形及场区氧化后的芯片剖面图。

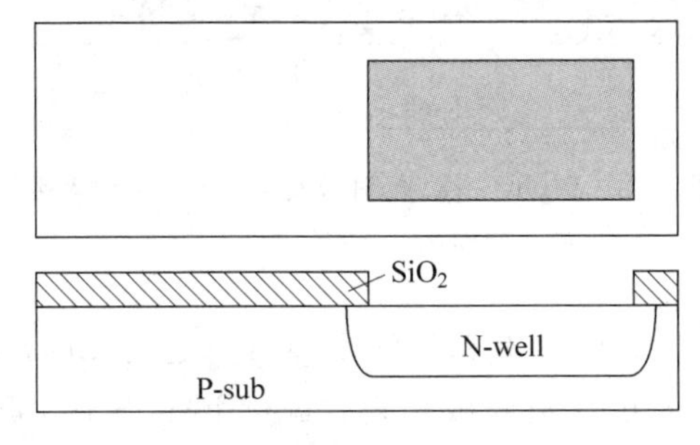

图2-16 N阱光刻版图形和N阱形成后的芯片剖面图

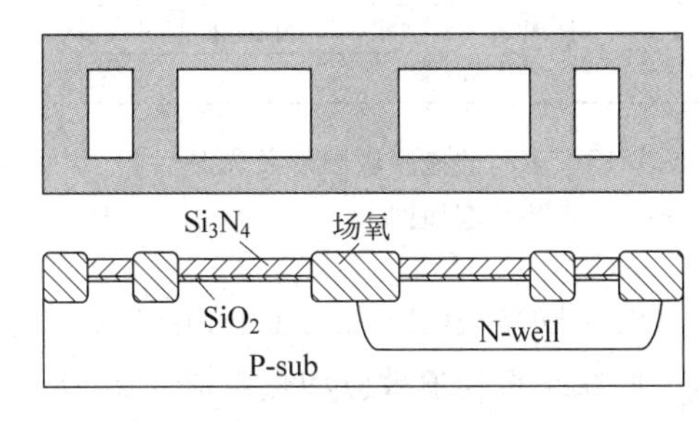

图2-17 场区光刻版图形及场区氧化后的芯片剖面图

(4) 场区注入　通常在场区光刻后、局部氧化前,进行N管场区注入,提高P型场区衬底表面浓度,以便提高P型场区开启电压,既有利于减小表面场区氧化层台阶(场区氧化层可以适当减薄),又有利于抑制闩锁效应。N管场区注入是用N阱反版光刻,仅以光刻胶膜作为遮蔽膜进行注入。如果还需要对P管场区进行注入,则选用N阱版进行光刻。

(5) 阈值电压调整注入　场区氧化后,去除Si_3N_4,通过选择注入来调整MOS管的阈值电压,使之达到设计要求。调整PMOS管阈值电压时用N阱版光刻,调整NMOS管阈值电压时用N阱反版光刻,二者都以光刻胶膜作为注入遮蔽膜。

(6) 多晶硅　清洁有源区表面,生长薄栅氧化层,淀积多晶硅(poly)并掺杂,用多晶硅掩膜版反刻多晶硅,保留下来的高掺杂多晶硅作为MOS器件的栅极(其下面是薄的栅氧化层),也可作为部分连线(其下面是厚的场氧化层)。图2-18给出了多晶硅掩膜版图形及光刻后的芯片剖面图,多晶硅除了构成两个MOS管的栅极外,还完成了二者间的连接。

(7) P^+和N^+有源区(active)注入　用P-plus掩膜版光刻后进行P^+有源区注入,用N-plus掩膜版光刻后进行N^+有源区注入,二者都是以光刻胶膜作为注入遮蔽膜。P-plus(又称P^+-select)掩膜版图形包围所有的P^+有源区,N-plus(又称N^+-select)掩膜版(可以用P-plus版的负版)图形包围所有的N^+有源区。注入时,由于有多晶硅栅遮蔽的有源区区域下面不能注入进去杂质,因而自然形成了MOS管沟道,称之为硅栅自对准。硅栅自对准可以得到精确的沟道尺寸,也减小了寄生电容。图2-19给出了P-plus掩膜版图形及P^+有源区注入后的芯片剖面图,其中同时形成了P-sub(NMOS管衬底)的P^+欧姆接触区和PMOS管的源漏区。图2-20给出了N-plus掩膜版图形及N^+有源区注入后的芯片剖面图,其中同时形成了N-well(PMOS管衬底)的N^+欧姆接触区和NMOS管的源漏区。

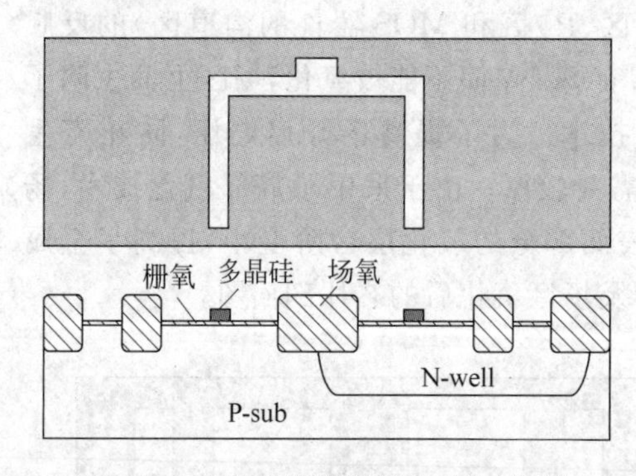

图2-18　多晶硅掩膜版图形及光刻后的芯片剖面图

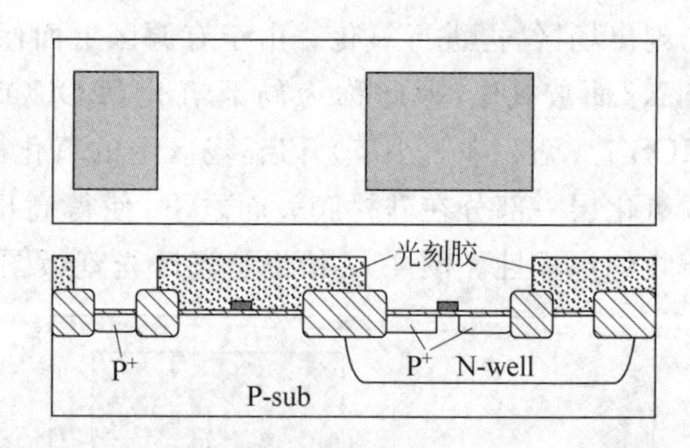

图2-19　P-plus掩膜版图形及P^+有源区注入后的芯片剖面图

(8) LDD(lightly doped drain)注入　在P^+和N^+有源区注入前可以进行LDD注入,以便减小短沟道效应和热载流子效应。用P-plus掩膜版光刻后进行PMOS管LDD注入,用N-plus掩膜版光刻后进行NMOS管LDD注入,都是以光刻胶膜作为注入遮蔽膜。LDD 注入之后，先制作侧墙，然后再进行 P^+（N^+）有源区光刻、注入。图 2-21 给出了有 LDD 注入的 MOS 管剖面图。

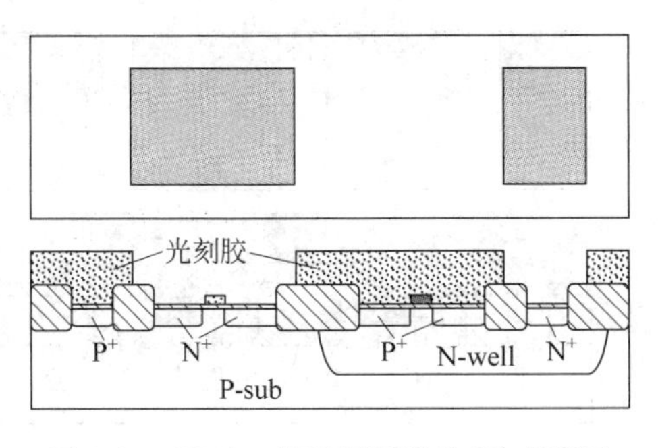

图 2-20 N-plus 掩膜版图形及 N^+ 有源区注入后的芯片剖面图

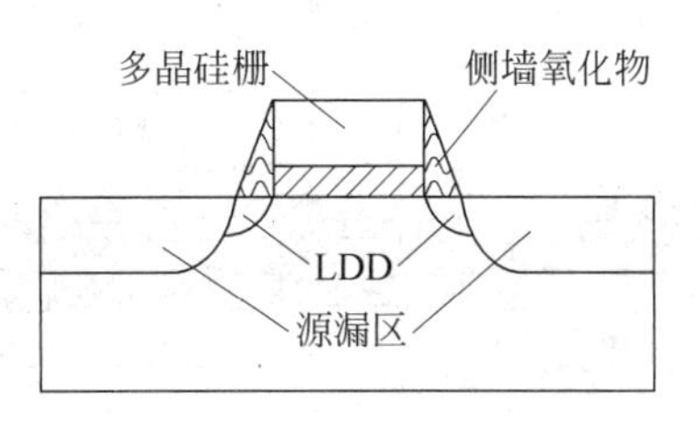

图 2-21 有 LDD 注入的 MOS 管剖面图

(9) 形成接触孔　有源区(active)注入后淀积绝缘膜 BPSG，用接触孔掩膜版(contact)光刻出金属 1 与有源区、多晶硅的接触孔，然后用回流技术使台阶变得圆缓，提高金属连线可靠性。通常在回流之前，用 N-plus 掩膜版光刻后对接触孔进行 N^+ 注入，用 P-plus 掩膜版光刻后对接触孔进行 P^+ 注入，目的是改善有源区接触孔特性。图 2-22 给出了接触孔掩膜版图形及接触孔扩散后的芯片剖面图，其中除多晶硅连线上形成一个引线孔外，其他每个扩散区域上形成两个引线孔。

(10) 形成金属 1 连线　淀积金属膜，用金属 1 掩膜版(metal1)反刻金属 1，形成金属 1 与有源区、多晶硅的连线。图 2-23 给出了金属 1 掩膜版图形及反刻金属 1 后的芯片剖面图，其中除了完成同一区域两个引线孔的连接外，还完成了 NMOS 管的源极与其衬底 P-sub 的连接(接地)、PMOS 管的源极与其衬底 N-well 的连接(接电源)、NMOS 管漏极与 PMOS 管漏极的连接(输出 V_{out})以及多晶硅栅极的引出(输入 V_{in}，剖面图中未体现)。

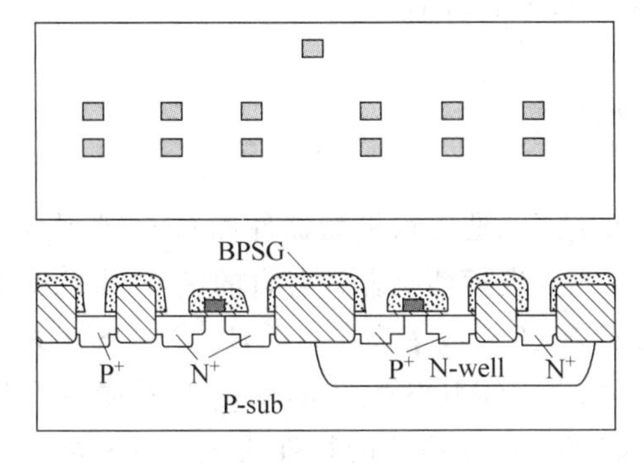

图 2-22 接触孔掩膜版图形及接触孔扩散后的芯片剖面图

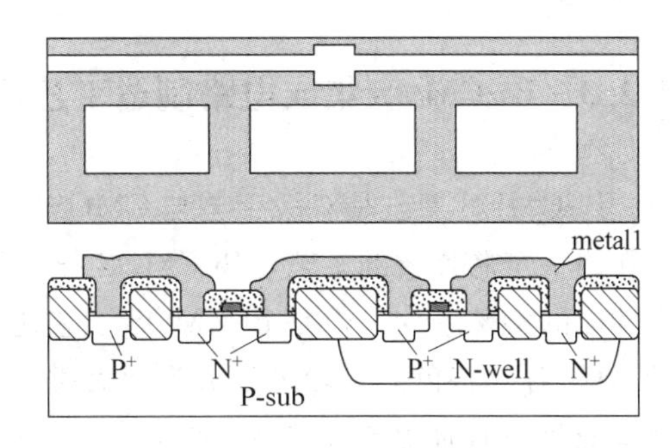

图 2-23 金属 1 掩膜版图形及金属 1 反刻后的芯片剖面图

(11) 形成通孔　淀积绝缘膜，用通孔掩膜版(via)光刻出金属 2 与金属 1 的接触孔。图 2-24 给出了通孔掩膜版图形及通孔制作后的芯片剖面图。

(12) 形成金属 2 连线　淀积金属膜，用金属 2 掩膜版(metal2)反刻金属 2，完成金属

2与金属1的连线。图2-25给出了金属2掩膜版图形及金属2反刻后的芯片剖面图,金属2分别将电路的电源、地和输出端引出。

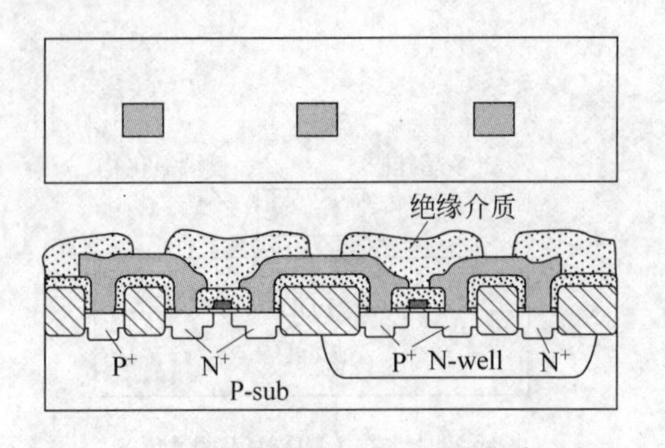

图2-24 通孔掩膜版图形及通孔制作后的芯片剖面图

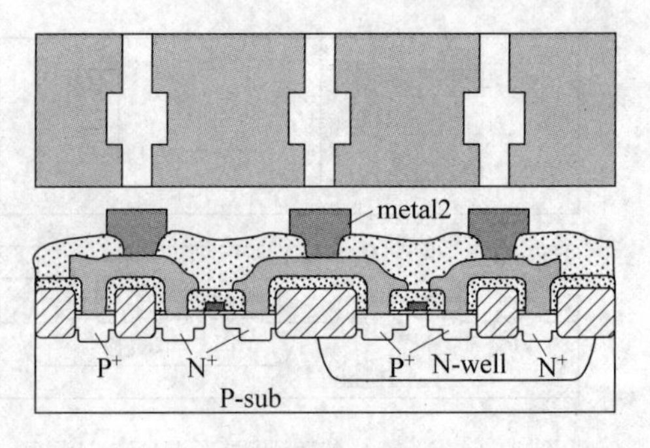

图2-25 金属2掩膜版图形及金属2反刻后的芯片剖面图

(13) 形成压焊窗口　淀积钝化膜后,用钝化窗口光刻版(pad)光刻出压焊窗口。

图2-26给出了图2-14所示电路的复合版图(图中未给出通孔、金属2和钝化窗口的图形)。上述制作过程中所用到的光刻掩膜版就是依据版图中相关图层制作的。

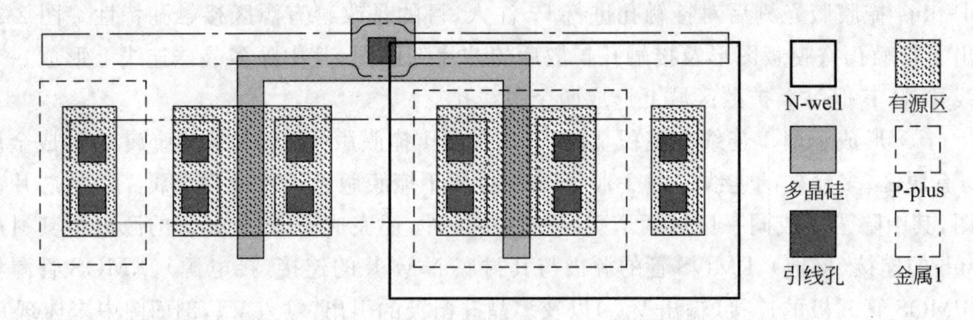

图2-26 图2-14所示单元电路的版图

2.2.3 Bi-CMOS集成电路制造工艺简介

Bi-CMOS工艺是双极工艺与CMOS工艺的结合,是将双极型器件和CMOS器件制作在同一个芯片上的工艺。Bi-CMOS技术可以充分发挥两类器件各自的优点,由此得到高性能的特殊芯片。但是Bi-CMOS工艺比较复杂,工艺成本高。目前,Bi-CMOS工艺多种多样,各具特色。一般可以分为两大类:一类是在CMOS工艺的基础上增加一些形成双极型器件而必要的工艺,此类工艺是以保证CMOS器件的特性为主;另一类是在双极工艺的基础上增加一些形成CMOS器件而必要的工艺,此类工艺是以双极型器件为主。

图2-27给出了一种以N阱CMOS工艺为基础的Bi-CMOS工艺形成的主要器件结构剖面图。它采用了P^+/P外延片,有利于抑制闩锁效应;N-well一方面作为PMOS的衬底,另一方面作为双极型器件的隔离岛;在生长外延之前增加了一次N^+埋层,一方面

为了减小 NPN 管的集电极串联电阻和寄生 PNP 管效应，同时也有利于抑制闩锁效应；在 N-well 制作之后增加了一次硼扩散(P)作为 NPN 管的基区。

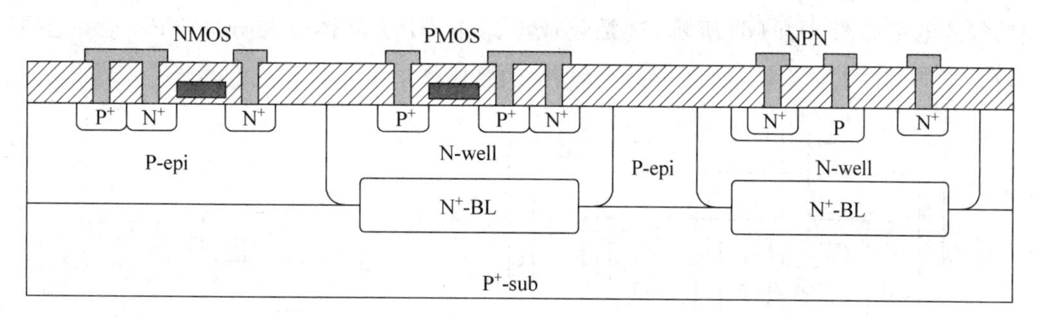

图 2-27 以 N 阱 CMOS 工艺为基础的 Bi-CMOS 工艺形成的主要器件结构剖面图

图 2-28 给出了一种以双极型工艺为基础的 Bi-CMOS 工艺形成的主要器件结构剖面图。它是在典型 PN 结隔离工艺基础上，增加了深磷扩散，进一步降低外延层引出电极的串联电阻；增加了 P 阱和多晶硅工艺，以便实现 MOS 器件的制作；增加了下隔离扩散工艺，即采用了对通隔离技术，减小了隔离横向扩散对芯片面积的影响；利用对通隔离技术实现了 P^+ 埋层，提高了 P 阱电位的均匀性，有利于抑制闩锁效应，而且还提高了衬底 PNP 管等相关器件的特性。

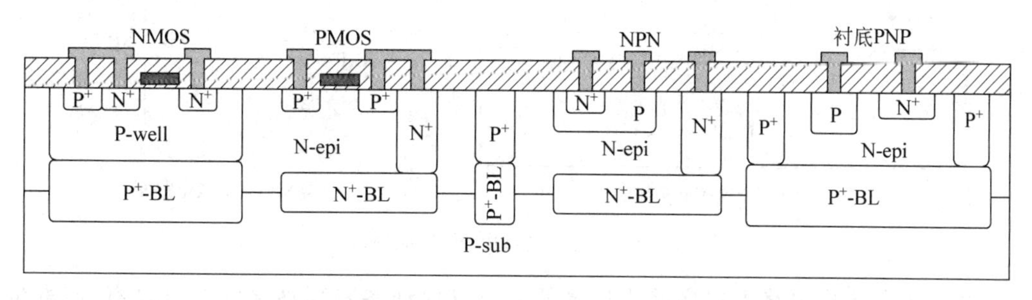

图 2-28 以双极型工艺为基础的 Bi-CMOS 工艺形成的主要器件结构剖面图

2.3 集成电路中的元件

集成电路是将多个器件及其之间的连线制作在同一个基片上，使器件的结构与分立器件有所不同，存在寄生效应，即产生了寄生的有源器件和无源器件。寄生效应对电路的性能有一定的影响。本节将介绍集成电路中常用元件的结构及其寄生效应，以便在进行集成电路设计时考虑如何减小、消除乃至利用寄生效应。

2.3.1 NPN 晶体管及其寄生效应

1. NPN 晶体管的结构及其有源寄生

集成电路中 NPN 晶体管的基本图形和剖面结构分别如图 2-29(a)和(b) 所示，实际上它属于四层三结结构器件，其等效结构如图 2-29(c)所示。与分立 NPN 晶体管相比，增加了一层(P 型衬底层)一结(C-S 结，又称隔离结或衬底结)，由此产生了一个寄生 PNP 管，等效电路如图 2-29(d)所示，这是集成电路中 NPN 晶体管与分立 NPN 管的主要差别。

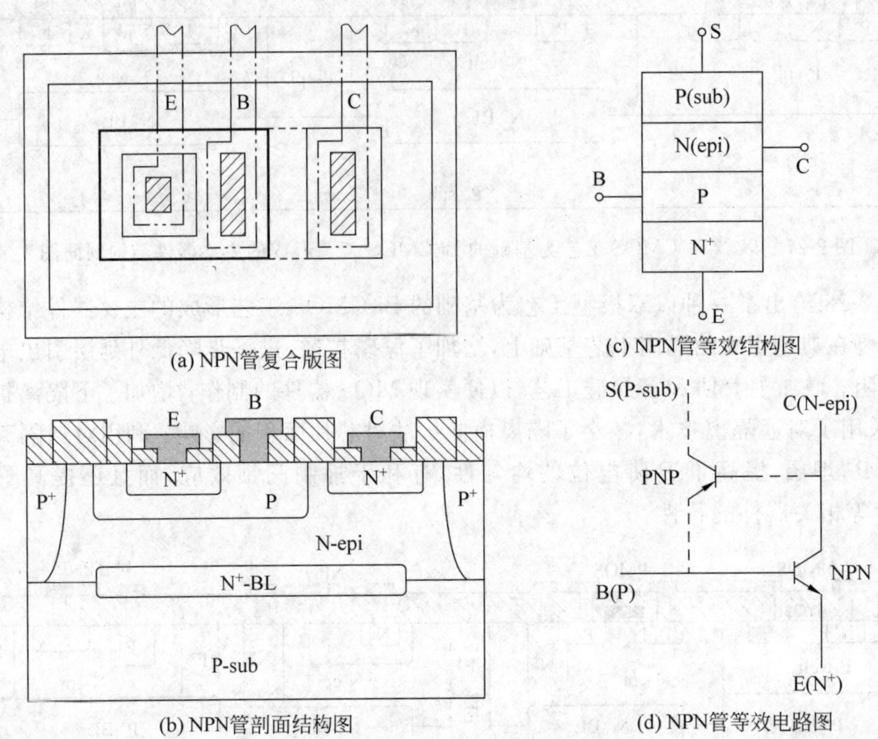

图 2-29　集成电路中 NPN 晶体管

由于实际集成电路中衬底始终接最低电位以保证各隔离岛之间的电隔离，使寄生 PNP 管的集电结(C-S 结)总是反偏的。当 NPN 管处于正向放大区或截止区时，NPN 管的集电结即寄生 PNP 管的发射结处于反偏状态，因此这时寄生 PNP 管是截止的。而当 NPN 管处于反向放大区或饱和区时，NPN 管的集电结即寄生 PNP 管的发射结将处于正偏状态，这时寄生 PNP 管是正向导通的，将有电流通过寄生 PNP 管流入衬底而影响 NPN 管的正常工作。

减小寄生 PNP 管效应的有效措施是增设 N^+ 埋层，一方面是由于增设 N^+ 埋层使寄生 PNP 管的基区向 P 衬底延伸，增加了寄生 PNP 管的基区宽度；另一方面是 N^+ 埋层在外延层中的上扩形成的杂质浓度梯度产生了一个自建电场，即在寄生 PNP 管的基区形成了一个减速场。N^+ 埋层的这两种作用都大大减小了寄生 PNP 管的 β 值，使它对 NPN 晶体管的影响可以被忽略。

2. NPN 晶体管的无源寄生

实际晶体管中存在寄生的电极串联电阻和寄生的 PN 结电容，称之为无源寄生效应，它们对晶体管的工作会产生影响。

发射极串联电阻由两部分组成。一部分是金属电极与硅的接触电阻，另一部分是电极接触到发射结间的发射区电阻，两部分电阻都较小，在小电流情况下一般可以忽略。

基极串联电阻和集电极串联电阻的组成如图 2-30 所示。基极串联电阻一般分为内基区电阻和外基区电阻。内基区电阻 r_{B1} 是指发射区下面那部分基区电阻，外基区电阻 r_{B2} 是指基区电极与内基区之间的基区电阻（包括金属电极与硅的接触电阻）。基极串联电阻相对较大，对高频增益和噪声性能有较大影响，且在大注入情况下会引起发射极电流集边效应。

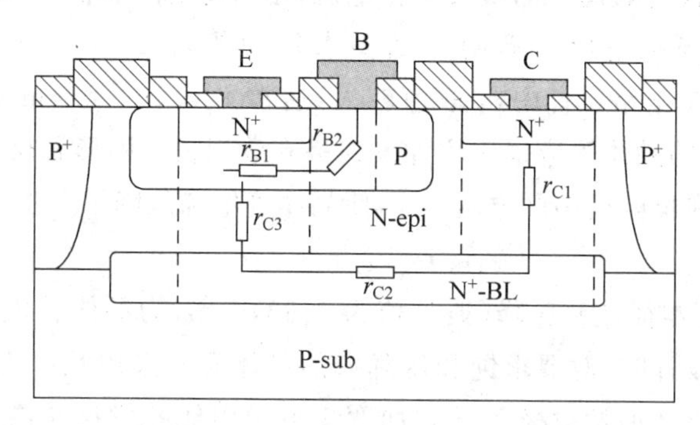

图 2-30 基极和集电极串联电阻的组成

集成 NPN 管的集电极是从上表面引出的，因为低掺杂的外延层与金属电极直接接触会形成金-半接触势垒二极管，会严重影响集电极特性，所以集电极接触孔处与发射区同时进行 N^+ 磷扩散，形成良好的欧姆接触。忽略金属电极与硅的接触电阻和 N^+ 磷扩散电阻，集电极串联电阻主要由纵向的外延层电阻 r_{C1}、r_{C3} 和横向的 N^+ 埋层电阻 r_{C2} 组成。N^+ 埋层电阻较小，对较大的横向外延层电阻起到了旁路作用，大大减小了集电极串联电阻。

与分立 NPN 管相比，集成 NPN 管的集电极电流流经的路径较长，且横截面积小，集电极串联电阻大于分立 NPN 管的集电极串联电阻。目前工艺一般增加一次 N^+ 深磷扩散（在集电极接触孔下面，如图 2-31 所示），进一步减小集电极串联电阻。

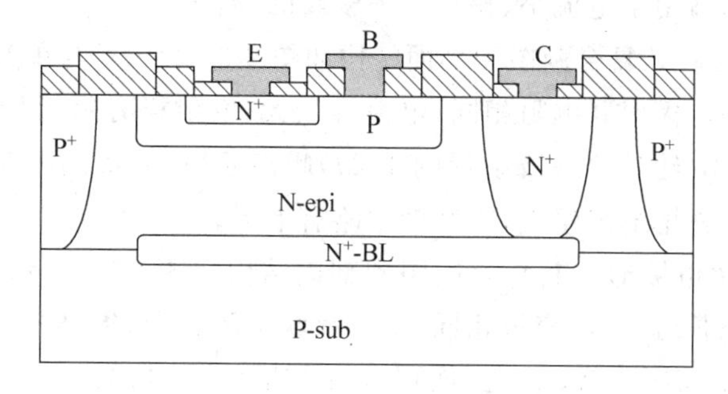

图 2-31 有深 N^+ 集电极接触扩散的 NPN 管

集成 NPN 管寄生电容包括 PN 结势垒电容、PN 结扩散电容以及电极连线电容，它们会使管子的高频特性和开关特性变坏。与分立 NPN 管相比，集成 NPN 管多了一个并接在 NPN 管集电极与最低电位之间的隔离结(CS 结)电容,该结面积大,因此寄生电容比较大。

3. NPN 晶体管常用图形

由晶体管原理知识可知,NPN 晶体管的发射极"电流集边"效应使晶体管的最大工作电流 I_{Emax} 正比于有效发射极周长 $L_{\mathrm{E\text{-}eff}}$(基区引线孔对着的发射区边长),即有

$$I_{\mathrm{Emax}} = aL_{\mathrm{E\text{-}eff}} \tag{2-2}$$

式中,a 为单位发射极有效周长的最大工作电流,是一定的经验值。"电流集边"效应会使晶体管 β 值下降。模拟电路一般对 β 值要求较为严格,a 取值较小,通常为 0.04～0.16mA/μm;而逻辑电路设计中,a 取值较大,通常为 0.16～0.4mA/μm。在版图设计时,对工作电流较大的晶体管应采用增加发射极有效周长的图形和尺寸。

由于晶体管存在集电极串联电阻 r_{CES},使晶体管饱和压降 V_{CES} 提高,即有

$$V_{\mathrm{CES}} = V_{\mathrm{CESO}} + I_{\mathrm{C}} r_{\mathrm{CES}} \tag{2-3}$$

式中,V_{CESO} 为晶体管本征饱和压降(典型值为 0.1V);I_{C} 为晶体管饱和工作时的集电极电流。因此在版图设计时,对要求饱和压降低的晶体管应采用减小集电极串联电阻 r_{CES} 的图形和尺寸。适当增加发射极条长和加宽集电极引线孔宽度是减小集电极串联电阻的有效途径。

另外,在版图设计时,对要求特征频率较高的晶体管应采用较小面积的晶体管图形和尺寸,以降低寄生电容;对要求噪声系数低、最高振荡频率高的晶体管应采用基极串联电阻小的图形和尺寸。

NPN 晶体管常用的图形结构有以下几种:

(1) 单基极条形　其复合版图和剖面结构如图 2-29(a)和(b)所示。集电极的电极位置可以根据布局布线的需要在基区的四周适当选取,位置的变化会使集电极寄生串联电阻、隔离结面积略有差异。这种结构的特点是结构简单、面积小、寄生电容小,可设计成最小面积的晶体管;但是,电流容量小(发射极有效周长为发射区条的长度),基极、集电极串联电阻都较大,适用于电流小、特征频率较高的场合。

(2) 双基极条形　其复合版图和剖面结构如图 2-32 所示。与单基极条形相比,在相同发射极条长时,集电极串联电阻相同,电流容量大(发射极有效周长为发射区条长的 2 倍),基极串联电阻小(约是单基极条形的 1/2),噪声系数小,最高振荡频率高。但是,由于面积略有增加,使寄生电容略大,特征频率略有下降。

(3) 双基极双集电极形　其复合版图和剖面结构如图 2-33 所示。与双基极条形相比,在相同发射极条长时,电流容量相同,基极串联电阻相同,集电极串联电阻小(约是双基极条形的 1/2),饱和压降低;但是,面积增加使寄生电容增大。

(4) 双发射极双集电极形　其复合版图和剖面结构如图 2-34 所示,与双基极双集电极形相比,在相同发射极条长时,电流容量相同,基极串联电阻相同,集电极串联电阻更小(集电极电流流经的路径短);但是,面积又有所增加,使寄生电容增大。

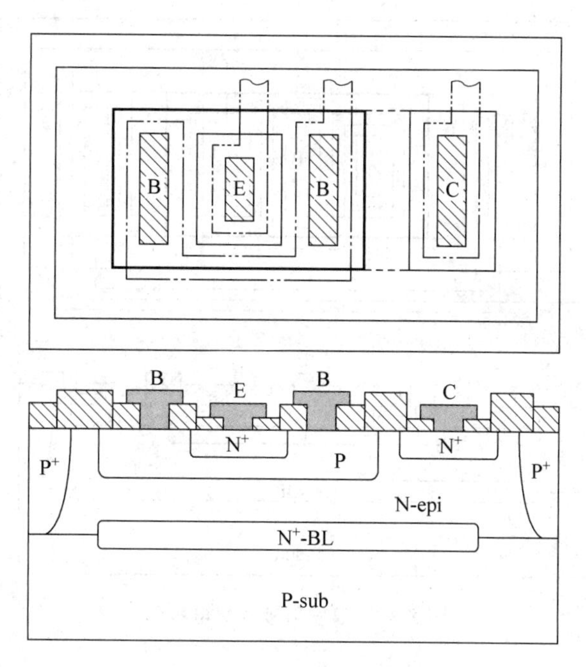

图 2-32　双基极条形 NPN 管

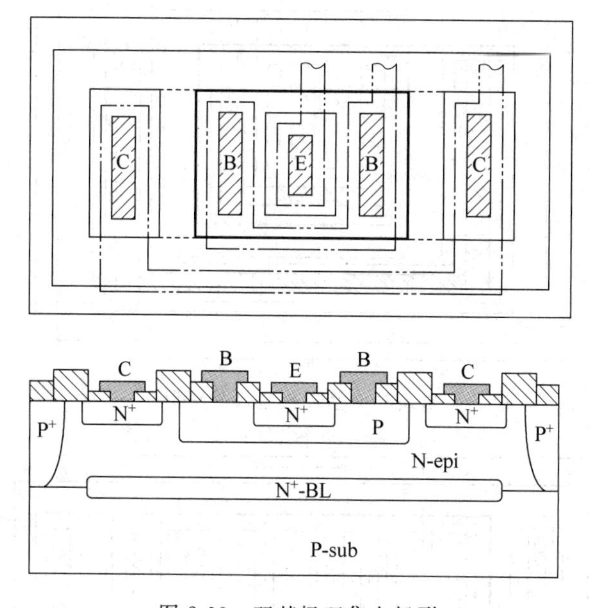

图 2-33　双基极双集电极形

(5) 马蹄形　图 2-35 给出了基极集电极马蹄形(U 形)NPN 晶体管的复合版图,它源于双基极双集电极形,其主要特点是集电极串联电阻更小,但是面积都明显增大。

(6) 梳状结构　其复合版图如图 2-36 所示,它源于基极集电极马蹄形,其主要特点是具有大的电流容量。通常基极和发射极可以都采用多直条形而集电极采用 U 形。

输出驱动器件往往要求工作电流较大,通常选用图 2-33～图 2-36 四种图形结构。

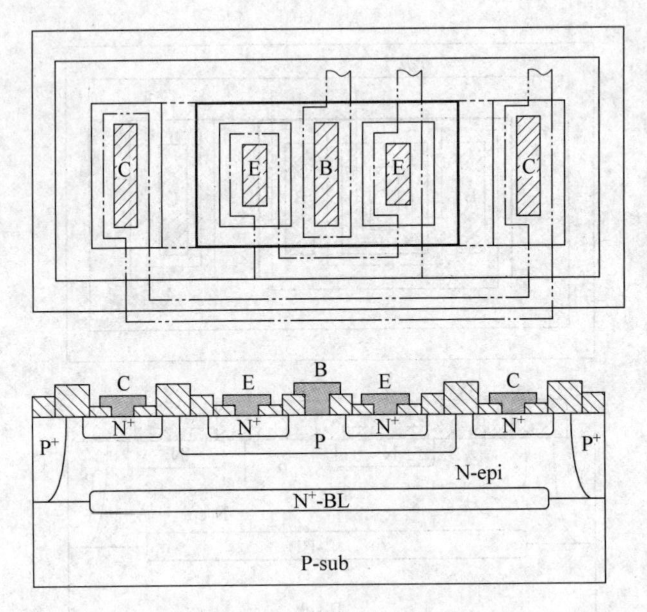

图 2-34 双发射极双集电极形

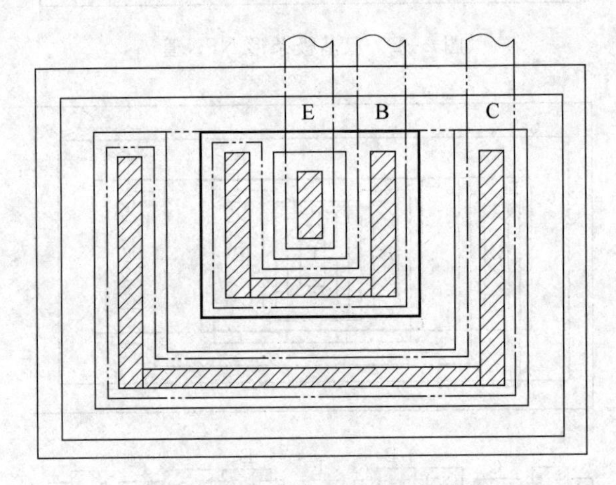

图 2-35 基极集电极马蹄形

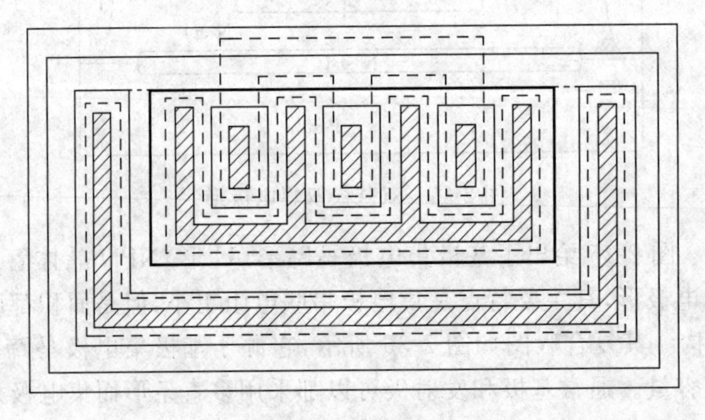

图 2-36 梳状结构

4. 超增益 NPN 晶体管

典型 PN 结隔离工艺是一种基础工艺，主要兼顾电路中的大多数器件（如前面介绍的普通 NPN 管和后面介绍的普通 PNP 管等）的需求。而对电路中需求的特殊器件就需要通过增加特殊工艺步骤去实现，例如本小节介绍的超增益（高增益）NPN 管和后面 2.3.5 小节介绍的隐埋齐纳二极管等。

根据晶体管原理可知，提高 NPN 管增益的途径主要有提高发射区浓度、降低基区浓度、减薄基区宽度等。而实际中一般采用后两种途径，因为一般工艺中的发射区浓度都较高。具体做法是在基本工艺中增加一次超增益 NPN 管 N^+ 发射区扩散或者增加一次超增益 NPN 管基区扩散，一般称之为“双磷扩散”或“双硼扩散”。同时还增加 N^+ 深磷扩散来减小集电极串联电阻。

图 2-37 给出了“双磷扩散”工艺下形成的普通 NPN 管和超增益 NPN 管的器件结构。N^+(2)是增加的超增益 NPN 管发射区扩散，它比普通 NPN 管发射区扩散 N^+(1)的结深要深，目的是使超增益 NPN 管基区宽度变小且内基区杂质浓度变低（基区扩散在纵向存在浓度差），因而增益得到很大提高。

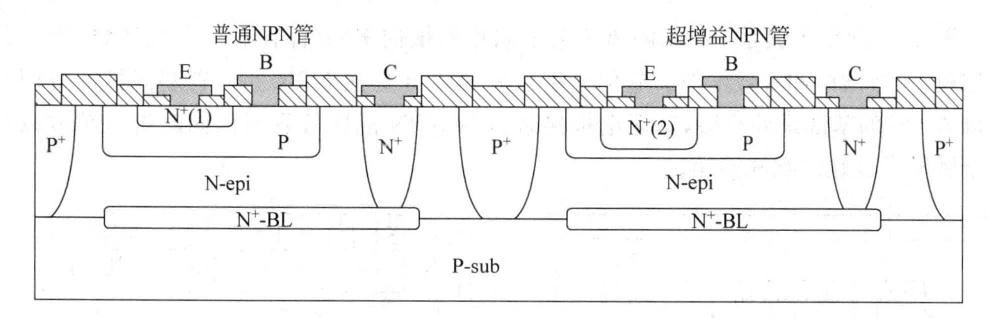

图 2-37 “双磷扩散”形成的器件结构

图 2-38 给出了“双硼扩散”工艺形成的普通 NPN 管和超增益 NPN 管的器件结构。P(2)是增加的超增益 NPN 管基区扩散，它比普通 NPN 管基区扩散 P(1)的结深要浅并且浓度低，使晶体管增益得到很大提高。由于 P(2)的杂质浓度低，使基极串联电阻增大，且与金属接触时易形成整流接触，因此，在基极接触孔处以及外基区的周边与普通 NPN 管基区同时进行 P(1)扩散，可以避免基区电极形成整流接触和减小基极串联电阻。

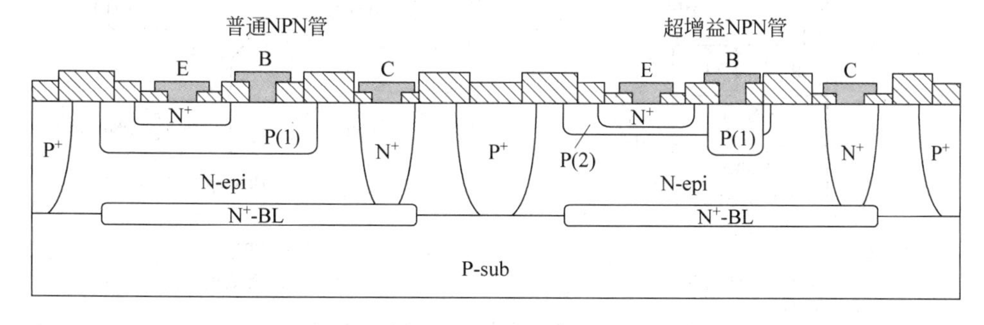

图 2-38 “双硼扩散”形成的器件结构

超增益 NPN 管的发射区一般设计成圆形，如图 2-39 所示，以获得最小周长，减小表面态对发射结的影响。超增益 NPN 管在应用时应使其集电结接近"0"偏压，以防超增益 NPN 管被击穿，同时减小基区宽度调变效应的影响。

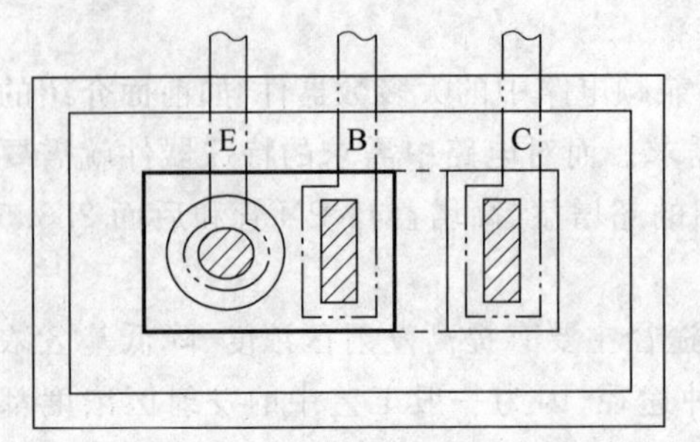

图 2-39　超增益 NPN 管复合版图

2.3.2　PNP 晶体管及其寄生效应

集成电路中的 PNP 管一般都是在与主要器件(NPN 管或 MOS 管)制造工艺兼容情况下制造的，因而制得的 PNP 管 β 和 f_T 值低。但是，在集成电路的某些结构中使用 PNP 管可以使电路特性得到很大改善。常用的 PNP 管主要有横向 PNP 管和纵向衬底 PNP 管。

1. 横向 PNP 晶体管

图 2-40 给出了典型 PN 结隔离工艺下制作的横向 PNP 晶体管的平面图(版图)、剖面结构、等效结构和等效电路。它的发射区和集电区是在 NPN 晶体管基区扩散时同时形成的；它的基区是外延层，基区电极接触区与 NPN 晶体管发射区同时进行扩散以便与金属形成良好的欧姆接触。

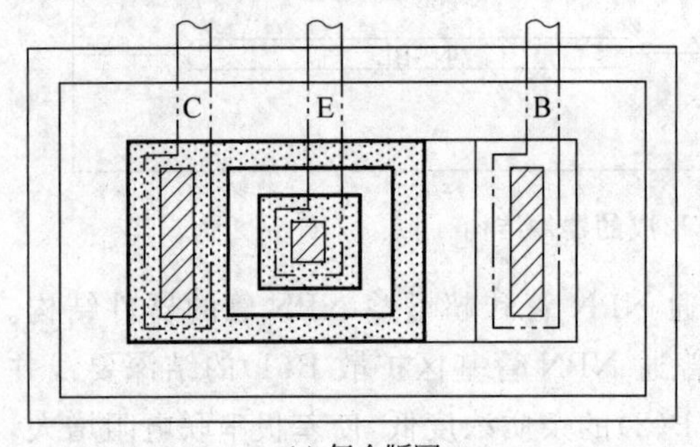

(a) 复合版图

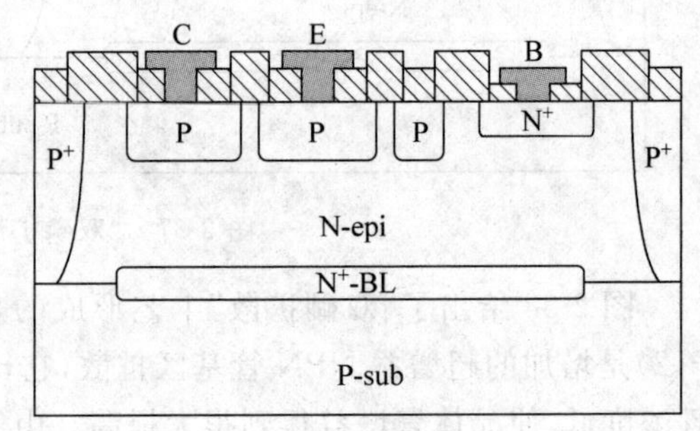

(b) 剖面结构图

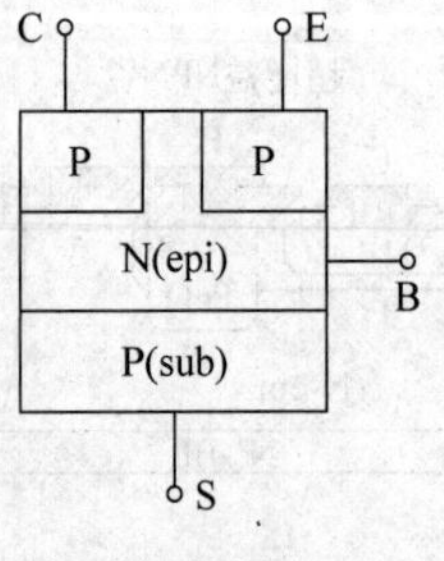

(c) 等效结构图

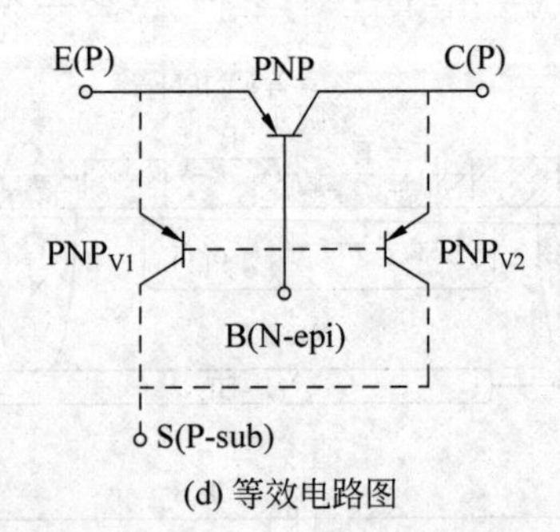

(d) 等效电路图

图 2-40　集成电路中横向 PNP 晶体管

横向 PNP 晶体管是利用其发射区的侧向注入，由于其发射区浓度低、基区宽度大、空穴扩散系数小、基极串联电阻大、表面复合影响大等因素使得其 β 小、f_T 低、大注入特性差。

从图 2-40 中还可以看到，横向 PNP 管有两个寄生的 PNP 管：一个是由基区扩散 P(横向 PNP 管的发射区)、外延层 N-epi 和衬底 P-sub 组成的 PNP_{V1}，另一个是由基区扩散 P(横向 PNP 管的集电区)、外延层 N-epi 和衬底 P-sub 组成的 PNP_{V2}。当横向 PNP 管处于正向工作区，即横向 PNP 管的 BE 结正偏、BC 结反偏，而 P-sub 始终接最低电位，因此 PNP_{V2} 处于截止区，PNP_{V1} 处于正向工作区。同理可知，当横向 PNP 管反向工作时，PNP_{V2} 导通，PNP_{V1} 截止；当横向 PNP 管饱和工作时，PNP_{V1} 和 PNP_{V2} 都导通。可见，这三种情况下，横向 PNP 管的特性都会受寄生 PNP 管影响。

N^+ 埋层是减小寄生 PNP 管影响的有效措施，同时减小了横向 PNP 管的基极串联电阻(原理见 2.3.1 小节)。

横向 PNP 管一般设计成集电区包围发射区，其目的是为了使集电极尽可能多地收集从发射区侧向注入的空穴。而且为了减小发射区的纵向注入，提高横向与纵向的注入比，一般将发射区设计成最小面积的正方形。如果设计成图 2-41 所示的圆形结构还可以减小表面复合的影响，获得均匀的基区宽度，并可以提高击穿电压。

横向 PNP 晶体管大电流特性较差，所以承受较大电流的横向 PNP 晶体管一般采用多个同样小尺寸的横向 PNP 管并联等效为一个横向 PNP 管的结构。如图 2-42 所示为由 3 个横向 PNP 管在同一个隔离区中组成的一个等效横向 PNP 管的结构。

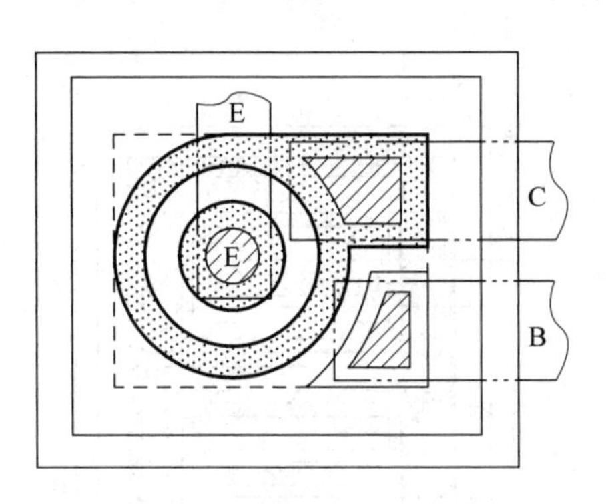

图 2-41　圆形横向 PNP 管

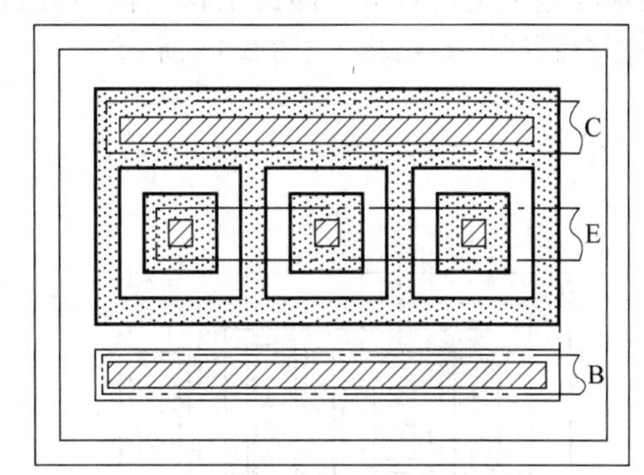

图 2-42　横向 PNP 管并联

图 2-43 是多集电极形式的横向 PNP 管，由于集电区和发射区是同一次扩散形成的，结深相同，如果各集电区到发射区距离相等且各集电结反偏压相等，则各集电极的电流正比于所对应的有效集电区侧面积(或各集电极对应的有效发射区周长)。如果各集电结反偏压不等，比值会稍有不同。这种结构的横向 PNP 管提供了一种集电极电流分配方法，在模拟集成电路中经常用到。

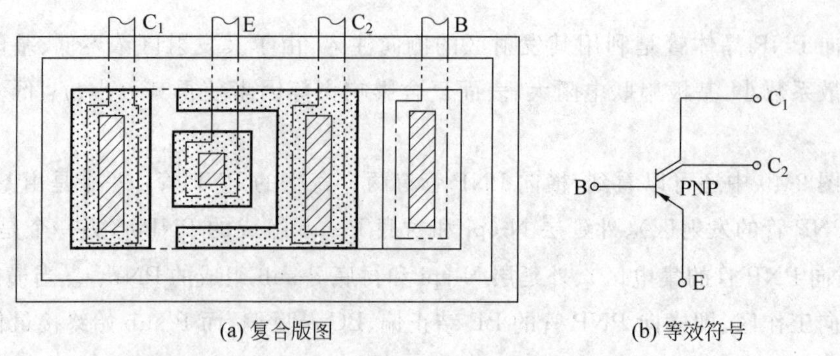

(a) 复合版图　　(b) 等效符号

图 2-43　多集电极横向 PNP 管版图及等效符号

2. 衬底 PNP 晶体管

图 2-44 给出典型 PN 结隔离工艺下制作的衬底 PNP 晶体管的结构,它的发射区是在 NPN 管基区 P 扩散时同时形成的,N 外延层作为基区,P 型衬底作为集电区。实际上就是前面所提到的由基区扩散区、外延层和衬底构成的寄生 PNP 晶体管结构。由于是有意要制作衬底 PNP 管,因此不能使用 N^+ 埋层,但是可以增设 P^+ 埋层来提高它的特性。

衬底 PNP 管基区(外延层)表面与 NPN 管发射区同时进行 N^+ 扩散,而且让 N^+ 扩散与 P 扩散有一个交叠区,以便在减小基极串联电阻和形成良好的欧姆接触电极的同时,减小表面态对其发射结的影响。

衬底 PNP 管集电极是 P 衬底,始终接电路最低电位(可以不引出),因此衬底 PNP 管的应用受到限制。

典型 PN 结隔离工艺由于外延层掺杂浓度低,衬底 PNP 管的基区电阻较大,容易发生发射极电流集边效应。因此工作电流不宜过大。需要承受大电流时可以采用多发射极条形(梳状结构)结构,如图 2-45 所示。

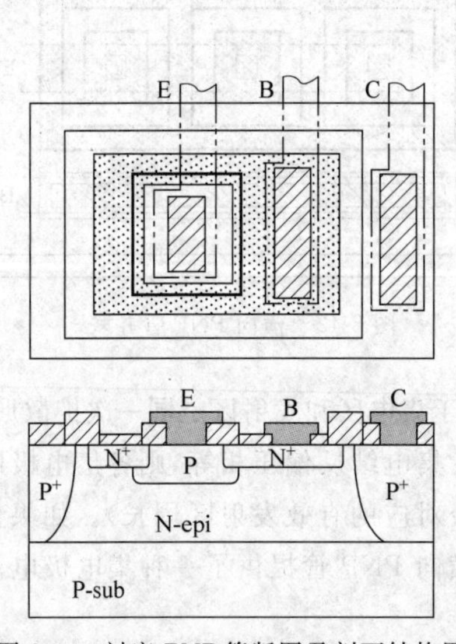

图 2-44　衬底 PNP 管版图及剖面结构图

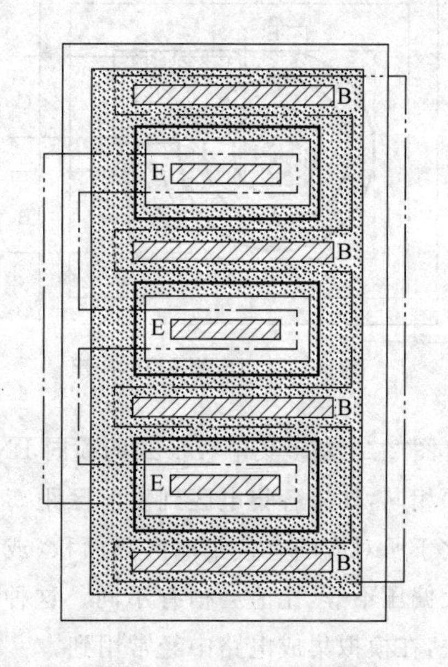

图 2-45　大电流衬底 PNP 管

利用N阱CMOS工艺也可以制作类似衬底PNP的晶体管，而不需要增加工艺，如图2-46所示。P^+源漏注入区作为发射区，N阱作为基区，P衬底作为集电区（接最低电位），其基极接触区和集电极接触区分别与N^+、P^+源漏同时进行注入，以便与金属形成良好的欧姆接触，并采用环形结构，以便减小电极串联电阻。这种结构的PNP管通常在CMOS模拟集成电路如带隙基准源等电路中会用到。

2.3.3 MOS晶体管及其寄生效应

1. MOS晶体管

目前集成电路中的MOS晶体管多采用硅栅工艺制作，其结构如图2-47所示，形成过程参见2.2.2节。高掺杂的多晶硅是MOS管的栅极G，栅极两侧的N^+(P^+)有源区就是MOS管的源极S和漏极D(S与D可以互换)。如果有源区是N^+型，衬底是P型，则是NMOS管；如果有源区是P^+型，衬底是N型，则是PMOS管。对于N阱CMOS工艺来说，PMOS管制作在N阱中，N阱作为PMOS管的衬底。版图中多晶硅与有源区相交叠的区域是MOS管的沟道区，交叠区域多晶硅的宽度L为MOS管的沟道长度（平行于电流流动方向），交叠区域有源区的宽度W为MOS管的沟道宽度（垂直于电流流动方向）。

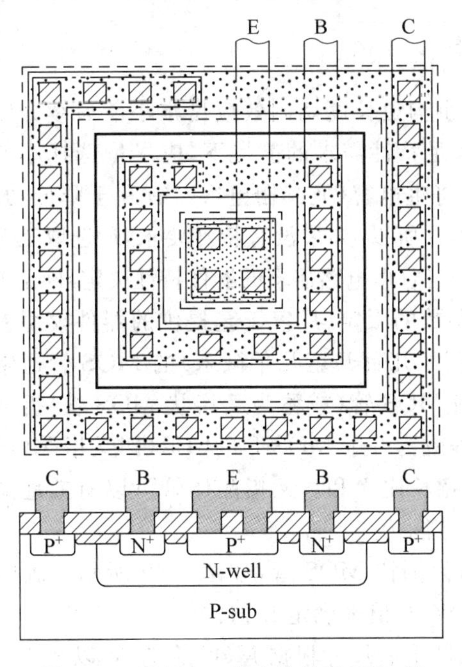

图2-46 CMOS工艺中的衬底PNP管

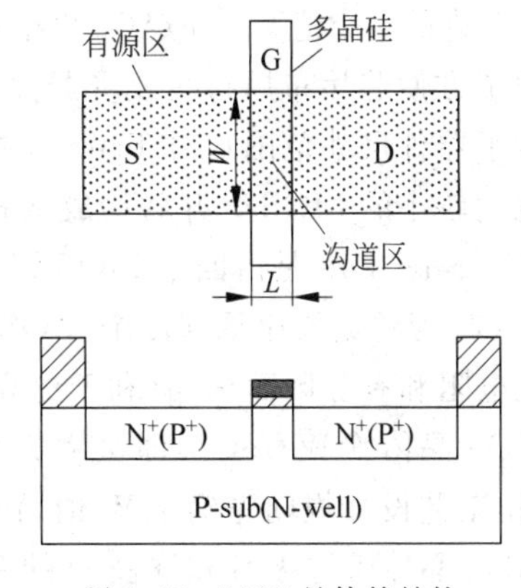

图2-47 MOS晶体管结构

NMOS管的漏源电流公式为

非饱和区（线性区）：

$$I_{DS}=\frac{\mu_n\varepsilon_0\varepsilon_{ox}}{t_{ox}}\frac{W}{L}\left[(V_{GS}-V_{TH})V_{DS}-\frac{1}{2}V_{DS}^2\right] \tag{2-4}$$

饱和区：

$$I_{DS}=\frac{\mu_n\varepsilon_0\varepsilon_{ox}}{2t_{ox}}\frac{W}{L}(V_{GS}-V_{TH})^2 \tag{2-5}$$

截止区：

$$I_{DS}=0 \tag{2-6}$$

PMOS管的漏源电流公式为

非饱和区(线性区)：

$$I_{DS}=-\frac{\mu_p\varepsilon_0\varepsilon_{ox}}{t_{ox}}\frac{W}{L}\left[(V_{GS}-V_{TH})V_{DS}-\frac{1}{2}V_{DS}^2\right] \tag{2-7}$$

饱和区：

$$I_{DS}=-\frac{\mu_p\varepsilon_0\varepsilon_{ox}}{2t_{ox}}\frac{W}{L}(V_{GS}-V_{TH})^2 \tag{2-8}$$

截止区：

$$I_{DS}=0 \tag{2-9}$$

可见,MOS晶体管沟道的宽长比W/L控制着其导通时漏源电流的大小。通常$W/L>1$,即$W>L$,版图设计时应先确定L值。对于工作电压较高的器件,由于受源漏穿透电压BV_{DS}的限制,L的选取应满足

$$L>\sqrt{\frac{2\varepsilon_0\varepsilon_{si}}{qN_{sub}}\cdot|BV_{DS}|} \tag{2-10}$$

对于电流源等模拟电路,L取值时应考虑减小沟道长度调制效应见本小节后续介绍的影响,适当加大L有利于稳定工作电流。在满足特性需求的前提下,应尽量选择小的沟道长度,有利于提高跨导、减小器件尺寸、减小寄生电容(尤其栅电容),有利于降低功耗、提高速度、提高集成度、提高成品率和降低成本。所以,如果没有特殊要求,L选取工艺设计规则中允许的最小值。L确定后,再根据W/L值(由电路需求的器件特性决定)确定W。

为了方便芯片布局布线或受器件模型参数的限定(厂家工艺提供的器件模型参数一般限定了器件尺寸范围),对于W非常大(例如几百乃至几千微米)的MOS管通常采用多个宽度较小的MOS管并联构成的梳状栅MOS管(或称为叉指状MOS管,折叠结构MOS管)。图2-48是由四个MOS管并联等效为一个MOS管的图形(四叉指MOS管),等效MOS管的宽长比是这四个MOS管的宽长比之和。叉指晶体管可以有效地减小栅极串联电阻和有源区面积,有利于提高器件性能。

MOS晶体管$W/L<1$,即$W<L$时,称为倒比MOS管,如图2-49所示。版图设计时,根据工艺设计规则先确定W值,再根据W/L值来确定L值。

MOS晶体管源极S和漏极D的有源区图形和尺寸根据MOS管的W以及相关几何设计规则如最小引线孔尺寸、引线孔距沟道最小距离、有源区与引线孔最小套刻距离等来确定。

MOS管属于四端器件,即有源极、漏极、栅极和衬底,当源极与衬底之间存在反偏压V_{BS}时,MOS管的阈值电压V_T值会增大(PMOS的V_T为负值,是绝对值增大),称之为衬底偏置效应,又称做体效应。衬底偏置效应引起阈值电压的变化量

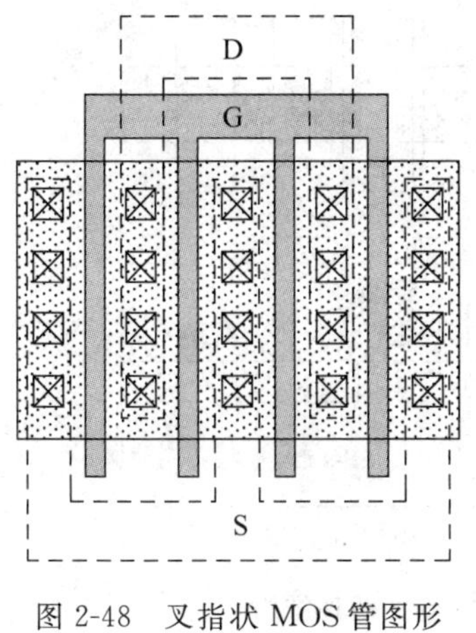

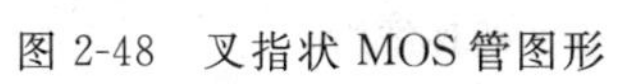
图 2-48 叉指状 MOS 管图形

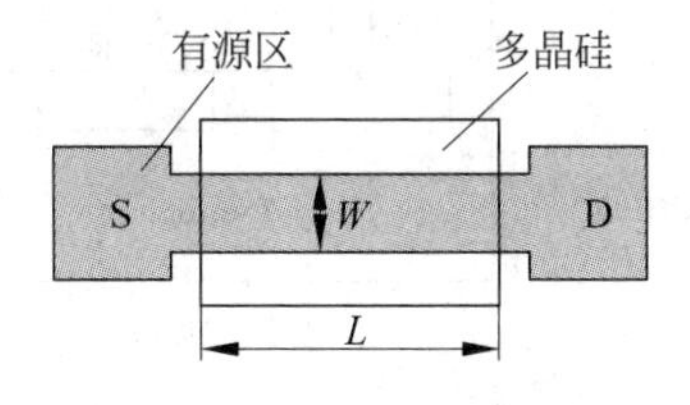

图 2-49 倒比 MOS 管

$$|\Delta V_{TH}| \approx \gamma \sqrt{|V_{BS}|} \tag{2-11}$$

式中，$\gamma=\sqrt{2q\varepsilon_0\varepsilon_{si}N_{sub}}/C_{ox}$为衬底偏置系数。分立 MOS 器件在使用时一般都将其源极和衬底短接以消除衬底偏置效应，但 MOS 集成电路中的 MOS 器件不可能全做到这一点。以 N 阱 CMOS 集成电路为例，NMOS 管的衬底都是同一个 P 型衬底，接最低电位，而电路中的 NMOS 管的源极不可能都接最低电位。如图 2-50 所示电路结构中，M_2 和 M_3 就将存在衬底偏置效应。受衬底偏置效应影响的 MOS 管的阈值电压值会有所提高，这将使 MOS 管的导通电阻变大、速度变慢。设计者应根据需要采取相应补偿措施，如：减少串联 MOS 管数量，或将串联 MOS 管的宽长比按靠近电源或地的方向依次加大，PMOS 管单独设 N 阱，等等。

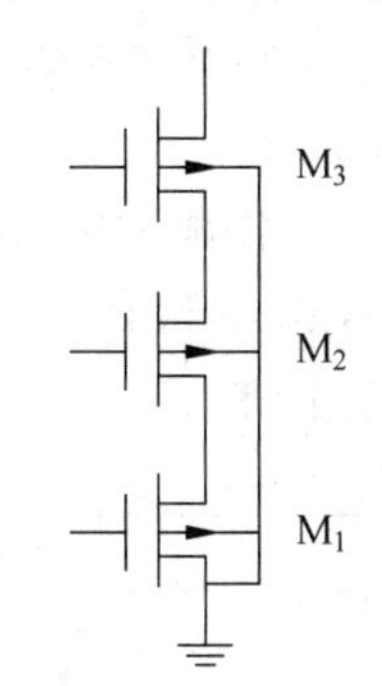

图 2-50 串联 NMOS 管

2. 寄生 MOS 晶体管

在 MOS 集成电路中，当一条金属线或多晶硅线在场区上跨越两个相邻同类型有源区时，就形成了场区寄生 MOS 管(又称场开启 MOS 管)。如图 2-51(a)中的金属线 F 跨越 N^+有源区 A 和 B，图 2-51(b)中的多晶 E 跨越 N^+有源区 C、D，都形成了寄生的 NMOS 管。有源区 A、B 和金属 F(有源区 C、D 和多晶 E)的电位如果是相互独立变化的，当金属 F(多晶 E)上的电压使其下面的衬底反型时，就会导致 A、B(C、D)间有电流产生，使电路性能变坏或失效。

为防止场区寄生 MOS 管的导通，必须提高其开启电压(称为场开启电压 V_{TF})。一般根据工作电压需求，在工艺上综合采取以下两种措施。

(1) 加厚场区氧化层厚度，但不能过厚，以免影响后续的刻蚀质量和布线质量；

(2) 场区注入与衬底同型的杂质，提高衬底表面浓度，但不能过高，以免寄生电容过大和击穿电压过低。

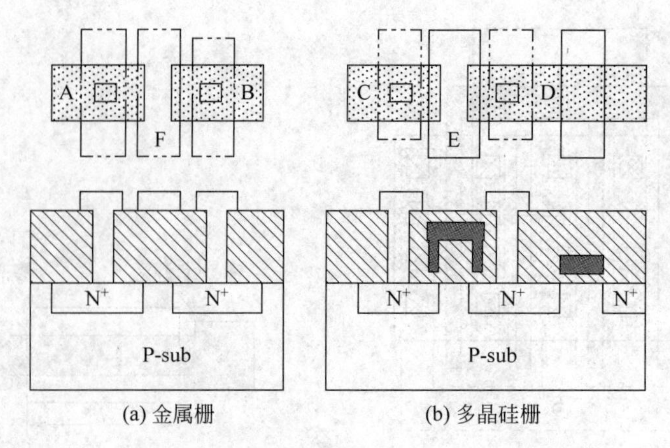

图 2-51　寄生场效应 MOS 管的两种结构

3. 寄生双极晶体管及闩锁效应

CMOS 集成电路中寄生双极晶体管有两种情况。

第一种寄生双极晶体管情况如图 2-52 所示，位置相邻的 N^+ 源、漏区或 P^+ 源、漏区分别作为发射区和集电区(可以互换)，衬底 P-sub 或阱 N-well 作为基区，即形成了横向 NPN(N^+/P-sub/N^+)和横向 PNP(P^+/N-well/P^+)两类双极晶体管。为了消除这种寄生效应的影响，CMOS 电路的衬底 P-sub 接最低电位，阱 N-well 接阱内最高电位，使 N^+-P-sub 结和 P^+-N-well 结始终不会正偏导通，即保证这种情况的寄生双极晶体管都处于截止状态。

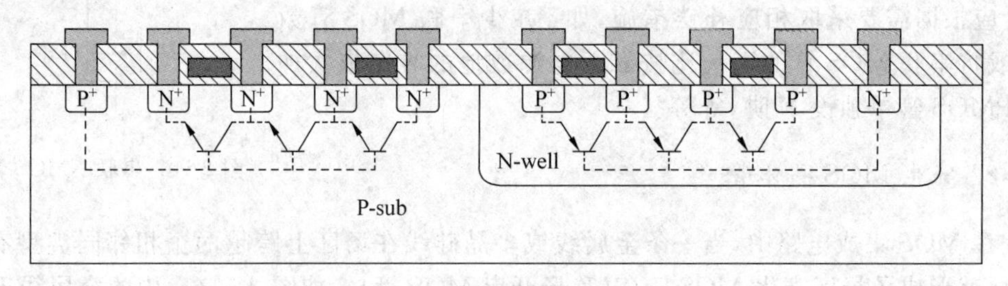

图 2-52　第一种寄生双极晶体管

第二种寄生双极晶体管情况如图 2-53(a)所示，N^+ 源(漏)区、衬底 P-sub 和阱 N-well 构成了一个寄生的 NPN 管，P^+ 源(漏)区、阱 N-well 和衬底 P-sub 构成了一个寄生 PNP 管，等效电路如图 2-53(b)所示，其中 R_S 和 R_W 分别为衬底和阱的等效体电阻。这种寄生结构又称为寄生 PNPN 结构或寄生可控硅结构。

寄生可控硅结构在一定的外界因素触发下，会发生电流急剧倍增而烧毁芯片的现象，一般称之为“闩锁效应”或“自锁效应”。触发的外界因素有：大的电源脉冲干扰、大的信号脉冲干扰、辐射等。闩锁效应发生必须具备 3 个条件。

(1) 外界触发使一个寄生晶体管的发射结正偏，并产生足够大的电流使另一个寄生晶体管的发射结也正偏导通；

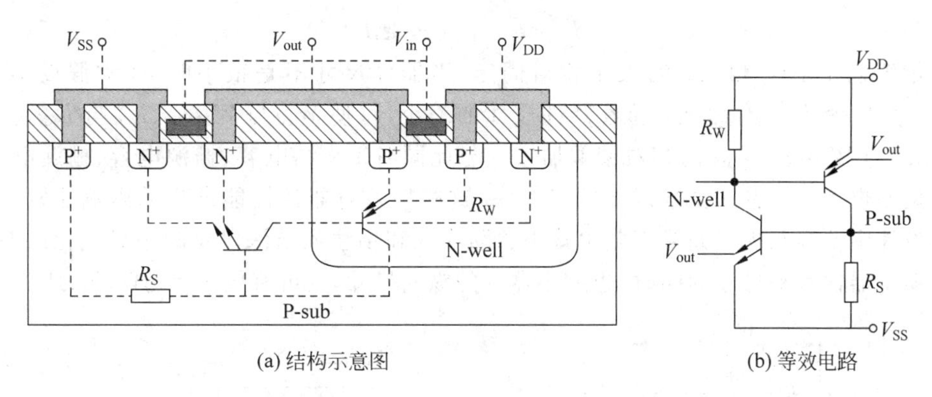

(a) 结构示意图　　(b) 等效电路

图 2-53　第二种寄生双极晶体管-寄生 NPNP 结构及其等效电路

(2) 两个寄生晶体管的 β 乘积 $\beta_{NPN}\beta_{PNP}>1$，使触发后产生的电流得以倍增；

(3) 电源能提供足够大的电流，以维持闩锁，烧毁芯片。

在版图设计上，抗闩锁的措施主要有两种。

(1) 加大 MOS 管源、漏区与阱边界的距离，以降低寄生晶体管的 β 值，使 $\beta_{NPN}\beta_{PNP}<1$；

(2) 充分合理布置 P 衬底与最低电位、N 阱与最高电位的接触，减小衬底和阱的等效电阻 R_S 和 R_W，在触发产生电流后不易形成使发射结正偏导通的电压。

在工艺上，抗闩锁的措施主要是，在保证器件参数的前提下尽量提高衬底和阱的浓度，采用场区表面注入等措施。另外，还可采用 P^+/P 外延基片（在低阻衬底上生长薄的高阻外延层，在高阻外延层上制作电路。甚至在阱底采用与阱同类型的高掺杂埋层）或倒阱结构（高浓度区在阱底）等。

在应用上，抗闩锁的措施主要是：一方面在芯片的电源与地之间应增设去耦电容，另一方面信号的电位不要超过电源电位。

2.3.4　小尺寸 MOS 器件凸显的问题与按比例缩小理论

1. 小尺寸 MOS 器件凸显的问题

在集成电路技术发展中，缩小 MOS 器件尺寸是超大规模集成电路发展的关键因素。随着工艺加工技术的提高，MOS 器件的尺寸可以加工得越来越小，寄生电容也随之大幅度减小，致使集成电路的集成度提高、速度上升、功耗下降。但是，器件尺寸缩小后，沟道长度、沟道宽度以及沟道宽长比的相对偏差加大，器件中水平电场和垂直电场加强，以及器件周边非理想电场的影响加大，这些都会加重产生对 MOS 器件性能的不良影响，严重制约了超大规模集成电路的发展。

(1) 场区氧化（局部氧化）时氧化层的侧向延伸（通常称为“鸟嘴”）以及场区注入在后续工艺中的侧向扩散使实际沟道宽度 W_{eff} 比掩膜版减小 $2\Delta W$，多晶硅腐蚀误差以及源漏区注入的侧向扩散使实际沟道长度 L_{eff} 比掩膜版减小 $2\Delta L$，如图 2-54 所示，即有

$$W_{eff}=W_{MASK}-2\Delta W \tag{2-12}$$

$$L_{\text{eff}} = L_{\text{MASK}} - 2\Delta L \tag{2-13}$$

在一定工艺下 ΔW 和 ΔL 的大小相对固定，当器件尺寸不是很小时，通常假设 $W_{\text{eff}} \approx W_{\text{MASK}}$ 和 $L_{\text{eff}} \approx L_{\text{MASK}}$。但是，随着器件尺寸的缩小，将使 W_{eff} 与 W_{MASK}、L_{eff} 与 L_{MASK} 以及 $W_{\text{eff}}/L_{\text{eff}}$ 与 $W_{\text{MASK}}/L_{\text{MASK}}$ 的相对偏差加大。与此同时 PN 结电容、栅源电容、栅漏电容的相对偏差也增大。在亚微米以下的工艺中，这些偏差对器件性能产生的影响非常可观，分析设计中不容忽视。如果工艺中减小源漏注入和场注入结深以及减小场氧化层厚度，即在缩小器件水平尺寸的同时，也缩小器件的纵向尺寸，则可有效减小 ΔW 和 ΔL。

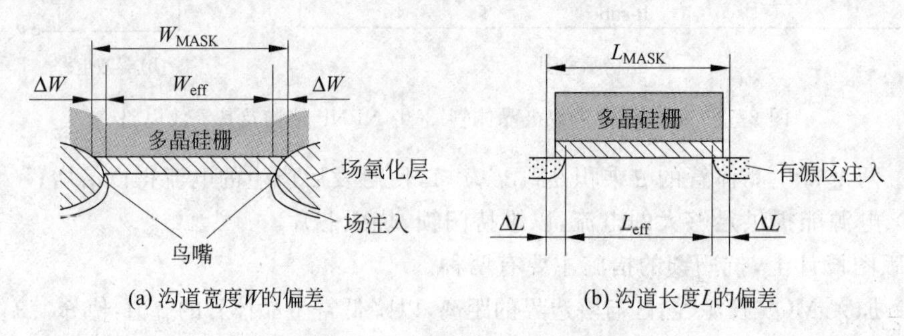

图 2-54　MOS 器件沟道尺寸的偏差

(2) 在 MOS 器件沟道长度较大时，通常假设沟道表面反型所耗尽的电荷量 Q_{B} 全部由栅压所致。而事实上，沟道表面靠近源漏两端的反型区域(图 2-55 中所示的交叠区)中所耗尽的电荷量是由栅压和源漏 PN 结耗尽区共同所致，设交叠区中源漏耗尽的电荷量为 Q_{D}，则沟道反型区域由栅压所致的实际耗尽电荷量为

$$Q'_{\text{B}} = Q_{\text{B}} - Q_{\text{D}} \tag{2-14}$$

可见，随着沟道长度 L 的减小，Q_{B} 减少，因而 Q'_{B} 减少，导致器件的阈值电压随着沟道长度缩短而下降。

(3) 在 MOS 器件沟道宽度 W 较大时，通常假设沟道耗尽区仅存在于栅极正下方的沟道中。而事实上，栅极的边缘电场使沟道边缘产生附加的耗尽区，如图 2-56 所示，因此需要更多的栅压来抵消附加耗尽区中的电荷 Q_{W} 才能使 MOS 器件导通。随着沟道宽度 W 的减小，Q_{W} 在沟道表面反型层总电荷中所占比例增大，因此 MOS 器件的阈值电压会随之升高。

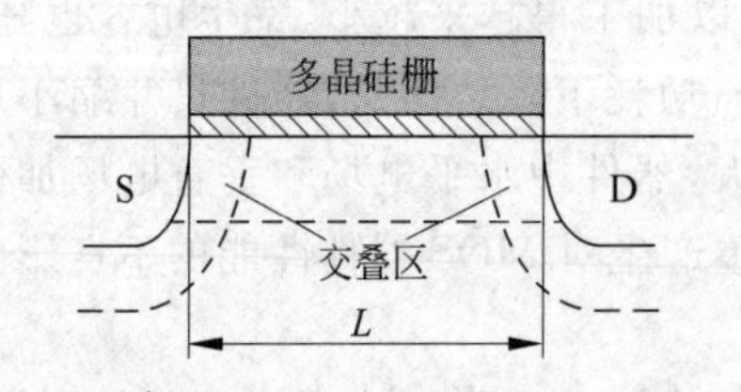

图 2-55　栅压和源漏 PN 结形成的耗尽区

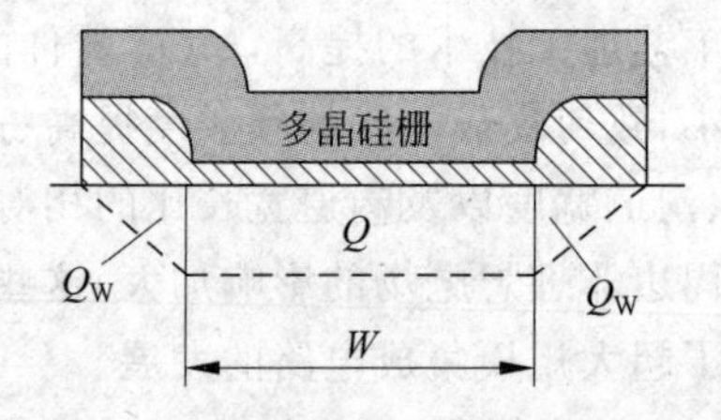

图 2-56　沟道边缘的附加耗尽区

(4) 根据式(2-5)和式(2-8)得知，MOS 器件进入饱和区后，电流 I_{DS} 不再随 V_{DS} 变化，这是一种简化模型。在实际中，随着 V_{DS} 的增加耗尽区宽度 W_{d} 增大，夹断点向源端靠

近，使有效沟道长度 L_{eff} 减小，如图 2-57 所示，$L_{eff}=L-W_d$。即实际中，MOS 器件进入饱和区后，I_{DS} 仍随着 V_{DS} 的增加而增加，这种现象称为沟道长度调制效应。考虑沟道长度调制效应时，式(2-5)和式(2-8)改写为

$$\text{NMOS}\quad I_{DS}=\frac{\mu_n C_{ox}}{2}\frac{W}{L_{eff}}(V_{GS}-V_{TH})^2(1+\lambda V_{DS}) \tag{2-15}$$

$$\text{PMOS}\quad I_{DS}=-\frac{\mu_p C_{ox}}{2}\frac{W}{L_{eff}}(V_{GS}-V_{TH})^2(1+\lambda|V_{DS}|) \tag{2-16}$$

式中，$C_{ox}=\frac{\varepsilon_0\varepsilon_{ox}}{t_{ox}}$ 为单位面积栅电容；$\lambda=\frac{1}{L}\left|\frac{\partial W_d}{\partial V_{DS}}\right|$ 为沟道长度调制系数。可见，随着沟道长度 L 的减小，λ 值增大，V_{DS} 对 I_{DS} 的影响加大。因此，对于短沟器件，沟道长度调制效应对器件性能的影响不容忽视，尤其是在 MOS 模拟集成电路如提供稳定工作电流的电流源电路中。如果降低工作电压、增大衬底浓度，可以使耗尽区宽度 W_d 及其随电压的变化 $|\partial W_d/\partial V_{DS}|$ 减小，可以有效地减小沟道长度调制效应的影响。

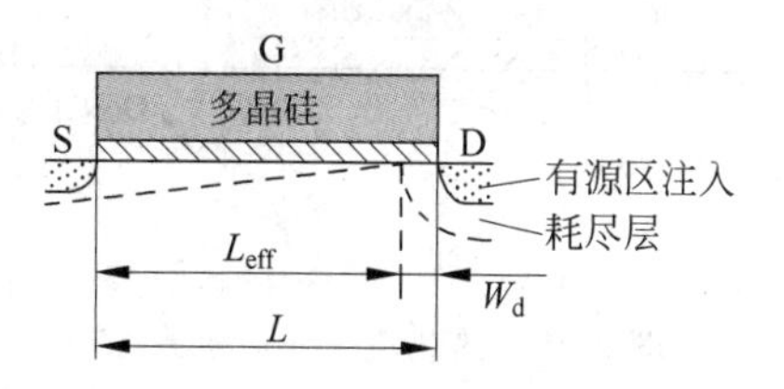

图 2-57　沟道长度调制示意图

(5) MOS 器件沟道长度较大时，沟道中的水平电场 E_H 不是很大，通常假设载流子迁移率是常数 μ_0，载流子水平运动速度 v 正比于 E_H，即 $v=\mu_0 E_H$。但是，随着 MOS 器件沟道长度的减小，E_H 将随之增大，当 E_H 大到临界场强 E_0 ($E_0\approx10^4\sim10^5$ V/cm) 以后，v 将不再随 E_H 的增大而增大，而是以最高速度——饱和速度 $v_{SAT}=\mu_0 E_0$ 运动，称之为速度饱和效应。速度饱和效应致使载流子迁移率不再是常数，而是随 E_H 的增大而下降，如式(2-17)所示，即短沟器件沟道中的水平强电场使载流子迁移率下降。

$$\mu_{eff}=\frac{v_{SAT}}{E_H}=\mu_0\frac{E_0}{E_H} \tag{2-17}$$

另一方面，在简化 MOS 器件模型中，通常忽略了栅极电压在沟道中产生的垂直电场 E_V 对载流子水平运动速率的影响。但是，由于在器件尺寸减小的同时，栅氧化层的厚度通常也在减薄，因此加强的 E_V 会使沟道中的载流子在表面区域内的散射增强，导致迁移率下降更为显著。因此，在减小器件尺寸的同时，可以通过降低工作电压来抑制 E_H 和 E_V 的增加，有益于抑制迁移率的下降。

(6) 随着 MOS 器件沟道长度的减小，加强的电场致使漏极诱导势垒降低效应(drain induced barrier lowing，DIBL)变得更加显著。所谓 DIBL 是指漏极产生的电场作用于源衬 PN 结，使源端靠近氧化层表面的 PN 结处势垒高度降低的现象。DIBL 会导致阈值电压减小，使漏源电流增大。为了降低 DIBL 的影响，一是采用提高器件沟道表面浓度来提高阈值电压，二是降低工作电压。

(7) 在 $V_{GS}<V_{TH}$ 时，即表面势未达到强反型($\phi_S=2|\phi_F|$)时，通常认为 MOS 器件处于截止状态，漏源电流为零。而事实上，在表面达到强反型之前弱反型已经存在，源漏之间有漏电流存在，称之为亚阈值电流。即弱反型时漏源电流 $I_{DS}\neq0$，且随 V_{GS} 的增大呈指数上升，同时与 V_{DS} 有密切关系。在表面弱反型时，沟道表面载流子的浓度 $n\ll N_{sub}$，且沿

沟道方向有较大的浓度梯度,而漏源电压几乎全部落在反向偏置的漏衬结耗尽区上,因此漏电流主要是扩散电流。随着MOS器件沟道长度减小,亚阈值电流将明显增大。

(8) 随着器件尺寸的减小,沟道中的水平和垂直电场都大大增强,虽然在强电场中载流子平均速度会达到饱和,但是载流子瞬时速度可能会增大,获得高能量,尤其在漏区附近,撞击硅原子后发生碰撞电离,产生新的电子-空穴对,其中一部分电子和空穴分别流入漏区和衬底,产生漏衬电流;而另一部分能量较大的电子在栅电场作用下可能越过 $Si\text{-}SiO_2$ 势垒,进入 SiO_2 中,流出栅极,产生栅电流,或者被 SiO_2 俘获,积累在栅氧化层中,从而改变MOS器件的阈值电压。图2-58是热载流子效应示意图。降低热载流子效应的根本途径就是在减小器件尺寸的同时,降低电压,减小电场强度。

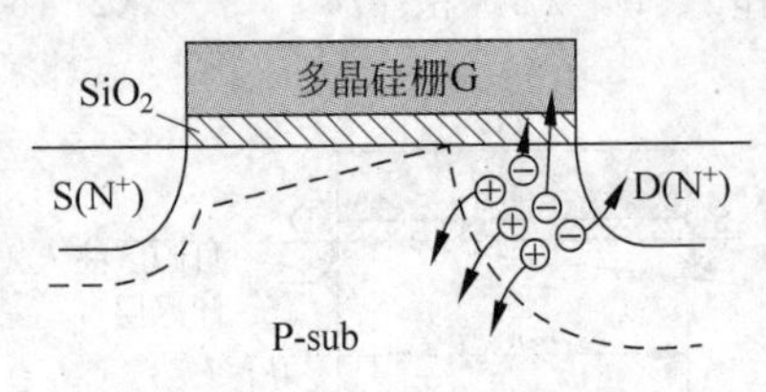

图2-58 热载流子效应示意图

2. 按比例缩小理论

为了减小MOS器件尺寸缩小后带来的不良影响,按比例缩小理论应运产生,其有效性在实际应用中得到充分验证,可以说按比例缩小理论是当今超大规模MOS集成电路得以迅猛发展的必要前提。

随着实践应用的需要,目前已提出三种按比例缩小方案:恒定电场(constant electrical filed)的按比例缩小理论、恒定电源电压(constant votage)的按比例缩小理论和准恒定电源电压(quasi-constant votage)的按比例缩小理论。

1) 恒定电场的按比例缩小理论

恒定电场的按比例缩小理论是最初提出的按比例缩小理论,简称CE理论,其建立的宗旨是在器件尺寸缩小后使器件中及其周边的电场保持不变。这里的"按比例缩小"不仅是指所有水平尺寸按相同比例因子 $\alpha(\alpha>1)$ 缩小,所有垂直尺寸也要按相同比例因子 α 缩小,而且电源电压也按相同比例因子 α 缩小,以保证器件各处电场强度不变。与此同时,为了按同样比例缩小各耗尽层宽度,衬底浓度需要按相同比例因子 α 增大。可见,"按比例缩小"确切地说是按同样比例变化,并不是全部缩小,"按比例缩小"的提法仅仅是为了着重说明器件尺寸的缩小。表2-1给出了按CE理论缩小的器件以及电路主要性能参数。

表2-1 按CE理论缩小的器件以及电路主要性能参数

参　数	比例因子	参　数	比例因子	参　数	比例因子
器件水平尺寸	$1/\alpha$	衬偏电压	$1/\alpha$	单元功耗	$1/\alpha^2$
栅氧化层厚度	$1/\alpha$	栅氧化层电场	1	单元延迟	$1/\alpha$
场氧化层厚度	$1/\alpha$	耗尽层电场	1	延迟功耗积	$1/\alpha^3$
引线厚度	$1/\alpha$	接触电阻	α^2	引线延迟时间常数	1
结深	$1/\alpha$	引线电阻	α	引线压降	1
衬底浓度	α	栅电容	$1/\alpha$	单元面积	$1/\alpha^2$
电源电压	$1/\alpha$	引线电容	$1/\alpha$	功耗密度	1
开启电压	$1/\alpha$	单元电流	$1/\alpha$	电流密度	α

CE 理论虽然可以改善器件以及电路性能,但是在实际应用中存在一定的障碍。

(1) 有许多影响器件性能的参数,如禁带宽度 E_g、温度 T、热电压 KT/q、PN 结内建电势 φ_i、载流子饱和速度 v_{SAT}、氧化层电荷密度 Q_{ox}、工艺参数误差等,都不能按比例变化。因此,建立 CE 理论的宗旨并不可能完全实现,如漏区耗尽层宽度公式(2-18),当电压较小时,φ_i 不可忽略,因此 W_d 就不能按比例缩小。

$$W_d=\left[\frac{2\varepsilon_0\varepsilon_{si}(\varphi_i+V_{DS}+|V_{BS}|)}{qN_{sub}}\right]^{1/2} \tag{2-18}$$

(2) 有许多参数根据需要不希望或不应该按比例变化,如接触孔尺寸希望大一些,以减小接触电阻,而按比例缩小后接触电阻却增大为 α^2 倍。因此,CE 理论也带来一些不利因素。

2) 恒定电压的按比例缩小理论

恒定电压的按比例缩小理论,简称 CV 理论,其主要特点是保持电源电压不变,水平尺寸和垂直尺寸均按相同比例因子 α 缩小。与此同时,为了使耗尽层宽度按比例因子 α 缩小,根据式(2-18),衬底浓度需要按比例因子 α^2 增大。表 2-2 给出了按 CV 理论缩小的器件以及电路主要性能参数,从中可以看出,CV 理论在改善一些性能的同时,又带来了一些新的问题,即高电场强度、高电流密度、高功耗密度等给器件性能带来一系列不利影响,不能实现器件性能的最佳化。

表 2-2 按 CV 理论缩小的器件以及电路主要性能参数

参　　数	比例因子	参　　数	比例因子	参　　数	比例因子
器件水平尺寸	$1/\alpha$	衬偏电压	1	单元功耗	α
栅氧化层厚度	$1/\alpha$	栅氧化层电场	α	单元延迟	$1/\alpha^2$
场氧化层厚度	$1/\alpha$	耗尽层电场	α	延迟功耗积	$1/\alpha$
引线厚度	$1/\alpha$	接触电阻	α^2	引线延迟时间常数	α^2
结深	$1/\alpha$	引线电阻	α	引线压降	α^2
衬底浓度	α^2	栅电容	$1/\alpha$	单元面积	$1/\alpha^2$
电源电压	1	引线电容	$1/\alpha$	功耗密度	α^3
开启电压	1	单元电流	α	电流密度	α^3

3) 准恒定电源电压的按比例缩小理论

准恒定电源电压的按比例缩小理论,简称 QCV 理论,其主要特征是要求电源电压按 $\sqrt{\alpha}$ 变化,它是 CV 理论和 CE 理论的修正型,折中了 CE 理论和 CV 理论的优缺点。表 2-3 给出了按 QCV 理论缩小的器件以及电路主要性能参数。

CE、CV 以及 QCV 理论都使器件以及电路性能得到改善,但是又都存在弊端。事实上,并不是所有几何尺寸或其他参数按比例变化都能带来好处。例如,互连线厚度和场氧化层厚度如果保持不变,则可以使互连线的电阻保持不变,而互连线电容却按比例 $1/\alpha^2$ 变化,即大幅度降低,对提高速度极其有利。因此可以根据工艺水平减缓互连线厚度和场氧化层厚度的减薄速率。再如,衬底浓度提高过大会对迁移率、源漏 PN 结电容、体效应产生不利影响,而实际中可以通过沟道注入来提高沟道表面(一定深度)浓度,以减小耗尽层宽度,因此并不需要像 CE 或 CV 理论那样要求大比例提高衬底浓度。

表 2-3　按 QCV 理论缩小的器件以及电路主要性能参数

参　数	比例因子	参　数	比例因子	参　数	比例因子
器件水平尺寸	$1/\alpha$	衬偏电压	$1/\sqrt{\alpha}$	单元功耗	$1/\sqrt{\alpha}$
栅氧化层厚度	$1/\alpha$	栅氧化层电场	$\sqrt{\alpha}$	单元延迟	$1/\alpha^{3/2}$
场氧化层厚度	$1/\alpha$	耗尽层电场	$\approx\sqrt{\alpha}$	延迟功耗积	$1/\alpha^2$
引线厚度	$1/\alpha$	接触电阻	α^2	引线延迟时间常数	$\alpha^{3/2}$
结深	$1/\alpha$	引线电阻	α	引线压降	α
衬底浓度	$\alpha^{3/2}$	栅电容	$1/\alpha$	器件面积	$1/\alpha^2$
电源电压	$1/\sqrt{\alpha}$	引线电容	$1/\alpha$	功耗密度	$\alpha^{3/2}$
开启电压	$\approx 1/\sqrt{\alpha}$	单元电流	1	电流密度	α^2

总之,各种按比例缩小理论都只是减小了二阶效应的不良影响,并不能根除,而且各有优缺点。实际中必须根据具体应用和工艺技术能力,以按比例缩小的基础理论作为缩小器件尺寸的指导性理论,实现最佳化设计。与此同时,对 MOS 器件的相关参数及基本公式必须加以适当修正。

2.3.5　集成电路中的二极管

1. 一般集成二极管

双极型集成电路中的二极管一般采用晶体管的不同连接方式构成或采用单独 PN 结构成,不需增加新的工序。不同方式构成的二极管由于掺杂浓度不同、寄生情况不同,其特性也有所不同,一般根据电路对二极管特性的需求来选取适合的二极管结构,二极管面积可根据串联电阻、寄生电容以及电流容量的大小来确定。表 2-4 给出了典型 PN 结隔离工艺可形成的二极管基本情况,其中单独 SC 结(隔离结)二极管的 P 端固定接地(最低电位),应用局限性很大。

表 2-4　典型 PN 结隔离工艺可形成的二极管

二极管类型	正向压降	击穿电压	二极管电容	寄生电容	PNP 有源寄生	等效电路
NPN 管 BC 短接	V_{BE}	BV_{BE}	C_{BE}	C_{SC}	无	N, P, C_{SC}
NPN 管 BE 短接	V_{BC}	BV_{BC}	C_{BC}	C_{SC}	有	P, PNP, N

续表

二极管类型	正向压降	击穿电压	二极管电容	寄生电容	PNP 有源寄生	等效电路
NPN 管 CE 短接	V_{BC}	BV_{BE}	$C_{BE}+C_{BC}$	C_{SC}	有	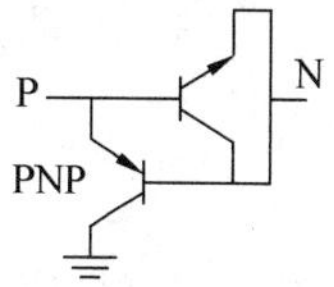 P N PNP
NPN 管 C 悬空	V_{BE}	BV_{BE}	C_{BE}	$\frac{C_{BC}C_{SC}}{C_{BC}+C_{SC}}$	有	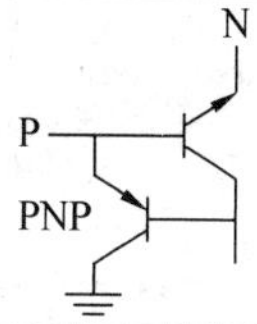 N P PNP
NPN 管 E 悬空	V_{BC}	BV_{BC}	C_{BC}	C_{SC}	有	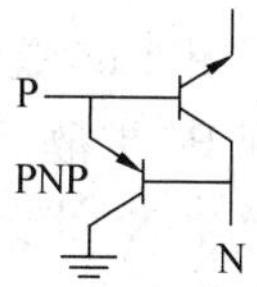 P PNP N
单独 BC 结	V_{BC}	BV_{BC}	C_{BC}	C_{SC}	有	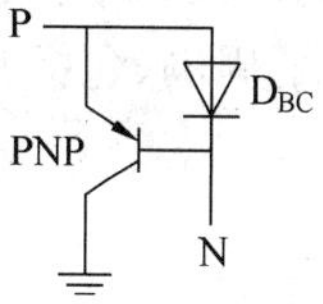 P D_{BC} PNP N
单独 SC 结	V_{SC}	BV_{SC}	C_{SC}	无	无	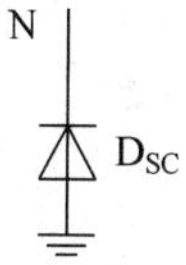 N D_{SC}

标准 CMOS 集成电路工艺中可形成的二极管有两种：一种是做在 P 衬底中，即 N^+ 有源区与 P 衬底构成的；另一种是做在 N 阱中，即 P^+ 有源区与 N 阱构成的。由于 P 衬底接最低电位，衬底中的二极管一般只能工作在反偏状态。如果 N 阱中的二极管单独占一个 N 阱，它具有两个自由端，但是当它处于正偏状态时，P^+ 有源区-N 阱-P 衬底所构成的寄生 PNP 管处于导通状态，会有较大电流流向 P 衬底。如果 N 阱中的二极管与其他 PMOS 管同 N 阱，N 阱作为 PMOS 衬底，一般接最高电位，因此 N 阱中的二极管一般只能工作在反偏状态。所以，单纯的 CMOS 电路中很少使用正偏二极管。

2. 隐埋齐纳二极管

齐纳二极管一般用来稳压，通常要求动态电阻小、击穿电压稳定、噪声小。而普通齐纳二极管一般是用 NPN 管 BC 短接构成反向工作的 BE 结二极管，由于存在杂质浓度梯度，反向击穿首先发生在 BE 结的侧向结上端(如图 2-59 中的 X、Y 两点)，且按由上至下的先后顺序击穿，因而造成击穿特性的缓变，动态电阻大。另外，BE 结的侧向结上端易受界面态、表面电荷影响，而界面态、表面电荷随环境、时间会发生变化，因此造成噪声较大、击穿电压不稳定。为改善齐纳二极管的击穿特性,可以设法将击穿面置于体内,这就是隐埋齐纳二极管,又称次表面齐纳二极管。

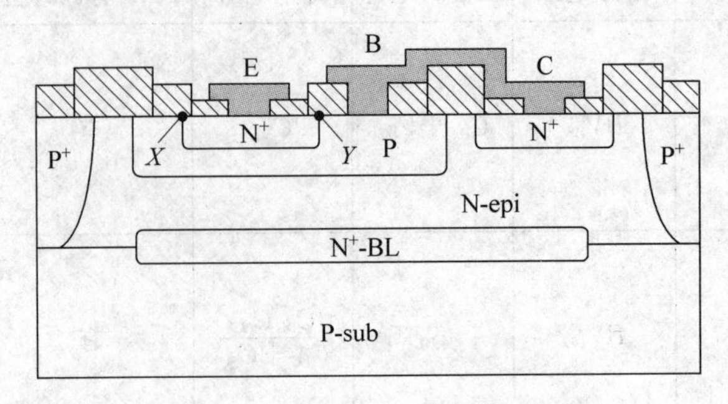

图 2-59　BE 结齐纳二极管结构

图 2-60 是一种隐埋齐纳二极管的结构,它是在典型 PN 结隔离工艺基础上增加了一次深 P^+ 扩散,要求深 P^+ 扩散区为圆形且完全被 N^+ 发射区扩散覆盖。击穿结面为深 P^+ 扩散和 N^+ 发射区扩散的交界面,是一个平行于表面的圆面。因其隐埋于表面之下,不易受表面态影响,且结面杂质浓度分布相同,击穿特性一致。为减小串联电阻,在基区 P 扩散的周围(包括其接触孔)同时进行深 P^+ 扩散。

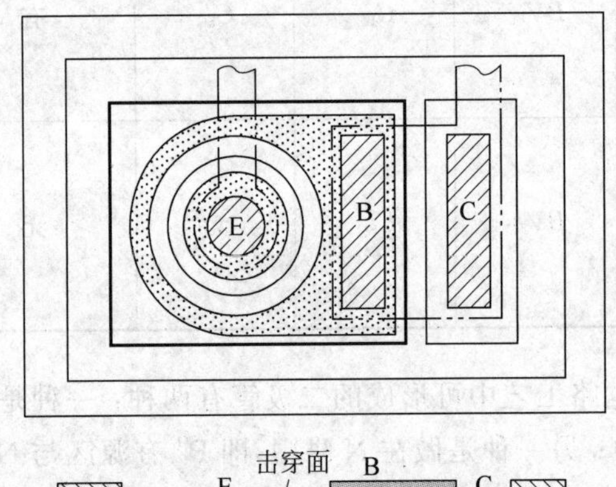

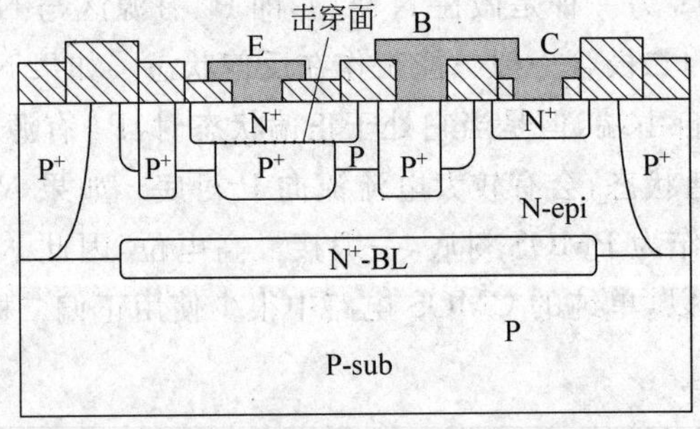

图 2-60　隐埋齐纳二极管版图及剖面结构

3. 肖特基二极管

由半导体物理知识可知,金属与半导体接触时会形成肖特基势垒,具有类似于 PN 结二极管的整流特性,称之为肖特基二极管——SBD。金属与重掺杂半导体接触形成的肖特基势垒很薄，载流子很容易自由穿越，可认为是欧姆接触。

SBD与一般集成二极管相比，正向导通压降小，反向饱和电流大。SBD是多子导电器件，没有少子存储效应，响应速度快。

集成电路中的SBD一般是由金属与外延层接触形成的。由于外延层掺杂低，寄生的串联体电阻较大，这将抬高SBD的正向导通压降，一般可通过适当增加接触面积来解决。为了提高SBD的击穿电压，通常采用金属覆盖或采用P^+扩散环结构(见图2-61)来减小边缘电场集中现象。

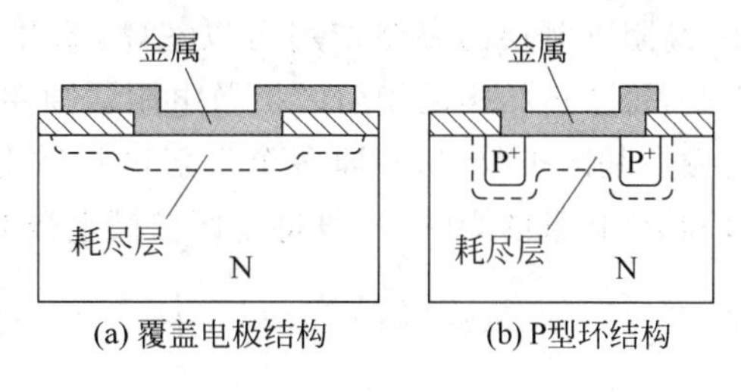

图2-61　肖特基二极管结构

2.3.6 集成电路中的电阻器

1. 双极型基本工艺形成的电阻器

利用双极型基本工艺可以形成基区扩散电阻、发射区扩散电阻、基区沟道电阻、外延层电阻等。

基区扩散电阻的薄层(方块)电阻一般为100～200Ω/□，精度和温度系数都比较适中，是双极工艺中最常用的扩散电阻，一般可制作几十欧到几十千欧的电阻。图2-62是基区扩散电阻的结构图，外延层电极C接不低于电阻A、B两端的电位(一般接电源电位)，以确保寄生PNP管不导通，使电流只在P区流动。电阻与外延层之间存在一个寄生的分布电容，即电阻的扩散结电容，一般将其等效为两个电容分别接于A、B与C之间，而每个电容为电阻扩散结电容的一半。

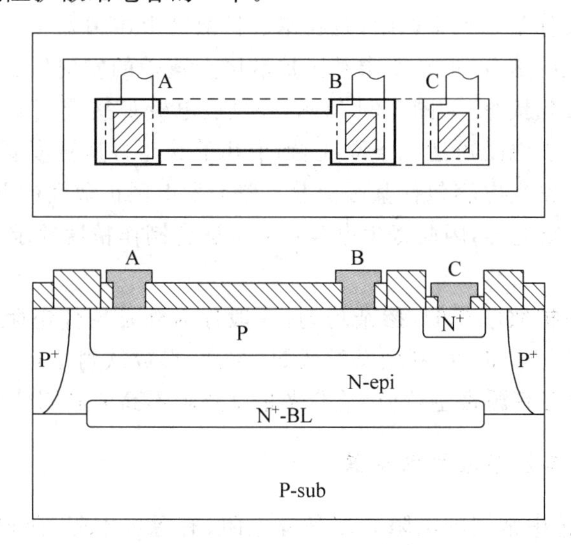

图2-62　基区扩散电阻结构

发射区 N^+ 扩散电阻的薄层电阻为几 Ω/□,一般可制作几欧到几十欧的小电阻。也常把它作为内连线使用,但须保证引进的小电阻对电路性能的影响很小,可以忽略。

图 2-63 给出两种发射区扩散电阻的结构。图(a)是将发射区扩散直接做在外延层中,高阻外延层的旁路作用可以忽略,寄生电容是隔离结电容,没有寄生 PNP 管效应。但是,每个该结构的发射区扩散电阻需要单独的隔离岛。图(b)是将多个发射区扩散电阻做在基区扩散中,亦即多个发射区扩散电阻处在同一个隔离岛中。为消除寄生 NPN 管和 PNP 管的影响,一般将基区扩散电极 C 接最低电位,将外延层电极 D 接最高电位。

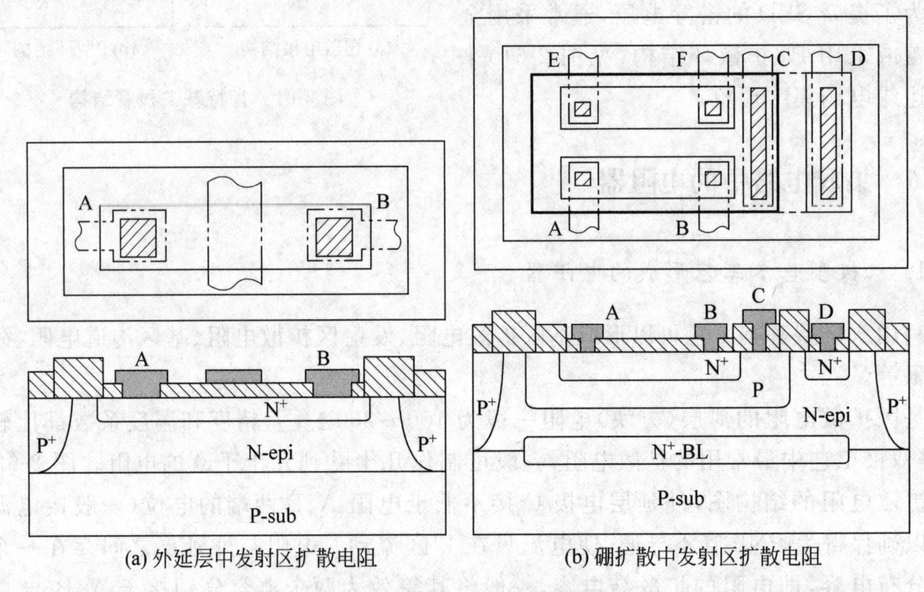

(a) 外延层中发射区扩散电阻　　(b) 硼扩散中发射区扩散电阻

图 2-63　发射区扩散电阻结构

基区沟道电阻又称基区致窄电阻,是在基区扩散区上再覆盖上一层发射区扩散形成的相当于晶体管基区的部分,但是要求基区扩散区上覆盖的发射区扩散一定要宽于基区扩散而与外延层直接相接触,如图 2-64 所示,外延层电极 C 接最高电位以使寄生 PNP 管不导通。基区沟道薄层电阻可达几千欧/□到十几千欧/□,其精度受两次扩散的浓度和结深影响很难控制。寄生电容包括基区扩散与覆盖发射区扩散间的 PN 结电容和基区扩散与外延层间的 PN 结电容,因此寄生电容较大。适合制作精度要求不高、工作电流较小的大电阻。

外延层电阻不是扩散形成的,掺杂均匀,一般称为外延层体电阻。由于其电阻率较高,电阻两端需要进行 N^+ 扩散(利用发射区 N^+ 扩散)形成欧姆接触。外延层体电阻结构如图 2-65 所示,它没有有源寄生效应,适合做精度要求不高的高阻值电阻。

2. CMOS 基本工艺形成的电阻器

N 阱 CMOS 工艺中常用的电阻有多晶硅电阻、有源区电阻、阱电阻和 MOS 管沟道电阻。多晶硅电阻一般制作在阱外的场区上面,也可以根据布局布线情况制作在阱内的场区上面;P^+ 有源区电阻制作在 N 阱中,可以与 PMOS 管同阱;N^+ 有源区电阻制作在

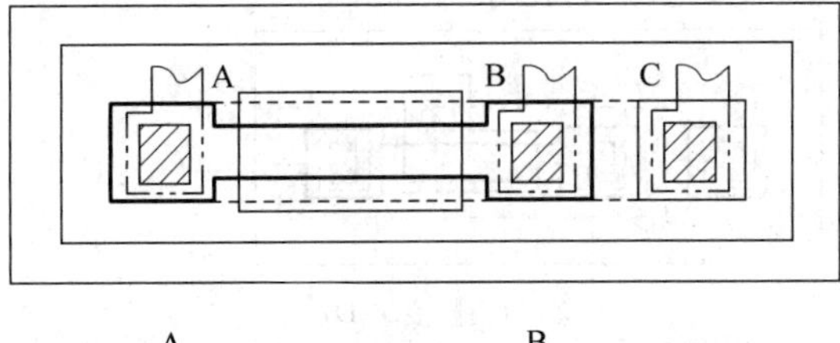

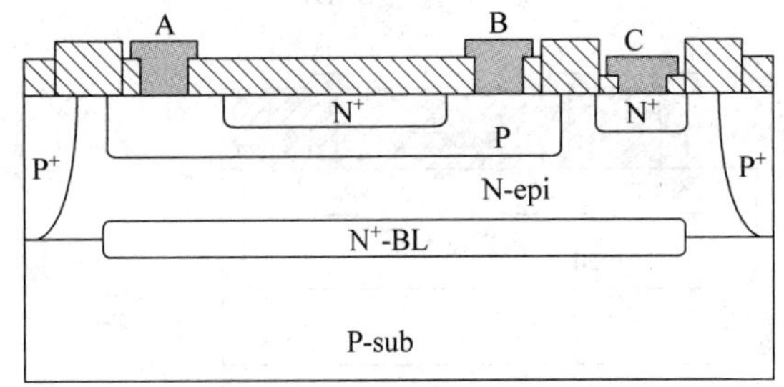

图 2-64 基区沟道电阻结构

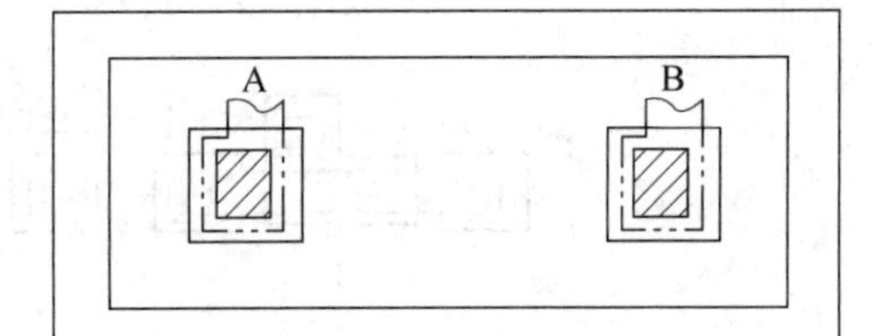

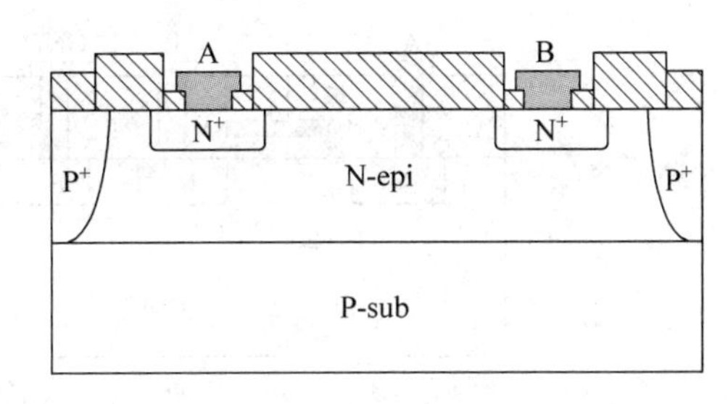

图 2-65 外延层体电阻结构

P 型衬底上。这三种电阻结构如图 2-66 所示,它们的薄层电阻一般都为几十欧/□。

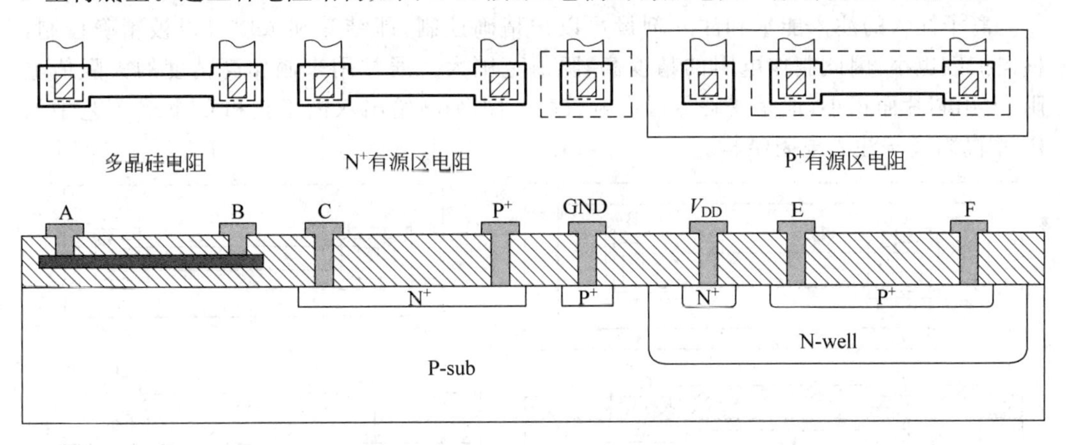

图 2-66 多晶硅电阻和有源区电阻结构

阱电阻结构与双极工艺中的外延层电阻很相似,是一个独立的 N 阱。由于 N 阱的掺杂浓度低,电阻两端需要在 N^+ 有源区注入的同时形成 N^+ 欧姆接触,其结构如图 2-67 所示。阱是扩散形成的,存在纵向浓度差,所以采用沟道方式(与双极型工艺中的基区沟道电阻相似的方式覆盖一个 P^+ 有源区)可以用较小面积制作更大的电阻。

MOS 管电阻是利用 MOS 管在一定栅压下导通时的沟道导通电阻,一般将 NMOS 管栅极接电源、PMOS 管栅极接地,如图 2-68 所示。

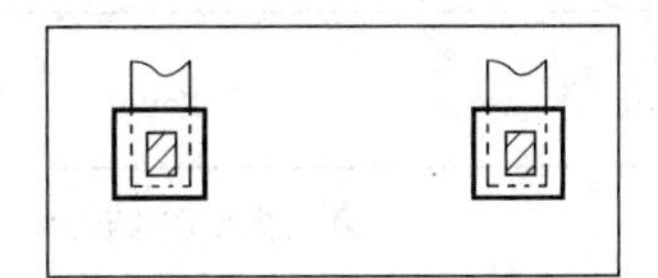

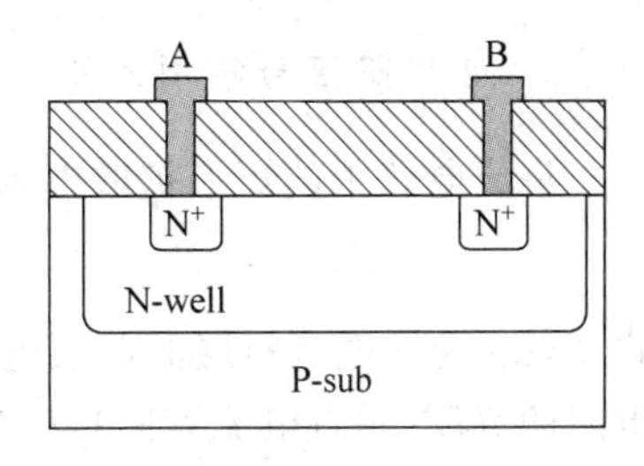

图 2-67 N 阱电阻结构

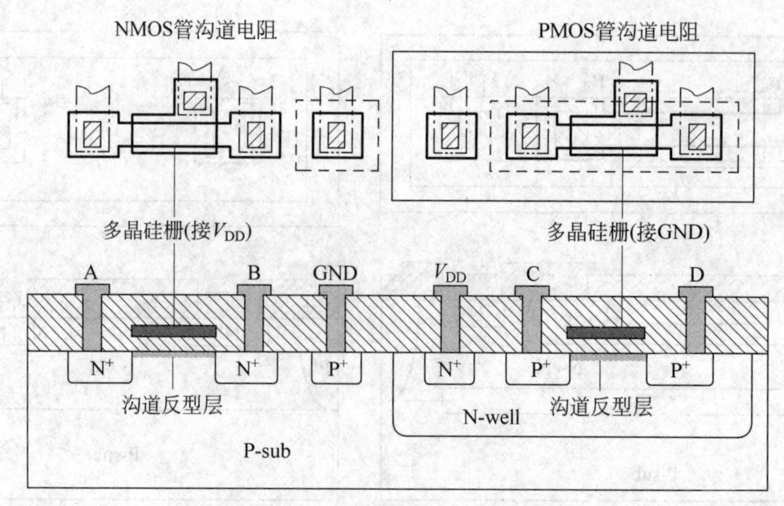

图 2-68 MOS 管沟道电阻结构

3. 离子注入形成的电阻器

离子注入的注入能量和注入剂量可以被精确控制,即结深和浓度可以被精确控制,横向扩散也小,因此制作电阻的精度高、阻值范围大。通常用来制作高精度的大阻值电阻,占用芯片面积小,但是受耗尽层影响较大。图 2-69 给出双极工艺和 CMOS 工艺中的 P^- 型高阻离子注入电阻结构。

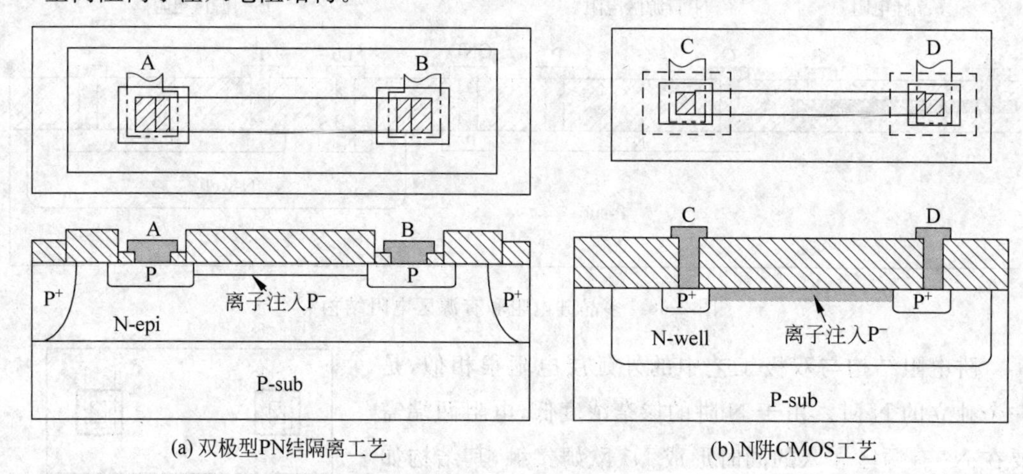

图 2-69 双极工艺和 CMOS 工艺中的 P^- 型高阻离子注入电阻结构

4. 电阻阻值与常用图形

集成电路中的矩形扩散电阻阻值 R 的计算公式为

$$R = R_{\square}\frac{L}{W} \tag{2-19}$$

式中,$R_{\square}$ 为导电材料层的薄层电阻(方块电阻);L 为电阻的长度(通过电流方向),W 为电阻的宽度(垂直电流方向),L/W 的值通常称为方块数。

设计者可根据具体需要和工艺条件来选择电阻的导电材料层,即确定了方块电阻

$R_{\square}$，然后选定电阻的宽度 W，再按需要的方块数或阻值确定电阻的长度 L。电阻的最小宽度除了要满足版图几何设计规则外，还要同时满足下列条件。

(1) 满足电阻精度的要求。从式(2-19)可得电阻 R 的相对误差

$$\frac{\Delta R}{R}=\frac{\Delta R_{\square}}{R_{\square}}+\frac{\Delta L}{L}+\frac{\Delta W}{W} \tag{2-20}$$

式右侧第一项是方块电阻 $R_{\square}$ 的相对误差，由工艺确定；第二项是电阻长度 L 的相对误差，一般 L 较大且 ΔL 较小，所以该项一般可以忽略；第三项是电阻宽度 W 的相对误差，是设计者重点要考虑的。ΔW 是工艺加工中存在的绝对误差，W 设计得越大，电阻 R 相对误差就越小，但是电阻占用的芯片面积也就越大，所以一般选择一个满足电阻精度要求的最小宽度。

(2) 满足功耗限制。芯片都有单位面积能承受的最大功耗 $P_{A\max}$ 限制，并由此可得到电阻单位条宽的最大工作电流，即有

$$P_{A\max}\geqslant\frac{I^2R}{LW}=\frac{I^2}{LW}\cdot R_{\square}\cdot\frac{L}{W}=R_{\square}\left(\frac{I}{W}\right)^2 \tag{2-21}$$

$$\left(\frac{I}{W}\right)_{\max}=\left(\frac{P_{A\max}}{R_{\square}}\right)^{\frac{1}{2}} \tag{2-22}$$

则可根据流经电阻的电流确定出满足功耗需求的最小宽度。

实际设计中，电阻图形并不一定是一个确定长度和宽度的矩形，可以有多种多样的形状，它可根据布局布线的具体需要灵活设计。图 2-70 给出了几种常用的电阻图形，可以看到，这些图形与理想的矩形存在端头和拐角的差别。

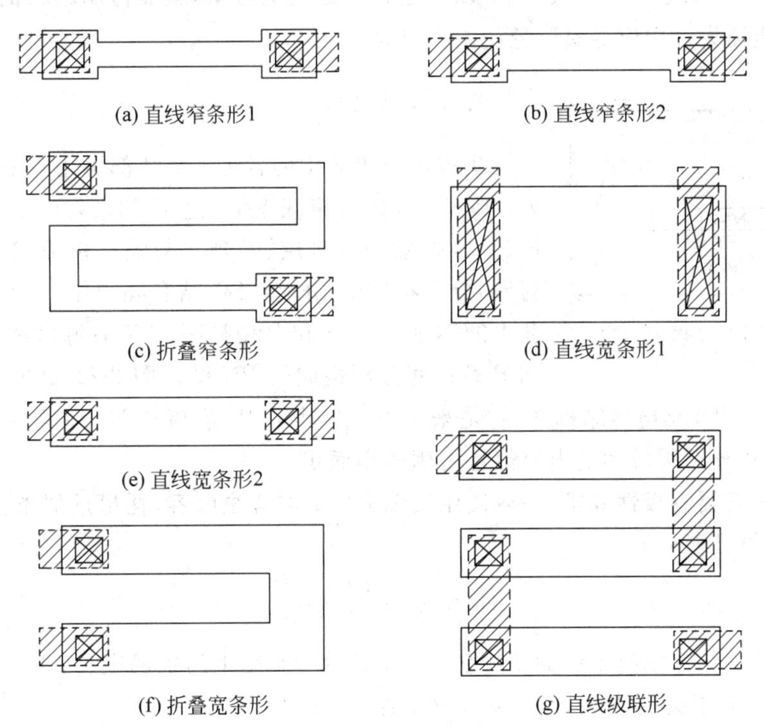

图 2-70　几种常用电阻图形

电阻端头存在电流分布的非均匀性,通常采用端头修正因子 K_1 加以修正。K_1 表示端头对总电阻方块数的贡献,是经验数据。电阻条越宽,端头引进的电阻越小。

电阻拐角处同样存在电流分布的非均匀性,通常采用拐角修正因子 K_2 加以修正。经验数据表明,90°拐角(正方形)对电阻的贡献是 0.5 方,即 $K_2=0.5$。对精度要求较高且阻值较大的电阻,通常采用图 2-70(g)所示图形,并且适当加大条宽,以便消除拐角误差,减小端头和宽度引起的误差。

修正后的电阻计算公式如式(2-23),式中 L_i 为各直线段的长度,n 为直线段数。在实际设计中,精确计算时应根据实际测试和经验对具体图形的端头和拐角进行修正计算。

$$R=R_{\square}\left(\frac{\sum_{i=1}^{n}L_i}{W}+2K_1+(n-1)K_2\right) \tag{2-23}$$

2.3.7 集成电路中的电容器

集成电路中的电容器结构有 PN 结电容、MOS 结构电容、金属叉指电容和多种平板结构电容,它们可以是有意设计的电容,也可能是客观存在的寄生电容。由于各种集成电容器的单位面积电容量都较小,所以为达到一定的电容量,就要占用较大的芯片面积。因此,集成电路设计中应尽量避免使用大电容。

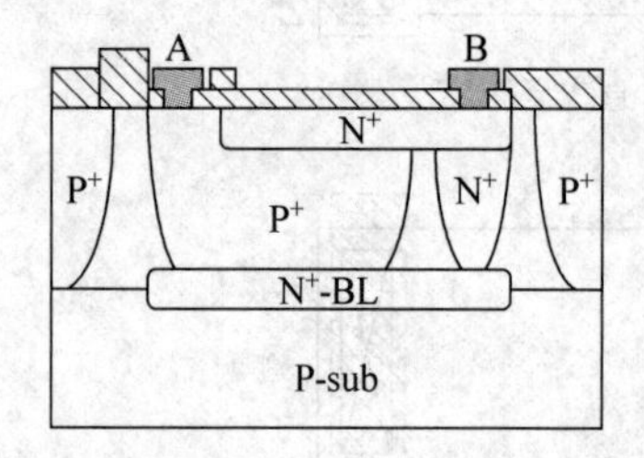

图 2-71 PN 结电容结构

1. PN 结电容

集成电路工艺中的各种 PN 结都可用来制作电容器,如:典型 PN 结隔离双极型工艺中的发射区扩散与基区扩散、基区扩散与外延层、外延层与隔离扩散(N^+ 埋层与 P 衬底)分别构成的 BE 结、BC 结和隔离结,N 阱 CMOS 工艺中的 N 型有源区和 P 型衬底、P 型有源区和 N 阱、N 阱和 P 型衬底分别构成的 PN 结。图 2-71 给出一种 PN 结隔离工艺中的 PN 结电容结构图,它是采用 N^+ 发射区/P^+ 隔离和 N^+ 埋层/P^+ 隔离两个 PN 结并联,以便获得较大的电容值且占用较小面积。

PN 结电容器有极性要求,一般使用反偏 PN 结的势垒电容,耗尽近似条件下单位面积势垒电容值可表示为

$$C_J\approx\frac{C_{J0}}{(1-V/V_F)^{\gamma}} \tag{2-24}$$

式中,C_{J0} 为 PN 结零偏时单位面积势垒电容;V 为 PN 结上施加的电压;V_F 为 PN 结的接触电势差;对于突变结 $\gamma\approx1/2$,对于缓变结 $\gamma\approx1/3$。

在较高正偏压时,PN 结单位面积势垒电容可用 $C_J\approx(2.5\sim4)C_{J0}$ 来近似。

PN结单位面积电容值都较小，而且存在漏电流和寄生串联电阻，品质因数Q值都较低。两侧掺杂浓度都较高的PN结单位面积电容值相对较大，但是耐压能力较低。总之，目前很少用PN结制作电容。

2. 平板结构电容

随着集成电路工艺的发展，多层多晶、多层金属工艺已走上成熟之路，然而任何两个相邻的导电层都可看作是平板结构电容，如金属-绝缘体-金属结构、金属(多晶硅)-绝缘体-多晶硅结构、金属(多晶硅)-绝缘体-重掺杂半导体结构等。因此多种平板结构电容也随之得到应用。为了提高单位面积电容值、减小电容面积，通常增加生长薄介质层工艺，使构成电容的两导电层间是薄介质层。平板结构单位面积介质电容的计算公式为

$$C_i = \frac{\varepsilon_i \varepsilon_0}{t_i} \tag{2-25}$$

式中，ε_i是绝缘介质的相对介电常数；ε_0是真空中的介电常数；t_i是绝缘介质的厚度。

图2-72所示为目前多层金属数模混合工艺中常用的金属-绝缘体-金属(MIM)平板结构电容，其中Top plate(MIM)层是专为制作电容上极板的导电层，它与下极板(2nd Top Metal)之间是薄的绝缘介质层。

图2-73所示为典型PN结隔离工艺中常用到的金属-绝缘体-重掺杂半导体平板结构电容，上极板是金属层，下极板是高掺杂的N^+发射区扩散层，中间介质层通常就是N^+发射区扩散后形成的氧化层。如果要提高单位面积电容，就需要专门增加一次薄氧化层生长工艺。这种结构电容在端口B存在一个寄生的隔离结电容，如果电容B端接地可消除寄生电容的影响。

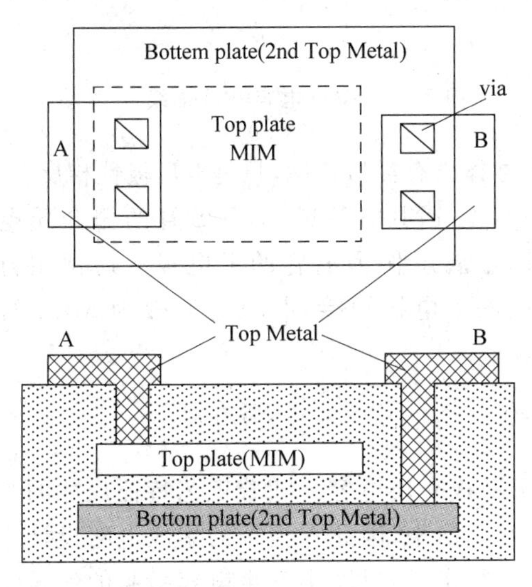

图2-72 金属-绝缘体-金属(MIM)平板电容

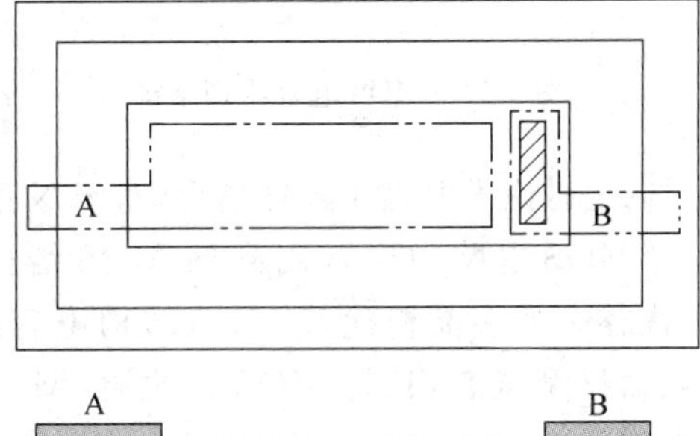

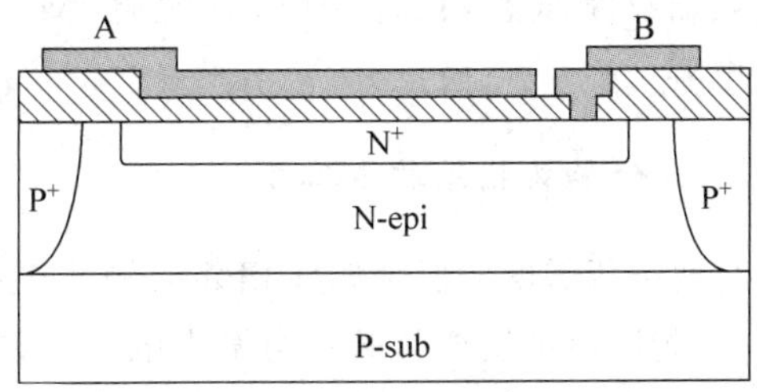

图2-73 金属-绝缘体-重掺杂半导体平板电容

3. MOS结构电容

MOS结构电容就是金属-氧化物-半导体结构电容，又称MIS结构电容。图2-74给出了P型半导体衬底的MOS电容物理结构，其栅极G与衬底S之间的电容C与其之间所加电压V_{GS}有关。

当V_{GS}为比较大的负偏压时，P型半导体表面形成多子空穴堆积层，称为堆积状态。此时呈现金属-绝缘体-重掺杂半导体平板结构电容特性，其电容近似为氧化层介质电容C_{ox}。

当V_{GS}为正偏压但不足以使半导体表面反型时，半导体表面形成耗尽层，称为耗尽状态。其电容C为氧化层介质电容C_{ox}和耗尽层电容C_D的串联。随V_{GS}的增大，耗尽层增厚，则C_D减小，即耗尽时电容C随V_{GS}的增大也减小。

当V_{GS}为比较大的正偏压时，半导体表面形成反型层，称为反型状态。其电容C将与工作频率有关。低频时，由于反型层中的电子能随电压变化，电容C近似为氧化层介质电容C_{ox}；高频时，由于衬底向反型层提供电子的能力有限，反型层中的电子不能随电压快速变化，其电容C和耗尽状态相同。

图2-75给出该结构的电容与电压关系曲线。

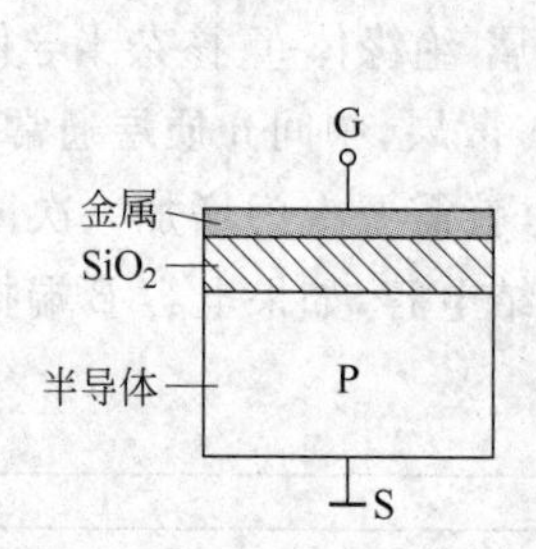

图2-74　MOS电容物理结构

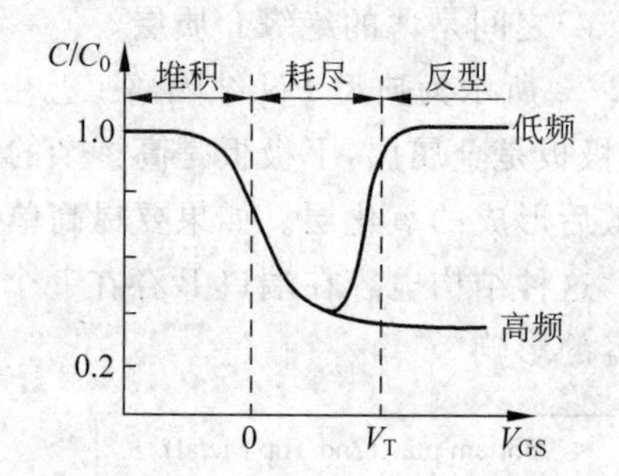

图2-75　MOS电容-电压曲线

以上讨论了P型半导体情形，对于N型半导体也有类似特性，只是电压极性相反。

CMOS电路中经常用到的MOS结构电容是PMOS管或NMOS管的栅介质电容，高掺杂的多晶栅代替MOS结构电容中的金属层作为电容的上电极。通常用衬底表面反型状态，且将MOS管的源、漏、衬底三个电极短接，其电容等效为MOS管栅电容。

4. 金属叉指结构电容

两条相邻的同层金属线相邻的侧面构成了平板介质电容。随着工艺特征尺寸的减小，这种同层金属线间的侧面寄生电容就越加突显出来，因此在当今的集成电路设计中必须给予高度重视，应避免相邻信号线长距离平行走线，以减小寄生电容引起的信号间的串扰。但是，也可以利用这种寄生电容结构来制作所需要的电容。

为了减小面积和便于布局布线，采用同层相邻金属线制作电容时通常设计成叉指状，如图 2-76 所示，所以称之为金属叉指结构电容。其电容值的大小主要取决于两金属条间距、金属层的厚度以及叉指的长度和叉指数，即两金属条间距和两金属条相邻的侧面积。

图 2-76 金属叉指结构电容

2.3.8 集成电路中的电感器

随着集成电路制作工艺特征尺寸的减小和集成电路工作频率的不断提高，片上金属线的电感效应逐渐凸现出来，由此也使片上电感的实现成为可能。

目前常用的电感是用顶层金属线构成的单匝线圈或多匝线圈，线圈形状可以是方形、圆形和多边形。图 2-77 所示为应用较多的方形多匝线圈电感结构，设计时选择的参数主要有金属线宽度 W、金属线间距 S、内圈中心半径 R 和匝数 N（图中 $N=2.5$）。图 2-78 给出的是圆形和八边形电感的版图示意图。

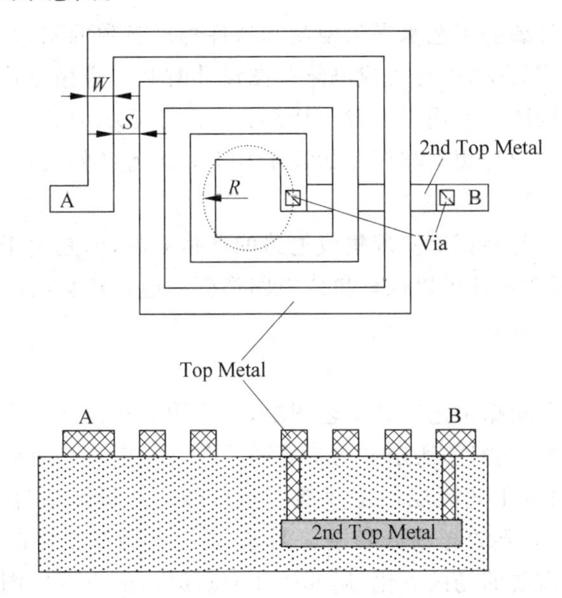

图 2-77 方形多匝线圈电感结构示例

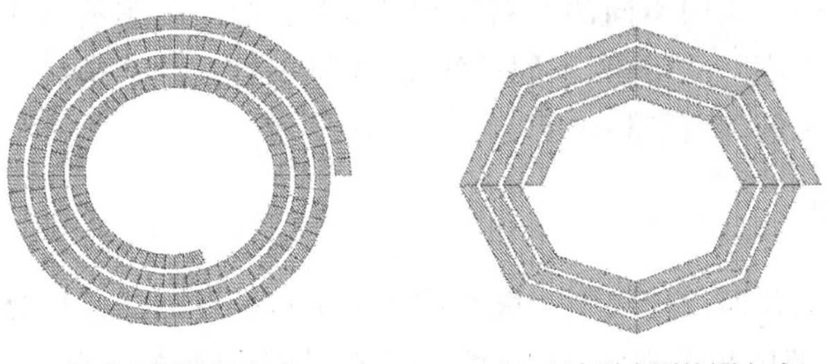

(a) 圆形多匝线圈电感　　(b) 八边形多匝线圈电感

图 2-78 圆形和八边形电感图形示例

由于影响电感值、Q值以及自谐振频率的因素较多,目前设计中通常采用工艺厂家提供的经过实际测试验证的电感图形、尺寸和模型,以便提高设计成功性。

2.4 集成电路版图设计基础

集成电路版图就是在一定的工艺条件下,依据相关的设计规则,按照集成电路功能和性能要求,设计出的包含电路中每个器件的图形结构、尺寸,以及器件相互间的位置、连接等物理信息的一套多层次的几何图形。根据设计的版图数据制作一套集成电路制造过程中需要的光刻掩膜版,最后进行集成电路的流片加工。因此,版图上的几何图形尺寸直接决定着芯片上各物理层的尺寸,是集成电路制造的依据。可见,集成电路版图设计是集成电路实现过程中必不可少的关键的设计环节。

2.4.1 版图设计规则

集成电路版图设计要受工艺水平的限制和器件物理参数的制约,为了保证器件的工作性能和提高芯片的成品率,进行集成电路版图设计时必须遵循流片厂家提供的版图设计规则。厂家提供的版图设计规则一般包括:工艺层定义、几何设计规则、电学设计规则以及其他设计限定等。设计规则与厂家的技术水平和设备条件密切相关,不同的工艺有不同的设计规则。

设计规则不是正确与不正确实现集成电路的严格界限,但是由于它包含了一定的工艺容差,遵循它进行版图设计可以保证集成电路高概率地正确实现。

1. 工艺图层

版图设计时首先要根据工艺定义工艺图层,工艺图层是设计者定义的抽象光刻掩膜层。为了方便版图绘制和验证,所定义的工艺图层并不一定一一对应于芯片制造时所需的光刻掩膜层,但是通过工艺图层一定要能直接或经过逻辑运算(例如:“取反”、“与”、“或”等)得到实际工艺需要的光刻掩膜层。例如,通过对版图绘制时定义的有源区图层“取反”获得实际工艺需要的场区氧化(局部氧化)掩膜层,而有源区图层还有可能是通过对 N^+ 有源区和 P^+ 有源区两个图层进行“或”运算得到等。

不同的工艺图层一般用不同的字符串定义,为了增加版图的直观性而方便设计,不同的工艺图层可以用不同的颜色、不同的线型、不同的填充图案来区分。表 2-5 给出了几个工艺图层定义的示例(颜色略)。

2. 几何设计规则

生产厂家给出的几何设计规则一般是按工艺流程顺序以工艺层分类给出,如 N 阱相关规则、N^+(P^+)有源区相关规则、poly 相关规则、金属层相关规则等。但是归纳起来,几何设计规则一般可以分为几何图形的最小宽度和最小间距两大类。

表 2-5 工艺图层定义示例

序号	工艺层	字符定义	图层标识
1	N 阱	Nw	
2	有源区	AA	
3	P-plus	PP	
4	多晶	P	
5	引线孔	Con	
6	金属	M	
7	钝化窗口	Pad	

(1) 几何图形的最小宽度

集成电路版图的每个工艺图层都由诸多封闭几何图形构成，宽度是指一个封闭几何图形内边与边之间的距离，如图 2-79 所示。最小宽度是指在保证质量的前提下工艺所能加工出的图形最小宽度，例如：发射区扩散图形最小宽度、隔离扩散图形的最小宽度、N 阱图形的最小宽度、N^+ 有源区图形的最小宽度等。

(2) 几何图形的最小间距

几何图形间距可分为同一工艺图层图形之间的间距和不同工艺图层图形之间的间距。最小间距是指在保证质量的前提下工艺所能加工出的图形最小间距。

同一工艺图层图形之间的最小间距是指图形外边与边之间的最小间距，如图 2-80 所示。例如：同层金属图形的最小间距、发射区扩散图形的最小间距、基区扩散图形的最小间距、N 阱图形的最小间距、N^+ 有源区图形的最小间距、多晶硅图形的最小间距等。

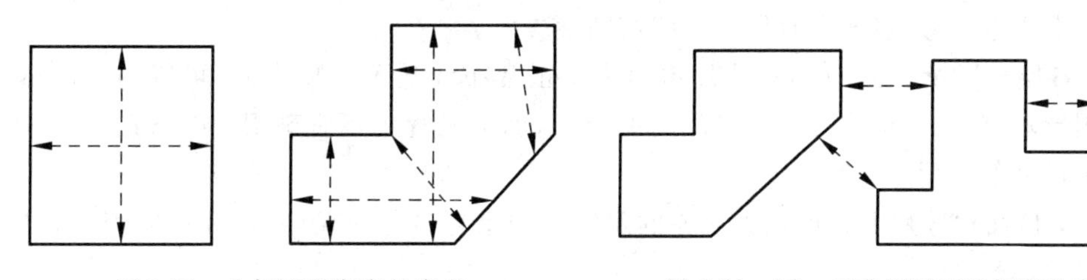

图 2-79 几何图形宽度的定义　　图 2-80 同一工艺图层图形间距的定义

相关工艺图层图形之间的间距是指具有相互制约关系的两层工艺图层图形之间的间距，通常包括图形分离的间距、图形包含的间距、图形交叠的间距等。

相关工艺图层图形分离的最小间距如图 2-81(a)所示，例如：N 阱外的 N^+ 有源区图形与 N 阱图形的间距、多晶硅图形与有源区图形的间距、N^+ 埋层扩散图形与隔离扩散图形的间距、基区扩散图形与隔离扩散图形的间距等。

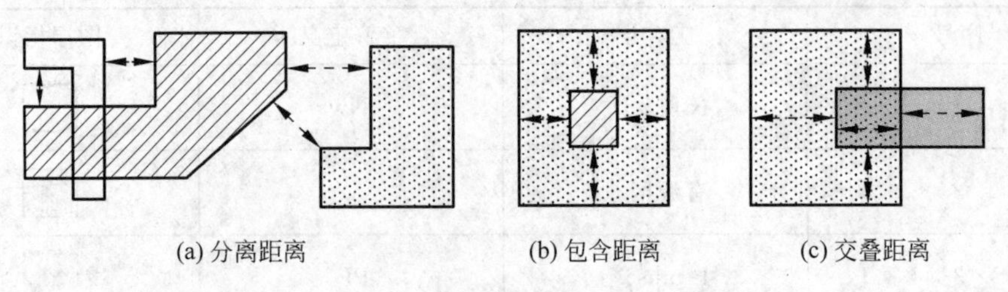

图 2-81　不同工艺层相关版图图形间距的定义

相关工艺图层图形包含的最小间距如图 2-81(b)所示,例如:基区扩散图形包含发射区扩散图形的间距、发射区扩散图形包含引线孔图形的间距、多晶硅图形包含引线孔图形的间距、N 阱图形包含阱内 P^+ 有源区图形的间距等。

相关工艺图层图形交叠的最小间距如图 2-81(c)所示,例如:高阻离子注入图形与高掺杂端头扩散图形交叠的最小间距、多晶硅栅图形与有源区图形交叠时的各种最小间距等。

3. 电学设计规则

电学设计规则是由工艺参数抽象出的与器件版图设计相关的电学参数,它是集成电路物理版图设计的重要依据,是依据特定工艺给出的。电学设计规则中给出的参数通常包括:各种材料的电阻率或薄层电阻(方块电阻),各种接触电阻,各种 PN 结、导电层间或特定结构电容的单位面积电容,晶体管的增益,MOS 管的阈值电压等。厂家根据工艺的容差一般给出电学参数的最小值、典型值和最大值供设计时参考。

4. 其他限定

集成电路版图设计规则除了上述与厂家技术水平和设备条件密切相关的规则外,还有一些其他限定,具体如下。

(1) 各层金属线单位条宽允许通过最大电流的限制。如果超过这一极限,芯片在应用中容易发生电迁移,造成芯片因金属线熔断而失效。

(2) 各层金属及多晶最小的芯片覆盖率。正常布线达不到要求时,可以用 dummy(虚拟)图形填充,以保证圆片具有较均匀的应力,加工过程中不宜破损。dummy 图形通常是一定尺寸的矩形。

(3) 单位面积硅片上允许最大功耗的限制。如果超过这一极限,芯片在应用中容易因局部过热而烧毁。

(4) 压焊点距芯片内部图形的最小距离的限制。如果超过这一极限,芯片在键合时容易因应力而造成电路损坏。

(5) CMOS 电路的版图在一定范围内必须有 N 阱(P 型衬底)与电源(地)的欧姆接触,否则芯片在应用中易发生闩锁效应。

此外,还有对准标志、划片间距、芯片边缘等特定单元的要求。

2.4.2 版图布局

1. 双极型集成电路的隔离区划分

双极型集成电路一般采用PN结隔离工艺，将芯片分成若干个隔离区(岛)，器件设计在隔离岛中，岛与岛之间是以两个背靠背反偏二极管实现隔离的。实际设计中，并不是所有器件都需要单独占据一个隔离区(岛)，有些器件是可以共享同一个隔离区的。划分隔离区的原则如下。

(1) 集电极电位不相同的NPN晶体管必须放在不同的隔离区，而集电极电位相同的NPN晶体管可以放在同一个隔离区内。例如组成达林顿复合晶体管的两个NPN晶体管集电极相连，即其集电极电位相同，可以放在同一个隔离区内，如图2-82所示。

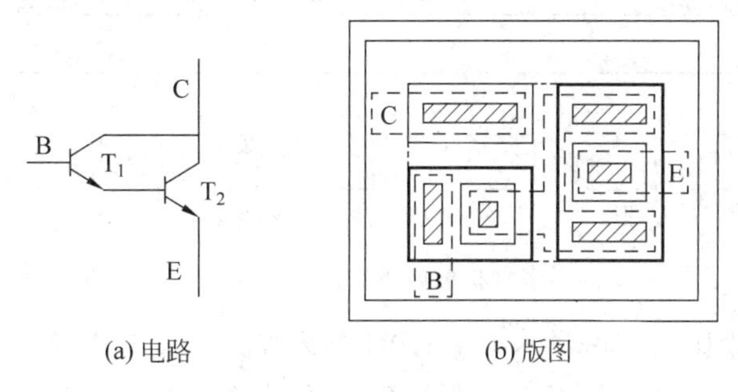

图2-82 达林顿管的电路和一种版图

(2) 基极电位不相同的横向PNP晶体管必须放在不同的隔离区，而基极电位相同的横向PNP晶体管可以放在同一个隔离区内。例如组成电流镜的两个横向PNP晶体管基极相连，即其基极电位相同，可以放在同一个隔离区内，如图2-83所示。

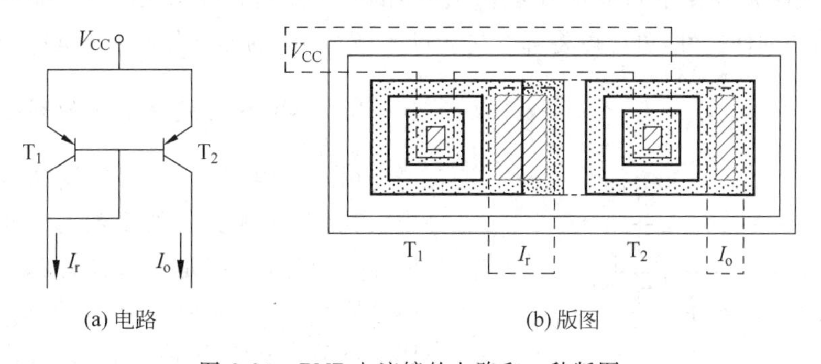

图2-83 PNP电流镜的电路和一种版图

(3) 如果NPN晶体管集电极电位和横向PNP晶体管的基极电位相同，可以放在同一个隔离区内。

(4) 扩散电阻原则上都可以放在同一个隔离区内，只要保证它们之间实现电隔离。例如多个基区扩散电阻可以直接放在一个隔离区内，发射区扩散电阻(可以是多个)可以通过放在基区扩散区中(见图 2-63(b))与其他基区扩散电阻放在一个隔离区内等。图 2-84 给出基区扩散电阻、发射区扩散电阻和高阻硼离子注入电阻在同一个隔离区的版图。但是,根据布局布线的需要,可以灵活地将电阻放在不同的隔离区内。特殊结构电阻如外延层电阻需要单独的隔离区。只放置电阻的隔离区,外延层通常接电源电位(电路的最高电位)。

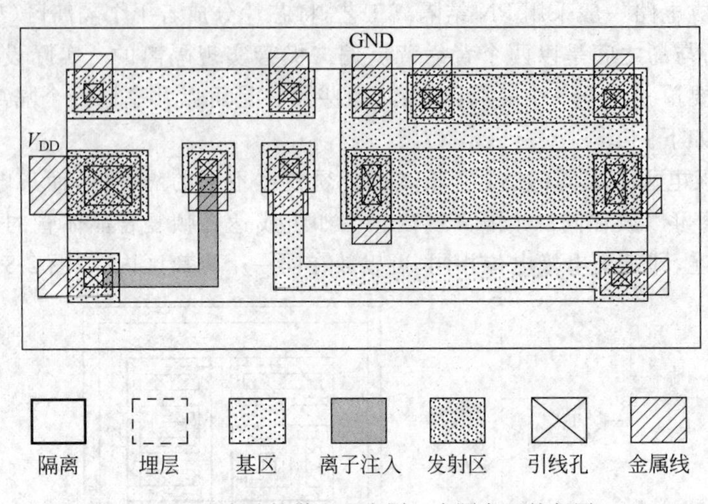

图 2-84　多种扩散电阻在同一个隔离区的版图

(5) 基区扩散电阻两端电位不高于 NPN 晶体管集电极电位时,可与 NPN 晶体管同放在一个隔离区内;两端电位不高于横向 PNP 晶体管基极电位时,可与横向 PNP 晶体管同放在一个隔离区内。

(6) 二极管及其他有源器件以及特殊结构电阻、电容可参照上述原则来划分隔离区。

总之,器件之间需要电性能隔离,如果把它们放在同一个隔离区中自身不能实现电性能隔离,就必须放在不同的隔离区中。减少隔离区固然有利于减小芯片面积,但是有时为了布局布线的便捷性,也可以将可以共享同一个隔离区的器件分放在不同的隔离区中。

2. CMOS 集成电路阱的划分

由于阱内、外的器件距阱边界的距离要求较大,因此减少阱的个数有利于减小芯片面积。但是,并不是所有器件都可以放在同一个阱中。以 N 阱 CMOS 集成电路为例,PMOS 管制作在 N 阱内,N 阱作为 PMOS 管的衬底电极,所以衬底电位不相同的 PMOS 管就不能放在同一个 N 阱内。如图 2-85 所示 CMOS 电路,PM_1、PM_2 的衬底接电源,PM_3、PM_4 的衬底接 A 节点,因此 PM_1 和 PM_2 可以同阱,PM_3 和 PM_4 可以同阱,而这

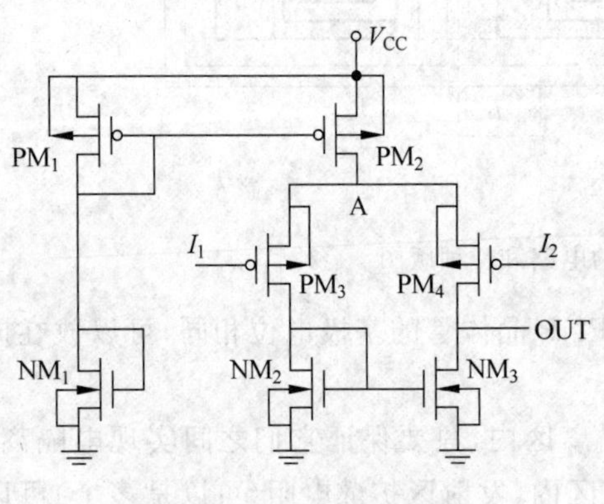

图 2-85　CMOS 电路图

四个器件不能用同一个 N 阱。

虽然原则上所有衬底电位相同的 PMOS 管都可以放在同一个 N 阱内，但是过多的 PMOS 管集中在同一个 N 阱中会严重影响相关的 NMOS 管和 PMOS 管之间的布线，从而造成电路性能下降。所以，实际 CMOS 电路版图设计中，根据布局布线的需要可以灵活划分多个 N 阱，如图 2-86 所示（未给出金属连线）。CMOS 电路中的其他类型器件是否需要设立独立的阱，可以参照电隔离原则分析确定。

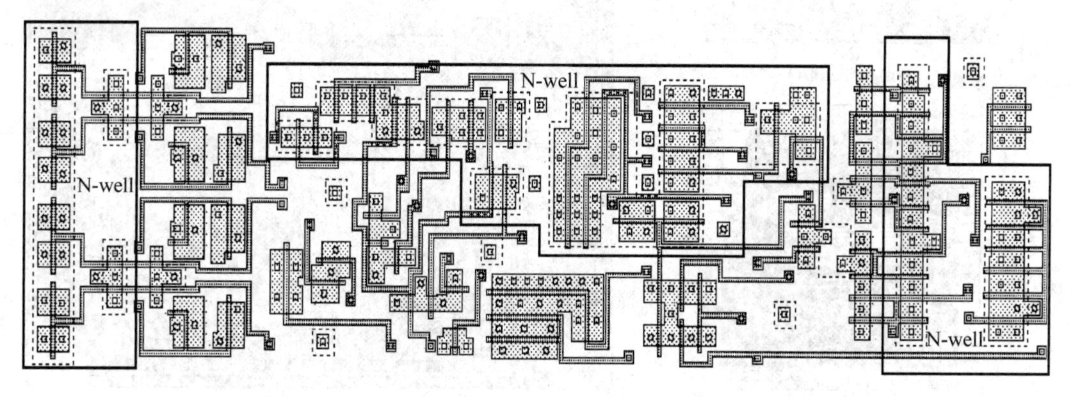

图 2-86　CMOS 电路版图多个 N 阱示意图（未画出金属连线）

3. 压焊点的排布

压焊点是芯片与封装管腿相连接用的输入输出端(I/O)，一般分布在芯片四周。当电路输入输出端较少时，通常采用嵌入式(embed)排列压焊点，如图 2-87(a)所示；当电路输入输出端较多时，通常采用环绕式排列方式(in-line)排列压焊点，如图 2-87(b)所示；当电路输入输出端很多时，通常采用双环错列方式(staggered)排列压焊点，如图 2-87(c)所示。

压焊点的排列顺序一般由系统特定用途限定或用户给定，这时设计者不能随意改变压焊点的排列顺序，布局时应当考虑压焊点与相关单元间的便捷连接，以减小连线面积和减小信号延迟。

压焊点的排列顺序还可能是由设计者自己决定，这种情况下不仅需要考虑单元与压焊点间的便捷连接，而且还要考虑压焊点间的串扰问题、测试和应用的方便性、测试成本等。对规模较大的芯片还要适当增加电源/地的压焊点数目。

4. 整体布局

集成电路版图整体布局设计是在器件版图以及单元电路版图设计完成后，确定电路中每个器件或单元在整体版图中的位置，压焊点的分布，电源线、地线以及主要信号线的走向等。

版图整体布局首先考虑主要单元的位置，再以主要单元为核心安排次主要单元和次要单元，次要单元形状可依据相关主要单元进行调整，同时考虑电源线、地线以及主要信

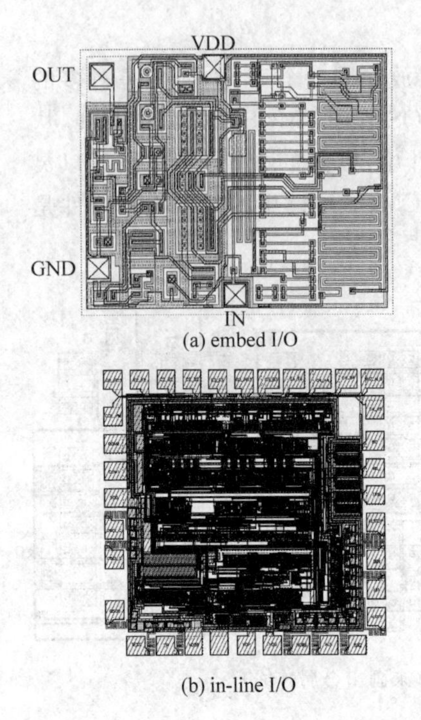

(a) embed I/O

(b) in-line I/O

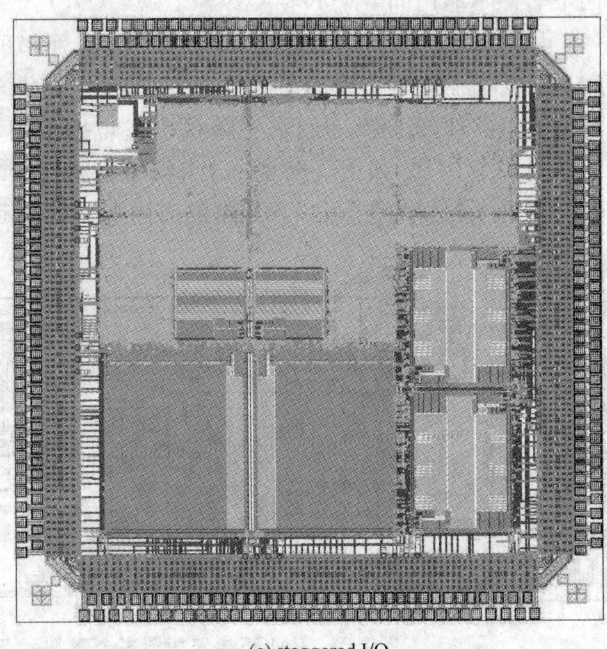
(c) staggered I/O

图 2-87　三种压焊点排布示意图

号线走向。主、次要单元的区分一方面看它们对整体电路性能的影响程度,如噪声、速度、对称性、热场分布等,另一方面看它们对整体电路的版图面积、版图布局的影响程度。主、次要单元具有一定的相对性。

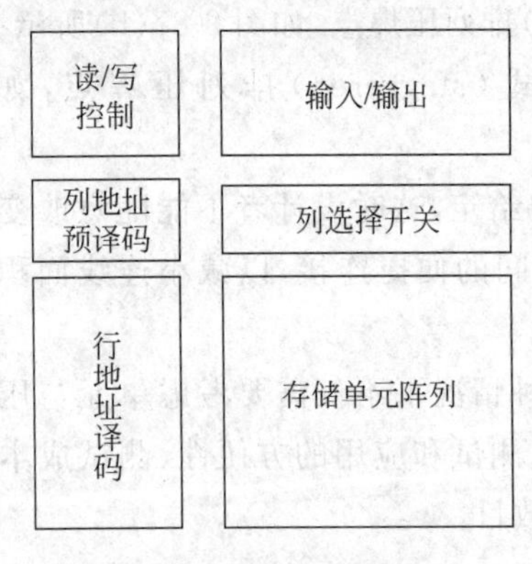

图 2-88　存储器布局框图

以图 2-88 所示的存储器(相关电路见 6.6 节)布局为例,存储单元阵列对整个芯片尺寸和布局有着主要影响,应把它作为主要单元先确定尺寸,其他外围电路作为次要单元依据存储单元阵列来确定尺寸。考虑到布线方便,行地址译码电路单元版图垂直方向尺寸与存储单元阵列中的单元行相对应,水平方向的尺寸可以调节,使行地址译码电路整体版图与存储阵列整体版图垂直方向尺寸相同,相关端口直接对应相接;列选择开关单元版图水平方向尺寸与存储单元阵列中的单元列相对应,垂直方向尺寸可以调节,使列选择开关整体版图与存储阵列整体版图水平方向尺寸相同,相关端口直接对应相接。照此方法,列地址预译码电路单元与列选择开关相对应,输入输出电路与列选择开关相对应,控制电路单元安排在左上角依据行地址译码电路和输入输出电路确定。

如果是数模混合电路,由于数字模块在状态转换时会产生较大噪声,应将模拟模块和数字模块之间留有较大距离,并增设隔离环。

完成芯片版图布局结构设计后，每个单元的外部信息，如输入输出信号线位置、负载等已确定，应依据这些信息进行每个单元的内部布局。如果单元电路仍然较大或复杂，需要将每个单元再划分成多个子单元，再按主次关系进行布局设计。最后从最小的子单元开始设计，这就是自上而下分层布局-自下而上设计的版图设计方法。

2.4.3 版图布线

1. 布线层

版图设计中，各种导电层如金属、扩散区、多晶硅都可以用作连线使用，但是它们对电路具有不同的影响。

金属层的寄生电阻、寄生电容最小，是布线的主体。多层金属工艺中，层次越高的金属层对衬底寄生电容越小。一般最顶层金属较厚，单位条宽允许流过的电流较大，有利于减小走线面积，经常用作电源/地线和主要信号线的布线。

多晶硅的寄生电阻较大，寄生电容也比金属的大，一般作为 MOS 管的栅极和较短的布线以使布线简洁。

扩散区的寄生电阻、寄生电容都较大，而且有 PN 结漏电，会增加电路功耗，所以很少用扩散区布线，一般用于相邻近的同型扩散区之间的连接。

总之，无论哪种布线层都存在寄生电阻和寄生电容。连线越长，对电路影响就越大。目前，随着工艺特征尺寸的减小，单元内的延时已降到很低的程度，而走线延时已成为总延时的主要成分。因此，通过合理布局，缩短连线长度是十分重要的。

2. 布线策略

电源/地线应选择金属层布线，特别是流过电流较大的电源和地的主干线，应尽量采用顶层金属。允许的情况下也可以采用两层金属并联使用，相当于加厚金属层。电源/地线应尽可能避免采用多晶硅和扩散区走线。

芯片较大时，电源/地的干线一般布成网状结构（利用多层金属），局域的电源/地线一般采用梳状结构。由于电路在状态转换时会引起电源/地上的噪声，所以一般可以将电源线和地线分别采用上下两层金属平行布线以达到一定的稳定作用。

如果是数模混合电路，应将模拟电源/地和数字电源/地分开布线。

随着工艺技术的提高，特征尺寸不断在缩小。平行走线，尤其同层布线层中的平行走线，其串扰问题更加凸现出来。长信号线应尽量选择金属层布线，而且长信号线的上、下或旁边应尽量避免长距离平行走其他信号线，以避免两信号线间的串扰。

单元内连线尽量采用底层金属层，而用高层金属进行单元间的布线。

2.4.4 版图验证与数据提交

虽然版图设计的过程一直按照特定电路展开，并且遵循一整套设计规则进行，但是集成电路版图是由多层次众多的几何图形组成的,随着电路规模的增大,几何图形的数量和设计中的操作次数也急剧增长,因此当版图首次完成时很难保证其设计中没有错误,而靠人工快速准确地把错误全部查找出来几乎是不可能的。于是,依靠成熟的版图验证 CAD 软件工具验证版图,快速而准确地查出版图设计中的错误,对集成电路的正确实现是非常重要和必要的。

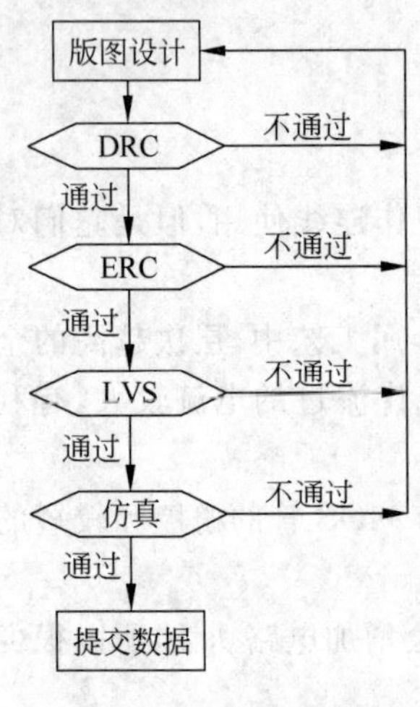

图 2-89 版图验证流程

版图验证流程如图 2-89 所示,一般有设计规则检查(design rule check,DRC)、电学规则检查(electric rule check,ERC)、版图与电路一致性检查(layout vs schematic,LVS)和模拟验证(simulation)。版图验证正确后一般将版图数据转换为 GDSII 格式的数据提交给厂家制版、流片。

1. 设计规则检查

设计规则检查的任务是检查版图中几何图形的尺寸设计规则错误,包括最小线宽、最小间距、最小面积等。

在运行 DRC 软件工具前,需要一个根据设计规则编写的规则检查文件。文件主要内容有版图层次的定义、辅助层次的运算产生、几何尺寸规则的定义、错误种类(解释)的定义等。一般厂家在提供工艺文件时会一同提供这个文件。

运行 DRC 软件工具,程序就会按照规则检查文件内容对版图数据进行运算和检查。如发现设计规则错误,DRC 软件会在版图错误之处给出标记,并根据规则检查文件中的定义给出错误类别和解释,例如“metal1 via enc $< 0.1\mu$”说明金属 1 包含通孔的距离小于规则允许的最小值 $0.1\mu m$,“poly sep $< 0.3\mu$”说明多晶间的距离小于规则允许的最小值 $0.3\mu m$ 等。设计者根据提示进行版图修改,然后再运行 DRC,直至报告版图没有几何图形的尺寸设计规则错误为止。

2. 电学规则检查

电学规则检查的任务首先是对通过 DRC 的版图进行电路网表提取(circuit extraction),然后检查电路网表中是否存在电学特性上的常规性非法连接,如:已定义名称的信号端的短接或浮空(包括电源线和地线)、内部节点的短接或浮空、阱和衬底未接到固定电位等,如果存在错误,则将错误类型和错误位置给出。设计者根据 ERC 报告的错误信息进行修改,对修改后的版图再重新进行 DRC。DRC 通过后再进行 ERC,直至 ERC 报告没有错误为止。所谓“电路网表”是指用某种特定语言形式描述电路中的所有器件、端口及其间的连接关系的文件。

3. 版图与电路一致性检查

版图与电路一致性检查的任务是将从版图提取出的电路网表与从电路图提取出的电路网表进行对照,检查两个网表中的节点连接关系是否匹配、对应元件是否匹配等,以保证版图所实现的电路与设计的电路完全一致。运行 LVS 软件后，设计者根据 LVS 报告的不匹配信息进行修改。修改对象是版图，因为电路图已通过设计仿真验证，是 LVS 检查的基准。修改后的版图需要再重新进行 DRC 和 ERC，DRC 和 ERC 通过后再进行 LVS，直至 LVS 报告全部匹配为止。LVS 从电路端口以及已知节点开始查找匹配信息，为了使报告的不匹配信息定位准确，应尽量多地定义已知匹配节点，以便快速通过 LVS。

4. 版图后仿真

版图经过 DRC、ERC 和 LVS 验证之后，从版图提取包括寄生参数在内的电路网表(LPE)，对其进行 SPICE 电路模拟，或用软件从提取的寄生参数计算延迟反标到逻辑网表中进行时序(timing)模拟，称之为版图后仿真。仿真软件可以按要求给出各节点的仿真结果，如果仿真结果没有达到设计要求，可以通过软件分析，查找原因，修改后再重新进行 DRC、ERC 和 LVS，然后再进行后仿真，直至达到设计要求为止。通过后仿真的版图数据就可以按厂家要求进行版图数据转换、输出，提交给厂家制版、流片。版图后仿真结果比版图设计前的电路模拟(前仿真)结果更接近实际，所以，用通过后仿真的版图进行流片会增加设计成功的可能性。

2.4.5 版图基本优化设计技术

1. 公共区域的合并

集成电路版图设计简单来说是将设计好的元器件或单元电路版图进行组合和连接。由于有些器件或单元是相互关联的，它们的版图有些相关区域可以合并为公共区域，有利于减小面积和提高电路性能。如图 2-90 所示的双极型电路，用肖特基晶体管 T_1、晶体管 T_2 和高阻硼离子注入电阻 R 的器件版图直接排列构成的电路版图如图 2-91(a)所示。根据隔离原理，T_1、T_2 和 R 可以放在同一个隔离区内，而且 T_1 和 T_2 的集电极可以合并，T_2 的基极和 R 的一个电极也可以合并。图 2-91(b)是优化后的版图，可见面积明显减小。

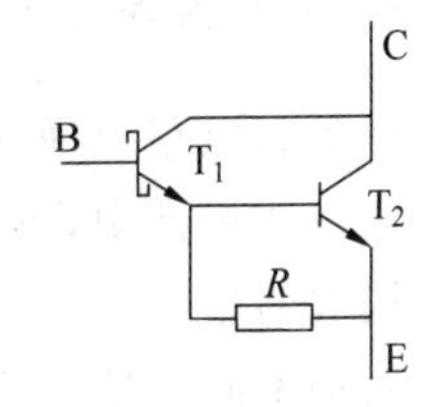

图 2-90 双极型电路图

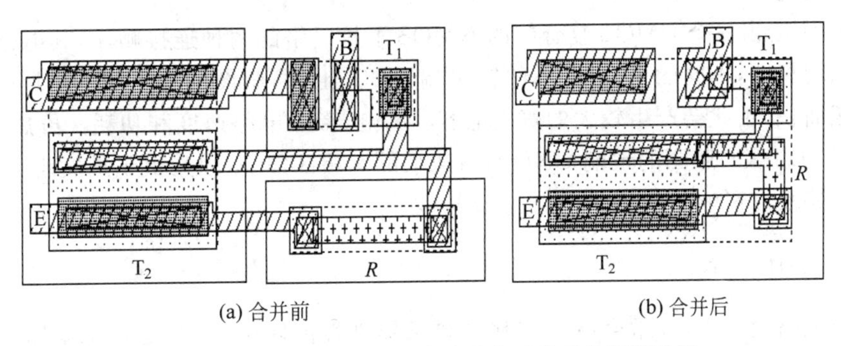

图 2-91 图 2-90 所示电路合并公共区前后的版图示例

公共区域合并技术在CMOS集成电路版图设计中的应用更为普遍。图2-92是两个同类型MOS器件在沟道宽度相同和不相同两种情况下级联时的公共源漏区合并前后的版图。当MOS器件中间级联节点需要进行其他连接引出时,用图2-92(b)所示形式;而中间级联节点不需要进行其他连接,即不需引出时,用图2-92(c)所示形式,可见面积均明显减小。在2.3.3节中介绍的叉指状MOS晶体管(图2-48)也是公共源漏区合并后的例子。

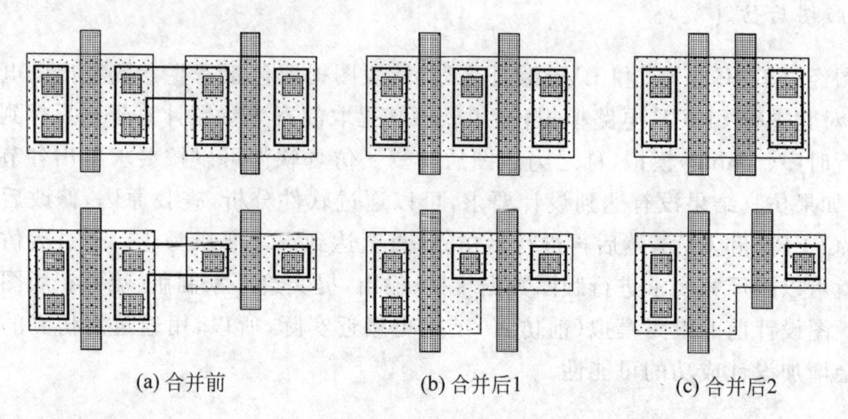

图2-92 同类型MOS器件级联时的公共源漏区合并前后的版图示例

公共区域合并技术不仅应用于器件间公共区域的合并,还常用于单元间的公共电源线、地线、信号线等公共区域的合并,其最典型的例子是SRAM单元阵列(详见6.6.4节中关于SRAM单元版图的介绍)。

2. 级联器件的连接顺序

在集成电路原理图中,有些器件间的连接顺序的变化不会影响到电路功能和性能,但是在版图设计中,不同的连接顺序可能会有不同的效果。例如由两个BC短接NPN管分别构成的正向BE结二极管和反向BE结二极管组成的钳位电路。图2-93给出这两个器件两种不同连接顺序的电路和对应的版图,显然图(a)与(b)的电路功能相同,然而后者版图面积明显小于前者,主要是由于后者连接顺序改变后可以进行两个晶体管的隔离区合并和集电极合并等。

图2-94给出一个CMOS复合门的NMOS下拉网络的两种连接顺序,其电路功能和版图面积均相同,不同的是(a)版图的输出端OUT比(b)版图的输出端OUT具有较大的有源区面积,由此会产生较大的寄生电容和漏电,影响电路速度和功耗。虽然(b)版图的地端GND比(a)版图的地端GND具有较大的有源区面积,但是由于是接地(与衬底等位),对电路没有影响。

3. 匹配性设计

集成电路设计中,经常会有一些地方要求器件性能匹配,尤其是模拟电路。因此版图设计时要考虑匹配性设计,其中包括几何图形匹配设计和热匹配设计。

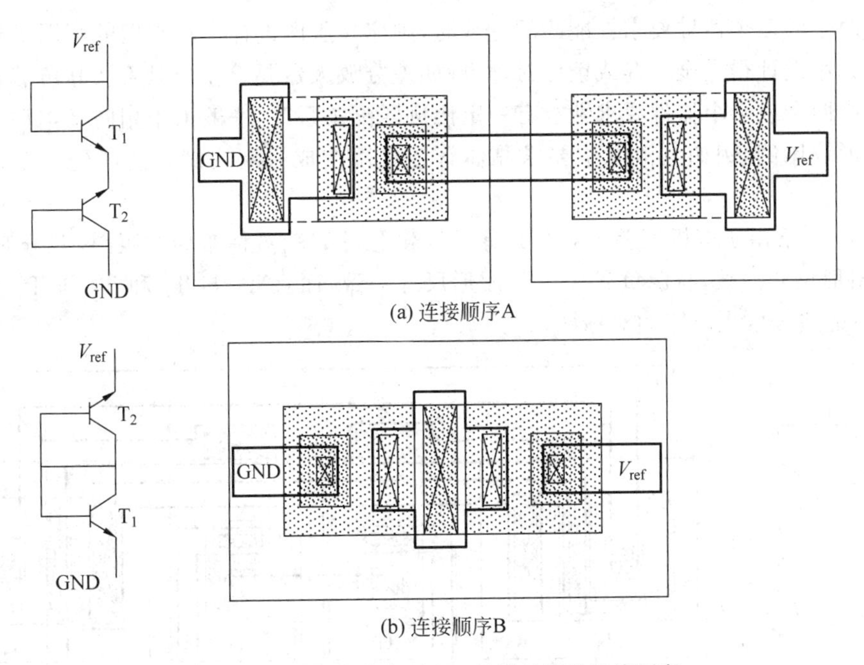

图 2-93 钳位电路中两个二极管的两种连接顺序

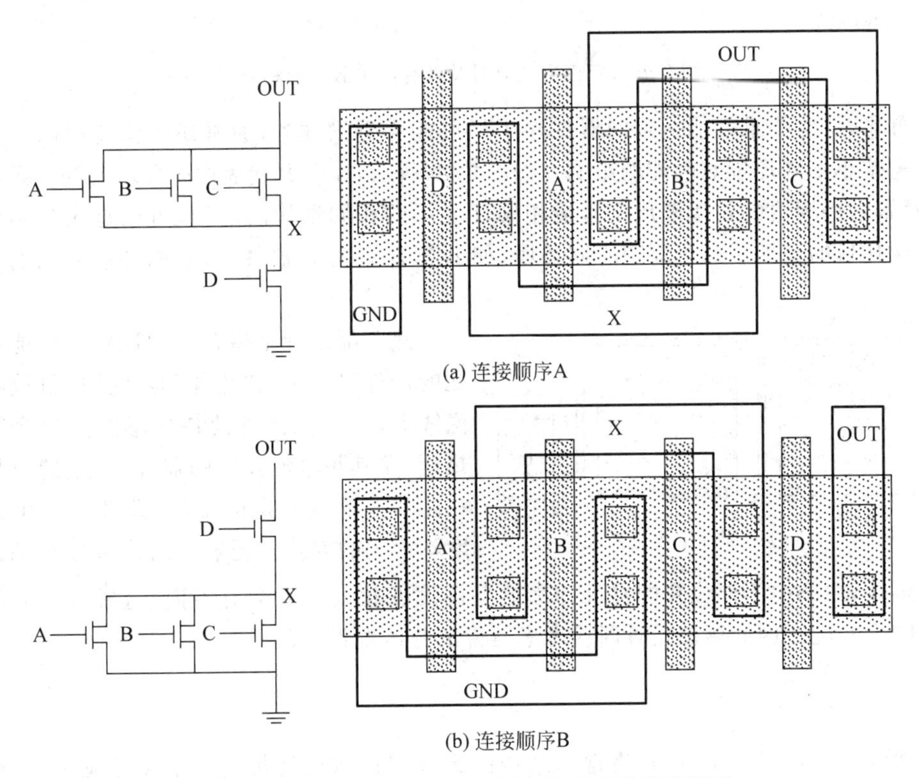

图 2-94 相同功能的 NMOS 下拉网络的两种连接顺序

当两个或多个器件要求性能匹配一致时,则应在版图设计中将它们的版图图形形状和尺寸大小设计得完全一样或镜像对称,例如差分放大器要求差分对管及其负载特性要对称。当两个或多个器件要求性能有一定比例匹配关系时,一般采用相同基本单元的个数比来形成比例,例如电流源中要求晶体管或电阻构成一定比例以便产生一定比例的电流。

图 2-95 给出了双极型差分对及其有源负载电路 Y 轴对称布局的版图,差分对管 T_1 和 T_2 图形尺寸一致,有源负载 T_3、T_4 图形尺寸一致,而且 T_1 与 T_2 和 T_3 与 T_4 对称排列,以保证差分放大电路的对称性。

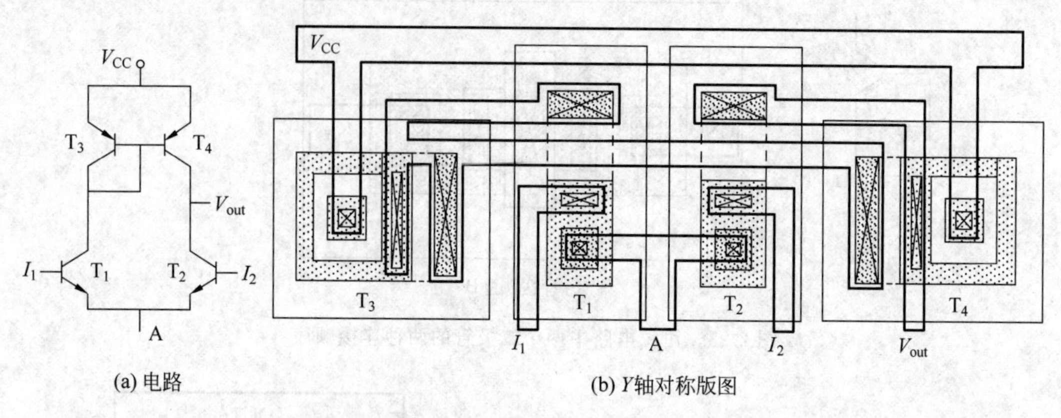

(a) 电路　　(b) Y轴对称版图

图 2-95　双极型差分对及其有源负载的对称布局

布局时,对要求性能一致的器件除了尽可能靠近摆放外,通常还用营造相同的周边环境来减小不同环境对匹配的影响。如图 2-96 所示,A 和 B 代表两个要求匹配一致的器件,紧靠它们周边的长条图形是营造相同环境用的相同结构的图形(可以是人为额外设计的),其目的是为了减小周边不同环境,如 B 器件旁的 C 器件,对它们性能带来的不同影响。

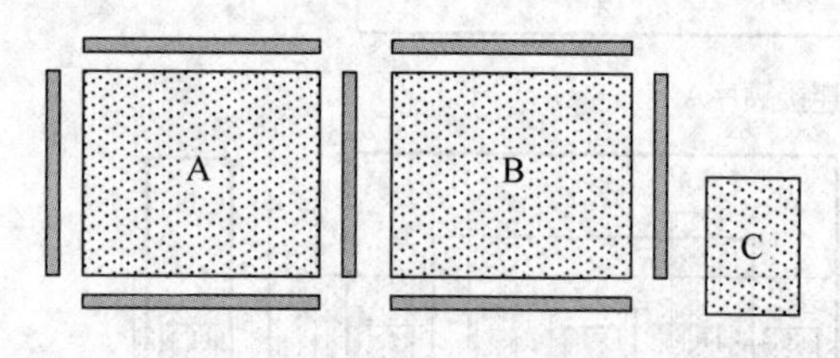

图 2-96　通过匹配外围改进匹配状况

热匹配设计是指布局时让要求性能相匹配的器件尽量远离"热源"器件且尽量放在等温线上,因为元器件消耗功率的同时会产生热量,尤其是电流较大的器件,产生的热量会在芯片上形成一定的温场,即芯片上出现温度不均匀的变化。元器件的许多参数都是温度的函数,温场中不同位置的器件的参数随温度变化的程度会有不同,造成应匹配的器件性能不匹配。因此版图设计时应考虑器件的热匹配设计。

4. 复用单元设计

在版图设计过程中,通常将常用结构的组合图形按设计规则要求设计成单元形式,在版图设计中可以重复调用,称之为复用单元。

复用单元可以是几个简单图形的组合,如图 2-97 所示的两种互联复用单元,其中

PMcont 是 poly(多晶硅)与 metal1(金属 1)的互联复用单元,AMcont 是 Active(有源区)与 metal1(金属 1)的互联复用单元,它们是在 CMOS 版图设计中重复使用率最高的图形组合。在 poly 与 metal1 或 Active 与 metal1 的连接处只要调用相应的互联复用单元即可完成连接,而不需要再考虑 Contact 与相应两个连接层间的设计规则。

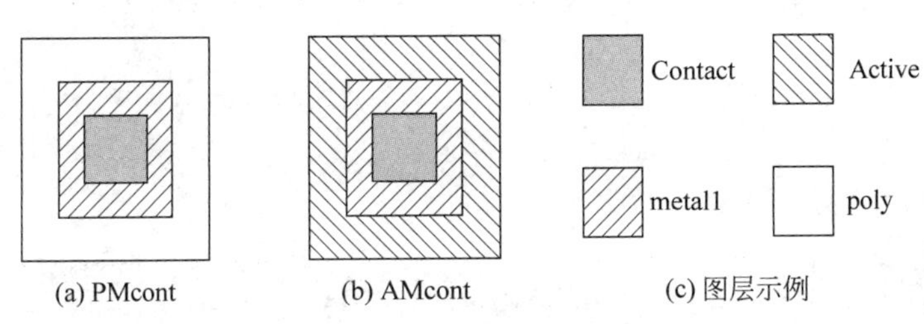

图 2-97 两种互联复用单元

复用单元也可以是一个或几个器件或具有一定功能电路的复杂版图,例如一个反相器、一个与非门、一个触发器等。设计者可以直接从库中调出它们进行更大的电路版图设计。自动布图工具依据的标准单元库和宏单元库就是最典型的复用单元库。

复用单元在使用前必须经过验证是正确的。调用复用单元时可以对复用单元进行旋转和镜像翻转。复用单元版图修改后,所有调用此单元的版图都随之改变,不需要一一去修改。所以,使用复用单元设计版图可以减少设计错误,便于修改,提高设计效率。

复用单元还可以设计成具有一定可变参数的单元,例如:可以将 NMOS(或 PMOS)管复用单元的栅长、栅宽和栅指数设为可变参数,设计者在调用时通过指定栅长、栅宽和栅指数的具体值而得到符合设计要求的 MOS 管的组合图形。

第3章 集成电路器件模型

集成电路设计中一项重要的工作就是验证所设计电路或系统的功能和性能。而进行验证都要使用半导体器件模型。建立半导体器件模型的目的是根据器件的端电压和端电流的关系,利用数学方程、等效电路以及工艺数据拟合等手段来描述器件的功能和性能。因此,精确的器件模型对于集成电路的设计尤为重要。

本章将从集成电路分析设计角度出发,在侧重讨论半导体器件物理效应的基础上,主要描述集成电路中的二极管、双极型晶体管、MOS器件的电特性和模型。

3.1 二极管模型

理想的PN结二极管是最基本的非线性电路器件。它是一个二端器件,具有如图3-1所示的伏安特性。这里,我们主要介绍二极管的直流模型、大信号模型和小信号模型。

3.1.1 直流模型

直流偏置时,PN结二极管可由一个等效电阻与一个非线性电流源相串联来表示,如图3-2所示。其中电阻 r_S 可视为二极管的接触电阻和准中性区电阻的串联,电流 I_D 的表达式为

$$I_D = I_S\left[\exp\left(\frac{V_D}{nV_T}\right)-1\right] \tag{3-1}$$

式中,$V_T=kT/q$ 为热电压,$T=300\text{K}$ 时,其值约为26mV; n 为发射系数,用来描述耗尽区中的产生复合效应; I_S 为饱和电流

$$I_S = Aq\left(\frac{D_p p_{n0}}{L_p}+\frac{D_n n_{p0}}{L_n}\right) \tag{3-2}$$

式中,A 是PN结面积; D_p 和 D_n 分别是空穴和电子扩散系数,在室温下,硅中空穴的扩散系数为 $13\text{cm}^2/\text{s}$,电子的扩散系数为 $37.5\text{cm}^2/\text{s}$; n_{p0} 是P型区电子平衡态浓度; p_{n0} 是N型区空穴平衡态浓度; L_p 和 L_n 分别为空穴和电子的扩散长度。

高反向偏置时PN结会出现结击穿现象,根据电压值把反向特性分段描述,电流 I_D

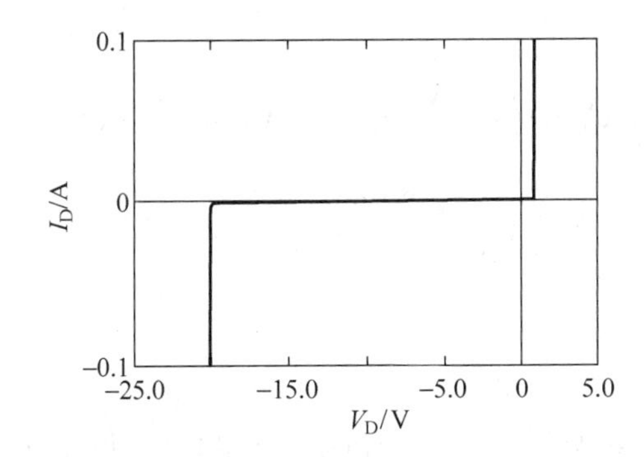

图3-1 理想PN结二极管的伏安特性曲线示意图

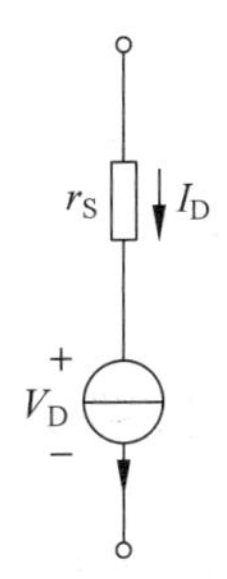

图3-2 二极管直流模型

的表达式为

$$I_D=\begin{cases}I_S(e^{qV_D/nkT}-1), & -5\dfrac{nkT}{q}\leqslant V_D\leqslant 0\\ -I_S, & -V_B<V_D<-5\dfrac{nkT}{q}\\ -I_{BV}, & V_D=-V_B\\ -I_S\left(e^{-q(V_B+V_D)/kT}-1+\dfrac{qV_B}{kT}\right), & V_D<-V_B\end{cases}\tag{3-3}$$

其中，V_B 为反向击穿电压；I_{BV}为反向击穿时的电流。

3.1.2 大信号模型

二极管的大信号模型描述了PN结的电容效应，模型如图3-3所示。PN结电容包含结耗尽层电容和扩散电容两部分。以 Q_D 表示PN结存储的电荷，Q_D 由两部分组成：一是注入载流子形成的电荷，另一是结耗尽层中的电荷。电荷 Q_D 的表达式为

$$Q_D=\begin{cases}\tau_D I_D+C_J(0)\displaystyle\int_0^{V_D}\left(1-\frac{V}{\varphi_0}\right)^{-m}dV, & V_D<F_C\cdot\varphi_0\\ \tau_D I_D+C_J(0)F_1+\dfrac{C_J(0)}{F_2}\displaystyle\int_{F_C\cdot\varphi_0}^{V_D}\left(F_3+\frac{mV}{\varphi_0}\right)dV, & V_D\geqslant F_C\cdot\varphi_0\end{cases}\tag{3-4}$$

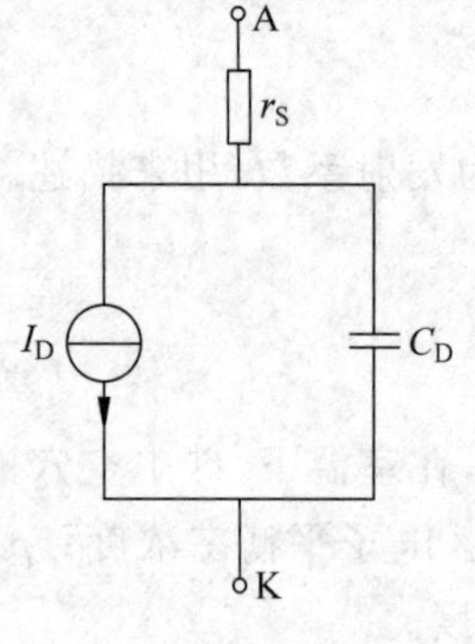

图3-3　二极管大信号模型

式中，τ_D 为渡越时间；φ_0 为结电势；m 为梯度因子；F_C 为正偏耗尽层电容公式中的系数，取值0～1，隐含值为0.5；$C_J(0)$为零偏压时结耗尽层电容；F_1、F_2、F_3 为常数，其值如下

$$\begin{cases}F_1=\dfrac{\varphi_0}{1-m}[1-(1-F_C)^{1-m}]\\ F_2=(1-F_C)^{1+m}\\ F_3=1-F_C(1+m)\end{cases}\tag{3-5}$$

电容 C_D 为

$$C_D=\frac{dQ_D}{dV_D}=\begin{cases}\tau_D\dfrac{dI_D}{dV_D}+C_J(0)\left(1-\dfrac{V_D}{\varphi_0}\right)^{-m}, & V_D<F_C\cdot\varphi_0\\ \tau_D\dfrac{dI_D}{dV_D}+\dfrac{C_J(0)}{F_2}\left(F_3+\dfrac{mV_D}{\varphi_0}\right), & V_D\geqslant F_C\cdot\varphi_0\end{cases}\tag{3-6}$$

3.1.3 小信号模型

二极管小信号模型描述了交流小信号下二极管的电流-电压特性，模型如图3-4所示，其中小信号电导 g_D 定义为

$$g_D = \left.\frac{dI_D}{dV_D}\right|_{工作点} = \frac{d}{dV_D}\left[I_S \exp\left(\frac{V_D}{nV_T}\right) - 1\right]$$

$$= \frac{I_S}{nV_T}\exp\left(\frac{V_D}{nV_T}\right) \tag{3-7}$$

电容为

$$C_D = \left.\frac{dQ_D}{dV_D}\right|_{工作点}$$

$$= \begin{cases} \tau_D g_D + C_J(0)\left(1 - \dfrac{V_D}{\varphi_0}\right)^{-m}, & V_D < F_C \cdot \varphi_0 \\ \tau_D g_D + \dfrac{C_J(0)}{F_2}\left(F_3 + \dfrac{mV_D}{\varphi_0}\right), & V_D \geqslant F_C \cdot \varphi_0 \end{cases} \tag{3-8}$$

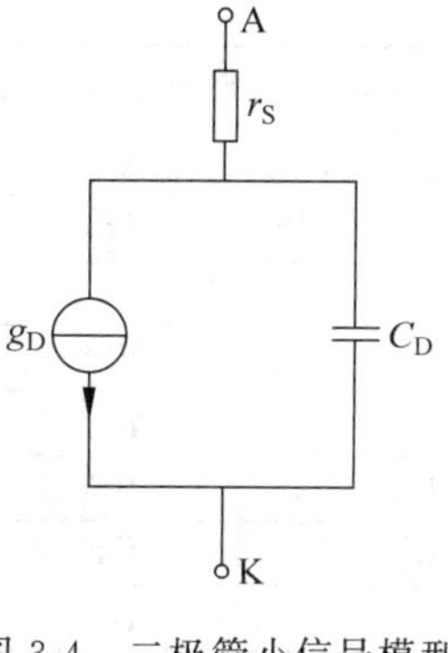

图 3-4 二极管小信号模型

3.1.4 PN结二极管温度效应

PN结二极管模型中许多参数都与温度相关,其中结饱和电流随温度的变化可表示为

$$I_S(T) = I_S(T_{nom})\left(\frac{T}{T_{nom}}\right)^{X_{TI}/n}\exp\left[-\frac{qE_g(300)}{nkT}\left(1 - \frac{T}{T_{nom}}\right)\right] \tag{3-9}$$

式中,E_g 为禁带宽度;T_{nom} 为标称温度,隐含值为27℃(300K);X_{TI} 为饱和电流的温度指数因子。

结电势 φ_0 的温度效应可表示为

$$\varphi_0(T) = \left(\frac{T}{T_{nom}}\right)\varphi_0(T_{nom}) - \frac{2kT}{q}\ln\left(\frac{T}{T_{nom}}\right)^{1.5} - \left[\frac{T}{T_{nom}}E_g(T_{nom}) - E_g(T)\right] \tag{3-10}$$

对硅而言为

$$E_g(T) = E_g(0) - \frac{\alpha T^2}{\beta + T} \tag{3-11}$$

其中,$E_g(0)=1.16\text{eV}$;$\alpha=7.02\times10^{-4}$;$\beta=1108$。

零偏压结耗尽区电容 $C_j(0)$ 为

$$C_J(T) = C_J(T_{nom})\left\{1 + m\left[400\times10^{-6}(T - T_{nom}) - \frac{\varphi_0(T) - \varphi_0(T_{nom})}{\varphi_0(T_{nom})}\right]\right\} \tag{3-12}$$

PN结二极管模型参数由表3-1给出,共有14个。

表 3-1 二极管模型参数

参数名	SPICE 关键字	含　义	隐含值	单位
I_S	IS	饱和电流	10^{-14}	A
r_S	RS	等效电阻	0.0	Ω
n	N	发射系数	1	
τ_D	TT	渡越时间	0.0	s
$C_J(0)$	CJ0	零偏压结电容	0.0	F
φ_0	VJ	结电势	1	V

续表

参数名	SPICE关键字	含　义	隐含值	单位
m	M	梯度因子	0.5	
E_g	EG	禁带宽度：对硅为1.1；对锗为0.67	1.11	eV
X_{TI}	XTI	饱和电流温度指数因子	3.0	
F_C	FC	正偏时耗尽层电容公式中系数	0.5	
V_B	BV	反向击穿电压	∞	V
I_{BV}	IBV	反向击穿电流	10^{-3}	A
K_f	KF	闪烁噪声系数	0.0	
A_f	AF	闪烁噪声指数因子	1	

3.2　双极型晶体管模型

双极型晶体管(简称BJT)有多种模型，最早的是EM(Ebers-Moll)模型，后续还有Beaufoy-Sparks的电荷控制模型和Linvill的集总模型以及GP(Gummel-Poon)模型。目前，计算机辅助电路分析中使用最多的是EM模型和GP模型。

3.2.1　EM模型

1. 直流模型

EM模型是J. J. Ebers和J. L. Moll于1954年提出的，是基于晶体管中两个PN结的相互作用来表示双极型晶体管中载流子的注入和抽取，具有简单直观的特点。该模型为双极型晶体管复杂的计算机辅助计算提供了基本框架。这里以NPN晶体管为例，给出EM的等效电路方程。

如图3-5所示，研究基极电流时，可分别考虑基极与发射极之间的电流以及基极与集电极之间的电流。下面引入两个新的参量——正向放大偏置下的二极管电流 I_F 和反向放大偏置下的二极管电流 I_R，即

$$I_F = I_{ES}[\exp(qV_{BE}/kT) - 1] \tag{3-13}$$

$$I_R = I_{CS}[\exp(qV_{BC}/kT) - 1] \tag{3-14}$$

根据基尔霍夫电流定律，EM等效电路方程可表示为

$$\begin{aligned} I_E + I_B + I_C &= 0 \\ I_C &= \alpha_F I_F - I_R \\ I_E &= \alpha_R I_R - I_F \end{aligned} \tag{3-15}$$

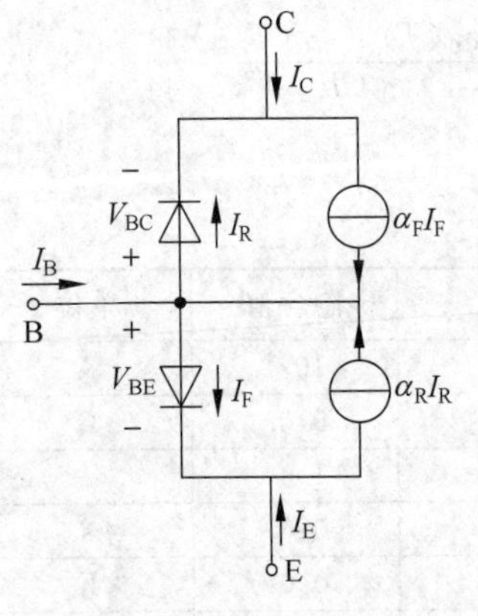

图3-5　EM直流模型

将图3-5的模型拓扑图改为混合π模型的形式，如图3-6所示。这时二极管电流改为 I_{CC}/β_F 和 I_{EC}/β_R，其中 β_F 和 β_R 分别为共发射极晶体管的正向和反向电流增益。端电流公式可变为

$$\begin{cases} I_C = I_{CT} - \dfrac{I_{EC}}{\beta_R} \\ I_E = -\dfrac{I_{CC}}{\beta_F} - I_{CT} \\ I_B = \dfrac{I_{CC}}{\beta_F} + \dfrac{I_{EC}}{\beta_R} \end{cases} \tag{3-16}$$

以上的EM直流模型忽略了基极、集电极和发射极的寄生电阻，忽略了基区宽度调制效应，忽略了在基区和集电区的大注入效应。这里引入三个电阻参数，即 r_C、r_E 和 $r_{BB'}$，如图3-7所示，它们分别接在晶体管有效区与端口之间。

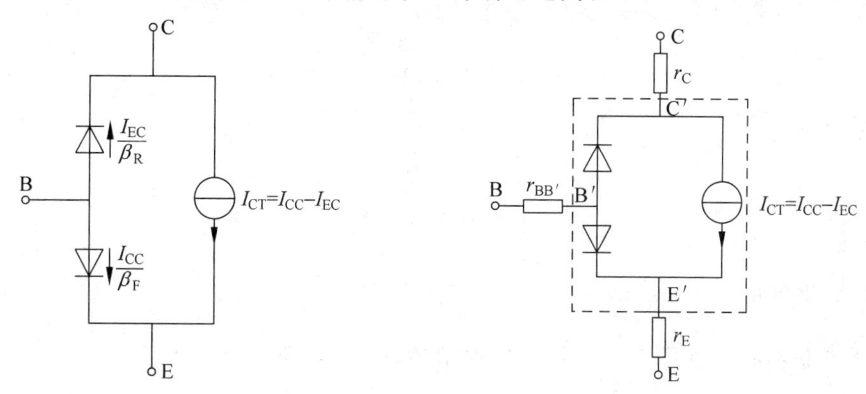

图3-6 EM模型的π形式　　图3-7 考虑寄生电阻的EM模型的π形式

基区宽度调制效应是指由于集电极-基极电压的变化引起集电结耗尽层宽度的变化，而造成基区宽度的改变。现用参数欧拉电压 V_{AF} 来描述正向基区宽度调制效应，有

$$\begin{cases} V_{AF} = \left[\dfrac{1}{W_B(0)} \dfrac{dW_B}{dV_{B'C'}}\bigg|_{V_{B'C'}=0}\right]^{-1}, & \text{NPN 管} \\ V_{AF} = \left[-\dfrac{1}{W_B(0)} \dfrac{dW_B}{dV_{B'C'}}\bigg|_{V_{B'C'}=0}\right]^{-1}, & \text{PNP 管} \end{cases} \tag{3-17}$$

式中，W_B 为基区宽度；$W_B(0)$ 为 $V_{B'C'}=0$ 时的基区宽度。

2. 大信号模型

大信号模型考虑了电荷存储效应，主要是：两个非线性结电容(C_{JE}，C_{JC})，两个非线性扩散电容(C_{DE}，C_{DC})和一个集电极-衬底电容(C_{JS})。模型如图3-8所示，各电容值如下

$$\begin{cases} C_{JE} = \dfrac{C_{JE}(0)}{(1 - V_{B'E'}/\varphi_E)^{m_E}} \\ C_{JC} = \dfrac{C_{JC}(0)}{(1 - V_{B'C'}/\varphi_C)^{m_C}} \\ C_{DE} = \dfrac{I_S}{V_T} \tau_F \exp\left(\dfrac{V_{B'E'}}{V_T}\right) \\ C_{DC} = \dfrac{I_S}{V_T} \tau_R \exp\left(\dfrac{V_{BC'}}{V_T}\right) \\ C_{JS} = \dfrac{C_{JS}(0)}{(1 - V_{C'S}/\varphi_S)^{m_S}} \end{cases} \tag{3-18}$$

式中，τ_F 和 τ_R 分别为正向基区渡越时间和反向基区渡越时间。

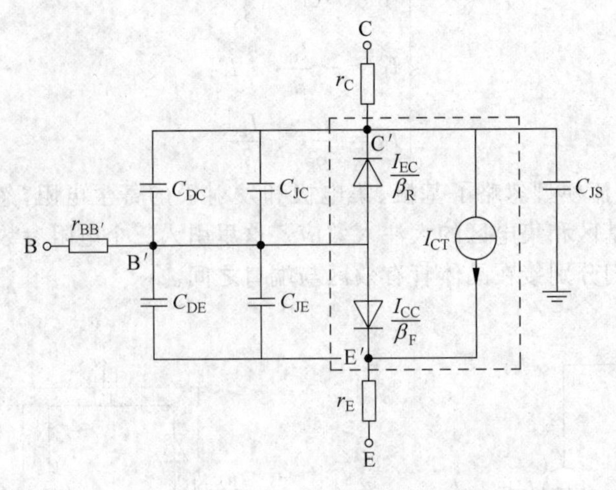

图 3-8 EM 大信号模型

3. 小信号模型

EM 的小信号模型如图 3-9 所示。各模型参数推导如下。

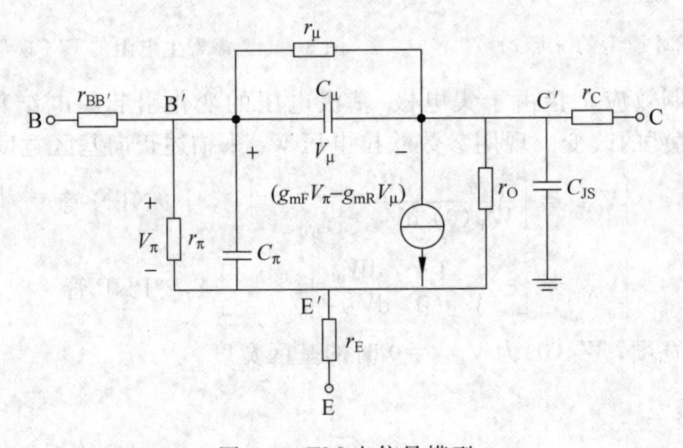

图 3-9 EM 小信号模型

当晶体管偏置在放大区时，且假设 $V_{B'E'} \gg kT/q$ 和 $V_{B'C'} \leqslant 0$，则集电极电流与基极-发射极电压之间的关系为

$$I_C = I_S e^{qV_{B'E'}/kT} \tag{3-19}$$

如 $V_{B'E'}$ 有一小的增量，I_C 的变化为

$$g_{mF} = \left.\frac{dI_C}{dV_{B'E'}}\right|_{工作点} = \frac{qI_S}{kT}\exp\left(\frac{qV_{B'E'}}{kT}\right) = \left.\frac{q}{kT}I_C\right|_{工作点} \tag{3-20}$$

式中，g_{mF} 称为跨导。

基极电流随基极-发射极电压的变化也可从式(3-19)直接得到

$$g_\pi = \left.\frac{dI_B}{dV_{B'E'}}\right|_{工作点} = \left.\frac{d(I_C/\beta_F)}{dV_{B'E'}}\right|_{工作点}$$

$$= \frac{1}{\beta_F} \cdot \frac{q}{kT} I_S \exp\left(\frac{qV_{B'E'}}{kT}\right) = \frac{g_{mF}}{\beta_F} \tag{3-21}$$

其中，g_π 为正向输入跨导；β_F 是一常数。

已知，集电极-基极电压对集电极电流的影响主要是由于欧拉效应的结果，因而输出电导为

$$g_0 = \left.\frac{dI_C}{dV_{B'E'}}\right|_{\text{工作点}} = \left.\frac{I_C}{|V_A|}\right|_{\text{工作点}} = \frac{g_{mF}kT}{q|V_A|} \tag{3-22}$$

如果假设 $V_{B'E'}$ 为一常数，则

$$\left.\frac{dI_B}{dV_{B'E'}}\right|_{\text{工作点}} = \left.\frac{d(I_C/\beta_R)}{dV_{B'E'}}\right|_{\text{工作点}} = \frac{g_{mR}}{\beta_R} \equiv g_\mu \tag{3-23}$$

这里，$g_{mR} = \frac{qI_S}{kT}\exp\left(\frac{qV_{B'C'}}{kT}\right)$。因此，$V_{B'C'}$ 变化导致 I_B 的改变可等效为在集电极与基极之间有一电导 g_μ 或电阻 r_μ。

图 3-9 中的电容为线性电容，可以表示为

$$\begin{aligned} C_\pi &= \left.\frac{dQ_{B'E'}}{dV_{B'E'}}\right|_{\text{工作点}} = \left.\frac{d(Q_{DE}+Q_{JE})}{dV_{B'E'}}\right|_{\text{工作点}} \\ &= \tau_F \frac{qI_S}{kT} e^{qV_{B'E'}/kT} + C_{JE}(0)\left(1-\frac{V_{B'E'}}{\varphi_E}\right)^{-m_E} \\ &= \tau_F g_{mF} + C_{JE}(V_{B'E'}) \end{aligned} \tag{3-24}$$

$$\begin{aligned} C_\mu &= \left.\frac{dQ_{B'C'}}{dV_{B'C'}}\right|_{\text{工作点}} = \left.\frac{d(Q_{DC}+Q_{JC})}{dV_{B'C'}}\right|_{\text{工作点}} \\ &= \tau_R \frac{qI_S}{kT} e^{qV_{B'C'}/kT} + C_{JC}(0)\left(1-\frac{V_{B'C'}}{\varphi_C}\right)^{-m_C} \\ &= \tau_R g_{mR} + C_{JC}(V_{B'C'}) \end{aligned} \tag{3-25}$$

3.2.2 GP 模型

1. 直流模型

与 EM 模型相比较，GP 直流模型增加了以下几个物理效应。

(1) 小电流时 β 值下降

在小电流时，I_B 中应考虑载流子在表面的复合和在发射极-基极耗尽层中的复合以及发射极-基极表面沟道形成的复合。由于载流子在耗尽层中的复合是主要的，其他两项可以忽略，因而 I_B 项增加了成分

$$\begin{cases} C_2 I_S(e^{qV_{B'E'}/n_{EL}kT}-1), & \text{对 } \beta_F \text{ 而言} \\ C_4 I_S(e^{qV_{B'C'}/n_{CL}kT}-1), & \text{对 } \beta_R \text{ 而言} \end{cases} \tag{3-26}$$

式中 4 个参数 C_2、n_{EL}、C_4 和 n_{CL} 描述 I_B 中的额外成分。C_2 和 C_4 分别称为正向和反向小电流非理想基极电流系数。n_{EL} 和 n_{CL} 分别称为非理想小电流基极-发射极发射系数和基极-集电极发射系数。这相当于在 EM 直流模型(参见图 3-6 和图 3-7)中增加了两个非

理想二极管，如图 3-10 所示，其中

$$
\begin{aligned}
I_{LE} &= I_{SE}(e^{qV_{B'E'}/n_{EL}kT} - 1) \\
I_{LC} &= I_{SC}(e^{qV_{B'C'}/n_{CL}kT} - 1)
\end{aligned}
\tag{3-27}
$$

式中，$I_{SE}=C_2 I_S$，$I_{SC}=C_4 I_S$。

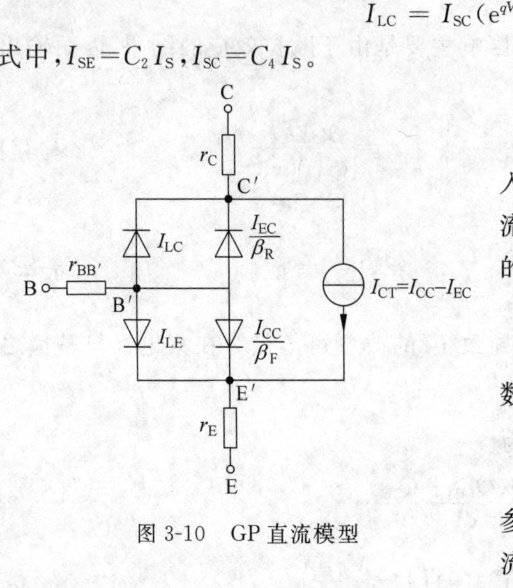

图 3-10　GP 直流模型

(2) 大注入效应

随着 $V_{B'E'}$ 的增加 I_C 变化减缓，即在大注入时，β 随电流的增加而下降。正向 β_F 大电流下降的电流点称为 I_{KF}，反向 β_R 大电流下降的电流点称为 I_{KR}。

(3) 基区宽度调制效应

在 GP 模型中除了正向欧拉电压 V_{AF} 参数外，还引入了反向欧拉电压 V_{AR} 这一参数。

(4) 发射系数的影响

在传输电流公式中增加了 n_F 和 n_R 两个参数，分别称为正向电流发射系数和反向电流发射系数。

考虑了上述(2)、(3)、(4)的效应后，GP 模型中的 I_{CC} 和 I_{EC} 将分别为

$$
\begin{cases}
I_{CC} = \dfrac{I_S}{q_B}(e^{qV_{B'E'}/n_F kT} - 1) \\
I_{EC} = \dfrac{I_S}{q_B}(e^{qV_{B'C'}/n_R kT} - 1)
\end{cases}
\tag{3-28}
$$

式中，q_B 为归一化基区多子电荷，反映大注入效应和基区宽度调制效应。它由 q_1 和 q_2 两项组成，即

$$
\begin{cases}
q_B = \dfrac{q_1}{2}\left(1 + \sqrt{1 + 4q_2/q_1^2}\right) \\
q_1 = \dfrac{1}{1 - \dfrac{V_{B'C'}}{V_{AF}} - \dfrac{V_{B'E'}}{V_{AR}}} \\
q_2 = \dfrac{I_S}{I_{KF}}\left[\exp\left(\dfrac{qV_{B'E'}}{n_F kT}\right) - 1\right] + \dfrac{I_S}{I_{KR}}\left[\exp\left(\dfrac{qV_{B'C'}}{n_R kT}\right) - 1\right]
\end{cases}
\tag{3-29}
$$

其中，q_1 项中的 V_{AF} 和 V_{AR} 反映基区调制效应对晶体管输出电导的影响；q_2 项中的 I_{KF} 和 I_{KR} 则反映了大电流下 β 值的变化。

(5) 基极电阻随电流变化

GP 模型中的基极电阻 $r_{BB'}$ 考虑了随 I_B 的变化，其表达式为

$$
\begin{cases}
r_{BB'} = r_{BM} + 3(r_B - r_{BM})\left(\dfrac{\tan Z - Z}{Z\tan^2 Z}\right) \\
Z = \dfrac{-1 + \left[1 + 144\dfrac{I_B}{\pi^2 I_{rB}}\right]^{1/2}}{\dfrac{24}{\pi^2}\left(\dfrac{I_B}{I_{rB}}\right)^{1/2}}
\end{cases}
\tag{3-30}
$$

其中，r_B 为零偏压时的基极电阻；r_{BM} 为大电流时的最小基极电阻；I_{rB} 为基极电阻向最小值下降并处于一半时的电流。如不设定 I_{rB}(即 $I_{rB}=0$)，$r_{BB'}$ 为

$$r_{BB'} = r_{BM} + \left(\frac{r_B - r_{BM}}{q_B}\right) \tag{3-31}$$

这样 GP 模型的电流表达式为

$$\begin{cases} I_C = \dfrac{I_S}{q_B}\left[\exp\left(\dfrac{qV_{B'E'}}{n_F kT}\right) - \exp\left(\dfrac{qV_{B'C'}}{n_R kT}\right)\right] - \dfrac{I_S}{\beta_R}\left[\exp\left(\dfrac{qV_{B'C'}}{n_R kT}\right) - 1\right] \\ \qquad - I_{SC}\left[\exp\left(\dfrac{qV_{B'C'}}{n_{CL} kT}\right) - 1\right] \\ I_B = \dfrac{I_S}{\beta_F}\left[\exp\left(\dfrac{qV_{B'E'}}{n_F kT}\right) - 1\right] + \dfrac{I_S}{\beta_R}\left[\exp\left(\dfrac{qV_{B'C'}}{n_R kT}\right) - 1\right] \\ \qquad + I_{SE}\left[\exp\left(\dfrac{qV_{B'E'}}{n_{EL} kT}\right) - 1\right] + I_{SC}\left[\exp\left(\dfrac{qV_{B'C'}}{n_{CL} kT}\right) - 1\right] \end{cases} \tag{3-32}$$

2. 大信号模型

GP 大信号模型在结构上与 EM 的大信号模型相类似，如图 3-11 所示，其中部分参数引入了修正的内容。

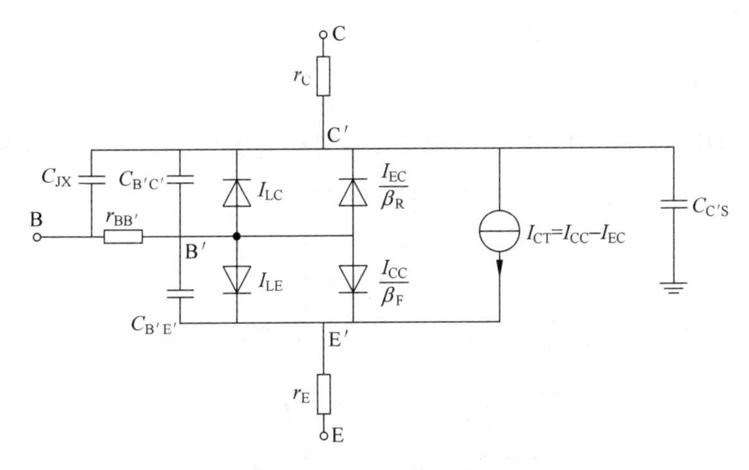

图 3-11　GP 大信号模型

(1) 集电结电容的分布特性

GP 模型中把集电结电容 C_{JC} 划分成两个电容，一个为连接在基极内节点 B′和集电极内节点 C′之间的电容，其值为 $C_{BC}=X_{CJC}C_{JC}$，另一个为连接在基极外节点 B 和集电极内节点 C′之间的电容，其值为 $C_{JX}=(1-X_{CJC})C_{JC}$。X_{CJC} 为一参数，表示集电结耗尽层电容连到内部基极节点的百分数(取值 0～1)。图 3-11 中几个电容分别为

$$\begin{cases} C_{B'E'} = C_{JE} + C_{DE} \\ C_{B'C'} = X_{CJC}C_{JC} + C_{DC} \\ C_{JX} = (1 - X_{CJC})C_{JC} \\ C_{C'S} = C_{JS} \end{cases} \tag{3-33}$$

(2) 渡越时间随偏置的变化

图 3-12 给出渡越时间 τ_{FF} 与集电极电流 I_C 之间的关系。大电流时，τ_{FF} 不再是常数，而是 I_C 和 $V_{B'C'}$ 的函数，表明大电流对存储电荷的影响。这一效应由以下经验式来描述：

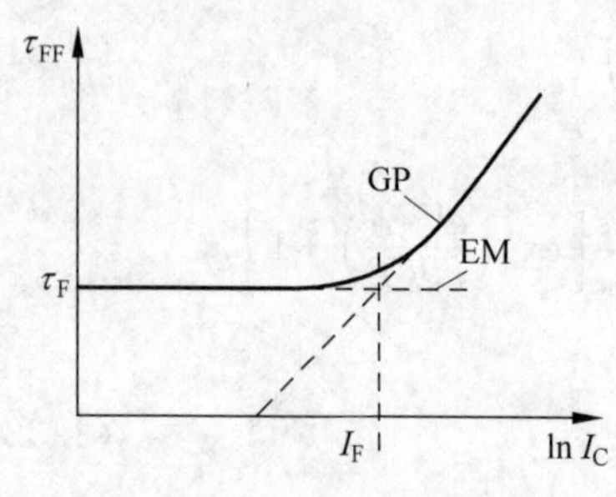

图 3-12　τ_{FF} 与 I_C 关系的示意图

$$\tau_{FF} = \tau_F\left\{1 + X_{\tau F}\left[\exp\left(\frac{V_{B'C'}}{1.44V_{\tau F}}\right)\right]\left(\frac{I_C}{I_C + I_{\tau F}}\right)^2\right\} \tag{3-34}$$

式中新引入了 4 个模型参数：τ_F 为理想的正向渡越时间，$X_{\tau F}$ 为 τ_{FF} 随偏置变化的参数，$V_{\tau F}$ 为描述 τ_{FF} 随 $V_{B'C'}$ 变化的电压，$I_{\tau F}$ 是影响 τ_{FF} 的大电流参数。

式(3-34)表明，当 I_C 与 $I_{\tau F}$ 可比时，随着 I_C 的增加，τ_{FF} 将迅速增加。

(3) 基区中的分布现象

由于基区中分布现象的存在，使从实际器件中测量到的相移比模型预计的要大。为此，引入了超相移参数 $P_{\tau F}$，它被定义为理想的最大带宽时的相移延迟，即在频率 $f=(2\pi\tau_F)^{-1}$ 时的超相移。$P_{\tau F}$ 描述交流分析中跨导的延迟(线性附加相移)，同时用于瞬态分析时二阶贝塞尔多项式的近似之中。

3. 小信号模型

GP 小信号模型如图 3-13 所示，与 EM 小信号模型基本一致，这里不再赘述。

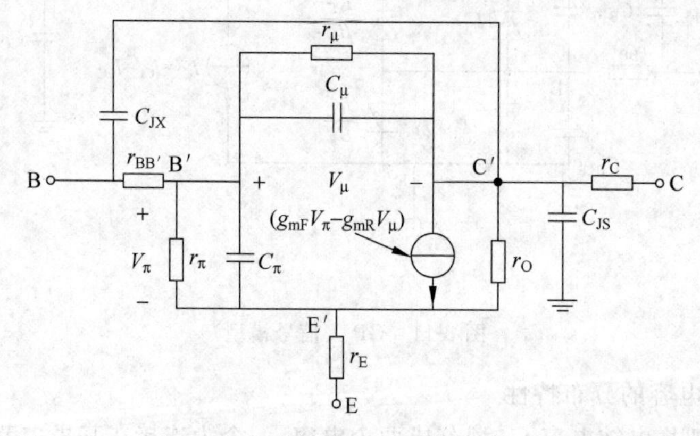

图 3-13　GP 小信号模型

双极型晶体管模型中的部分参数由表 3-2 给出。

表 3-2　双极型晶体管部分模型参数

参数名	SPICE 关键字	含　义	隐含值	单位
I_S	IS	饱和电流	10^{-16}	A
β_F	BF	理想的最大正向电流增益	100	
β_R	BR	理想的最大反向电流增益	1	

续表

参数名	SPICE 关键字	含　义	隐含值	单位
n_F	NF	正向电流发射系数	1	
n_R	NR	反向电流发射系数	1	
n_{EL}	NE	非理想小电流基极-发射极发射系数	1.5	
n_{CL}	NC	非理想小电流基极-集电极发射系数	2	
V_{AF}	VAF	正向欧拉电压	∞	V
V_{AR}	VAR	反向欧拉电压	∞	V
I_{KF}	IKF	正向 β_F 大电流下降的电流点	∞	A
I_{KR}	IKR	反向 β_R 大电流下降的电流点	∞	A
r_C	RC	集电极电阻	0.0	Ω
r_E	RE	发射极电阻	0.0	Ω
r_B	RB	零偏压基极电阻	0.0	Ω
τ_F	TF	理想正向渡越时间	0.0	s
τ_R	TR	理想反向渡越时间	0.0	s
$C_{JE}(0)$	CJE	零偏压基极-发射极耗尽层电容	0.0	F
$C_{JC}(0)$	CJC	零偏压基极-集电极耗尽层电容	0.0	F
$C_{JS}(0)$	CJS	零偏压集电极-衬底结耗尽层电容	0.0	F
m_E	MJE	基极-发射极结梯度因子	0.33	
φ_E	VJE	基极-发射极结内建电势	0.75	V
φ_C	VJC	基极-集电极结内建电势	0.75	V
φ_S	VJS	衬底结内建电势	0.75	V
K_f	KF	闪烁噪声系数	0.0	
A_f	AF	闪烁噪声指数因子	1	

3.3 MOS 场效应晶体管模型

自 MOS 场效应晶体管(MOSFET)问世以来，人们对其物理模型的研究一直没有停止过，从只适用于长沟道器件的 SPICE Level1 模型到包括亚微米短沟器件二阶效应的 SPICE Level2、Level3 模型。在此之后，贝尔实验室(AT&T)提出了简单的短沟道 IGFET 模型(CSIM)。从 20 世纪 80 年代末到 21 世纪初，加州大学伯克利分校相继推出了短沟道 IGFET 模型 BSIM(Berkeley short-channel IGFET Model，BSIM)，其中 BSIM3/4 模型已被当前工业界接受为标准的 MOS 器件模型。而且有专门的公司(诸如台积电(TSMC)、台联电(UMC)、Intel、IBM 等公司)在提供芯片生产服务的同时，也为集成电路设计者提供基于相应工艺的器件模型。随着 CMOS 工艺中特征尺寸的不断减小，MOS 器件建模正在不断地面临新的挑战。目前，对于深亚微米/纳米 MOS 器件的建模研究是微电子工业界、学术界研究的热点之一。

3.3.1 MOSFET电流方程模型

MOS晶体管分为N沟道(导电载流子为电子)和P沟道(导电载流子为空穴)两种类型,分别称为NMOSFET和PMOSFET。图3-14为NMOSFET的基本结构,衬底为P型,源漏区为N^+型区,当栅极施加电压V_{GS}大于阈值电压V_{TH}使P型衬底表面反型时,才有导电沟道将源漏相连。PMOSFET的衬底和源漏区的导电类型与NMOSFET的相反。图3-15为MOSFET符号,并表明了大信号模型的电压和电流的正方向。

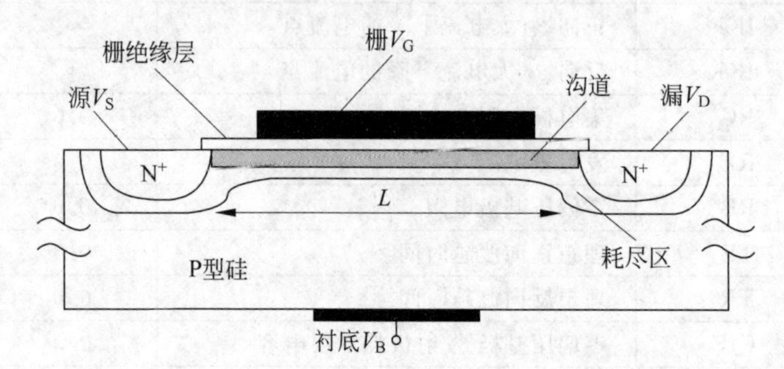

图3-14 NMOSFET的基本结构

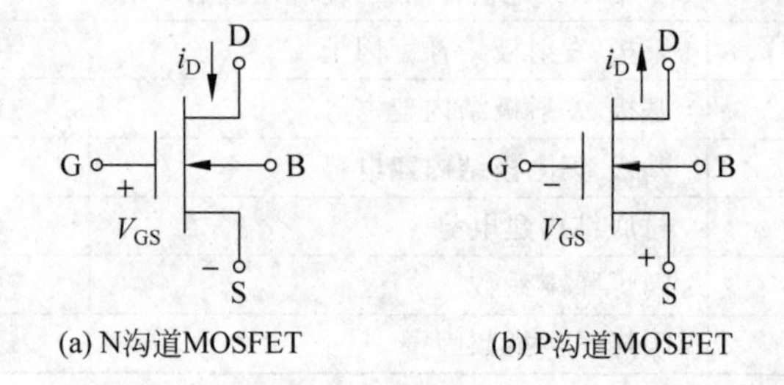

图3-15 MOSFET的常用符号

下面以NMOSFET为例进行介绍。

MOSFET根据端口间施加电压V_{GS}和V_{DS}的不同,漏源电流I_{DS}随电压的变化规律分成四个区域,即截止区、线性区、饱和区和击穿区。其中:

截止区($V_{GS}<V_{TH}$)

$$I_{DS} \approx 0 \tag{3-35}$$

线性区($V_{GS} \geqslant V_{TH}$, $0 \leqslant V_{DS} \leqslant V_{GS}-V_{TH}$)考虑沟道长度调制效应时,

$$I_{DS} = \frac{1}{2}\mu_0 C_{ox} \frac{W}{L}[2(V_{GS}-V_{TH})V_{DS}-V_{DS}^2](1+\lambda V_{DS}) \tag{3-36}$$

饱和区($V_{GS} \geqslant V_{TH}$, $V_{DS} \geqslant V_{GS}-V_{TH}$)考虑沟道长度调制效应时,

$$I_{DS} = \frac{1}{2}\mu_0 C_{ox} \frac{W}{L}(V_{GS}-V_{TH})^2(1+\lambda V_{DS}) \tag{3-37}$$

式中,$C_{ox}=\frac{\varepsilon_0 \varepsilon_{ox}}{t_{ox}}$为单位面积栅氧化层电容;$\mu_0 C_{ox}=K_P$称为本征跨导;$\lambda$为沟道长度调制

系数。

在 V_{GS} 和 V_{DS} 不变的情况下，随着 V_{BS} 变小（绝对值增大），阈值电压增大，使漏极电流相应地变小。因此，衬底与栅极的作用类似，也能控制漏极电流的变化。衬底电位与漏极电流的关系曲线如图 3-16 所示。图中的横坐标是栅源电压 V_{GS}，纵坐标是漏极电流 I_D，它表示衬底电压对受控电流 I_{DS} 的影响。N 沟道 MOSFET 的阈值电压表达式为

$$V_{TH} = V_{T0} + \gamma(\sqrt{2\varphi_F - V_{BS}} - \sqrt{2\varphi_F}) \tag{3-38}$$

式中，V_{BS} 为衬底偏置电压；V_{T0} 为 $V_{BS}=0$ 时的阈值电压；γ 为体效应系数，典型值为 $0.3\sim0.4\mathrm{V}^{1/2}$；$\varphi_F$ 是费米电势，$2\varphi_F$ 为表面反型电势。

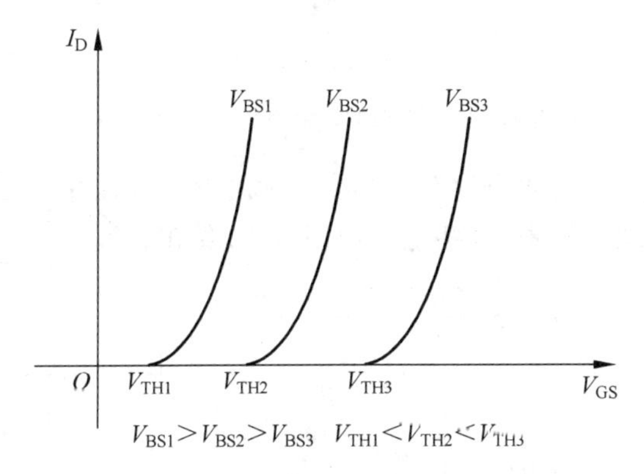

图 3-16 NMOS 管的背栅效应示意图

源漏 PN 结中的电流可用二极管的公式来表示，即有

$$I_{BS} = \begin{cases} I_S\left[\exp\left(\dfrac{qV_{BS}}{kT} - 1\right)\right], & V_{BS} > 0 \\ \dfrac{qI_S}{kT}V_{BS}, & V_{BS} \leqslant 0 \end{cases} \tag{3-39}$$

$$I_{BD} = \begin{cases} I_S\left[\exp\left(\dfrac{qV_{BD}}{kT} - 1\right)\right], & V_{BD} > 0 \\ \dfrac{qI_S}{kT}V_{BD}, & V_{BD} \leqslant 0 \end{cases} \tag{3-40}$$

式中，I_S 为衬底结饱和电流。

式(3-39)和式(3-40)中的 I_S、μ_0、K_P、V_{T0}、$2\varphi_F$、λ、γ 是 MOS 器件的模型参数。

3.3.2 MOSFET 大信号模型

在许多电路设计中，MOS 器件是在交流信号下工作的，需要考虑电容效应。MOSFET 的大信号模型由图 3-17 给出。

图中的压控电流源 I_D 代表漏极电流 I_{DS}。R_D 和 R_S 分别表示漏极和源极的欧姆接触电阻，它们的阻值一般很低，通常可以忽略。栅-源覆盖电容 C_{GS}、栅-漏覆盖电容 C_{GD}、

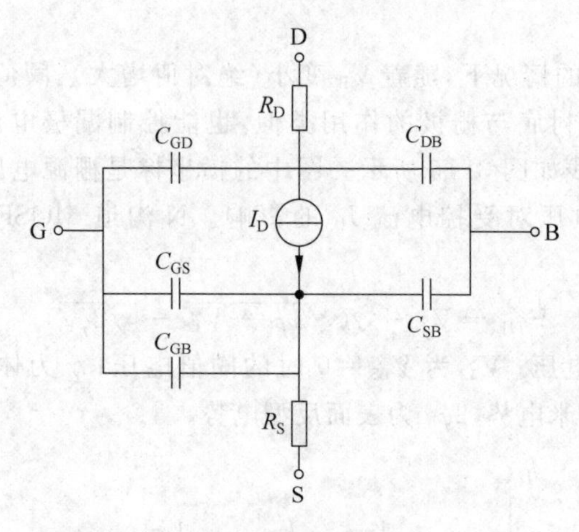

图 3-17　MOSFET 大信号模型示意图

栅-衬底覆盖电容 C_{GB}、源-衬底电容 C_{SB} 和漏-衬底电容 C_{DB} 往往决定了 MOS 管的交流特性，在 MOSFET 的物理结构中，这些电容由图 3-18 给出。

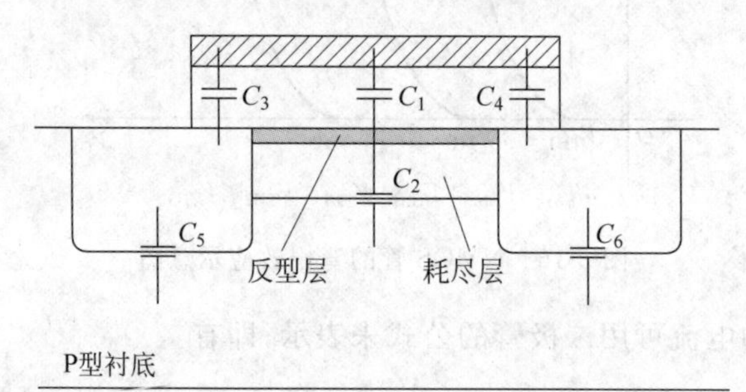

图 3-18　MOSFET 电容的物理模型示意图

我们把电容分为几类：①栅和沟道之间的氧化层电容 $C_1=WLC_{ox}$。②衬底和沟道之间的耗尽层电容 $C_2=WL\sqrt{q\varepsilon_{si}N_{sub}/(4\phi_F)}$。③多晶硅栅与源和漏交叠而产生的电容 C_3 和 C_4。C_3 和 C_4 的电容值需要通过复杂计算得到。④源/漏区与衬底之间的结电容 C_5 和 C_6。C_5 和 C_6 电容一般分为两部分：与结的底部相关的下极板电容 C_J 和由于结周边引起的侧壁电容 C_{JSW}。一般 C_J 和 C_{JSW} 分别表示单位面积和单位长度的电容。注意每个结电容都可以为 $C_J=C_{J0}/[1+V_R/\phi_B]^m$，其中：$C_{J0}$ 是单位面积零偏压结电容，V_R 是结的反向电压，ϕ_B 是结的内建电势，幂指数 m 的值一般在 0.3～0.4 之间。

这里，我们用式(3-41)～(3-43)描述不同工作区域内 MOSFET 的电容。

$$\text{截止区：}\begin{cases}C_{GB}=C_{ox}(W_{eff})(L_{eff})+C_{GBO}(L_{eff})\\ C_{GS}\approx C_{ox}(L_D)(W_{eff})\\ C_{GD}\approx C_{ox}(L_D)(W_{eff})\end{cases}\tag{3-41}$$

$$\text{饱和区：}\begin{cases}C_{GB}=C_{GBO}(L_{eff})\\ C_{GS}=C_{GSO}(W_{eff})+0.67C_{ox}(W_{eff})(L_{eff})\\ C_{GD}\approx C_{GDO}(W_{eff})\end{cases}\tag{3-42}$$

$$\text{线性区：}\begin{cases} C_{GB} = C_{GBO}(L_{eff}) \\ C_{GS} = (C_{GSO} + 0.5C_{ox}L_{eff})W_{eff} \\ C_{GD} = (C_{GDO} + 0.5C_{ox}L_{eff})W_{eff} \end{cases} \tag{3-43}$$

式中，C_{GBO}为单位沟道长度栅-衬底覆盖电容；C_{GSO}为单位沟道长度栅-源覆盖电容；C_{GDO}为单位沟道长度栅-漏覆盖电容；L_D 为横向扩散长度。

当器件关断时，$C_{GD}=C_{GS}$，栅-衬底电容 C_{GB} 由氧化层电容和耗尽区电容串联得到。C_{SB}和 C_{DB}的值是源电压和漏电压相对于衬底电压的函数。

在饱和区，栅和沟道之间的电势差从源极的 V_{GS}变化到夹断点的 $V_{GS}-V_{TH}$，从而导致栅氧化层中垂直电场沿着沟道方向不均匀，C_{GD}和 C_{GS}不相等。

在线性区，栅极下产生导电沟道，C_{GD}和 C_{GS}基本对称。

为了更形象地表示 C_{GS}、C_{GD}和 C_{GB}的变化规律，我们将 MOSFET 在不同工作区的电容曲线由图 3-19 给出。

上述中的 R_D、R_S、C_{J0}、ϕ_B、C_{GBO}、C_{GSO}、C_{GDO}、L_D、N_{sub}是 MOS 器件的模型参数。

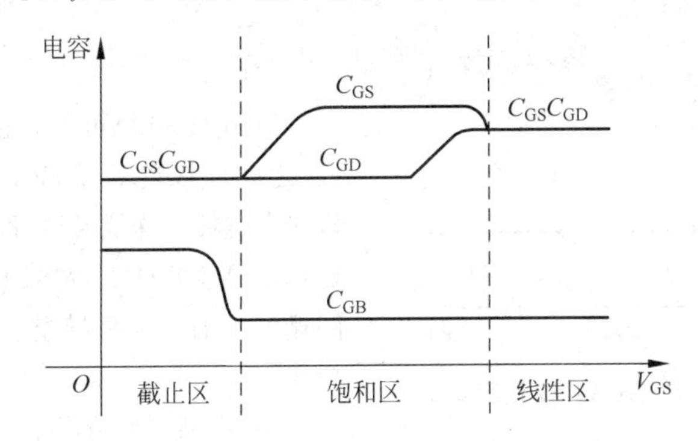

图 3-19 栅极电容在不同工作区的变化规律

3.3.3 MOSFET 小信号模型

MOS 管的交流小信号分析以其直流工作点为基础，在工作点附近采用线性化方法得出模型，模型中的参数由直流工作点的电流、电压确定，它反映的是 MOSFET 对具有一定频率信号的响应。

MOSFET 是一个压控电流器件，在直流大信号时可用一个压控电流源来表示，同样，在交流小信号模型中，它也是一个受控电流源。如图 3-20 所示，两者的区别在于前者是直流受控源，体现直流电流随偏置电压变化的规律；后者是交流受控源，它体现在确定的直流工作点上，小信号电压控制电流的能力。

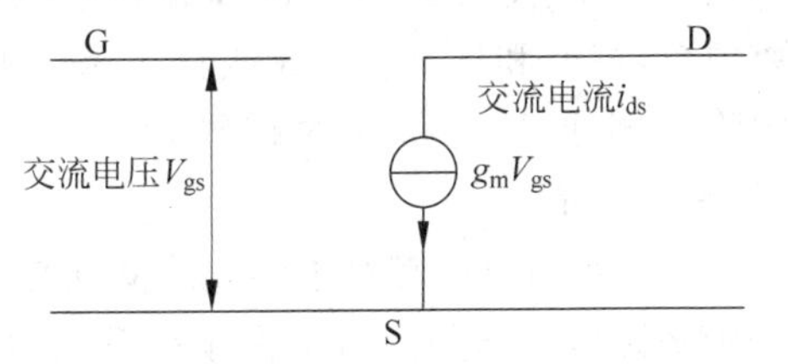

图 3-20 MOS 管的交流小信号模型

为表示小信号下 MOS 管的栅极电压 v_{gs}对漏极电流 i_{ds}的控制能力，定义一个性能参数，跨导，其表达式为

$$g_m = \frac{\partial I_{DS}}{\partial V_{GS}}\bigg|_{V_{DS}=\text{constant}} \tag{3-44}$$

根据式(3-44),我们以 NMOSFET 为例,分别计算 MOSFET 在饱和区、线性区和亚阈值区的跨导 g_m 的大小。

饱和区:

$$g_m = \frac{\partial I_{DS}}{\partial V_{GS}} = \mu_n C_{ox}\frac{W}{L}(V_{GS}-V_{TH})(1+\lambda V_{DS}) \tag{3-45}$$

通常为了方便计算,忽略沟道长度调制效应,这样饱和区跨导为

$$g_m = \frac{\partial I_{DS}}{\partial V_{GS}} = \mu_n C_{ox}\frac{W}{L}(V_{GS}-V_{TH}) \tag{3-46}$$

结合饱和区电流的表达式(2-5),可以将式(3-46)变形为

$$g_m = \frac{2I_{DS}}{V_{GS}-V_{TH}} = \sqrt{2\mu_n C_{ox}\frac{W}{L}I_{DS}} \tag{3-47}$$

线性区:通常为了方便计算,忽略沟道长度调制效应,有

$$g_m = \frac{\partial I_{DS}}{\partial V_{GS}} = \mu_n C_{ox}\frac{W}{L}V_{DS} \tag{3-48}$$

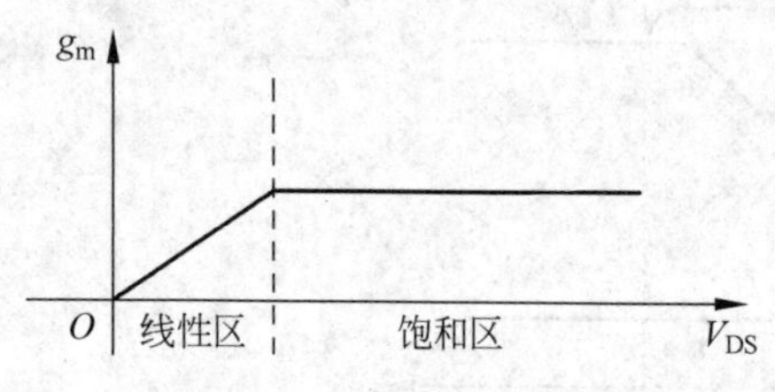

图 3-21 跨导 g_m 随电压 V_{DS} 变化示意图

由式(3-48)可知,在线性区跨导 g_m 和 V_{DS} 之间成线性关系,V_{DS} 越小,MOSFET 工作状态越接近深线性区,跨导值越小。图 3-21 显示了 MOSFET(宽长比 W/L 不变)在相同栅源电压下,跨导 g_m 随电压 V_{DS} 变化的规律。

g_m 在线性区随 V_{DS} 的增大而线性增加,在线性区和饱和区的交界处($V_{DS}=V_{GS}-V_{TH}$)达到最大值 $\mu_n C_{ox}\frac{W}{L}(V_{GS}-V_{TH})$。

亚阈值区:亚阈值电流为 $I_{DS}=I_{D0}\frac{W}{L}\exp\left(\frac{V_{GS}-V_{TH}}{\eta V_T}\right)\left(1-\exp\left(\frac{-V_{DS}}{V_T}\right)\right)$

则

$$g_m = \frac{\partial I_{DS}}{\partial V_{GS}} = I_{D0}\frac{W}{L}\exp\left(\frac{V_{GS}-V_{TH}}{\eta V_T}\right)\left(1-\exp\left(\frac{-V_{DS}}{V_T}\right)\right)\frac{1}{\eta V_T} = I_{DS}\frac{1}{\eta V_T} \tag{3-49}$$

比较亚阈值区的跨导式(3-49)和饱和区的跨导式(3-45)可以看出,对于同一个 MOSFET(W/L 相同),跨导 g_m 在亚阈值区和栅源电压 V_{GS} 成指数关系,在饱和区和 V_{GS} 成线性关系。亚阈值区的跨导值小于饱和区的跨导值。这一关系如图 3-22 所示。

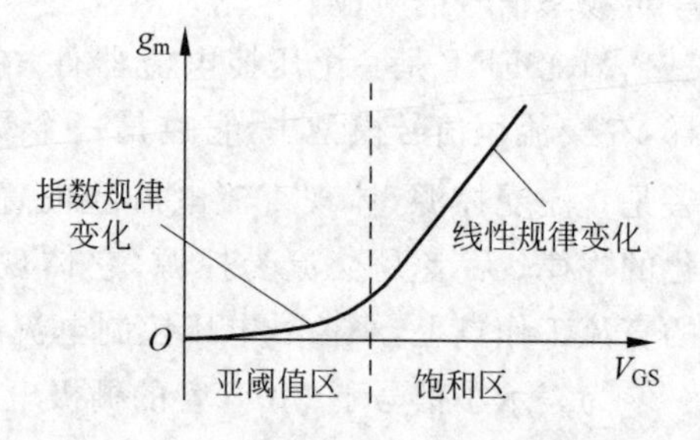

图 3-22 亚阈值区跨导和饱和区跨导曲线示意图

上述小信号模型对于多数的低频交流小信号分析来说是足够的。当工作频率升高时,必须考虑 MOSFET 寄生电容的作用。因此,完整的

MOS 小信号模型可由图 3-23 给出。

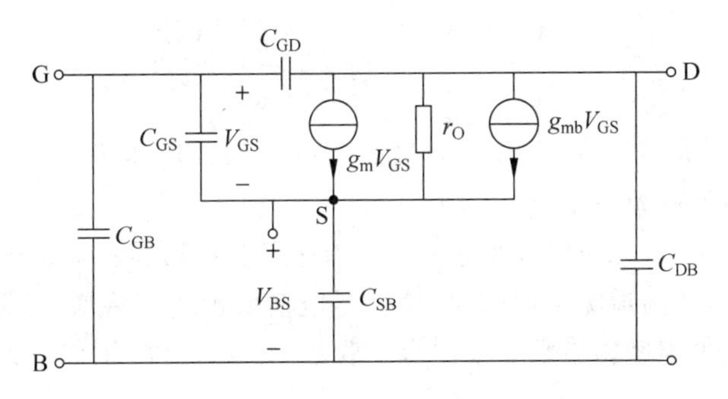

图 3-23　完整的 MOS 小信号模型示意图

根据图 3-23，我们了解一下 MOS 管的频率特性。MOS 管的电流增益为 1 时的工作频率为 MOS 管的特征频率，记为 f_T。对数字电路而言，f_T 表征了 MOS 管的开关速度。对模拟电路而言，f_T 表征了 MOS 管的工作频率。当前 CMOS 工艺的特征频率可达到 40～60GHz，90nm 或更为先进的 CMOS 工艺的特征频率在 100GHz 以上。下面给出小信号模型 f_T 表达式的推导。

若定义 v_{gs} 为输入电压，i_{in} 和 i_{out} 分别为输入和输出电流，则

$$i_{in} \approx j\omega(C_{GS} + C_{GD} + C_{GB})v_{gs} \tag{3-50}$$

若忽略流过 C_{GD} 的电流，令 $i_{out} \approx g_m v_{gs}$，则

$$\frac{i_{out}}{i_{in}} \approx \frac{g_m}{j\omega(C_{GS} + C_{GD} + C_{GB})} \tag{3-51}$$

当式(3-51)等于 1 时，特征频率 f_T 为

$$f_T = \frac{1}{2\pi} \cdot \frac{g_m}{C_{GS} + C_{GD} + C_{GB}} \tag{3-52}$$

当 MOS 管工作在饱和区时，假设 C_{GS} 远大于 $C_{GD} + C_{GB}$，则式(3-52)可简化为

$$f_T \approx \frac{1}{2\pi} \cdot \frac{g_m}{C_{GS}} \tag{3-53}$$

3.3.4　MOSFET 二阶及高阶效应模型

上述的讨论中引入的是简化物理模型，忽略了许多 MOSFET 器件物理中的二阶效应和高阶效应。

在亚微米（沟道长度在 1～0.5μm 之间）、深亚微米工艺下，MOSFET 的沟道长度很短，沟道内电场强度很大，短沟使得 MOSFET 性能变差。为了理解小尺寸 MOSFET 的器件模型，下面讨论几种主要的短沟和窄沟效应的影响。

1. 沟道长度、宽度对阈值电压的影响

当沟道长度小于 5μm 时，应考虑源区和漏区耗尽层对阈值电压的影响。

随着 V_{DS} 的增加，在漏区的耗尽层宽度将增大，这时漏区和源区的耗尽层宽度 W_D 和

W_S 分别为

$$\begin{cases} W_D = X_D \sqrt{2\varphi_F - V_{BS} + V_{DS}} \\ W_S = X_D \sqrt{2\varphi_F - V_{BS}} \end{cases} \tag{3-54}$$

式中，$X_D = \sqrt{2\varepsilon_{Si}/(qN_{SUB})}$，由于 W_D 的增加，将导致阈值电压进一步下降。此时应对阈值电压公式中的体效应系数 γ 进行修正。

当沟道宽度较小($<5\mu m$)时，实际的栅总有一部分要覆盖在场氧化层上，因此场氧化层下引起耗尽电荷，若沟道宽度很窄时，该耗尽电荷所占比例将增大，栅电压要加较大才能使沟道反型。这里用经验参数 δ 来拟合实验数据，式(3-38)被修改为

$$V_{TH} = V_{FB} + 2\varphi_p + \gamma \sqrt{2\varphi_p - V_{BS}} + \delta \frac{\pi\varepsilon_{Si}}{4C'_{ox}W}(2\varphi_p - V_{BS}) \tag{3-55}$$

式中，V_{FB}为平带电压；C'_{ox}为考虑氧化层下耗尽区的单位面积栅氧化层电容；ε_{Si}为硅的介电系数。式中最后一项表示窄沟道效应，δ 为窄沟道效应系数，它是 MOS 器件的模型参数。

2. 迁移率随表面电场的变化

(1) 水平电场中的速度饱和

硅半导体中的载流子运动速度 $v=\mu E$。在高电场强度下，漂移速度 v 将达到一个饱和值 v_{SAT}，约为 10^7 cm/s。因此，当载流子从源区进入沟道，流向漏区被加速，在沟道区的某一点，载流子可能会达到速度饱和，在极端情况下，载流子会在整个沟道区域达到速度饱和。这时电流与栅源电压是线性关系，与沟道长度无关，即有

$$I_{DS} = v_{SAT} W C_{ox} (V_{GS} - V_{TH}) \tag{3-56}$$

那么，$g_m = v_{SAT} W C'_{ox}$，因此，在速度饱和时，跨导是沟道长度和漏电流的弱函数。在典型的偏置条件下，MOSFET 表现出一些速度饱和，I/V 特性介于线性和平方律之间。值得注意的是随着 V_{GS}的增加，漏电流在沟道夹断之前已经饱和。如图 3-24(a)所示，当 V_{DS}超过 $V_{D0} < V_{GS} - V_{TH}$时，载流子速度饱和，结果使得这时的饱和电流小于沟道夹断时，即 $V_{DS} > V_{GS} - V_{TH}$的电流，而且，如图 3-24(b)所示，速度饱和时，V_{GS}的增加引起 I_{DS}增量变小，因此跨导也要低于平方律特性所预期的值。

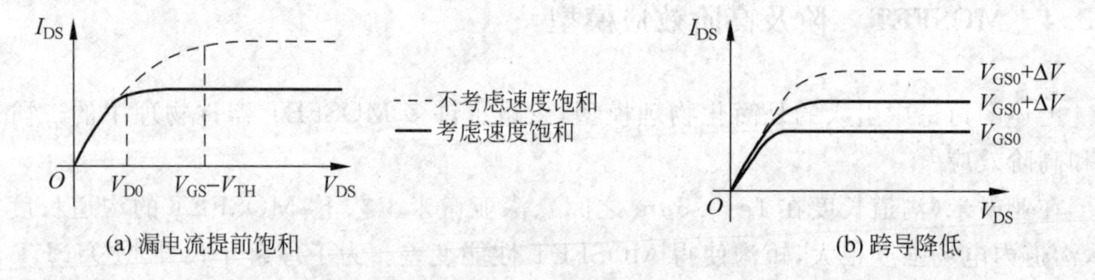

图 3-24 水平电场引起的速度饱和现象

载流子的水平运动速度 v 和漏源电压产生的水平电场 E_H 之间的关系为

$$v = v_{SAT} \frac{E_H/E_0}{\left[1 + \left(\frac{E_H}{E_0}\right)^{\alpha}\right]^{\frac{1}{\alpha}}} \tag{3-57}$$

式中，α 是经验参数，载流子为电子时 $\alpha=2$，空穴时 $\alpha=1$；E_0 是载流子速度饱和时对应的临界场强，它和饱和速度的关系满足

$$E_0=\frac{v_{SAT}}{\mu_0} \tag{3-58}$$

在饱和区反映速度饱和的一个紧凑通用的解析式为

$$I_{DS}=WC_{ox}v_{SAT}\frac{(V_{GS}-V_{TH})^2}{V_{GS}-V_{TH}+2\dfrac{v_{SAT}L}{\mu_{eff}}} \tag{3-59}$$

上述中的 v_{SAT} 和 E_0 是 MOS 器件的模型参数（模型参数中用 v_{max} 代表 v_{SAT}，U_{CRIT} 代表 E_0）。

（2）垂直电场引起的迁移率退化

到目前为止，在讨论运动速率极限时，仅考虑了由 V_{DS} 所引起的沿沟道水平的电场强度，然而，栅极电压同样对载流子的运动速率产生很大影响。随着垂直电场强度 E_V 的上升，沟道内的载流子将更靠近 Si-SiO$_2$ 界面，使载流子在表面区域内的散射增强，导致迁移率下降。模拟这种影响的一个经验公式为

$$\mu_{eff}=\frac{\mu_0}{1+\theta(V_{GS}-V_{TH})} \tag{3-60}$$

式中，拟合参数 θ 称为迁移率调制系数，是 MOS 器件的一个模型参数，约为 $(10^{-7}/t_{ox})\mathrm{V}^{-1}$。例如，$t_{ox}=100\text{Å}$，则 $\theta\approx1\mathrm{V}^{-1}$。当过驱动电压值超过 100mV 时，迁移率就会下降。注意，θ 随着栅氧化层厚度 t_{ox} 的降低而增加。

除了降低 MOSFET 的电流和跨导外，迁移率退化也使得晶体管在饱和区 I/V 特性偏离简单的平方律特性，其漏电流不仅有偶次谐波，也存在奇次谐波。实际上，I_{DS} 可表示为

$$I_{DS}=\frac{1}{2}\frac{\mu_0 C_{ox}}{1+\theta(V_{GS}-V_{TH})}\cdot\frac{W}{L}(V_{GS}-V_{TH})^2 \tag{3-61}$$

假设 $\theta(V_{GS}-V_{TH})\ll1$，可以得到

$$I_{DS}=\frac{1}{2}\mu_0 C_{ox}\frac{W}{L}[(V_{GS}-V_{TH})^2-\theta(V_{GS}-V_{TH})^3] \tag{3-62}$$

电流 I_{DS} 由于迁移率的退化而降低，相应地，跨导 g_m 也随之下降。

3. 漏极诱导势垒降低效应

在短沟器件中，随着 V_{DS} 的进一步增大，漏致势垒降低（drain induced barrier lowing，DIBL）变得更加显著，导致阈值电压漂移。漏极诱导势垒下降引起的阈值电压变化为

$$\Delta V_{TH}(V_{DS})=\theta_{TH}(L_{eff})(E_{ta0}+E_{tab}V_{BS})V_{DS} \tag{3-63}$$

式中，$\theta_{TH}(L_{eff})=\dfrac{\partial V_{TH}}{\partial V_{DS}}$；$E_{ta0}$ 为次开启区 DIBL 系数；E_{tab} 为次开启区 DIBL 体偏压系数。

在足够高的漏电压下，漏区附近的碰撞电离产生较大的电流，DIBL 能够使晶体管的输出阻抗减小，降低了短沟 MOSFET 的性能。这里用欧拉电压 V_A 来分析饱和区的输出电阻机理。

假设器件的寄生电阻为零,DIBL效应引起的$V_{A,DIBL}$表示为

$$V_{A,DIBL}=I_{DSAT}\left(\frac{\partial I_{DS}}{\partial V_{TH}}\frac{\partial V_{TH}}{\partial V_{DS}}\right)^{-1}$$

$$=\frac{1}{\theta_{TH}(L)}\left[(V_{GS}-V_{TH})-\left(\frac{1}{A_{bulk}V_{DSAT}}+\frac{1}{V_{GS}-V_{TH}}\right)^{-1}\right] \tag{3-64}$$

上式表明,$V_{A,DIBL}$与L有着强烈的依赖关系,当沟道长度减小时,$V_{A,DIBL}$快速下降。此外$V_{A,DIBL}$还与V_{DS}无关。

4. 亚阈值导电性

在前面对MOSFET工作模型的分析中,我们认为栅源电压$V_{GS}<V_{TH}$时,导电沟道没有形成。实际上,在亚阈值区,$V_{GS}\approx V_{TH}$时,一个"弱"反型层已经存在,并有一些源漏电流,甚至当栅源电压$V_{GS}<V_{TH}$,I_{DS}也并不会随之下降至零,而是呈指数下降。

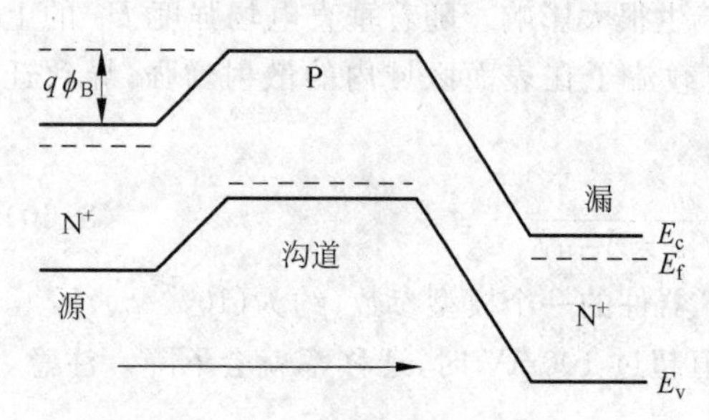

图3-25 NMOS管沟道能带示意图

由于漏极电压几乎全部落在反向偏置的漏衬结耗尽区上,因此,漏极电流中的漂移电流成分可以忽略。另一方面,自由载流子浓度沿沟道方向的梯度相当大,因此,亚阈值电流的主要成分是扩散电流,类似于基区均匀掺杂的双极型晶体管的基区电流。由图3-25可知,加在栅极上的电压使半导体表面能带弯曲,降低了从源区到沟道区的电子势垒$q\phi_B$,电子从重掺杂的源区注入到P型衬底的表面区,大部分注入的电子被漏区收集。

由于势垒的作用,当栅极电压低于阈值电压V_{TH}大约0.2V时,这一效应可表示为

$$I_{DS}\approx I_{D0}\frac{W}{L}\exp\left(\frac{V_{GS}-V_{TH}}{\eta V_T}\right)\left(1-\exp\left(\frac{-V_{DS}}{V_T}\right)\right) \tag{3-65}$$

式中,I_{D0}是一个与工艺有关的参数;η是亚阈值斜率因子,通常满足$1<\eta<3$;$V_T=kT/q$。当V_{GS}满足式(3-66)的条件时,一般认为MOS管进入了亚阈值区域。

$$V_{GS}<V_{TH}+\eta\frac{kT}{q} \tag{3-66}$$

当$V_{DS}>3V_T$时,式(3-65)中的后一项近似为1,则可简化为

$$I_{DS}\approx I_{D0}\frac{W}{L}\exp\left(\frac{V_{GS}-V_{TH}}{\eta V_T}\right) \tag{3-67}$$

通常,当$V_{GS}>V_{TH}+\eta kT/q$时,称MOS管工作在强反型区;当$V_{GS}<V_{TH}+\eta kT/q$时,称MOS管工作在弱反型区。强反型区和弱反型区的划分只是对MOS晶体管实际工作特性的一种近似。

5. 热载流子效应

当MOSFET的尺寸减小到远小于1μm时,遇到最严重的问题之一就是热载流子效

应。在短沟器件中,当漏极电压较高时,沟道内的电场强度很强。载流子在向漏极运动的过程中,以极高的速度"撞击"硅原子,引起碰撞电离,结果产生新的电子-空穴对,电子流向漏区,而空穴流向衬底。于是产生了有限的漏-衬电流。同时,一些载流子还克服了栅氧化层之间的表面势垒进入氧化层中,产生栅电流。通常通过测量衬底电流和栅电流来研究热载流子效应。这里,给出基于幸运电子模型的热载流子效应的栅极电流和衬底电流的经验公式

$$\begin{cases} I_{\mathrm{sub}} \propto C_1 I_{\mathrm{D}} \exp\left(-\dfrac{\phi_{\mathrm{i}}}{q\lambda\varepsilon_{\mathrm{m}}}\right) \\ I_{\mathrm{g}} \propto C_2 I_{\mathrm{D}} \exp\left(-\dfrac{\phi_{\mathrm{b}}}{q\lambda\varepsilon_{\mathrm{m}}}\right) \end{cases} \tag{3-68}$$

式中,ϕ_{i} 是电子碰撞电离时产生的最小能量;ϕ_{b} 是 Si-SiO_2 界面之间的势垒;λ 是热载流子的平均自由程;ε_{m} 是沟道内最大的电场强度;C_1 和 C_2 是工艺相关系数。

6. 高阶物理效应

目前,当器件进入深亚微米后,物理意义明确、模型准确、运算效率高的解析式的建立变得十分困难。为了满足深亚微米集成电路设计的需要,人们在前面研究的基础上,加入了大量的经验参数来简化这些方程,BSIM 模型就是利用这种方法来描述深亚微米的器件特性。但其不足之处就是与器件的工作原理联系不太紧密,原因是模型采用半经验参数提取,模拟工艺变化,以及使用大量的经验公式来表示器件特性。下面对 BSIM3/4 模型中的一些高阶物理效应作进一步介绍。

(1) 多晶硅栅耗尽层效应

在 MOS 器件制造过程中,多晶硅栅的掺杂浓度很高,当加上栅压后,在多晶硅与栅氧化层之间的界面处会形成耗尽层,这种现象被称为多晶硅栅耗尽层效应(polygate depletion effect)。

虽然这一多晶硅栅耗尽层很薄,但深亚微米工艺下,栅氧化层的厚度通常只有几纳米(甚至更薄),因此,多晶硅栅耗尽层效应不可忽略。

图 3-26 给出 NMOSFET 中的多晶硅栅耗尽区的情况。设 N^+ 多晶硅栅的掺杂浓度为 N_{gate},且为均匀的,衬底掺杂浓度为 N_{sub},栅氧化层厚度为 t_{ox},多晶硅栅耗尽层厚度为 X_{p}。

由于多晶硅栅耗尽层的存在,部分栅电压将分布在该耗尽层上,因此,降落在栅氧化层和衬底之间的压降将减小,这意味着有效的栅电压将减小。采用一维耗尽层模型近似时,可得耗尽层厚度

$$X_{\mathrm{p}} = \left(\frac{2\varepsilon_{\mathrm{Si}} V_{\mathrm{poly}}}{q N_{\mathrm{gate}}}\right)^{\frac{1}{2}} \tag{3-69}$$

式中,V_{poly} 为多晶硅栅上的电位差。式(3-69)还可改写成

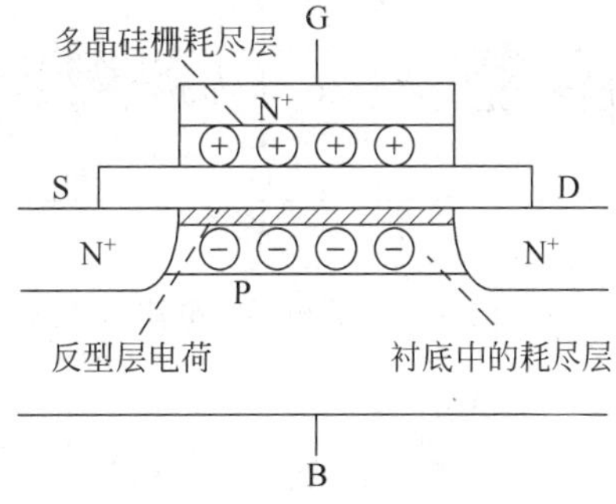

图 3-26 多晶硅栅耗尽效应示意

$$V_{\text{poly}} = \frac{qN_{\text{gate}}X_{\text{p}}^2}{2\varepsilon_{\text{Si}}} \tag{3-70}$$

在多晶硅/氧化层界面处,必须满足连续性方程,因而有

$$\varepsilon_{\text{ox}}E_{\text{ox}} = \varepsilon_{\text{Si}}E_{\text{poly}} = \sqrt{2q\varepsilon_{\text{Si}}N_{\text{gate}}V_{\text{poly}}} \tag{3-71}$$

式中,E_{ox}为栅氧化层中的电场。从栅到衬底的电位降落应遵循

$$V_{\text{GB}} = V_{\text{FB}} + V_{\text{ox}} + \varphi_{\text{S}} + V_{\text{poly}} \tag{3-72}$$

式中,φ_{S} 为表面反型电势,V_{ox}为栅氧化层上的电位降,它应满足 $V_{\text{ox}}=E_{\text{ox}}t_{\text{ox}}$。因 $V_{\text{GB}}=V_{\text{GS}}-V_{\text{BS}}$,若 $V_{\text{BS}}=0$,则式(3-72)可写为

$$V_{\text{GS}} = V_{\text{FB}} + V_{\text{ox}} + \varphi_{\text{S}} + V_{\text{poly}} \tag{3-73}$$

将式(3-70)和式(3-71)代入式(3-73)得到

$$a\,(V_{\text{GS}} - V_{\text{FB}} - \varphi_{\text{S}} - V_{\text{poly}})^2 - V_{\text{poly}} = 0 \tag{3-74}$$

式中,$a=\dfrac{\varepsilon_{\text{ox}}^2}{2q\varepsilon_{\text{Si}}N_{\text{gate}}t_{\text{ox}}^2}$,通过求解式(3-74),可以得到等效栅偏压为

$$V_{\text{GS,eff}} = V_{\text{FB}} + \varphi_{\text{S}} + \frac{q\varepsilon_{\text{Si}}N_{\text{gate}}t_{\text{ox}}^2}{\varepsilon_{\text{ox}}^2}\left\{\left[1 + \frac{2\varepsilon_{\text{ox}}^2(V_{\text{GS}} - V_{\text{FB}} - \varphi_{\text{S}})}{q\varepsilon_{\text{Si}}N_{\text{gate}}t_{\text{ox}}^2}\right]^{\frac{1}{2}} - 1\right\} \tag{3-75}$$

式中,N_{gate}是MOS器件的模型参数。

多晶硅栅耗尽对器件的 *I-V*、*C-V* 特性都有影响,其中对 *I-V* 特性的影响是通过上述电位降体现;对 *C-V* 特性的影响是因为栅耗尽区的有限宽度,可以视作等效的栅介质层厚度增加,或使等效栅电容减小。在 BSIM3/4 模型中,这种效应用有效 V_{GS}的建模来描述。

(2) 栅介质层隧穿效应

栅介质(通常是 SiO_2)层在栅电极与衬底沟道间对载流子形成一个势垒(SiO_2-Si,对电子大约为3.5eV,对空穴约为4.3eV)。当栅介质层厚度变小时(在130nm CMOS工艺中,这个厚度约为1.2nm),通过这个势垒的量子隧穿的几率会急剧地增加,这种现象被称为栅介质层隧穿效应(gate dielectric tunneling effect,GDTE)。直接隧穿电流对势垒高度与厚度的依赖关系为

$$I_{\text{TD}} \propto \exp\left(-2d\sqrt{\frac{2m^* q\varphi_{\text{b}}}{\hbar^2}}\right) \tag{3-76}$$

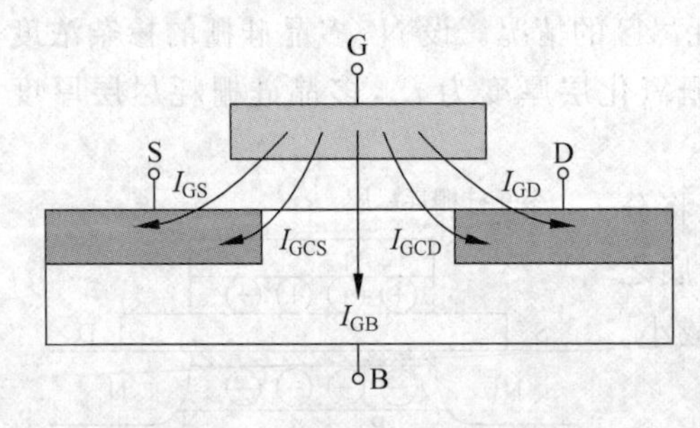

图 3-27 栅极隧穿电流示意图

式中,d 和 φ_{b} 分别表示势垒的宽度和高度;m^* 是载流子在栅介质层中的有效质量。

由式(3-76)可知,栅极隧穿电流随栅介质层的厚度减小成指数增加。在BSIM4中,如图3-27所示,栅极隧穿电流 I_{GT}进入硅衬底后分成4个分量,分别是栅极与源极、漏极、沟道和衬底接触之间的电流

$$\begin{cases} I_{\text{GT}} = I_{\text{GS}}(V_{\text{GS}},V_{\text{DS}}) + I_{\text{GC}}(I_{\text{GCS}}(V_{\text{GS}}) \\ I_{\text{GCD}}(V_{\text{GD}})) + I_{\text{GD}}(V_{\text{GD}},V_{\text{DS}}) + I_{\text{GB}}(V_{\text{GB}}) \end{cases} \tag{3-77}$$

式中，$I_{GC}=I_{GCS}+I_{GCD}$。

(3) 碰撞电离电流

在 MOSFET 沟道漏端，衬底中的电场会变得很强，是二维分布。沟道载流子在连续两次散射之间可以得到足够的能量以造成碰撞电离(impact ionization)而产生电子-空穴对。对 NMOSFET 而言，产生的空穴被衬底接触收集，而电子则流向漏极区。这样就会在漏-衬底间形成电流(impact ionization current)。总的漏电流为

$$I_D = I_{DS} + I_{DB} \tag{3-78}$$

从上述衬底电流形成的物理机理可以推测 I_{DB} 应该正比于 I_{DS}。在 BSIM3/4 中，衬底电流被建模为

$$I_{DB} = \left(\frac{\alpha_0}{L} + \alpha_1\right)(V_{DS} - V_{DS,eff})\exp\left(-\frac{\beta_0}{V_{DS} - V_{DS,eff}}\right)I_{DS} \tag{3-79}$$

式中引入的拟合参数 α_0、α_1、β_0 是 MOS 器件的模型参数。

衬底电流对 MOS 器件性能的不利影响包括在漏极与地(衬底通常接地)之间引入了一个附加的电导项，这会降低晶体管的增量输出电阻，在模拟和混合信号电路的设计中尤为不希望见到。这个衬底电流与沟道长度有关：沟道长度越短，衬底漏电流越大。

(4) 栅极诱发漏极漏电流效应

当 MOSFET 的特征尺寸小于 0.13μm 时，MOSFET 在关断(off-state)状态时的漏电流现象较亚微米器件严重得多。实验中发现，此漏电流是由栅极诱发漏极漏电流效应(gate induced drain leakage effect，GIDL)造成的。其原理简单地描述为：在栅电极与漏区交叠的部分，如 $V_{GD}<0$，会在 N^+ 的漏区表面形成耗尽层(反向偏置)。尽管因为漏区的掺杂浓度很高，这个耗尽层的厚度很薄，但该区域沿沟道方向的电场在衬底-漏区 PN 结区会变得很强(注意，这是二维电场分布，或称为 gate-induced 横向电场增强)，导致了 PN 结的反向隧穿电流增大。这个隧穿电流是由带-带隧穿(band-to-band tunneling，BBT)或/和陷阱协助隧穿(trap-assisted tunneling，TAT)引起。这种由隧穿产生的电子-空穴对同样会造成漏极与衬底接触之间的漏电流。GIDL 这种漏电机制对沟道长度并不敏感，但在 LDD(lightly-doped drain)结构中比较重要，因为栅漏交叠区较长。在深亚微米(<0.13μm)器件中，对低电压应用时，需要考虑 GIDL 的影响，因为其他漏电机理在低电压低电场时变得不显著，而 GIDL 却不因电场小而减小很多。

在 BSIM4 模型中，漏极电流中的 GIDL 分量可根据下式建模：

$$\begin{aligned} I_{GIDL}(V_{DS},V_{GS},V_{BS}) = {} & A_{GIDL}\cdot W_{eff} \\ & \cdot\frac{V_{DS}-V_{GSeff}-E_{GIDL}}{3t_{ox}}\exp\left(\frac{-2t_{ox}B_{GIDL}}{V_{DS}-V_{GSeff}-E_{GIDL}}\right) \\ & \cdot\frac{V_{DB}^3}{C_{GIDL}+V_{DB}^3} \end{aligned} \tag{3-80}$$

式中引入的 4 个拟合系数 A_{GIDL}、B_{GIDL}、C_{GIDL}、E_{GIDL} 都是 MOS 器件的模型参数。

漏-衬底间的漏电流如果不考虑反向偏置的 DB-PN 结电容的漏电流，则当 $V_{GS}<V_{TH}$ 时以 GIDL 分量为主，$V_{GS}>V_{TH}$ 时以碰撞电离分量为主。式(3-80)表明 GIDL 不依赖于沟道长度，其大小主要由 V_{DG} 决定。

(5) 由横向局部增强注入引起的阈值电压增强模型

横向局部增强注入(lateral pocket implantation)是减少短沟道 MOS 器件漏电的有效措施。其方法是在衬底沟道区下方靠近源漏区附近用斜角离子注入的方法将衬底掺杂浓度局部增高(pocket),以减小源漏之间的电力线通过衬底内部穿通的可能性。但这种掺杂浓度的变化使接近源/漏区沟道的浓度远高于沟道中部的浓度,如图 3-28 所示。

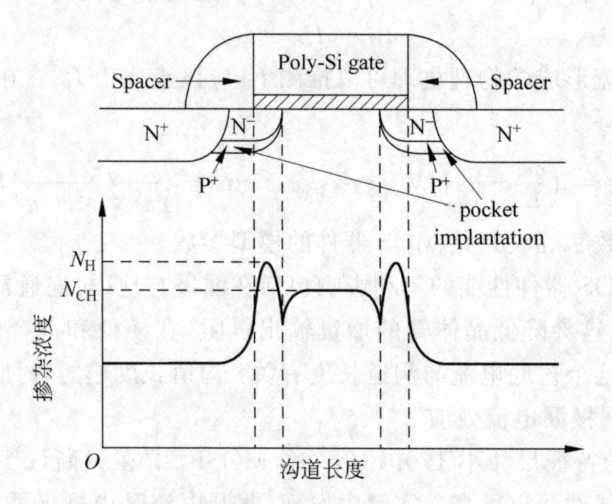

图 3-28 MOSFET 局部增强注入模型示意图

这种工艺变化的后果是不仅使阈值电压升高、发生漂移,而且使器件的短沟道效应更加复杂化,这就是由横向局部增强注入引起的阈值电压增强模型(V_{TH} enhanced model due to lateral pocket implantation)。在 BSIM4 模型中引入两个参数,通过下式建立一种经验模型:

$$V_{TH} \leftarrow V_{TH} + \Delta V_{TH,\text{pocketimplant}} \tag{3-81}$$

式中,$\Delta V_{TH,\text{pocketimplant}}$ 为

$$\Delta V_{TH,\text{pocketimplant}} = nV_T \ln\left[\frac{L_{\text{eff}}}{L_{\text{eff}} + D_{\text{vt0}}(1+\exp(-D_{\text{vt1}} \times V_{DS}))}\right] \tag{3-82}$$

其中,n 是理想(ideality)因子;D_{vt0} 和 D_{vt1} 是模型的拟合系数;L_{eff} 为沟道有效长度。

在采用 SPICE 模拟程序(第 4 章介绍)对电路进行模拟时,MOS 器件的模型有多种不同级别。

SPICE Level1(MOS1)模型是一阶模型,适用于长沟道 MOS 晶体管。随着沟道尺寸的减小,为了能够较准确地描述二阶效应带来的影响,SPICE Level2、Level3(MOS2、MOS3)模型相继推出,其中 Level2 模型是较为详细的二维解析模型,MOS3 模型是一个半经验模型。表 3-3 给出的是 MOS 器件 SPICE Level1、Level2、Level3 模型的参数表。

BSIM 模型是专门为短沟道 MOSFET 开发的模型,现已发表的有 BSIM1、BSIM2、BSIM3 和 BSIM4 四种,其模型参数明显增加。以 BSIM4 为例,它的模型中大约含有近 260 个参数。表 3-4 给出 BSIM4 模型中的部分参数,供读者参考。

表 3-3 MOS 器件 SPICE Level1、Level2、Level3 的模型参数

参数名	SPICE 关键字	模型级	含　　义	隐含值	单位
V_{T0}	VT0	1～3	零偏压阈值电压	1.0	V
$2\varphi_F$	PHI	1～3	表面反型电势	0.6	V
μ_0	U0	1～3	表面迁移率	600	$cm^2/(V \cdot s)$
γ	GAMMA	1～3	体效应系数	0.0	$V^{1/2}$
λ	LAMBDA	1～2	沟道长度调制系数	0.0	V^{-1}
K_p	KP	1～3	本征跨导参数	2×10^{-5}	A/V^2
t_{ox}	TOX	1～3	栅氧化层厚度	2×10^{-7}	m
R_D	RD	1～3	漏极欧姆电阻	0.0	Ω
R_S	RS	1～3	源极欧姆电阻	0.0	Ω
R_{SH}	RSH	1～3	漏源薄层电阻	0.0	Ω
N_{sub}	NSUB	1～3	衬底掺杂浓度	0.0	cm^{-3}
L_D	LD	1～3	横向扩散长度	0.0	m
T_{PG}	TPG	1～3	栅材料导电类型(与衬底相同为－1，与衬底相反为 1)	1.0	
J_S	JS	1～3	单位面积衬底结饱和电流	0.0	A/m^2
C_{J0}	CJ	1～3	衬底结底面单位面积零偏压电容	0.0	F/m^2
C_{GBO}	CGBO	1～3	单位沟道长度栅-衬底覆盖电容	0.0	F/m
C_{GDO}	CGDO	1～3	单位沟道宽度栅-漏覆盖电容	0.0	F/m
C_{GSO}	CGSO	1～3	单位沟道宽度栅-源覆盖电容	0.0	F/m
F_C	FC	1～3	正偏耗尽层电容公式中的系数	0.5	
U_{CRIT}	UCRIT	2	迁移率退化临界强度电场(E_0)	1×10^4	V/cm
U_{TRA}	UTRA	2	横向电场系数	0.0	
U_{EXP}	UEXP	2	迁移率退化临界电场指数系数	0.0	
θ	THETA	3	迁移率调制系数	0.0	V^{-1}
δ	DELTA	2、3	窄沟道效应系数	0.0	
v_{max}	VMAX	2、3	载流子最大漂移速度(饱和速度 v_{SAT})	0.0	m/s
X_{QC}	XQC	2、3	沟道电荷分配系数	0.1	
N_{eff}	NEFF	2	沟道总电荷系数	1.0	
N_{SS}	NSS	1～3	表面态密度	0.0	cm^{-2}
N_{FS}	NFS	2、3	快表面态密度	0.0	cm^2
X_J	XJ	2、3	源漏结深	0.0	m
k	KAPPA	3	饱和电场系数	0.2	
η	ETA	3	静电反馈系数	0.0	
I_S	IS	1～3	衬底结饱和电流	1×10^{-14}	A
φ_B	PB	1～3	衬底结电势	0.8	V
m_J	MJ	1～3	衬底结梯度因子	0.5	
C_{JSW0}	CJSW	1～3	单位面积零偏压衬底结侧壁电容	0.0	F/m^2
m_{JSW}	MJSW	1～3	衬底结侧壁梯度因子	0.33	
A_f	AF	1～3	闪烁噪声指数	1.0	
K_f	KF	1～3	闪烁噪声系数	0.0	

表 3-4　MOS 器件 BSIM4 模型部分参数

参数名	含　义	隐含值	单位
VTH0	在 VBS=0 时,长沟器件的阈值电压	0.7	V
VFB	平带电压	−1.0	V
PHIN	与表面势相关的非均匀垂直掺杂效应	0.0	
K1	一阶体效应系数	0.5	$V^{1/2}$
K2	二阶体效应系数	0.0	
K3	窄宽度效应系数	80.0	
K3B	K3 的体效应系数	0.0	V^{-1}
LPE0	在 $V_{BS}=0$ 时,横向非均匀掺杂参数	1.74e(−7)	m
LPEB	关于 K1 的横向非均匀掺杂效应	0.0	
DVT0W	短沟时窄沟道效应的第一系数	0.0	m^{-1}
DVT1W	短沟时窄沟道效应的第二系数	5.3e6	m^{-1}
DVT2W	短沟时窄沟道效应的衬底偏置系数	−0.032	V^{-1}
TOXE	等价的栅氧化层厚度	3.0e(−9)	m^{-1}
CDSC	源/漏对沟道之间的耦合电容	2.4e(−4)	F/m^2
CDSCB	CDSC 对衬偏压的敏感度	0.0	$F/(V\cdot m^2)$
CDSCD	CDSC 对漏偏压的敏感度	0.0	$F/(V\cdot m^2)$
ALPHA0	碰撞电离电流的第一参数	0.0	m/V
ALPHA1	由可缩放长度引起碰撞电离衬底电流的参数	0.0	A/V
BETA0	碰撞电离电流的第二参数	30.0	V
NGATE	多晶硅栅掺杂浓度	0.0	cm^{-3}
AGIDL	栅极诱导漏极漏电流效应(GIDL)的指数前系数	0.0	Ω
BGIDL	GIDL 的指数系数	2.3e9	V/m
CGIDL	GIDL 的衬偏效应参数	0.5	V^3
EGIDL	GIDL 引起能带弯曲的拟合参数	0.8	V
IGCMOD	栅极-沟道隧穿电流模型选择器	0	
IGBMOD	栅极-衬底隧穿电流模型选择器	0	
MOIN	依赖于表面势垒的栅偏置系数	15.0	
AIGBACC	栅介质隧穿效应(GDTE)引起累积区栅与衬底电流的参数	0.43	$(Fs^2/g)^{0.5}m^{-1}V^{-1}$
BIGBACC	GDTE 引起累积区栅与衬底电流的参数一	0.054	$(Fs^2/g)^{0.5}m^{-1}V^{-1}$
CIGBACC	GDTE 引起累积区栅与衬底电流的参数二	0.075	V^{-1}
NIGBACC	GDTE 引起累积区栅与衬底电流的参数三	1.0	
AIGBINV	GDTE 引起反型区栅与衬底电流的参数一	0.35	$(Fs^2/g)^{0.5}m^{-1}V^{-1}$
BIGBINV	GDTE 引起反型区栅与衬底电流的参数二	0.03	$(Fs^2/g)^{0.5}m^{-1}V^{-1}$
CIGBINV	GDTE 引起反型区栅与衬底电流的参数三	0.006	V^{-1}
AIGC	GDTE 引起栅与沟道电流的参数一	0.054(NMOS) 0.31(PMOS)	$(Fs^2/g)^{0.5}m^{-1}$

续表

参数名	含　义	隐含值	单位
BIGC	GDTE 引起栅与沟道电流的参数二	0.054(NMOS) 0.024(PMOS)	$(Fs^2/g)^{0.5}m^{-1}V^{-1}$
CIGC	GDTE 引起栅与沟道电流的参数三	0.075(NMOS) 0.03(PMOS)	V^{-1}
NTNOI	仅当 TNOIMOD=0 时短沟道器件的噪声因子	1.0	
TNOIMOD	热噪声模型选择器	0	
TNOIA	总沟道热噪声的沟道长度调制系数	1.5	
TNOIB	区别于沟道热噪声的沟道长度调制参数	3.5	
FNOIMOD	闪烁噪声模型选择器	1	
NOIA	闪烁噪声参数 *A*	6.25e41(NMOS) 6.188e40(PMOS)	$(eV)^{-1}s^{1-EF}m^{-3}$
NOIB	闪烁噪声参数 *B*	3.125e26(NMOS) 1.5e25(PMOS)	$(eV)^{-1}s^{1-EF}m^{-1}$
NOIC	闪烁噪声参数 *C*	8.75	$(eV)^{-1}s^{1-EF}m^{-1}$
EF	闪烁噪声频率指数	1.0	
XTIS	源 PN 结电流温度指数	3.0	
XTID	漏 PN 结电流温度指数	3.0	
AT	载流子速度饱和时温度系数	3.3e4	m/s
DMCG	从源-漏接触孔中心到栅边界距离	0.0	m
DMCI	沿沟道长度方向从源-漏接触孔中心到隔离区的边界距离	0.0	m
XGW	从栅接触孔到沟道边界距离	0.0	m
JSWGS	源极侧边饱和电流密度	0.0	A/m
JSWGD	漏极侧边饱和电流密度	0.0	A/m
BVS	源极击穿电压	10.0	V
BVD	漏极击穿电压	10.0	V

3.4 噪声模型

在讨论噪声模型之前，先界定一下什么是噪声。一般来说，可能会认为不希望的信号都可统称为噪声。其实不然。应该在噪声和信号之间进行区分：信号是可以人为控制产生的，但噪声却是一个随机现象。它们之间的共同点是信号与噪声都是时间的函数。噪声的特征是其在时域里的平均值为零(假设观察间隔足够长)，但其功率平均值却不为零，即噪声是带有(或传递)能量的。

3.4.1 噪声源类型

半导体器件通常是固态器件，固态器件的特点是固体内部有大量的带电粒子在作随机或定向的运动。带电粒子的运动就会产生电信号。常见的固态噪声源有五种,分别是热噪声(thermal noise)、散粒噪声(shot noise)、闪烁(ficker)噪声、脉冲(burst)噪声和雪崩噪声(avalanche noise)。

1. 热噪声

热噪声是由带电载流子的热运动引起的,所以和温度(绝对温度)成正比。以电阻为例,电阻中的自由带电粒子在没有外加电压情况下进行自由热运动,电子的平均能量和电阻的温度成正比。因为每个带电粒子的热运动都是随机的,从整体上看,电阻的瞬时噪声电流满足高斯分布,均值为零。当电阻两端外加直流电压时,电阻中的带电粒子在电场力作用下,作定向运动,形成直流电流。由于带电粒子的漂移速度远低于粒子的热运动速度,所以,一般来说,电阻的热噪声和其中流过的电流无关。

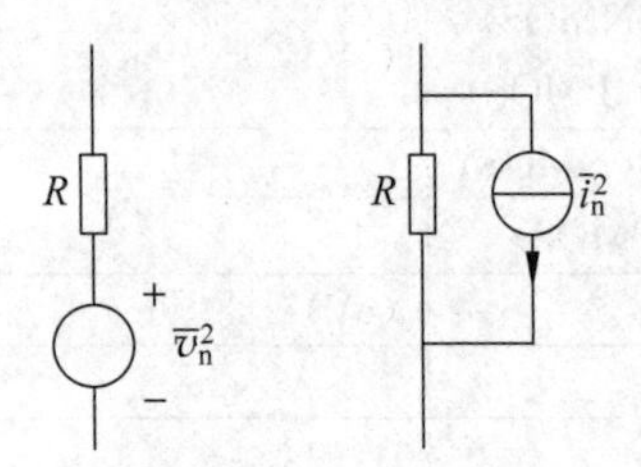

图 3-29 电阻热噪声示意图

如图 3-29 所示,一个含有噪声、阻值为 R 的电阻可以表示成无噪声电阻和等效噪声电压源 $\overline{v}_n^2$ 的串联,或者是无噪声电阻和等效噪声电流源 $\overline{i}_n^2$ 的并联。则电阻 R 的噪声大小为

$$\overline{v}_n^2 = 4kTR\Delta f \tag{3-83}$$

或者为

$$\overline{i}_n^2 = \frac{4kT\Delta f}{R} \tag{3-84}$$

其中,k 是玻耳兹曼常数;Δf 为带宽,单位为 Hz。式(3-83)和式(3-84)满足 $\overline{v}_n^2 = \overline{i}_n^2 R^2$,由此可知,热噪声频谱密度和频率无关,当频率达到 10^{13} Hz 之前,这一关系是正确的。对于一般电路来说,热噪声是由阻值和温度决定的一个常量,因为带电粒子的运动是普遍存在的,所以除了电阻之外,电路中的其他器件也存在热噪声。

2. 散粒噪声

散粒噪声是另一种白噪声。与热噪声不同,散粒噪声和器件中的直流电流相关,通常出现在二极管、MOS 管和双极型晶体管中。下面以二极管为例说明散粒噪声的发生机理。

如图 3-30 所示,二极管采用正向偏置,从 P 区到 N 区流过直流电流为 I。二极管中的电流是每一个电子和空穴运动叠加的随机过程。设电流 I 长时间的平均值为 I_{avg},每一时刻的电流都在 I_{avg} 上下随机变化,如此便产生了散粒噪声。流过二极管的直流电流越大,瞬时电流变化的幅度越大,散粒噪声越强。散粒噪声的大小为

$$\overline{i}_n^2 = 2qI_{avg}\Delta f \tag{3-85}$$

式中,q 是单位电荷电量(1.6×10^{-19} C);Δf 为带宽,单位为 Hz。因为散粒噪声是由载流子穿越 PN 结的随机运动产生的,大量的载流子运动使得瞬时噪声电流满足高斯分布,散粒噪声的均值为

$$\sigma = \sqrt{2qI_{avg}\Delta f} \tag{3-86}$$

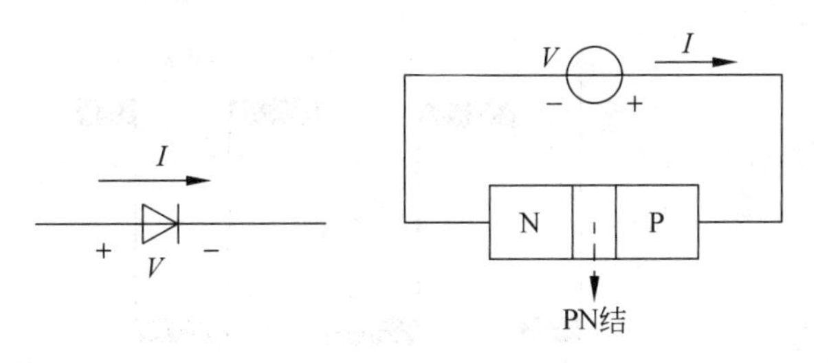

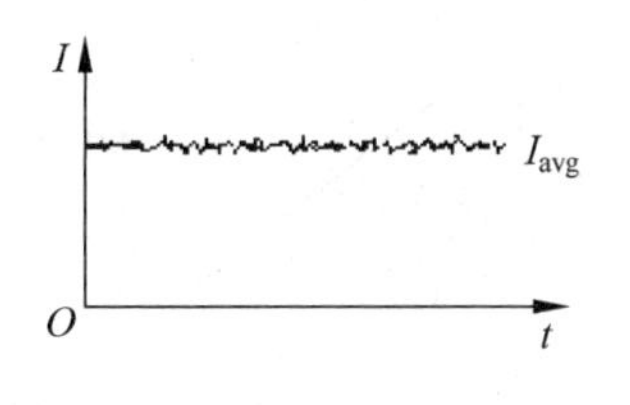

图 3-30　二极管中的散粒噪声

3. 闪烁噪声

闪烁噪声也称为 $1/f$ 噪声($1/f$ noise)。对于 CMOS 器件来说,闪烁噪声和硅表面的清洁度有关。如图 3-31 所示,当 MOS 管工作时,在栅极下,靠近硅表面衬底中产生导电沟道,载流子在沟道中作定向运动。理想情况下,硅中原子通过 4 个共价键彼此结合在一起,没有多余的空位。而硅片在生产中,不可避免地存在表面缺陷,这种缺陷破坏了硅共价键的稳定性,形成很多"陷阱"。这些陷阱会随机地捕获和释放沟道中的载流子。此外,在硅衬底和二氧化硅介质层的交界面,存在许多悬空的共价键,当载流子运动到这个界面时,也会发生类似的捕获和释放过程。这种随机过程产生了闪烁噪声。

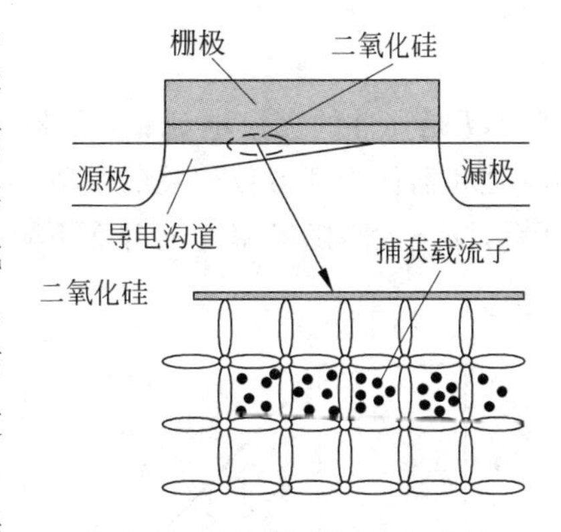

图 3-31　闪烁噪声的产生机理

闪烁噪声的大小和硅晶格缺陷密度、表面清洁度、器件尺寸以及器件中电流大小相关。闪烁噪声的大小为

$$\overline{i_n^2} = K_f \frac{I^{A_f}}{f^B} \Delta f \tag{3-87}$$

式中,I 是流过器件的直流电流;f 是器件的工作频率;K_f 是闪烁噪声系数;A_f 是闪烁噪声指数,介于 0.5～2 之间;B 是约等于 1 的常数。如果 $B=1$,那么等效噪声电流可以写为

$$\overline{i_n^2} = K_f \frac{I^{A_f}}{f} \Delta f \tag{3-88}$$

可见,闪烁噪声的大小和工作频率成反比,如图 3-32 所示,闪烁噪声功率谱为一条斜率为负的直线。和热噪声、散粒噪声不同,$1/f$ 噪声不满足高斯分布。

4. 脉冲噪声

脉冲噪声又称为 burst noise 或 popcorn noise。人们对脉冲噪声产生的机理并不十分清楚,但观察到在使用重金属注入的器件中脉冲噪声十分显著。在示波器上看到的脉冲噪声如图 3-33 所示。

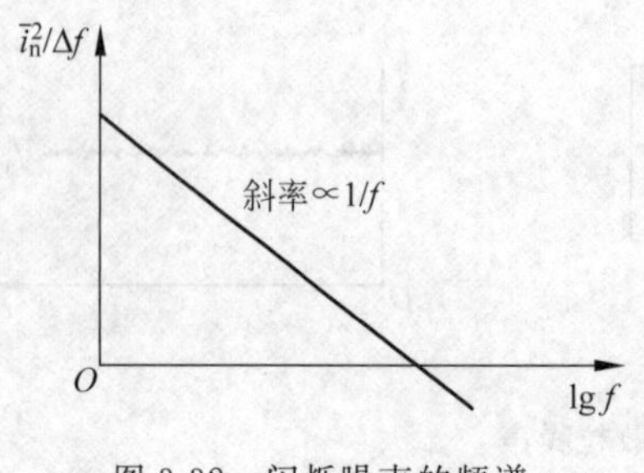

图 3-32　闪烁噪声的频谱

图 3-33　典型的脉冲噪声波形示意图

脉冲噪声是一种低频噪声,它的重复频率在音频附近,有时也叫做"爆米花"噪声。脉冲噪声的大小为

$$\overline{i_n^2} = K_2 \frac{I^C}{1+\left(\frac{f}{f_0}\right)^2}\Delta f \tag{3-89}$$

式中,I 是器件的直流电流;f 是器件的工作频率;f_0 是和产生噪声有关的特征频率;K_2 是和器件物理参数相关的常数;C 是介于0.5～2的常数。脉冲噪声的频谱如图3-34所示,噪声大小随频率的上升而下降,脉冲噪声的瞬时噪声电流不满足高斯分布。

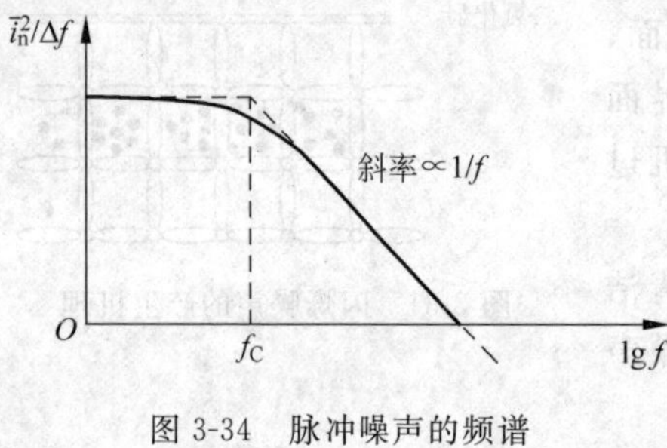

图 3-34　脉冲噪声的频谱

5. 雪崩噪声

雪崩噪声是由于PN结中发生齐纳击穿或雪崩击穿时产生的噪声。在雪崩击穿时,PN结中的耗尽区处于反偏状态,随机运动载流子空穴和电子获得足够高的能量,通过碰撞-电离产生新的电子-空穴对。这一随机过程是累积过程,产生了大量的随机噪声尖峰。雪崩噪声的大小和PN结中直流电流有关,雪崩噪声的功率通常远高于散粒噪声的功率,它的瞬时噪声电流也不满足高斯分布。由于雪崩噪声的缘故,一般在低噪声电路中尽量避免使用齐纳二极管。

3.4.2　集成电路器件噪声模型

本节将分别介绍二极管、双极型晶体管以及MOS器件中的噪声模型。

1. 二极管噪声模型

二极管在交流时的噪声模型示于图3-35。此时等效电阻 r_S 产生的热噪声电流为

$$\overline{i}_{nrS} = \sqrt{\frac{4kT}{r_S}\Delta f} \tag{3-90}$$

二极管的散粒噪声和闪烁噪声电流为

$$\overline{i}_{nD} = \sqrt{2qI_D\Delta f + \frac{K_f I_D^{A_f}}{f}\Delta f} \tag{3-91}$$

式中，f 为频率；Δf 为频带宽度；K_f 为闪烁噪声系数；A_f 为闪烁噪声指数因子。

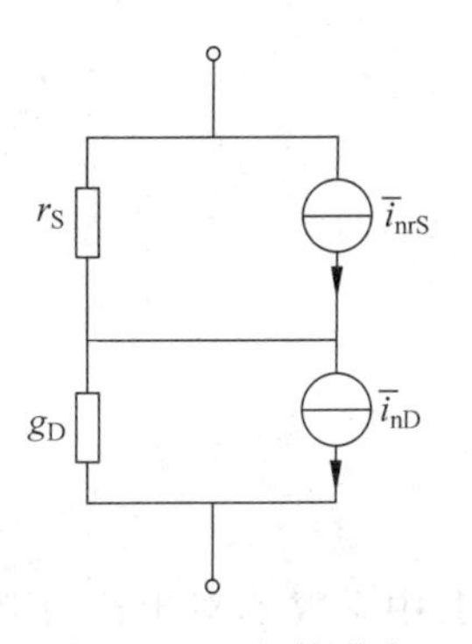

图 3-35　二极管噪声等效模型

2. 双极型晶体管噪声模型

双极型晶体管噪声等效模型如图 3-36 所示。其中，$\overline{i_{nB}^2}$ 为基极与发射极之间的噪声电流源，包括基极端散粒噪声(基极电流＋基极-发射区势垒)、1/f 噪声以及脉冲噪声；$\overline{i_{nC}^2}$ 为集电极与发射极之间的噪声电流源，是集电极的散粒噪声(集电极电流＋集电极-基极反向偏置势垒)；$\overline{v_{nB}^2}$ 是晶体管基极电阻的热噪声。

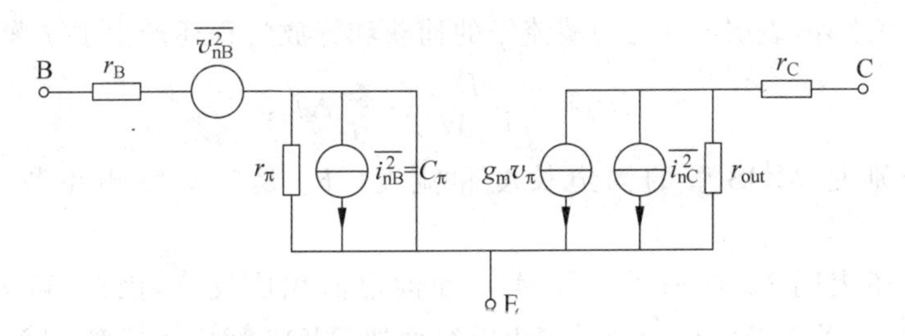

图 3-36　双极型晶体管噪声等效模型

集电极串联电阻虽然也有热噪声，但由于它与高阻抗的集电极节点相串联，因此它的热噪声可忽略。图中的 r_π、r_{out} 分别是交流信号基极-发射极、发射极-集电极的虚设电阻，并不是真实的电阻，它们不贡献热噪声。$\overline{i_{nB}^2}$、$\overline{i_{nC}^2}$、$\overline{v_{nB}^2}$ 分别为

$$\overline{i_{nB}^2} = 2qI_B\Delta f + \frac{K_f I_B^{A_f}}{f}\Delta f + K_2 \frac{I_B^C}{1+\left(\frac{f}{f_C}\right)^2}\Delta f \tag{3-92}$$

$$\overline{i_{nC}^2} = 2qI_C\Delta f \tag{3-93}$$

$$\overline{v_{nB}^2} = 4kTr_B\Delta f \tag{3-94}$$

3. MOS 管的噪声

MOS 晶体管一般通过栅源电压控制沟道电流的大小，由于导电沟道材料是电阻性的，所以热噪声是 MOS 管的主要噪声之一，其他的还有闪烁噪声、栅极散粒噪声、栅极感应噪声。噪声等效电路如图 3-37 所示，其中沟道噪声 $\overline{i}_{nD}^2$ 包括沟道热噪声和沟道 1/f 噪声，栅极噪声 $\overline{i}_{nG}^2$ 包括栅极散粒噪声和栅极感应噪声。

(1) 沟道热噪声

沟道热噪声是 MOS 管的主要噪声源，是在沟道中产生的，对于工作在饱和区的长沟道 MOS 管的沟道噪声可以表示为

$$\overline{i}_{nD1}^2 = 4kT\zeta g_m\Delta f \tag{3-95}$$

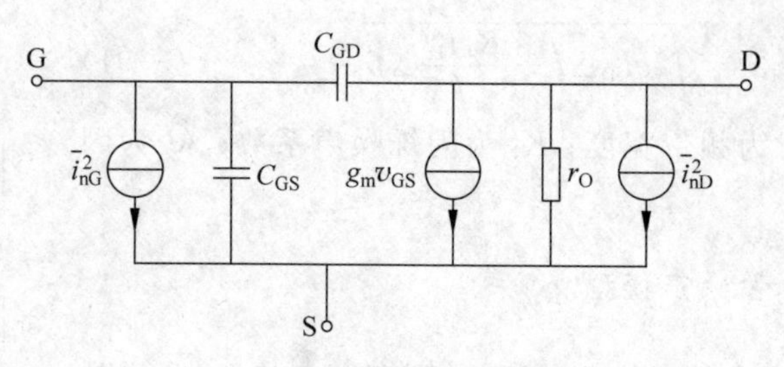

图 3-37 MOS 晶体管噪声等效模型

其中系数 ζ,对于长沟道晶体管为 2/3,而对于亚微米 MOS 晶体管,它可能是一个更大的值。例如,在一些 0.25μm MOS 器件中,ζ 的值约为 2.5。目前,理论上如何确定 ζ 的研究还在积极地进行中。

(2) 沟道 $1/f$ 噪声

除了热噪声之外,表层硅衬底对载流子的捕获和释放过程还产生 $1/f$ 噪声,其大小为

$$\overline{i}^2_{nD2} = \frac{K_f}{C_{ox}WL} \cdot \frac{g_m^2}{f}\Delta f \tag{3-96}$$

式中,L、W 分别是 MOS 管的沟道长度和宽度; K_f 是闪烁噪声系数,单位为 C/m(库/米)。

式(3-96)还表明 MOS 管的 $1/f$ 噪声和沟道面积成反比,因此,可采用大尺寸的 MOS 管降低 $1/f$ 噪声。而代价则是寄生电容增加,MOS 管特征频率下降。

如图 3-38 所示,MOS 管的 $1/f$ 噪声在低频起主要作用,热噪声在高频起主要作用,那么两种噪声的功率谱间存在一个拐点,在该点噪声功率相同。

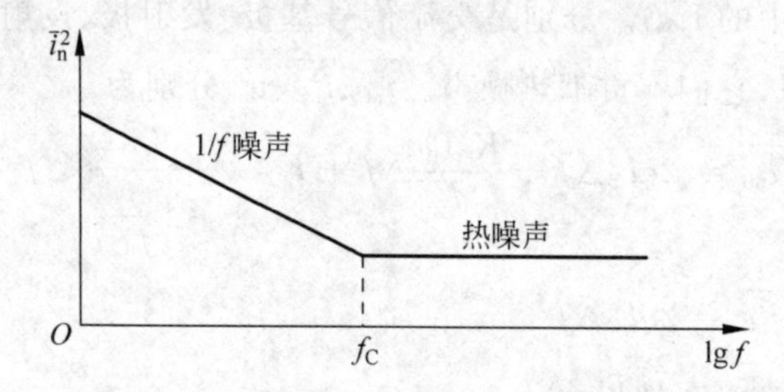

图 3-38 MOS 管的热噪声和 $1/f$ 噪声的功率谱

若令 $\frac{8}{3}kTg_m = \frac{K_f}{C_{ox}WL} \cdot \frac{g_m^2}{f_C}$,则可得到拐点频率 f_C 为

$$f_C = \frac{3}{8kT} \cdot \frac{K_f g_m}{C_{ox}WL} \tag{3-97}$$

拐点频率和 MOS 管的跨导成正比,和 MOS 管沟道面积成反比。在 CMOS 电路中,各种 MOS 管的噪声叠加在一起,拐点频率可能高达 1MHz。

(3) 栅极散粒噪声

栅极散粒噪声由栅极的直流漏电流引起,设栅极漏电流为 I_g,则栅极散粒噪声大小为

$$\overline{i}_{nG1}^2 = 2qI_g\Delta f \tag{3-98}$$

通常，MOS管的栅极漏电流很小，一般在10^{-15}A量级，因此该噪声在MOS电路设计中可不予考虑。

(4) 栅极感应噪声

栅极感应噪声是沟道热噪声通过栅极-沟道电容的耦合作用在栅极上产生的一种噪声。和散粒噪声不同，栅极感应噪声瞬态噪声电流不服从高斯分布，噪声功率随着频率的上升而增大，在低频下工作时可忽略栅极感应噪声。对于长沟器件，噪声电流大小为

$$\overline{i}_{nG2}^2 = \frac{16}{15}kT\omega^2 C_{GS}^2\Delta f \tag{3-99}$$

第4章 SPICE模拟程序

4.1 SPICE 简介

著名的电路模拟软件 SPICE(simulation program with integrated circuit emphasis)，是由美国加州大学伯克利分校于 1972 年首先推出的。经过多年来的完善和提高，SPICE 已经发展成为国际公认的、最为成熟的电路仿真软件，在 1988 年 SPICE 已成为美国国家工业标准。对电路设计者而言，在没有建立起硬件电路之前，SPICE 就可以帮助进行运行和分析，最终得到一个合理优化的电路设计，缩短了设计开发周期，降低了设计成本。

目前世界上广为采用的 SPICE 电路模拟程序主要有 HSPICE 和 PSPICE 等。HSPICE 是一种 SPICE 的商业版本，目前是 Synopsys 公司推出的 EDA 设计工具软件之一，与其他版本的 SPICE 程序相比较，它除了改进 SPICE 的收敛性能外，还增加了优化功能，可从一组给定的电学性能或一组给定的测量数据自动地产生模型参数值和元件值。它还采用逐次优化技术，即可以先解出直流参数，再解交流参数，最后得到瞬态参数。HSPICE 模拟程序不仅可以在大型计算机上运行，而且也可在 PC 上运行。PSPICE 是 SPICE 家族中的一员，是 Microsim 公司于 1984 年推出的基于 SPICE 程序的个人计算机(PC)版本。

本章将对 SPICE 模拟程序的语法、电路分析功能进行介绍。

4.2 SPICE 电路描述语句

SPICE 是一个通用电路分析程序，在给定电路结构和元器件参数的条件下，它可以模拟和计算电路的各种功能和性能。用 SPICE 分析一个电路，首先要做到以下三点：

(1) 给定电路的结构和元器件参数；

(2) 确定分析电路特性所需的分析内容和分析类型；

(3) 定义电路的输入输出信息和变量。

SPICE 规定了一系列输入、输出语句，用这些语句对电路拓扑结构，组成电路元器件的名称、参数、模型，以及分析类型、输出变量等进行描述。

4.2.1 电路输入语句和格式

在建立电路的文本文件之前，首先要对电路的节点进行编号，节点的编号可以是任意数字或字符串，但是 SPICE 规定节点 0 为地节点。SPICE 不允许有悬浮节点，即每个节点对地均要有直流通路。SPICE 的文本输入任务是构造一个文本输入文件，文件名后缀为.CIR。

1) 电路的标题语句

电路的标题语句是输入文件的第一行，也称为标题行。它是由任意字母和字符串组成的说明语句，其内容作为输出文件的最先一部分被打印出来。

例如:

```
AN      AMPLIFIER    CIRCUIT
THE     CIRCUIT      3/31/2007
```

2)电路描述语句

电路描述语句由定义电路拓扑结构和元器件参数的元器件描述语句、模型描述语句和电源语句等组成,其位置可以在标题语句和结束语句之间的任何地方。

例如:

```
RLOAD    5    8    3.1K
C1       7    6    3uF        IC=2.5V
Q4       3    5    9          QMOD
.MODEL   QMOD   PNP IS=3E-15   BF=90   RB=20   VAF=100
+CJC=2P  CJE=2P   TF=1E-10
VI   1   0   SIN(0   2   1KHz)
```

3)电路元器件

SPICE要求电路元器件名称必须以规定的字母开头,即元器件关键字,见表4-1。整个名称长度一般不超过8个字符。除了名称外,还应指定该元器件所接节点编号和元件值式。

表4-1 常用元器件类型及其关键字和模型类型关键字

元器件类型	元器件关键字	模型类型关键字
电阻	R	RES
电容	C	CAP
电感	L	IND
互感(磁芯)	K	CORE
二极管	D	D
NPN双极型晶体管	Q	NPN
PNP双极型晶体管	Q	PNP
横向PNP双极型晶体管	Q	LPNP
N沟结型场效应晶体管	J	NJF
P沟结型场效应晶体管	J	PJF
N沟MOS场效应晶体管	M	NMOS
P沟MOS场效应晶体管	M	PMOS
N沟GaAs场效应晶体管	B	GASFET
电压控制开关	S	VSWITCH
电流控制开关	W	ISWITCH

例如:

```
R1     1    3      1K
C12    8    10     10F
```

元器件的值可以用整数或标准浮点数表示,或用整数、浮点数加以比例因子的形式表示，比例因子有10种，其表示字符及意义如下：

$T=10^{12}$　　$G=10^{9}$　　$MEG=10^{6}$　　$K=10^{3}$　　$M=10^{-3}$

$MIL=25.4\times10^{-6}$　　$U=10^{-6}$　　$N=10^{-9}$　　$P=10^{-12}$　　$F=10^{-15}$

比例因子的字符可以大写，也可以小写。跟在比例因子后面度量单位的字符是忽略不计的，在没有比例因子和度量单位的情况下，电阻、电容、电感、频率、电压、电流和角度的隐含量纲分别为Ω、F、H、Hz、V、A、(°)。

4）元器件模型

许多元器件都需用模型语句来定义其参数值。模型语句不同于元器件描述语句，它是以“.”开头的点语句，由关键字.MODEL、模型名称、模型类型和一组参数组成。例如两个二极管，它们具有相同的模型，可描述为：

```
D1      1    2     DMOD
D2      5    8     DMOD
.MODEL     DMOD    D  DIS=3E-15    BF=90    RB=20    VAF=100
+CJC=2P    CJE=2P     TF=1E-8
```

可以用模型语句定义参数的元器件有电阻、电容、电感、磁芯、二极管、双极型晶体管、结型或MOS场效应晶体管、砷化镓场效应晶体管和控制开关等。对各种元器件，程序中都给定了一组模型参数的隐含值。在定义了.MODEL语句中的模型名和模型类型后，不用给任何参数，软件会自动调用这组参数隐含值。表4-1给出了常用元器件模型类型表。

5）分析类型描述语句

分析类型描述语句由定义电路分析类型的描述语句和一些控制语句组成，如直流分析(.OP)、交流小信号分析(.AC)、瞬态分析(.TRAN)等分析语句，以及初始状态设置(.IC)、选择项设置(.OPTIONS)等控制语句。这类语句以“.”开头，故也称为点语句。其位置可以在标题语句和结束语句之间的任何地方，习惯上写在电路描述语句之后。例如：

```
.DC       VCE    0   10      0.1            ；直流扫描分析
.AC       DEC    10  1Hz     100KHz         ；交流小信号分析
.TRAN     1E-52E-2                          ；瞬态分析
.OPTIONS      NOPAGE   ITL2=80     ITL=0
```

(1）电路分析类型的关键字及意义如下：

```
.OP                    ；直流工作点分析
.DC                    ；直流扫描分析
.TF                    ；直流传输函数分析
.SENS                  ；直流灵敏度分析
.AC                    ；交流小信号分析
.NOISE                 ；噪声分析
.TRAN                  ；瞬态分析
.FOUR                  ；傅里叶分析
.MC                    ；蒙特卡罗分析
```

```
.WCASE            ；最坏情况分析
.TEMP             ；温度分析
.STEP             ；参数扫描分析
```

(2) 控制命令的关键字及意义如下：

```
.NODESET          ；节点电压设置
.IC               ；初始条件设置
.DISTRIBUTION     ；分布参数设置
.FUNC             ；函数定义
.PARAM            ；参数及表达式定义
.INC              ；包括文件调用
.PROBE            ；绘图包调用
.MODEL            ；模型参数设置
.END              ；输入文件结束
.SUBCKT           ；子电路定义
.ENDS             ；子电路结束
.LIB              ；库调用
.OPTIONS          ；可选项设置
.PRINT            ；文本打印
.PLOT             ；文本绘图
```

(3) 模型、子电路和库文件调用语句：

SPICE中有几个命令语句专门用来描述元器件模型参数、电路宏模型定义，以及它们的库调用，这些命令语句是.MODEL、.SUBCKT、.ENDS、.LIB、.INC。

模型语句的语句格式为：

```
.MODEL  MNAME  TYPE  (PNAME1=PVAL1  PNAME2=PVAL2 …)
+ <DEV=VALD> <LOT=VALL>
```

例如：

```
Q1    3    2    0    QMOD1
Q2    4    7    3    QMOD2
Q3    11   8    9    QMOD1
.MODEL  QMOD1  NPN  (IS=2E-16  BF=120  RB=50  VAF=70
+ CJE=5P  CJC=2P)
.MODEL  QMOD2  PNP  (IS=1.5E-15  BF=100  RB=50  VAF=90
+ CJE=8P  CJC=6P)
```

其中MNAME是模型名，它与器件描述语句中的模型名相对应。允许多个器件使用同一组模型参数，上面的Q1和Q3管就是采用同一模型QMOD1所对应一组模型参数，TYPE为元器件模型类型。

6) 子电路描述语句

(1) 子电路描述语句格式为：

```
.SUBCKT  SUBNAME N1 <N2 N3 …>
```

例如：

```
.SUBCKT    OP1    1    2    3    4    5
```

其中,SUBNAME 是子电路名,N1,N2,…是子电路的外部节点号,它们不能为零。在.SUBCKT 之后是一组元件描述语句,可包括器件模型语句、子电路调用、其他子电路描述语句,但不能出现其他控制语句。应注意,在子电路定义中的所有节点也都是局部的,而接地点是全局的。也就是说,子电路定义中的节点号、元器件名和模型定义都可以与外部的相同,而不致产生冲突。

(2) 子电路结束语句格式为:

```
.ENDS  <SUBNAM>
```

例如:

```
.ENDS    OP1
.ENDS
```

该语句是子电路定义的最后一个语句,SUBNAM 代表与.SUBCKT 中相对应的子电路名。如果该语句后有子电路名,表示该子电路定义结束,若无子电路名,则表示所有的子电路定义都结束。只有嵌套子电路定义时才需要有子电路名。

(3) 子电路调用语句格式为:

```
XYYY    N1    <N2    N3…>    SUBNAM
```

例如:

```
XOP    2    5    6    1    OP1
```

其中,X 是子电路调用的关键字,程序通过以字母 X 为首的伪元件语句实现子电路调用。在伪元件名后是连接到子电路上的电路节点号,最后是子电路名。子电路调用时电路节点号的顺序必须与.SUBCKT 中定义的一致。

7) 元器件库文件调用语句

元器件库文件调用语句格式为:

```
.LIB  <FILENAME>
```

例如:

```
.LIB
.LIB  DIODE.LIB
.LIB  C:\PSPICE\LIB\BIPOLAR.LIB
```

其中,<FILENAME>是库文件名,可以是任意字符串,但其扩展名.LIB 不可缺少。若<FILENAME>缺省,则隐含文件名为 NOM.LIB。在 NOM.LIB 文件中列出 SPICE 中全部库文件名列表,它将引导用户查找出其中所需的文件名。SPICE 中的元器件库有:

```
DIODE.LIB          ; 二极管库
```

```
FET.LIB             ; 结型场效应管库
LINEAR.LIB          ; 通用运算放大器库
MISC.LIB            ; 压控电容、电感库
OPTO.LIB            ; 光电器件库
BIPOLAR.LIB         ; BJT 晶体管库
THYRISTR.LIB        ; 可控硅库
TEX_INST.LIB        ; 美国 TI 公司宏模型库
ANAG_DEV.LIB        ; 美国 Analog Device 公司宏模型库
 ⋮                   ⋮
```

每个库文件中都存有一定数量的元器件模型。随着 SPICE 的版本更新,元器件库的种类和数量一定会进一步增加。

8) 常用元器件描述语句

在 SPICE 中,常用的元器件包括无源器件电阻、电容和电感和有源器件二极管、双极型晶体管(BJT)、MOS 场效应晶体管(MOSFET)等。

(1) 电阻器件描述格式为:

```
RXXXX   N+  N-  ＜(MODEL) NAME＞   VALUE   ＜TC=TC1  ＜,TC2＞＞
```

例如:

```
RFBK     8     0     RMOD     10K
.MODEL     RMOD     RES     (R=1 TC1=0.01)
```

其中 R 为电阻关键字,后面可以紧接着多个字母或数字; N+,N-分别表示电阻的两个节点号; ＜(MODEL)NAME＞是模型名称; VALUE 是电阻值,单位是 Ω; TC1 和 TC2 分别表示一阶、二阶温度系数。

(2) 电容和电感的描述语句格式为:

```
CXXXX  N+  N-  ＜(MODEL) NAME＞  VALUE  ＜IC=INCOND＞
LXXXX  N+  N-  ＜(MODEL) NAME＞  VALUE  ＜IC=INCOND＞
```

语句中各变量意义同前,IC 用来规定初始条件,在瞬态分析语句中设有关键字 UIC 时,IC 的赋值才起作用。电容、电感的模型语句格式是:

```
.MODEL     MNAME     CAP     (C=PVAL1     VC1=PVAL2
+VC2=PVAL3     TC1=PVAL4     TC2=PVAL5)
.MODEL          MNAME          IND     (L=PVAL1     IL1=PVAL2
+IL2=PVAL3     TC1=PVAL4          TC2=PVAL5)
```

其中,C 和 L 分别是电容和电感倍乘系数,VC1 和 VC2 分别是电容的一阶和二阶电压系数,IL1 和 IL2 分别是电感的一阶和二阶电流系数。如果设有二阶系数 VC2 和 IL2,则电容和电感为非线性元件。其公式为

$$\begin{cases} C(V) = C_0 C(1 + V_{C1} * V + V_{C2} * V^2) \\ L(I) = L_0 L(1 + I_{L1} * I + I_{L2} * I^2) \end{cases} \tag{4-1}$$

式中，C_0 和 L_0 分别是元件描述语句中的元件值。

(3) 二极管的描述语句格式为：

```
DXXXX    N+    N-    MNAME   < AREA >   < OFF >   <IC= VD>
.MODEL   MNAME    D  (PNAME1=PVAL1   PNAME2=PVAL2 … )
```

例如：

```
D1      6      4      DIN3910
.MODEL     DIN3910     D     (IS=20.37F      RS=3.842M      1KF=3.013
+ N=1 EG=1.11      CJO=109.7      PM=0.2376      VJ=0.75      FC=0.6
+ ISR=805.6N          NR=3              TT=369.8N)
```

在二极管描述语句中，N+和 N-分别为二极管的正负节点，MNAME 是模型名称，可选项 AREA 是面积因子，可选项 OFF 是直流分析时所加的初始条件；在模型语句中，MNAME 是器件描述的模型名称。D 是二极管类型关键字，后面 PNAME1……是模型参数。

(4) 双极型晶体管的描述语句格式为：

```
QXXXX   NC   NB   NE   < NS >   MNAME   <AREA>   <OFF>   <IC=VBE,VCE>
.MODEL   MNAME   NPN(或 PNP)   (PNAME=PVAL1   PNAME2=PNAL2 … )
```

例如：

```
Q47   5   9   3   QMOD   IC=0.6   2.0
.MODEL   QMOD NPN   (IS=14.57F   XT1=4   EG=1.23   VAF=74.69   BF=255.9
+NE=1.035   ISE=14.56F   1KF=0.2856   CJE=23.12P   MJE=0.377
+VJE=0.75   TF=420P   VTF=1.7   XTF=3   RB=10)
```

其中，NC、NB、NE 和 NS 分别是集电极、基极、发射极和衬底的节点。若未规定 NS，可认为其接地。MNAME 是模型名；AREA 是面积因子，默认值是 1.0；OFF 是直流分析时的一种初始条件；IC=VBE，VCE 是瞬态分析初始条件。

(5) MOS 晶体管的描述语句格式为：

```
MXXXX   ND   NG   NS   NB   MNAME
+< L=VAL>   <W=VAL>   <AD=VAL>   <AS=VAL>   <PD=VAL>
+<PS=VAL>   <NRD=VAL>   <NRS=VAL>   <OFF>   <IC=VDS, VGS, VBS>
.MODEL   MNAME   NMOS(或 PMOS)   (PNAME1=PVAL1 PNAME2=PVAL2 …)
```

例如：

```
M5     8       3     0     0     MOD     W=250U     L=5U
.MODEL       MOD      NMOS     (VTO=0.5   PHI=0.8   KP=1.3E-6   GAMMA=1.83
+LEVEL=3   LAMBDA=0.115   CGSO=1U   CGDO=1U   CBD=48P   CBS=39P )
```

其中，ND、NG、NS 和 NB 分别是 MOS 管的漏、栅、源、衬底的节点。MNAME 是模型名，L 和 W 分别是沟道长度和宽度，AD 和 AS 分别是漏和源扩散区的面积，PD 和 PS 分别是漏结和源结的周长，NRD 和 NRS 分别表示漏和源扩散区等效电阻率的方块数。

LEVEL 用来表示 MOS 晶体管模型的级别。

9）独立源语句

电压源、电流源可以是独立源，也可以是受控源。电源描述语句由电源名称、连接关系和数值组成。格式为：<电源名称><正节点><负节点><电源值和参数>。通常正节点电位高于负节点，电流从正节点流向负节点。SPICE 中常用的独立源可分为直流源、交流小信号源和瞬态源。

(1) 直流源的描述语句格式为：

```
VXXXX    N+    N-    DC    VALUE
IXXXX    N+    N-    DC    VALUE
```

例如：

```
VCC    8    0    DC    5V
IB     0    4    DC    1A
```

其中，关键字 DC 可省略。

(2) 交流小信号源的描述语句格式为：

```
VXXXX    N+    N-    AC    < ACMAG>    < ACPHASE>
IXXXX    N+    N-    AC    < ACMAG>    < ACPHASE>
```

其中，ACMAG 和 ACPHASE 分别表示交流小信号源的幅度和相位，如果省去相位值，程序自动设置 ACPHASE=0。

例如：

```
VIN    1    0    AC    1
```

因为交流小信号分析是线性分析，通常设置输入源幅度是 1，相位差是 0，计算出的输出幅度即为增益，相位值即为相位差。

(3) 瞬态源：

常用的瞬态源有脉冲源、正弦源、指数源、分段线性源、单频调频源。

脉冲源的语句格式为：

```
VXXXX  N+  N-  PULSE(V1   V2   TD TR TF   PW   PER)
IXXXX  N+  N-  PULSE(I1   I2   TD TR TF   PW   PER)
```

例如：

```
VIN    1    0    PULSE(0   2.5   1ns   2ns   2ns   10ns   20ns)
```

其中，V1 或 I1 为初始值，V2 或 I2 为脉动值，TD 为延迟时间，TR 为上升时间，TF 为下降时间，PW 为脉冲宽度，PER 为周期。

(4) 正弦源的语句格式为：

```
VXXXX  N+  N-  SIN(V0  VA  FREQ  TD  THETA  PHASE)
```

例如：

```
VIN  2  0  SIN(0  2.5  100MEG  1NS  1E10)
```

其中，V0 为偏置值，VA 为振幅，FREQ 为频率，TD 为延迟时间，THETA 为阻尼因子，PHASE 为相位延迟。

(5) 指数源的语句格式为：

```
VXXXX  N+  N-  EXP(V1  V2  TD1  TAU1  TD2  TAU2)
```

例如：

```
VIN    2    0    EXP(-4    2    2ns    30ns    60ns    40ns)
```

其中，V1 为初始值，V2 为终止值，TD1 为上升延迟时间，TAU1 为上升时间常数，TD2 为下降延迟时间，TAU2 为下降时间常数。

(6) 分段线性源的语句格式为：

```
VXXXX    N+    N-    PWL(T1  V1  T2  V2  T3  V3  T4  V4 … )
```

例如：

```
VPWL  3  0  PWL(0  1,10NS  1.5,15NS  1.5,20NS  2.0,25NS  3.0)
```

其中，每对值(Ti,Vi)确定了时间 $t=T_i$ 时分段线性源的值 V_i，从而确定了波形的一个拐点，中间值可用线性插值方法来确定。

(7) 单频调频源的语句格式为：

```
VXXXX  N+  N-  SFFM(V0  VA  FC  MDI  FS)
```

例如：

```
VI    1    0    SFFM(0.1  0.7  30MEG  0.1  10K)
```

其中，V0 为偏置值，VA 为幅度，FC 为载频，MDI 为调制指数，FS 为调制信号频率。

10) 注释语句

注释语句是对分析和运算加以说明的语句，它以“*”为首字符，位置是任意的。注释语句非执行语句，即不参与模拟分析，所以当用户想从输入文件中去掉一个语句时，可在该描述语句的句首加一个“*”号。

例如：

```
* .TRAN    30US    2MS    UIC
```

11) 结束语句

结束语句是输入文件的最后一行，用.END 描述，必须设置。

4.2.2 SPICE 的输出语句和输出变量

SPICE 的模拟结果以两种文件形式存放：一是文本输出文件，它是后缀为 OUT(*.OUT)

的 ASCII 码文件；另一个是绘图文件，它是以 DAT 为后缀(＊.DAT)的二进制码文件。SPICE 通过三个输出控制语句控制文本文件中或绘图显示中的输出结果类型和数量等信息，这三个输出控制语句是：文本打印输出语句.PRINT，文本绘图语句.PLOT 和绘图软件包调用语句.PROBE。

(1) 文件打印输出语句

文本打印输出语句.PRINT 用来控制文本输出文件(＊.OUT)中的输出形式，需要在输入文件(＊.CIR)中设置。语句格式为：

```
.PRINT    TYPE    OV1<OV2 … OV8>
```

其中，TYPE 为指定的输出分析类型，如 DC、AC、TRAN、NOISE 等；OV1，…，OV8 是规定 1 至 8 个输出变量名。

例如：

```
.PRINT    DC V(5)
.PRINT    AC V(4)
.PRINT    TRAN    V(2)    I(VIN)
.PRINT    NOISE   INOISE  ONOISE
```

所有打印结果存储在文本输出文件(＊.OUT)中。

(2) 文本绘图语句

文本绘图语句.PLOT 用来控制文本输出文件(＊.OUT)中的文本绘图形式，应在输入文件(＊.CIR)中设置。语句格式为：

```
.PLOT    TYPE    OV1<(PLO1,PHI1)> <(PLO2,PHI2)> … OV8
```

其中，TYPE 为指定的输出分析类型，如 DC、AC、TRAN、NOISE 等，输出变量 OV1，…，OV8 的形式同.PRINT 语句。(PLO,PHI)可选项是对输出变量规定作图的上、下限制。如果没有规定此可选项，SPICE 将自动确定绘图输出变量的最小值和最大值，并换算为适当的作图比例。例如：

```
.PLOT    DC    V(2)     V(6,3)    V(R1)     I(VI)
.PLOT    AC    VM(5)    VP(5)     VDB(5)    IR(VI)
```

应该指出，用.PLOT 语句实现的在文本输出文件(＊.OUT)中的输出图形、曲线等是比较粗糙的，不适于用来观察图形、曲线的局部细节。

(3) 绘图软件包调用语句

PROBE 是 SPICE 的一个图形后处理程序，有较强的图形处理与显示功能。调用这个图形后处理程序的语句格式为：

```
.PROBE
.PROBE    OV1    OV2…
```

上述第 1 条语句没有输出变量说明，.PROBE 语句将全部输出信息(包括所有节点电压和元器件电流等)都存到＊.DAT 文件中去，供 PROBE 绘图时选用。第 2 条语句规定了输出变量的种类和数量，此时只存储这些指定变量和相应数据到 *.DAT 文件中。对于规模较大的电路，这种有限制的输出方式可以减小 *.DAT 文件的容量，便于调用。

例如：

```
.PROBE
.PROBE    V(3)    V(1,2)    V(RL)    I(R4)    IB(Q1)    VBE(Q1)
```

PROBE 绘图功能随着计算机硬软件的发展，在 SPICE 的不同版本中有较大变化。

4.3 SPICE 电路分析功能介绍

4.3.1 直流分析

1. 直流工作点分析

SPICE 的直流工作点分析是在电路中电感短路、电容开路的情况下，计算电路的静态工作点。需要特别注意的是，在进行瞬态分析和交流小信号分析之前，程序将自动先进行直流工作点分析，以确定瞬态的初始条件和交流小信号情况下非线性器件的线性化模型参数。直流工作点分析的语句格式是.OP。

程序执行这条分析语句后，在输出文件(*.OUT)中给出：

(1) 电路所有节点电位；

(2) 所有电压源的电流和电路总的直流功耗；

(3) 所有晶体管的偏置电压、各端节点电流等信息；

(4) 所有晶体管在此工作点下的交流小信号线性化模型参数。

例 4-1 图 4-1 所示为一个线性网络，由电阻和电压控制电流源组成，计算该网络的直流工作点。

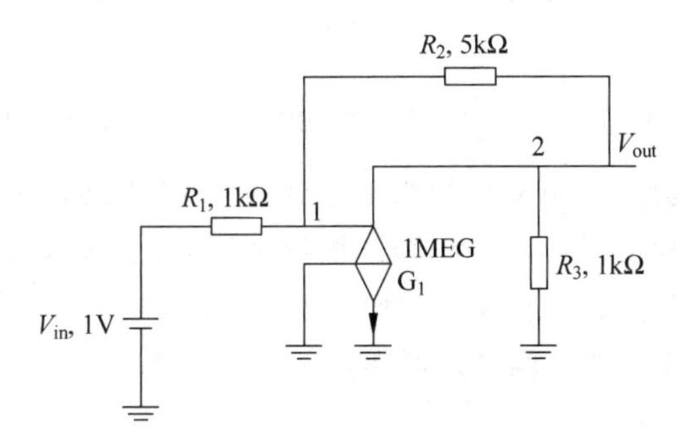

图 4-1 简单线性网络

网络的输入网单文件如下：

```
A  SIMPLE  NETWORK
Vin    Vin    0    1.0V
R1     Vin    1    1K
```

```
R2    1   2   5K
R3    2   0   1K
G1    2   0   1   0   1
.OP
.END
```

这里用PSPICE对该网络进行直流工作点分析,其结果如下。

(1) 节点电压(在温度27℃时)

```
NODE   VOLTAGE   NODE   VOLTAGE    NODE   VOLTAGE
Vin    1.0000    (1)    0.0060     (2)    -4.9643
```

(2) 电压源 V_1 的电流

```
VOLTAGE   SOURCE   CURRENTS
NAME               CURRENT
V1                 -9.940E-04
```

(3) 电压控制电流源 G_1 的电流

```
*** VOLTAGE—CONTROLLED   CURRENT   SOURCES
NAME          G1
I—SOURCE   5.958E-03
```

(4) 总的功率损耗

```
TOTAL    POWER    DISSIPATION    9.94E-04    WATTS
```

2. 直流扫描分析

SPICE的直流扫描分析是在指定的范围内,某一个(或两个)独立源或其他电路元器件参数步进变化时,计算电路直流输出变量的相应变化曲线。直流扫描分析的描述语句格式是

```
.DC  <STYPE>  SVAR  START  STOP  SINC  <SVAR2 START2 STOP2 SINC2>
```

其中,STYPE是扫描类型,SVAR是扫描变量名。START、STOP和SINC分别是扫描变量的起始值、终止值和增量值(或点数)。增量必须为正值。若设置第二个扫描变量,则需输入其变量名和相应的起始、终止和增量值。注意:通常第一个扫描变量所覆盖的区间是内循环,而第二个扫描区间是外循环。

1) 扫描类型(STYPE)

SPICE有四种扫描类型。

(1) 线性扫描LIN:扫描变量按线性变化(坐标是均匀的),这是隐含扫描类型,即LIN可以省略。

(2) 数量级扫描DEC:扫描变量按数量级进行对数扫描,在每个数量级中,变化点数由SINC确定。

(3) 倍频程扫描 OCT：扫描变量按倍频程规律进行对数扫描，每个倍频程中，变化点数由 SINC 确定。

(4) 列表扫描 LIST：列表扫描无起始和终止值，而是按关键字 LIST 后列出的数值进行变化，所列数值点是任意的。

2) 扫描变量(SVAR)

SPICE 有以下几种扫描变量。

(1) 独立源：任何独立电流源和独立电压源的电流、电压值。

(2) 元件值：元件(电阻、电容或电感等)值作为扫描变量，需设置元件模型语句。

(3) 温度。

(4) 模型参数：在.MODEL 语句中所有的模型参数都可以作为扫描变量。

例如：

```
.DC    LIN     VD      -2      3     0.1
.DC    VC       0       10     1      IB   -10u   10u   5p
.DC    DEC      NPN   QMOD(IS)   1E-16   1E-12   4
.DC    RES     RMOD(R)     10      1K      200
.DC    TEMP   LIST            -10    -20     0      20      50      100
```

其中：

(1) 电压源 VD 的电压由 −2V 扫至 3V，增量为 0.1V。

(2) 电流源 IB 由 −10μA 扫到 10μA，增量为 5pA，是外循环；电压源 VC 由 0V 扫到 10V，增量为 1V，是内循环。

(3) 晶体管模型 QMOD 中的 IS 参数由 10^{-16}A 变化到 10^{-12}A，以数量级步进变化，每个数量级分析 4 个点。

(4) 由电阻模型 RMOD 所定义的电阻由 10Ω 变到 1kΩ，每次变化 200Ω。

(5) 温度列表变化，进行 −10℃、−20℃、0℃、20℃、50℃、100℃，6 种不同温度分析。

例 4-2 对图 4-2 所示的 MOS 晶体管进行输出特性分析。

输入网单文件如下：

```
*THE      M1   SWEEP
M1      2  1  0  0   MbreakN
VG      1  0  0V
VD      2  0  5V
.DC      VD  0  5  0.1   SWEEP   VG  0  2  0.4
.PROBE    ID(M1)
.END
```

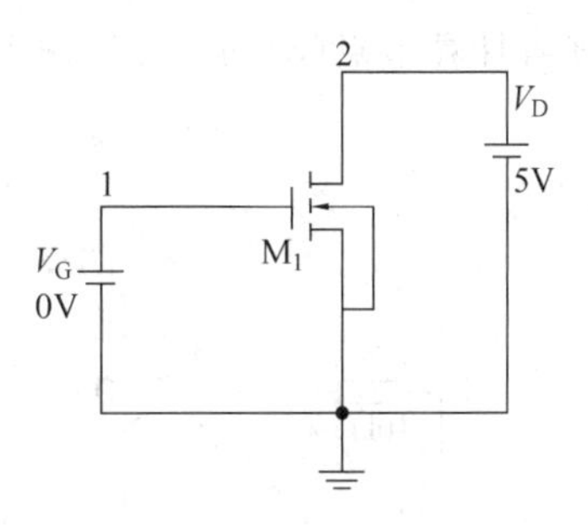

图 4-2 简单 MOS 晶体管网络

其中，DC 语句表明电压 VG 由 0V 扫至 2V，每次变化 0.4V；同时对于 VG 的每次变化，电压源 VD 由 0V 扫至 5V，每次变化 0.1V。模拟结果如图 4-3 所示。

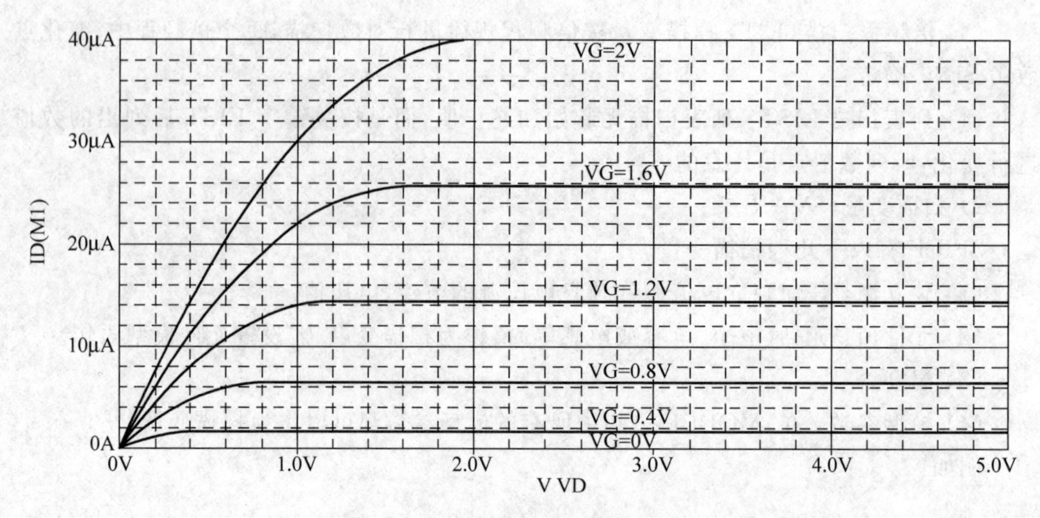

图 4-3　MOS晶体管输出特性曲线图

3. 直流传输函数和输入输出电阻计算

SPICE 中的直流传输函数计算是在直流工作点分析(.OP)的基础上,在电路直流偏置附近将电路线性化,计算出电路的直流小信号传输函数值,即用户指定的输出与输入的值,以及电路的输入电阻和输出电阻值。计算结果存放在文本输出文件(*.OUT)中。

语句格式是:

```
.TF     OUTVAR     INSRC
```

其中,OUTVAR 是小信号输出变量,INSRC 是小信号输入源的名称。

例如:

```
.TF    V(3)     VI
.TF    I(RL)    VI
```

前者计算节点(3)的电位对输入源 V_I 的电压增益值,以及 V_I 端输入电阻和节点(3)表示的出端的输出电阻。后者计算负载电阻 R_L 上电流与输入源 V_I 的比值和电路的输入、输出电阻。

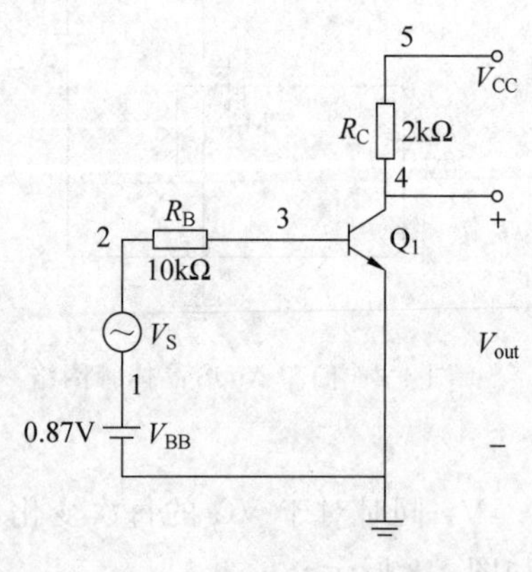

图 4-4　单管放大电路

例 4-3　一个单管放大电路如图 4-4 所示。设晶体管参数为 $I_S=5\times10^{-15}$ A,$\beta_F=100$,$R_{BB'}=100\Omega$,$V_A=50$V。要求:(1)调节 V_{BB},使 $I_{CQ1}\approx2$mA;(2)计算电路的直流工作点;(3)计算电路的电压增益和输入、输出电阻。

电路的输入网单文件如下:

```
*SINGLE NPN
VBB 1     0      0.87
VS     2      1       AC    1
```

```
RB    2    3    10K
Q1    4    3    0    MQ
RC    5    4    2K
VCC 5    0    12
.OP
.MODEL    MQ    NPN( IS=5E-15   BF=100   BR=100   VAF=50)
.DC   VBB    0    2    0.01
.TF   V(4)    VS
.PROBE    DC    IB(Q1)    IC(Q1)    IE(Q1)
.END
```

电路分析如下。

(1) 对电路进行直流扫描(.DC VBB 0 2 0.01),计算出的电路直流传输特性曲线如图4-5所示。从图中可得,当$V_{BB}\approx 0.78V$时,$I_{CQ1}\approx 2mA$。

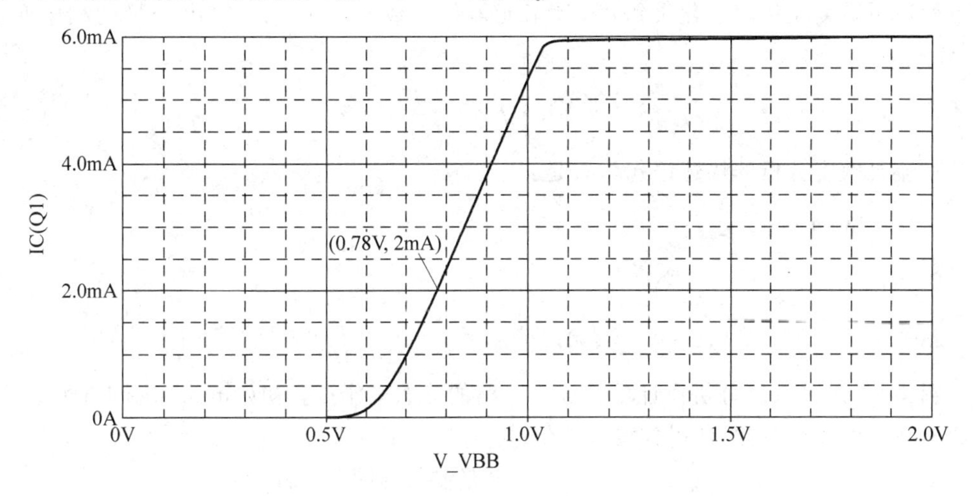

图4-5 电路的直流传输特性

(2) 由文本输出文件(*.OUT)可得到计算出的电路直流工作点如下:

```
NODE   VOLTAGE   NODE   VOLTAGE   NODE   VOLTAGE   NODE   VOLTAGE
(1)    0.8700    (2)    0.8700    (3)    0.6760    (4)    5.2834
(5)    12.0000
VOLTAGE    SOURCE    CURRENTS
NAME                 CURRENT
VBB                  -1.940E—05
VS                   -1.940E—05
VCC                  -3.358E—03
TOTAL    POWER    DISSIPATION    4.03E—02    WATTS
```

(3) 由.TF V(4) VS语句计算该电路的电压增益和输入、输出电阻值,结果如下:

```
***** SMALL—SIGNAL TRANSFER   CHARACTERISTICS
V(4)/VS= -3.002E+01
INPUT    RESISTANCE    AT    VS=1.147E+04
OUTPUT   RESISTANCE    AT    V(4)=1.843E+03
```

即 $R_i = 11.47\text{k}\Omega$，$R_O = 1.843\text{k}\Omega$。此例说明，用传输函数功能(.TF)计算电路在直流小信号情况下的传输函数和输入、输出电阻是十分方便的。

4. 灵敏度分析

灵敏度分析是计算电路的输出变量对电路中元器件参数的敏感程度。在SPICE程序中只有直流灵敏度分析，它是一种小信号微分灵敏度。对于用户指定的输出变量，计算其对所有元器件参数单独变化的灵敏度值。

绝对灵敏度是指元器件参数变化单位值时，输出变量的相应变化量，公式为

$$S_{ES} = \frac{\partial V_{out}}{\partial p} \tag{4-2}$$

其中，p 为元件参数，V_{out} 为输出变量。

相对灵敏度又称归一化灵敏度，是指元器件参数变化1%时，输出变量的相应变化量，公式为

$$S_{NS} = S_{ES} \cdot p\% = \frac{\partial V_{out}}{\partial p} p\% \tag{4-3}$$

直流灵敏度分析的描述语句格式是：

```
.SENS  VO1  <VO2 …>
```

例如：

```
.SENS    V(9)    V(2,3)    I(VI)
```

例 4-4 用灵敏度分析设计单管放大电路的静态工作点。初始电路如图4-6所示，要求调整适当的元件参数，使晶体管 Q_1 的 $I_C \approx (1 \pm 0.1)\text{mA}$。

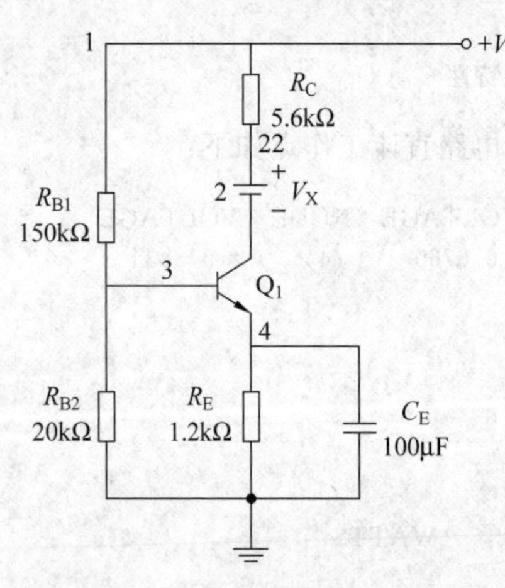

图 4-6 用于灵敏度分析的单管放大器

电路输入的网单文件为：

```
*DC     SENSITIVITY     ANALYSIS
Q1      2       3       4       MQ
RB1     1               3       150K
RB2     3               0       20K
RC      1               22      5.6K
RE      4               0       1.2K
CE      4               0       100U
VX      22              2       0
VCC     1               0       12
.MODEL          MQ              NPN     IS=1.5E-14
+BF=100         RB=80           VAF=100
.OP
.SENS           I(VX)
.END
```

对灵敏度分析结果如下。

(1) 按图4-6原电路计算出静态工作点和晶体管集电极电流 $I(V_X)$ 对各元件参数的灵敏度如下：

```
NODE   VOLTAGE   NODE   VOLTAGE   NODE   VOLTAGE   NODE   VOLTAGE
(1)     12.000    (2)    8.6914    (3)    1.3434    (4)    0.7136
(22)    8.6914
VOLTAGE  SOURCE  CURRENTS
NAME         CURRENT
VX           5.908E-04
VCC          -6.619E-04
TOTAL  VOLTAGE  SOURCE  POWER  DISSIPATION  7.94E-03  WATTS
DC SENSITIVITIES OF OUTPUT I(V_Vx)
  ELEMENT        ELEMENT        ELEMENT          NORMALIZED
  NAME           VALUE          SENSITIVITY      SENSITIVITY
                                (AMPS/UNIT)      (AMPS/PERCENT)
   R_RB1         1.500E+05      -6.136E-09       -9.204E-06
   R_RB2         2.000E+04      4.351E-08        8.703E-06
   R_RC          5.600E+03      -4.864E-10       -2.724E-08
   R_RE          1.200E+03      -4.371E-07       -5.245E-06
   V_VX          0.000E+00      -8.232E-07       0.000E+00
   V_VCC         1.200E+01      8.720E-05        1.046E-05
   Q_Q1   RB     1.000E+01      -2.842E-09       -2.842E-10
   Q_Q1   RC     1.000E+00      -4.864E-10       -4.864E-12
   Q_Q1   RE     0.000E+00      0.000E+00        0.000E+00
   Q_Q1   BF     2.559E+02      1.139E-07        2.914E-07
   Q_Q1   ISE    1.434E-14      -1.706E+09       -2.447E-07
   Q_Q1   BR     6.092E+00      -5.394E-15       -3.286E-16
   Q_Q1   ISC    0.000E+00      0.000E+00        0.000E+00
   Q_Q1   IS     1.434E-14      2.631E+09        3.773E-07
   Q_Q1   NE     1.307E+00      3.488E-04        4.559E-06
   Q_Q1   NC     2.000E+00      0.000E+00        0.000E+00
   Q_Q1   IKF    2.847E-01      4.426E-07        1.260E-09
   Q_Q1   IKR    0.000E+00      0.000E+00        0.000E+00
   Q_Q1   VAF    7.403E+01      -8.171E-08       -6.049E-08
   Q_Q1   VAR    0.000E+00      0.000E+00        0.000E+00
```

由结果分析可看出 $I_C = I(V_X) = 0.5908\text{mA}$，不符合设计要求。由灵敏度分析可以看出电路中电阻 R_{B1}、R_{B2} 和 R_E 灵敏度相对较高，可对这三个电阻进行适当调整。

(2) R_{B2} 的灵敏度是正的，要提高 $I(V_X)$ 的值，应增大 R_{B2}，取 $R_{B2} = 30\text{k}\Omega$，调整后电路静态工作点计算如下：

```
NODE   VOLTAGE   NODE   VOLTAGE   NODE   VOLTAGE   NODE   VOLTAGE
(2)     6.4498    (3)    1.8411    (4)    1.1970    (22)    6.4498
(+VCC) 12.0000
VOLTAGE SOURCE CURRENTS
NAME        CURRENT
V_VX        9.911E-04
V_VCC       -1.059E-03
TOTAL POWER DISSIPATION  1.27E-02  WATTS
DC SENSITIVITIES OF OUTPUT I(V_Vx)
ELEMENT       ELEMENT        ELEMENT          NORMALIZED
```

NAME	VALUE	SENSITIVITY (AMPS/UNIT)	SENSITIVITY (AMPS/PERCENT)
R_RB2	3.000E+04	3.670E−08	1.101E−05
R_RB1	1.500E+05	−8.101E−09	−1.215E−05
R_RC	5.600E+03	−1.597E−09	−8.940E−08
R_RE	1.200E+03	−7.175E−07	−8.610E−06
V_VX	0.000E+00	−1.611E−06	0.000E+00
V_VCC	1.200E+01	1.212E−04	1.455E−05
Q_Q1 RB	1.000E+01	−4.562E−09	−4.562E−10
Q_Q1 RC	1.000E+00	−1.597E−09	−1.597E−11
Q_Q1 RE	0.000E+00	0.000E+00	0.000E+00
Q_Q1 BF	2.559E+02	2.689E−07	6.882E−07
Q_Q1 ISE	1.434E−14	−3.540E+09	−5.076E−07
Q_Q1 BR	6.092E+00	−7.319E−15	−4.458E−16
Q_Q1 ISC	0.000E+00	0.000E+00	0.000E+00
Q_Q1 IS	1.434E−14	4.006E+09	5.744E−07
Q_Q1 NE	1.307E+00	7.399E−04	9.671E−06
Q_Q1 NC	2.000E+00	0.000E+00	0.000E+00
Q_Q1 IKF	2.847E−01	1.449E−06	4.124E−09
Q_Q1 IKR	0.000E+00	0.000E+00	0.000E+00
Q_Q1 VAF	7.403E+01	−1.003E−07	−7.422E−08
Q_Q1 VAR	0.000E+00	0.000E+00	0.000E+00

可以看出 $I_C = I(V_X) = 0.9911\text{mA} \approx 1\text{mA}$,符合设计要求。

4.3.2 交流小信号分析

SPICE 的交流小信号分析是一种线性频域分析。程序首先计算电路的直流工作点,以确定电路中非线性器件的线性化模型参数,然后在用户指定的频率范围内,对此线性化电路进行频率扫描分析。

SPICE 中交流小信号分析的描述语句格式如下:

```
.AC    LIN    NP    FSTART    FSTOP
.AC    DEC    ND    FSTART    FSTOP
.AC    OCT    NO    FSTART    FSTOP
```

其中,LIN、DEC 和 OCT 分别表示扫描类型是线性、数量级或倍频程。FSTART 是起始频率,FSTOP 是终止频率。

1. 频率扫描的类型

(1) LIN 表示频率按线性变化。NP 是在 FSTART 至 FSTOP 范围内的取点数,其频率增量计算公式为

$$\Delta F = \frac{\text{FSTOP} - \text{FSTART}}{\text{NP} - 1} \tag{4-4}$$

例如：

```
.AC    LIN    20    1K    20K
```

则 $\Delta F=1K$，程序在 1～20kHz 之间计算 20 个点，即在 1kHz、2kHz、3kHz、…、20kHz 等 20 个频率点上计算电路的频响特性。

(2) DEC 表示频率按数量级变化。ND 表示每个数量级内的频率取 ND－1 个点。其频率增量计算公式为 $\Delta F=10^{\frac{1}{ND}}$，第 k 点的频率为 $F_{k+1}=\mathrm{FSTART}\cdot 10^{\frac{1}{ND}}=F_k\cdot\Delta F$，首次 $k=0$，$F_0=\mathrm{FSTART}$。

例如：

```
.AC    DEC    2    1    1K
```

程序在 1～10Hz、10～100Hz、100Hz～1kHz 三个数量级内各取一个频率点对应。$\Delta F=10^{1/2}=3.162\mathrm{Hz}$，所以在 1Hz～1kHz 内计算的频率点为

```
1.000E+00
3.162E+00
1.000E+01
3.162E+01
1.000E+02
3.162E+02
1.000E+03
```

(3) OCT 表示频率按倍频程变化，NO 表示每个倍频程内取 NO－1 个频率点，其频率增量计算公式为

$$\Delta F = 2^{1/NO} \tag{4-5}$$

$$F_{k+1} = F_k\cdot\Delta F \tag{4-6}$$

例如：

```
.AC    OCT    2    100    1.6K
```

程序在 100～200Hz、200～400Hz、400～800Hz、800Hz～1.6kHz 的 4 个倍频程内各取一个点。

$\Delta F=2^{\frac{1}{2}}=1.414$，在 100Hz～1.6kHz 频率范围内计算的频率点如下：

```
1.000E+02
1.414E+02
2.000E+02
2.828E+02
4.000E+02
5.657E+02
8.000E+02
1.313E+03
1.600E+03
```

2. 交流小信号分析的主要功能

交流小信号分析的主要功能是计算电路的频响特性(包括幅频特性和相频特性),以计算电路的输入阻抗和输出阻抗。

下面以图 4-7 所示的电路框图中阻容滤波电路为例说明电路频响特性和阻抗特性的计算方法。

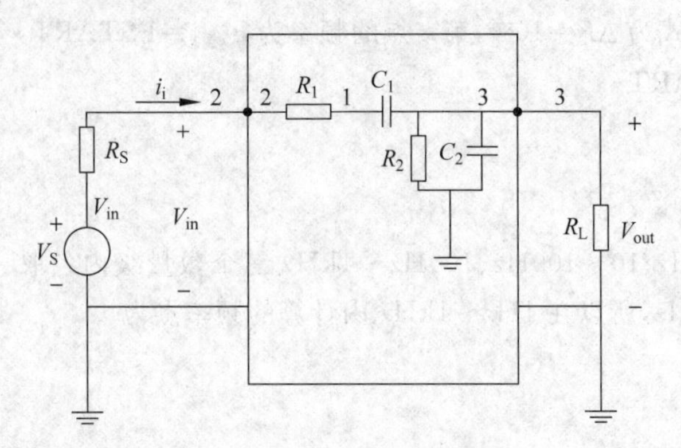

图 4-7　阻容滤波电路示意图

(1) 频响特性的计算

计算电路的频响特性所要设置的输入语句,除了电路结构和元器件参数描述语句外,关键的是输入信号源和频率扫描语句。

通常习惯设置输入信号源是一个幅度为单位 1、相位为零的单位源,这样从输出端取出的电压(或电流)的幅度就代表了增益值,相位就是输出与输入之间的相位差,语句为:

```
VS      1      0      AC      100V
.AC     DEC    10     1       100MEG
```

即在 1Hz～100MHz 的频率范围内,DEC 表示频率按数量级变化,ND 表示每个数量级内频率取 ND−1 个点。

电路输入网单文件为:

```
R1    2     1    1K
R2    3     0    1K
C2    3     0    0.01u
C1    1     3    0.01u
VS    VIN   0    AC     100V
.AC   DEC   10   1      100MEG
```

其幅频特性和相频特性曲线分别如图 4-8(a)和(b)所示。

在图 4-8(a)中,中频段的幅度值即为电路中频源电压增益,下降到中频值 $1/\sqrt{2}$ 时的频率点 f_L 和 f_H,即为电路的低频截止频率和高频截止频率,$BW=f_H-f_L$ 即为频带宽度。

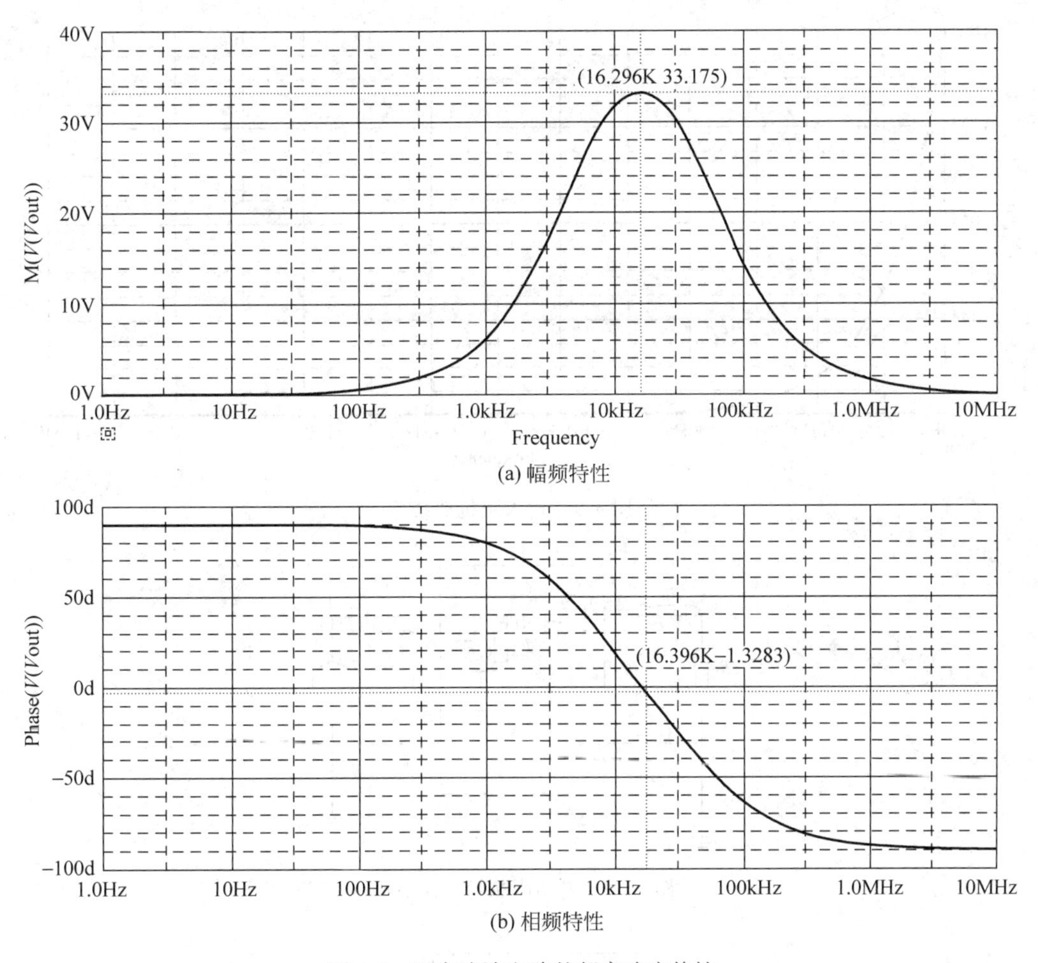

(a) 幅频特性

(b) 相频特性

图 4-8 阻容滤波电路的频率响应特性

(2) 输入阻抗的计算

按定义,输入阻抗 Z_i 等于信号源输出的端电压 V_i 与信号源输出的电流 i 的比值,即 $|Z_i|=|V_{in}/I_i|=V(V_{in})/I(I_i)$。在交流小信号分析结束后,调 PROBE 绘图包,输入 $V(V_{in})/I(V_S)$即可得到如图 4-9 所示的输入阻抗特性。其中频段之值即为输入阻抗 $R_i \approx 2.098\mathrm{k}\Omega$ 。

(3) 输出阻抗的计算

计算电路的输出阻抗可用外加电压法。将负载电阻 R_L 开路,输入电压源短路(保留内阻),在输出端加一个电压源 V_{out}(为了不影响电路原有的直流工作点,应该在 V_{out} 与输出端之间串入隔直电容 C_{out},如图 4-10 所示),则输出阻抗 $|Z_{out}|=|V_{out}/I_{out}|=V(4)/I(\mathrm{out})$,曲线如图 4-11 所示。

(4) 交流小信号分析的输出变量

交流小信号分析是一种频域分析方法,这种分析中所建立的电路方程是一个复数方程组。因此它的输出量也是复数形式,可以用幅度和相位表示,也可以用实部和虚部来

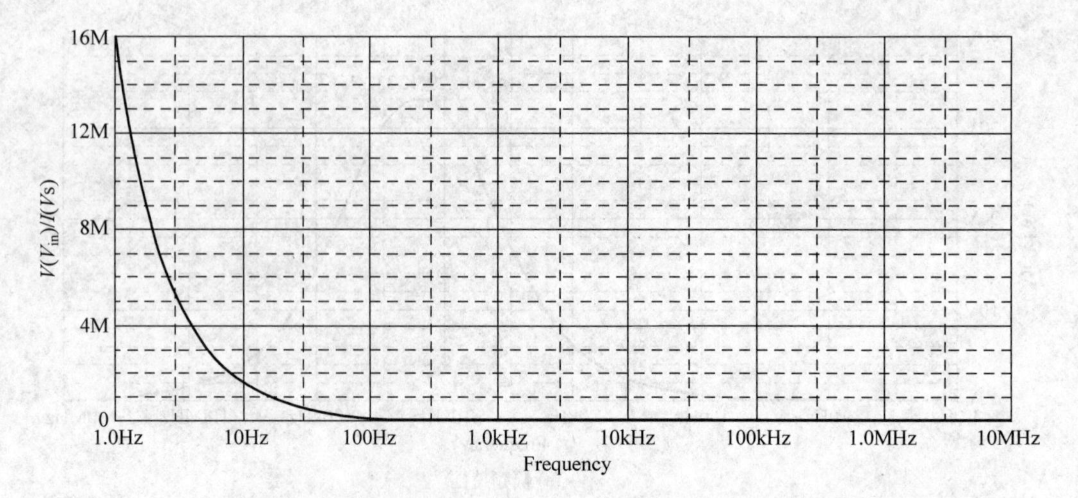

图 4-9　输入阻抗曲线

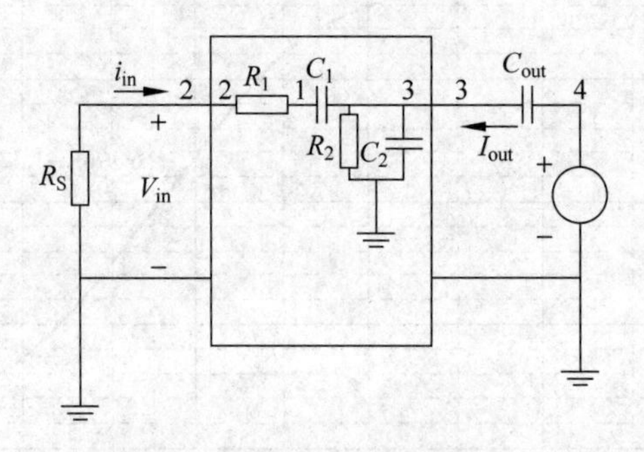

图 4-10　输出阻抗计算示意图

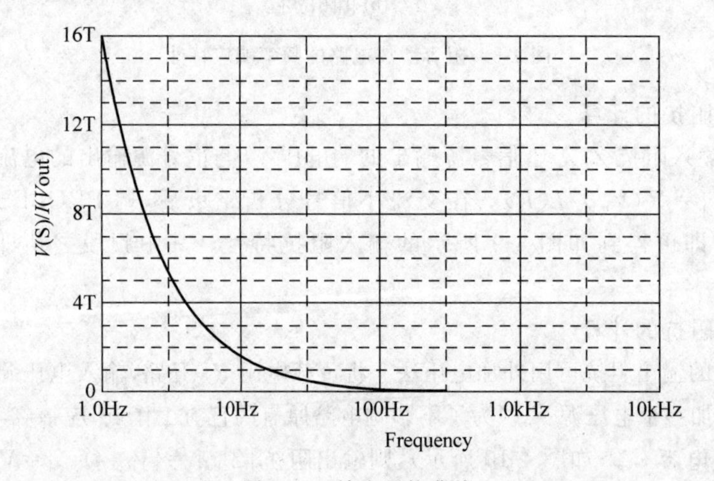

图 4-11　输出阻抗曲线

表示,还可以用分贝和群延时来表示。下面用表 4-2、表 4-3 列出输出变量可以附加的后缀及含义。

表 4-2 交流小信号分析输出变量附加后缀及含义

后 缀	含 义
M	幅度
DB	用分贝表示幅度
P	用度表示相位
R	实部
I	虚部
G	群延时(相位增量/频率增量)
不加后缀	复数值

表 4-3 交流小信号分析输出变量及含义

输出变量	含 义
VM(4)	节点 4 对地的电压幅度
VM(2,1)	节点 2 对节点 1 的电压幅度
VDB(R2)	电阻 R_2 上电压幅度的分贝数
VP(DZ)	二极管 D_Z 的正负极极间电压的相位
VBER(Q1)	BJT 管 Q_1 的基极与发射极之间电压的实部
IR(VI)	流过电压源 V_i 的电流的实部
ICG(Q2)	BJT 管 Q_2 的集电极电流 i 的群延时
II(R3)	流过电阻 R_3 的电流的虚部

4.3.3 瞬态分析

瞬态分析是一种非线性时域分析,它可以在给定激励信号(或没有任何激励)的情况下,计算电路的时域响应。

瞬态分析的描述语句格式为:

```
.TRAN  TSTEP  TSTOP  <TSTART>  <TMAX>  <UIC>
```

其中,TSTEP 是输出打印或绘图的时间增量;TSTOP 是瞬态分析终止时间;TSTART 是输出的起始时间,如果省去 TSTART,程序的隐含起始时间是零时刻。实际上,瞬态分析总是从零时刻开始计算,在 TSTART 的时间区间内,程序照常进行瞬态分析,只是没有将计算结果存储并输出而已。TMAX 是瞬态分析时允许的最大步长,如果不指定,则程序隐含的最大步长 HMAX=MIN{TSTEP,(TSTOP−TSTART)/50}。对于计算振荡器等精度要求较高的电路,设置恰当的 TMAX 值是十分重要的。

UIC(USER INITIAL CONDITIONS)是用户指定初始条件的任选关键字。如果用户在电容、电感或非线性器件(D,BJT,MOS,…)语句后,用 IC=…指定了元器件的初始条件,或者用.IC 语句指定了电路节点的初始电位,那么应在瞬态分析语句中定义 UIC,这时瞬态分析就先不进行直流分析,而以用户指定的初始条件开始进行瞬态分析。通常,在器件语句中指定 IC=…优先于.IC 语句规定的值,但二者的作用是等价的。

例如:

```
.TRAN   1n   100n
.TRAN   1n   500n   200n   UIC
.TRAN   5n   200n   0      1n
```

例 4-5 图 4-12 所示为一个 CMOS 反相器电路,分析其在脉冲信号作用下的输出瞬态响应。已知输入脉冲信号参数为 $V_1=0\text{V}$,$V_2=2\text{V}$,$t_d=99\text{ns}$,$t_r=1\text{ns}$,pw=99ns,per=200ns。瞬态分析参数设置为:输出打印的时间增量 1ns,瞬态分析终止时间 400ns。

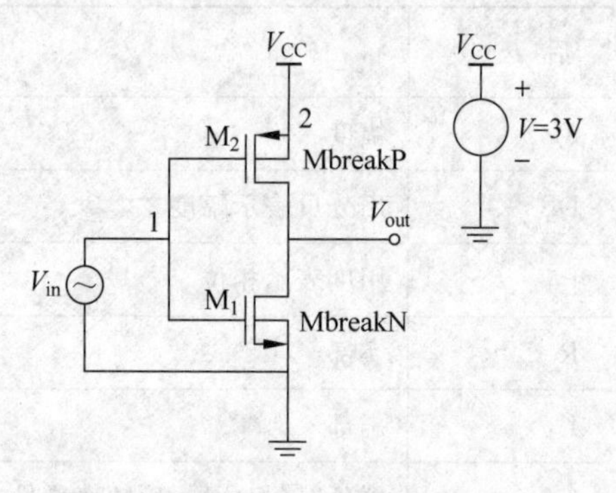

图 4-12 用于瞬态分析的反相器电路

电路输入的网单文件为:

```
.TRAN     20n     1u     0     100n
.PROBE
M1        Vout    1      0     0
MbreakN
M2        Vout    1      2     +VCC
MbreakP
.MODEL MbreakN NMOS( W=100U   L=100U)
.MODEL       MbreakP  PMOS( W=100U   L=100U)
V         +VCC    0      3V        Vdc
Vin       1       0
+PULSE  0V        3V     99ns      1ns      1ns      99ns      200ns
.END
```

模拟结果如图 4-13 所示。

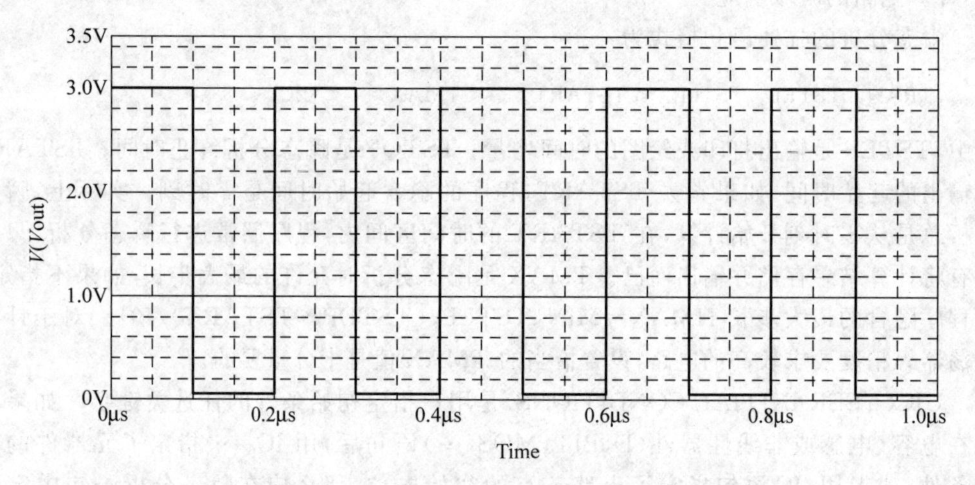

图 4-13 反相器电路的瞬态分析结果波形

4.3.4 傅里叶分析

傅里叶分析是在大信号正弦瞬态分析时,对输出的最后一个周期波形进行谐波分析,计算出直流分量、基波和第 2 到第 9 次谐波分量以及失真度。从输出文本文件(*.OUT)中可以读出傅里叶分析的结果,在 PROBE 界面下也可观察到谐波分布图。傅里叶分析是以瞬态分析为基础的,因此傅里叶分析语句必须与瞬态语句同时存在,其格式为:

```
.FOUR   FREQ   OV1<OV2, OV3…>
```

例如：

```
.FOUR   100K        V(5)
.FOUR   6.25MEG   V(8)
```

其中，FREQ是基频，OV1、OV2、…是所要求的输出变量。为了提高分析精度，建议在瞬态分析语句中设置 $TMAX=(100*FREQ)^{-1}$。

4.3.5 通用参数扫描分析

SPICE中有一种通用参数扫描分析功能，用.STEP语句实现。它可以与任何一种分析类型(直流、交流小信号或瞬态分析等)配合起来使用，对电路所执行的分析进行参数扫描，对于研究电路参数变化对电路特性的影响提供了很大的方便。语句格式为：

```
.STEP    (LIN)     SVAR     START    STOP    SINC
.STEP    <DEC>     <OCT>    SVAR     START   STOP    ND
.STEP    SVAR      LIST     VAL1     <VAL2 … >
```

例如：

```
.STEP    VCE      0          10V      2V
.STEP    IB       10UA       50UA     5UA
.STEP    RES      RMOD(R)    LIST     680      1.5K    12K
.STEP    DEC      NPN        MQ(IS)   1E-15E   1E-13   5
.STEP    PARAM    FREQ       1MEG     10MEG    500K
```

.STEP语句的语法与.DC语句类似，在分析功能上与.MC和.TEMP语句类似(见后续介绍)。它是按扫描变量(SVAR)对电路的所有分析进行参数扫描，每扫描一步都要进行与之相配合的直流、交流或瞬态分析。分析结束后对所有扫描值产生一个数据列表或一组曲线图。

4.3.6 蒙特卡罗分析

蒙特卡罗(Monte Carlo)分析是一种统计模拟方法，它是在给定电路元器件参数容差的统计分布规律的情况下，用一组组伪随机数求得元器件参数的随机抽样序列，用这些随机抽样的参数对电路进行直流、交流小信号和瞬态分析，并通过多次分析结果估算出电路性能的统计分布规律，如电路性能的中心值、方差，以及电路合格率、成本等。

蒙特卡罗分析的语句格式：

```
.MC (RUNS VALUE) (ANANYSIS) (OUTPUT VARIABLE) <FLJNCTION>
+<OP'TION>
```

例如：

```
.MC    10    DC    V(12)    YMAX
```

```
.MC    20    AC    VM(7.2) YMAX
.MC    50    TRAN IC(Q5)    YMAX    OUTPUT    RUNS    1    3    7
```

蒙特卡罗分析语句中各参数的意义如下。

1) 运行次数(RUNS VALUE)

RUNS VALUE 是必须指定的运行次数,允许的最大值是 2000。

2) 分析类型(ANALYSIS)

ANALYSIS 是.MC 语句必须指定的分析类型,可以是直流分析(DC)、交流小信号分析(AC)或瞬态分析(TRAN)中的一种,并按 RUNS VALUE 值所指定的次数多次运行。若 RUNS VALUE=5,则按元器件标称值运行一次,再按.MODEL 语句中指定的元件参数容差的随机抽样值运行 4 次。

3) 输出设置

输出由输出变量(OUTPUT VARIABLE)、求值方法(FUNCTION)和任选输出形式(OPTION)组成。

(1) 输出变量的格式与一般输出语句形式相同,可以是节点电位,支路电压、电流或晶体管电流等。

(2) 求值方法(FUNCTION)必须是下列方法之一:

YMAX 求出每个波形与标称运行值的最大差值;

MAX 求出每个波形的最大值;

MIN 求出每个波形的最小值;

RISE_EDGE <VALUE> 求出第一次超过阈值 VALUE 的波形值;

FALL_EDGE <VALUE> 求出第一次低于阈值 VALUE 的波形值。

(3) 任选输出形式(OPTION)包括如下几种。

LIST 打印出每次运行中每个元器件实际的模型参数值。

OUTPUT 按照指定的.PROBE、.PRINT 和.PLOT 语句将 OUTPUT 所规定的输出数据存放在文本文件或图形文件中。

规定输出数据的语句如下:

(1) ALL ; 给出所有的输出数据

(2) FIRST <n> ; 只给出前 n 次运行的输出数据

(3) EVERY <n> ; 给出每 n 次运行的输出数据

(4) RUNS <n1, n2, …> ; 给出所列 n_1 n_2 … … 次运行的输出数据,最多可列 25 个值

(5) RANGE <LOW VALUE>, <HIGH VALUE> ; 用下限值<LOW VALUE>和上限值<HIGH VALUE>限制扫描变量的范围,也可用符号"*"表示,VALUE 为所有的值,如 YMAX RANGE(*,5)表示计算出所有小于或等于 5 的扫描变量的 YMAX 值

4) 元器件参数的容差设置

进行蒙特卡罗分析时,电路中的各元器件参数值需发生变化,它通过设置元器件模型中的参数容差来实现。参数容差的关键字为 DEV 或 LOT,DEV 表示单个器件的容差,LOT 表示元件的批容差。容差值可以用百分数表示,也可用绝对值表示。

(1) 器件容差

用 DEV 指定器件容差是指用同一.MODEL 语句定义各元件的容差，该容差可以相互独立变化。例如：

```
R1      1     2      RMOD      lK
R2      4     0      RMOD      1K
.MODEL   RMOD      RES (R=1   DEV=5%)
```

这几个语句表示电阻 R_1 和 R_2 的标称值为 1kΩ，在蒙特卡罗分析的多次运行中，它们的值可以在±5%之间变化，而且这种变化是独立的、互不相关的，比如当 R_1 为 962Ω 时，R_2 可以是 1025Ω。

(2) 批容差

用 LOT 指定的用.MODEL 语句定义的各元器件容差是同时变化的，即它们的值同时变大或同时变小。例如：

```
R1      1      2      RMOD      1K
R2      4      0      RMOD      1K
.MODEL      RMOD      RES(R=1 LOT=5%)
```

这几个语句表示在蒙特卡罗分析的一次运行中，R_1 和 R_2 可能都是 958Ω，而在另二次运行中可以都是 1038Ω，但在同一次运行中不可能 R_1 是 958Ω，R_2 是 1038Ω。这种批容差适用于集成电路中的元件。

(3) 组合容差

可以将 DEV 容差和 LOT 容差组合起来使用，例如：

```
R1      1      2      RMOD      1K
R2      4      0      RMOD      1K
.MODEL      RMOD      RES(R=1      LOT=10%      DEV=2%)
```

这几个语句表示电阻 R_1 和 R_2 的标称值为 1kΩ，在蒙特卡罗分析的每一次运行中，电阻 R_1 和 R_2 首先在±10%范围内按 LOT 容差变化，然后每个电阻还要在±2%之间按 DEV 容差变化。因此 R_1 和 R_2 各偏离其标称值达 12%，R_1、R_2 之间相差的总量可达 4%。

5) 容差分布类型

SPICE 中元器件参数值的偏差所采用的分布可以是均匀分布(uniform)、正态分布(Gauss)或用户自定义的分布形式。其中均匀分布是默认的分布形式。前面实例中的 DEV 和 LOT 容差都是均匀分布。当要设置的参数分布与默认的均匀分布不同时，可以在 DEV 和 LOT 后面加上分布类型的名称。下面是一个在.MODEL 语句中指定分布类型的实例：

```
.MODEL      RMOD      RES(R=1 DEV=10%)
.MODEL      RMOD      RES(R=1DEV/GAUSS=10%)
.MODEL      RMOD      RES(R=1DEV/UNIFORM=10%)
.MODEL      RMOD      RES(R=1DEV/USER1=10%)
```

```
.MODEL    RMOD    RES(R=1DEV/GAUSS=10%    LOT=20%)
```

其中第 1 和第 3 句说明电阻参数的 DEV 分布是均匀分布；第 2 句电阻的 DEV 分布是高斯分布；第 4 句电阻的 DEV 分布是用户定义的 USER1 分布；第 5 句电阻的 DEV 和 LOT 分布分别是高斯和均匀分布。在第 4 句中，对于用户自定义的分布还需有下列语句：

```
.OPTION      DISTRIBUTION=USER1
.DISTRIBUTION     USER1     (0,0)  (0.5,1)  (1,1)  (1.5,0)
```

这两句定义了一个梯形的概率密度分布函数。

4.3.7 最坏情况分析

最坏情况是指电路中元器件参数在其容差域边界点上取某种组合时，所引起电路性能的最大偏差。最坏情况分析就是在给定电路元器件参数容差的情况下，估算出电路性能相对标称值时的最大偏差。最坏情况分析的语句格式为：

```
.WCASE  (ANALYSIS)  (OUT VARIABLE) ＜FUNCTION＞＜OPTION＞
```

例如：

```
.WCASE    DC      V(5)      YMAX    YARY     DEV
.WCASE    AC      VM(7,2)   YMAX    DEVICE   RQ
.WCASE    TRAN    IC(Q1)    YMAX    OUTPUT   ALL
```

最坏情况分析语句中的参数 ANALYSIS、OUT VARIABLE 和 FUNCTION 的意义与前面蒙特卡罗分析语句中的相同，不再重复。其中任选项 OPTION 的选择除了 OUTPUT ALL、RENGE＜LOW VALUE＞、＜HIGH VALUE＞等与蒙特卡罗分析一致外，还可以是如下内容。

VARY DEV ；器件模型参数按.MODEL 语句中规定的 DEV 容差各自独立地变化。
VARY LOT ；器件模型参数按.MODEL 语句中规定的 LOT 容差同时变化。
VARY BOTH ；器件模型参数中指定了 DEC 和 LOT 容差，都要进行变化，而且是隐含值。
BY RELTOL ；器件模型参数按.OPTION 语句中设置的 RELTOL(相对精度)变化。
BY ＜VALUE＞ ；器件模型参数按指定的 VALUE 值变化。
DEVICES ＜LIST OF DEVICE TYPES＞ ；列出要进行分析的器件类型.如只对电阻 *R* 和晶体管 Q 进行分析，则设置 DEVICES RQ 即可。

4.3.8 温度分析

SPICE 中所有的元器件参数和模型参数都假定是其常温下的值(常温的隐含值为 27℃)。在.OPTIONS 语句中可以通过修改 TNOM 选项值改变这个隐含值。在进行直流、交流小信号或瞬态分析等电路分析时，可以用温度分析语句指定不同的工作温度。

其语句格式为：

```
.TEMP    T1    <T2  <T3 … >>
```

例如：

```
.TEMP    40
.TEMP    -50    -20    0    20    50
```

其中，T1、T2、…是指定的模拟温度，单位为摄氏度。若同时指定了几个不同温度，则对每一个温度都要进行一次相应的电路分析。当温度低于绝对零度(−273℃)时不能模拟。

例 4-6 对如图 4-14 所示二极管电路进行温度分析，以求二极管伏安特性的温度特性。

电路输入网单文件：

```
.DC      LIN    V1    0     3     1
.TEMP    -10    30    60    90    100    120    150
.PROBE
R1    1    2    1k
V1    1    0    0V
D1    2    0    D1N4002
.END
```

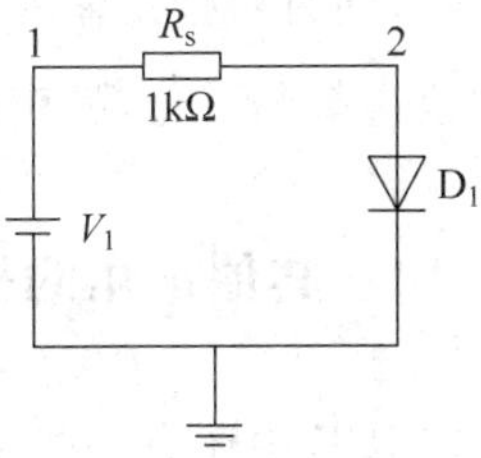

图 4-14 简单二极管电路

模拟结果如图 4-15 所示。

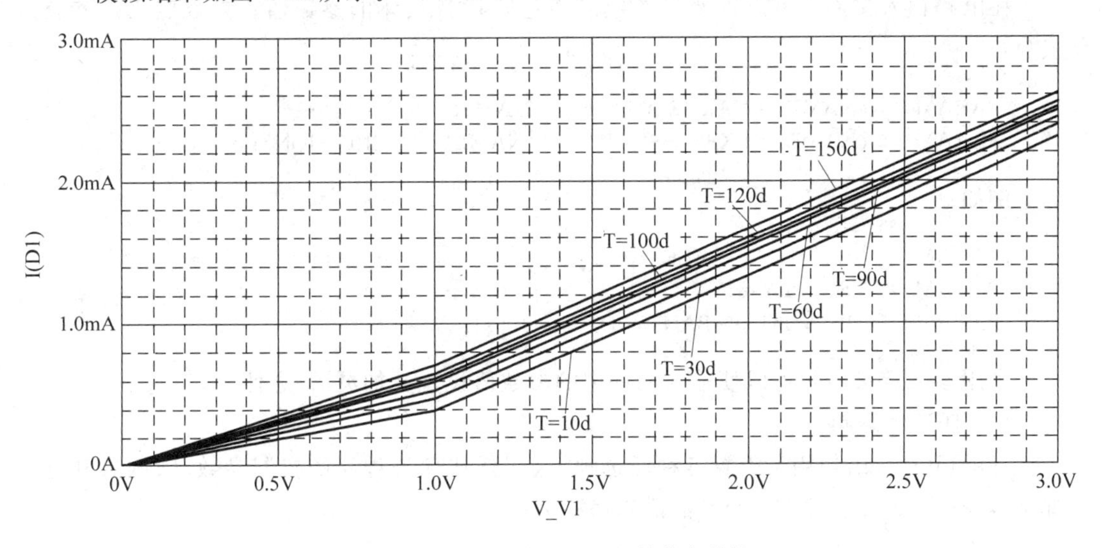

图 4-15 不同温度下的二极管伏安特性

4.3.9 噪声分析

.NOISE 语句用于对电路进行噪声分析，它是与交流小信号分析(.AC)一起进行的。

噪声分析的描述语句格式为：

```
.NOISE    OUTV    INSRC    NUMS
```

其中，OUTV是指定节点的总的噪声输出电压；INSRC是作为噪声输入基准的独立电压源名或独立电流源名；NUMS是频率间隔点数，在每个频率处打印出电路中每个噪声源的贡献，若NUMS为零，则不打印该信息。

例如：

```
.NOISE    V(5)      VI    10
.NOISE    V(2.8)    IB
```

电路中所计算的噪声通常是电阻上产生的热噪声、半导体器件产生的散粒噪声和闪烁噪声($1/f$噪声)。SPICE程序在AC分析的每个频率点上对指定输出端计算出等效输出噪声，同时对指定输入端计算出等效输入噪声。输出和输入噪声电平都对噪声带宽的平方根进行归一化，噪声电压的单位为$\mathrm{V}/\sqrt{\mathrm{Hz}}$，噪声电流的单位为$\mathrm{A}/\sqrt{\mathrm{Hz}}$。

4.3.10 其他常用的控制命令

SPICE中还有一些常用的以"."开头的控制命令，本节加以简单介绍。

(1) 参数及表达式定义语句

在电路输入文件中可设置变量参数或表达式代替具体的参数值。参数定义语句格式为：

```
.PARAM    (NAME1=VALUE1)          (NAME2=VALUE2)…
.PARAM    (NAME1=EXPRESSION1)     (NAME2=EXPRESSION2)…
```

例如：

```
.PARAM    VCC=12V    VEE=-12V
.PARAM    VSUPPLY=5V
.PARAM    PI=3.141592,BANDWIDTH={100kHz/3}
```

利用参数定义语句可以使输入文件中的参数值设置更加灵活、方便。

(2) 任选项语句

.OPTIONS语句用于设置各种任选项，这些任选项是程序的控制参数、限制项和选择项等，有近30个。.OPTIONS的语句格式为：

```
.OPTIONS    <OPT1 <OPT2…>> <OPT=OPTVAL…>
```

例如：

```
.OPTIONS    ACCT    LIST    OPTS
.OPTIONS    ITL1=60    ITL5=0
.OPTIONS    ABSTOL=1E-10,    RELTOL=0.005
```

任选项有两种选择,一种是无值的,一种是有值的。上面第一语句中所列即为无值任选项,其中 ACCT 表示在所有分析结束后给出计算和运行时间的统计信息;LIST 表示列出输入的元器件数据清单;OPTS 表示列出所有设置的任选项值。第二、三语句是有值任选项。其中 ITL1=60 表示将直流分析的迭代次数极限值定义为 60 次(其隐含值原为 40 次);ITL5=0 表示瞬态分析中总的迭代次数极限值为无穷大(原隐含值为 5000 次,在高版本的 PSPICE 中已去掉了这个限制);ABSTOL=1E-10 表示迭代收敛判据中支路电流的绝对精度重新设置为 10^{-10} A(其原隐含值为 10^{-12} A);RELTOL=0.005 表示迭代收敛判据中电压和电流的相对精度重新设置为 0.005(原隐含值为 0.001)。但要注意,对收敛判据精度的修改要慎重,否则会影响电路计算结果的精度。

(3) 函数定义语句

.FUNC 用来定义表达式中所要用到的函数。其语句格式为:

```
.FUNC    (NAME)    (<ARG>)    (BODY)
```

例如:

```
.FUNC    DR(D)            D/57.296
.FUNC    MIN(A,B)         (A+B-ABS(A-B))/2
.FUNC    APBX(A,B,X)      A+B*X
```

函数定义语句中 NAME 是函数名,可任意定义,但应避免与 PSPICE 的内建函数(如 SIN、ABS 等)相同。ARG 为函数的自变量,最多可设置 10 个自变量。函数使用时其自变量数目必须与定义的数目相等。语句中无论是否有自变量,括号是必须有的。BODY 为函数体,它必须存在,并可以利用前面已定义过的函数。

(4) 包含文件语句

包含文件语句用于在输入文件中插入别的文件内容,其语句格式为:

```
.INC    FILENAME
```

例如:

```
.INC    SETUP.CIR
.INC    C:\PSLIB\VCO.CIR
```

其中,FILENAME 是计算机能接受的任意文件名。包含文件中可以包括任何语句。

(5) 节点电压设置语句

在用 SPICE 仿真某些非线性电路(如振荡器、触发器等)的直流或瞬态特性时,经常出现不收敛的现象。为了使电路能收敛到其正确的解,可以采用一些措施。其中之一就是节点电压设置,它通过指定一些电路节点电压值帮助程序求得电路的直流解或瞬态初始解。节点电压设置语句格式为:

```
.NODESET    V(NODNIJM1)=VAL1    V(NODNIJM2)=VAL2 …
```

例如:

```
.NODESETV(12)=4.5    V(4)=0.375
```

由.NODESET语句所指定的节点电压是为程序提供节点电压的初始猜测值,程序以这些节点电位起步进行迭代运算,在直流解收敛后就解除这些节点电位的约束,继续迭代,直到收敛到真正的解为止。.NODESET语句对改善双稳态或非稳态电路的收敛性是有效的。一般情况下,此语句是不必要的。

(6) 初始条件语句

初始条件语句用于设置瞬态分析的初始条件,其语句格式为:

```
.IC    V    (NODNUM1)=VAL1    V(NODNUM2)=VAL2 …
```

例如:

```
.IC    V(11)=4.0    V(2, 5)=-1.751E-2
```

注意:不要将该语句与.NODESET语句相混淆。.NODESET语句只是用来帮助直流收敛,并影响最终的直流工作点(对多稳态电路除外)。.IC语句有两种不同的解释,取决于在瞬态分析语句.TRAN中是否规定了UIC参数。

当.TRAN语句中指定了UIC参数时,瞬态分析时.IC语句中规定的节点电位就用来计算电容、二极管、双极型晶体管、MOS场效应管等的端电压或支路电流的初始值,而不先进行直流分析,将其分析结果作为瞬态分析的初始解。这与在每个器件语句中规定IC=…参数是完全等效的,非常方便。这时仍可以在器件语句中指定IC=…,它与.IC语句相比将优先被考虑。

当.TRAN语句中没有指定UIC参数时,在瞬态分析时先进行直流分析,将计算出的电路直流解作为瞬态初始值。这时.IC语句指定的节点电位仅作为求解直流解时相应节点的电压初始值,而在瞬态分析时,对这些节点的电压限制就取消了。

第5章 双极型数字集成电路

双极型数字集成电路是最早实现实用化的集成电路类型，并且直到 20 世纪 80 年代都一直占据着数字集成电路的主要市场，而后由于 MOS 尤其 CMOS 技术的发展，使之市场占有率下降。

双极型数字集成电路主要有 TTL(transistor-transistor logic，晶体管-晶体管逻辑)、ECL(emitter coupled logic，发射极耦合逻辑)和 I^2L(integrated injection logic，集成注入逻辑)三大类型。本章主要介绍目前仍具有一定市场份额的 TTL 集成电路，其次简要介绍 ECL 和 I^2L 电路。

5.1 简易 TTL 与非门

简易 TTL 与非门的抗干扰能力、负载能力、功耗、速度等特性均不理想，所以它未能被单独作为产品应用；但是，它因为结构简单而在 TTL 集成电路中作为基本单元得到了广泛应用。它是其他各种 TTL 单元电路发展的基础，对它的特性进行分析讨论具有代表意义。

5.1.1 工作原理

简易 TTL 与非门，又称为两管单元 TTL 与非门，其电路如图 5-1 所示，输入端数就是多发射极晶体管 T_1 的发射极个数。

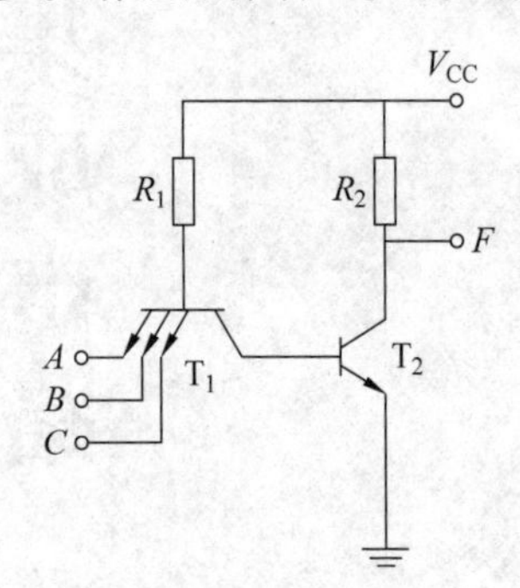

图 5-1 简易 TTL 与非门电路

当输入端都为高电平(或浮空)输入时，T_1 工作在反向有源状态，T_2 工作在饱和状态，电路处于导通态(开态)，此时输出低电平 V_{OL}：

$$V_{OL} = V_{CES2} = V_{CES02} + r_{CES2}(I_{R_2} + I_{OL}) \quad (5\text{-}1)$$

式中，V_{CES2} 是 T_2 的饱和压降；V_{CES02} 是 T_2 的本征饱和压降，典型值约为 0.1V；r_{CES2} 是 T_2 的集电极串联电阻；I_{R2} 是流经 R_2 的电流；I_{OL} 是后级负载灌入电流。

当输入端有一个或一个以上低电平输入时，T_1 工作在深饱和状态，T_2 工作在截止状态，电路处于截止态(关态)，输出高电平 V_{OH}：

$$V_{OH} = V_{CC} - R_2 I_{OH} \quad (5\text{-}2)$$

式中，I_{OH} 是向后级负载提供的漏电流。

5.1.2 电压传输特性与抗干扰能力

电压传输特性就是电路的输出电压与输入电压之间的关系。图 5-2 是简易 TTL 与非门电压传输特性的定性曲线。曲线上斜率等于 −1 的两点为 P_1 和 P_2，其对应的输入电压分别定义为最大输入低电平 V_{IL} 和最小输入高电平 V_{IH}，又分别称之为开门电平和关门电平；而其对应的输出电压分别定义为最小输出高电平 V_{OHmin} 和最大输出低电平 V_{OLmax}。$V_{IH}-V_{IL}$ 称为过渡区 V_W，输入信号应避免落在此区中，即避免输出逻辑状态的不确定和大的功耗。

通常也将电压传输特性曲线上输出高电平和低电平分别下降和上升到逻辑摆幅 V_L（输出高电平与低电平之差，即 $V_{OH}-V_{OL}$）的 10％所对应的输入电压定义为 V_{IL} 和 V_{IH}。

一个电路在接收输入信号（前级电路的输出信号）的同时，可能是正也可能是负的环境噪声信号也被接收进来。只要正的噪声信号与输入低电平之和小于 V_{IL} 或输入高电平与负的噪声信号之和大于 V_{IH}，电路的逻辑状态就不会因为噪声信号发生意外翻转；反之电路就会发生意外翻转造成逻辑错误。因此定义，电路在接收信号时不发生意外翻转所能允许的最大噪声信号的数值分别为电路的低电平噪声容限 V_{NML} 和高电平噪声容限 V_{NMH}，如式(5-3)和式(5-4)所示，二者中的较小者称为电路的噪声容限 V_{NM}。噪声容限代表着电路的抗干扰能力。图 5-3 给出了噪声容限定义的图示。

$$V_{NML} = V_{IL} - V_{OLmax} \tag{5-3}$$

$$V_{NMH} = V_{OHmin} - V_{IH} \tag{5-4}$$

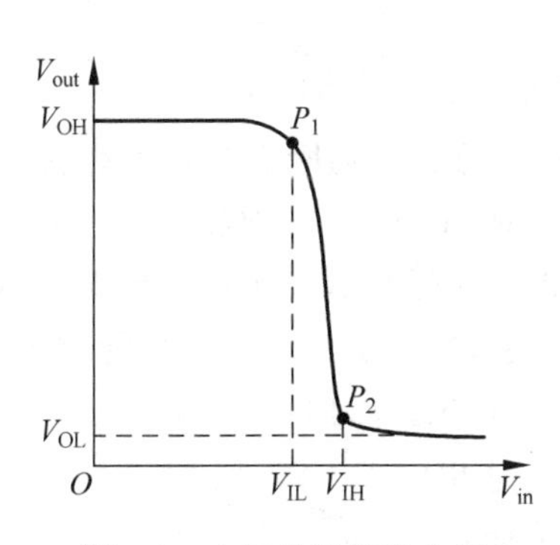

图 5-2 电压传输特性曲线

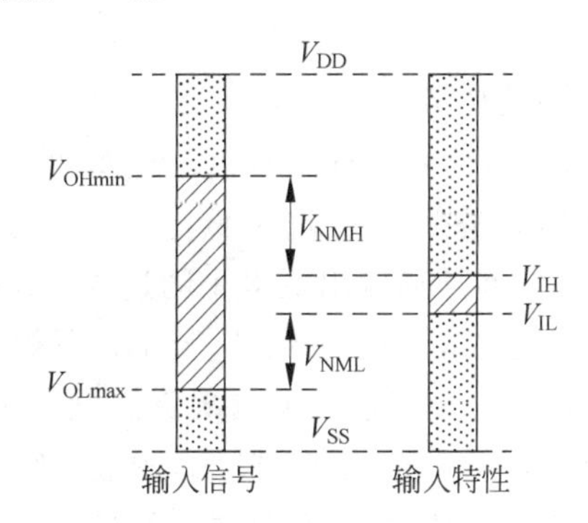

图 5-3 噪声容限的定义

对于简易 TTL 与非门，典型值有 $V_{IL}\approx 0.55V$，$V_{OL}\approx 0.3V$，因此它的 V_{NML} 只有 0.25V 左右，可见它的抗干扰能力很差。

5.1.3 负载能力

负载能力是指电路在正常工作条件下可以驱动多少个同类门，常用扇出 N_O 表示。它与电路的输入短路电流 I_{IL} 和输入漏电流 I_{IH} 有关。

输入短路电流 I_{IL} 是指被测输入端接地，其余输入端开路时，流出被测输入端的电流。对于简易 TTL 与非门有

$$I_{IL} = (V_{CC} - V_{BE1})/R_1 \tag{5-5}$$

I_{IL} 可视为电路输出低电平时，每个被驱动的同类门向本级门输出管 T_2 灌入的负载电流。为了使输出的低电平稳定，一般要求输出晶体管 T_2 处于一定的饱和度 s。因此，

驱动 N_O 个同类门负载,输出低电平时有

$$\beta I_{B2} = sI_{C2} = s(I_{R2} + N_O I_{IL}) \tag{5-6}$$

在综合考虑的基础上,适当选取 $R_1 = 4\text{k}\Omega, R_2 = 3\text{k}\Omega$ 后,取 $s=4$, $\beta=20, V_{CC}=5\text{V}$ 时,扇出 N_O 约为 3。

输入漏电流 I_{IH} 是指被测输入端接高电平,其余输入端接地时,从被测输入端流入电路的电流。该电流可视为电路输出高电平时,向每个被驱动的同类门提供的负载电流。电路向负载提供的负载电流将在 R_2 上产生电压降,使电路输出的高电平下降,即

$$V_{OH} = V_{CC} - N_O I_{IH} R_2 \tag{5-7}$$

由式(5-7)可见,输出高电平将随扇出 N_O 的多少而变化。由于 I_{IH} 较小,一般扇出 N_O 大约为几十时,输出高电平仍不会低于合格标准(最低输出高电平)。

电路驱动能力的大小由输出低电平时的扇出和输出高电平时的扇出中较小者决定。因此,简易 TTL 与非门的扇出 N_O 约为 3,驱动能力较小。

5.1.4 瞬态特性

瞬态特性是指输入电压 V_{in} 在高低电平间转换时,输出电压 V_{out} 随时间 t 的变化关系,它代表着逻辑状态转换速度。电路的瞬态过程可分为导通瞬态和截止瞬态。

导通瞬态是指输入 V_{in} 从低电平转换为高电平时,T_1 由正向饱和导通转向反向有源导通到 T_2 饱和导通输出低电平的过程。这一过程的快慢与 R_1(见图 5-1)有关,R_1 越小,驱动 T_2 导通的电流就越大,T_2 导通的就越快。但是减小 R_1 会使电路功耗增大,I_{IL} 也越大;这一过程的快慢还与输出端负载电容 C_L 的大小有关,因为输出电平的下降伴随着 C_L 通过 T_2 的放电过程,C_L 越大,放电时间就越长,输出电平下降就越慢。

截止瞬态是指输入 V_{in} 从高电平转换为低电平时,T_1 由向反向有源导通转向正向有源工作状态到 T_2 截止输出高电平的过程。由于 T_1 集电极电流的反抽作用可以使 T_2 迅速退饱和并截止,T_1 随之进入深度饱和状态,$I_{C1}=0$。所以截止瞬态关键是电源通过 R_2 对负载电容 C_L 充电的过程,R_2 越小,对负载电容 C_L 的充电电流就越大,输出电平上升得就越快。但是减小 R_2 也会使电路功耗增大。

基于上述原因,R_1、R_2 的大小需要折中考虑。总之,简易 TTL 与非门的速度较慢,容性负载能力差。

5.1.5 电路功耗

电路功耗一般分为静态功耗和动态功耗。

静态功耗是指电路在导通态和截止态时的功耗。由于电路的电源电压 V_{CC} 是固定的,所以一般用空载导通电源电流 I_{CCL} 和空载截止电源电流 I_{CCH} 的大小来标志电路功耗的大小。I_{CCL} 是电路输入端全部悬空,输出端空载时电源所消耗的电流,其大小与电阻

R_1、R_2 的大小有关；I_{CCH}是电路输入端全部接地，输出端空载时电源所消耗的电流，其大小与电阻 R_1 的大小有关。

有时用电路的平均静态功耗 $\bar{P}_S$ 表示电路的静态功耗特性：

$$\bar{P}_S = (I_{CCL} + I_{CCH})V_{CC}/2 \tag{5-8}$$

增大电阻 R_1、R_2 可以降低电路的静态功耗，但是会使电路的速度减慢。

动态功耗是指电路在逻辑状态转换时的功耗，与工作频率 f_C 有关，f_C 越高，动态功耗越大。动态功耗包括电路瞬态功耗和负载电容充放电功耗。

瞬态包括导通瞬态和截止瞬态，是电路工作在过渡区的状态。瞬态电流是变化的，所以一般用平均瞬态功耗 $\bar{P}_T$ 表示：

$$\bar{P}_T = (I_{THLmax}t_{PHL} + I_{TLHmax}t_{PLH})(V_{OH} - V_{OL})f_C/2 \tag{5-9}$$

式中，I_{THLmax}和 I_{TLHmax}分别为截止瞬态和导通瞬态最大电源电流。

负载电容充放电功耗与负载电容 C_L 大小有关，一般也用平均值 $\bar{P}_C$ 表示：

$$\bar{P}_C = C_L f_C (V_{OH} - V_{OL})^2 \tag{5-10}$$

5.1.6 多发射极输入晶体管设计

输入晶体管 T_1 是多发射极 NPN 晶体管，这是 TTL 电路的一个特征。对 T_1 管进行设计时重点考虑减小它的反向漏电流，通常措施是采用"长脖子"基区结构晶体管，其剖面结构和等效电路如图 5-4 所示。

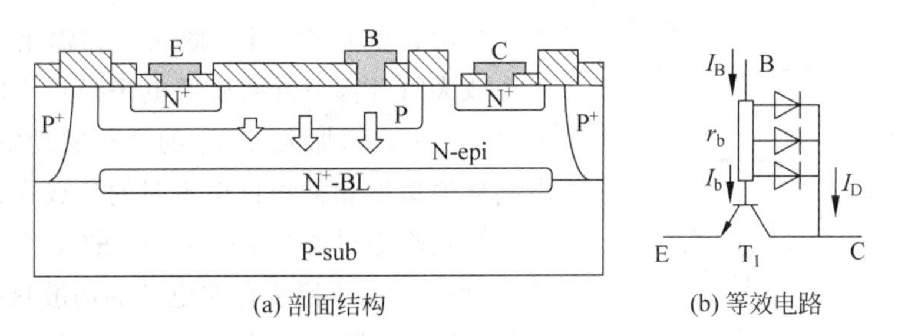

(a) 剖面结构　　(b) 等效电路

图 5-4 "长脖子"基区 NPN 管

长脖子基区在晶体管的外基区（基区引线孔至发射区边缘）引进了一个寄生串联电阻 r_b。在晶体管反向工作时，集电结正偏导通。由于 r_b 的存在，基极电流在外基区上产生电压降，使外基区处的集电结偏压高于内基区处，尤其是远离内基区处最高。因此，基极电流 I_B 大部分（I_D）通过外基区处的集电结流入集电极，而只有很小的电流 I_b 能到达内基区引发晶体管效应，所以从发射极流入的反向漏电流大大减小。一般 r_b 取 500Ω 左右，可适当减小电路中 R_1 的电阻值。

图 5-5 给出了"长脖子"基区结构的多发射极 NPN 晶体管版图。由于工作电流较小，发射区一般选择较小的尺寸。为了使多个发射区所处基区电位相等，一般在基区上开出等位孔并覆盖金属。

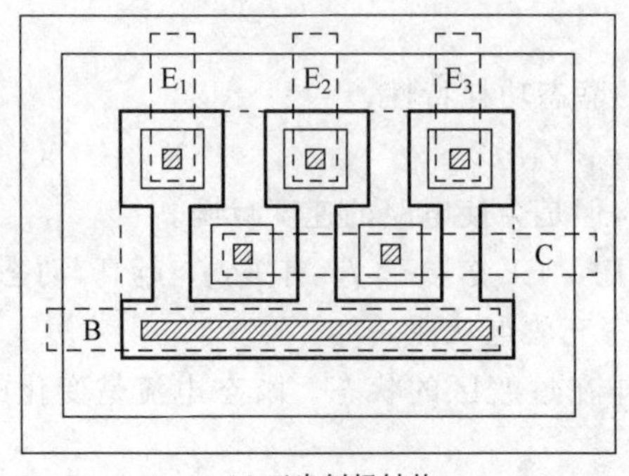

(a) 三发射极结构

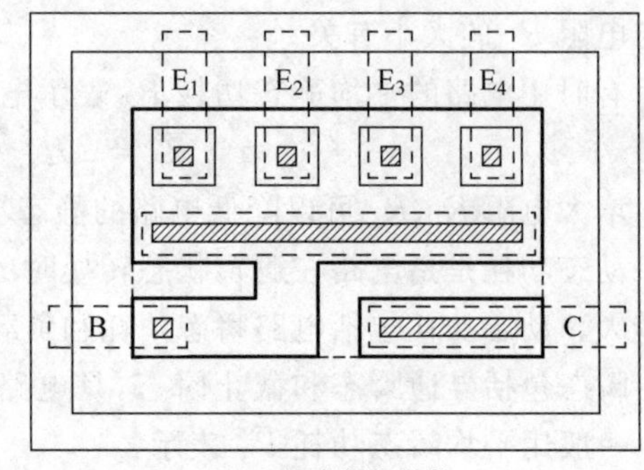

(b) 四发射极结构

图 5-5 “长脖子”基区 NPN 管版图

5.2 TTL 与非门的改进形式

5.2.1 三管单元 TTL 与非门

图 5-6 所示为三管单元 TTL 与非门电路。当电路导通时,T_1 工作在反向有源状态,T_2 和 T_3 工作在饱和状态;当电路截止时,T_1 工作在深饱和状态,T_2 和 T_3 工作在截止状态。

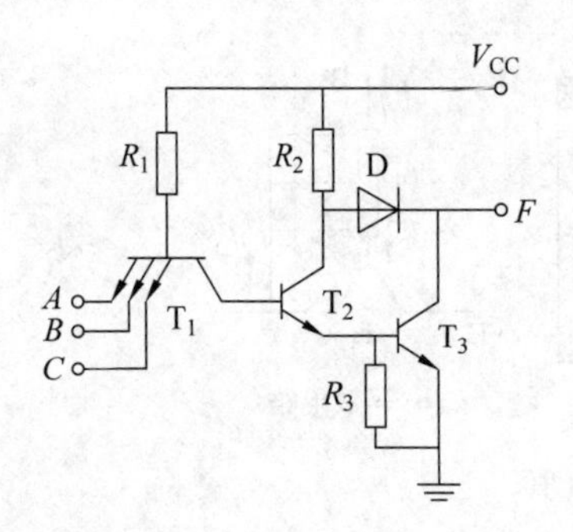

图 5-6 三管单元 TTL 与非门电路

与两管单元相比较,输入管和输出管间增加了一个放大管 T_2,一方面使低电平噪声容限提高了约 0.7V,另一方面加大了 T_3 的基极驱动电流,提高了电路导通速度和输出低电平时的负载能力。

截止瞬态过程中,T_2 在 T_1 的反抽作用下迅速截止,而 T_3 基区超量存储电荷的消散只能靠自身复合和电阻 R_3 泄放,因此退饱和速度慢。

二极管 D 保证了输出低电平时 T_3 进入饱和工作状态,且在截止过程中能为 T_3 提供集电极电流,加快 T_3 退饱和。

该电路的输出从低电平向高电平转换时,电源通过电阻 R_2 和二极管 D 向负载电容充电。由于充电电流较小,其容性负载能力仍然较差。因此,它仍没能被单独作为产品应用,但是在 TTL 集成电路中作为基本单元得到了广泛应用。

5.2.2 四管单元 TTL 与非门

图 5-7 所示为四管单元 TTL 与非门电路,它是在三管单元的基础上,用 T_3、D 和 R_4 作为输出管 T_4 的负载。T_3 和 T_4 构成推挽输出结构:当电路导通时,T_1 工作在反向有

源状态，T_2 和 T_4 工作在饱和状态，T_3 截止，使 T_4 集电极全部接收负载门注入的电流，即进一步提高了输出低电平时的负载能力；当电路截止时，T_1 工作在深饱和状态，T_2 和 T_4 工作在截止状态，T_3 导通，用 T_3 较大的发射极电流驱动负载，使输出高电平上升时间缩短，加强了容性负载能力，扇出一般可达 8 个以上。

二极管 D 的加入，是为了确保 T_2 和 T_4 饱和导通时 T_3 截止。R_4 是限流电阻。

由于四管单元具有较好的特性，因此成为第一个实用的 TTL 电路系列（标准的 SN54/SN74 系列）基本电路。

适当增大四管单元中的电阻，降低功耗，即成为低功耗 SN54L/SN74L 系列基本电路，显然其速度也有所降低。

5.2.3 五管单元 TTL 与非门

图 5-8 所示为五管单元 TTL 与非门电路，其中 T_3 和 T_4 组成的结构称为达林顿结构，又称达林顿晶体管（复合晶体管），其等效的 β 值近似为 $\beta_3\beta_4$。

达林顿晶体管与 T_5 构成推挽输出，与四管单元图 5-7 中的 T_3 和 D 的作用相同。但是，当电路截止时，达林顿晶体管导通（T_3 处于临界饱和状态，T_4 处于放大状态），为负载提供比四管单元更大的驱动电流，大大提高了速度，增强了电路容性负载能力。电阻 R_4 为 T_4 的基极泄放电阻。

五管单元 TTL 与非门是高速 SN54H/SN74H 系列的基本电路。

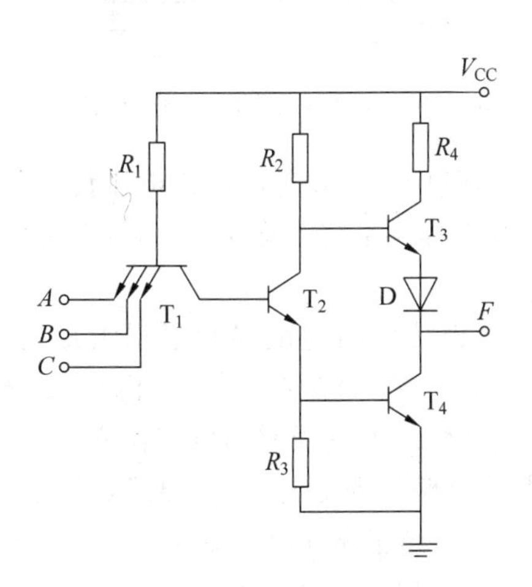

图 5-7 四管单元 TTL 与非门电路

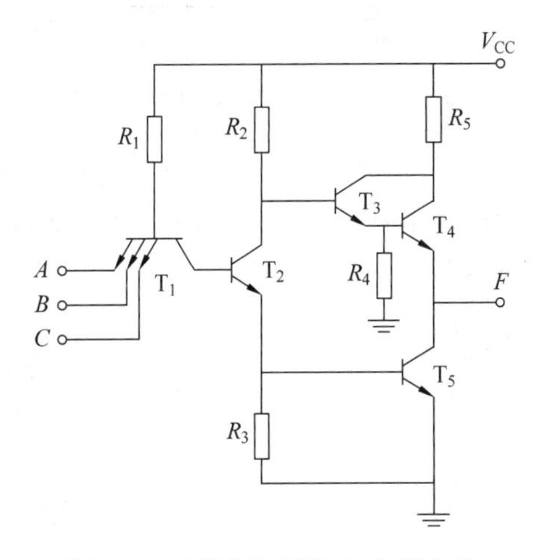

图 5-8 五管单元 TTL 与非门电路

5.2.4 六管单元 TTL 与非门

1. 五管单元电路存在的问题

五管单元（包括三、四管单元）输出晶体管的基极回路是由电阻 R_3 构成。R_3 使其电压传输特性存在一个斜率为$-R_2/R_3$的直线段，如图5-9所示。这是由于当输入电压V_{in}在0.6～1.3V之间时，虽然输出管没有导通，但是T_2已导通，使输出电压V_{out}下降，这将使电路抗干扰能力下降和功耗增加。另外，R_3对提高电路速度不利。这是因为，在电路导通过程，R_3分走了一部分输出管的基极驱动电流，使下降时间延长。如果增大R_3，可以减小分流，但是会延长输出管存储电荷的泄放时间，使截止时间延长。

2. 六管单元电路

图5-10所示为六管单元TTL与非门电路。T_6、R_b和R_c组成的结构称为有源泄放网络，用它代替电阻作为输出晶体管T_5的基极泄放回路。输入端与地之间接的二极管对输入端的负电压起到钳位保护作用。

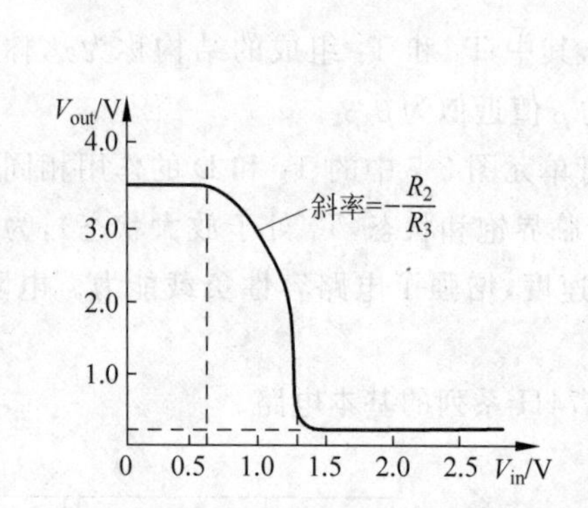

图5-9　五管单元TTL与非门电压传输特性曲线

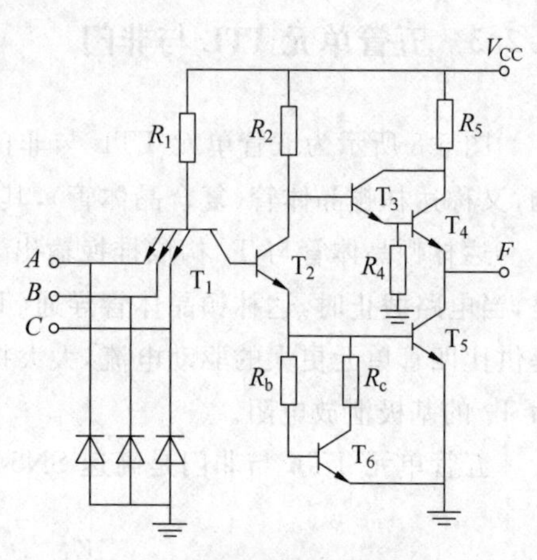

图5-10　六管单元TTL与非门电路

由于T_6的作用，使T_2和T_5只能同时导通，使六管单元TTL与非门的电压传输特性曲线矩形化(见图5-11)，缩小了过渡区，从真正意义上提高了抗干扰能力，而且对降低功耗极其有利。

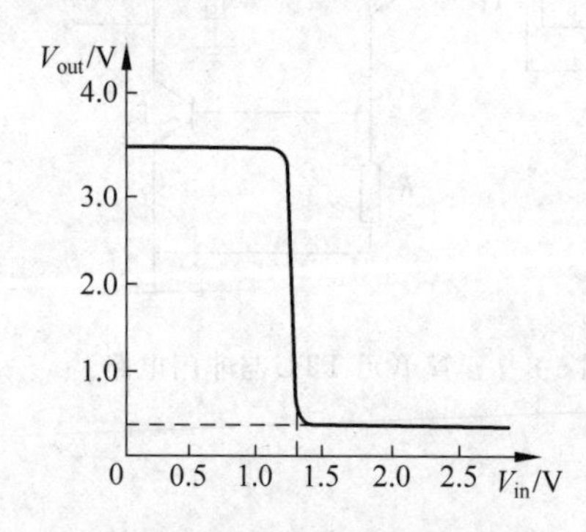

图5-11　六管单元TTL与非门电压传输特性曲线

有源泄放网络也使电路速度得到了很大提高：电路导通过程中，由于R_b的存在，使T_6比T_5晚导通，在T_6导通之前对T_5的基极驱动电流没有分流，T_5导通快，减小了电路导通延迟。T_5导通饱和后，在电流作用下T_5发射结正向导通压降升高，使T_6导通，对T_5基极驱动电流分流，减少了T_5基区超量存储电荷，使T_5在电路截止过程中退饱和加快。另外，在截止过程中，由于T_6没有基极泄放通路，使T_6比T_5晚截止，为T_5提供了一个低阻泄放通路，加速了电路截止速度。

由于有源泄放网络结构给TTL电路带来的优点比较突出，因而在TTL后续系列电路中被广泛采用。

5.2.5 肖特基晶体管和STTL与非门

1. TTL电路存在的问题

上述各种TTL与非门在逻辑状态转换中，晶体管一般都是在截止与导通(饱和)两种状态间转换。驱动电流大，可以使晶体管驱动晶体管导通(饱和)速度加快。但是，驱动电流大，晶体管饱和程度深，基区超量存储电荷多，使晶体管退饱和时间加长，使截止速度变慢。因此，希望有一种方法，使晶体管驱动电流是可变的，即：晶体管从截止到导通(饱和)过程中驱动电流大一些，加快导通速度，而晶体管饱和后驱动电流小一些，减少晶体管基区超量存储电荷，使晶体管退饱和快。而肖特基晶体管恰恰就具备这种特性。

2. 肖特基晶体管的工作原理及常用图形

肖特基晶体管(SCT)是由NPN晶体管的基极与集电极之间并接一个肖特基二极管(SBD)构成，基本结构如图5-12所示。

当肖特基晶体管正向导通或截止时，由于其集电结反偏，肖特基二极管截止。肖特基晶体管等效为普通NPN晶体管T。

当肖特基晶体管反向或饱和且集电结正偏压小于肖特基二极管正向导通压降时，肖特基二极管仍然截止，$I_b=I_B$，肖特基晶体管仍然等效为普通NPN晶体管T。

当肖特基晶体管反向或饱和且集电结正偏压大于肖特基二极管正向导通压降时，肖特基二极管导通，有电流I_{SBD}通过肖特基二极管流向集电极(电流较大时，由于肖特基二极管存在寄生串联电阻，集电结也可能导通)，I_B被分流，$I_b<I_B$，即真正流入晶体管基区的电流I_b比端电流I_B小。可见，肖特基晶体管反向工作时反向漏电流小，饱和工作时饱和度低，基区存储电荷少。所以肖特基晶体管具有减小反向漏电流和抗饱和作用。

肖特基晶体管中的肖特基二极管的位置与面积影响其串联电阻和正向导通压降的大小，可根据实际情况进行设计。另外，面积大小还决定了分流电流的大小，单位面积肖特基二极管可流过的电流与工艺有密切关系。

图5-12(b)所示为单基极条形肖特基晶体管的复合版图和剖面图，图5-13给出了肖特基晶体管的其他四种常用版图图形。

3. STTL与非门

将肖特基晶体管应用到六管单元TTL与非门电路中，即将进入饱和区工作的T_1、T_2、T_3、T_5和T_6都用肖特基晶体管替代，降低了晶体管饱和深度，提高了速度，成为STTL与非门。另外，T_1使用肖特基晶体管结构还有利于减小反向漏电流，不必再使用

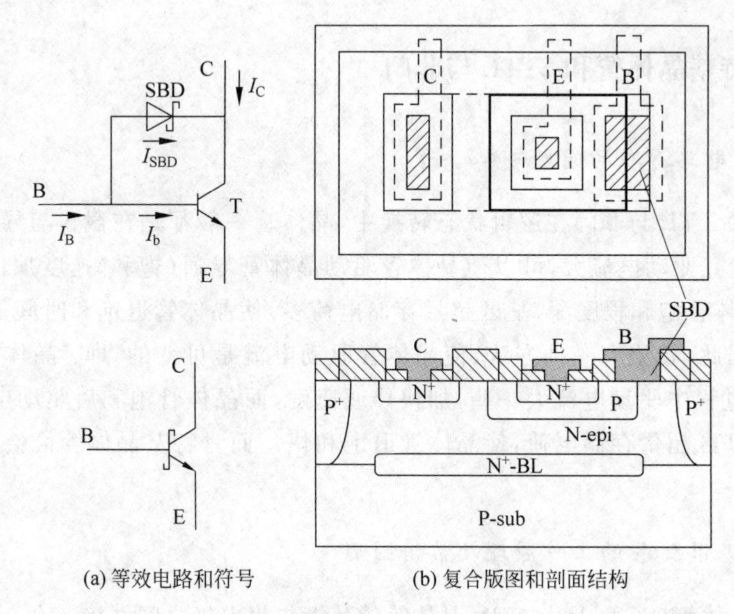

(a) 等效电路和符号　　(b) 复合版图和剖面结构

图 5-12　肖特基晶体管

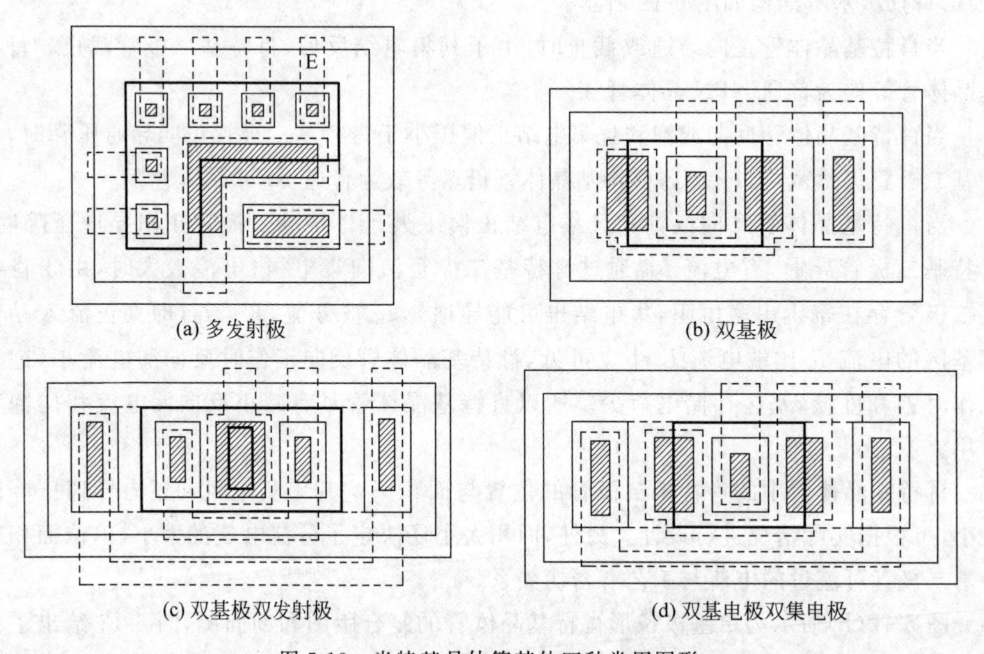

(a) 多发射极　　(b) 双基极

(c) 双基极双发射极　　(d) 双基电极双集电极

图 5-13　肖特基晶体管其他四种常用图形

“长脖子”基区晶体管。图 5-14 是 STTL 与非门电路，是 SN54S/SN74S 系列的基本电路。输入保护钳位二极管也改用肖特基二极管提高钳位效果。

输出晶体管采用肖特基晶体管后，输出低电平有所升高，其原因是肖特基二极管正向压降比一般晶体管集电结正向压降低，使肖特基晶体管本征饱和压降升高。

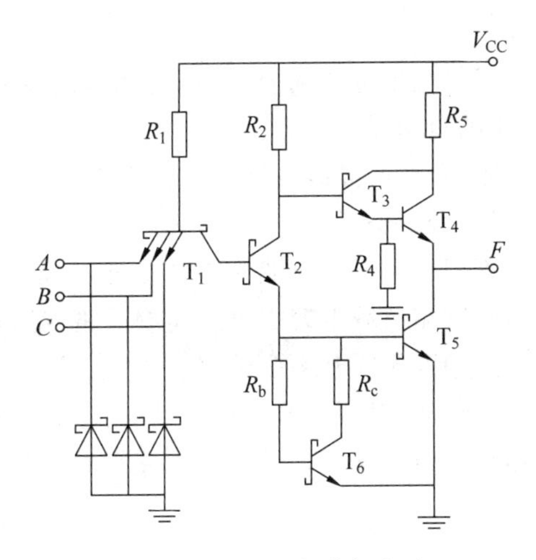

图 5-14 STTL 与非门电路

5.2.6 LSTTL 和 ALSTTL 与非门

1. LSTTL 与非门

图 5-15 所示为 LSTTL 与非门电路，是低功耗肖特基 SN54LS/ SN74LS 系列的基本电路。它是基于 STTL 单元改进的。

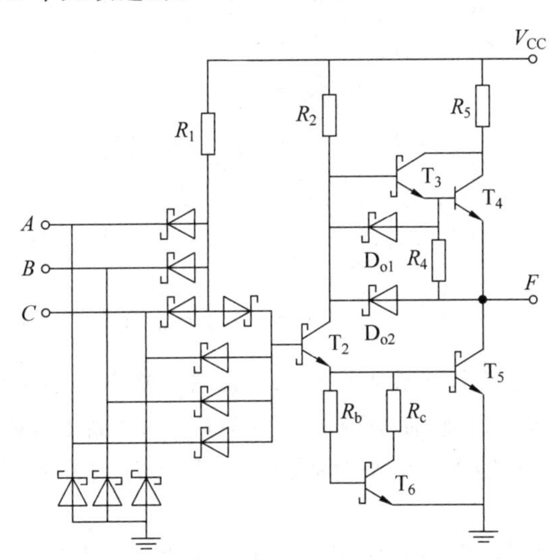

图 5-15 LSTTL 与非门电路

(1) 用一组输入肖特基二极管替代输入管 T_1 的多发射结，目的是利用肖特基二极管多子器件开关速度快的特点进一步提高电路速度，同时也减小了输入高电平时的输入漏电流 I_{IH}。

(2) 用一个肖特基二极管替代输入管 T_1 的集电结，起到电平移位作用，基本保持原有的抗干扰能力。

(3) 为了弥补由于没有 T_1 反抽电流而使 T_2 退饱和速度变慢的缺点,在基极与每个输入端间增加了一个泄放用的肖特基二极管。

(4) T_4 基极泄放电阻 R_4 由原来接地改接电路输出端,减小了电流,静态功耗降低;而且输出高电平时加强了对负载的驱动。

(5) 增加了肖特基二极管 D_{o1} 和 D_{o2},使得在电路导通过程中,由于 T_2 首先导通到饱和,D_{o1} 和 D_{o2} 为 T_4 基极和输出端负载电容提供了泄放通路,提高了电路速度。

(6) 适当增大电路中的电阻,降低电路功耗(在一定程度上牺牲了速度)。

(7) 采用离子注入、薄层外延、对通隔离、深 N^+ 扩散、泡发射区等工艺,大幅度减小了器件尺寸和寄生效应,提高了电路速度。

2. ALSTTL 与非门

图 5-16 所示为 ALSTTL 与非门电路,是先进的低功耗 SN54ALS/SN74ALS 系列的基本电路。它是基于 LSTTL 单元改进的。

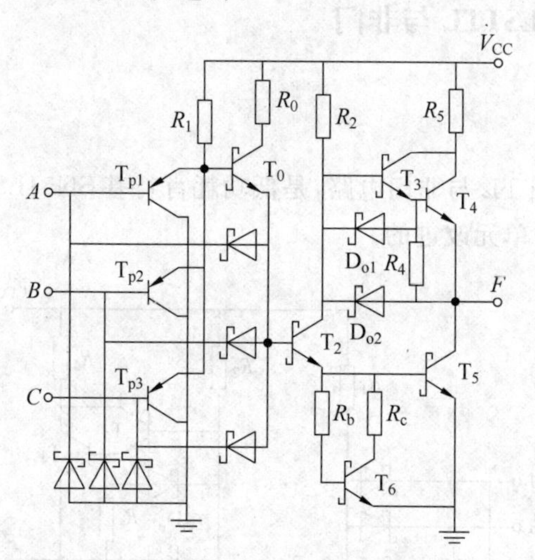

图 5-16　ALSTTL 与非门电路

(1) 用衬底 PNP 晶体管替代输入肖特基二极管。在电路输入低电平时,电流 I_{R_1} 的大部分经衬底 PNP 晶体管到地,而只有很小的衬底 PNP 晶体管基极电流注入前级,即输入短路电流 I_{IL} 小。而且输入高电平时的输入漏电流 I_{IH} 也很小,因而提高了前级门的负载能力。

(2) 增加肖特基晶体管 T_0,一方面提高了抗干扰能力,另一方面加大了 T_2 的基极驱动电流,提高了电路导通速度。

5.3 TTL 与非门的逻辑扩展

与非门是 TTL 电路的基本单元电路,以其为基础可以构成其他各种逻辑门、触发器等小规模 TTL 集成电路。逻辑扩展并不仅仅是用完整的逻辑门直接级联，而是在级联的同时进行电路优化组合，既完成逻辑功能，又能简化电路、节省器件、提高性能。

5.3.1 TTL 基本门电路

TTL 基本门除了与非门外，还有反相器、缓冲器、与非门、与门、或非门、或门、异或非门、异或门、与或非门、或与非门等，图 5-17 所示为常用基本逻辑门的符号。

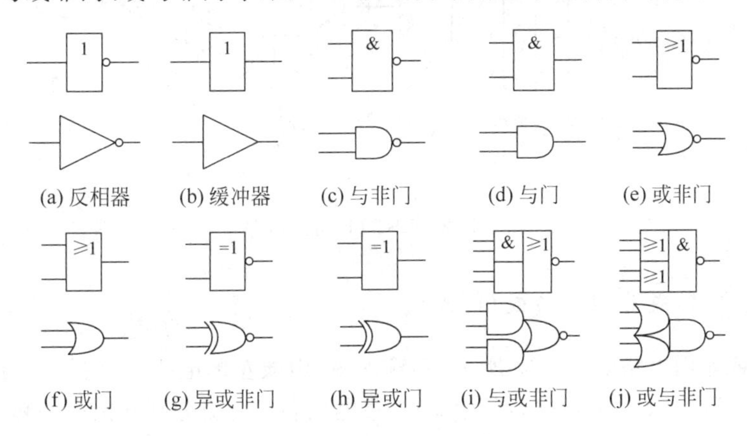

图 5-17 基本逻辑门的符号

1. 反相器

反相器又称为非门，从功能上讲它就是单输入端的与非门，而实际构成上也是将与非门的多发射极输入管或多个输入二极管改为单发射极晶体管或一个输入二极管。例如：将图 5-14 STTL 与非门电路的输入晶体管设计成单发射极输入，将图 5-15 LSTTL 与非门电路的输入设计成一个肖特基二极管输入，将图 5-16 ALSTTL 与非门电路的输入设计成一个衬底 PNP 管输入，它们就分别成为 STTL 非门、LSTTL 非门和 ALSTTL 非门。实际应用时也可以将与非门的多个输入端短接在一起当作一个输入端作为非门使用，只是对前级电路来说引进了较大的负载电容。

2. 与门和缓冲器

从与门逻辑表达式 $F=A\cdot B=\overline{\overline{A\cdot B}}$可以看出，与门完成的功能就是与非门再加上一级非门完成的功能。实际实现时，是用一个简化的与非门输入级和一个具有反相功能的推挽输出级级联而成。如图 5-18 所示，虚线左侧是完成与非功能的输入级，二极管 D 从原来的基极前面移到了发射极后面，同样起到电平移位作用，提高了低电平噪声容限，它也提高了输入级的输出低电平，为此后面采用了带有有源泄放网络的反相推挽输出级(虚线右侧电路)。

缓冲器就是一个单输入端的与门，通常作为驱动单元。

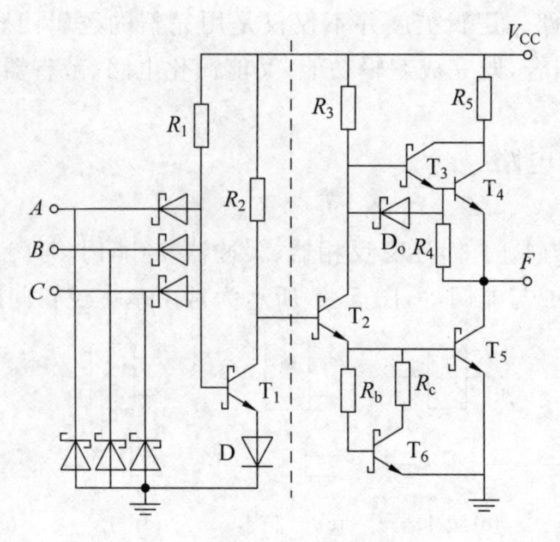

图 5-18 LSTTL 与门电路

3. 与或非门/或非门和与或门/或门

TTL 与或非门电路如图 5-19 所示,其输入级(虚线左侧电路)实质就是两个与非门输入级的 T_2 管(T_{21} 和 T_{22},一般称为分相管)的集电极和发射极分别并接在一起,后面再共同用一个推挽输出级(虚线右侧电路)。其输出逻辑表达式为 $F=\overline{A_1\cdot B_1\cdot C_1+A_2\cdot B_2}$。

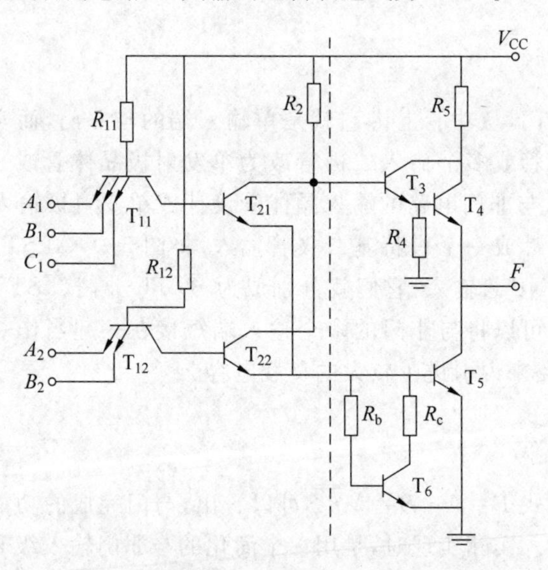

图 5-19 TTL 与或非门电路

或非门就是与非输入级都为单输入端的与或非门。

与或门和与门构成方法相似,是用一个简化的与或非输入级和一个具有反相功能的推挽输出级级联而成,如图 5-20 所示。其中 T_{21} 和 T_{22} 合用一个电平移位二极管,提高低电平噪声容限,该电路的逻辑表达式为 $F=\overline{\overline{A_1\cdot B_1\cdot C_1+A_2\cdot B_2}}=A_1\cdot B_1\cdot C_1+A_2\cdot B_2$。

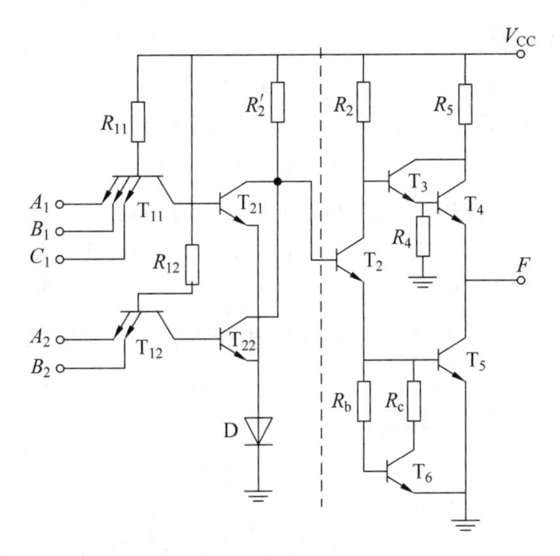

图 5-20 TTL 与或门电路

4. 异或非门和异或门

异或门的逻辑表达式为：$F=A\cdot\bar{B}+\bar{A}\cdot B=\overline{A\cdot B+\bar{A}\cdot\bar{B}}=\overline{A\cdot B+\overline{A+B}}$，电路如图 5-21 所示。

异或非门的逻辑表达式为：$F=\overline{A\cdot\bar{B}+\bar{A}\cdot B}=A\cdot B+\bar{A}\cdot\bar{B}=A\cdot B+\overline{A+B}=\overline{\overline{A\cdot B+\overline{A+B}}}$，电路如图 5-22 所示。

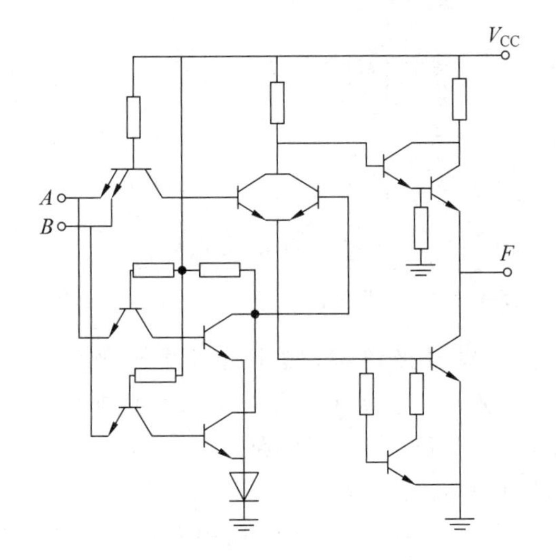

图 5-21 TTL 异或门电路

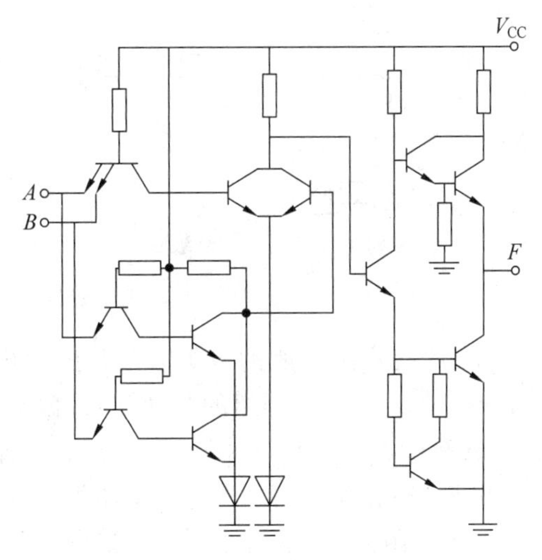

图 5-22 TTL 异或非门电路

5.3.2 TTL OC门电路

在数字应用系统中,通常需要将几个 TTL 门并联以获得"线与"功能,如:$F=\overline{A_1 \cdot B_1} \cdot \overline{A_2 \cdot B_2} \cdot \overline{A_3 \cdot B_3}$。但是,一般 TTL 逻辑门的输出不可以连在一起实现输出"线与"功能,因为一般 TTL 逻辑门输出低电平时其输出对地是导通的(输出管导通),而输出高电平时其输出对电源是导通的(有源负载导通),因而它们"线与"时会发生下列情况。

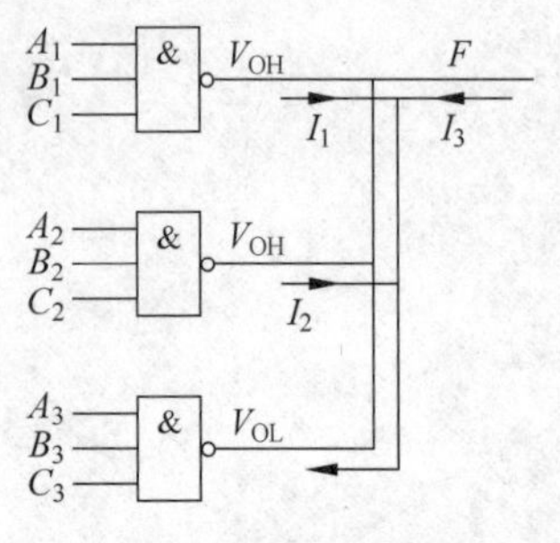

图 5-23 一般 TTL 门"线与"

(1) 输出高电平的逻辑门通过"线与"输出端向输出低电平的逻辑门灌入电流,尤其是"线与"的逻辑门中只有一个输出低电平,而其他"线与"的逻辑门都输出高电平时,如图 5-23 所示,这时灌入电流最大,输出低电平的逻辑门就会被烧毁。

(2) "线与"的逻辑门中既有输出高电平的又有输出低电平的时候,"线与"输出端对电源和对地都是导通,使输出端的逻辑电平既不是高电平,又不是低电平,即造成输出逻辑电平混乱。

因此,一般 TTL 逻辑门要实现"线与"的功能只能用级联方法,如图 5-24 所示,其缺点是用的逻辑门多,延迟时间长。与门级联相对与非门级联虽然少用一级,但是与门本身比与非门用的器件多,延时大。如果用 OC 门实现"线与"可以大大减少器件数。

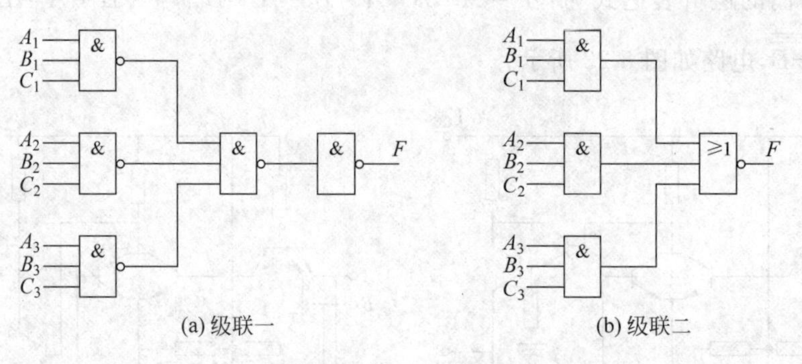

图 5-24 用一般 TTL 门级联实现"线与"功能

OC 门就是将一般的 TTL 门去掉输出管的集电极负载,输出管开集电极(open collector)输出。前面介绍的各种 TTL 门都可实现 OC 门,如 OC 与非门、OC 或非门等。图 5-25 给出了一种 STTL OC 与非门和一种 LSTTL OC 与非门电路。

由于 OC 门输出管的集电极对电源是开路的,所以实现输出"线与"功能时,通常需要设置一个大阻值的公共上拉电阻,如图 5-26 所示。当"线与"的 OC 门中有处于导通态的,"线与"输出为低电平;当"线与"的 OC 门都处于截止态时,"线与"输出为高电平。但是,"线与"输出的高电平是通过大阻值上拉电阻实现的,所以 OC 门速度慢,容性负载能力很差。

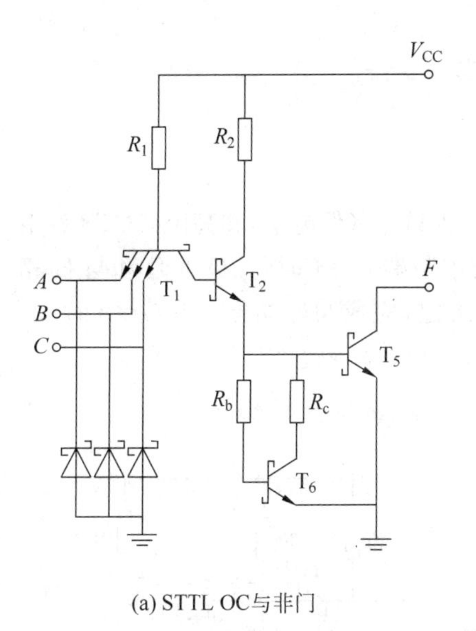

(a) STTL OC与非门

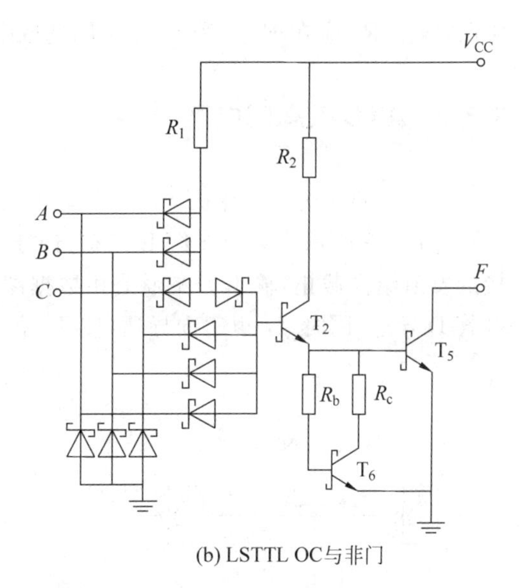

(b) LSTTL OC与非门

图 5-25 两种 OC 与非门电路

OC 门"线与"应用时，上拉电阻 R_L 阻值选取应满足"线与"输出高电平和低电平的要求。它与"线与"的 OC 门数量 n 以及驱动后级负载数量 m 有关。

当"线与"的 OC 门都处于截止态时，如图 5-27 所示，为满足输出高电平要求应有

$$R_{\text{L-max}} = \frac{V_{\text{CC-min}} - V_{\text{OH-min}}}{nI_{\text{OH}} + mI_{\text{IH}}} \tag{5-11}$$

当"线与"的 OC 门中只有一个导通，其他都处于截止态时，如图 5-28 所示，为满足输出低电平要求应有

$$R_{\text{L-min}} = \frac{V_{\text{CC-max}} - V_{\text{oL-max}}}{I_{\text{OL}} - mI_{\text{IL}}} \tag{5-12}$$

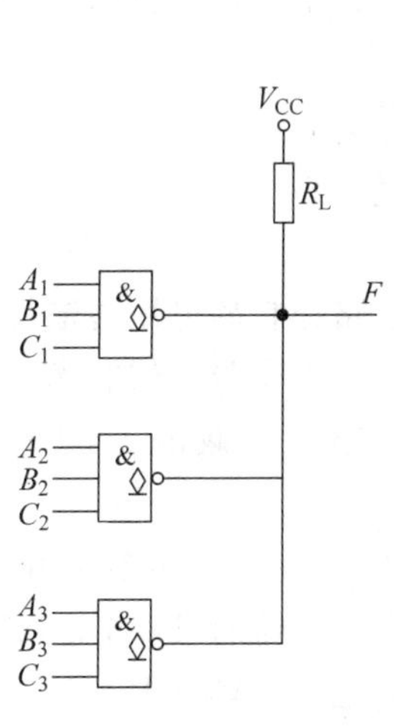

图 5-26 OC 门"线与"

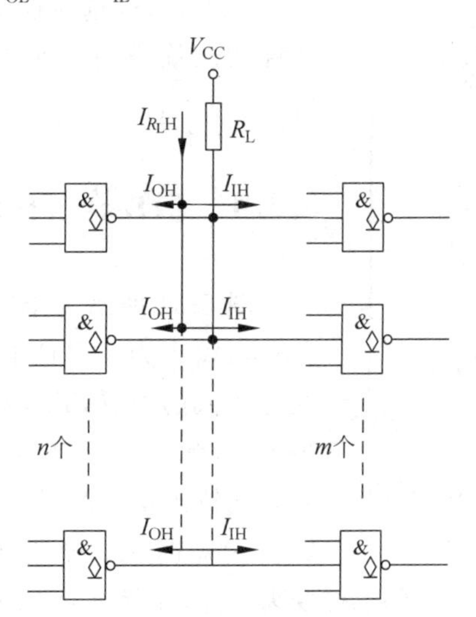

图 5-27 "线与"OC 门都截止

所以,电阻 R_L 应在 $R_{L\text{-}max}$ 和 $R_{L\text{-}min}$ 中间选取阻值。

5.3.3 TTL三态门电路

三态门的输出有三种状态,即:逻辑“1”(高电平)、逻辑“0”(低电平)和高阻态“Z”(悬空态)。图5-29所示为一个STTL三态与非门电路,当控制端 $G=1$ 时,二极管D和与G相接的发射结都截止,输出 F 的状态由数据端 A 和 B 决定,完成与非功能;当 $G=0$ 时,二极管D导通,同时 T_1 也正向导通,使 T_4 和 T_5 都截止,F 为高阻态“Z”。

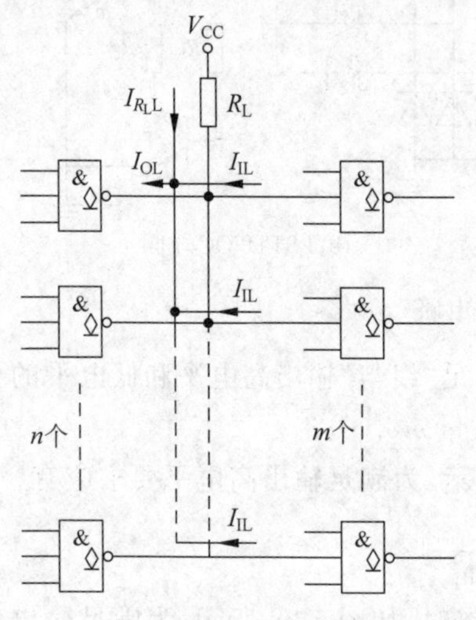

图5-28 “线与”OC门只有一个导通

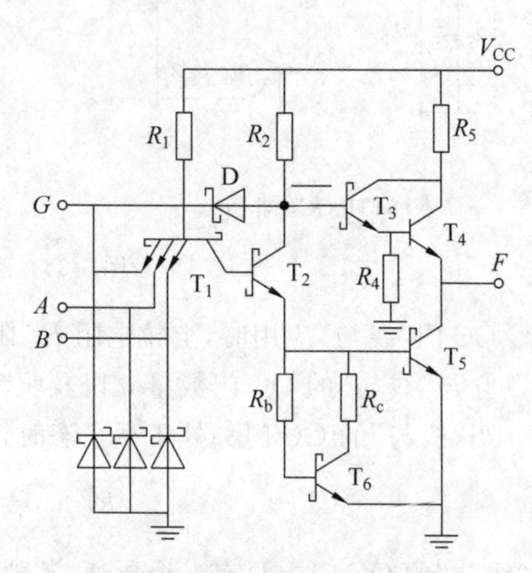

图5-29 STTL三态与非门电路

三态门最大的特点是可以实现总线结构控制,即多个三态门输出连在一条总线(BUS)上,通过选通控制端实现对总线的分时控制,如图5-30所示。这种功能就相当于实现了“线与”,而且具有推挽(图腾柱)输出的特点。

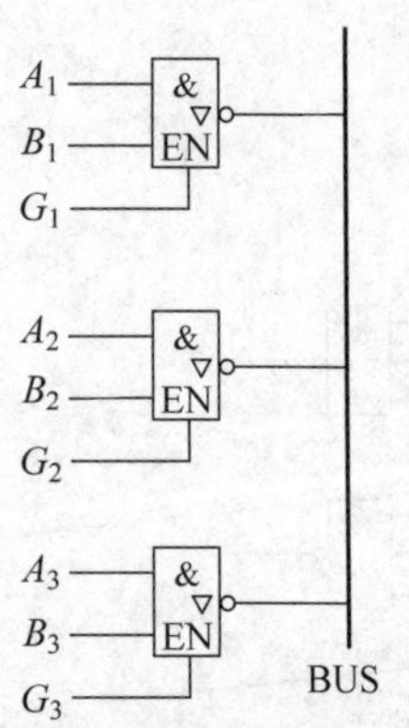

图5-30 总线结构图

5.3.4 TTL施密特逻辑门电路

图5-31所示为施密特反相器电路和它的电压传输特性曲线。

当输入为0V(低电平)时,输入二极管 D_1 导通,节点X被钳位在比较低的电平,T_1 截止 T_2 导通,致使 T_5 截止 T_4 导通,输出高电平 V_{OH},此时节点Y的电位为 $V_{Y\text{-}H}$。

当输入从0V(低电平)开始上升时,节点X电位上升,达到 $V_X-V_{Y\text{-}H}\geqslant V_{BE}$ 时,T_1 导通 T_2 截止,致使 T_5 导通 T_4 截止,输出低电平 V_{OL},而节点Y的电位变为 $V_{Y\text{-}L}$,此状态直至输入上升到高电平。$V_X-V_{Y\text{-}H}=V_{BE}$ 时对应的输入电压即为 V_{IL}(最大输入低电平),近似为 $V_{Y\text{-}H}$。

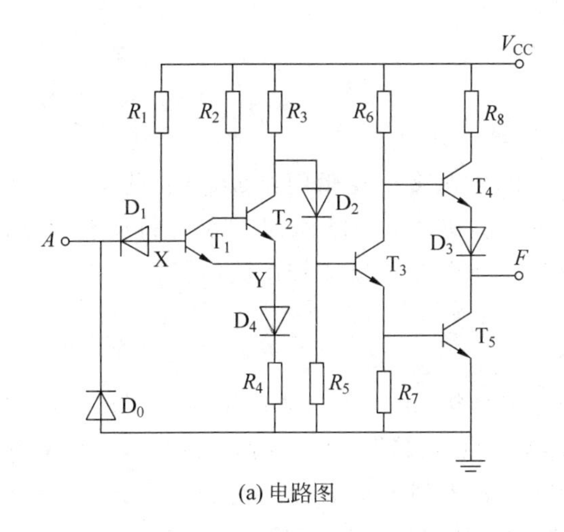

(a) 电路图

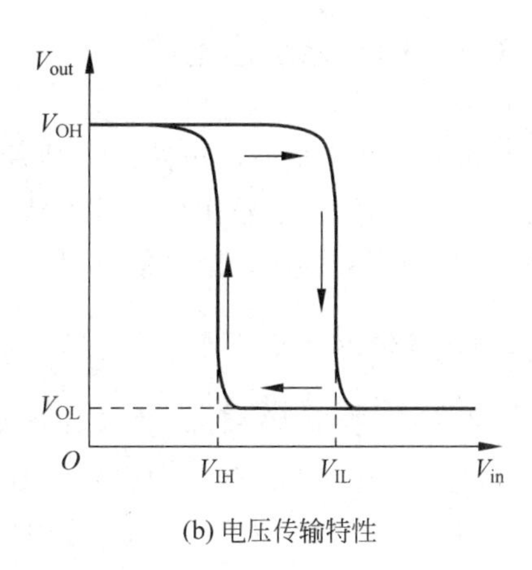

(b) 电压传输特性

图 5-31 TTL 施密特反相器

当输入从高电平下降时，只有节点 X 电位下降到 $V_X - V_{Y\text{-}L} < V_{BE}$ 时，T_1 截止 T_2 导通，致使 T_5 截止 T_4 导通，输出高电平 V_{OH}，而节点 Y 的电位又变为 $V_{Y\text{-}H}$，此状态直至输入下降到 0V(低电平)。$V_X - V_{Y\text{-}L} = V_{BE}$ 时对应的输入电压即为 V_{IH}(最小输入高电平)，近似为 $V_{Y\text{-}L}$。

该电路的关键是设计电阻 R_2、R_3 和 R_4 的比值，使 T_1 截止 T_2 导通时节点 Y 处于一个较高的电位 $V_{Y\text{-}H}$，而 T_1 导通 T_2 截止时节点 Y 处于一个较低的电位 $V_{Y\text{-}L}$。

可见，其特点是输入电平从低到高变化时，阈值电压 V_{IL} 较大；而输入电平从高到低变化时，阈值电压 V_{IH} 较小。即低电平噪声容限($V_{NML} = V_{IL} - V_{OL}$)和高电平噪声容限($V_{NMH} = V_{OH} - V_{IH}$)都较大。所以，经常用于抑制噪声，稳定信号。如图 5-32 所示波形，V_{in}为带有噪声的输入信号，噪声较大时，普通反相器的输出 V_{out}会有波动(有毛刺)，而施密特反相器的输出 $V_{O\text{-}S}$很平稳。

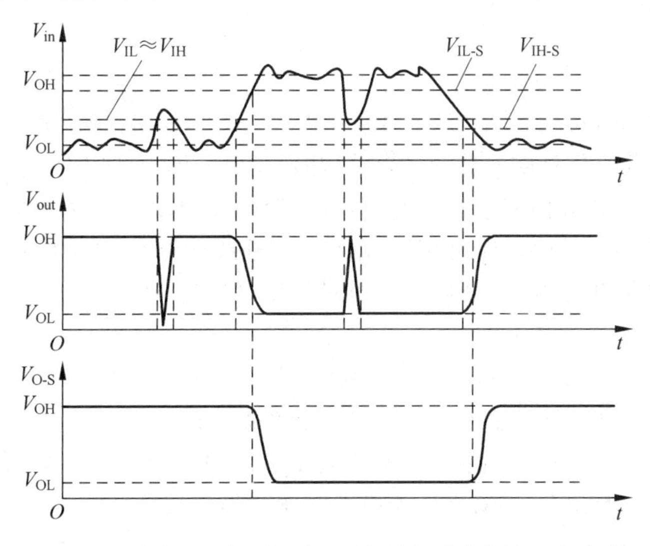

图 5-32 施密特反相器与普通反相器抗噪声特性比较波形

5.3.5 TTL触发器电路

触发器是组成时序电路最重要的基本单元，它由多个逻辑门组成，具有两个稳定状态，在一定的触发信号作用下可以从一个稳态转换到另一个稳态，否则将保持原有状态。所以它具有存储数据、记忆信息等多种逻辑功能，在数字系统中被广泛应用。

1. 时钟R-S触发器

图5-33所示为一种时钟R-S触发器的逻辑结构，由4个与非门组成，与非门G_3和G_4的输入、输出交叉耦合构成基本R-S触发器。只有时钟$CP=1$时，R、S信号才能通过导引门G_1和G_2输入到基本R-S触发器(在此期间R、S不能同时为"1")，对触发器置"0"或置"1"或保持原状态。而$CP=0$时，封锁了导引门，R和S信号不能作用于基本R-S触发器，触发器保持原有状态。因此，这种时钟R-S触发器属于电平触发型。$\overline{R}_D$和$\overline{S}_D$分别为触发器的同步置"0"和置"1"端($CP=0$时)。

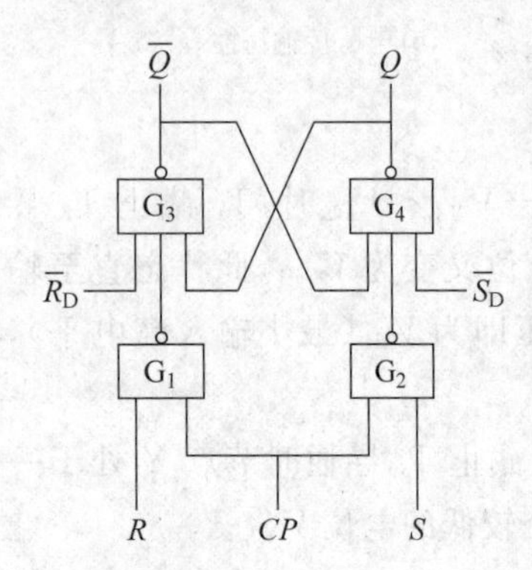

图5-33 时钟控制R-S触发器逻辑

门G_1和G_2都只带一个内部负载，不需要大的驱动能力，采用两管单元与非门即可；G_3和G_4是触发器的Q和$\overline{Q}$输出端的驱动门，驱动能力应该大一些，选择四管以上单元电路。G_1～G_4每个门都直接与触发器外部输入端相接，因此容易受噪声信号干扰，需要具有一定的噪声容限。

图5-34是时钟R-S触发器的电路图，门G_1和G_2选用了高阈值两管单元与非门，G_3和G_4选用了四管单元与非门。

2. D触发器

图5-35所示为维持-阻塞结构，带有异步置"0"($\overline{R}_D$)、置"1"($\overline{S}_D$)和同步置"0"($\overline{R}$)、置"1"($\overline{S}$)功能的前沿触发D触发器的逻辑结构图。门G_1输出和门G_2输入的连线称为置"1"阻塞线，门G_4输出和门G_3输入的连线称为置"0"阻塞线，门G_4输出和门G_2输入的连线称为置"1"维持线，门G_3输出和门G_1输入的连线称为置"0"维持线。

$\overline{R}_D$、$\overline{S}_D$、$\overline{R}$和$\overline{S}$只在"0"时才对触发器起作用，但$\overline{R}_D$和$\overline{S}_D$(或$\overline{R}$和$\overline{S}$)不能同时为"0"。

CP="0"时，关闭门G_3和G_4，门G_3和G_4输出为"1"，触发器保持原状态，同时门G_1和G_2被打开，G_1和G_2分别输出数据D的非和数据D。

CP="1"时，门G_3和G_4被打开，分别输出数据D和数据D的非，使G_5和G_6分别输出数据D的非和数据D，即$Q=D$和$\overline{Q}=\overline{D}$，触发器完成翻转。在此之后，如果数据$D$由"1"变为"0"，由于门$G_2$和$G_3$已被$G_4$输出关闭，无法使输出改变；如果数据$D$由"0"

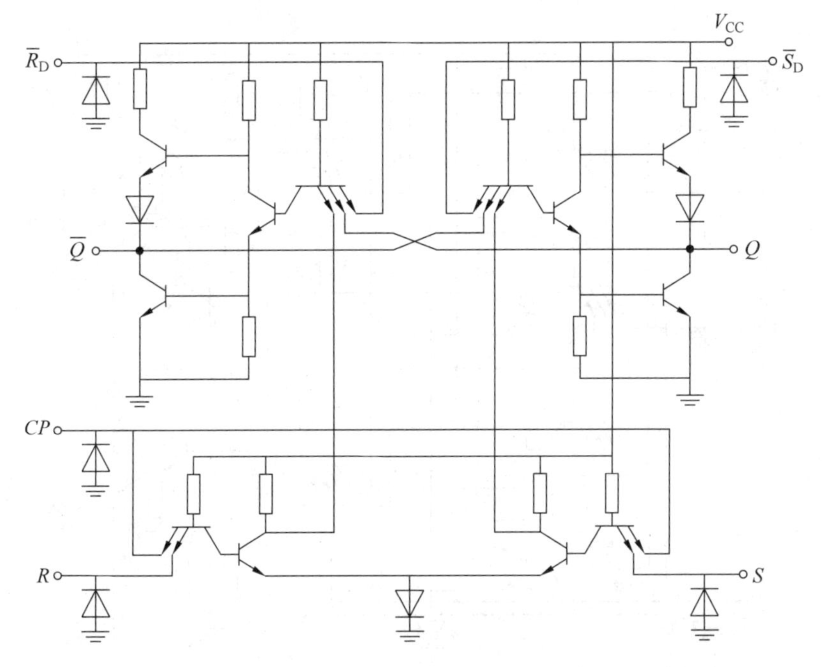

图 5-34　时钟控制 R-S 触发器电路

变为“1”,由于门 G_1 已被 G_3 输出关闭,同样也无法使输出改变。

由此可见,该触发器是时钟上升边沿(前沿)触发,而且没有空翻现象产生。图 5-36 所示为维持-阻塞结构前沿触发 D 触发器的典型电路图,除了采用肖特基晶体管抗饱和措施提高速度外,还有下列特点。

(1) 与非门 $G_1 \sim G_4$ 驱动的负载都是内部门,而且最多的只有三个,负载轻,采用了两管单元的高阈值 OC 门。它们在本电路中的逻辑摆幅约为晶体管 BE 结正向压降与饱和压降的差值(约为 0.4V),摆幅小,逻辑状态转换速度快;另外,输入管对输出管基区存储电荷还有很强的反抽作用,截止速度快。所以门 $G_1 \sim G_4$ 的工作速度快,而且大大减少了整个电路的元件数。

(2) 与非门 G_5 和 G_6 采用了速度快、驱动能力强、电压转移特性好的六管单元电路,而且采用内反馈实现交叉耦合,又称内耦合。六管单元 T_2 管的集电极与输出端逻辑相同,但是逻辑状态转换远远快于输出端,因此采用内反馈可以大大提高触发器的状态翻转速度。而且,内反馈既减轻了输出端的负载,又消除了两个输出门因输出端负载变化而引起的相互影响。

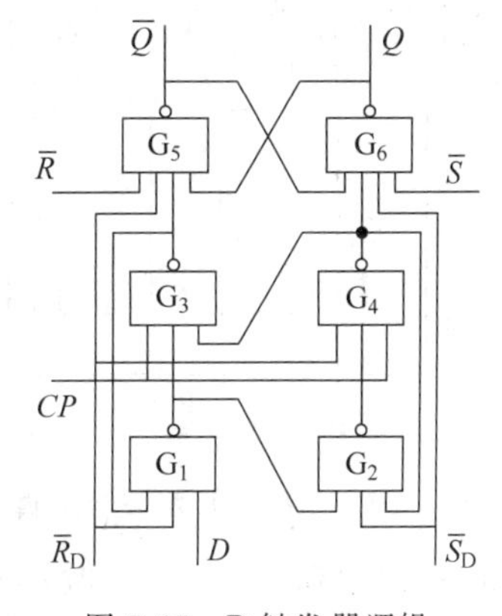

图 5-35　D 触发器逻辑

3. J-K 触发器

图 5-37 所示为后沿触发的 J-K 触发器逻辑结构,它是利用电路内部的门电路速度不

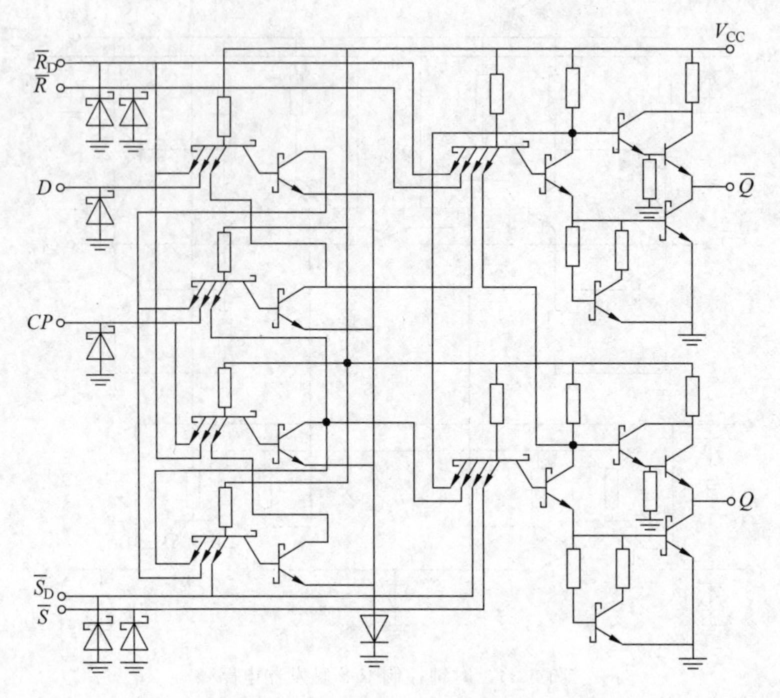

图 5-36 D触发器典型电路

同来实现时钟后沿触发的。该触发器输出级是由两个与或非门 G_3 和 G_4 交叉耦合构成的一个复合型基本 R-S 触发器,由它负责触发器状态的翻转和保持。

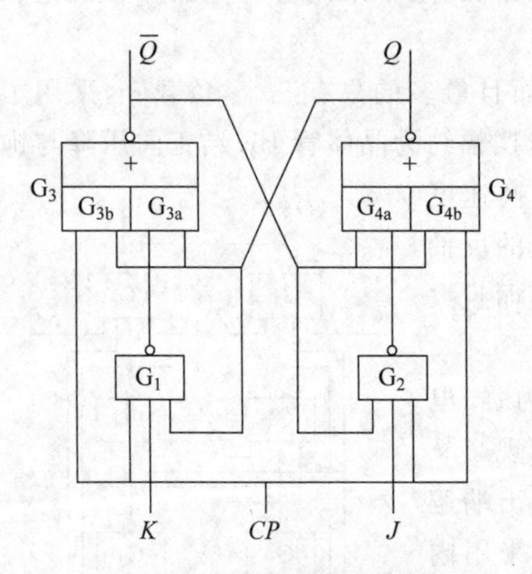

图 5-37 J-K 触发器逻辑图

$CP=1$ 时,触发器处于状态保持和数据接收状态,保持主要依赖 G_{3b} 和 G_{4b}。J、K 数据由导引门送到 G_{3a} 和 G_{4a} 的输入端。

当 CP 下降沿到来时,封锁 J 和 K 的输入,但是,G_1 和 G_2 的速度慢,而 G_3 和 G_4 的速度很快,在 G_1 和 G_2 的输出状态还没来得及改变时,G_3 和 G_4 已根据接收到的数据和原状态完成了翻转(或保持),而随后 G_1 和 G_2 输出状态才可改变,触发器进入新状态的保持阶段。

当 CP 上升沿到来时,在 G_1 和 G_2 还没来得及将 J、K 数据接收进来,G_3 和 G_4 将保持任务立即交给 G_{3b} 和 G_{4b} 部分,而随后 J 和 K 数据经 G_1 和 G_2 被送到 G_{3a} 和 G_{4a},做好下次状态翻转准备。

可见,该电路的关键是 G_3 和 G_4 的速度要快,而 G_1 和 G_2 的速度要慢。但是,如果 G_1 和 G_2 速度过慢,会影响整体电路的速度。所以要设计好速度差,在确保电路工作可靠的前提下提高整体速度。

图 5-38 所示为后沿触发 J-K 触发器的电路图。整体采用肖特基晶体管抗饱和措施

提高速度，G_3 和 G_4 采用六管单元结构，整体提高输出级的速度。G_1 和 G_2 采用三管单元 OC 门，速度相对慢一些。Q、$\bar{Q}$ 与 G_{3a}、G_{4a} 间的反馈采用内耦合进一步提高触发器翻转速度。由于内反馈端低电平较高，为了电平匹配，采用 $T_1(T_1')$ 和 $T_0(T_0')$ 级联的复合与门结构。

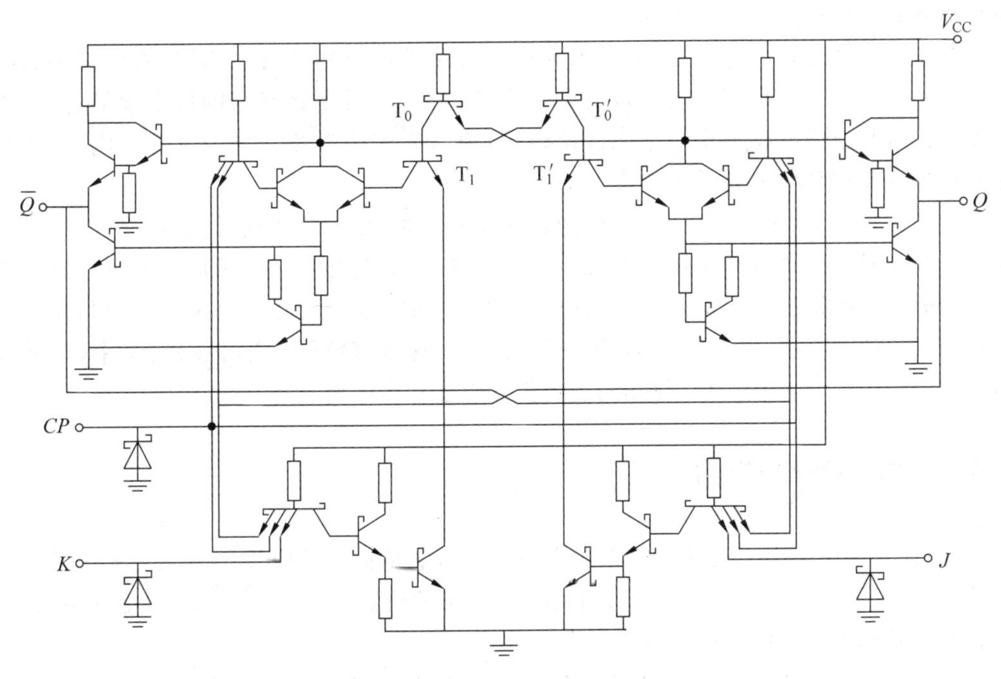

图 5-38　J-K 触发器电路图

5.4　TTL 中大规模集成电路

5.4.1　中大规模集成电路的结构特点

中大规模集成电路是由很多基本门组成的，通常可分为三个组成部分，即输入门、内部门（或触发器等）和输出门，如图 5-39 所示。与电路输入端直接相接的逻辑门称为输入门，与电路输出端直接相接的逻辑门称为输出门，而与电路输入端、输出端都不直接相接的逻辑门称为内部门。

内部门是中大规模集成电路的主体。其驱动能力依据具体负载而定，匹配性好，而且负载一般都较轻。内部信号噪声小，可以降低逻辑摆幅，提高状态转换速度。内部门通常使用单管逻辑门（见 5.4.3 节），且常以 OC 门形式应用，线路简单，速度快。需要指出的是，逻辑摆幅小不等于电平低，而是高低电平差值

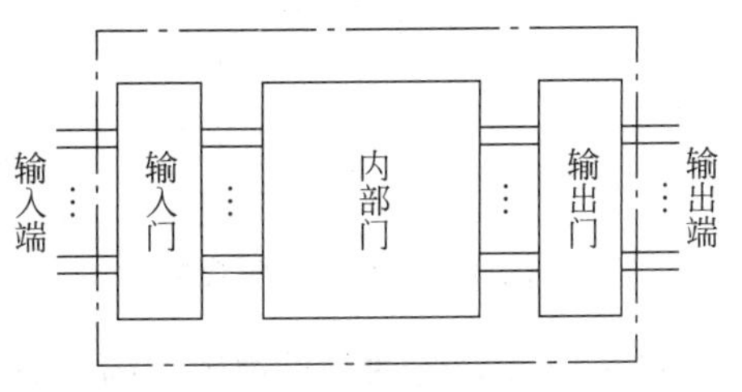

图 5-39　中大规模集成电路组成结构

小,所以要注意电平匹配。

输入门在接收外部输入信号的同时,会接收到环境的噪声信号,因此它要具有较强的抗干扰能力和较高的输入阻抗。输入门的负载是内部门,一般不需要大的驱动能力,但是要考虑与内部门低逻辑摆幅电平的匹配。输入门通常使用简化逻辑门(见 5.4.2 节),负载能力根据具体负载来定。

输出门驱动的是外部负载,需要能够适应各种不同应用的负载情况,所以需要具有较强的驱动能力。输出门输入端接受的是内部信号,不需要具有强的抗干扰能力,但是需要考虑与其前级电路输出电平的匹配,所以通常采用驱动能力强的常规门电路,而其输入应根据前级具体电路适当改进。

从 TTL 与非门的变革可以看到,随着性能的完善,单元结构的复杂性在增加。而从中大规模集成电路组成结构特点上看,中大规模集成电路并不需要组成它的每个单元都具备十分完善的性能。也就是说,设计中大规模集成电路时,可以针对单元的具体作用而进行必要的简化,从而达到整体电路简化,提高速度,降低功耗,提高成品率,降低成本。这种思想在 5.3 节 TTL 与非门逻辑扩展中已初步体现。

5.4.2 TTL 简化逻辑门

两管、三管单元由于其结构简单而作为简化门电路被广泛应用于中大规模集成电路设计中。5.1 节中的图 5-1 和 5.2 节中的图 5-6 是两管、三管单元与非门的基本型电路,以它们为基础可扩展各种简化逻辑门。

图 5-40 所示为高阈值型两管单元与非门电路,其低电平噪声容限提高了约 0.7V,缺点是输出低电平也抬高了约 0.7V,一般用在输入级,设计时需要适当考虑后级门的阈值电压。

图 5-41 所示为高速型三管单元与非门电路,R 取值较小,一方面加大了对负载电容的充电电流,另一方面使 T_3 导通时不进入饱和区,提高了电路速度,但是会影响输出低电平时的负载能力,用于负载轻速度快的地方。

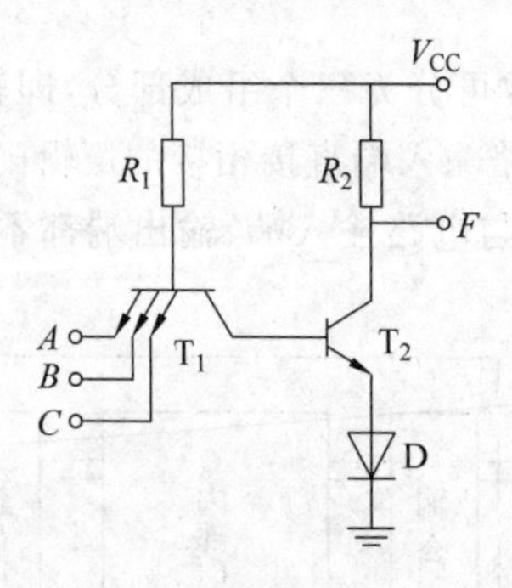

图 5-40 高阈值两管单元

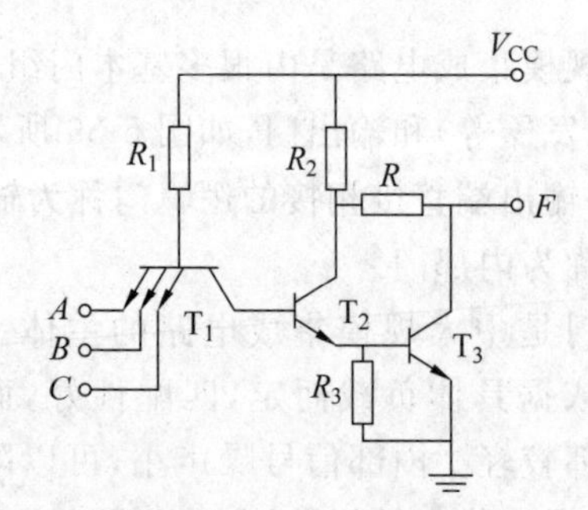

图 5-41 高速三管单元

图 5-42 示出了两种低逻辑摆幅型简化与非门电路,其输出高电平被钳位在约 1.4V,降低了逻辑电平转换的幅度,提高了转换速度,但是增加了输出高电平时的功耗。

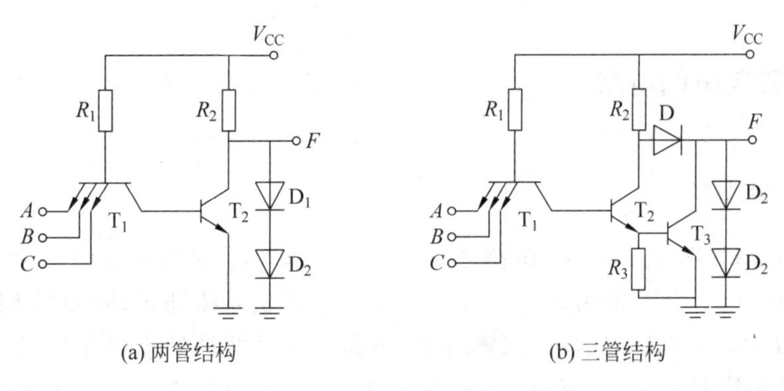

图 5-42　低摆幅简化与非门电路

图 5-43 所示为两种简化 OC 与非门电路，图 5-44 所示为两种简化与门，图 5-45 所示为简化与或非门。

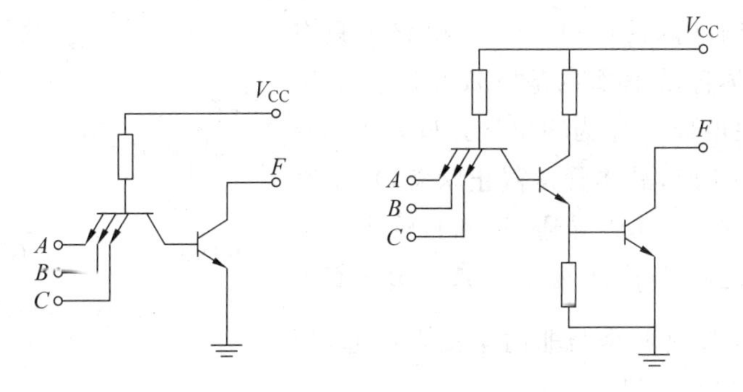

图 5-43　两种简化 OC 与非门

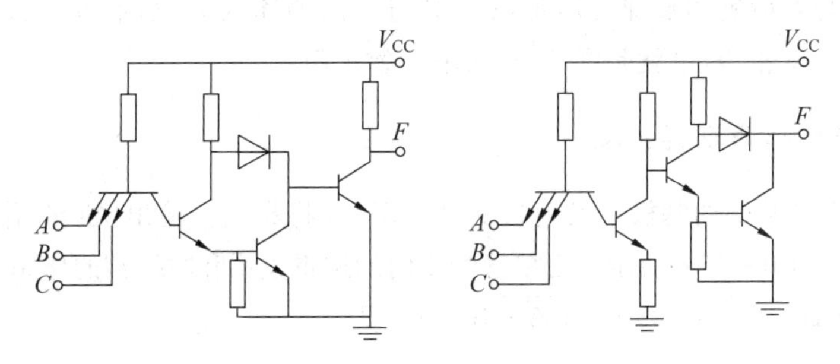

图 5-44　两种简化与门

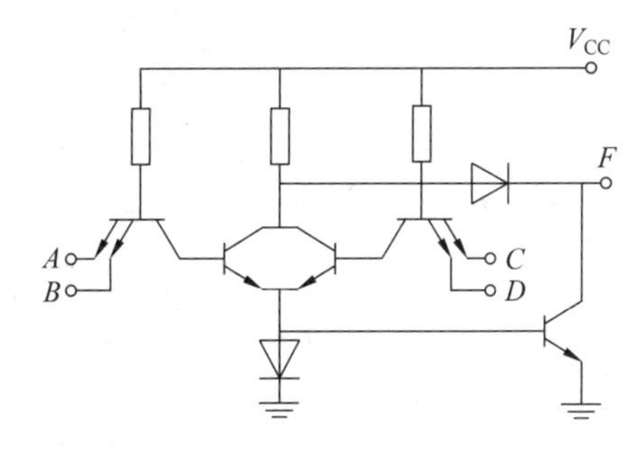

图 5-45　简化与或非门

5.4.3 单管逻辑门电路

1. 单管禁止门

单管禁止门如图5-46所示，电路中只有一个晶体管，晶体管的基极A和发射极B作为输入端，集电极F作为输出端。当$A=0$时，禁止B信号传到F端，而当$B=1$时，禁止A信号传到F端，所以称之为单管禁止门。电路处于这两种禁止情况时，晶体管是截止状态，输出高电平($F=1$)。只有当$A=1,B=0$时，晶体管导通(饱和)，输出低电平($F=0$)。其逻辑表达式为$F=\overline{A\cdot\overline{B}}$。

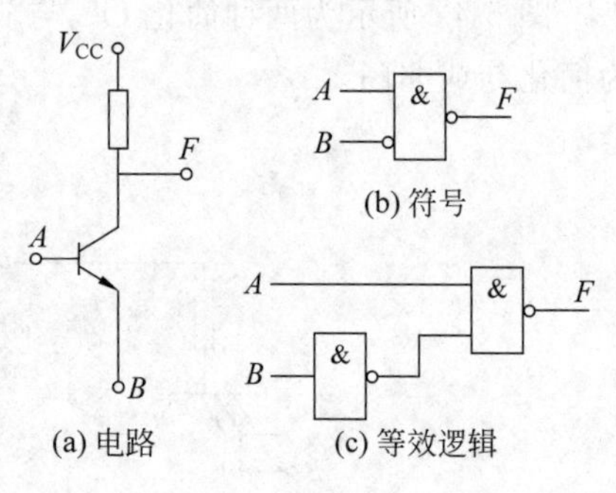

图5-46 单管禁止门

2. 单管串接与非门

单管串接与非门如图5-47所示，电路中只有一个多发射极晶体管，晶体管的基极A和发射极B、C作为输入端，集电极F作为输出端。只有当$A=0$，或者$B=1,C=1$时，晶体管是截止状态，输出高电平($F=1$)；否则，晶体管导通(饱和)，输出低电平($F=0$)。其逻辑表达式为$F=\overline{A}+B\cdot C=\overline{A\cdot\overline{B\cdot C}}$，等效逻辑是两个与非门串接在一起，所以称之为单管串接与非门。

增加晶体管发射极端数即可增加第一级与非门的输入端数，而发射极端数为1时，第一级即变成了反相器，也就是图5-46的单管禁止门。

3. 单管逻辑门的逻辑扩展

将两个单管禁止门的基极和发射极交叉互联，并将集电极输出“线与”作为输出，即构成简化异或非门，如图5-48所示。由单管禁止门的逻辑关系和“线与”的作用可得其逻辑表达式为$F=\overline{A\cdot\overline{B}}\cdot\overline{B\cdot\overline{A}}=\overline{A\cdot\overline{B}+\overline{A}\cdot B}=\overline{A\oplus B}$。

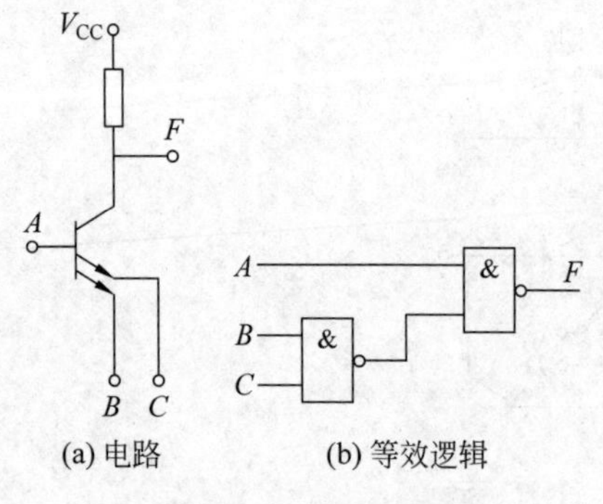

图5-47 单管串接与非门

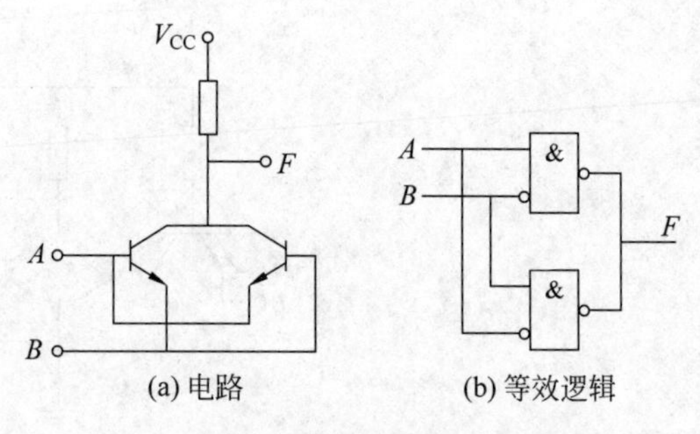

图5-48 单管禁止门组成的简化异或非门

将两个单管禁止门的发射极并接在一起所构成的电路和逻辑图如图 5-49 所示。该结构在时钟控制触发器中经常用到。

图 5-50 给出了单管串接与非门四种级联电路和等效逻辑图。

图 5-50(a)是将第一级的集电极输出与第二级的基极输入相接，且将第一级的基极接高电平(经电阻到电源)，其输出的逻辑表达式为 $F_a=\overline{F_1\cdot\overline{B_2\cdot C_2}}=\overline{C_1\cdot B_1\cdot\overline{C_2\cdot B_2}}$。

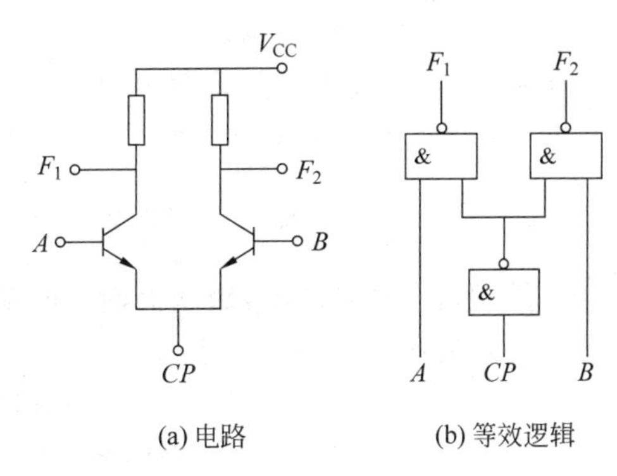

图 5-49 单管禁止门发射极并接

图 5-50(b)是将两个单管串接与非门的集电极输出“线与”作为输出，其输出的逻辑表达式为 $F_b=\overline{A_1\cdot\overline{B_1\cdot C_1}}\cdot\overline{A_2\cdot\overline{B_2\cdot C_2}}=\overline{A_1\cdot\overline{B_1\cdot C_1}+A_2\cdot\overline{B_2\cdot C_2}}$。

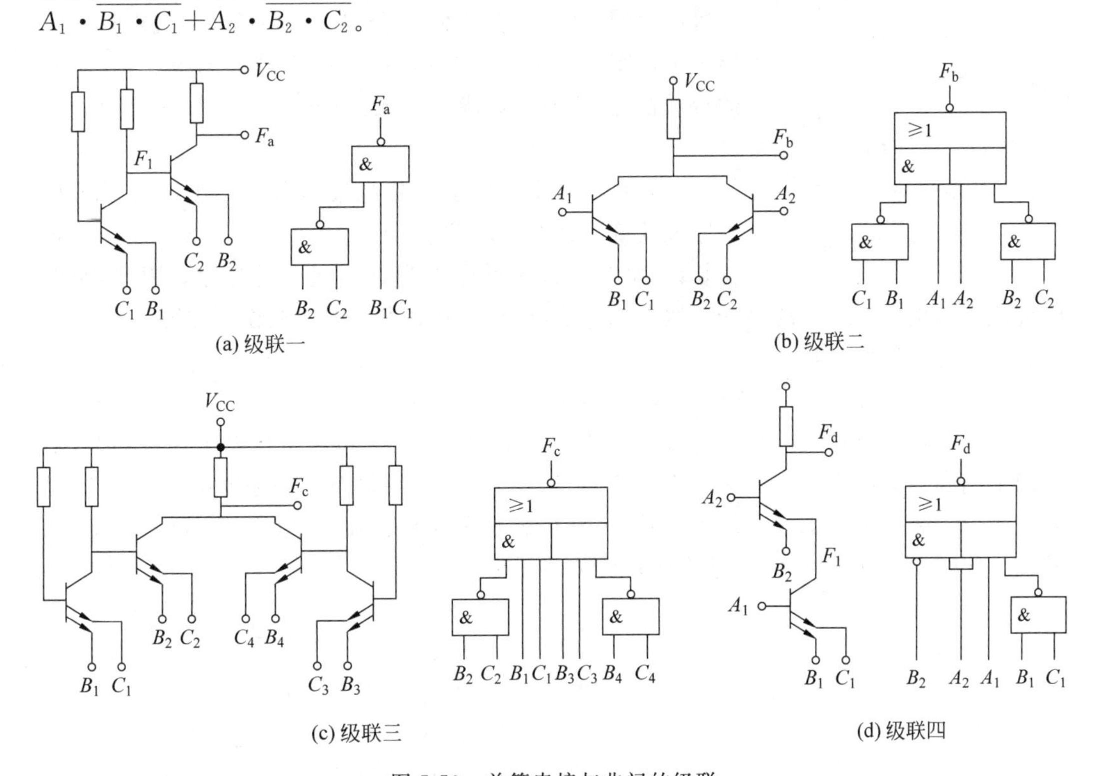

图 5-50 单管串接与非门的级联

图 5-50(c)是将两个图 5-50(a)的级联结构输出再按图 5-50(b)的结构级联，最终的“线与”输出逻辑表达式为 $F_c=\overline{B_1\cdot C_1\cdot\overline{B_2\cdot C_2}}\cdot\overline{B_3\cdot C_3\cdot\overline{B_4\cdot C_4}}=\overline{B_1\cdot C_1\cdot\overline{B_2\cdot C_2}+B_3\cdot C_3\cdot\overline{B_4\cdot C_4}}$。

图 5-50(d)是将第一级的集电极输出与第二级的发射极输入相接，逻辑表达式为

$F_d = \overline{A_2 \cdot \overline{B_2 \cdot F_2}} = \overline{A_2 \cdot \overline{B_2 \cdot \overline{A_1 \cdot \overline{B_1 \cdot C_1}}}} = \overline{A_2 \cdot (\overline{B_2} + A_1 \cdot \overline{B_1 \cdot C_1})} = \overline{A_2 \cdot \overline{B_2} + A_2 \cdot A_1 \cdot \overline{B_1 \cdot C_1}}$。

可见,将两个或多个单管逻辑门进行不同的级联,即可获得许多复杂的逻辑关系。因此它在中大规模集成电路中尤其是运算单元中得到广泛应用。

4. 单管逻辑门的特点和级联时的注意事项

单管逻辑门线路简单,级联灵活。但是,若级联不当,会使电路失效。设计时,必须针对它的直流运用特点予以考虑。

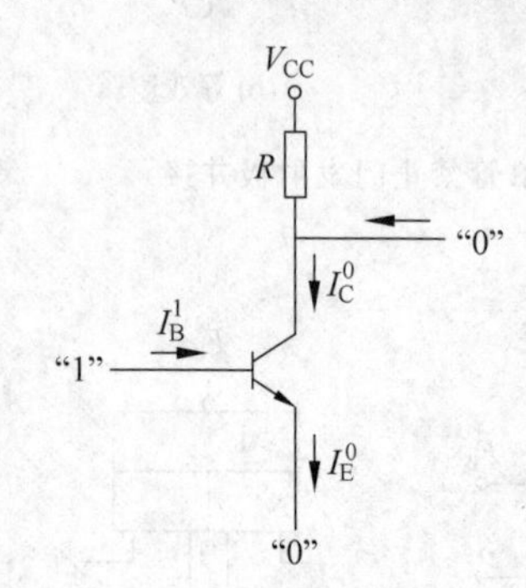

图 5-51 导通时的电流

(1) 单管逻辑门导通时,驱动基极的前级门向单管逻辑门提供基极驱动电流 I_B^1,驱动发射极的前级门吸入单管逻辑门的发射极电流 I_E^0,而集电极电流 I_C^0 是集电极负载电阻和后级电路灌入的电流,它们符合式(5-13)的关系,图 5-51 给出了电流图示。因此,与单管逻辑门不同端的级联,有不同的负载情况,应分别对待。

$$I_E^0 = I_C^0 + I_B^1 \tag{5-13}$$

(2) 单管逻辑门导通时,集电极输出的低电平 V_C^0 比发射极输入的低电平 V_E^0 要高出一个晶体管的饱和压降 V_{CES}。也就是说,级联时输出低电平会有逐级上升现象。因此,级联时应注意输出低电平不能高于后级门的阈值电压,否则会发生逻辑错误。如图 5-52 所示的级联情况必须要满足

$$V_{C1}^0 = V_{E1}^0 + V_{CES1} < V_{E2}^0 + V_{BEF2} \tag{5-14}$$

所以,一般应限制级联级数,避免输出低电平上升过高,或者当输出低电平比较高时,后级门采用高阈值门将电平转化为正常值。图 5-53 给出一种简化的高阈值反相器电路,是在三管单元基础上增加了一级电平移位,且在泄放回路中采用了二极管 D_1 和晶体管 T_5,提高了阈值电压和速度,可以获得矩形化的电压传输特性。

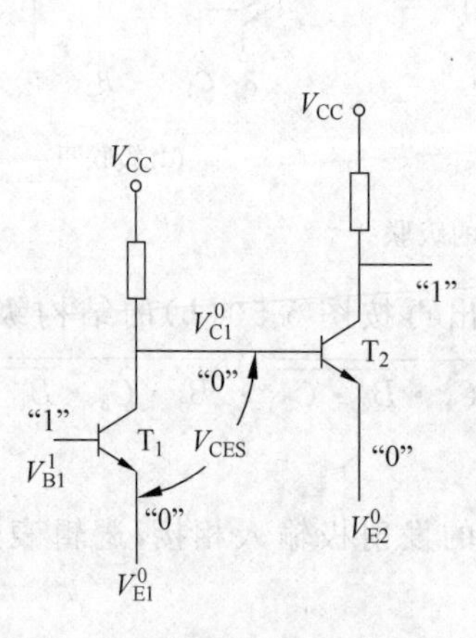

图 5-52 导通时级联电平图示

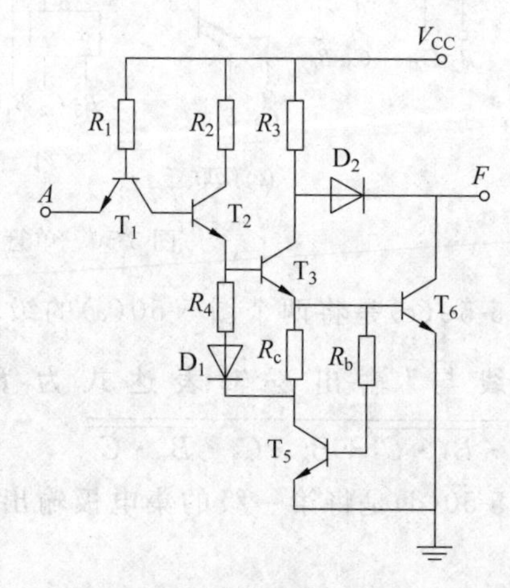

图 5-53 高阈值门电路

(3) 单管逻辑门导通时，其基极输入的高电平 V_B^1 将被钳位，即有

$$V_B^1 = V_E^0 + V_{BE} \tag{5-15}$$

当两个或多个单管逻辑门的基极并联受同一个门(包括单管逻辑门和其他 TTL 门)驱动时，如图 5-54(a)所示，由于各管的 BE 结正向压降 V_{BEF} 会有偏差，其他电路提供给发射极的低电平也难以相同，因此 V_B^1 将被 $V_E^0 + V_{BE}$ 较小者钳位，造成基极并联的单管逻辑门之间发生抢电流现象，严重时会引起逻辑错误。通常在基极输入端增设一个隔离管，通过改变电流提供方式来消除抢电流现象，如图 5-54(b)所示。

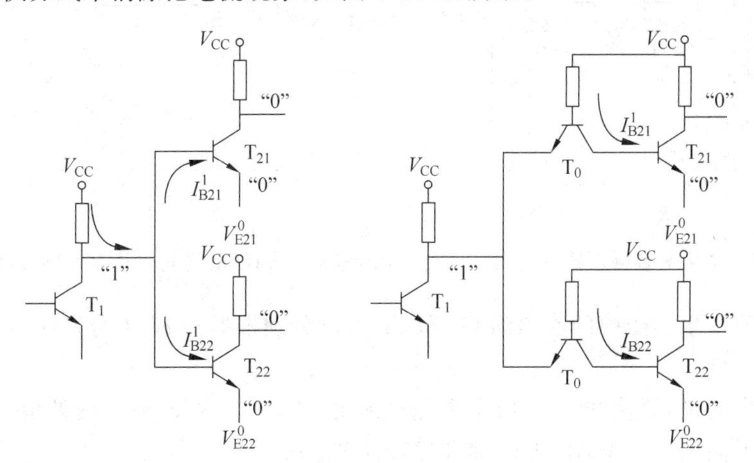

(a) 没有隔离管(有抢电流现象)　　(b) 加隔离管(克服抢电流现象)

图 5-54　两个单管逻辑门基极并联受同一门驱动的抢电流现象及克服方法

5.4.4　内部简化触发器

计数器、寄存器的主体是触发器组，它们是中大规模集成电路中经常用到的功能模块。采用简化触发器简化电路，可以提高速度、减小芯片面积、提高成品率、降低成本。

1. 内部简化 R-S 触发器

图 5-55 所示为主从 R-S 触发器逻辑图。与非门 G_1 和 G_3、G_2 和 G_4 分别是单管串接与非门逻辑，而反相器 G_9、与非门 G_5 和 G_6 是两个单管禁止门发射极并接构成的逻辑，因此可以有图 5-56 所示电路，一般称之为“直译”电路。其中 T_3 和 T_4 为 OC 输出单管禁止门，T_1 和 T_2 为单管串接与非门。

“直译”电路中，T_2 和 T_3 的基极输入端并接在一起由 T_1 集电极输出驱动，而 T_1 和 T_4 的基极输入端并接在一起由 T_2 集电极输出驱动，因此该“直译”电路在工作中易发生抢电流现象，造成状态不稳定。由于易发生抢电流现象的 T_1 和 T_4、T_2 和 T_3 的发射极又同受时钟端控制，因此可以将 T_3 和 T_4 的位置改换一下，把“并接”驱动改为“串接”驱动，另外为 T_3 和 T_4 分别增设了一个基极泄放电阻以提高速度，如图 5-57 所示，这样就可避

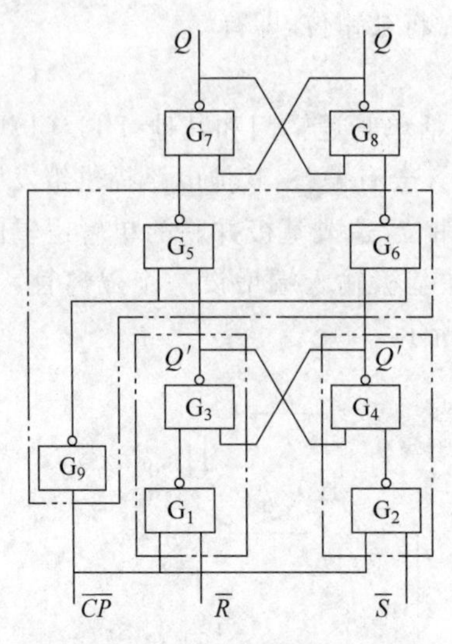

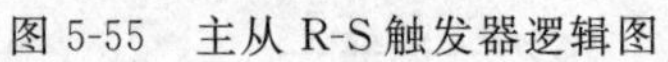
图 5-55　主从 R-S 触发器逻辑图

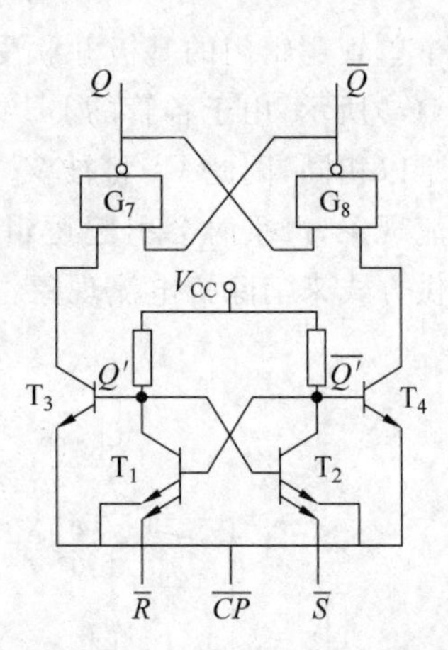

图 5-56　“直译”的简化主从 R-S 触发器电路图

免抢电流现象发生。图中的输出门 G_7 和 G_8 可以分别根据 Q 和 $\overline{Q}$ 的驱动能力要求选择一般门电路。

需要指出的是,要使图 5-57 所示电路能够正常工作,$\overline{R}$、$\overline{S}$ 输入的低电平必须比 $\overline{CP}$ 输入的低电平高出一个 V_{BE} 以上(一般取高出 $2V_{BE}$)。

2. 内部简化 J-K 触发器

图 5-58 所示为主从 J-K 触发器逻辑图。以图 5-55 主从 R-S 触发器同样设计思想设计的电路如图 5-59 所示。该触发器采用单端 Q 输出,所以 G_7 采用了四管单元,而 G_8 采用了两管高阈值 OC 与非门。该触发器的异步置“0”、置“1”在电路中是以“线与”的方式实现的(图中的虚线)。

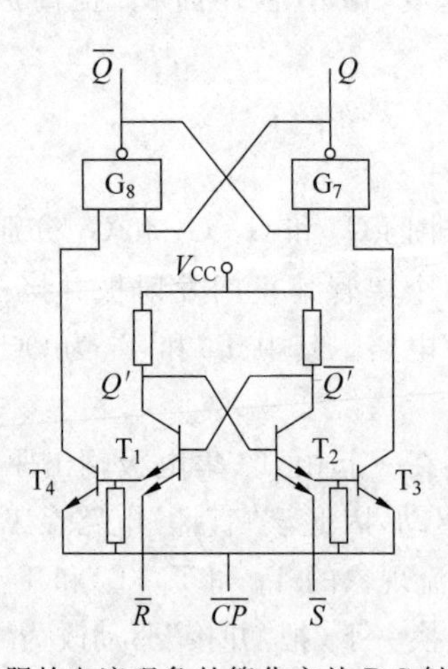

图 5-57　克服抢电流现象的简化主从 R-S 触发器电路图

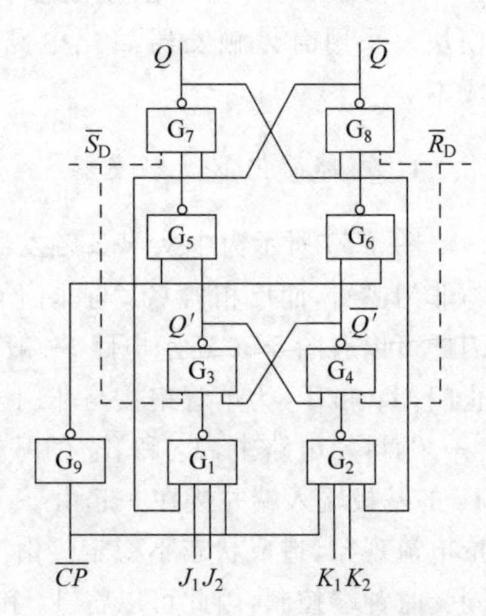

图 5-58　主从 J-K 触发器逻辑图

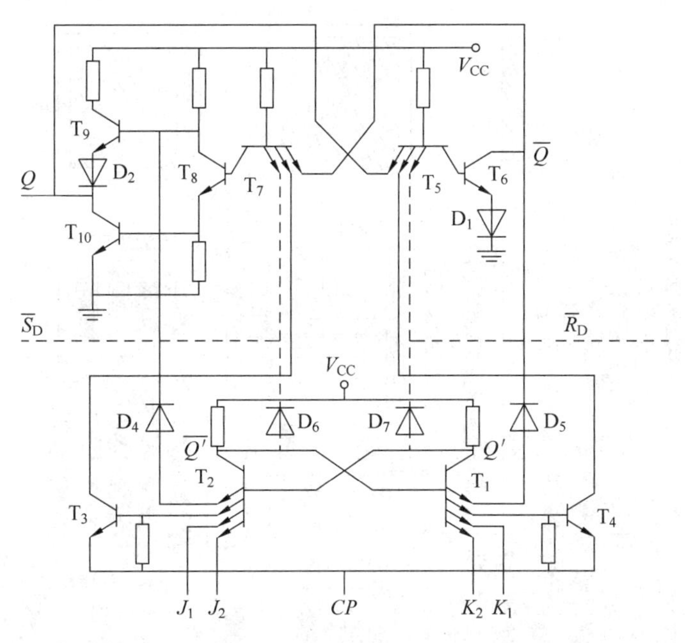

图 5-59 主从 J-K 触发器电路图

为了使电路可靠工作，T_1 和 T_2 除了连接 T_3 和 T_4 基极的发射极外，其他发射极输入的低电平必须比时钟 CP 输入的低电平高出一个 V_{BE} 以上（一般取高出 $2V_{BE}$），G_7 和 G_8 分别反馈到 G_1 和 G_2 输入端（T_1 和 T_2 发射极）的连接线中各增加一个二极管就是这个目的。

5.5 TTL 集成电路版图解析

有关器件图形尺寸设计技术、版图设计基础知识以及 TTL 电路设计分析技术已在前面章节中作了介绍，本节将结合两个 TTL 门电路版图的具体实例来阐述 TTL 集成电路版图设计中的具体考虑。

5.5.1 TTL 与非门版图解析

图 5-60 所示为采用典型 PN 结隔离工艺设计的八输入与非门版图，电路原理图见图 5-10。多发射极 T_1 管有 8 个发射极，增加 T_1 管集电极（T_2 管基极）引出端作为电路的与扩展端（EXT），其中：$R_1=4\text{k}\Omega$，$R_2=1\text{k}\Omega$，$R_4=3\text{k}\Omega$，$R_5=100\Omega$，$R_b=500\Omega$，$R_c=250\Omega$。根据隔离原理划分为 6 个隔离区：T_1，T_2，T_3 和 T_4，T_5，R_b、R_c 和 T_6，R_1、R_2、R_4 和 R_5。

T_1 工作电流不大，可采用较小尺寸晶体管。为了减小反向漏电流，采用了“长脖子”基区结构，同时在基区内设置了等位条以便使多个发射极处于相同的基区电位（因电源布线需要，基区等位条有一处断条，会引进一定的基区电位差）。

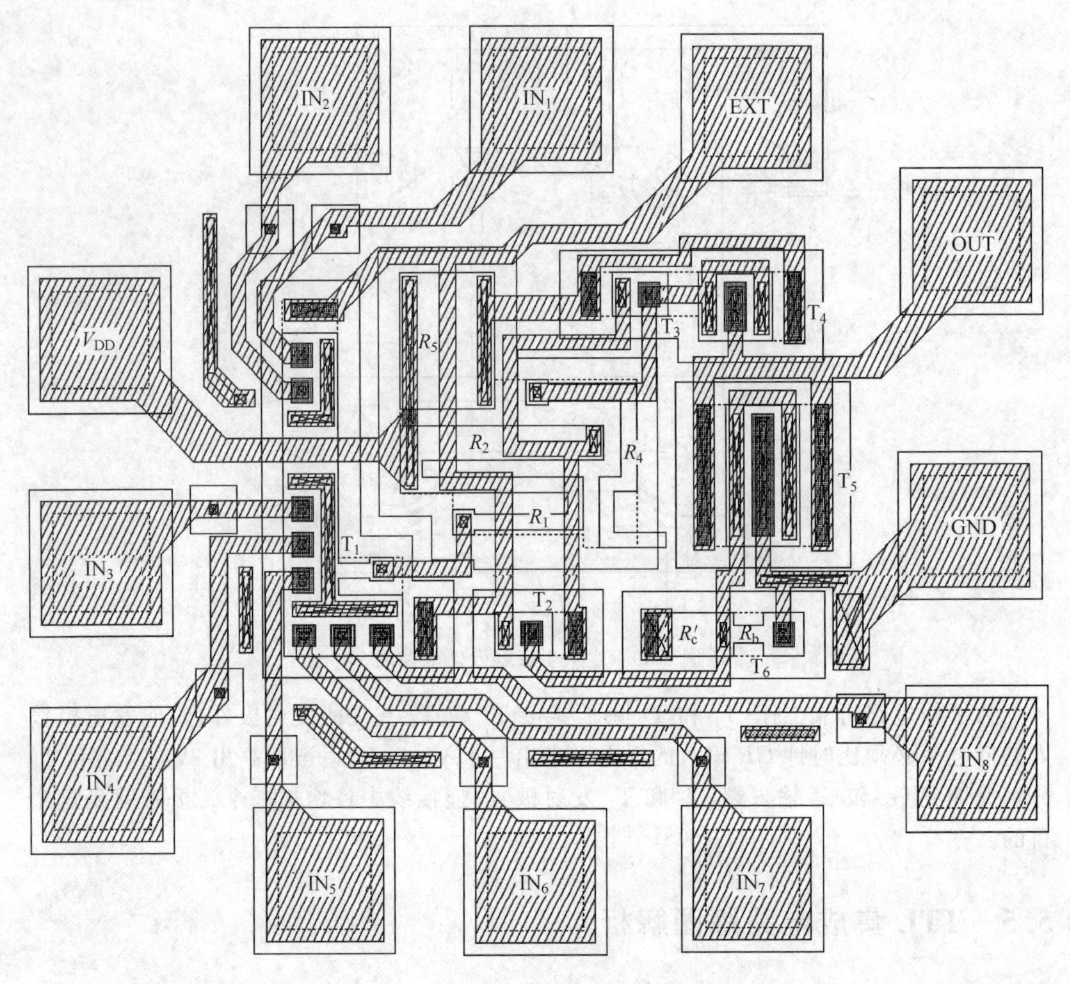

图 5-60 TTL 八输入与非门版图

T_5 采用了双基极双集电极结构。因为它的工作电流较大(负载灌入电流和瞬态电流都较大),需要较长的发射极条。同时为了进一步减小其集电极串联电阻(输出低电平的需要),集电极孔采用较宽的尺寸(其他晶体管也相同)。

T_4 工作电流较大(瞬态电流较大),但是对集电极串联电阻没有要求(不进入饱和区工作),所以采用了双基极单集电极结构。

T_2、T_3 和 T_6 工作电流较小,都采用较小尺寸晶体管。由于 T_3 的集电极与 T_4 的集电极相连,即 T_3 和 T_4 两个晶体管集电极电位相同,所以它们可以放在同一个隔离区中,并共享集电极。R_b 和 R_c 的电位与 T_6 集电极电位之差都小于 PN 结正向压降,所以它们可以放在同一个隔离区中。而且,用基区扩散制作的电阻 R_b 与 T_6 的基区以自连接方式连接,消除了因连接所占用的面积; T_6 的集电极串联电阻 r_{ces} 与用基区扩散制作的电阻 R_c'之和构成 R_c,既提高了 R_c 的精度,又减小了面积。

R_1、R_2、R_4 和 R_5 均采用基区扩散电阻,放在同一个隔离区中,其外延衬底接电源电位。R_1 和 R_4 精度要求不高,工作电流也不大,采用较窄的电阻条。R_4 采用与隔离墙自连接方式接地。R_2 对电路速度及功耗影响较大，精度要求相对较高，采用较宽的电阻条。R_5 是限流电阻，精度要求不高，但是要求承受的电流较大，采用更宽的胖型电阻条。

该电路的 8 个输入端都采用了二极管钳位，钳位二极管均采用隔离结二极管，有利于减小面积，钳位二极管之间设置地电位的等位条，以保证钳位效果。

该电路的每个压焊点都放在单独的隔离岛之上，以防由于氧化层针孔等原因造成端口之间通过衬底短路。

5.5.2 LSTTL 或门版图解析

LSTTL 两输入或门电路如图 5-61 所示，其版图如图 5-62 所示(四两输入或门版图中的一个或门部分，且不含压焊点)。版图设计采用了非典型 PN 结隔离工艺，其特点是：对通隔离，隔离墙横向扩散小，有效减小因隔离所占的面积；高阻硼离子注入，提高大电阻的精度，且有效减小大电阻占用的面积；泡发射区工艺，发射区扩散窗口即是发射区引线孔，可以有效减小发射区面积；深磷扩散，有效减小 NPN 管集电极串联电阻。

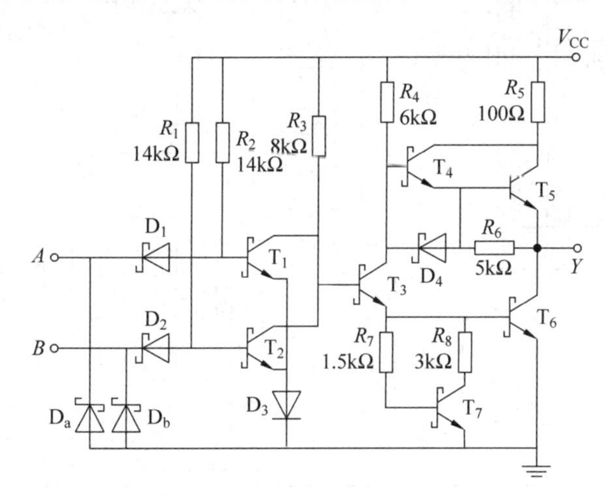

图 5-61 LSTTL 两输入或门电路

根据隔离原理划分 9 个隔离区：D_a 和 D_1，D_b 和 D_2，T_1 和 T_2，D_3，T_3 和 D_4，T_4、T_5 和 R_6，T_6，R_7、R_8 和 T_7，R_1、R_2、R_3、R_4 和 R_5。

与输入相关的肖特基二极管 D_1、D_2、D_a 和 D_b 都采用了 P 型环结构，提高了反向耐压能力。其中 D_a 和 D_b 是输入钳位二极管，采用的面积较大，是为了减小串联电阻，保证钳位效果。

T_6 是输出管，工作电流(负载灌入电流和瞬态电流)较大，且集电极串联电阻要小，所以采用了条长较长的晶体管结构，而且其中的肖特基二极管采用了 P 型环结构。T_5 管工作电流也较大(瞬态电流)，但是不进入饱和区工作，采用条长较长的普通 NPN 管。

最小面积晶体管 T_1、T_2、T_3 和 T_4 中的肖特基二极管利用减小基区宽度而空出的位置形成，进一步减小了面积。虽然会因此而引进一定的基区串联电阻，但是因为电流很小,产生电位差的影响可以忽略。

二极管 D_3 采用 NPN 管基极和集电极短接的发射结形成,电平移位效果好。高阻硼离子注入电阻 $R_1 \sim R_8$ 均采用基区扩散形成电极,以便形成良好的欧姆接触。

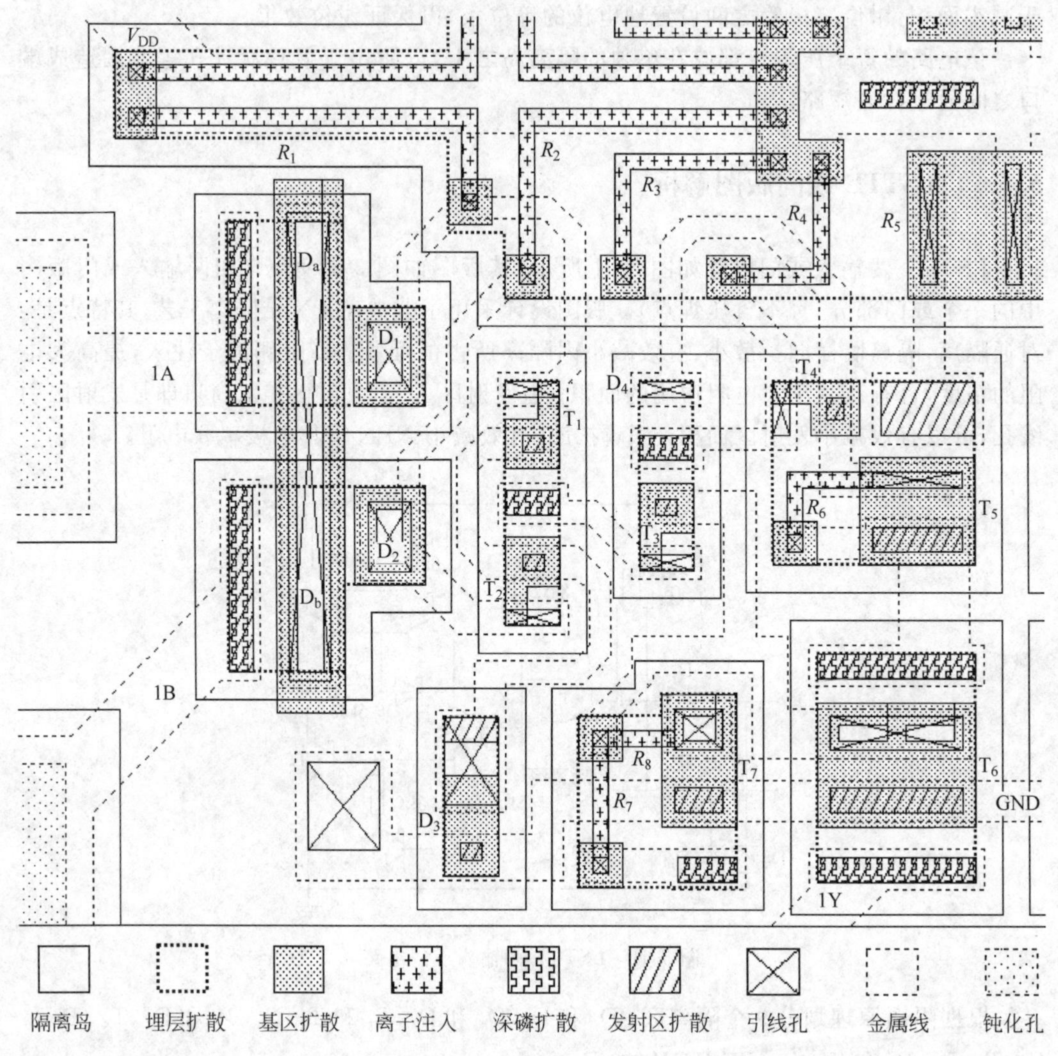

图 5-62　LSTTL 四两输入或门中的一个或门版图

5.6　ECL 集成电路

发射极耦合逻辑(ECL)集成电路是一种非饱和型逻辑电路,其特点是工作时晶体管不进入饱和区,只在放大和截止两个状态间转换,而且状态转换时各节点电位变化幅度小,不像 TTL 电路那样需要较长的释放超量存储电荷时间和较长的节点电容充放电时间,因此 ECL 电路速度更高;但是它具有功耗大、抗外来噪声干扰能力低的缺点,主要应用于早期的高速大型计算机中。

5.6.1 ECL 基本门的工作原理

ECL 电路基本门是或/或非门，同时具有两个互补输出端，如图 5-63 所示。电路由发射极耦合电流开关、参考电源和射极跟随器三部分组成，推荐使用负电源 $V_{EE}=-5.2V$。

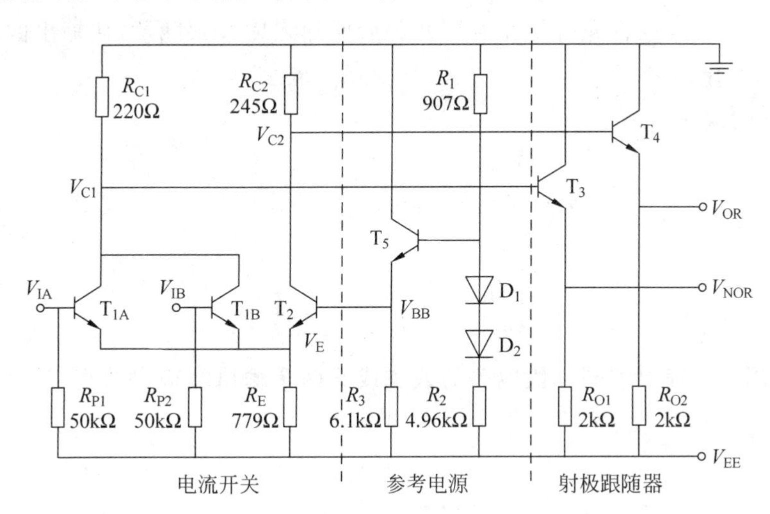

图 5-63 ECL 二输入端或/或非门电路

1. 电流开关

电流开关由输入晶体管 T_{1A} 和 T_{1B}、定偏晶体管 T_2、集电极负载电阻 R_{C1} 和 R_{C2}、发射极耦合电阻 R_E、输入下拉电阻 R_{P1} 和 R_{P2} 组成。该部分是 ECL 电路的核心，由它来完成电路的逻辑功能。

当所有输入端都接低电平 V_{OL}($V_{OL}<V_{BB}$)的时候，定偏晶体管 T_2 在定偏电压 V_{BB} 作用下导通，而输入晶体管 T_{1A} 和 T_{1B} 都截止。因此，V_{C2} 输出低电平，V_{C1} 输出高电平：

$$V_{C2\text{-}L}=-I_{C2}R_{C2}=-\alpha I_{E2}R_{C2} \tag{5-16}$$

$$V_{C1\text{-}H}=0 \tag{5-17}$$

当输入中有接高电平 V_{OH}($V_{OH}>V_{BB}$)的时候，输入晶体管 T_{1A} 和 T_{1B} 就有导通的，而定偏晶体管 T_2 截止。因此，V_{C1} 输出低电平，V_{C2} 输出高电平：

$$V_{C1\text{-}L}=-I_{C1}R_{C1}=-\alpha I_{E1}R_{C1} \tag{5-18}$$

$$V_{C2\text{-}H}=0 \tag{5-19}$$

由此可见，输入晶体管 T_{1A} 和 T_{1B} 的公共集电极和输入之间是或非逻辑关系，而定偏晶体管 T_2 的集电极和输入之间是或逻辑关系，即该电路同时具有或/或非两种逻辑输出。

ECL 电路可以通过增加并接的输入晶体管个数来增加输入端数。输入端接的下拉电阻可以使不用的输入端(浮空端)固定在“0”电平，避免发生“输入浮空效应”(由于输入电容的存在，浮空端上积累的电荷在没有下拉电阻时会导致对应的输入管错误导通而引起逻辑错误)。

2. 射极跟随器

ECL电路的电流开关部分虽然完成了或/或非逻辑功能，但是如果直接级联应用，当前级输出高电平时，后级的输入晶体管将会进入饱和区，因而将失去ECL电路的高速特点。

解决此问题的途径首先就是在电流开关后面加入射极跟随器，使输出的高、低电平都下移一个BE结压降V_{BE}。

或非端(V_{NOR})：

$$V_{OH} = -V_{BE3} \tag{5-20}$$

$$V_{OL} = -\alpha I_{E1} R_{C1} - V_{BE3} \tag{5-21}$$

或端(V_{OR})：

$$V_{OH} = -V_{BE4} \tag{5-22}$$

$$V_{OL} = -\alpha I_{E2} R_{C2} - V_{BE4} \tag{5-23}$$

实际应用中一般要求同一块电路的或和或非两个输出端输出的高、低电平相同，即要求设计为

$$V_{BE3} = V_{BE4} \tag{5-24}$$

$$I_{E1} R_{C1} = I_{E2} R_{C2} \tag{5-25}$$

因此，ECL电路的逻辑摆幅V_L为

$$V_L = V_{OH} - V_{OL} = \alpha I_{E1} R_{C1} = \alpha I_{E2} R_{C2} \tag{5-26}$$

可见，加入射极跟随器后，再限定$V_L \leqslant V_{BE}$(通常取$V_L = V_{BE}$)，级联时就可避免输入晶体管进入饱和区，保证了逻辑的正确性和电路的高速性。同时，射极跟随器还起到了缓冲、隔离和放大作用，提高了电路的负载能力。

3. 参考电源

要使电流开关正常工作，需要由参考电源为定偏管提供一个定偏电压V_{BB}($V_{OH} > V_{BB} > V_{OL}$)。由于ECL电路逻辑摆幅小，为了提高抗干扰能力，通常要求V_{BB}在温度变化时始终处于高、低电平的中点。取$V_L = V_{BE}$，则有

$$V_{BB} = \frac{V_{OH} + V_{OL}}{2} = V_{OH} - \frac{1}{2} V_L = V_{OL} + \frac{1}{2} V_L = -\frac{3}{2} V_{BE} \tag{5-27}$$

也可得到

$$V_{BB} = -V_{BE} - \frac{1}{2} \alpha I_{E1} R_{C1} = \frac{1}{2} \alpha \frac{V_{EE} + 2V_{BE}}{R_E} R_{C1} - V_{BE} \tag{5-28}$$

图5-63中的二极管D_1和D_2通常采用晶体管的BE结制作，因此定偏电压V_{BB}为

$$V_{BB} \approx \frac{V_{EE} + 2V_D}{R_1 + R_2} R_1 - V_{BE5} = \frac{V_{EE} + 2V_{BE}}{R_1 + R_2} R_1 - V_{BE} \tag{5-29}$$

由式(5-29)可知，只要适当选取电阻R_1、R_2的阻值，即可使V_{BB}处于高、低电平的中点。联立式(5-28)和式(5-29)可知，恰当选择相关电阻阻值使下式成立时，在温度变化时

V_{BB}会始终处于高、低电平的中点：

$$\frac{\alpha R_{C1}}{2R_E}=\frac{R_1}{R_1+R_2} \tag{5-30}$$

5.6.2 ECL电路的逻辑扩展

在ECL或/或非门的基础上增加射极跟随器的数量即可使电路同时获得多个或和或非输出，如图5-64所示。图中没有包括参考电源电路，射极跟随器采用了开射极输出以便更好地进行系统匹配设计。

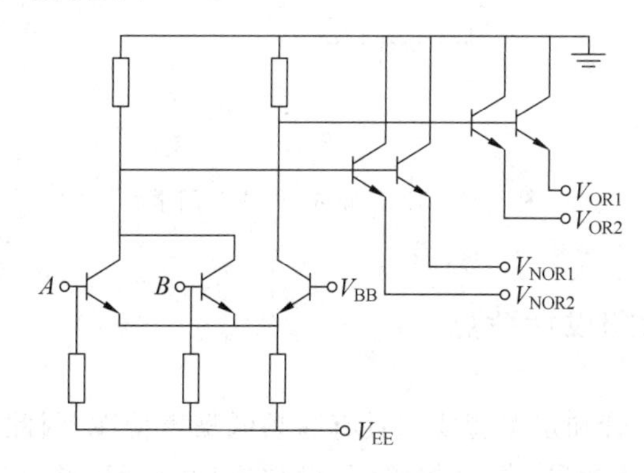

图5-64 多输出ECL或/或非门电路

图5-65所示为ECL或与/或与非门电路，它是利用电流开关的“并联”以及“集电极线与”和“发射极线或”实现的。图5-66所示为ECL异或/异或非门电路，它是利用电流开关的并联和串联以及“集电极线与”实现的，输入端B增加了一个晶体管和一个二极管进行电平移位以便实现电平匹配。它的参考电源电路需要提供两个不同的定偏电压V_{BB1}和V_{BB2}。

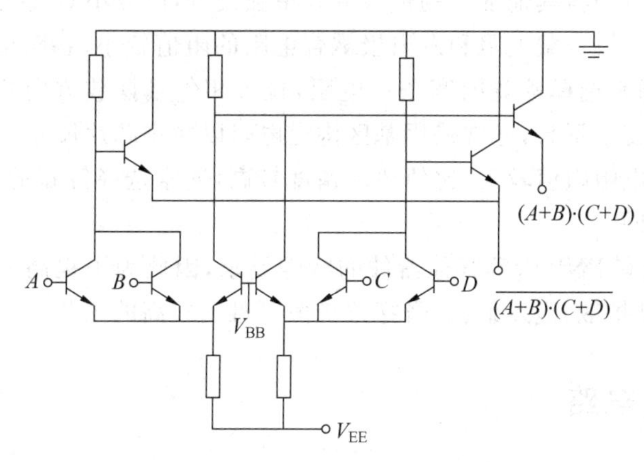

图5-65 ECL或与/或与非门电路

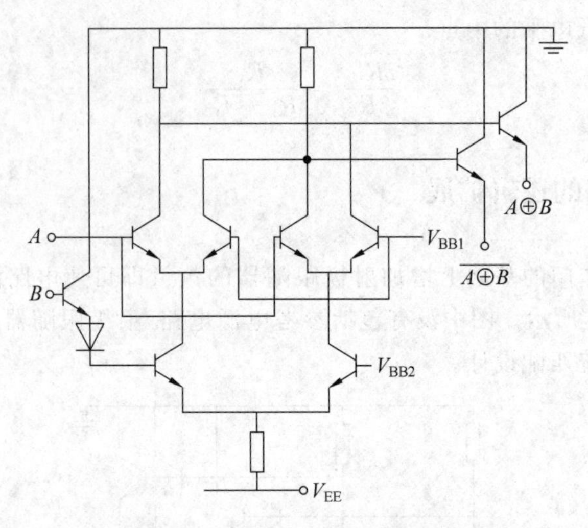

图 5-66 ECL 异或/异或非门电路

5.6.3 ECL 电路版图设计特点

电流开关中的输入管和定偏管要求具有高频低噪声特性，因此通常采用发射极条宽较窄的双基极条形，尺寸相同，位置相邻，且摆放方向相同。并联的输入管共享一个隔离区。

射极跟随器中的输出晶体管工作电流较大，通常采用梳状结构晶体管，尺寸相同，位置相邻，且摆放方向相同。从隔离区划分原则上讲所有输出管都可以共享一个隔离区，但是实际设计中为了减少相互干扰，通常将两种逻辑功能的输出管分放在两个隔离区中，多输出端时同一逻辑功能的多个输出管可以放在同一个隔离区中以减小芯片尺寸。输出管的地线(高电位)与其他部分的地线分开单独设置，以减小对其他电路的干扰。

电流开关中集电极负载电阻和发射极耦合电阻的阻值较小，各阻值及其之间的比值要求精度都较高，通常选择等宽的宽条形电阻，位置相邻且摆放方向相同。输入下拉电阻阻值较大且精度要求不高，通常采用基区沟道电阻以减小芯片尺寸。

参考电源中的电阻阻值较大，比值要求精度较高，通常选择等宽的窄条形电阻，位置相邻且摆放方向相同。

ECL 电路中没有 PNP 管等其他器件的特殊要求，因此为了提高 NPN 管特性，通常选择薄层外延、浅结扩散、泡发射区、磷穿透扩散等难度较高的工艺。

5.7 I^2L 集成电路

集成注入逻辑(I^2L)集成电路是在 TTL 和 ECL 之后产生的一种新型的双极型逻辑电路，其特点是集成度高、功耗延迟积小(功耗极低)、工艺简单且与其他类型电路工艺兼容。为双极型 LSI/VLSI 开辟了新的道路。但是其缺点是负载能力差、速度慢、抗噪能力低。

5.7.1 I²L 基本单元的工作原理

图 5-67 所示为 I²L 电路基本单元的电路及其版图和剖面结构图。它是由一个横向 PNP 管和一个倒置的多集电极 NPN 管构成，倒置 NPN 管的基区又是 PNP 管的集电区，倒置 NPN 管的发射区（N 衬底）又是 PNP 管的基区，二者相互耦合构成一个统一体，所以又称为并和晶体管逻辑。从图中可以看出其电路简单、元件少、共享区域多，内部没有互连线，布局时单元之间不需要隔离且采用统一的注入（如图 5-68 所示，规模较大时可以采用指形注入条），极大地缩小了芯片面积。I²L 电路基本单元是单端输入多端开集电极（OC）输出的反相器。

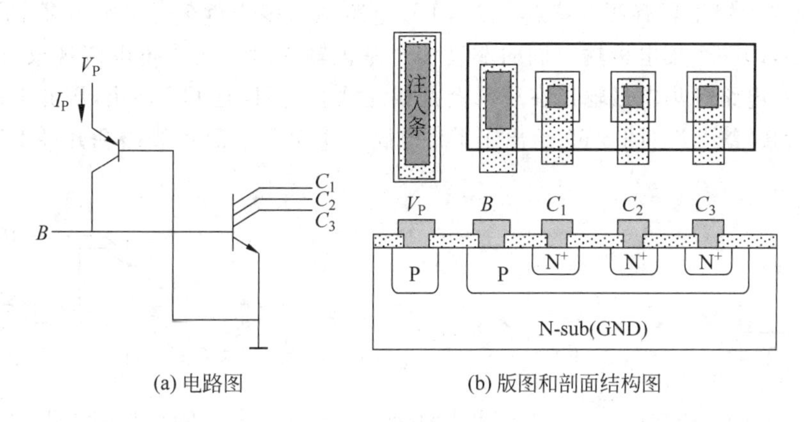

图 5-67　I²L 电路基本单元

电源 V_P（通常称为注入端）加上一个大于 PNP 管 BE 结正向压降的电压，PNP 管导通，注入的空穴经其基区被其集电区（NPN 管基区）收集。当输入 B 接高电平 V_{OH}（输入浮空或前级 I²L 电路输出管截止）时，由于收集的空穴积累使 NPN 管深饱和导通，输出低电平，其值近似为倒置 NPN 管的本征饱和压降，即 $V_{OL} \approx V_{CESO} \approx 0.05\text{V}$，此时 PNP 管也是深饱和导通，电源注入电流 I_P 经 PNP 管和 NPN 管发射极到地；当输入 B 接低电平 V_{OL}（前级 I²L 电路输出管深饱和）时，收集的空穴经输入端 B 被前级抽走，NPN 管截止，输出高电平（开集电极输出），如果后级也是 I²L 电路，其值为倒置 NPN 管的 BE 结正向压降，即 $V_{OH} = V_{BE} \approx 0.7\text{V}$，此时 PNP 管是临界饱和导通，电源注入电流 I_P 经 PNP 管灌入前级。

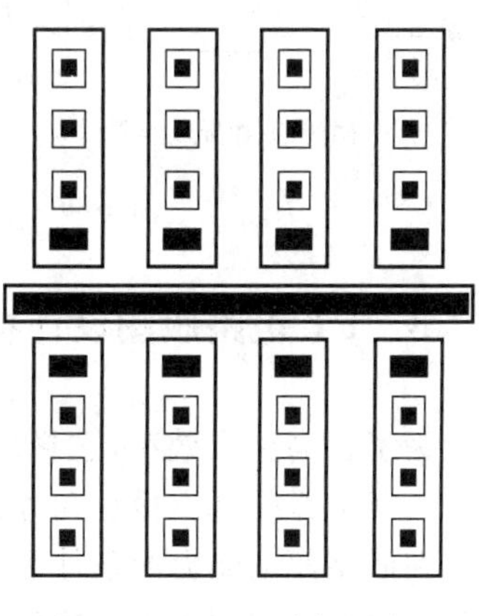

图 5-68　ECL 电路版图布局

由此可见，当 I²L 电路级联时，注入电流为 I_P 的 I²L 电路单元驱动 N_O 个注入电流为 I_{PO} 的 I²L 电路时，应满足

$$\beta_{NPN}\alpha_{PNP深饱和} I_P > N_O \alpha_{PNP临界饱和} I_{PO} \tag{5-31}$$

实际测试表明 $2\alpha_{PNP深饱和} \approx \alpha_{PNP临界饱和}$，即有

$$\beta_{NPN} > (2N_O I_{PO}) / I_P \tag{5-32}$$

式(5-32)是 I^2L 电路正常工作的必要条件。由于 NPN 管是倒置结构，其 β 值很低，因此 I^2L 电路的扇出 N_O 很小，即带负载能力很差。若要增加驱动能力，就要增大注入电流 I_P。在注入端电压一定时，注入电流的大小与 NPN 管基区的条宽(PNP 管集电区与注入条相对的边长)成正比关系，即设计中通过调整 NPN 管的基区条宽来调整注入电流 I_P 的大小。

5.7.2 I²L 电路的逻辑组合

I^2L 电路逻辑组合有两个特点：①当 I^2L 电路驱动多个负载时必须由多个集电极输出分别驱动，即一个集电极输出同时驱动多个基极输入时会发生抢电流现象，造成逻辑错误；②I^2L 电路各集电极输出在逻辑上是相互独立的，且是 OC 输出，因此 I^2L 电路的输出可以直接"线与"。图 5-69 给出了 I^2L 电路基本单元的简化线路和几种 I^2L 电路的逻辑组合。

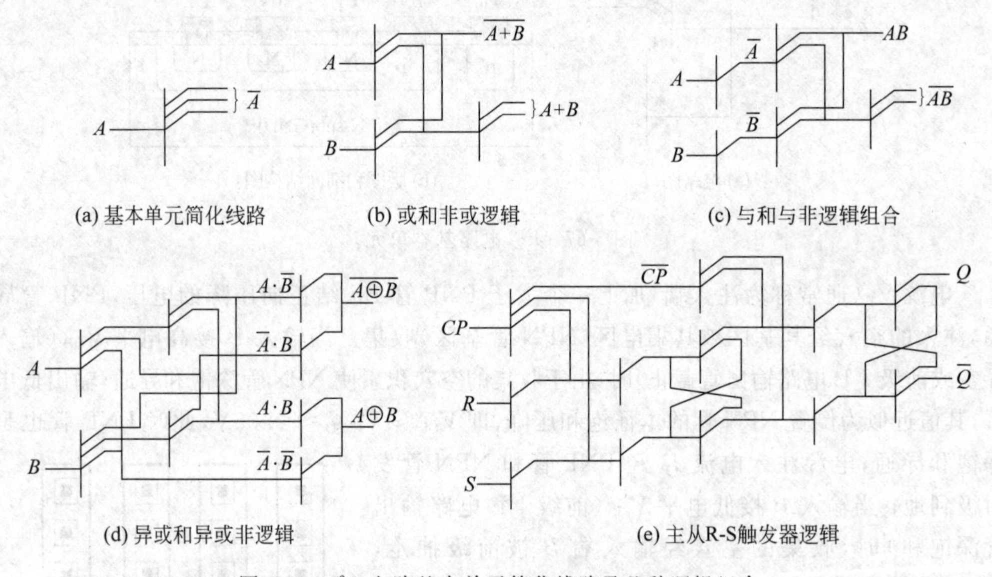

图 5-69　I^2L 电路基本单元简化线路及几种逻辑组合

5.7.3 I²L 电路版图设计特点

为了提高注入效率，选择较窄的 P 型注入条的宽度，同时为了提高注入的均匀性，P 型注入条上必须开出接触孔并覆盖金属且金属条要适当加宽以保证均匀注入。

在满足驱动能力的条件下应尽量减小基区条宽，因为基区条宽越窄集成度越高，而且寄生电容小有利于提高速度。基区接触孔的位置通常根据布线要求选取，但是离注入条越近基区串联电阻越小，速度越快。基区条及基区接触孔的常规排布方式如图 5-70 所

示，其中 C、D、E 三种方式相比较，C 方式集成度最高，但驱动能力最差，而 E 方式集成度最低，但驱动能力最强；A、B、C 三种方式相比，A 方式速度最慢，C 方式速度最快。

多集电极 NPN 管的集电区随着离注入条距离的增大，收集率下降，致使集电极电流减小，即几个集电极电流不均等。为解决此问题，通常采用随着离注入条距离的增大而增大集电区面积(如图 5-71 中的 A 单元)或者采用基区接触孔等位方式(如图 5-71 中的 B 和 C 单元)实现集电极电流均等。

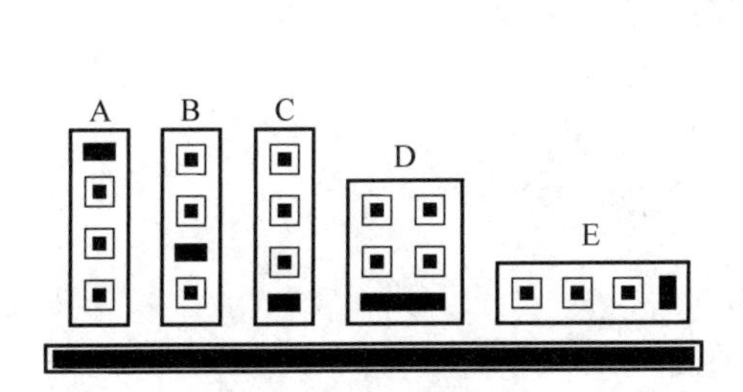

图 5-70 基区条及基区接触孔常规排布方式

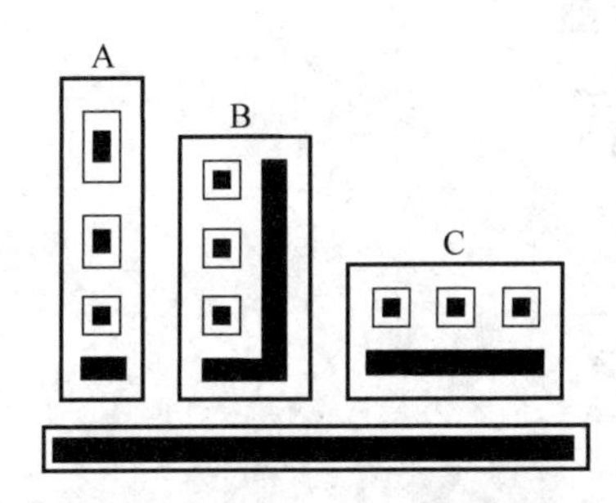

图 5-71 均等各集电极电流的方式

为了提高地电位的均匀性，通常在形成倒置 NPN 管集电区的同时，在各单元之间以及单元外侧，或只在芯片周边进行 N^+ 磷覆盖。

如果是制作单一的 I^2L 集成电路，可以采用 N/N^+ 外延片，器件做在 N 外延层中，N^+ 基片对地电位起到很好的均匀作用。也可以采用特殊的工艺，如 P 外延自对准 I^2L 工艺，图 5-72 给出其剖面结构。采用 P/N^+ 外延片，N^+ 基片既对地电位起到很好的均匀作用，又提高了 NPN 管的注入效率；P 外延层作为 NPN 管基区；N 扩散作 PNP 管的基区，同时与 N^+ 基片相连实现 NPN 管基区间的电隔离；P^+ 扩散作 PNP 管的发射区，提高了 PNP 管的注入效率；P^+ 扩散与 N 扩散用同一个扩散窗口(自对准)，利用横向扩散的差形成比较小的横向 PNP 管的基区宽度，提高了 PNP 管的性能。注入条(注入管)是网状，芯片周边接地。为了减小 N 扩散的横向扩散以便缩减芯片面积，需要薄外延和浅结扩散。

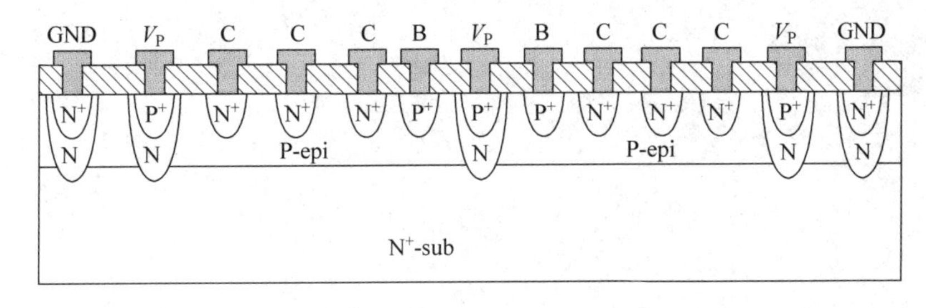

图 5-72 P 外延自对准 I^2L 工艺剖面结构

如果 I^2L 电路与其他双极型电路混合集成，I^2L 电路所在隔离岛应设埋层(I^2L 电路可做在同一个隔离岛中，也可以根据需要放在几个隔离岛中)，以便提高地电位的均匀性。

第6章 CMOS数字集成电路设计

MOS 数字集成电路在 20 世纪 70 年代早期就开始应用，它经历了 PMOS、NMOS 和 CMOS 三个主要历程。目前，CMOS 由于具有高集成度、高速度、低功耗等突出特点，占据了数字集成电路的绝对主导地位(99%的市场份额)。

6.1 CMOS 反相器

CMOS 反相器是 CMOS 集成电路中最简单而又最基本的逻辑单元电路，可以说它是各种 CMOS 门电路的缩影，是 CMOS 逻辑电路分析、设计的基础。因此，对 CMOS 反相器进行分析设计具有广泛的代表意义。

6.1.1 工作原理

CMOS 反相器(互补 MOS 反相器)电路如图 6-1 所示，图 6-2 给出了 3 种 CMOS 反相器的版图。CMOS 反相器是用一个增强型 NMOS 管和一个增强型 PMOS 管按互补对称连接而成。它们的栅极短接作为输入，它们的漏极短接作为输出，NMOS 管源极接地，PMOS 管源极接电源 V_{DD}，且应满足

$$V_{DD} \geqslant V_{TN} - V_{TP} \tag{6-1}$$

式中，$V_{TN}(>0)$和 $V_{TP}(<0)$分别为 NMOS 管和 PMOS 管的阈值电压。

当 V_{in}输入为低电平 $V_{OL}(V_{OL}<V_{TN})$时，NMOS 管截止，PMOS 管导通(非饱和导通)，V_{out}输出高电平 V_{OH}。

当 V_{in}输入为高电平 $V_{OH}(V_{OH}>V_{DD}+V_{TP})$时，PMOS 管截止，NMOS 管导通(非饱和导通)，V_{out}输出低电平 V_{OL}。

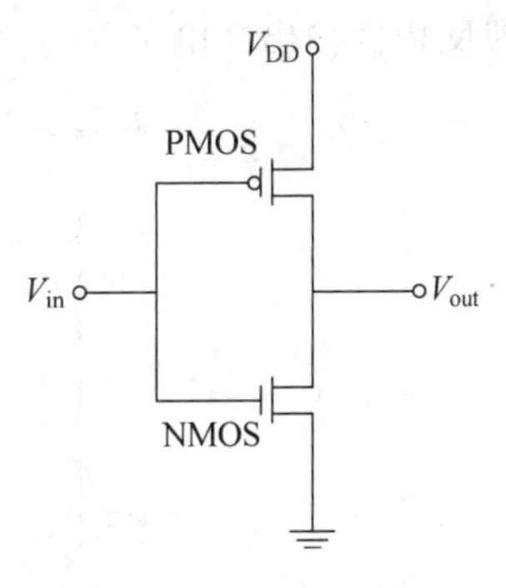

图 6-1 CMOS 反相器电路

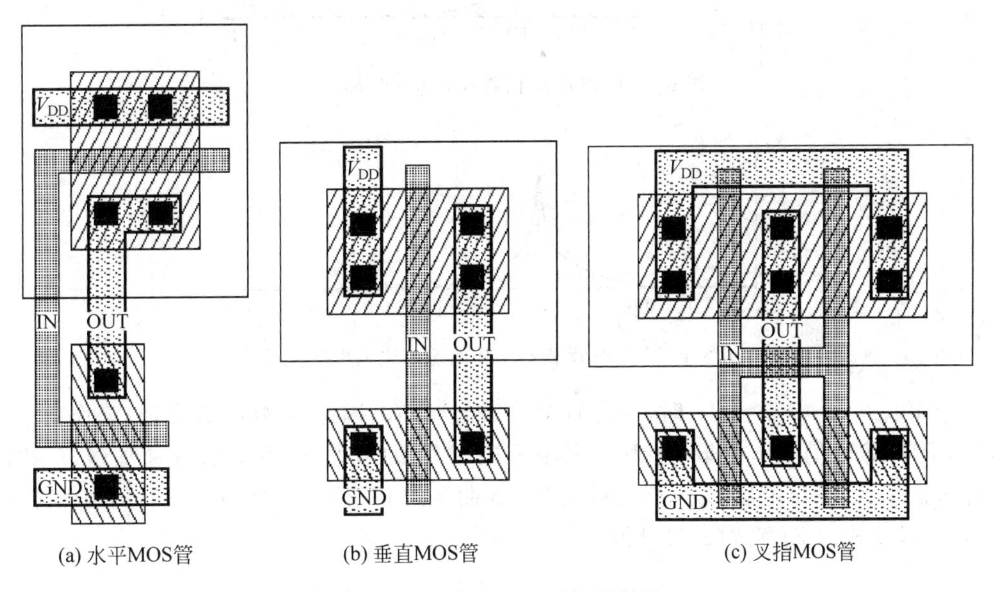

图 6-2 三种 CMOS 反相器版图

6.1.2 直流传输特性与噪声容限

1. 直流传输特性

图 6-3 所示为 CMOS 反相器的电压传输特性曲线，即输出电压与输入电压之间的关系，图 6-4 所示为 CMOS 反相器直流工作电流与输入电压之间的关系曲线。它们一同反映了 CMOS 反相器的直流传输特性。一般按图 6-3 中所示的五个区段来讨论它的直流特性。

MOS 器件是绝缘栅结构，所以图 6-1 所示反相器静态工作时总有

$$I_{DSN} = -I_{DSP} \tag{6-2}$$

式中，I_{DSN}和 I_{DSP}分别为 NMOS 管和 PMOS 管的漏源电流。

当 $0<V_{in}<V_{TN}$时，NMOS 管截止，反相器工作电流为 0。而此时由式(6-1)可知 $V_{in}-V_{DD}\leqslant V_{TP}$，所以 PMOS 管导通，分析可知其工作在非饱和区，因此可得 $V_{out}=V_{DD}$，即反相器输出高电平 $V_{OH}=V_{DD}$，对应图 6-3 曲线的 AB 段。

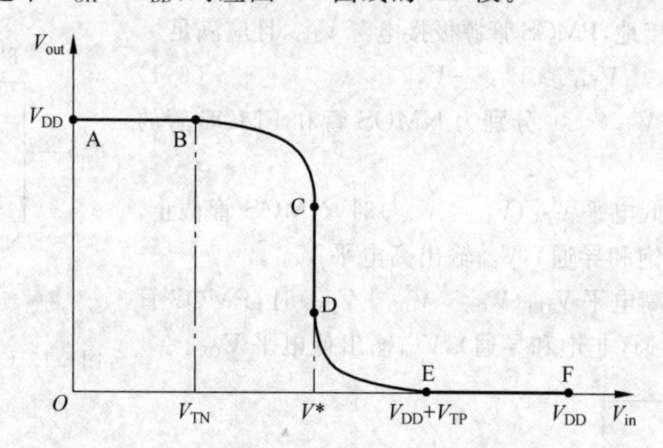

图 6-3　CMOS 反相器直流电压传输特性

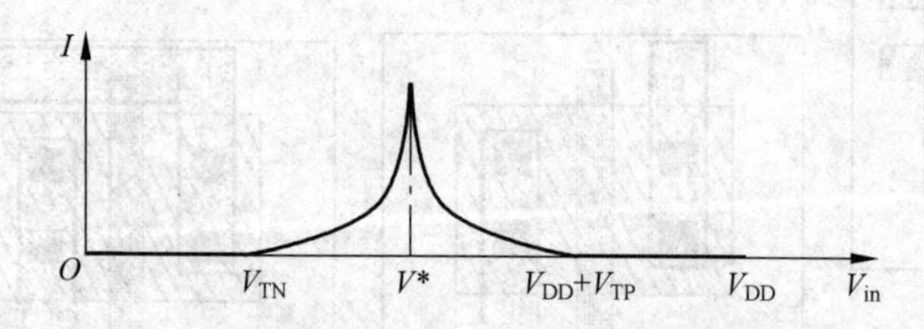

图 6-4　CMOS 反相器工作电流与输入电压关系

当 $V_{TN}<V_{in}<V_{out}+V_{TP}$时，一定有 $V_{in}<V_{out}+V_{TN}$，因此 NMOS 管导通，工作在饱和区，而 PMOS 管仍工作在非饱和区。随输入电压 V_{in}的增大，NMOS 管导通加强，反相器工作电流增大，输出电压 V_{out}下降，对应图 6-3 曲线的 BC 段。忽略沟道长度调制效应，由式(6-2)以及式(2-5)和式(2-7)可得

$$\frac{1}{2}K_n(V_{in}-V_{TN})^2 = K_p\left[(V_{in}-V_{DD}-V_{TP})(V_{out}-V_{DD})-\frac{1}{2}(V_{out}-V_{DD})^2\right] \tag{6-3}$$

其中

$$K_n = \frac{\mu_n\varepsilon_0\varepsilon_{ox}}{t_{ox}}\left(\frac{W_n}{L_n}\right) \tag{6-4}$$

$$K_p = \frac{\mu_p\varepsilon_0\varepsilon_{ox}}{t_{ox}}\left(\frac{W_p}{L_p}\right) \tag{6-5}$$

式(6-4)和式(6-5)中，K_n 和 K_p 分别称为 NMOS 管和 PMOS 管的 K 因子，μ_n 和 μ_P 分别为电子和空穴的迁移率，W_n 和 L_n、W_p 和 L_p 分别为 NMOS 管和 PMOS 管的沟道宽度和长度。

当 $V_{out}+V_{TP}<V_{in}<V_{out}+V_{TN}$时，NMOS 管仍在饱和区工作，而 PMOS 管也转为饱和区工作，对应图 6-3 曲线的 CD 段。忽略沟道长度调制效应，由式(6-2)以及式(2-5)和式(2-8)可得

$$K_n(V_{in}-V_{TN})^2 = K_p(V_{in}-V_{DD}-V_{TP})^2 \tag{6-6}$$

解式(6-6)得

$$V_{in} = \frac{V_{DD}+V_{TP}+V_{TN}\sqrt{\beta_0}}{1+\sqrt{\beta_0}} \tag{6-7}$$

其中，$\beta_0=\dfrac{K_n}{K_p}=\dfrac{\mu_n(W_n/L_n)}{\mu_p(W_p/L_p)}$，称为 NMOS 管和 PMOS 管的 K 因子比。

可见图 6-3 曲线的 CD 段只对应一个输入 V_{in}值，而 V_{out}有较大的变化范围，直流工作电流达最大值，称此时的输入电压为转折电压，记作 V^*。实际由于沟道长度调制效应的影响，CD 段会对应一个很小的 V_{in}范围。

当 $V_{out}+V_{TN}<V_{in}<V_{DD}+V_{TP}$，NMOS 管转为非饱和区工作，而 PMOS 管仍在饱和区工作。随输入电压 V_{in}增大，PMOS 管导通减弱，反相器工作电流减小，输出电压 V_{out}继续下降，对应图 6-3 曲线的 DE 段。忽略沟道长度调制效应，由式(6-2)以及式(2-4)和式(2-7)可得

$$K_n\left[(V_{in}-V_{TN})V_{out}-\frac{1}{2}V_{out}^2\right]=\frac{1}{2}K_p(V_{in}-V_{DD}-V_{TP})^2 \tag{6-8}$$

当 $V_{in}>V_{DD}+V_{TP}$，NMOS 管仍在非饱和区工作，而 PMOS 转为截止，反相器工作电流为 0，因此可得 $V_{out}=0$，即反相器输出低电平 $V_{OL}=0$，对应图 6-3 曲线的 EF 段。

分析结果表明，CMOS 反相器输出高电平和低电平分别为 V_{DD}和 GND，与 MOS 器件尺寸无关，属于无比电路。

2. 噪声容限

噪声容限的定义方式较多，根据临界高、低电平而确定噪声容限称为指定噪容，如 5.1.2 节中介绍的两种都属于指定噪容。

在 CMOS 集成电路中，由于其电压传输特性曲线比较陡直，通常使用最大噪声容限的定义方式，即用记作 V^* 的转折电压来定义噪声容限

$$V_{\mathrm{NMH}} = V_{\mathrm{OH}} - V^{*} = V_{\mathrm{DD}} - V^{*} \tag{6-9}$$

$$V_{\mathrm{NML}} = V^{*} - V_{\mathrm{OL}} = V^{*} \tag{6-10}$$

可见,V_{NMH}与V_{NML}之和为固定值V_{DD}。

由式(6-7)、式(6-9)和式(6-10)可知,当β_0增大时,V^*减小,V_{NML}下降,V_{NMH}增大;当β_0减小时,V^*增大,V_{NML}增大,V_{NMH}下降,如图6-5所示。当$V^*=\frac{V_{\mathrm{DD}}}{2}$时,即$V_{\mathrm{NMH}}=V_{\mathrm{NML}}=\frac{V_{\mathrm{DD}}}{2}$时,反相器噪声容限达最大值,若工艺使$V_{\mathrm{TN}}=-V_{\mathrm{TP}}$,噪声容限达最大时$\beta_0=1$,即$\frac{\mu_{\mathrm{n}}(W_{\mathrm{n}}/L_{\mathrm{n}})}{\mu_{\mathrm{p}}(W_{\mathrm{p}}/L_{\mathrm{p}})}=1$,由于$\mu_{\mathrm{n}}\approx 2\mu_{\mathrm{p}}$,所以反相器噪声容限最大时,$(W_{\mathrm{p}}/L_{\mathrm{p}})\approx 2(W_{\mathrm{n}}/L_{\mathrm{n}})$;而$(W_{\mathrm{p}}/L_{\mathrm{p}})=(W_{\mathrm{n}}/L_{\mathrm{n}})$时,反相器的高电平噪声容限大于低电平噪声容限。当$V^*<\frac{V_{\mathrm{DD}}}{2}$或$V^*>\frac{V_{\mathrm{DD}}}{2}$时,反相器的噪声容限都小于最大噪声容限。

从直流传输特性分析过程可以得到,V_{TN}和$|V_{\mathrm{TP}}|$值增大,会使电压传输特性更矩形化,如图6-6所示。同样道理,如果降低电源电压,也会使电压传输特性更矩形化。为了使反相器能正常工作,必须有$V_{\mathrm{DD}}\geqslant V_{\mathrm{TN}}+|V_{\mathrm{TP}}|$,而且$V_{\mathrm{DD}}>V_{\mathrm{TN}}+|V_{\mathrm{TP}}|$有利于提高反相器状态转换速度。

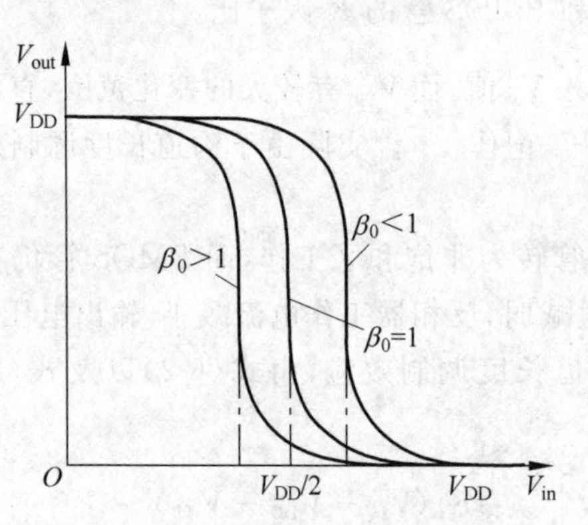

图6-5 不同K因子比(β_0)时的CMOS反相器电压传输特性

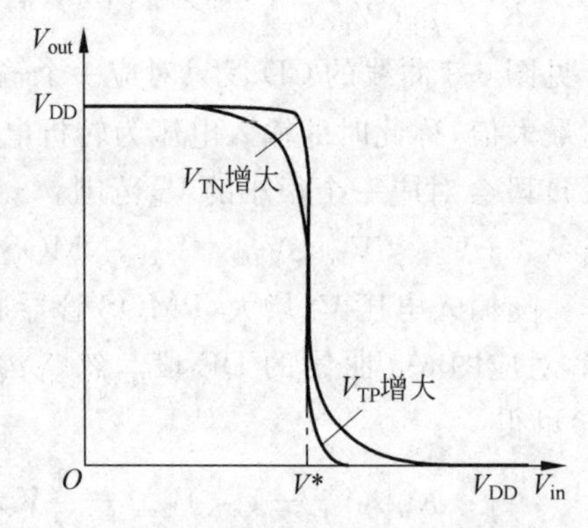

图6-6 阈值电压变化对CMOS反相器电压传输特性的影响

6.1.3 瞬态特性

假设CMOS反相器输入为理想的阶跃信号,输入输出波形如图6-7所示。对于CMOS电路,一般将V_{out}从$0.9V_{\mathrm{DD}}$下降到$0.1V_{\mathrm{DD}}$所需时间定义为下降时间t_{f},将V_{out}从$0.1V_{\mathrm{DD}}$上升到$0.9V_{\mathrm{DD}}$所需时间定义为上升时间t_{r}。瞬态等效电路如图6-8所示,其中C_{L}为等效负载电容,包括本级门的输出电容、后级负载输入电容以及连线电容。

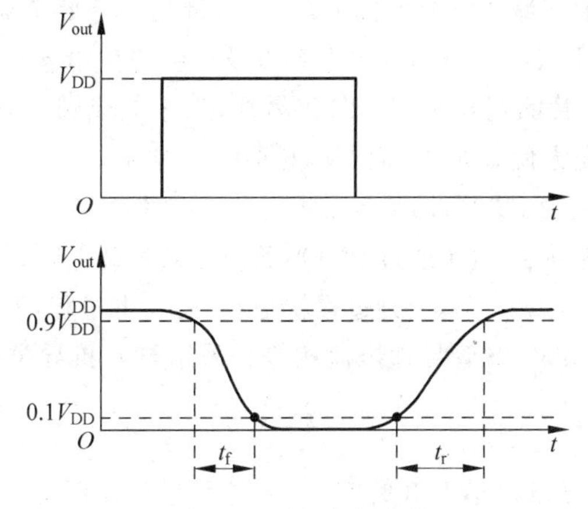

图 6-7 瞬态响应波形

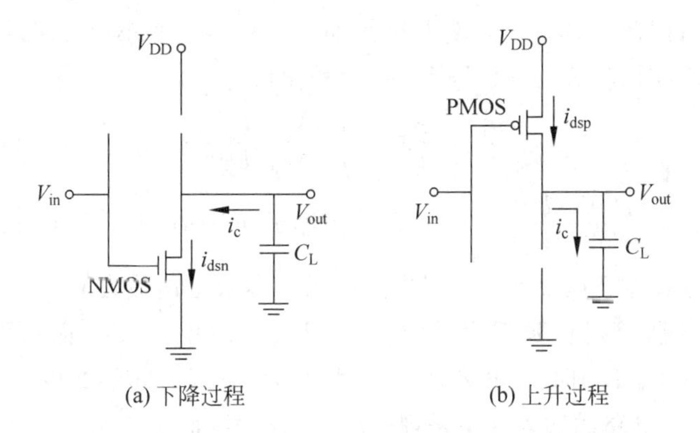

图 6-8 瞬态等效电路

当输入信号从“0”跳变到“1”，即从 0V 跳变到 V_{DD}时，PMOS 管由非饱和导通变为截止，NMOS 管由截止变为导通，等效负载电容 C_L 通过导通的 NMOS 管放电，使输出 V_{out} 从高电平 V_{DD}下降到低电平 0V。可见，下降过程就是 C_L 通过导通的 NMOS 管的放电过程，等效电路如图 6-8(a)所示，C_L 放电电流总是与 NMOS 管导通电流相等。

V_{out}从 $0.9V_{DD}$下降到 $V_{DD}-V_{TN}$期间，NMOS 管饱和导通，则有

$$-C_L\frac{dV_{out}}{dt}=\frac{1}{2}K_n(V_{DD}-V_{TN})^2 \tag{6-11}$$

V_{out}从 $V_{DD}-V_{TN}$下降到 $0.1V_{DD}$期间，NMOS 管非饱和导通，则有

$$-C_L\frac{dV_{out}}{dt}=K_n\left[(V_{DD}-V_{TN})V_{out}-\frac{1}{2}V_{out}^2\right] \tag{6-12}$$

因此，通过对式(6-11)和式(6-12)在对应区间积分后求和，可得

$$\begin{aligned}t_f&=\frac{-2C_L}{K_n(V_{DD}-V_{TN})^2}\int_{0.9V_{DD}}^{V_{DD}-V_{TN}}dV_{out}+\frac{-2C_L}{K_n}\int_{V_{DD}-V_{TN}}^{0.1V_{DD}}\frac{dV_{out}}{2(V_{DD}-V_{TN})V_{out}-V_{out}^2}\\&=\frac{2C_L}{K_n(V_{DD}-V_{TN})}\left[\frac{V_{TN}-0.1V_{DD}}{V_{DD}-V_{TN}}+\frac{1}{2}\ln\left(\frac{19V_{DD}-20V_{TN}}{V_{DD}}\right)\right]\end{aligned} \tag{6-13}$$

由式(6-13)可知，要想减小下降时间 t_f，一是尽量减小等效负载电容 C_L，即尽量减小后级负载的输入电容、本级门自身的输出电容以及连线寄生电容；二是加大 NMOS 管的 K 因子，即加大 NMOS 管的宽长比(W/L)。另外，工艺造成阈值电压 V_{TN} 的偏差也会影响下降时间 t_f，即 V_{TN} 变大使 t_f 加大，而 V_{TN} 变小使 t_f 减小。

当输入信号从“1”跳变到“0”，即从 V_{DD} 跳变到 0V 时，NMOS 管由非饱和导通变为截止，PMOS 管由截止变为导通，电源通过 PMOS 管对等效负载电容 C_L 充电，使输出 V_{out} 从低电平 0V 上升到高电平 V_{DD}。可见，上升过程就是 C_L 的充电过程，等效电路如图 6-8(b)所示，C_L 充电电流总是与 PMOS 管导通电流相等。采用与 t_f 推导类似的方法可得

$$t_r = \frac{2C_L}{K_p(V_{DD}+V_{TP})}\left[\frac{-V_{TP}-0.1V_{DD}}{V_{DD}+V_{TP}}+\frac{1}{2}\ln\left(\frac{19V_{DD}+20V_{TP}}{V_{DD}}\right)\right] \tag{6-14}$$

由式(6-14) 可知，要想减小上升时间 t_r，一是尽量减小等效负载电容 C_L，二是加大 PMOS 管的 K 因子，即加大 PMOS 管的宽长比(W/L)。另外，工艺造成阈值电压 V_{TP} 的偏差也会影响上升时间 t_r，即 $|V_{TP}|$ 变大使 t_r 加大，而 $|V_{TP}|$ 变小使 t_r 减小。

当 $V_{TN}=-V_{TP}$ 时，将式(6-13)与式(6-14)相比可得

$$\frac{t_f}{t_r}=\frac{K_p}{K_n}=\frac{\mu_p(W_p/L_p)}{\mu_n(W_n/L_n)} \tag{6-15}$$

可见，只要设计 $\frac{\mu_p(W_p/L_p)}{\mu_n(W_n/L_n)}=1$，可使反相器的下降时间 t_f 和上升时间 t_r 相等，即 $t_r\approx t_f$，一般称此为对称延迟设计。此时电路的噪声容限也达最大值。

由于 $\mu_n\approx 2\mu_p$，所以对称延迟设计时，$(W_p/L_p)\approx 2(W_n/L_n)$；而器件尺寸设计相同时，即 $(W_p/L_p)=(W_n/L_n)$ 时，反相器的上升时间约为下降时间的 2 倍。

在实际应用中，电路的输入并不是理想的阶跃信号，而是来自另一个电路的输出，下降时间 t_f 和上升时间 t_r 受输入信号斜率的影响会比式(6-13)和式(6-14)计算的值偏大。

实际应用中通常在同类门级联的情况下定义电路的传输延迟时间，即定义从输入上升边中点到输出下降边中点所需的时间为导通(高电平到低电平)传输时间 t_{PHL}，而从输入下降边中点到输出上升边中点所需的时间为截止(低电平到高电平)传输时间 t_{PLH}，如图 6-9 所示。而且经常用平均传输时间 t_{pd} 来表征电路的瞬态特性：

$$t_{pd}=\frac{1}{2}(t_{PHL}+t_{PLH}) \tag{6-16}$$

计算和实验数据表明，$\frac{(W_p/L_p)}{(W_n/L_n)}=\frac{\mu_n}{\mu_p}\approx 2$ 时，即对称延迟设计时平均传输时间 t_{pd} 最小。

6.1.4 功耗特性

CMOS 反相器的功耗由静态功耗 P_S 和动态功耗 P_D 组成。而动态功耗 P_D 又分为两部分：一部分是逻辑状态转换时由负载电容充放电所消耗的电源功耗，称为电容充放电功耗 P_C；另一部分是逻辑状态转换过程中，由于 NMOS 管和 PMOS 管同时导通产生瞬态电流所消耗的电源功耗，称为瞬态功耗 P_T，则总功耗

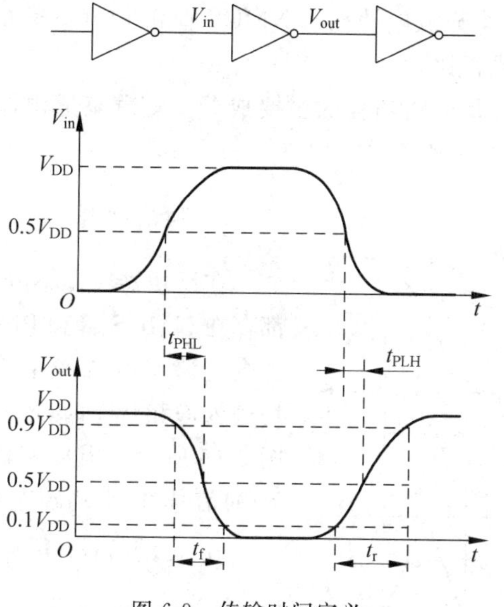

图 6-9　传输时间定义

$$P_A = P_S + P_D = P_S + P_C + P_T \tag{6-17}$$

1. 静态功耗

由直流传输特性得知，CMOS反相器理想情况下无论工作在逻辑“0”状态，还是工作在逻辑“1”状态，其静态工作电流都为零，即CMOS反相器理想情况下的静态功耗 P_S 为零，这是CMOS逻辑电路最突出的优点。但是，实际上由于反向偏置的源漏区PN结总是存在一定的漏电流，CMOS逻辑电路会产生静态功耗（又称静态漏电功耗）

$$P_S = I_{D0}V_{DD} \tag{6-18}$$

式中 I_{D0} 为反向偏置的源漏区PN结反向漏电流总和。总体上讲，PN结反向漏电流很小，所以静态漏电功耗很小。但是，随温度升高，PN结反向漏电流增大，并且呈指数关系，致使静态漏电功耗显著增大。因此，设计时应尽量减小反向偏置的源漏区面积，以降低CMOS电路静态漏电功耗。

2. 电容充放电功耗

每当反相器输出从0V上升到 V_{DD} 时，电源通过导通的PMOS管对负载电容 C_L 充电，从电源吸取的能量一部分存储在负载电容 C_L 上，另一部分被PMOS管消耗；而每当反相器输出从 V_{DD} 下降到0V时，并不再从电源吸取能量，只是负载电容 C_L 通过导通的NMOS放电，即NMOS管将负载电容 C_L 上存储的能量消耗掉。因此，当反相器输入频率为 f（周期为 T）的信号时，电容充放电平均功耗 P_C 为

$$\begin{aligned} P_C &= \frac{1}{T}\int_0^T i_C(t)V_{DD}\mathrm{d}t = fV_{DD}\int_0^T C_L\frac{\mathrm{d}V_{out}}{\mathrm{d}t}\mathrm{d}t \\ &= fC_LV_{DD}\int_0^{V_{DD}}\mathrm{d}V_{out} = fC_LV_{DD}^2 \end{aligned} \tag{6-19}$$

由式(6-19)可知,电容充放电功耗与NMOS管和PMOS管的宽长比无关,而与工作频率 f 和负载电容 C_L 成正比。

电容充放电功耗 P_C 是电路功耗的主要成分。随着集成电路速度的提高,降低电路功耗的重要性越加突出。

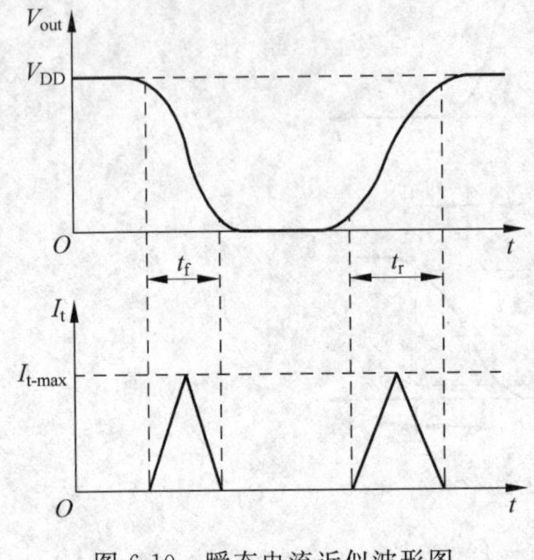

图6-10　瞬态电流近似波形图

3. 瞬态功耗

在反相器输出下降过程和输出上升过程中都存在NMOS管和PMOS管同时导通情况,因此会有瞬态电流产生。NMOS管和PMOS管均进入饱和状态时,电流达最大值,近似波形如图6-10所示。当反相器输入频率为 f(周期为 T)的信号时,平均瞬态功耗 P_T 为

$$P_T \approx \frac{1}{2} f V_{DD} I_{t\text{-max}} (t_f + t_r) \propto fC_L \quad (6\text{-}20)$$

可见,为了降低功耗和提高速度,设计时应着重考虑减小负载电容 C_L。值得说明的是,电路的输入电容是前级电路负载电容的主要组成部分,因此从总体上看,减小电路的输入电容是减小负载电容的主要途径。所以,MOS器件的沟道长度一般都取工艺允许的最小值,以便减小器件的沟道面积。在工作频率较高时,瞬态功耗也是电路功耗的主要成分。

6.2　传输门

传输门是CMOS电路中常用的基本单元电路,可以由一个NMOS管或由一个PMOS管单独构成,也可以由一个NMOS管和一个PMOS管共同组成,前者称为单沟MOS传输门,后者称为CMOS传输门。

6.2.1　单沟MOS传输门

1. NMOS传输门

NMOS传输门就是一个NMOS管,如图6-11所示,栅极接控制信号 V_c,源极和漏极分别作为输入 V_{in} 和输出 V_{out}(可以互换,即可以双向传输),C_L 为等效负载电容。

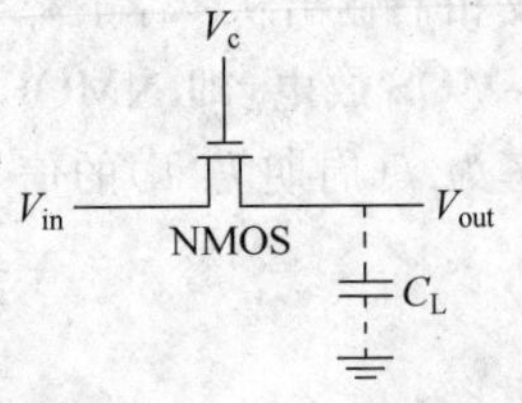

图6-11　NMOS传输门

当控制信号为逻辑"0"时,NMOS管截止,传输门处于关闭状态,禁止输入输出之间的数据传输。

当控制信号为逻辑"1"时,NMOS管导通,传输门处于导通状态,输入输出之间进行数据传输,此时:

如果输入V_{in}为逻辑“0”，假设输出V_{out}初始值为逻辑“1”，则NMOS管开始处于饱和导通状态，输出负载电容C_L通过NMOS管放电，输出V_{out}电位下降。当$V_c-V_{out}>V_{TN}$时，NMOS管转入非饱和导通状态，输出电位继续下降，直至输出V_{out}与输入V_{in}相同。

如果输入数据为逻辑“1”，假设输出初始值为逻辑“0”，则NMOS管开始处于饱和导通状态，输入通过NMOS管对输出负载电容C_L充电，输出V_{out}电位上升。当$V_c-V_{out}\leqslant V_{TN}$时，NMOS管将进入截止状态，输出$V_{out}$电位停止上升，最终$V_{out}=V_c-V_{TN}$，如果$V_c$和$V_{in}$的逻辑“1”电平相同，都为$V_{DD}$，则有

$$V_{out}=V_c-V_{TN}=V_{in}-V_{TN}=V_{DD}-V_{TN} \tag{6-21}$$

由于NMOS管衬底接最低电位(一般为地)，因此传输逻辑“1”的过程中存在衬底偏置效应，使V_{TN}增大，输出的逻辑“1”电平会更低，传输速度会更慢。

NMOS传输门通常用来传送固定的“0”电平，有时为了简化电路，也常用它来传送变化的信号，但是其输出一般不再用来做MOS传输门的控制信号，以免对传输速度和输出高电平影响过大。

2. PMOS传输门

PMOS传输门就是一个PMOS管，如图6-12所示，栅极接控制信号V_c，源极和漏极分别作为输入V_{in}和输出V_{out}(可以互换，即可以双向传输)，C_L为等效负载电容。

当控制信号为逻辑“1”时，PMOS管截止，传输门处于关闭状态，禁止输入输出之间的数据传输。

当控制信号为逻辑“0”时，PMOS管导通，传输门处于导通状态，输入输出之间进行数据传输。

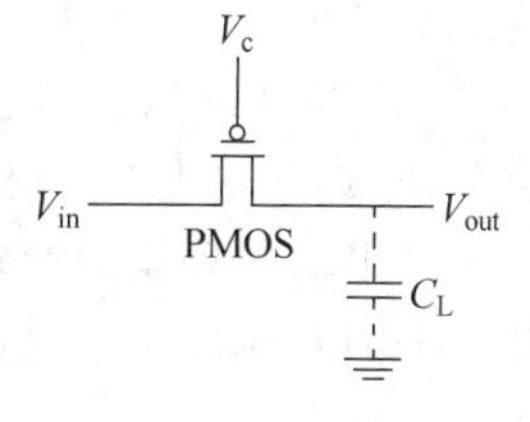

图6-12 PMOS传输门

如果输入V_{in}为逻辑“1”，假设输出V_{out}的初始值为逻辑“0”，则PMOS管开始处于饱和导通状态，输入通过PMOS管对输出负载电容C_L充电，输出V_{out}电位上升。当$V_c-V_{out}<V_{TP}$时，PMOS管转入非饱和导通状态，输出电位继续上升，直至输出V_{out}与输入V_{in}相同。

如果输入数据为逻辑“0”，假设输出初始值为逻辑“1”，则PMOS管开始处于饱和导通状态，输出负载电容C_L通过PMOS管放电，输出V_{out}电位下降。当$V_c-V_{out}\geqslant V_{TP}$时，PMOS管将进入截止状态，输出$V_{out}$电位停止下降，最终$V_{out}=V_c-V_{TP}$，如果$V_c$和$V_{in}$的逻辑“0”电平相同，都为0V，则有

$$V_{out}=V_c-V_{TP}=V_{in}-V_{TP}=-V_{TP} \tag{6-22}$$

由于PMOS管衬底接最高电位(一般为电源V_{DD})，因此传输逻辑“0”的过程中存在衬底偏置效应，使$|V_{TP}|$增大，输出的逻辑“0”电平会更高，传输速度会更慢。

PMOS传输门通常用来传送固定的“1”电平，而不易用来传送变化的信号。

6.2.2 CMOS传输门

鉴于NMOS传输门和PMOS传输门的优缺点具有完全互补性，产生了CMOS传输

门。CMOS 传输门是由一个 NMOS 管和一个 PMOS 管组成，如图 6-13 所示，NMOS 管栅极接控制信号 V_c，PMOS 管栅极接控制信号 $\bar{V}_c$，V_c 和 $\bar{V}_c$ 互补，源漏极分别短接作为输入 V_{in} 和输出 V_{out}（可以互换，即可以双向传输），C_L 为等效负载电容。

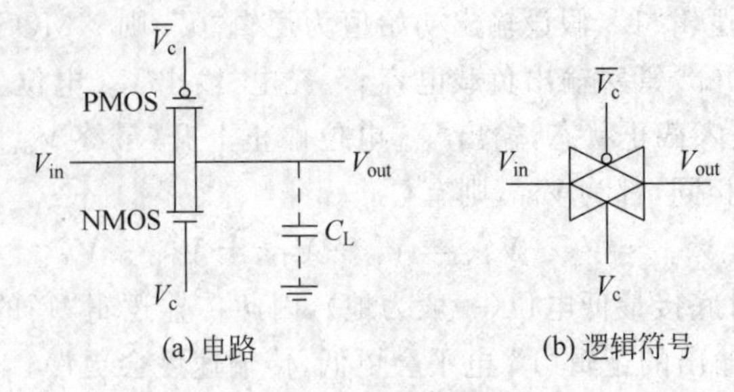

图 6-13　CMOS 传输门

当 $V_c=0, \bar{V}_c=1$ 时，NMOS 管和 PMOS 管都截止，传输门处于关闭状态，禁止输入输出之间的数据传输。

当 $V_c=1, \bar{V}_c=0$ 时，PMOS 管导通，NMOS 管和 PMOS 管的传输门处于导通状态，即 CMOS 传输门处于导通状态，输入输出之间进行数据传输。

如果输入 V_{in} 为逻辑"1"，假设输出 V_{out} 的初始值为逻辑"0"，则 NMOS 管和 PMOS 管开始都处于饱和导通状态，输入通过 NMOS 管和 PMOS 管对输出负载电容 C_L 充电，输出 V_{out} 电位上升。当 $\bar{V}_c-V_{out}<V_{TP}$ 时，PMOS 管转入非饱和导通状态；当 $V_c-V_{out}<V_{TN}$ 时，NMOS 管进入截止状态，但是 PMOS 管仍处于非饱和导通状态，因此输出电位继续上升，直至输出 V_{out} 与输入 V_{in} 相同。

如果输入数据为逻辑"0"，假设输出初始值为逻辑"1"，则 NMOS 管和 PMOS 管开始都处于饱和导通状态，输出负载电容 C_L 通过 NMOS 管和 PMOS 管放电，输出 V_{out} 电位下降。当 $V_c-V_{out}>V_{TN}$ 时，NMOS 管转入非饱和导通状态；当 $\bar{V}_c-V_{out}>V_{TP}$ 时，PMOS 管进入截止状态，但是 NMOS 管仍处于非饱和导通状态，因此输出 V_{out} 电位继续下降，直至输出 V_{out} 与输入 V_{in} 相同。

可见，CMOS 传输门无论传输逻辑"1"电平还是传输逻辑"0"电平，都可以使输出达到与输入电平相同，且速度较快。

如果 $V_{TN}=|V_{TP}|$，且取 $(W_p/L_p)/(W_n/L_n)=\mu_n/\mu_p\approx 2$，还可以使传输"1"和"0"的特性相同。

CMOS 传输门通常用来快速传送变化的信号，其缺点是增加了线路复杂度。

6.3　CMOS 基本逻辑电路

6.3.1　标准 CMOS 静态逻辑门

1. 标准 CMOS 静态逻辑门结构

标准 CMOS 静态逻辑门是由一个上拉网络(PUN)和一个下拉网络(PDN)组成，所有输入都同时分配到PUN和PDN中,如图6-14所示。当输出逻辑"1"时,PUN提供一条V_{DD}和输出之间的通路;当输出逻辑"0"时,PDN提供一条V_{SS}(一般为地)和输出之间的通路。在稳定状态时,PUN和PDN只能有一个导通。因此,标准CMOS静态逻辑门理想静态功耗为零。

由于PUN是用来传输固定的V_{DD}到输出,而PDN是用来传送固定的V_{SS}到输出,因此根据传输门的原理和特点,采用PMOS管组成PUN,而采用NMOS管组成PDN。因此,CMOS静态逻辑门输出高电平$V_{OH}=V_{DD}$,输出低电平$V_{OL}=0$。

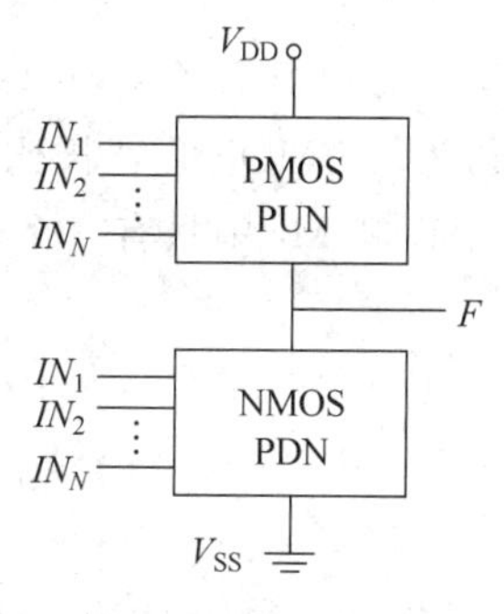

图6-14 CMOS静态逻辑结构

PUN中的PMOS管数与PDN中的NMOS管数相同,且为逻辑门的输入端数。PUN和PDN采用互为对偶网络,即,PUN中并联的PMOS管所对应的PDN中的NMOS管是串联的,而PUN中串联的PMOS管所对应的PDN中的NMOS管是并联的。

从结构上看,标准CMOS静态逻辑门就是一个"复合"的CMOS反相器,而CMOS反相器实质就是输入端数为1的标准CMOS静态逻辑门。单级标准CMOS静态逻辑门完成的功能都是反相的。

2. 标准CMOS与非门

标准CMOS静态逻辑门PDN中的NMOS管如果是单一的串联关系,而对应PUN中的PMOS管又都是单一的并联关系,则它完成的就是与非功能。

图6-15给出了CMOS二输入与非门电路和版图。为了分析方便,设NMOS管M_1、M_2的宽长比都为W_n/L_n,PMOS管M_3、M_4的宽长比都为W_p/L_p,忽略衬底偏置效应影响,它的电压传输特性可分为两种输入模式来讨论。

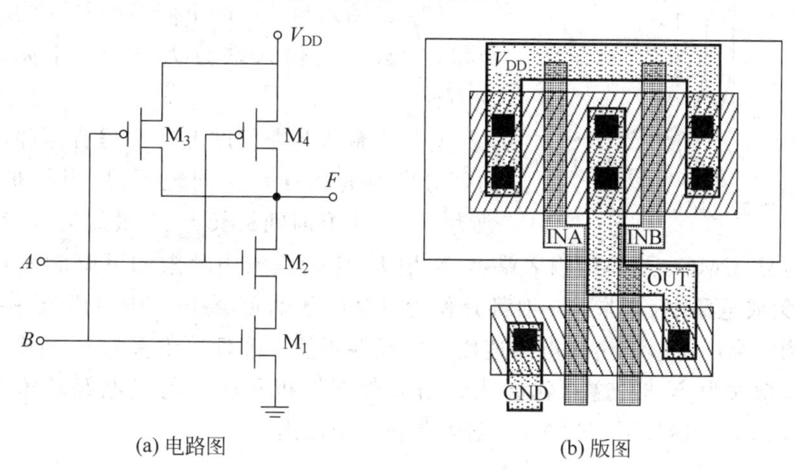

(a) 电路图　　(b) 版图

图6-15 CMOS二输入与非门

(1) $A=B$,两输入端同时变化模式,简称双端输入模式;

(2) $A=1$ 或 $B=1$,另一输入端单独变化模式,简称单端输入模式。

下拉网络 M_1 和 M_2 是串联关系,在两种输入模式中下拉情况相同,即 M_1 和 M_2 都导通,等效 NMOS 管的宽长比为$\frac{1}{2}(W_n/L_n)$(沟道宽度不变,而长度增加一倍)。上拉网络 M_3、M_4 是并联关系,在两种输入模式中上拉情况不同:双端输入模式中 M_3 和 M_4 都导通,等效 PMOS 管宽长比为 $2(W_p/L_p)$(沟道长度不变,而宽度增加一倍);单端输入模式中 M_3 和 M_4 中只有一个导通,等效 PMOS 管宽长比为 W_p/L_p。因此有

$$K_{n\text{-双端}}=K_{n\text{-单端}}=\frac{\mu_n\varepsilon_{ox}\varepsilon_0}{2t_{ox}}(W_n/L_n)=\frac{1}{2}K_n \tag{6-23}$$

$$K_{p\text{-双端}}=\frac{2\mu_p\varepsilon_{ox}\varepsilon_0}{t_{ox}}(W_p/L_p)=2K_p \tag{6-24}$$

$$K_{p\text{-单端}}=\frac{\mu_p\varepsilon_{ox}\varepsilon_0}{t_{ox}}(W_p/L_p)=K_p \tag{6-25}$$

$$\beta_{0\text{-双端}}=\frac{K_{n\text{-双端}}}{K_{p\text{-双端}}}=\frac{K_n}{4K_p}=\frac{1}{2^2}\beta_0 \tag{6-26}$$

$$\beta_{0\text{-单端}}=\frac{K_{n\text{-单端}}}{K_{p\text{-单端}}}=\frac{K_n}{2K_p}=\frac{1}{2}\beta_0 \tag{6-27}$$

假设用同样尺寸器件(W_n/L_n,W_p/L_p)构成的 CMOS 反相器的转折电压为 V^*,下降时间为 τ_f,上升时间为 τ_r,则根据式(6-7)、式(6-13)、式(6-14)及式(6-23)~式(6-27)可得下列结论。

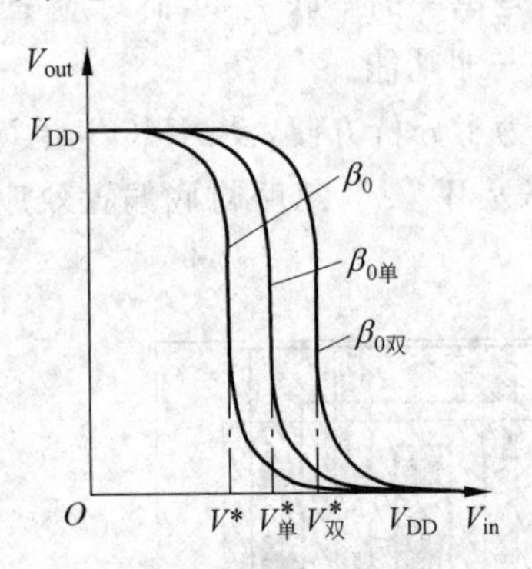

图 6-16 直流电压传输特性比较

(1) 二输入与非门有两个转折电压,分别为 $V^*_{单}$ 和 $V^*_{双}$,且有 $V^*_{双}>V^*_{单}>V^*$(如图 6-16 所示)。因此,与非门高电平噪声容限下降。同理可得,与非门输入端数越多,噪声容限下降越显著。

(2) 二输入与非门的下降时间增大为 $2\tau_f$。同理可得,当与非门输入端数为 N 时,下降时间增大为 $N\tau_f$。

(3) 二输入与非门的上升过程有两种情况,上升时间分别为 τ_r 和 $\tau_r/2$。同理可得,当与非门输入端数为 N 时,上升时间最长为 τ_r,最短为 τ_r/N。

由此可见,CMOS 与非门输入端数 N 增大,会使其噪声容限和下降时间特性变坏。在 CMOS 集成电路中,与非门一般都是作为电路内部单元,噪声容限可以低一些。但是,下降时间增大会严重影响整体电路速度。如果要想使下降延迟改善为 τ_f,每个 NMOS 管的宽长比应增大为 N 倍,这样就会明显增大版图面积和增大前级电路的负载。所以,CMOS 与非门输入端数不宜过多,一般限制在 4 个以内。

3. 标准 CMOS 或非门

标准 CMOS 静态逻辑门 PDN 中的 NMOS 管如果是单一的并联关系,而对应 PUN

中的 PMOS 管又都是单一的串联关系，它完成的就是或非功能。图 6-17 给出了 CMOS 二输入或非门电路和版图。按照上面与非门的分析方法可得

$$K_{p\text{-双端}} = K_{p\text{-单端}} = \frac{\mu_p \varepsilon_{ox} \varepsilon_0}{2t_{ox}}(W_p/L_p) = \frac{1}{2}K_p \tag{6-28}$$

$$K_{n\text{-双端}} = \frac{2\mu_n \varepsilon_{ox} \varepsilon_0}{t_{ox}}(W_n/L_n) = 2K_n \tag{6-29}$$

$$K_{n\text{-单端}} = \frac{\mu_n \varepsilon_{ox} \varepsilon_0}{t_{ox}}(W_n/L_n) = K_n \tag{6-30}$$

$$\beta_{0\text{-双端}} = \frac{K_{n\text{-双端}}}{K_{p\text{-双端}}} = \frac{4K_n}{K_p} = 2^2\beta_0 \tag{6-31}$$

$$\beta_{0\text{-单端}} = \frac{K_{n\text{-单端}}}{K_{p\text{-单端}}} = \frac{2K_n}{K_p} = 2\beta_0 \tag{6-32}$$

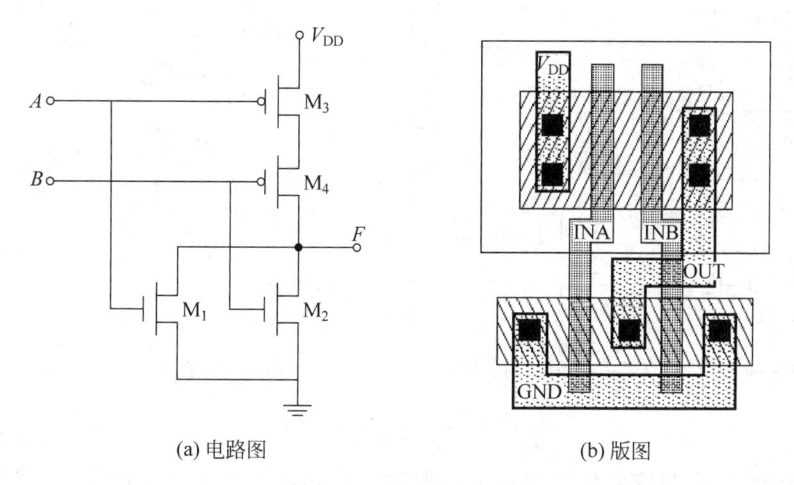

(a) 电路图 (b) 版图

图 6-17 CMOS 二输入或非门电路和版图

于是有以下结论。

(1) 二输入或非门有两个转折电压，分别为 $V^*_{单}$ 和 $V^*_{双}$，且有 $V^*_{双} < V^*_{单} < V^*$。因此，或非门低电平噪声容限下降。同理可得，或非门输入端数越多，噪声容限下降越显著。

(2) 二输入或非门的上升时间增大为 $2\tau_r$。同理可得，当或非门输入端数为 N 时，上升时间增大为 $N\tau_r$。

(3) 二输入或非门的下降过程有两种情况，下降时间分别为 τ_f 和 $\tau_f/2$。同理可得，当或非门输入端数为 N 时，下降时间最长为 τ_f，最短为 τ_f/N。

由此可见，CMOS 或非门输入端数 N 增大，会使其噪声容限和上升时间特性变坏。在 CMOS 集成电路中，或非门一般都是作为电路内部单元，噪声容限可以低一些。但是，上升时间增大会严重影响整体电路速度。如果要想使上升延迟改善为 τ_r，每个 PMOS 管的宽长比应增大为 N 倍，这样就会明显增大版图面积和增大前级电路的负载，而且比与非门还要显著。所以，CMOS 或非门输入端数更不宜过多，一般也限制在 4 个以内。

4. 标准 CMOS 复合逻辑门

标准 CMOS 静态逻辑门 PDN 中的 NMOS 管如果是串联和并联的组合关系，而对应 PUN 中的 PMOS 管又是对偶网络关系，则它完成的是一种复合逻辑功能，称之为复合逻辑门，如图 6-18 所示。

图 6-18(a)是一种或与非门，逻辑表达式为 $F=\overline{(A+B)\cdot(C+D)\cdot E}$。

图 6-18(b)是一种与或非门，逻辑表达式为 $F=\overline{A\cdot B+C\cdot D+E}$。

图 6-18(c)是一种或与或非门，逻辑表达式为 $F=\overline{(A+B)\cdot C+D}$。

图 6-18(d)是一种与或与非门，逻辑表达式为 $F=\overline{(A+B\cdot C)\cdot D}$。

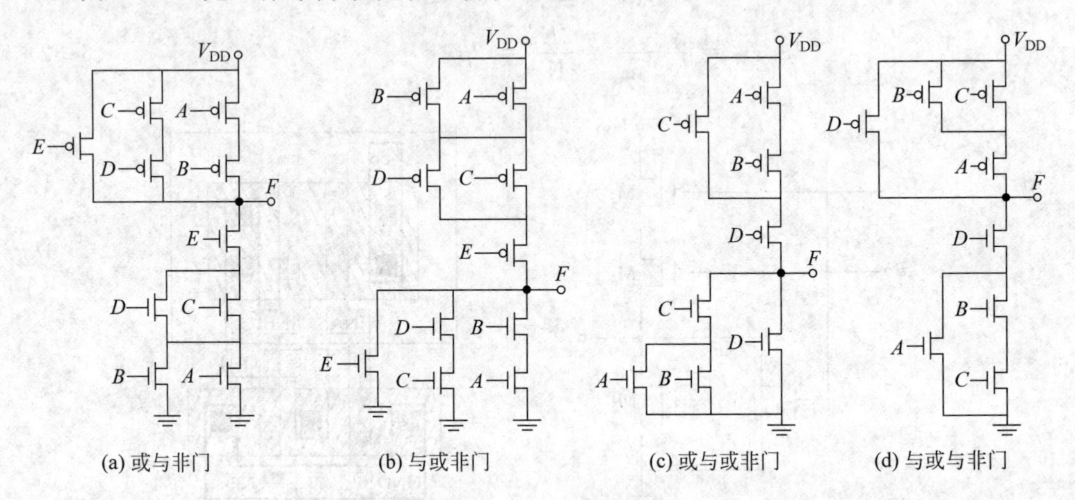

图 6-18　CMOS 复合门

可以看出，复合门完成的逻辑功能依据串联和并联的组合方式而定，组成比较灵活。复合逻辑门的上拉网络和下拉网络都存在 MOS 器件串联关系，因此由与非门和或非门特性分析可知，复合逻辑门的上升时间和下降时间都会加大。要想改善特性，就要增大相关器件尺寸，因而又会增大面积，增大前级负载，所以一般应适当限制 MOS 器件的串联级数。但是，复合门的应用会大大减少组成集成电路的门的级数，从这个角度看它们又可以减小电路延迟，所以应当折中考虑。图 6-19 给出一种 CMOS 或与非门版图。

5. 缓冲级电路

在标准 CMOS 逻辑门中，除了反相器，其他逻辑门都存在 MOS 管的串、并联关系，因此存在噪声容限低和输出波形不对称、不陡直的缺点。而且，为了增大驱动能力，串联的 MOS 管尺寸就要按串联的个数成倍增大，使输入电容、芯片面积都明显增大。为了解决这些问题，一般可以在输入端或输出端或同时在输入端和输出端附加反相器(或反相器链)作为缓冲级，如图 6-20 所示。事实上，CMOS 数字集成电路真正的输入、输出单元都是反相器单元，或者是类似反相器的单元(如后面将介绍的三态门、施密特触发器等)。

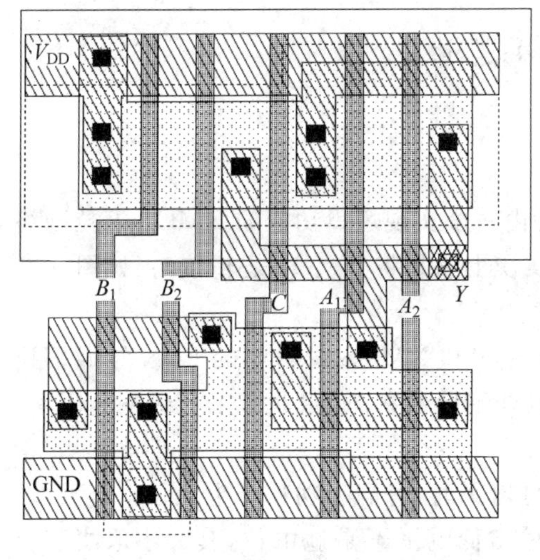

图 6-19　一种 CMOS 或与非门版图

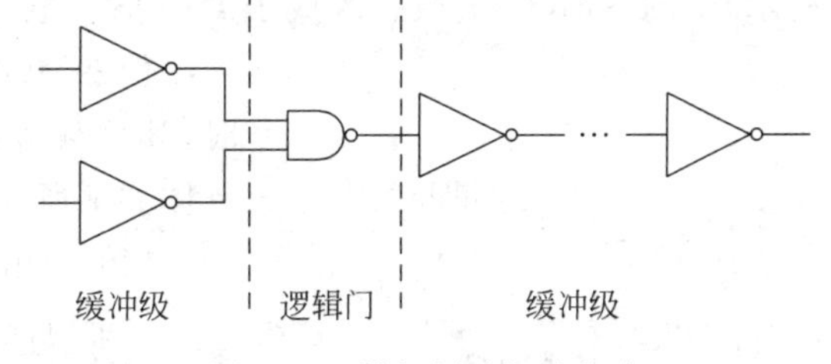

图 6-20　附加缓冲级的电路

在输入端附加缓冲级反相器时，缓冲级反相器的 MOS 管尺寸可以设计小一些，以减小输入电容，使开关过程中引进的噪声小。输入缓冲级反相器的噪声容限可以设计得高一些，对噪声抑制能力强。输入缓冲级中的反相器级数可根据输入信号质量和后级逻辑门负载的需求而定。

在输出端附加缓冲级反相器一般有两种目的：一是使输出波形对称化和陡直化；二是为了驱动大的负载。一般通过适当调整缓冲级反相器的级数和各级反相器的 MOS 管宽长比来达到目的。当驱动大的负载时，为了获得整体最小的延迟，缓冲级反相器链电路的器件宽长比一般逐级增大 2～5 倍，第一级反相器通常根据前级要求尽量选择较小宽长比的器件，最后驱动级反相器器件宽长比较大，具体应根据负载大小和速度要求选取。图 6-21 给出一个由三级反相器级联构成的反相驱动电路版图，级间比例为 1∶3。

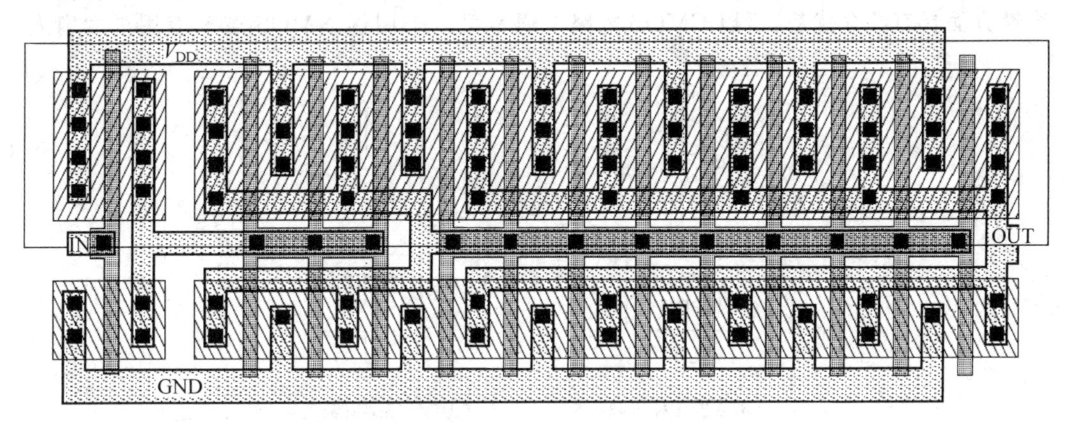

图 6-21　三级反相级联驱动电路的一种版图

6.3.2 伪NMOS逻辑与差分级联电压开关逻辑

1. 伪NMOS逻辑

伪NMOS逻辑的结构如图6-22所示，它是由一个实现逻辑功能的NMOS下拉网络PDN和一个栅极接地的PMOS负载管组成。实质上它是将NMOS逻辑结构(如图6-23所示)中的NMOS负载管改成了PMOS负载管。

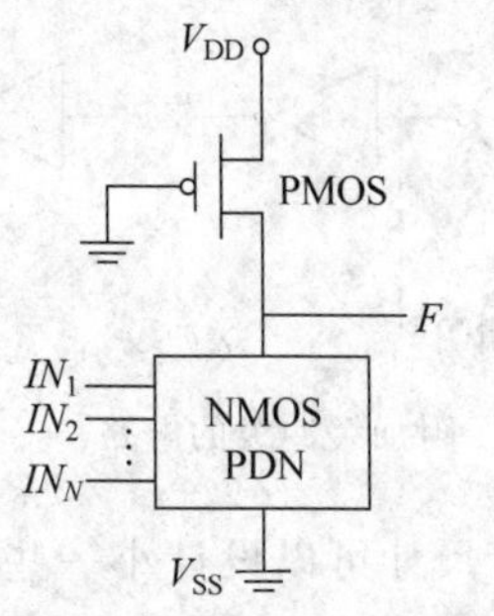

图6-22　伪NMOS逻辑结构

伪NMOS逻辑和NMOS逻辑中的PDN导通下拉时，其负载管也处于导通状态，由此带来一些不利因素，具体如下所述。

(1) 输出低电平时，有静态功耗产生。

(2) 电路输出低电平不是地电位，其大小取决于负载管尺寸与PDN等效尺寸的比。因此，NMOS逻辑和伪NMOS逻辑都称为有比电路(CMOS电路是无比电路)。

(3) 为了降低功耗、降低输出低电平，负载管尺寸明显小于PDN等效尺寸，因此使电路的上升延迟比较大，也不易实现对称延迟。

伪NMOS逻辑和NMOS逻辑最大的优点是明显比CMOS电路减少了器件，减小了面积，也减小了输入电容(只接一个NMOS器件)。图6-23(a)所示增强型饱和负载NMOS逻辑电路虽然与CMOS电路工艺兼容，但是它在输出上升过程中负载管逐渐截止，上升延迟太大，而且最终输出的高电平比电源电位低一个阈值电压；图6-23(b)所示耗尽型负载NMOS逻辑上升延迟相对较小，输出的高电平能达到电源电位，但是耗尽型负载需要制作耗尽型NMOS器件，与CMOS电路工艺不兼容。相比之下，图6-22所示伪NMOS逻辑比图6-23所示的两种NMOS逻辑，在上升延迟、输出高电平以及工艺兼容性方面具有综合优势，所以CMOS电路中通常可以采用伪NMOS逻辑应用于大扇入

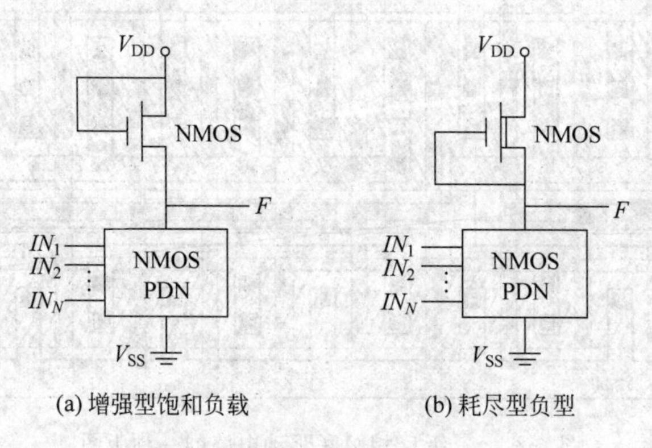

图6-23　NMOS逻辑结构

电路，以减小芯片面积。图 6-24 所示为一伪 NMOS 门电路，完成的功能是 $F=\overline{(A_1+B_1)\cdot B_2+C_1\cdot C_2+D_1\cdot D_2}$，比同种功能标准 CMOS 门少用 6 个 PMOS 管。

2. 差分级联电压开关逻辑

差分级联电压开关逻辑(DCVSL)的结构如图 6-25 所示，它不是两个伪 NMOS 电路的简单组合。其一，NMOS 下拉网络 PDN_1 和 PDN_2 是对偶网络，输入信号也都对应互补(都是差分信号)，其结果是 PDN_1 和 PDN_2 中，一个导通时，另一个必须截止。其二，两个 PMOS 负载管的栅极不是接地，而是交叉接到输出端，这种正反馈连接方式使电路输出状态转换速度快。稳态时，两个 PMOS 负载管一个导通一个截止，使输出高、低电平与负载管和下拉网络尺寸比无关，分别为电源电位和地电位，静态功耗为零。

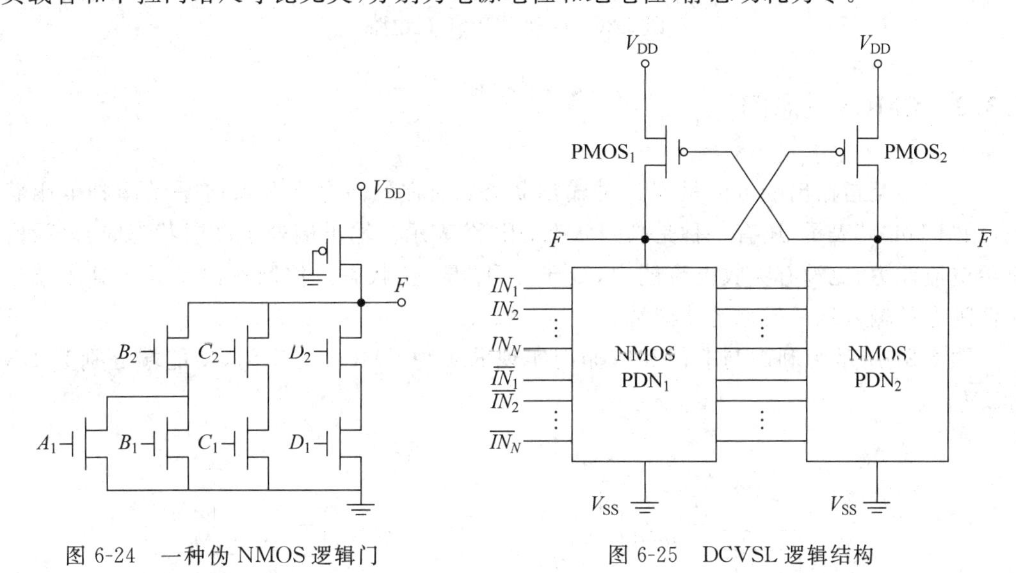

图 6-24 一种伪 NMOS 逻辑门

图 6-25 DCVSL 逻辑结构

DCVSL 电路要求所有信号都必须有差分信号(反信号)，由此增加了整体电路器件数。但是它同时完成两种互为反相的逻辑，得到的差分输出信号又为需要差分信号的电路省去了反相器，为整体电路节省了器件数，而且还消除了差分信号因反相器产生的时延。

可见，DCVSL 电路既具备伪 NMOS 电路的优点，又具备标准 CMOS 电路的优点。但是，值得注意的是，DCVSL 在输出状态由"1"到"0"转换时仍然有负载管尺寸与下拉网络等效尺寸比的要求，所以它并不算是无比电路。

图 6-26(a)所示为 DCVSL 的与门/与非门电路，也可以说是或/或非门电路，即 $F=\overline{\overline{A}+\overline{B}}=A\cdot B$，$\overline{F}=\overline{A\cdot B}=\overline{A}+\overline{B}$。

图 6-26(b)所示为 DCVSL 的与或门/与或非门电路，也可以说是或与/或与非门电路，即 $F=\overline{(\overline{A}+\overline{B})\cdot(\overline{C}+\overline{D})}=A\cdot B+C\cdot D$，$\overline{F}=\overline{A\cdot B+C\cdot D}=(\overline{A}+\overline{B})\cdot(\overline{C}+\overline{D})$。

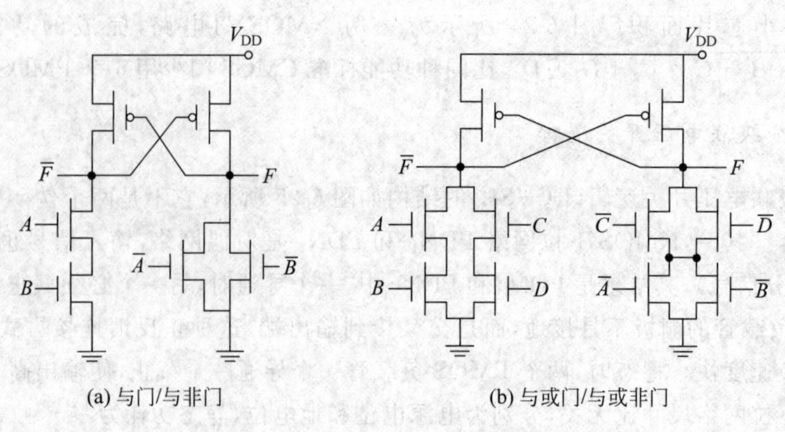

(a) 与门/与非门　　(b) 与或门/与或非门

图 6-26　两种 DCVSL 门电路

6.3.3　CMOS 三态门

三态门是指输出端可以呈现三种输出状态：通常的高电平和低电平是两种低阻状态，用“1”和“0”表示，还有一种是高阻状态，用“Z”表示。输出端处于高阻状态时，既没有供给电流能力，也没有吸收电流能力，处于一种“悬空”状态。控制输出是处于高阻态还是低阻态的输入端一般称为使能端。

图 6-27 所示为利用与非门和或非门实现的 4 种 CMOS 三态门，使能端分别为 EN 和 $\overline{EN}$。

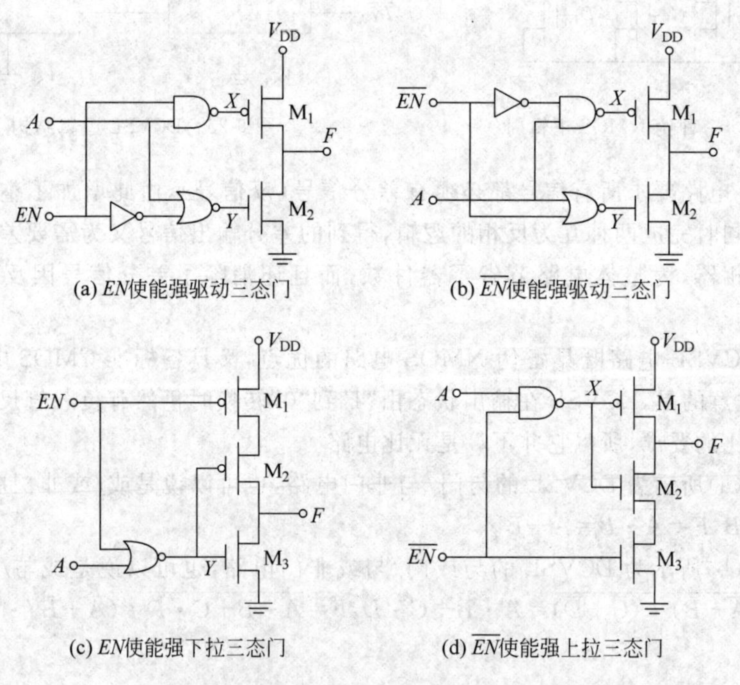

(a) EN使能强驱动三态门　　(b) $\overline{EN}$使能强驱动三态门

(c) EN使能强下拉三态门　　(d) $\overline{EN}$使能强上拉三态门

图 6-27　利用与非/或非门实现的三态门

下面以图 6-27(a)为例简要介绍一下三态门的工作原理：当 $EN=0$ 时，无论 A 为什么状态，都有 $X=1$ 和 $Y=0$，则 M_1 和 M_2 都截止，输出为高阻态，即 $F=Z$；当 $EN=1$ 时，$X=Y=\overline{A}$，则 M_1 和 M_2 等效为反相器，$F=A$。

图 6-27(a)和(b)的输出级上拉网络和下拉网络各只有一个 MOS 管，因此很便于将尺寸设计大一些，作为强驱动三态门使用。

图 6-27(c)的输出级上拉网络由两个 PMOS 管串联，下拉网络只有一个 NMOS 管，所以很便于设计为强下拉驱动三态门。而图 6-27(d)与之相反，很便于设计为强上拉驱动三态门。

图 6-28 给出另一种三态门电路，主要由传输门构成，EN 为使能信号端。当 $EN=0$ 时，其中的 CMOS 传输门截止，PMOS 传输门 M_5 和 NMOS 传输门 M_6 都导通，无论 A 为什么状态，都有 $X=1$ 和 $Y=0$，则 M_1 和 M_2 都截止，输出为高阻态，即 $F=Z$；当 $EN=1$ 时，其中的 CMOS 传输门导通，使 $X=Y$，而 PMOS 传输门 M_5 和 NMOS 传输门 M_6 都截止，所以 M_3 和 M_4、M_1 和 M_2 分别等效为反相器，则有 $F=A$。该三态门的输出级便于设计成强驱动。

图 6-27 和图 6-28 所示的三态门完成的逻辑功能都是 $F=A$，所以称为三态 Buffer(缓冲器)，其逻辑符号如图 6-29 所示。

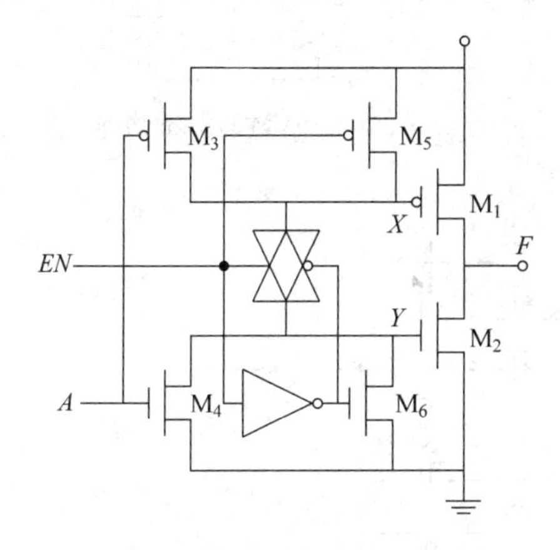

图 6-28　利用传输门实现的三态门

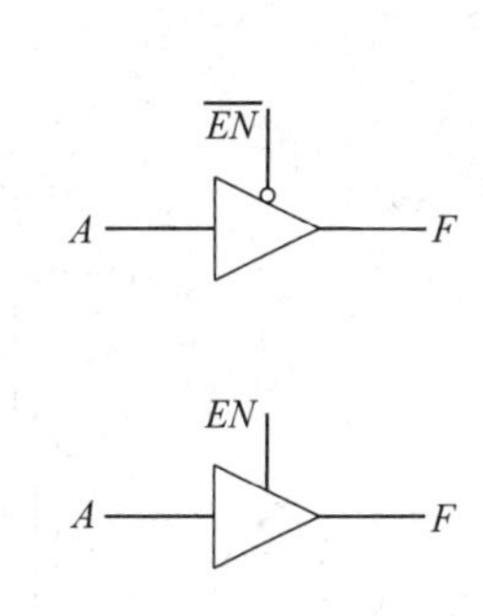

图 6-29　三态 Buffer 符号

在 CMOS 标准门电路的输出端增加传输门控制，可以得到各类 CMOS 三态门，如三态反相器、三态与非门、三态或非门等；在 CMOS 标准门电路中增加时钟控制(C^2MOS)也可以作为三态门使用。这两类三态门见 6.3.5 节的介绍。由于它们都有传输门的串入，使电路速度受到很大影响，都不易作大驱动三态门使用。

6.3.4　传输门逻辑和差动传输管逻辑

1. 常规传输门逻辑

多个传输门可以串联在一起，由多个控制信号统一控制一个输入信号的传输，相当于完成"与"的功能。传输门的输出又可以并接在一起,实现对总线分时控制,相当于完成"或"的功能。如图6-30所示的多路选择器就是传输门的典型应用,这三个电路完成的逻辑功能相同,即

$$F' = \overline{A} \cdot \overline{B} \cdot D_1 + \overline{A} \cdot B \cdot D_2 + A \cdot \overline{B} \cdot D_3 + A \cdot B \cdot D_4$$

$$F = \overline{F'}$$

图6-30(a)采用单沟NMOS传输门,使用元件少,线路简单。但是NMOS传输门在传送"1"电平时速度慢且存在阈值损失,为此在输出级增设了一个PMOS管M_r,称为电平恢复管(又叫上拉管),当F'电位上升到大于反相器转折电压后,反相器状态翻转,F输出的低电位使电平恢复管M_r导通,将F'上拉到V_{DD}。电平恢复管M_r尺寸要小,导通时应呈现较大的电阻,以便传输门网络向F'传送"0"电平时,能够将F'的电位拉到低于反相器转折电压,使反相器状态翻转,关闭电平恢复管M_r。

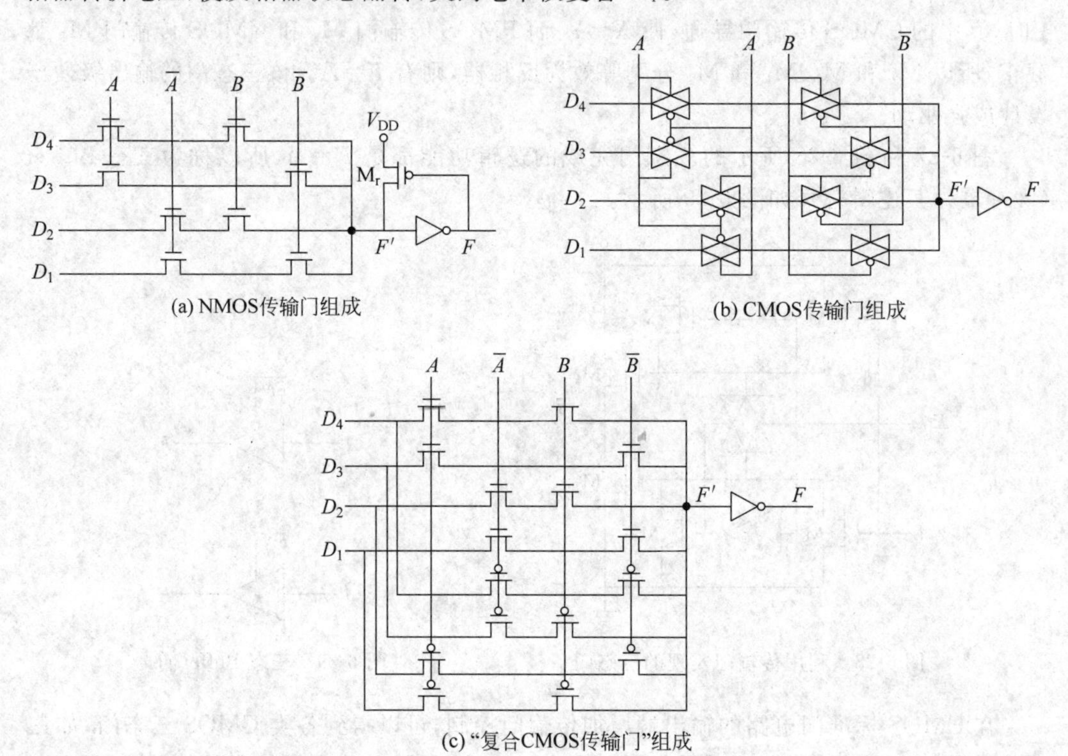

图6-30 传输门构成的四选一电路

图6-30(b)采用CMOS传输门,传送速度较快,而且传"0"和传"1"特性可以一致。但是由于NMOS管和PMOS管之间存在很多源漏区间的连线,不利于减小面积和寄生电容。图6-30(c)为采用"复合CMOS传输门"的电路形式,版图设计时省去了NMOS管和PMOS管之间很多的源漏区间连线,NMOS管和PMOS管也便于分别集中排布。

图6-31所示为用最简单的CMOS传输门二选一电路构成的异或门和异或非门。图(a)中,当$B=1$(即$\overline{B}=0$)时,$F=\overline{A}$;当$B=0$(即$\overline{B}=1$)时,$F=A$。综合起来便有$F=\overline{A} \cdot B+A \cdot \overline{B}$,完成异或功能。而图(b)与图(a)在电路形式上完全相同,只是控制信号相

反，于是有 $F=A\cdot B+\overline{A}\cdot\overline{B}=\overline{\overline{A}\cdot B+A\cdot\overline{B}}$，完成异或非功能。图 6-31 给出的两种电路如果输出增加反相器驱动，则二者的逻辑功能互换。

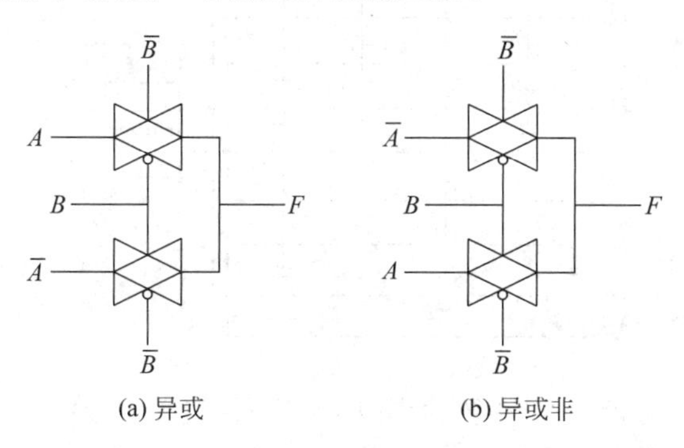

图 6-31　CMOS 传输门二选一电路的应用

可见，利用传输门不同的组合，可以很容易地实现多种逻辑功能，而其特点是用的器件数少，有利于减少电路级数，提高电路速度。但是，由于传输门本身属于无驱动的衰减型单元电路，不易多级串联，而且一般都用反相器作为传输门组合最后的输出驱动。

2. *差动传输管逻辑*

差动传输管逻辑(DPL)的原理是采用完全相同的 NMOS 传输网络(包括控制信号及其控制方式)传送差分信号，由此又得到差分输出信号，如图 6-32(a)、(b)和(c)所示。由于是采用 NMOS 传输门网络，因此输出“1”的一端上升速度慢而且有阈值电压损失，但是与其互补的输出端一定是可靠的“0”。为此，通常采用图 6-32(d)所示差分电平恢复电路作为输出缓冲器。

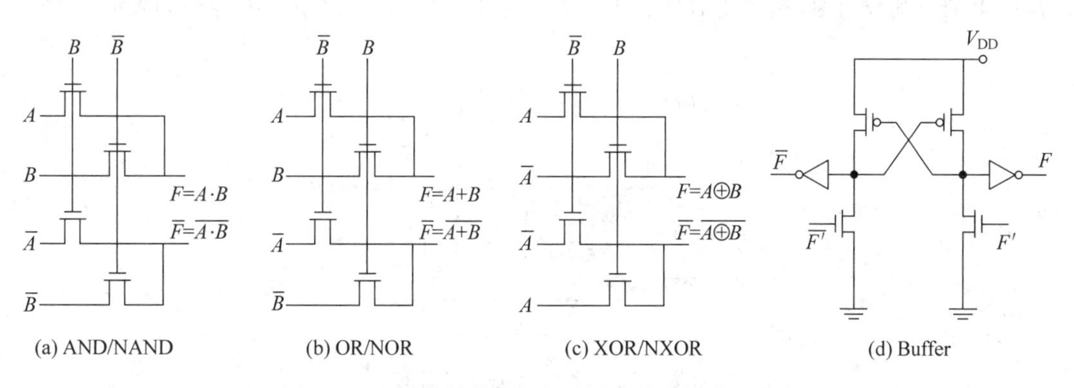

图 6-32　差动传输管逻辑电路及其输出缓冲器电路

图 6-33 所示为用差动传输管逻辑(DPL)实现图 6-30 的四选一电路。可以看出，差动传输管逻辑(DPL)的优点是传输管网络全是 NMOS 管，器件尺寸小，速度快，连线简洁，面积小，寄生效应小，不需要 N 阱。它在产生输入差分信号时可能要求额外的反相器，但是它在完成较复杂逻辑时本身用的元件少，而且同时得到的是差分信号，构成其他逻辑电路时非常便捷。

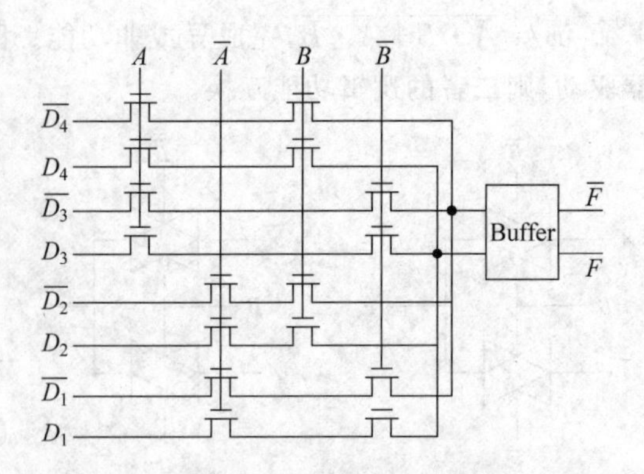

图 6-33　CMOS差动传输管逻辑四选一电路

6.3.5　CMOS动态逻辑

1. 动态MOS电路的基本原理

动态MOS电路是利用MOS管栅电容及其输入阻抗极高的特点而发展起来的一种电路,其基础就是MOS管栅电容的存储效应。如图 6-34 所示,电容 C 和电阻 R 分别为反相器输入等效电容和等效电阻,CLK 和$\overline{CLK}$是相反信号。当 $CLK=1$,$\overline{CLK}=0$ 时,CMOS传输门被打开,V_{in}(假设为"1"电平)快速对电容 C 充电,V_{in}就以电荷形式存储在电容 C 上;当 $CLK=0$,$\overline{CLK}=1$ 时,CMOS传输门被关闭,存储在电容 C 上的电荷通过电阻 R 放电。由于等效电阻 R 非常大,放电非常缓慢,在一定时间内可以认为存储在电容 C 上的电荷没有衰减,即电容能将电荷暂时存储一定时间,这就是电容存储效应。

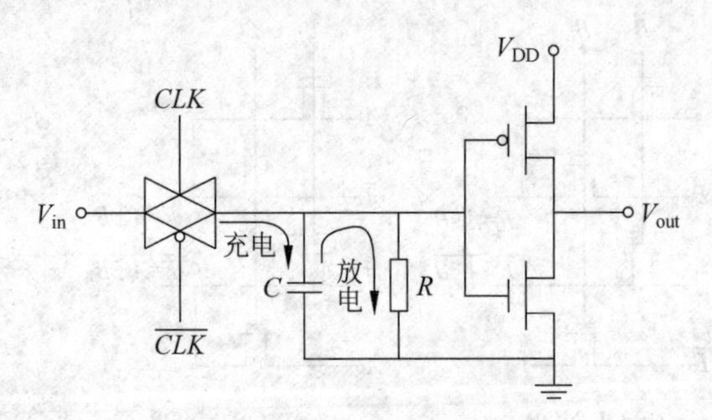

图 6-34　动态MOS电路原理

由于电容的存储效应,传输门被关闭后,在较长的时间里,反相器的输入端保持着"1"电平,使输出保持"0"。只有经过更长的时间,存储在电容 C 上的电荷才能被泄放掉,使反相器状态翻转。

由此可见,只要把传输门打开一个很短时间,就能靠电容存储的电荷使反相器在较长时间内保持状态不变,这就是动态MOS电路的工作原理。

一个CMOS门输入端可能有多个,输出只有一个,而输入总是要接前级单元的输出,因此为了方便,通常也可以将传输门放在CMOS门的输出端,其电路结构及典型电路如图6-35所示。这种结构电路在静态电路中还可以作为三态门使用,因为当传输门关闭时,电路输出处于悬空状态,即输出高阻态"Z"。

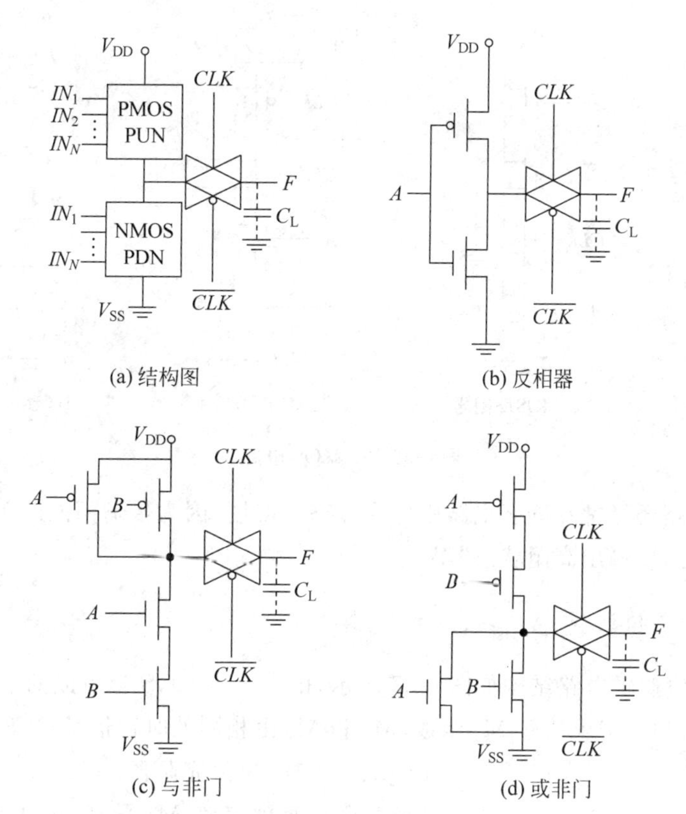

图6-35　动态CMOS电路基本结构及典型电路示例

虽然传输门被关闭,电容上存储的电荷经过一段时间后自己也会泄放掉。因此,动态MOS电路必须有一个最低工作频率的限制;否则,会因电荷的自泄漏使电路状态发生错误的改变。

2. 时钟控制CMOS电路

时钟控制CMOS(C^2MOS)电路结构如图6-36(a)所示,它是在标准CMOS电路基础上增加了一对时钟控制传输门。当$CLK=1$,$\overline{CLK}=0$时,NMOS传输门和PMOS传输门都导通,整体等效为标准CMOS电路功能,输出状态存入输出节点电容中。当$CLK=0$,$\overline{CLK}=1$时,NMOS传输门和PMOS传输门都截止,输出由电容保持原来状态。图6-36(b)、(c)和(d)分别是C^2MOS反相器、二输入与非门和二输入或非门电路。

由于在PUN和PDN路径中各加一个单沟传输门,对上升、下降延迟都有较大影响。但是,PUN和PDN在状态转换时,传输门处于截止状态;而传输门打开时,PUN和

PDN 已处于稳定状态(一个导通,另一个截止)。因此,C^2MOS 电路消除了状态转换时电源经 PUN 和 PDN 到地的瞬态电流,降低了电路功耗。

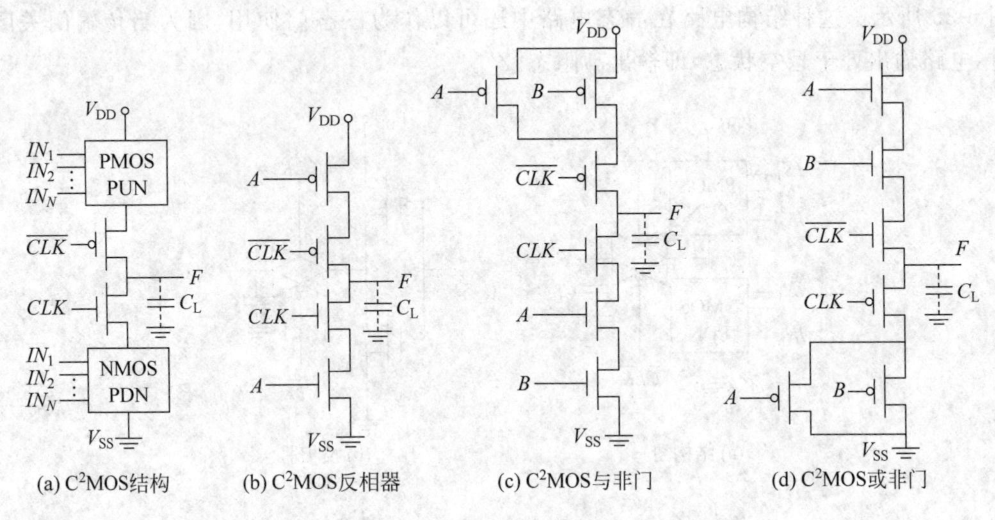

图 6-36 C^2MOS 电路

C^2MOS 电路还经常在静态电路中作为三态门使用,因为传输门同时关闭时,电路输出处于悬空状态,即输出高阻状态“Z”。

3. 预充电-求值逻辑

预充电-求值逻辑电路结构如图 6-37 所示,由一个 NMOS 管组成的下拉网络 PDN、一个预充管 M_p 和一个求值管 M_n 组成,M_p 和 M_n 由相同的时钟信号 CLK 控制。

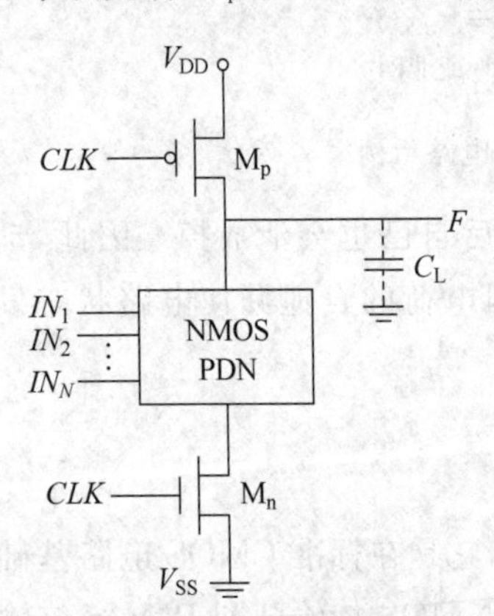

图 6-37 预充电-求值逻辑结构

当 $CLK=0$ 时,为预充阶段。求值管 M_n 截止,致使下拉路径关断;而预充管 M_p 导通,输出节点被充电到 V_{DD},为“1”状态。

当 $CLK=1$ 时,为求值阶段。预充管 M_p 截止,求值管 M_n 导通。这时,如果 PDN 是截止的,输出节点保持“1”状态不变;如果 PDN 是导通的,输出节点放电至地电位,改变为“0”状态。在此期间,输出节点一旦放电就不能再充电,直到下一次预充。

预充电-求值逻辑单元在单一时钟下无法级联应用,因为由于电路的延迟使电路在求值时,前一级不能马上输出正确的求值结果给下一级,因而造成所有的后级单元都根据前级预充的“1”开始求值,即所有的后级单元的输出都将放电为“0”,而后无法根据前级正确的求值结果重新求值。例如图 6-38 所示预充电-求值逻辑反相器级联电路,如果 $A=1$,求值正确结果应当是 $C=1$,而实际求得 $C=0$,是错误的。

为解决预充电-求值逻辑级联问题,可在预充电-求值逻辑单元中增加一个传输门,并采用准两相不交叠时钟,相邻两级交替进行预充电、求值,而且确保前级预充结果不被传到下一级的输入,如图 6-39 所示。这种结构电路的缺点是每个单元都增加了一个传输门,既增加了元件数,又影响电路速度,而且多相时钟还增加了系统难度和版图设计的困难。

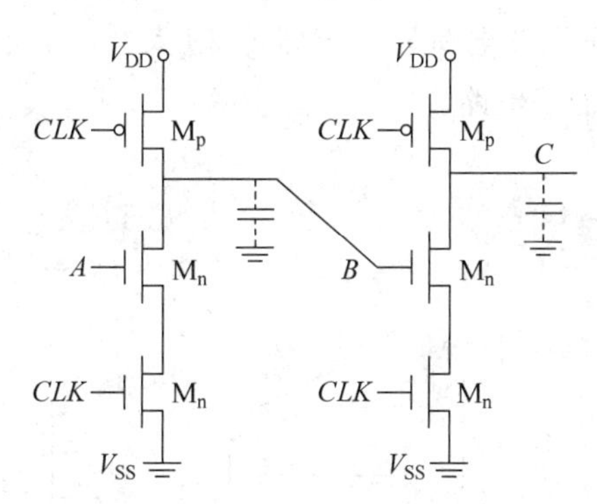

图 6-38 预充电-求值逻辑直接级联

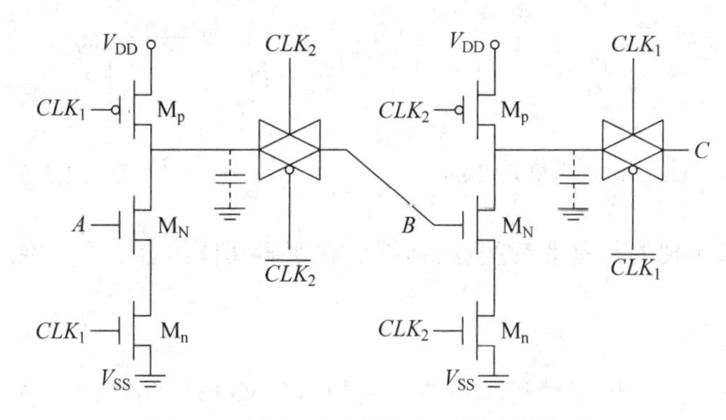

图 6-39 多相时钟预充电-求值逻辑级联

4. 多米诺逻辑

预充电-求值逻辑单元直接级联求值出错是因为预充的"1"被直接加到后级的输入而造成的。为解决此问题可增加一个反相器,将预充的"1"反相为"0",单元结构如图 6-40 所示,称之为多米诺逻辑单元,级联应用如图 6-41 所示。当时钟 $CLK=0$ 时,各单元预充到"1"电平,经反相后变为"0"电平加到后级的输入。$CLK=1$ 时,各单元开始求值,在前级求出值之前,各输入均为"0"电平,预充结果不会被破坏。每级都是等到前级求出结果后才能确定输出是否改变。它的求值过程是从第一级开始,由前向后一级传一级,犹如一条多米诺骨牌倒塌线,由此而得名多米诺(Domino)逻辑。

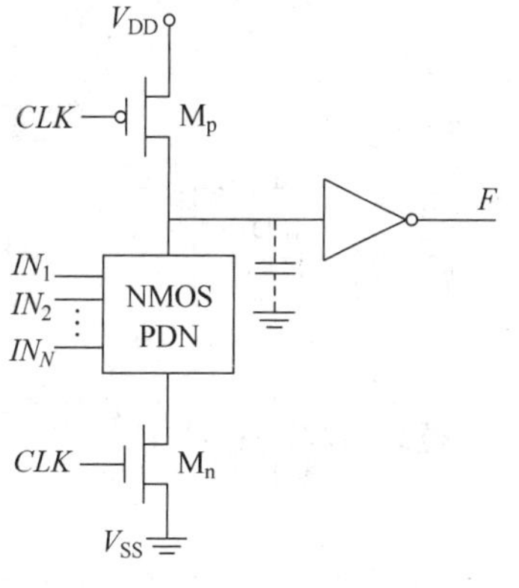

图 6-40 Domino 逻辑单元

Domino 逻辑预充电过程是所有单元同时进行,需要时间较短;而求值过程是所有单元串联进行,需要时间较长。所以,时钟脉冲一般是非对称的。

Domino 逻辑链不宜过长,否则由于电路漏电,使靠后面的电路没等到最后求值电荷就已漏掉。为解决此问题可采用带有上拉管的 Domino 逻辑单元,如图 6-42 所示。上拉管 M_{pr} 只需要很小尺寸保证泄漏电荷的补充即可,过大会影响求值网络下拉结果。该上拉结构电路也可以应用于静态电路。

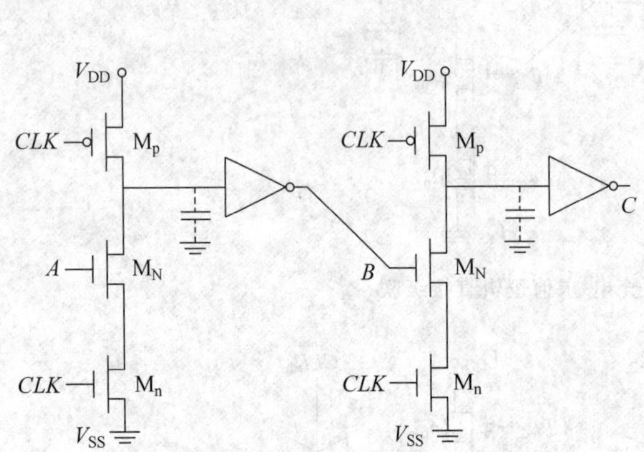

图 6-41　Domino 逻辑单元级联

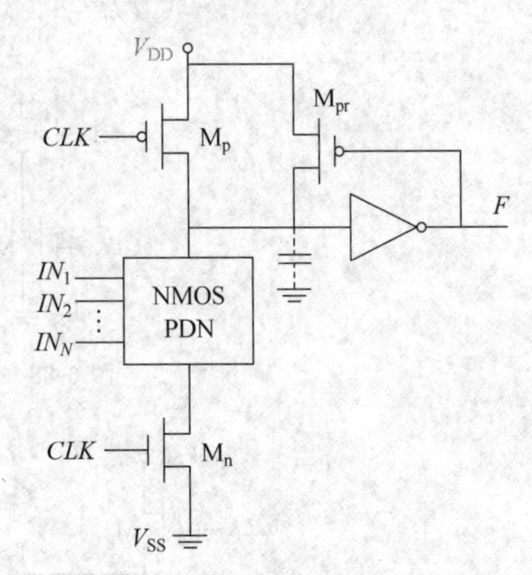

图 6-42　带有上拉管的 Domino 单元

Domino 逻辑实现的都是非反相逻辑,因而在逻辑功能组合上会存在一定的局限性。

5. n-p 逻辑

图 6-37 给出的预充电-求值逻辑电路采用的是 NMOS 管组成的下拉网络 PDN,一般称为 n 逻辑。如果采用 PMOS 组成上拉网络 PUN,可构成预放电-求值逻辑电路,结构如图 6-43 所示,称之为 p 逻辑,其中 M_p 为求值管,M_n 为预放电管。当 $CLK=1$ 时,为预放电阶段,输出节点被放电到"0"电位。当 $CLK=0$ 时,为求值阶段,如果 PUN 是截止的,输出节点保持"0"状态不变;如果 PUN 是导通的,输出节点被充电至"1"电位。

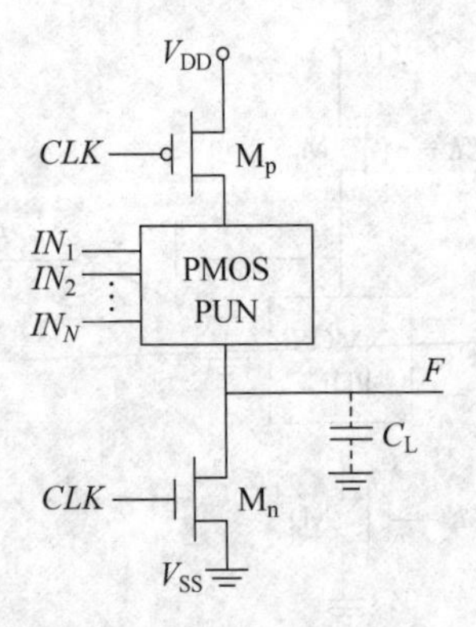

图 6-43　预放电-求值逻辑结构

根据 NMOS 和 PMOS 控制极性相反的原理,可以将 n 逻辑和 p 逻辑交替级联,并采用相反时钟控制,如图 6-44 所示,不需要增加传输门和反相器。当 $CLK=0(\overline{CLK}=1)$ 时,n 逻辑预充电,将"1"电平加到后级 p 逻辑的输入;p 逻辑预放电,将"0"电平加到后级 n 逻辑的输入。即 n 逻辑的输入都为"0",而 p 逻辑的输入都为"1",当 $CLK=1(\overline{CLK}=0)$ 时,n 逻辑和 p 逻辑都进入求值阶段,后级只有等到前级求出结果才能确定求值结果,从前向后,一级传一级,与 Domino 逻辑求值过程相同。

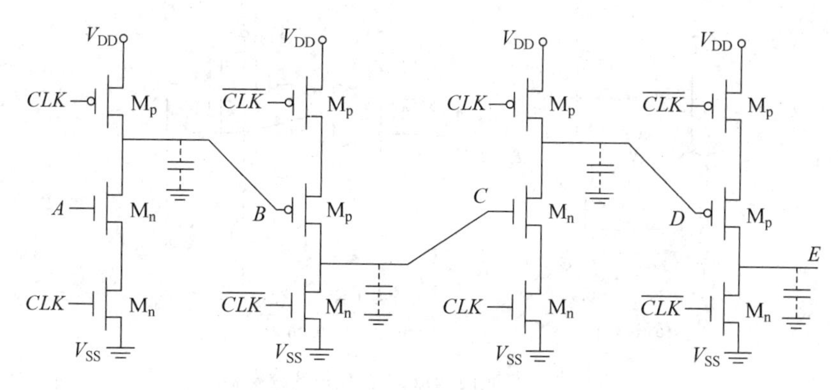

图 6-44 n-p 逻辑反相器级联

6.4 CMOS 触发器

6.4.1 R-S 触发器

1. 基本 R-S 触发器

R-S 触发器是最简单的触发器,是静态触发器的基础。图 6-45 所示为由或非门构成的基本 R-S 触发器,它的输出逻辑表达式为 $Q=\overline{R+\bar{Q}}$,$\bar{Q}=\overline{S+Q}$。

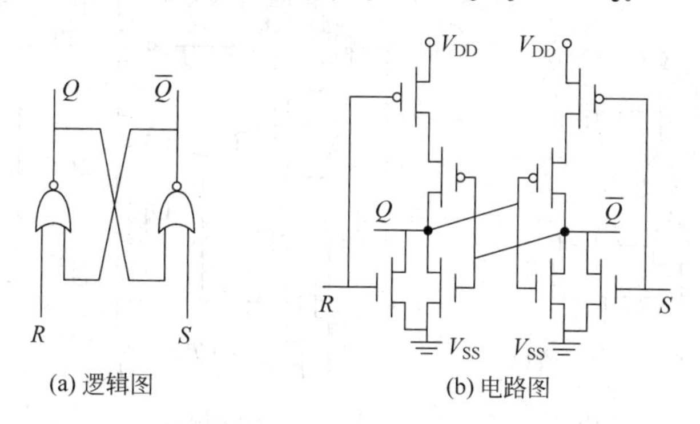

图 6-45 或非门构成的基本 R-S 触发器

当 $R=S=0$ 时,Q 和 $\bar{Q}$ 保持原有状态;当 $R=0$,$S=1$ 时,由于 $\bar{Q}=0$,迫使 $Q=1$;当 $R=1$,$S=0$ 时,由于 $Q=0$,迫使 $\bar{Q}=1$。

当 $R=S=1$ 时,$Q=\bar{Q}=0$,与触发器定义不符,而且当从 $R=S=1$ 变为 $R=S=0$ 时,电路将处于一种不定状态,所以应用时应禁止 $R=S=1$ 出现。

图 6-46 所示为由与非门构成的基本 R-S 触发器,它的输出逻辑表达式为 $Q=\overline{\bar{S}\cdot\bar{Q}}$,$\bar{Q}=\overline{\bar{R}\cdot Q}$。

当 $\bar{R}=\bar{S}=1$ 时,Q 和 $\bar{Q}$ 保持原有状态;当 $\bar{R}=1$,$\bar{S}=0$ 时,由于 $Q=1$,迫使 $\bar{Q}=0$;当 $\bar{R}=1$,$\bar{S}=0$ 时,由于 $\bar{Q}=1$,迫使 $Q=0$。应用时应禁止 $\bar{R}=\bar{S}=0$ 出现。

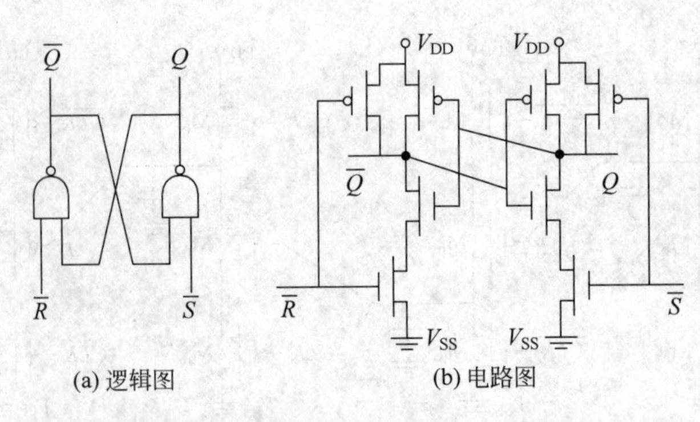

(a) 逻辑图　(b) 电路图

图 6-46　与非门构成的基本 R-S 触发器

2. 时钟 R-S 触发器

为了便于整个系统协调,通常需要用时钟控制触发器。图 6-47 所示为由与或非门构成的时钟 R-S 触发器,CP 为时钟控制端。当 $CP=1$ 时,R 和 S 信号送入触发器,触发器完成与图 6-45 相同的功能(此时禁止 $R=S=1$ 出现);当 $CP=0$ 时,禁止 R 和 S 信号送入触发器,触发器处于保持状态,保持的状态是依据下降沿到来前最后采样的输入 R、S 数据翻转的状态。可见其特点是应用时用 $CP=0$ 来屏蔽 $R=S=1$ 的情况,给应用带来了方便。

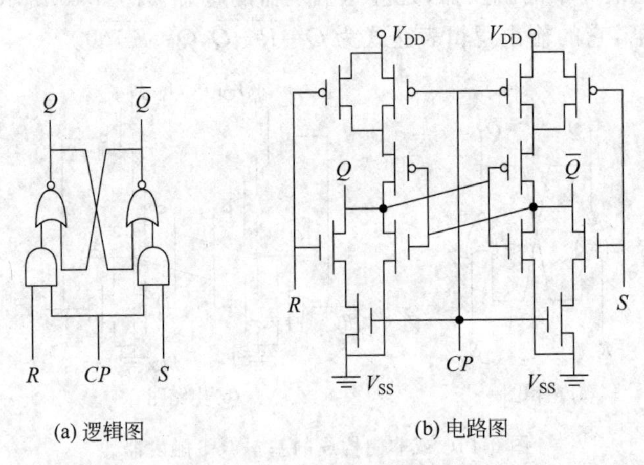

(a) 逻辑图　(b) 电路图

图 6-47　与或非门构成的时钟 R-S 触发器

图 6-48 所示为由或与非门构成的时钟 R-S 触发器,$\overline{CP}$为时钟控制端。当$\overline{CP}=0$时,$\overline{R}$ 和 $\overline{S}$ 信号送入触发器,触发器完成与图 6-46 相同的功能(此时禁止 $\overline{R}=\overline{S}=0$ 出现);当$\overline{CP}=1$ 时,禁止 $\overline{R}$ 和 $\overline{S}$ 信号送入触发器,触发器处于保持状态,保持的状态是依据时钟上升沿到来前最后采样的输入 $\overline{R}$、$\overline{S}$ 数据翻转的状态。应用时可以用$\overline{CP}=1$ 来屏蔽 $\overline{R}=\overline{S}=0$ 的情况。

图 6-49 所示为由反相器和传输门构成的时钟控制 R-S 触发器,CP 为时钟控制端。当 $CP=1$ 时,两个传输门都导通,如果 $R=1,S=0$,则 $Q=0$,$\overline{Q}=1$;如果 $R=0,S=1$,则 $Q=1$,$\overline{Q}=1$。此时禁止 $R=S=1$ 和 $R=S=0$ 两种情况出现。而且,由于 R、S 输入信号

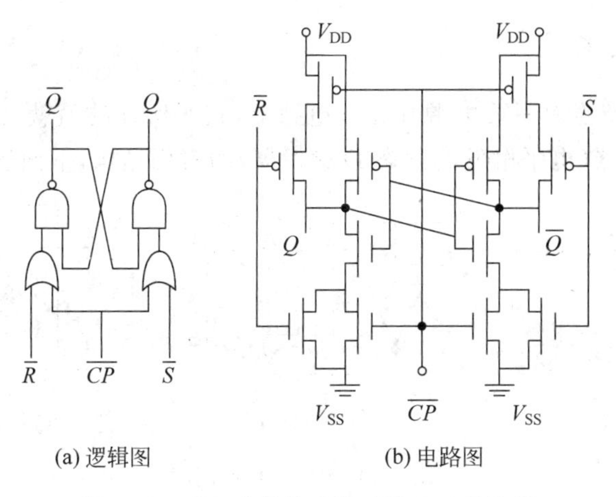

(a) 逻辑图　　(b) 电路图

图 6-48　或与非门构成的时钟 R-S 触发器

与反相器 a、b 的输出会发生竞争现象，为了使触发器的状态能够依据 R、S 数据翻转，设计时，反相器 a、b 的器件尺寸一定要小，即反相器 a、b 具有较弱的驱动能力。当 $CP=0$ 时，两个传输门都截止，触发器处于保持状态，保持的状态是依据时钟下降沿到来前最后采样的输入 R、S 数据翻转的状态。其特点是应用时可以用$\overline{CP}=1$ 来屏蔽 $R=S=1$ 和 $R=S=0$ 的情况。

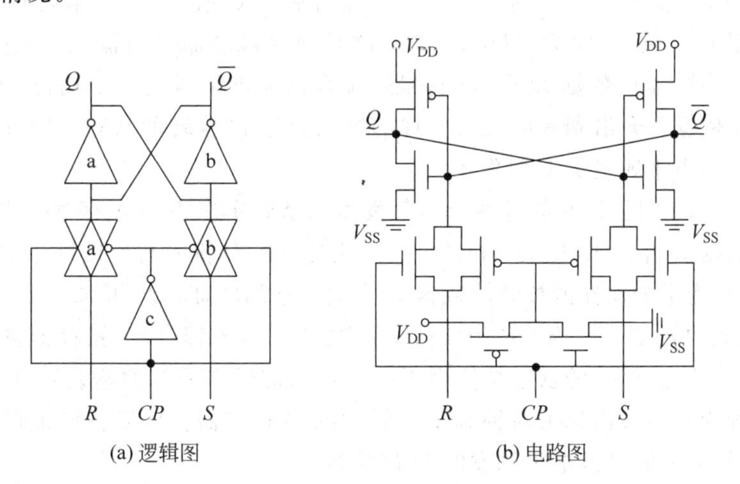

(a) 逻辑图　　(b) 电路图

图 6-49　反相器和传输门构成的时钟 R-S 触发器

6.4.2　D 触发器

D 触发器有电平触发和边沿触发两大类。电平触发的 D 触发器又称为 D 锁存器，有时钟低电平触发和时钟高电平触发两种。边沿触发 D 触发器又称为寄存器，有时钟上升沿(前沿)触发和时钟下降沿(后沿)触发两种，一般都是由两级触发电平相反的 D 锁存器构成，第一级称为主触发器，第二级称为从触发器，所以边沿触发 D 触发器又称为主从触发器。

1. 静态D触发器

静态触发器的特点是只要电源加在该电路上,它所保存的值就会一直有效。图6-50所示为静态D锁存器(电平触发的静态D触发器)的常用结构,下面进行具体说明。

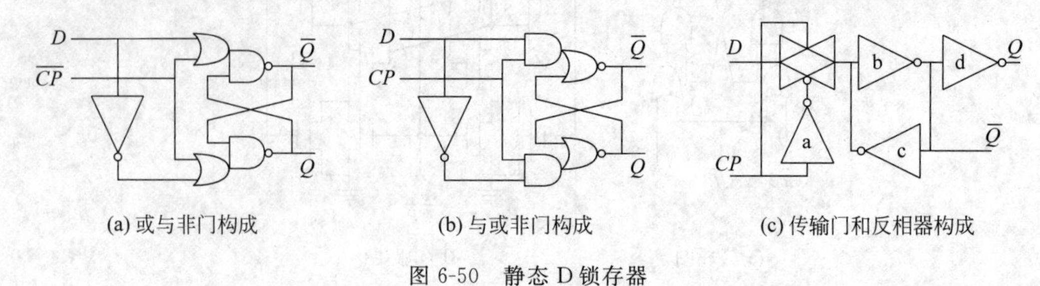

图6-50 静态D锁存器

图6-50(a)是以图6-48的时钟R-S触发器为基础实现的D锁存器,当$\overline{CP}=0$时,锁存器接收数据D并输出,即$Q=D,\overline{Q}=\overline{D}$。此时锁存器的输出与输入$D$是透明传输模式。当$\overline{CP}=1$时,禁止数据$D$送入锁存器,锁存器输出不再发生变化,进入保持状态。保持的状态是依据上升沿到来前最后采样的输入数据D翻转的状态。所以这种锁存器又被称为时钟低电平触发的D触发器。

图6-50(b)是以图6-47的时钟R-S触发器为基础实现的D锁存器,当$CP=1$时,锁存器接收数据D并输出,即$Q=D,\overline{Q}=\overline{D}$。此时锁存器的输出与输入$D$是透明传输模式。当$CP=0$时,禁止数据$D$送入锁存器,锁存器输出不再发生变化,进入保持状态。保持的状态是依据下升沿到来前最后采样的输入数据D翻转的状态。所以这种锁存器又被称为时钟高电平触发的D触发器。

图6-50(c)是以图6-49的时钟R-S触发器为基础实现的D锁存器。当$CP=1$时,锁存器接收数据D并输出,即$Q=D,\overline{Q}=\overline{D}$。此时数据$D$输入与反馈反相器c的输出可能会发生竞争,为了触发器能按新的数据D完成状态翻转,即$Q=D,\overline{Q}=\overline{D}$,要求反相器c的器件尺寸设计的要小。当$CP=0$时,禁止数据$D$送入锁存器,锁存器输出不再发生变化,进入保持状态,保持的状态是依据下降沿到来前最后采样的输入数据D翻转的状态。所以这种锁存器又被称为时钟高电平触发的D触发器。如果将该锁存器传输门控制信号反接,则变为时钟低电平触发的D触发器。

图6-51所示为时钟上升沿(前沿)触发的静态D触发器。当$CP=0$时,主触发器接收输入数据D,完成状态转换,此时主触发器的输出$Q'(\overline{Q'})$与输入D是透明传输模式,但是新的$Q'(\overline{Q'})$状态并不能被送入从触发器,从触发器的输出仍保持原有状态。当CP从0转变为1时,主触发器不再接收新的输入数据D,进入保持状态,保持的状态是依据上升沿到来前最后采样的输入数据D翻转的状态。而此时从触发器接收主触发器保持的$Q'(\overline{Q'})$状

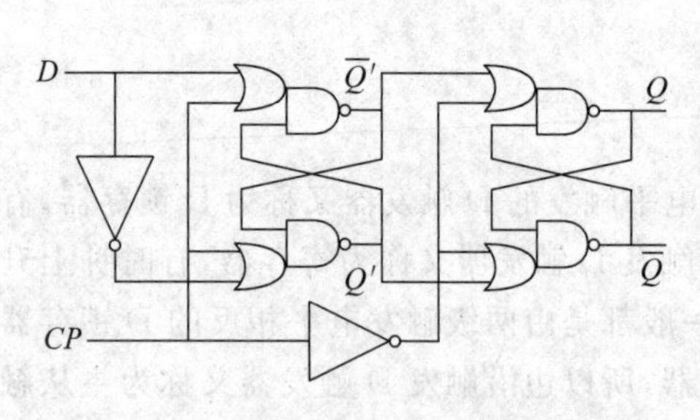

图6-51 时钟上升沿触发静态D触发器

态，完成输出 $Q(\bar{Q})$ 的状态转换。此时从触发器输出 $Q(\bar{Q})$ 与从触发器输出 $Q'(\overline{Q'})$ 是透明传输模式。由此可见，该触发器的最终输出 Q 就是时钟上升沿之前的 D，所以称为上升沿触发。

图 6-52 所示为时钟下降沿（后沿）触发的静态 D 触发器。它利用与或非门和或与非输入的差别，节省了一个时钟反相器，但是增大了时钟输入端的负载。

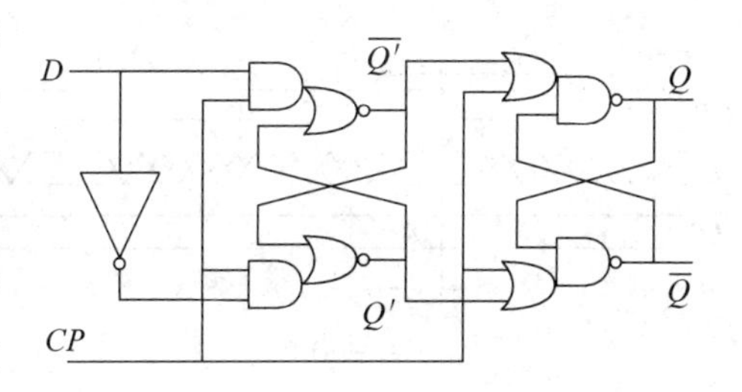

图 6-52　时钟下降沿触发静态 D 触发器

图 6-53 所示为由传输门和反相器构成的时钟下降沿（后沿）触发的静态 D 触发器。主触发器输入数据 D 时会与反馈反相器 c 的输出发生竞争，从触发器的输入会与反馈反相器 e 的输出发生竞争，因此设计时反馈用的反相器 c 和 e 的器件尺寸一定要小，使它们具有较弱的驱动能力。如果需要 $\bar{Q}$ 输出，可在输出 Q 端后面加反相器实现，而不能使用反相器 e 的输出。如果将该触发器两个传输门的时钟控制信号反接，则构成时钟上升沿（前沿）触发的静态 D 触发器。

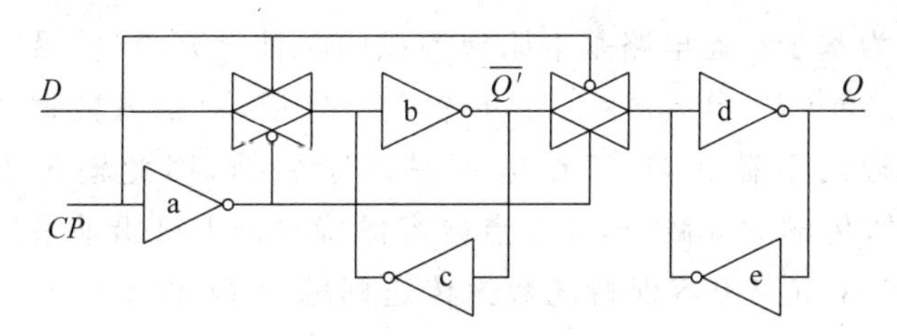

图 6-53　传输门和反相器构成的静态 D 触发器

D 锁存器和边沿触发 D 触发器的逻辑符号及其时序分别如图 6-54 和图 6-55 所示，其中：t_{setup} 为数据建立时间，是指时钟翻转前输入数据 D 必须有效的时间，在此期间内数据 D 不能变化；t_{hold} 为数据保持时间，是指时钟翻转后输入数据仍然有效的时间，在此期间内数据 D 不能变化；在 t_{setup} 和 t_{hold} 都满足的情况下，t_{c-q} 为输入数据 D 从时钟触发边沿到来到被传送到输出 Q 端所需的传输延迟时间。

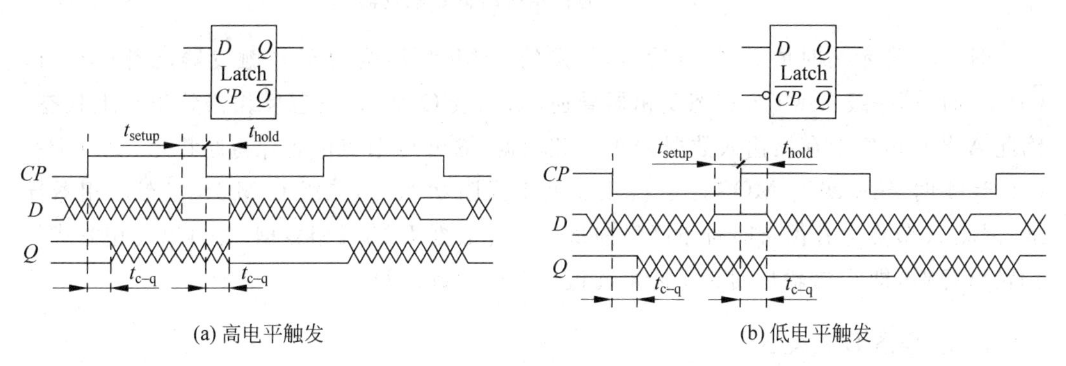

(a) 高电平触发　　(b) 低电平触发

图 6-54　D 锁存器符号及其时序

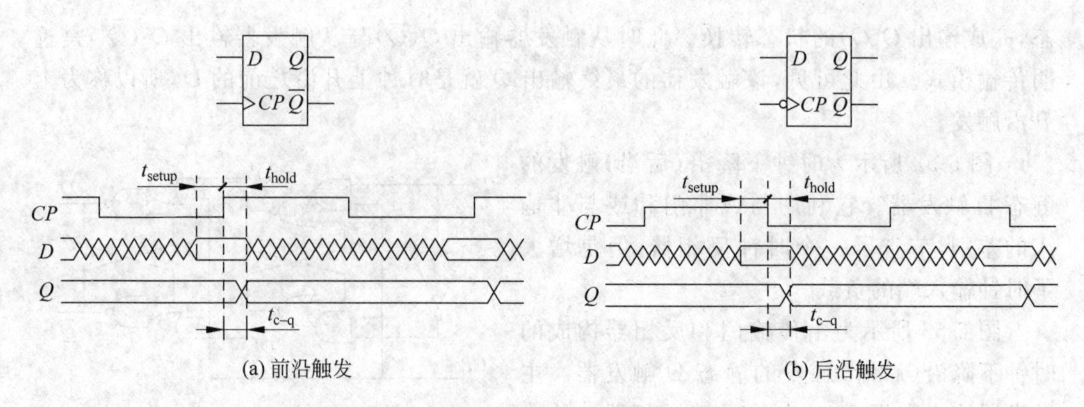

(a) 前沿触发 (b) 后沿触发

图 6-55 边沿触发 D 触发器符号及其时序

2. 动态 D 触发器

当触发器在较高频率时钟控制下工作时,并不需要长时间的维持状态。因此,基于动态逻辑原理,利用寄生电容的电荷存储效应,产生了动态触发器,其特点是不需要反馈维持电路,结构简单。

图 6-56 所示为基于动态电路基本原理构成的时钟上升沿(前沿)触发的传输门结构动态 D 触发器。当 $CP=0,\overline{CP}=1$ 时,传输门 a 导通,对输入数据 D 采样存储在 A 节点电容上;传输门 b 截止,B 节点电容保持原数据,因此输出 Q 状态不变。当 $CP=1,\overline{CP}=0$ 时,传输门 a 截止,A 节点电容保持时钟上升沿前最后的采样数据 D;传输门 b 导通,将 A 节点电容保持的数据传送到输出 Q,而 B 节点电容存储 A 节点的相反状态。

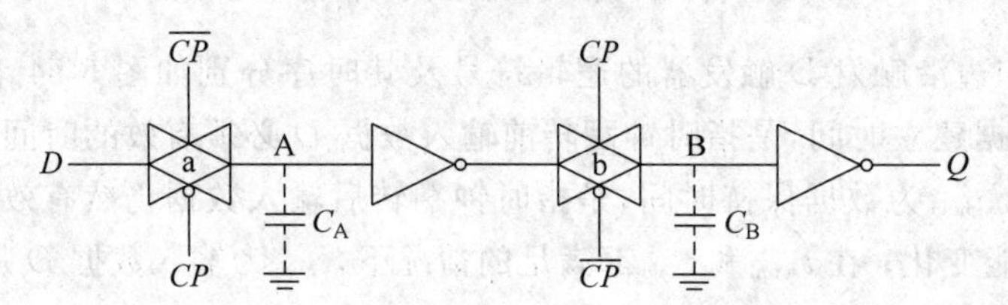

图 6-56 传输门结构动态 D 触发器

图 6-57 所示为时钟下降沿(后沿)触发的 C^2MOS 结构动态 D 触发器。当 $CP=1,\overline{CP}=0$ 时,第一级 C^2MOS 三态反相器导通,第二级 C^2MOS 三态反相器处于高阻状态,因此 A 节点电容上存储输入数据 D 的反相数据,输出 Q 节点电容保持原状态。当 $CP=0,\overline{CP}=1$ 时,第一级 C^2MOS 三态反相器处于高阻状态,第二级 C^2MOS 三态反相器导通,因此 A 节点电容保持时钟下降沿前最后采样数据 D 的反相数据,并再以反相方式传到输出 Q 端,即 Q 端输出时钟下降沿前最后采样的数据 D。

3. 准静态 D 触发器

准静态触发器是在动态触发器原理基础上增加静态保持电路而构成的,其工作过程中包含一部分动态工作模式，而主要工作模式还是静态，即只要电源加在该电路上，它所保存的值就会一直有效。

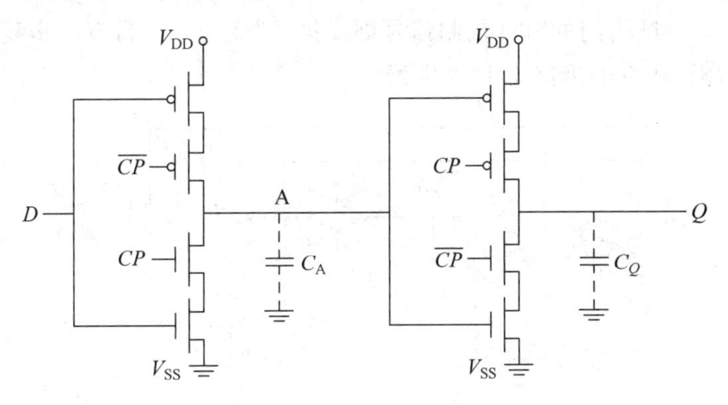

图 6-57　C^2MOS 结构动态 D 触发器

图 6-58 给出两种准静态 D 锁存器（电平触发的 D 触发器）结构。

图 6-58(a)是传输门结构 D 锁存器，当 $CP=1$ 时，传输门 a 导通，数据 D 送入锁存器 $\overline{Q}$ 和 Q 端。同时传输门 b 截止，因此避免了数据 D 与反相器 c 的输出发生竞争。当 $CP=0$ 时，传输门 a 截止，禁止数据 D 输入，传输门 b 导通，反相器 b 和 c 构成正反馈回路，使数据得以锁存。从整体上看，电路是静态工作。但是，在 CP 由“1”转为“0”时，传输门 a 截止，而反相器 c 的输出经过导通的传输门 b 传到节点 A（反相器 b 的输入）需要一定的传输时间，因此在此短暂的期间内，节点 A 的状态是靠节点 A 的电容存储效应保持的。也就是说，在 CP 由“1”转为“0”的开始阶段电路工作在动态模式。

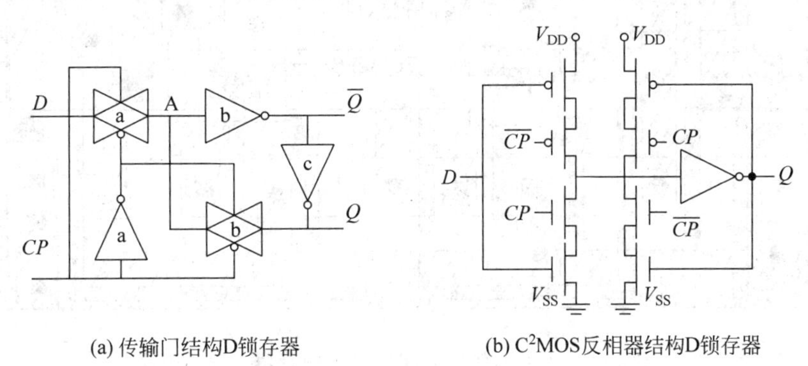

图 6-58　准静态 D 锁存器

图 6-58(b)是用 C^2MOS 反相器代替传输门构成的准静态 D 锁存器电路。与数据 D 相接的 C^2MOS 反相器起数据采样作用，与输出 Q 相接的 C^2MOS 反相器起数据反馈作用。该锁存器的特点是数据 D 端输入负载较轻，版图比较紧凑。

用两级准静态 D 锁存器级联便可构成准静态 D 触发器，如图 6-59 是一个带有异步复位置位功能的时钟上升沿（前沿）触发的准静态 D 触发器，其中：逻辑门 a 为 C^2MOS 反相器，逻辑门 b 和 c 为 C^2MOS 或非门。当 $R=1$ 时，$Q=0$，触发器被复位；当 $S=1$ 时，

$Q=1$,触发器被置位;但是,不允许 R 和 S 同时为"1"。$R=S=0$ 时,触发器根据时钟进行数据采样、传送和保持(时钟上升沿翻转)。

如果图 6-59 中逻辑门的时钟控制信号都反接,则变为一个带有异步复位置位功能的时钟下降沿(后沿)触发的准静态 D 触发器。

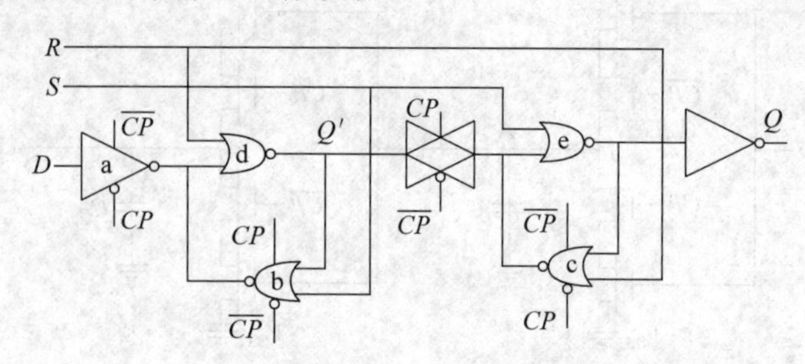

图 6-59 具有异步复位置位功能的上升沿触发的准静态 D 触发器

如果将图 6-59 中去除 R 和 S 端,或非门改为反相器,C^2MOS 或非门改为 C^2MOS 反相器,则变为基本的时钟上升沿(前沿)触发的准静态 D 触发器,其 CMOS 版图如图 6-60 所示(版图中包括了用两级反相器构成的时钟反相电路)。

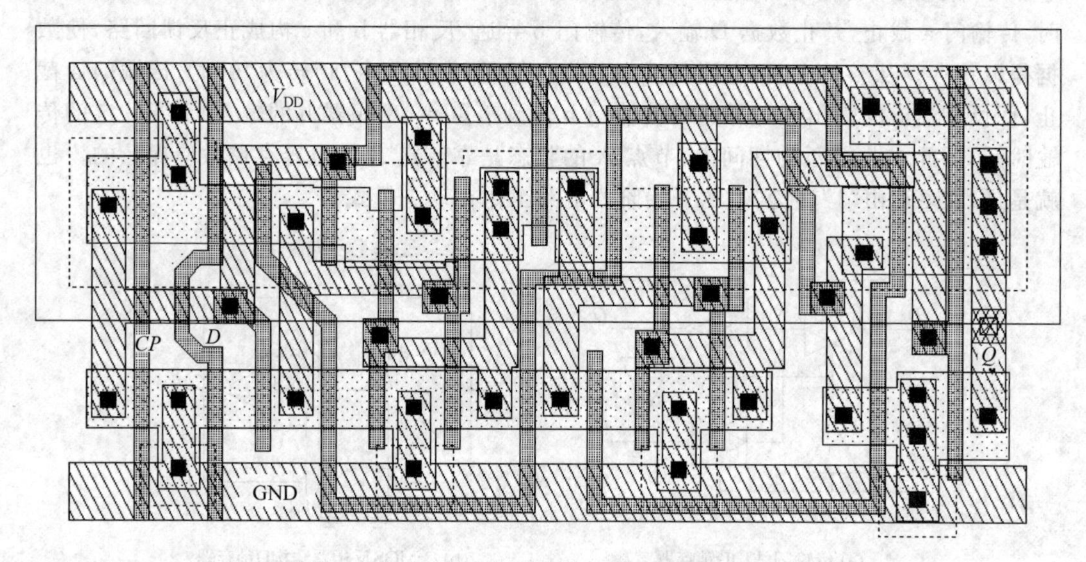

图 6-60 上升沿触发的准静态 D 触发器一种版图

6.4.3 CMOS 施密特触发器

施密特触发器通常用于抗噪声、去抖动、整形电路中,它具有两个突出特点:

(1) 输出状态翻转响应速度快,可使缓慢变化的信号变得比较陡直;

(2) 对正向和负向变化的输入信号有不同的转折电压,使低电平和高电平的噪声容限都很高。

1. 同相施密特触发器

同相施密特触发器电路、符号及电压传输特性如图 6-61 所示。

当 $V_{in}=0V$ 时，$V_X=V_{DD}$，$V_{out}=0V$，M_3 导通，M_4 截止。此时可以认为输入 V_{in} 接在一个等效的反相器上，该等效反相器由 M_1 和 M_3 并联作上拉网络，由 M_2 作下拉网络，因此有 $K_N=K_{n2}$，$K_P=K_{p1}+K_{p3}$，转折电压 V_-^* 由 $K_N/K_P=K_{n2}/(K_{p1}+K_{p3})$决定。

当 V_{in}从 0V 开始上升，达到过 V_-^* 后，等效反相器状态翻转，使 V_X 迅速下降，V_{out}迅速上升，迫使 M_3 截止，M_4 导通，进一步加速了状态翻转，使 $V_X=0V$，$V_{out}=V_{DD}$。可见输出信号从“0”到“1”翻转非常迅速。

当 $V_{in}=V_{DD}$时，$V_X=0V$，$V_{out}=V_{DD}$，M_3 截止，M_4 导通。此时可以认为输入 V_{in}接在另一个等效的反相器上，该等效反相器由 M_1 作上拉网络，由 M_2 和 M_4 并联作下拉网络，因此有 $K_N=K_{n2}+K_{n4}$，$K_P=K_{p1}$，转折电压 V_+^* 由 $K_N/K_P=(K_{n2}+K_{n4})/K_{p1}$决定。

当 V_{in}从 V_{DD}开始下降，低于 V_+^* 后，等效反相器状态翻转，使 V_X 迅速上升，V_{out}迅速下降，迫使 M_3 导通，M_4 截止，进一步加速了状态翻转，使 $V_X=V_{DD}$，$V_{out}=0V$。可见输出信号从“1”到“0”翻转非常迅速。

单独由 M_1 和 M_2 组成的反相器的转折电压 V^* 由 K_{n2}/K_{p1}决定，由于

$$K_{n2}/(K_{p1}+K_{p3}) < K_{n2}/K_{p1} < (K_{n2}+K_{n4})/K_{p1} \tag{6-33}$$

可知

$$V_-^* > V^* > V_+^* \tag{6-34}$$

所以，通过选择 $M_1 \sim M_4$ 的尺寸，即可获得需要的转折电压 V_-^* 和 V_+^*。

如果去掉 M_3，则有 $V_-^*=V^*$；如果去掉 M_4，则有 $V_+^*=V^*$。一般把这两种情况称为单边施密特电路。

2. 反相施密特触发器

反相施密特触发器电路、符号及电压传输特性如图 6-62 所示。

当 $V_{in}=0V$ 时，$V_{out}=V_{DD}$，M_5 截止，M_6 导通，$V_Y=V_{DD}-V_{TN}$。V_{in}从 0V 开始上升，当 $V_{in}\geqslant V_{TN}$时，M_4 导通，但是 M_3 仍然截止，V_{out}不会下降，但是 V_Y 开始随 V_{in}上升而下降。当 $V_{in}-V_Y\geqslant V_{TN}$时（等于时的 V_Y 记为 V_Y^*），M_3 才开始导通，V_{out}开始下降，而且通过正反馈，V_Y 和 V_{out}都迅速下降到 0V，M_6 截止，M_5 导通。此过程的转折电压为

$$V_-^* = V_Y^* + V_{TN} = \frac{V_{DD}+V_{TN}\sqrt{K_4/K_6}}{1+\sqrt{K_4/K_6}} \tag{6-35}$$

当 $V_{in}=V_{DD}$时，$V_{out}=0V$，M_5 导通，M_6 截止，$V_X=-V_{TP}$。V_{in}从 V_{DD}开始下降，$V_{in}-V_{DD}\leqslant V_{TP}$时，$M_1$ 导通，但是 M_2 仍然截止，V_{out}不会上升，但是 V_X 开始随 V_{in}下降而上升。当 $V_{in}-V_X\leqslant V_{TP}$时（等于时的 V_X 记为 V_X^*），M_2 才开始导通，V_{out}开始上升，而且通过正反馈，V_X 和 V_{out}都迅速上升到 V_{DD}，M_6 导通，M_5 截止。此过程的转折电压为

$$V_+^* = V_X^* + V_{TP} = \frac{(V_{DD}+V_{TP})\sqrt{K_1/K_5}}{1+\sqrt{K_1/K_5}} \tag{6-36}$$

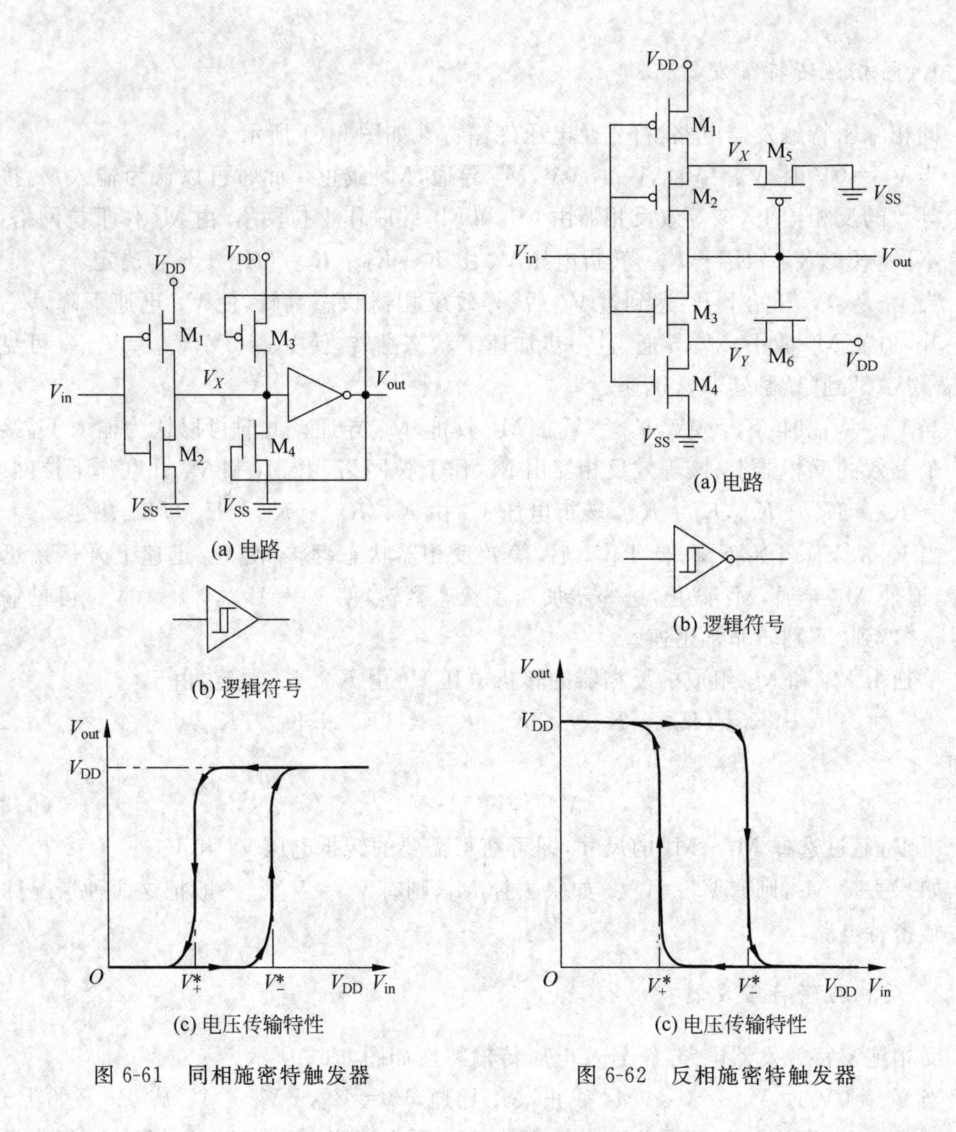

图 6-61　同相施密特触发器

图 6-62　反相施密特触发器

所以，通过选择 M_4 和 M_6 的宽长比，可获得较高的转折电压 V_-^*；通过选择 M_1 和 M_5 的宽长比，可获得较低的转折电压 V_+^*。即低电平噪声容限和高电平噪声容限可同时获得提高。如果去掉 M_5 或 M_6，则称为单边施密特电路。

6.5　加法器电路

6.5.1　全加器和半加器

1. 全加器

一位二进制全加器的“进位”输出 *Carry* 和“和”输出 *Sum* 逻辑表达式的基本形式见

式(6-37)和式(6-38)。但是,经过逻辑变换后可以得到很多种逻辑表达式,因此实现全加器的方式也很多。

$$\begin{aligned} Carry &= A\cdot B+B\cdot C+A\cdot C \\ &= A\cdot B+(A+B)\cdot C=A\cdot B+(A\oplus B)\cdot C \end{aligned} \tag{6-37}$$

$$Sum=A\cdot B\cdot C+A\cdot\bar{B}\cdot\bar{C}+\bar{A}\cdot B\cdot\bar{C}+\bar{A}\cdot\bar{B}\cdot C=A\oplus B\oplus C \tag{6-38}$$

图 6-63 是用 CMOS 逻辑门实现的一种组合逻辑全加器,它在产生 *Sum* 时利用了产生 *Carry* 的逻辑,逻辑表达式如式(6-39)所示,节省了器件,但是使“和”输出 *Sum* 比“进位”输出 *Carry* 增加了一级门延迟。该电路的特点是“进位”输出和“和”输出均采用反相器输出,便于根据负载需求调整驱动能力。

$$Sum=A\cdot B\cdot C+(A+B+C)\cdot\overline{Carry} \tag{6-39}$$

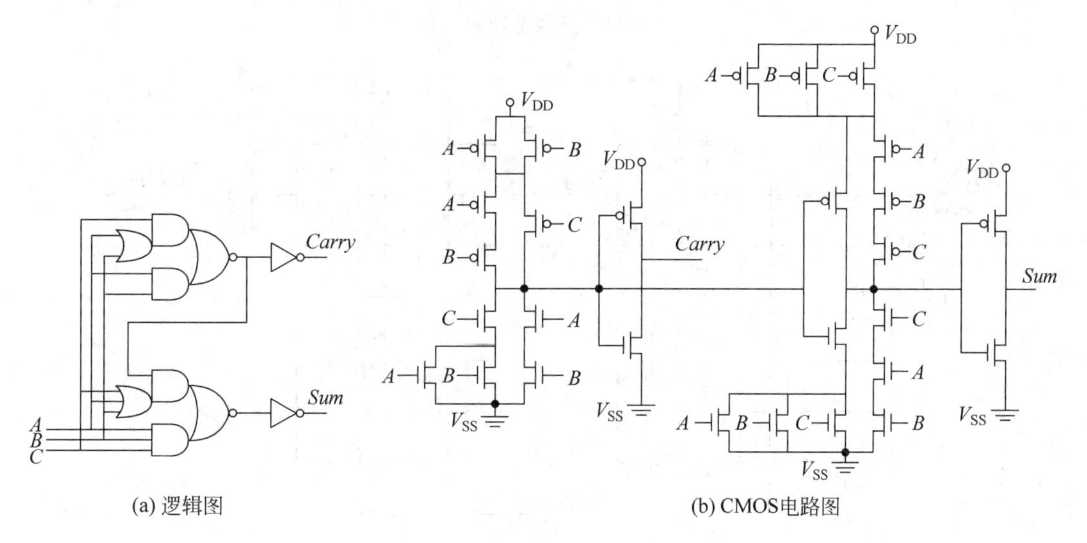

图 6-63 组合逻辑全加器

图 6-64 给出了一种经过优化的全加器电路,虽然没有减少器件数,但是减少了 MOS 管串联的级数,提高了电路速度。其 NMOS 下拉网络和 PMOS 上拉网络完全对称,所以称之为镜像加法器。

图 6-65 给出的是两种用传输门实现的全加器,它们的共同特点是“进位”输出和“和”输出延迟相同。

图 6-65(a)采用反相器输出,便于根据负载需求调整驱动能力,输出逻辑表达式如下

$$Carry=\overline{\bar{A}\cdot\overline{A\oplus B}+\bar{C}\cdot(A\oplus B)} \tag{6-40}$$

$$Sum=\overline{\overline{A\oplus B}\cdot\bar{C}+(A\oplus B)\cdot C} \tag{6-41}$$

图 6-65(b)采用传输门直接输出,节省了元件,但是驱动能力较差,其输出逻辑表达式如下

$$Carry=\overline{\bar{A}\cdot\overline{A\oplus B}+\bar{C}\cdot(A\oplus B)} \tag{6-42}$$

$$Sum=\overline{\overline{A\oplus B}\cdot\bar{C}+(A\oplus B)\cdot C} \tag{6-43}$$

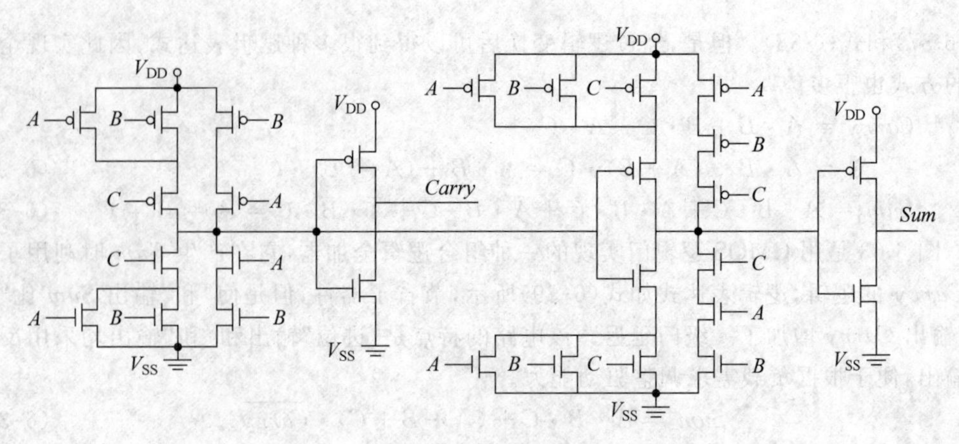

图 6-64　镜像全加器电路

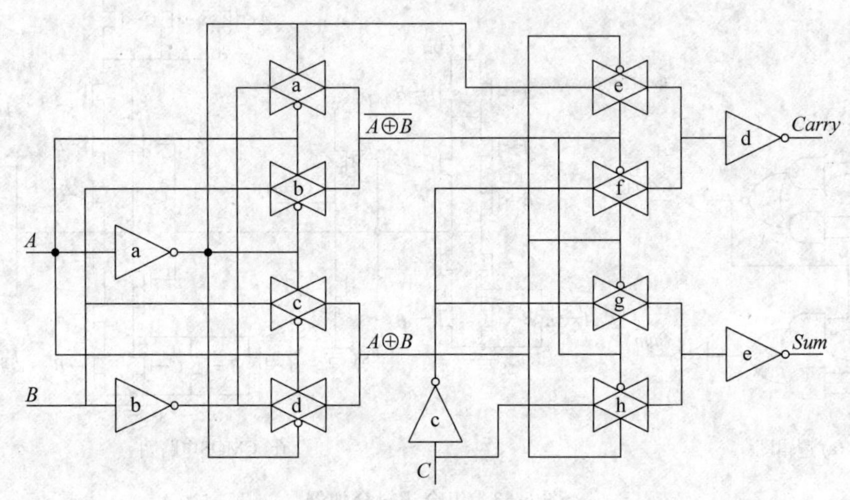

(a) 反相器输出结构

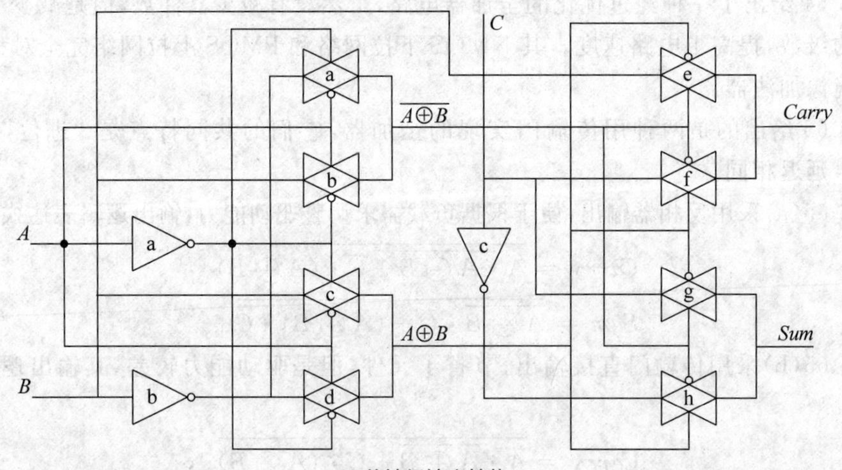

(b) 传输门输出结构

图 6-65　传输门全加器

2. 全加器的反相特性

把一个全加器的所有输入反相,则它的"进位"输出和"和"输出也都反相,称之为加法器的反相特性,可表示为式(6-44)和式(6-45)。也可以用图 6-66 说明,图中的小圆圈代表反相器,左右两个加法器在逻辑上完全等效。这一特性对提高串行进位加法器的速度非常有利(见 6.5.2 小节)。

$$\overline{Carry}(A,B,C) = Carry(\bar{A},\bar{B},\bar{C}) \qquad (6\text{-}44)$$

$$\overline{Sum}(A,B,C) = Sum(\bar{A},\bar{B},\bar{C}) \qquad (6\text{-}45)$$

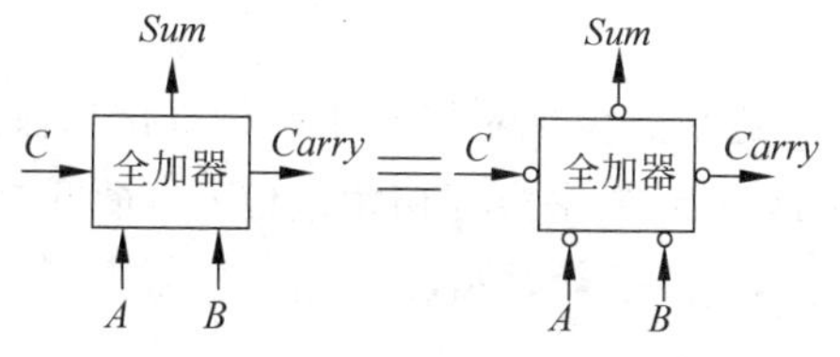

图 6-66 全加器的反相特性

3. 半加器

一位二进制加法器如果没有初始进位输入 C,则称为半加器。如图 6-67 所示为一种组合逻辑半加器的逻辑图、CMOS 电路图和版图,输出逻辑表达式如下

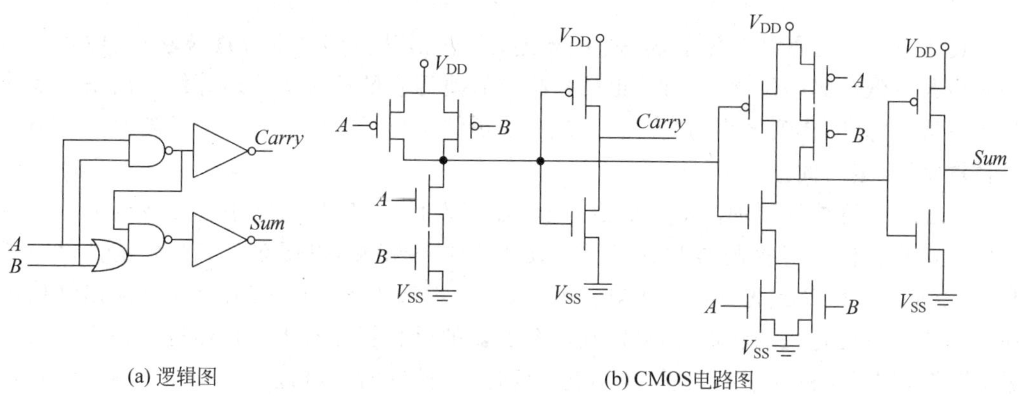

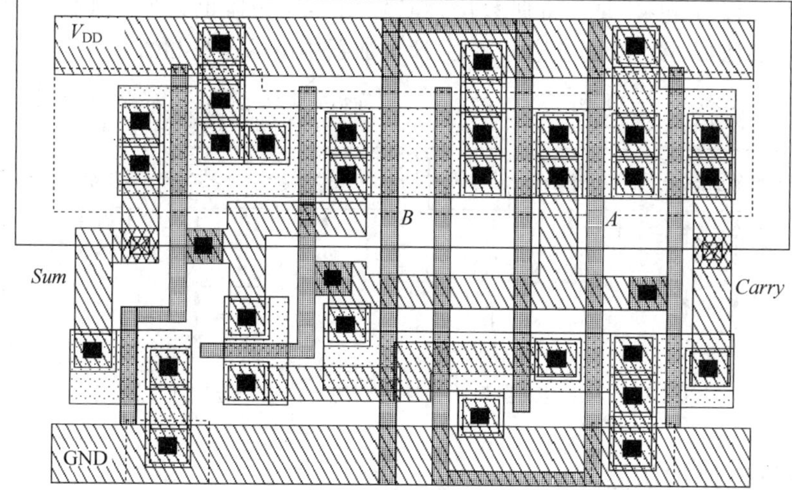

图 6-67 组合逻辑半加器

$$Carry = A \cdot B = \overline{\overline{A \cdot B}} \tag{6-46}$$

$$Sum = \overline{A} \cdot B + A \cdot \overline{B} = \overline{\overline{(A+B) \cdot \overline{A \cdot B}}} \tag{6-47}$$

6.5.2 逐位进位加法器

逐位进位加法器属于串行进位加法器。图 6-68 所示为用全加器构成的 n 位逐位进位加法器,如果没有初始进位 C_0,最低位(全加器 1)应改为半加器。

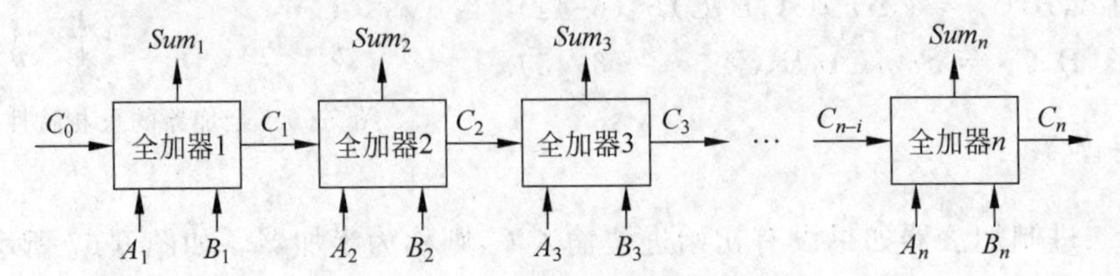

图 6-68　n 位逐位进位加法器

逐位进位加法器结构简单,但是由于进位信号是从低位到高位逐位求得,使各位的"和"也是从低位到高位逐位求得,也就是高位需要等它的低位进位运算结果出来后才能进行运算。因此,得到最终的"和"和"进位"输出结果延迟时间较长。而且随着加法器的位数增加,延迟时间也在增加。

为了减小逐位进位加法器的延迟,在全加器设计中,应尽量减小进位的延迟。通常将晚到的进位信号 C 控制的 MOS 管靠近逻辑门的输出端,以便在 C 到来之前内部节点依据先到的 A 和 B 预先完成充放电。另外,采用类似于图 6-63 带有反相器输出结构的全加器组成逐位进位加法器时,可以利用全加器的反相特性省去全加器进位输出的反相器,直接采用进位的非进行级联,减小进位延迟,当然同时要将逐位进位加法器的偶数位数据 A 和 B 反相后输入,并且将偶数位"和"输出的反相器也去掉。如图 6-69 所示为 8 位逐位进位加法器,图中的小圆圈代表去掉全加器中的输出反相器。

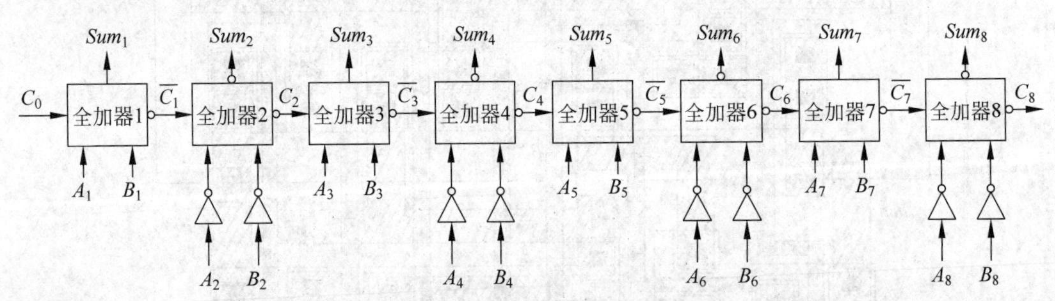

图 6-69　利用全加器反相特性构成的 8 位逐位进位加法器

6.5.3 进位选择加法器

在逐位进位加法器中,每位全加器必须等待输入进位到达后才开始计算产生其输出结果，因此严重影响了加法器的速度。如果在等待进位输入期间预先根据进位的两种可能情况（“0”或“1”）提前计算出两种可能的进位输出结果，而当进位输入一旦确定时，就可以通过选择开关快速将正确进位结果选出，就可以大大缩短等待时间，提高加法器的速度。用这种思想构成的加法器被称为进位选择加法器。但是，如果每位都采用进位选择结构，电路规模增加明显，而对提高速度不利，所以通常采用分组方式。

图 6-70 所示为一种进位选择结构的 16 位加法器，它采用的是每组 4 位的平均分组结构，每组加法器的结构相同，电路重复性好，便于设计。但是，由于每组产生输出时都要比前一组增加一个多路选择电路的延迟，而每组计算可能结果的时间却相同，因此造成随着加法器组的增加，靠后面的加法器组等待进位输入的时间逐级加长，对提高加法器的整体速度不利。

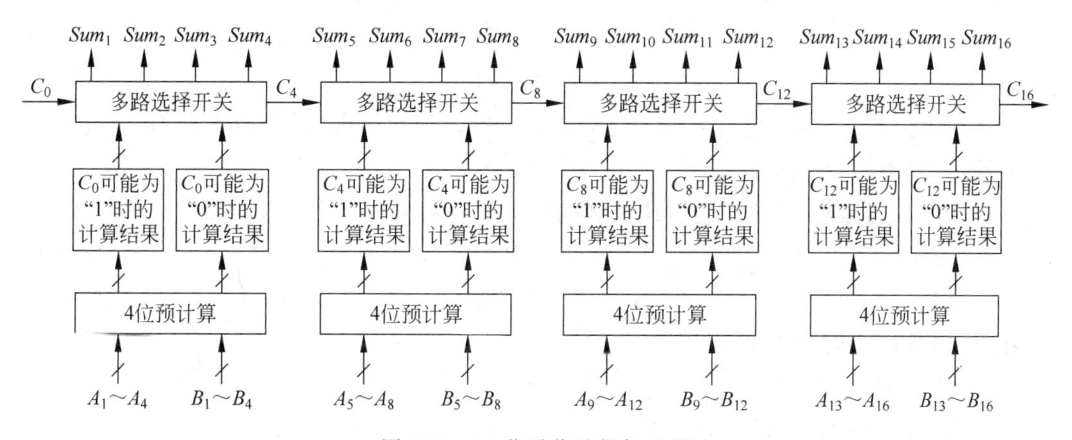

图 6-70　16 位进位选择加法器

图 6-71 所示的 20 位加法器采用的是改进型进位选择结构，每组加法器的位数逐级增加（2 位、3 位、4 位、5 位和 6 位）。位数多的组产生两种可能结果的时间相对要长，因此可以使每组产生的两种可能结果与前一组的进位输出几乎同时到达多路选择电路，消除了等待时间，提高了加法器的整体速度。

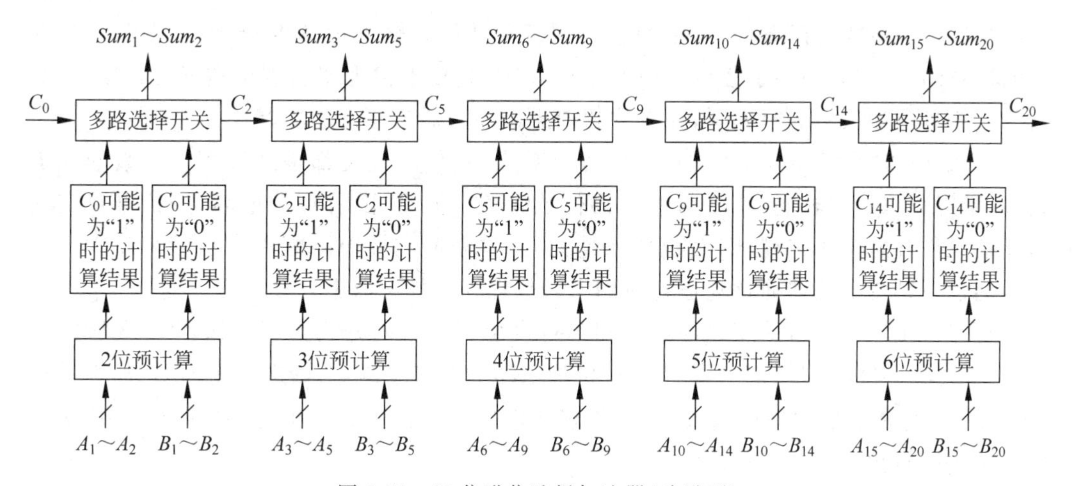

图 6-71　20 位进位选择加法器（改进型）

在进位选择型加法器中,为了减少硬件开销,一般预先根据输入进位的两种可能只计算输出进位的两种可能结果,多路选择开关也只对进位进行选择,而"和"是在多路选择开关之后根据进位输出和预计算中间结果进行计算求得。另外,当初始进位 C_0 与数据 A 和 B 之间不存在延迟时,首组加法器不需要进行两种可能的计算,可以采用直接计算方式来节约硬件开销。

6.5.4 超前进位加法器

在高速加法器设计中,通常采用各位同时进位、同时求和的超前进位技术。对于多位加法器的第 i 位输入 A_i 和 B_i,令

$$G_i = A_i \cdot B_i \tag{6-48}$$

$$P_i = A_i \oplus B_i \tag{6-49}$$

当 $G_i=1$ 时会产生进位,而当 $P_i=1$ 时会使进位输入传到输出,所以通常称 G_i 为进位产生信号,P_i 为进位传输信号。

根据全加器原理,第 i 位的进位及和的输出可表示为

$$C_i = G_i + P_i \cdot C_{i-1} \tag{6-50}$$

$$S_i = P_i \oplus C_{i-1} \tag{6-51}$$

因此,可得各位的进位输出表达式

$$\begin{cases} C_1 = G_1 + P_1 \cdot C_0 \\ C_2 = G_2 + P_2 \cdot G_1 + P_2 \cdot P_1 \cdot C_0 \\ C_3 = G_3 + P_3 \cdot G_2 + P_3 \cdot P_2 \cdot G_1 + P_3 \cdot P_2 \cdot P_1 \cdot C_0 \\ C_4 = G_4 + P_4 \cdot G_3 + P_4 \cdot P_3 \cdot G_2 + P_4 \cdot P_3 \cdot P_2 \cdot G_1 + P_4 \cdot P_3 \cdot P_2 \cdot P_1 \cdot C_0 \\ \vdots \\ C_n = G_n + P_n \cdot G_{n-1} + P_n \cdot P_{n-1} \cdot G_{n-2} + \cdots + P_n \cdot P_{n-1} \cdot P_{n-2} \cdot \cdots \cdot P_3 \cdot P_2 \cdot P_1 \cdot C_0 \end{cases} \tag{6-52}$$

从进位表达式可以看到,每位的进位都直接从原始输入运算得到,而不需要等其低位的运算结果,因此消除了逐位进位的延迟效应,此技术称为超前进位技术。图 6-72 所示为超前进位加法器的原理图,通常称超前进位加法器为并行加法器。

从式(6-52)及式(6-50)和式(6-51)可以看出,每位的进位都是经过相同级数的逻辑运算,延迟可以近似相同,几乎与加法器位数无关。但是,随着位的增高,进位电路实现时用的元件数越来越多,版图面积越来越大,高位和低位性能匹配难度也越来越大。所以超前进位结构加法器通常只适合应用于 4 位以下的加法器中。

更多位加法器通常采用超前进位和串行进位相结合的方法实现。如图 6-73 所示的 16 位加法器,它是采用 4 组 4 位超前进位加法器的级联结构,初始进位输入 C_0 作为最低 4 位超前进位加法器的进位输入,高 4 位超前进位加法器进位输出 C_{16} 就是 16 位加法器的最后进位输出。

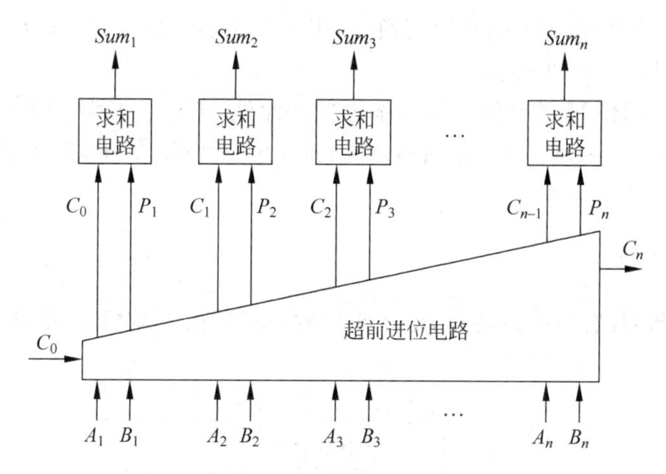

图 6-72 超前进位加法器的原理结构

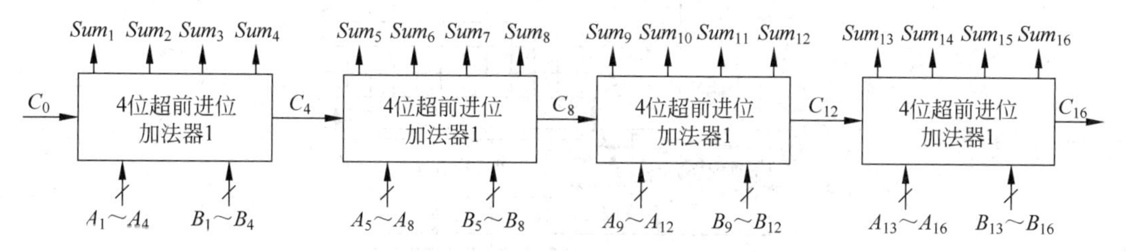

图 6-73 超前进位和串行进位相结合的 16 位加法器

6.6 MOS 存储器

6.6.1 存储器概述

1. 存储器分类

存储器作为存储部件广泛应用于各种电子系统中,它可以作为单块 IC 封装应用,也可以作为嵌入式存储器与逻辑功能集成在同一芯片上应用。存储器的类别较多,通常可分为只读存储器和随机存取存储器两大类。

只读存储器简称 ROM(read only memory),当电路电源电压切断时,不会造成其所存数据的丢失,属于非易失性存储器。ROM 又可分为固化 ROM 和可擦写 ROM。固化 ROM 又称为 MASK ROM(掩膜编程只读存储器),其所存数据由光刻掩膜版确定,芯片生产后数据不能改写,只能读出,所以用它来存储固定数据。可擦写 ROM 能同时提供读和写的功能,又称为非易失性读写存储器,但是其擦写操作需要的时间比读操作要长很多,所以通常用它来存储相对固定的数据,以读操作为主。可擦写 ROM 目前常用的有 EPROM(可擦除可编程 ROM)、EEPROM(电可擦除可编程 ROM)和 Flash(闪存)。

随机存取存储器简称 RAM(random access memory),当电路电源电压切断时,其所存数据就会丢失,属于易失性存储器。RAM 能同时提供读和写的功能,读和写操作时间相当且较快,所以通常作为数据临时交换区,用它存储临时数据。RAM 一般分为静态和动态(SRAM 和 DRAM)两类。

上述 ROM 和 RAM 是存储器的基本类型。此外,还有一些特殊用途的存储器,如限定存取顺序的 FIFO(先进先出)存储器和 LIFO(后进先出)存储器、按内容寻址存储器(CAM)以及多端口存储器等。

2. 存储器结构

各种存储器都具有各自的特点,但是它们的原理结构大体相同,如图 6-74 所示。

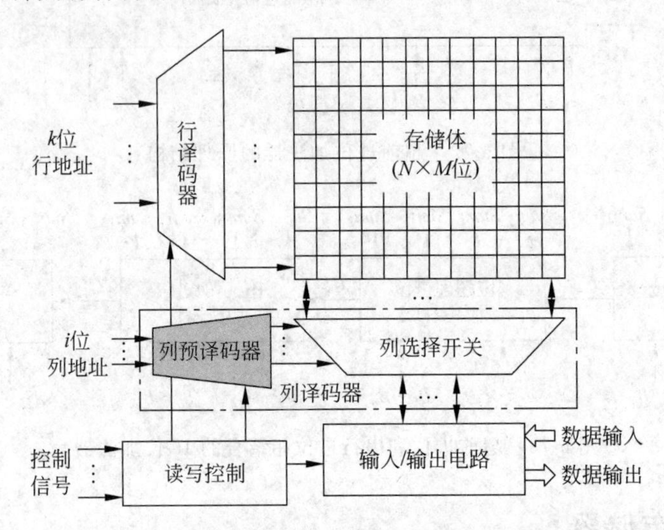

图 6-74 存储器结构

存储体是由存储单元组成的阵列,称为存储器的内核。不同类型存储器的存储单元不同,但是它们都具有两个相对稳定的状态,分别代表二进制信息的“0”和“1”。如果要实现一个 N 个字、每个字为 M 位的存储器,则需要 $N \times M$ 个存储单元,这时称存储器的容量为 $N \times M$ 位。一般 M 和 N 都是 2 的几次方,如 128×8、256×32。通常说的 1kbit 实际是 1024bit,而 1Mbit 是 1024kbit =1 048 576bit。

存储单元阵列同一行中每个单元的选择控制端连在一起,称为字线(WL),与行译码器相接;而同一列中的每个单元的数据输入输出端都连在一起,称为位线(BL),与列译码器相接。

存储阵列的一行中可能包含多个字,而这些字的存储单元排列方式除了特殊需求外,一般是按位的顺序分插排放的,如图 6-75 所示,其目的是为了便于列译码器的布局布线。

第1个字的第1位	第2个字的第1位	第1个字的第2位	第2个字的第2位	第1个字的第3位	第2个字的第3位	第1个字的第4位	第2个字的第4位	第1个字的第5位	第2个字的第5位	第1个字的第6位	第2个字的第6位	第1个字的第7位	第2个字的第7位	第1个字的第8位	第2个字的第8位

图 6-75 一行中有两个字时的存储单元排列方式

为了能对存储体中的每个存储单元进行信息写入或读出，对存储体的行和列分别排序，通过同时选定某一行和某一列来选中所需单元。行和列的选择是由地址译码器来完成的，一般分为行地址译码器和列地址译码器两部分。

行地址译码器是一个二进制编码器，其输出与存储阵列字线相接。k 位行地址输入通过行地址译码器后可以提供 2^k 个行地址选择信号（存储阵列的字线），但每次只选中一行。

列地址译码器的核心是一个与存储阵列位线相接的列选择开关（多路选择器），i 位列地址输入通过列预译码器后可以提供 2^i 个列地址选择信号，但每次只选中一列（输出一位）或多列（同时输出多位，通常是一个字的所有位）。

行地址译码器的输入位数 k 与列地址译码器的输入位数 i 的和，即 $k+i$ 是存储器输入地址的总位数。如果是一次选一位输入输出，则 $2^{k+i}=N\times M$；如果一次选一个字（M 位）输入输出，则 $2^{k+i}=N$。

读写控制电路的作用是对存储器读操作和写操作时序上的控制，主要包括对地址译码器和数据输入输出电路的控制。

输入输出电路的作用是在控制电路的控制下，将数据写入指定的存储单元中或将指定存储单元中的数据输出。输入输出电路按照存储器同时输入输出的位数设定，通常还包括灵敏放大器和数据锁存等电路。不同的存储器有不同的读写控制及输入输出电路，具体电路根据存储器的类别和具体性能要求而定。

地址译码器、数据输入输出电路、读写控制电路统称为存储器的外围电路。

6.6.2 MASK ROM

MASK ROM（掩膜编程 ROM）又称为固化 ROM，是指存储器所存储的内容是在芯片加工中通过掩膜确定的，芯片一旦加工出来其内容就不能更改，只能读出。MASK ROM 存储阵列的排布方式有多种，常用的有或非存储阵列和与非存储阵列以及二者的结合——与或非存储阵列。

1. 或非存储阵列

或非阵列 ROM 简称 NOR ROM，图 6-76 是 4×4 MOS NOR ROM 的电路结构和版图。存储单元是以字线 *WL* 与位线 BL 之间有没有 NMOS 管来表示存“0”还是存“1”。同一行上的存储单元晶体管的栅极连在同一条字线（*WL*）上，同一列上的存储单元晶体管的漏极连在同一条位线（*BL*）上，并且接一个 PMOS 上拉管，所有存储单元晶体管的源极连在地线上。

可以看出，同一条位线上的 NMOS 管和 PMOS 管的组合其实就是一个用字线作为输入、位线作为输出的静态伪 NMOS 或非门，因此，一个 $N\times M$ 这种结构的 ROM 存储器可以看作是 M 个静态伪 NMOS 或非门的组合，所以称之为 NOR ROM。

NOR ROM 在非读状态时，所有字线都是低电平，所有存储单元 NMOS 管都截止，

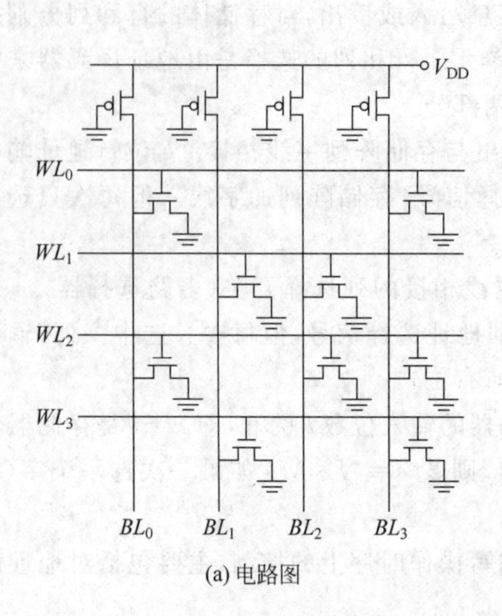

(a) 电路图

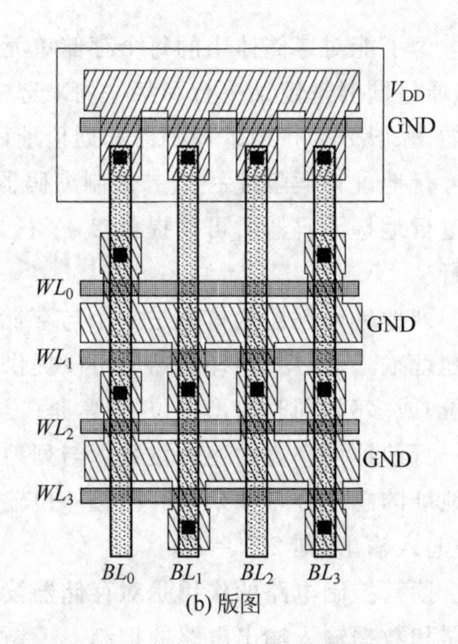

(b) 版图

图 6-76 4×4 MOS NOR ROM

则所有位线都被导通的 PMOS 管上拉为高电平。

NOR ROM 在读状态时,被选中的一条字线是高电平,其他未被选中字线仍为低电平,于是与被选中字线相接的 NMOS 管导通,并将与之相连的位线下拉至低电平,而其余的位线仍为高电平。而哪条位线上的数据被输出将由列地址译码器确定。

从图 6-76 所示版图可以看到,相邻两行同一位线上的存储单元 NMOS 管可以共享源极或漏极,有效地减小了面积。但是,如果要用掩膜编程方法改变存储数据,这种结构版图需要改变有源区和引线孔两层数据,工艺成本较大。

图 6-77 给出了两种便于掩膜编程的 NOR ROM 版图结构。

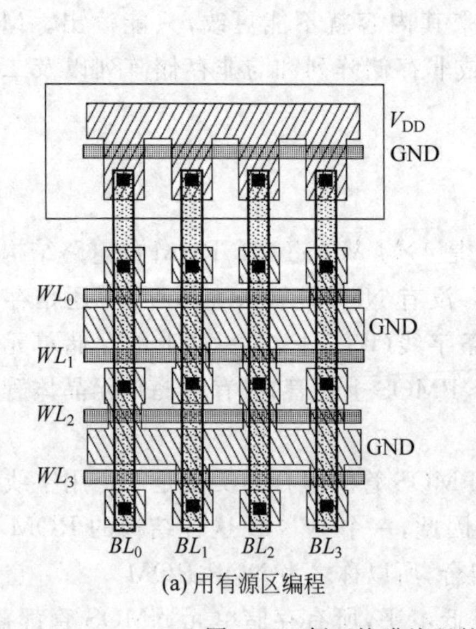

(a) 用有源区编程

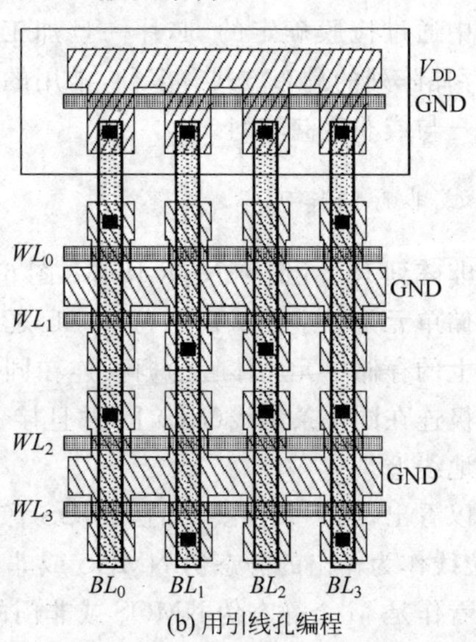

(b) 用引线孔编程

图 6-77 便于掩膜编程的 4×4 MOS NOR ROM 版图

图 6-77(a)与图 6-76(b)相比较大致相同,仍是以有 MOS 管与无 MOS 管来编程,只是位线上增加了一些没有用的有源区接触,其结果是使掩膜编程时只需改变有源区版图数据(与多晶交叉处)即可实现数据编程,降低了成本。

图 6-77(b)的编程思想略有改变,即所有单元都有 MOS 管,编程时只需改变引线孔版图数据来决定 MOS 管的连接与不连接,其缺点是明显增大了芯片面积,但是由于引线孔制造工序比较靠后,圆片可以预先加工完成引线孔制造前的所有工序后存放起来,一旦具体编程数据确定下来,余下的工序就可以很快完成。在多层金属工艺中,通常将编程安排在工序更靠后的通孔(via)数据上。这样可以大大缩短订货与交货之间的等待时间。形成系列产品时,共享工序越多,对降低成本越有利。

减小存储器内核的面积和功耗对存储器来说至关重要,所以存储单元的 NMOS 管尺寸设计较小,因此会使位线输出的低电平偏高(伪 NMOS 逻辑是有比电路),逻辑摆幅变小,噪声容限降低。但是,在存储器内核中接收到的噪声信号很小,只要设计时将低电平控制在一定范围内还是可以接受的,只是当信号到达外部时需要通过外围输出电路将数据恢复到全电压摆幅。

静态伪 NMOS NOR ROM 在读出时,输出低电平位的存储单元 NMOS 导通,会使电路产生静态功耗。另外由于位线长且连接器件多,使位线上的寄生电容较大。因此在兼顾输出低电平的情况下,通过适当加大 PMOS 上拉管的尺寸来提高上拉速度,但是同时也会使静态功耗加大。所以,应用时在满足数据输出时间的要求下,应尽量缩短读操作时间。

图 6-78 所示的是预充电动态 NOR ROM 电路结构,它是将伪 NMOS 结构中的 PMOS 上拉管的栅极改用一个脉冲信号 ϕ 控制。在读之前,ϕ 给出一个负脉冲,即 $\phi=0$,PMOS 上拉管导通将位线充电到“1”。在读出时,$\phi=1$,PMOS 上拉管截止。这时,被选中存储单元如果有 NMOS 管则将位线下拉至“0”,而没有 NMOS 管的单元将保持原预充的“1”不变。由此可以看出,这种动态结构突出的优点是消除了静态功耗和对有比逻辑的要求。PMOS 尺寸设计相对独立,便于提高上拉速度。为了减小存储阵列尺寸,存储单元 NMOS 管尺寸较小,虽然不会影响最终的低电平值,但是下拉时间会较长,一般可以通过读出电路的设计来提高速度。

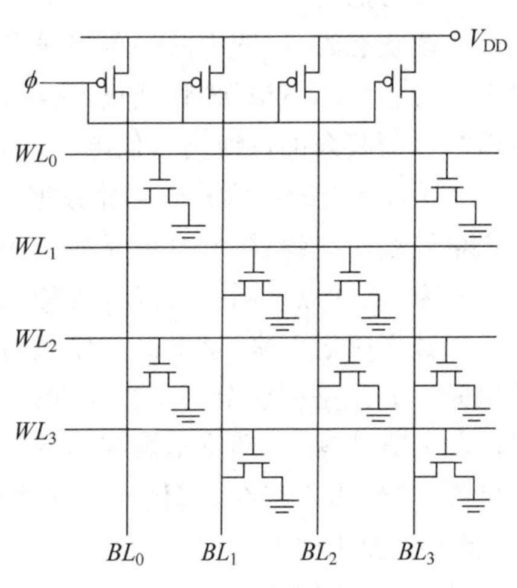

图 6-78 预充电 4×4 MOS NOR ROM 电路

2. 与非存储阵列

与非阵列 ROM 简称 NAND ROM。图 6-79 所示为 4×4 MOS NAND ROM 的电路结构和版图,同一条位线上的存储单元 NMOS 管都串联,与 PMOS 上拉管构成静态伪

NMOS与非门,因此,一个 $N\times M$ 这种结构的 ROM 存储器可以看作是 M 个静态伪 NMOS 与非门的组合。

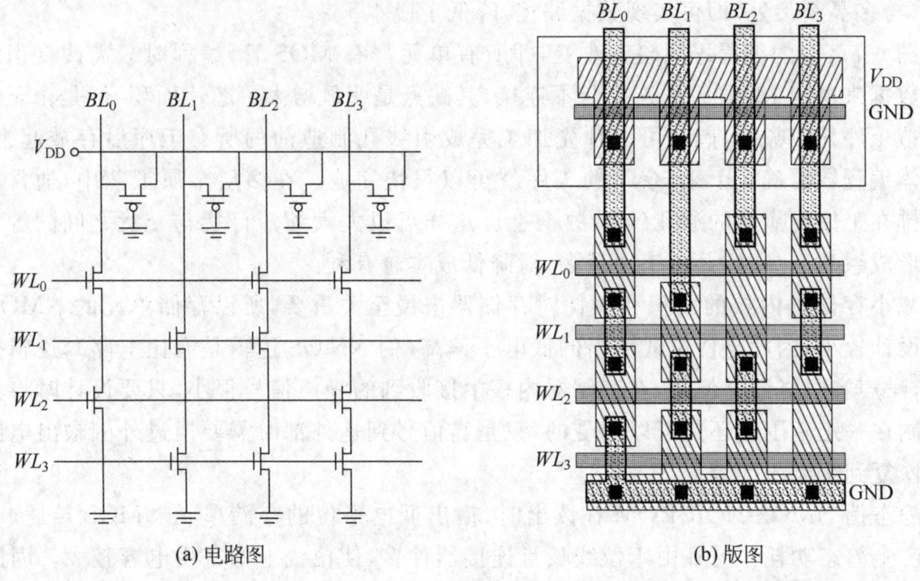

(a) 电路图　　(b) 版图

图 6-79　4×4 MOS NAND ROM

在非读状态时,所有字线都是高电平,所有存储单元 NMOS 管都导通,则所有位线都被下拉为低电平。

在读状态时,被选中的一条字线是低电平,其他未被选中字线仍为高电平,于是与被选中字线相接的 NMOS 管截止,使与之相连的位线被导通的 PMOS 管上拉至高电平,即输出"1",而其余的位线仍为低电平,即输出"0"。

为了便于掩膜编程修改存储数据,可以采用图 6-80 所示的两种版图结构。图 6-80(a)是用金属层布线编程,所有单元都有 MOS 管,但是用金属将不需要的 MOS 管源漏电极短接起来,其优点是圆片可以预先加工完成反刻金属前的所有工序后存放起来,一旦具体编程数据确定下来,余下的工序就可以很快完成,可以大大缩短订货与交货之间的等待时间。如果是多层金属工艺,可以采用工序靠后的金属层编程。图 6-80(b)是用增加耗尽注入方式编程,即将不需要的 NMOS 管注入成耗尽型,无论它是否被选中都处于导通状态,等效为连接线,其优点是大大缩小了存储阵列的面积,其代价是增加了工艺步骤,提高了加工成本。

从 NAND ROM 和 NOR ROM 的版图结构上可以看出,NAND ROM 存储阵列所占面积小于 NOR ROM 的。但是,由于 NAND ROM 同一位线上串联的存储单元 NMOS 管都导通时,才能将其位线下拉至低电平"0",因此 NAND ROM 存储整列的行数不宜过多,否则会因串联 NMOS 管过多严重影响输出低电平的值及其下拉速度。

静态伪 NMOS NAND ROM 不仅是读出时输出低电平位使电路产生静态功耗,而且在非读状态时所有位都使电路产生静态功耗。因此,应用时一般采用预充电-求值的动态结构,如图 6-81 所示。在读操作之前,$\phi=0$,求值 NMOS 管截止,上拉 PMOS 管对位线

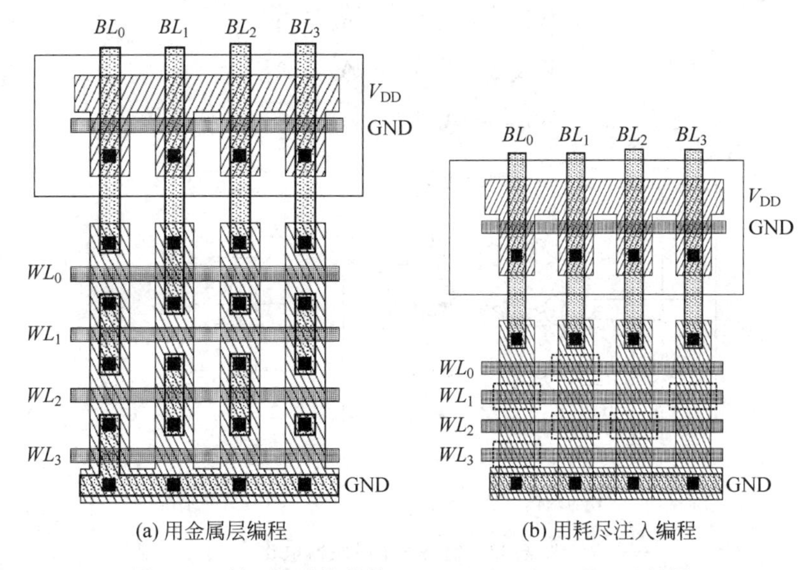

(a) 用金属层编程　　(b) 用耗尽注入编程

图 6-80　便于掩膜编程的 4×4 MOS NAND ROM 版图

充电到逻辑“1”。在读操作时，$\phi=1$，上拉 PMOS 管截止，求值 NMOS 管导通。这时被选中字线为低电平“0”，其余字线为高电平，于是与被选中字线相接的存储单元 NMOS 管截止，而使与之相连的位线保持预充的“1”，即输出“1”，而其余的位线被导通的 NMOS 管下拉至低电平，即输出“0”。在这里，求值 NMOS 管的加入是必需的，否则预充时将产生较大的功耗，而且位线不能被充电至真正的高电平。

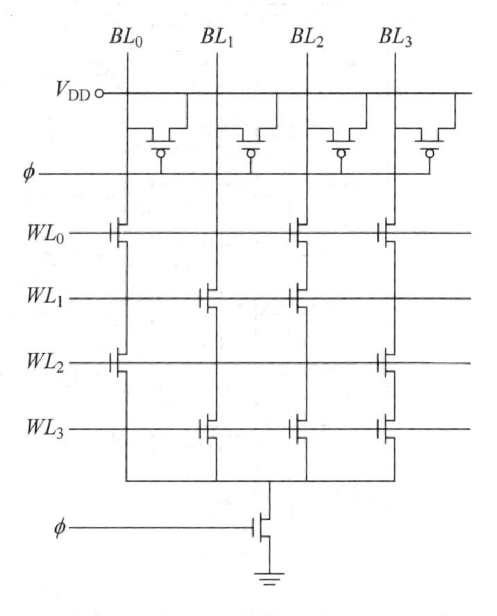

图 6-81　预充电-求值结构 4×4 MOS NAND ROM

3. 地址译码器电路

地址译码器的功能就是完成对存储阵列中的存储单元的选择，完成行选择的电路称为行译码器，完成列选择的电路称为列译码器。下面介绍的译码器原理可以应用于其他类型存储器中。

(1) 行译码器

行译码器电路是对输入 K 位二进制地址行信号进行编码的电路，产生 2^K 个输出，分别对应于存储体中的每一行(字线)，实际上就是用逻辑门组合成的 K 个输入的 2^K 选一电路。图 6-82 所示为两个输入地址信号的静态译码器电路，它输出的 4 个行地址(字线)信号中一次只有一个为逻辑“1”，其余都为逻辑“0”，一般称之为 2-4 译码器，输出的行地址信号逻辑函数为

$$WL_0=\overline{A}_0\overline{A}_1=\overline{A_0+A_1}$$

$$WL_1 = A_0\overline{A}_1 = \overline{\overline{A}_0 + A_1}$$
$$WL_2 = \overline{A}_0 A_1 = \overline{A_0 + \overline{A}_1}$$
$$WL_3 = A_0 A_1 = \overline{\overline{A}_0 + \overline{A}_1}$$

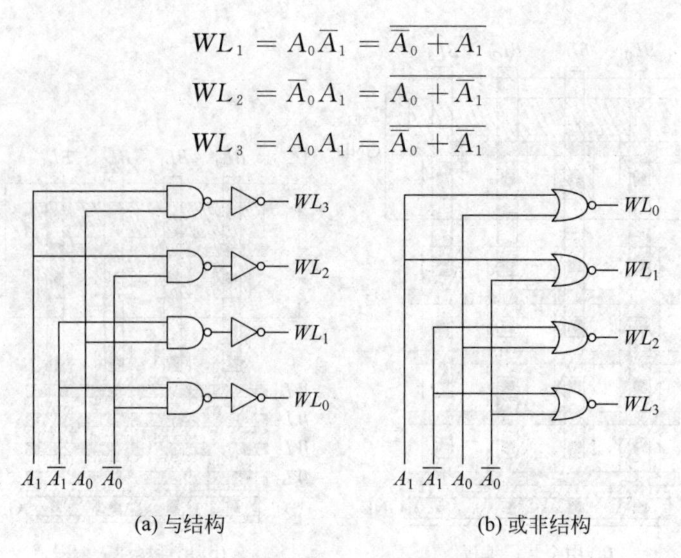

图 6-82 静态 2-4 译码器电路

图 6-83 所示为 3 个输入地址的静态译码器电路，它输出的 8 个行地址(字线)信号中一次只有一个为逻辑“1”，其余都为逻辑“0”，一般称之为 3-8 译码器。

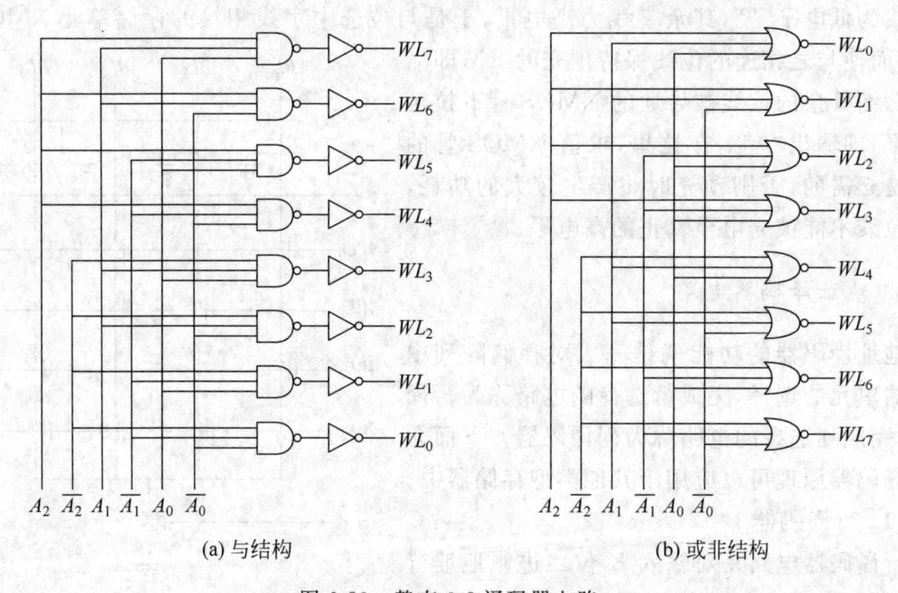

图 6-83 静态 3-8 译码器电路

由此可以看出，当行译码器输入地址位数增多时，逻辑门的扇入将随之增加，这将严重影响译码器的速度。为此通常采用多级译码技术，将多扇入逻辑门采用多级小扇入逻辑门组合实现。例如图 6-84 所示的六位地址输入的译码器采用了两级译码技术，第一级用 3 个 2-4 译码器作为第一级译码器，对输入地址分段进行预译码，第二级用三输入与非门-反相器产生最终字线信号。该译码器还可以采用两个 3-8 译码器作为第一级译码器，而第二级采用二输入与非门-反相器结构。

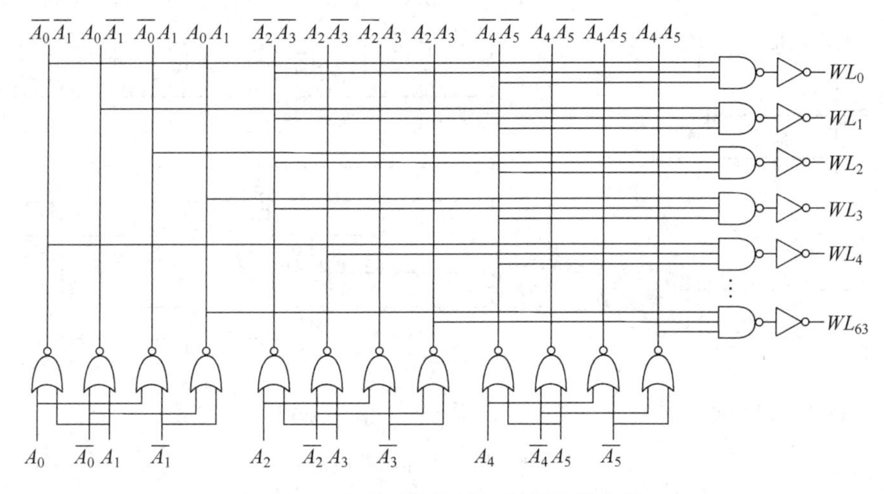

图 6-84　六位输入地址两级译码器电路

当第一级预译码电路输出驱动负载门较多时，一般需要增加反相器链组的结构（如图 6-85 所示）实现分组驱动，以便减小时间延迟，链的级数和分组数依据负载情况而定。

行译码器输出的行地址（字线）信号连接的存储单元较多，布线较长，负载较重，所以为了减小字线上的时间延迟，行地址输出都采用反相器（链）作为缓冲器/驱动器。

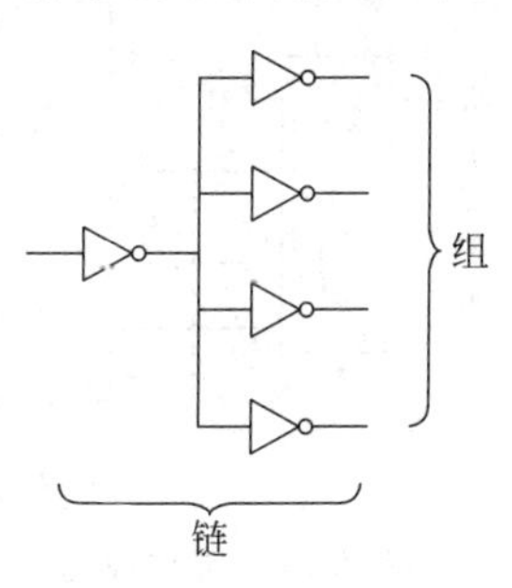

图 6-85　反相器链组

从存储器的工作原理可知，字线信号的变化只有一个方向的过渡决定译码器速度，因此我们可以通过合理设计逻辑门的阈值（转折电压）来提高译码速度。例如图 6-84 中，当与被选中字线相对应的与非门的输出从“1”到“0”过渡时，如果将其后边的反相器的阈值设计高一些，字线输出就能够及早地完成从“0”到“1”的过渡，提高译码速度。

行译码器的版图设计应重点考虑它与存储矩阵行之间的关系，应设计成与存储单元尺寸以及这二者之间的连线（字线）相匹配，否则会增加布线长度而引进延迟，同时也浪费芯片面积。

(2) 列译码器

列译码器实质是一个 2^i 个输入的多路开关，其中 i 是列译码器输入地址的位数。列译码器的功能是实现存储阵列的位线与数据端的选通，使被选单元位线上的数据输出。对于读写存储器，读和写操作可以共享这个多路开关，即它还可以使输入数据送到被选单元的位线上，因此它具有双向数据传输功能。

图 6-86 所示为树形列译码器电路，它是由多级传输门 2 选 1 电路级联构成的，结构简单。但是从中可以看到，当输入地址位数增多时，传输门串联级数随之增多，会使延时大大增加。

对于容量较大的存储器，列译码器通常选用 4 选 1 或 8 选 1 或 16 选 1 等多选 1 电路级联，同时在多选 1 电路前增设相应的预译码器，这种结构可以明显减少传输门串联的

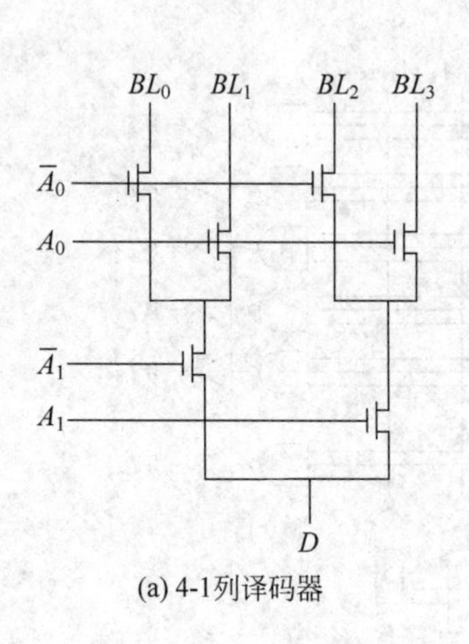

(a) 4-1列译码器

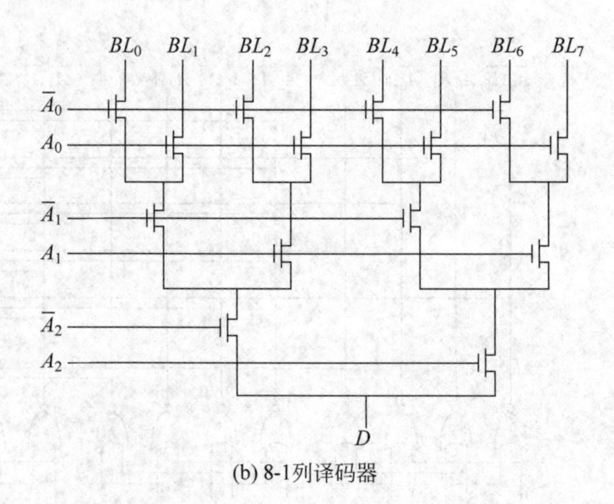

(b) 8-1列译码器

图 6-86　树形列译码器电路

级数。图 6-87 给出了一种带有 2-4 预译码器的 4 选 1 电路(其中预译码器通常就是在行译码器中介绍的译码器)。图 6-88 给出了一种 32-1 列译码器电路结构,传输门串联级数为 3。而且采用此结构构成 64-1 列译码器时只需将最后一级改用带预译码器的 4 选 1 电路,传输门串联级数仍为 3。而如果全部选用 2 选 1 电路实现 32-1 或 64-1 列译码器时,传输门串联级数将分别为 5 和 6。

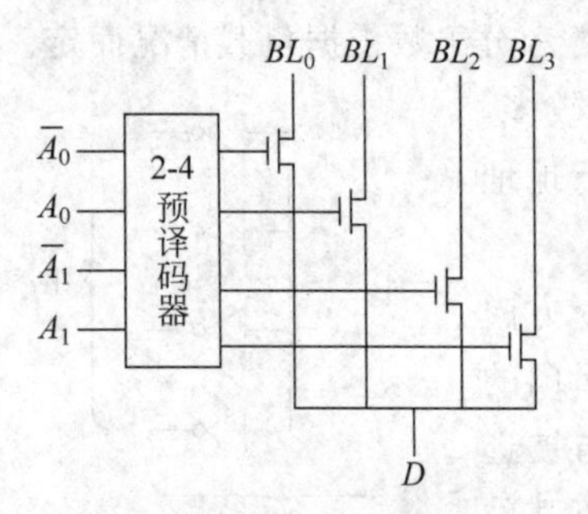

图 6-87　带预译码器的 4-1 列译码器

图 6-86 和图 6-87 给出的列译码器采用的都是单沟 NMOS 传输门,输入输出高电平时会产生阈值电压损失,且速度慢。因此,通常可以采用 CMOS 传输门提高传输速度,但是其缺点是明显增加了元器件数,布局布线较困难,增大了芯片面积。

存储器一般都是通过列译码器选择多位数据同时输入输出,例如将图 6-88 所示的译码器电路去掉后两级开关,则为 32-8 列译码器,实现了同时选择 8 位数据输入输出。

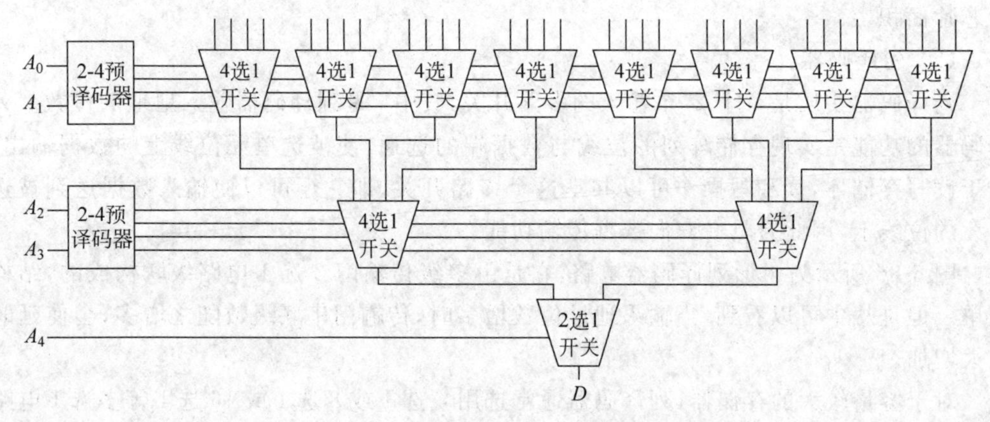

图 6-88　树形 32-1 列译码器电路

列译码器的版图设计应重点考虑选择开关与存储阵列之间的关系，应设计成与存储单元尺寸以及这二者之间的连线（位线）相匹配，否则会增加布线长度而引进延迟，同时也浪费芯片面积。

4. 数据输出电路

对于静态NMOS结构ROM，为了减小ROM存储阵列的面积，通常ROM的存储单元的器件尺寸较小，而为了提高输出“1”的速度，负载管的尺寸又适当地增大，其结果造成输出“0”电平偏高，且下降速度慢。而对于动态结构ROM，同样也存在下降速度慢的缺点。所以通常在列译码器之后用反相器作为输出电路，将逻辑电平恢复成全摆幅。对于静态NMOS ROM，根据ROM单元输出的高、低电平值，合理设计输出反相器的阈值电压（转折电压）。一般阈值电压值都偏高，这样既保证逻辑的正确性，又提高了速度。而对于动态结构，输出反相器的阈值电压也适当提高，使ROM单元下拉时，反相器能及早地翻转，克服了下拉速度慢的缺点。

ROM数据输出电路除了反相器外，后面还可以采用寄存器对数据进行锁存以满足系统同步要求。

6.6.3 可擦写ROM

MASK ROM虽然可以通过掩膜进行编程，但是编程必须经过生产商，使产品开发周期加长。用户更加喜欢ROM生产后可以自己进行编程，因此产生了可编程ROM，即PROM。PROM通常的实现方法是在存储单元中加入熔丝，在编程时通过大电流将其中某些熔丝烧断，实现某些管子的断开。但是其缺点是只允许用户进行一次编程，一旦编程中或应用中有错误，就会使存储器芯片报废。而后来产生的允许用户多次编程的可擦写ROM，即EPROM、EEPROM和Flash深受用户青睐，又称它们为非易失性读写存储器。

1. 可擦除可编程只读存储器

EPROM的核心器件是叠栅注入MOS管（stacked-gate injection MOS，SIMOS），结构如图6-89所示，它与一般MOS管的不同之处是具有叠层栅结构，即在控制栅G和沟道之间多了一层没有任何电学连接的多晶，称之为浮栅。该种器件必须采用双层多晶工艺制作。

当在SIMOS管漏、栅和源之间加一较高的电压时，产生的高电场使沟道内的电子发生雪崩注入，得到足够能量（超过SiO_2-Si界面势垒）的电子（热电子）穿过氧化层注入到浮栅中，使浮栅带上负电（如图6-90所示），而移去电压后，浮栅上积累的负电荷将会保留下来，使SIMOS管阈值电压升高。由于浮栅被绝缘体SiO_2所包围，浮栅上俘获的电荷可以存放许多年，这也就是非易失性存储器的机理。

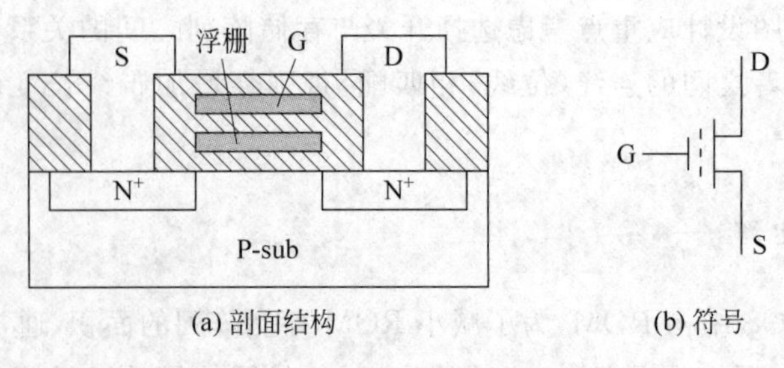

(a) 剖面结构　　(b) 符号

图 6-89　叠栅注入晶体管(SIMOS)

写入时,控制栅上加一个高电压,源端接地,当漏端也加上一个高电压时,SIMOS 管浮栅被充电带上负电荷,阈值电压升高;而当漏端上加的是低电平"0"时,浮栅不会被充电,阈值电压保持原来较低的值不变。因此在读出过程中,当控制栅上为正常工作高电平"1"时,浮栅被充电带上负电荷的 SIMOS 管不会导通,而浮栅未被充电的 SIMOS 管导通,由此分别代表"1"和"0"。

图 6-91 所示为 EPROM 的存储阵列形式,由于写入时需要高电压,存储阵列的字线和位线与译码器之间还存在一个电压切换电路。

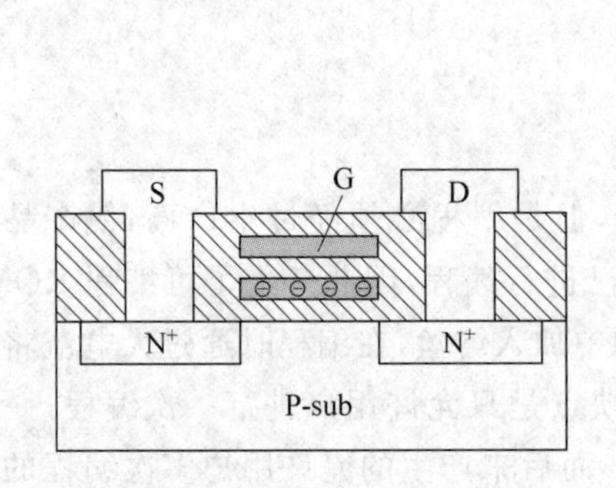

图 6-90　SIMOS 浮栅有俘获电子

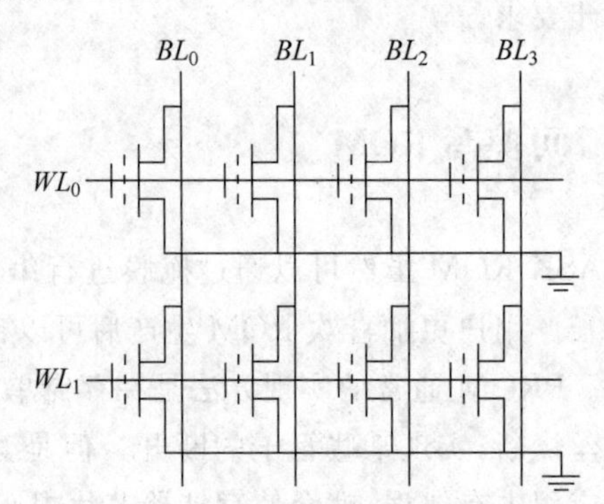

图 6-91　EPROM 存储阵列

EPROM 的擦除是用紫外线通过封装上的透明窗口照射芯片,使浮栅上俘获的电子重新获得足够的能量穿过氧化层到达硅衬底,SIMOS 管阈值电压回落到较低的值。因此,EPROM 存储的数据是一次性全部被擦除,而且必须从系统板上取下芯片放到擦除设备上进行,擦除时间较长。

EPROM 具有结构简单、密度高的特点,可擦除次数一般在 1000 次左右,通常应用于不需要经常重新编程的应用中。

2. 电可擦除可编程只读存储器

(1) EEPROM

EEPROM 的核心器件是浮栅隧穿氧化物(floating-gate tunnel oxide,FLOTOX)晶体管,其结构如图 6-92 所示。它也是叠层栅结构晶体管,但与 SIMOS 管不同的是:浮栅和控制栅延伸到漏极延伸区(在多晶工艺前增加一次埋 N^+ 注入形成的)之上,并在浮栅

与埋 N^+ 之间制作一个小的超薄氧化层区(大约 10nm),称为隧穿氧化层。

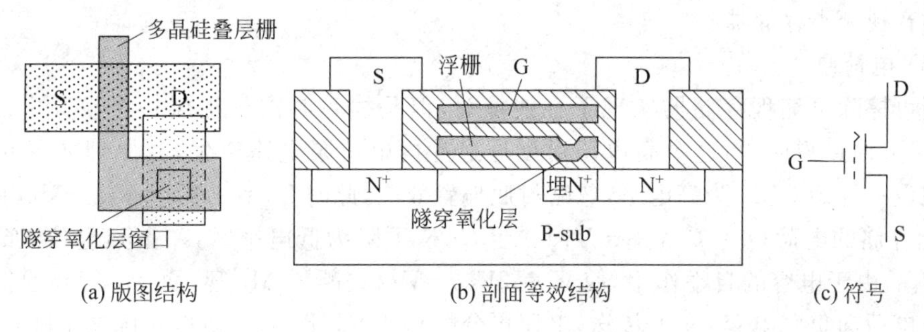

图 6-92　FLOTOX 晶体管

当隧穿氧化层中的电场达到 10^9 V/cm 以上时,电子可以穿越隧穿氧化层,对浮栅充电或使浮栅放电(决定于控制栅与漏极间施加的电场方向),称之为电子隧穿效应。

写入过程中,控制栅加一个高电压,漏端接低电平"0"时,FLOTOX 晶体管浮栅被注入电子,FLOTOX 晶体管阈值电压上升;而漏端接高电平"1"时,浮栅不能被注入电子,FLOTOX 晶体管保持较低的阈值电压不变。因此读出过程中,控制栅为正常逻辑高电平"1"时,FLOTOX 晶体管就有不导通的和导通的两种情况,分别代表单元存有"1"和"0"。

在擦除过程中,控制栅加接低电平"0",当漏端接高电压时,浮栅上电子被泄放,阈值电压回落较低的值;而当漏端接低电平时,浮栅上的电子不会被泄放。由此可见 EEPROM 可以实现选择性擦除。但是值得注意的是,擦除过程中,浮栅泄放电子时可能会出现"过泄放"现象,使 FLOTOX 晶体管变成耗尽型器件,这样就会造成读出时控制栅为正常低电平也无法关断它的问题。因此,EEPROM 存储单元由一个额外的普通 MOS 管与 FLOTOX 晶体管串联构成,如图 6-93 所示。

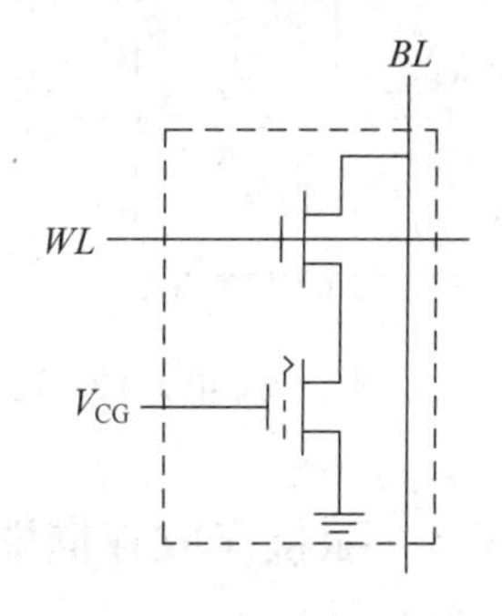

图 6-93　EEPROM 存储单元

EEPROM 的擦除和写入是可逆性的电学方法,因此需要对存储器进行重新编程时,不必从系统板上取下芯片,可以在线进行擦除和写入,而且通过电路设计可以实现分字节、分区进行擦写,且可擦写次数达 10^5 以上,大大方便了应用。但是,由于 EEPROM 存储单元有两个晶体管和占用额外面积的隧穿氧化层,单元尺寸大,不便于制作大容量存储器。

(2) Flash

Flash 又称为 Flash EEPROM,是基于 EEPROM 电可擦除可编程原理发展起来的深受用户青睐的存储器,其关键技术是加入了阈值电压监测电路,在擦除过程中,先对单元浮栅充电,然后放电,放电的同时监测阈值电压的变化,使之不会出现"过泄放"现象,即保证了浮栅晶体管不会变成耗尽型器件。因此存储单元就省去了 EEPROM 单元中的普通晶体管,有效地减小了单元尺寸。但是,为了减小设计的复杂度和减小硬件开销,Flash 采用整个芯片或较大区域成批擦除的方法,这也就是 Flash 概念的来源。它适合制作大容量存储器,尤其是采用高密度的 NAND ROM 结构,非常适合不需要快速随机存取的音视频类存储器。

(3) 电荷泵

电可擦除可编程存储器实现了在线擦写,但是擦写时需要提供一个较高电压的电源,为了方便用户应用,这个高电压可以通过片内电荷泵电路产生,其原理如图 6-94 所示。假设一开始 CLK 为高电平,忽略衬底偏置效应,此时 $V_X=0$,$V_A=V_{DD}-V_T$,自举电容 C 上存储的电荷 $Q_C=C(V_{DD}-V_T)$。当 CLK 下降为低电平时,X 节点电位上升为高电平 V_{DD},由于电容的自举作用,使 $V_A=2V_{DD}-V_T$,关断了 M_1 管,而 M_2 管导通使 C 上存储的电荷向负载电容 C_L 上传送(电荷再分配),使 V_B 上升(A 点电位随之下降)。而当 CLK 再次上升为高电平时,A 点电位随 X 电位下降而下降,M_1 管再次导通向电容 C 补充电荷,使 $V_A=V_{DD}-V_T$,而 M_2 截止,C_L 上存储的电荷不变。因此,在连续周期时钟作用下,电荷将不断被传送到 C_L 中,经过一段时间最终会使 V_B 上升到 $2(V_{DD}-V_T)$,输出电压上升的速度与自举电容和时钟频率密切相关。

利用此原理可以构成多级级联的电荷泵电路,如图 6-95 所示,电压逐级升高,在一定级数 N(图中 $N=5$)下使最终的输出电压达到所需要的高电压值 $V_{CG}=N(V_{DD}-V_T)$。上述分析中考虑的是理想情况,实际上由于逐级电压升高,衬底偏置效应也随之加重,使 MOS 器件的阈值电压逐级增大,因此电压升幅逐级减小,使最终需要的级数会有所增加。另外,由于寄生电容的存在,电容自举率下降,会影响电压的上升。这种电荷泵结构简单,但是电流驱动能力较差,效率也不高,目前已出现多种较为复杂的效率较高的电荷泵电路。

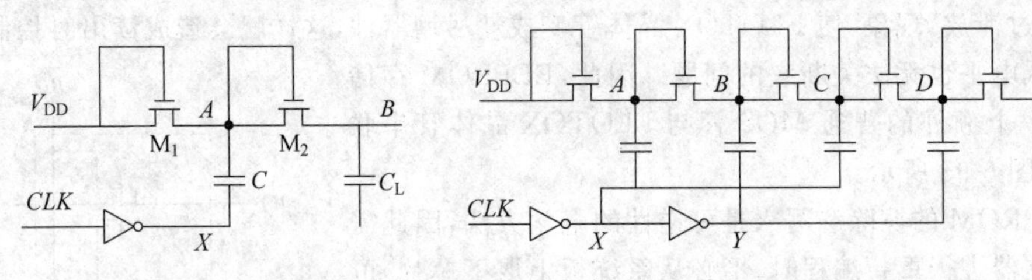

图 6-94　电荷泵原理电路　　　　图 6-95　多级电荷泵电路

6.6.4 随机存取存储器

在 6.6.3 节中介绍的可擦写 ROM 具有读写功能,但是它的写(擦除)操作时间比读操作时间要长得多,满足不了系统快速随机存取的需要。本节介绍的随机存取存储器具有读、写操作时间相当且速度快的特点,可以满足系统快速访问的要求。但是,由于它的存储原理是基于电路结构实现的,去掉电源后信息将全部丢失。随机存取存储器分为 SRAM(静态随机存取存储器)和 DRAM(动态随机存取存储器)两大类。

1. 静态随机存取存储器

(1) 单元电路及工作原理

图 6-96 所示为一个通用的 CMOS SRAM 存储单元电路,通常称为六管单元,其核

心是两个 CMOS 反相器输入输出交叉耦合构成的正反馈双稳态触发器电路，利用 $Q=1(\bar{Q}=0)$ 和 $Q=0(\bar{Q}=0)$ 分别表示单元存储“1”和“0”。门控管 M_5 和 M_6 的栅极接字线 WL，控制单元信息的输入输出。单元具有 BL 和 $\overline{BL}$ 两条位线分别用来传送存储信息和信息的非，即存储信息采用差分信号形式输入输出，以便提高读写速度和可靠性。

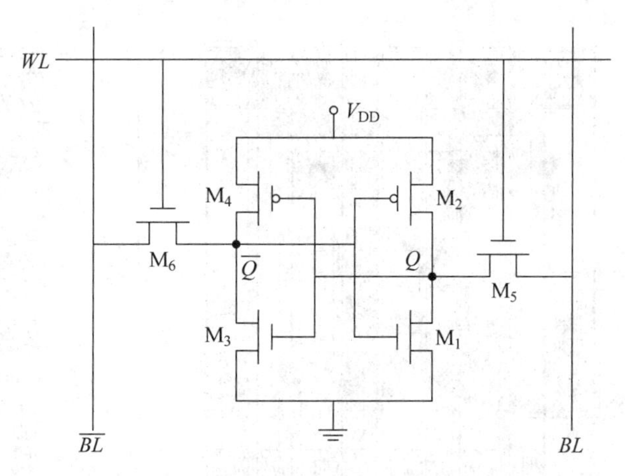

图 6-96　六管 CMOS SRAM 单元电路

当进行写操作时，被选单元的字线 $WL=1$，门控管 M_5 和 M_6 导通。而被选中单元的位线 BL 和 $\overline{BL}$ 同时通过外围电路被分别置为输入的数据和数据非，由此强迫触发器状态按输入的数据进行翻转。翻转过后，字线 WL 回落为“0”，写操作完成。

当进行读操作时，被选单元的字线 $WL=1$，门控管 M_5 和 M_6 导通，单元存储的数据 Q 和 $\bar{Q}$ 通过 M_5 和 M_6 送到位线 BL 和 $\overline{BL}$ 上，供外围电路输出。随后，字线 WL 回落为“0”，读操作完成。

(2) 单元器件尺寸及单元版图设计

如果 SRAM 单元的器件都选择工艺允许的最小尺寸，可以使单元尺寸最小化，有利于提高存储密度和减小寄生电容。但是，为了提高单元操作的可靠性，对器件尺寸的选取提出了一定的限制。

假设图 6-96 所示单元存放的数据是 $Q=0$，而由于之前的读或者写使位线 BL 处于“1”。读操作时 $WL=1$，位线 BL 通过串联导通的 M_5 和 M_1 放电。在放电的初始阶段，Q 点电位会上升，如果上升幅度较大，超过了 M_3 的阈值电压，单元状态就会发生意外翻转，即发生意外的“错写”现象。

为了避免这种“错写”现象，要求 $M_5(M_6)$ 的导通等效电阻大于 $M_1(M_3)$ 的导通等效电阻，由此来抑制放电过程中 $Q(\bar{Q})$ 点电位的上升幅度。因此，通常将门控管 $M_5(M_6)$ 和反相器上拉管 $M_2(M_4)$ 的尺寸设计成工艺允许的最小尺寸，而反相器下拉管 $M_1(M_3)$ 的宽度适当增大。

图 6-97 给出一种 SRAM 单元版图。为了减小 SRAM 存储矩阵的面积，在单元版图设计时应充分考虑端口共享的特点，即：同一行相邻单元可以共享字线端口，同一列相邻

单元可以共享位线端口，而电源和地线端口在行和列中都可以共享。在阵列排布时其四周的引线孔与相邻单元共享(相邻行是基于 X 轴翻转放置)，阵列内单元有效面积是它四周引线孔中心点之间的面积。

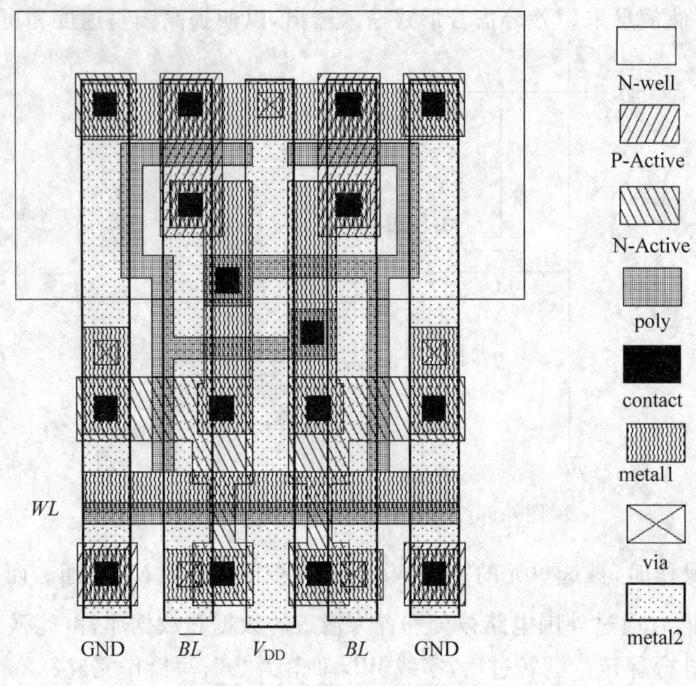

图 6-97 SRAM 六管单元版图

由于字线连接单元多，多晶字线较长，会引进过大的时间延迟，因此通常与多晶字线平行放置一条金属线(metal1)，在单元排布时可以在适当位置增加引线孔(contact)使多晶与金属线短接，减小字线串联电阻，提高速度。

(3) 外围电路

SRAM 的译码器电路与 ROM 的译码器的不同之处是列译码器需要同时提供双路选择开关，即同时控制位线 BL 和 $\overline{BL}$ 的数据输入输出。图 6-98 给出了一种带预译码器的 SRAM 4-1 列译码器。

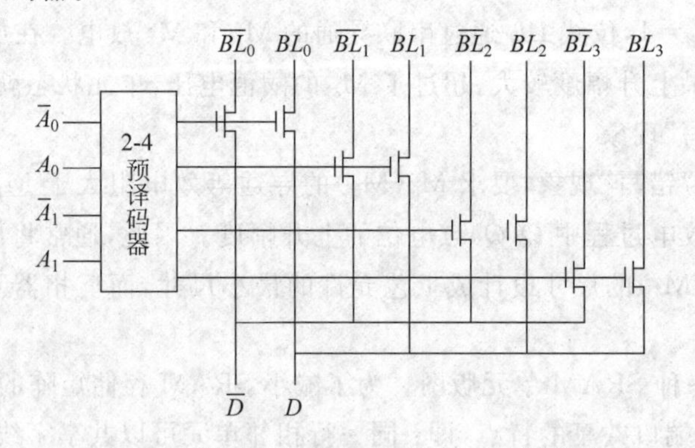

图 6-98 带预译码器的 SRAM 4-1 列译码器

由于 SRAM 单元器件尺寸小，而位线连接单元又较多，位线寄生电容较大，读出时位线输出信号很弱，高低电平建立速度很慢。为了提高读出速度，需要增设读出灵敏放大器。

图 6-99 给出了两种灵敏放大器电路。灵敏放大器采用差分输入结构，接收位线 BL 和$\overline{BL}$信号。图 6-99(a) 采用与 SRAM 存储单元相似的结构，读出时使 M_n 和 M_p 导通，放大器等效为两个反相器交叉耦合构成正反馈的触发器，所以又称为触发型灵敏放大器。器件宽长比设计相对较大，当位线 BL 和$\overline{BL}$建立一定的电位差时，灵敏放大器启动，快速建立起位线 BL 和$\overline{BL}$的高、低电平（全摆幅电平）并输出。图 6-99(b)采用典型的单端化差分放大器结构，最后由反相器输出全摆幅电平。

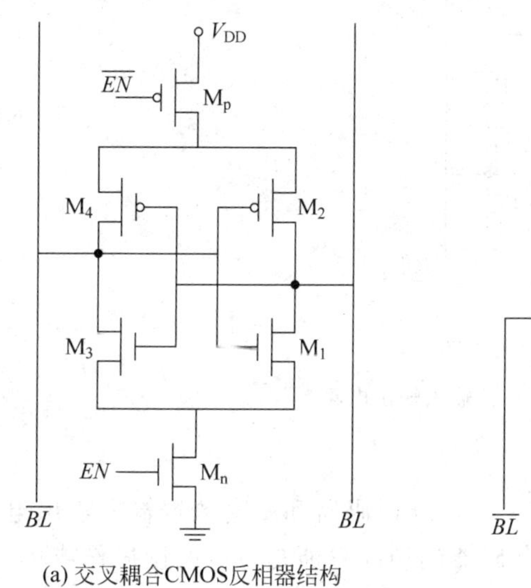

(a) 交叉耦合CMOS反相器结构　　(b) 单端化差分放大器结构

图 6-99　SRAM 读出灵敏放大器

读出时，为了避免之前的读操作或者写操作在 BL 和$\overline{BL}$上滞留信号的影响，通常在读之前采用预充电及平衡技术先使位线 BL 和$\overline{BL}$处于相同电位（通常是 V_{DD}或 $V_{DD}/2$），以便读出时能够在位线 BL 和$\overline{BL}$上快速形成正确的电位差而使灵敏放大器正确启动。如图 6-100 所示预充平衡电路，读出前先使 $\phi=0$，预充平衡电路开启，BL 和$\overline{BL}$被预充并平衡于 V_{DD}电位。读出时 $\phi=1$，预充平衡电路关闭。

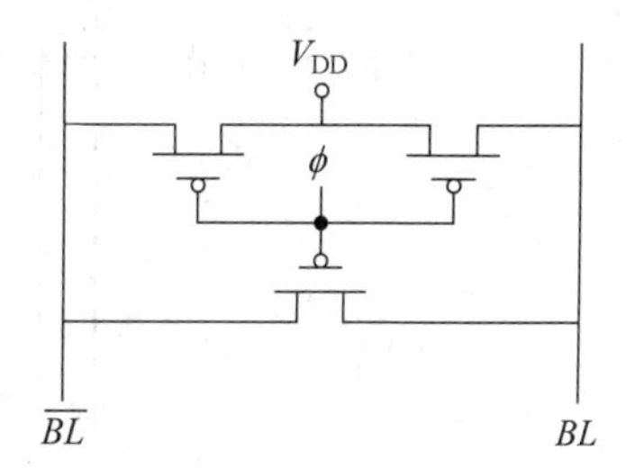

图 6-100　位线预充平衡电路

读出灵敏放大器（附带位线预充平衡电路）连接在列译码器开关树之后，其个数与同时输出的数据位数相对应。放大器之后还应有对应的输入输出电路，图 6-101 给出一种 SRAM 的一位较完整的输入输出电路。当 $W_{en}=R_{en}=1$ 时，为写操作，禁止新的数据输出，输出 D_{out}保持原状态；D_{in}及其非信号分别被送到单元的位线 BL 和$\overline{BL}$上（此时要求放大器和预充平衡电路不工作）。当 $W_{en}=R_{en}=0$ 时，为读操作，输入的两个

Buffer 处于高阻态，禁止数据 D_{in} 及其非信号送到位线 BL 和 $\overline{BL}$ 上。而被选中单元存储的信息送到位线 BL 和 $\overline{BL}$ 上(读之前位线 BL 和 $\overline{BL}$ 已被预充平衡)，经灵敏放大器放大后仍由 BL 和 $\overline{BL}$ 分别送到或非门的输入端，最后由 $\overline{D_{out}}$ 单端输出。

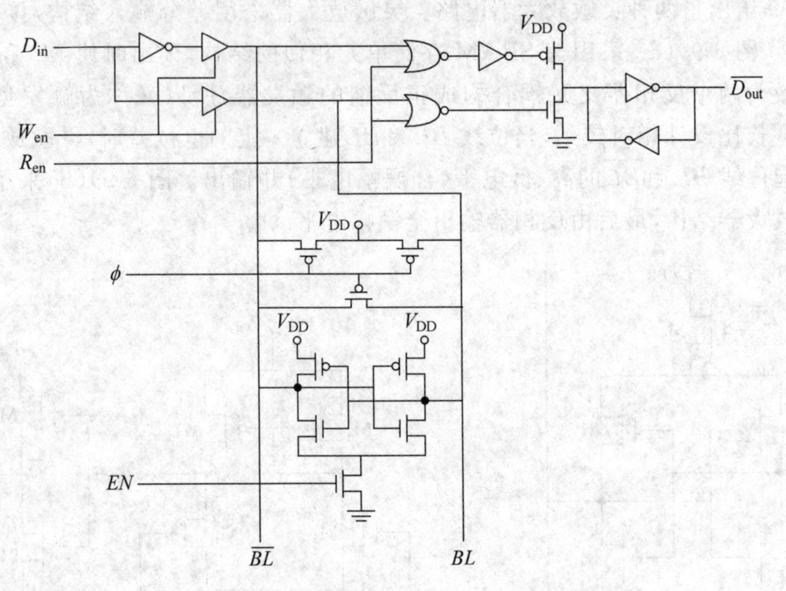

图 6-101　SRAM 一位输入输出电路

(4) 多端口 SRAM

用上述六管单元构成的 SRAM 只能有一套地址译码器和一套数据输入输出电路，所以称为单端口 SRAM。同一时间对这类存储器的访问只能是单一的读操作或单一的写操作。

目前发展的多端口存储器在同一时间允许多个访问，大大提高了存储器的利用效率和系统的工作速度。图 6-102 所示为一种双端口 SRAM 八管单元电路，字线 A-WL 和位

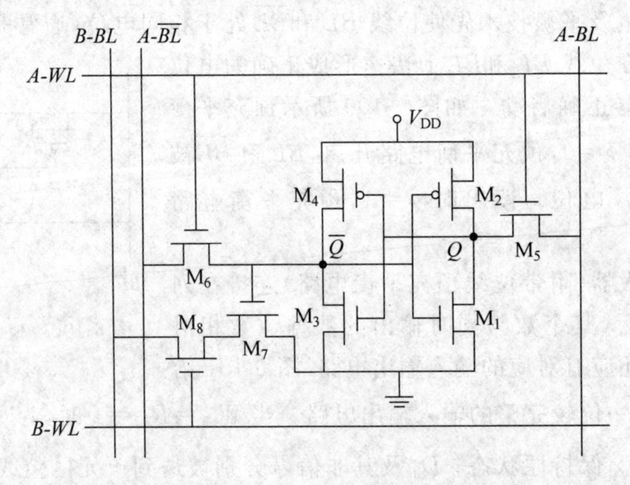

图 6-102　双端口 SRAM 八管单元

线 $A\text{-}BL$、$A\text{-}\overline{BL}$ 用一套地址译码器和一套数据输入输出电路，称为 A 端口；字线 $B\text{-}WL$ 和位线 $B\text{-}BL$ 用另一套地址译码器和另一套数据输出电路，称为 B 端口。

A 端口为读写端口，它与六管单元工作原理相同。通常把它只作为写端口，这时相关的器件 $M_1 \sim M_6$ 不需要考虑读出的需求，都可选择工艺允许的最小尺寸，而数据通路只有输入而没有输出。

B 端口为只读端口，M_7 导通与否取决于 $\overline{Q}$ 点状态，即单元存储的信息。读之前位线 $B\text{-}BL$ 被预充电至"1"，读操作时字线 $B\text{-}WL=1$，门控管 M_8 导通，则 M_7 导通与否决定了位线 $B\text{-}BL$ 是放电至"0"还是保持"1"，即实现了数据的输出，其数据输出电路与 ROM 的相同。

A 和 B 两个端口可以同时对存储器进行访问，且可以同时对同一个单元进行读操作。但是，当 A 端口是写操作时，它所访问单元的 B 端口不能同时被访问，即不能对正在写入的单元进行读操作。

图 6-103 所示为一种四端口 SRAM 单元。A 端口（字线 $A\text{-}WL$、位线 $A\text{-}BL$ 和 $A\text{-}\overline{BL}$）和 B 端口（字线 $B\text{-}WL$、位线 $B\text{-}BL$ 和 $B\text{-}\overline{BL}$）都是读写端口，它们各有一套地址译码器和数据输入输出电路，它们只作为写端口用时，数据通路只有输入而没有输出。C 端口（字线 $C\text{-}WL$、位线 $C\text{-}BL$）和 D 端口（字线 $D\text{-}WL$、位线 $D\text{-}BL$）都是只读端口，它们各有一套地址译码器和数据输出电路。

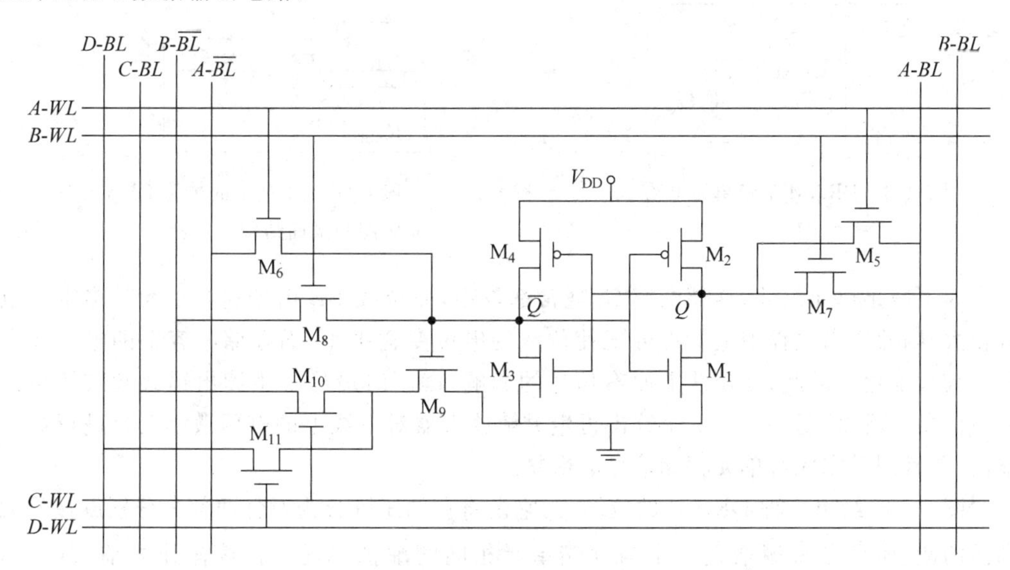

图 6-103　一种四端口 SRAM 单元

依据上述多端口形成原理，可以设计更多端口的存储器，它是以牺牲单元面积为代价换取存储器的利用率和系统的工作效率。但是，存储器端口的增加会明显影响外围电路的布局布线，进而影响存储器的工作速度。多端口 SRAM 的只读端口也可以从 Q 节点引出，值得注意的是此时其位线输出的是数据非。

2. 动态随机存取存储器

图 6-104 所示为目前动态随机存取存储器(DRAM)广泛应用的单管单元电路,由一个存储电容 C_0 和一个门控管 M_0 组成,WL 为字线,BL 为位线。

当进行写操作时,要写入的数据被送到选中单元的位线 BL 上,同时选中单元的字线 WL=“1”,因此数据通过 M_0 使电容 C_0 充电或放电,即写入了“1”或“0”。

当进行读操作时,选中单元的字线 $WL=1$,门控管 M_0 导通,电容 C_0 与位线上的寄生电容进行电荷再分配,即电容 C_0 上存储的信息(“1”或“0”)使位线 BL 电位上升或下降,数据被读出。

图 6-105 给出一种用一般 CMOS 工艺制作的单管 DRAM 单元版图和剖面结构图,存储电容主要是由多晶硅与衬底反型层之间的栅电容构成,反型层是由多晶硅接高电位在衬底表面感应形成的,并与门控管源极直接相连。对于要求高度密集单元时,可以采用特殊工艺形成电容,即在牺牲工艺成本的前提下构成一定的电容而占用较小的面积。

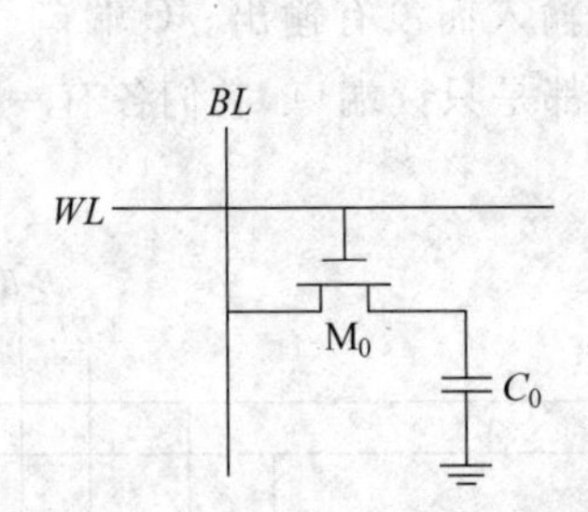

图 6-104 DRAM 单管单元电路

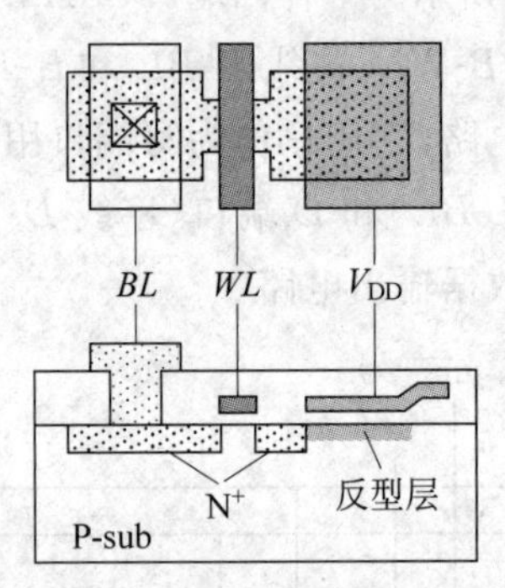

图 6-105 一般 CMOS 工艺下的单管 DRAM 单元版图和剖面结构

为了减小单元尺寸,存储电容 C_0 通常都较小,而位线 BL 由于连接单元较多寄生电容较大,因此读出过程中电荷再分配使位线的电位变化很小,而存储电容上的电压却会发生较大变化。因此,受位线上原有信息的影响,读出时极易发生读出错误和破坏单元存储信息。所以,通常需要一个读出再生灵敏放大器对位线上的电压微小变化进行放大输出,并且同时完成对单元存储信息的恢复。

图 6-106 给出一种 DRAM 的位结构,它是将存储矩阵分为对称两部分分别放在放大器的两侧,而且在每侧增设一个与存储单元相同的虚拟单元。在读操作之前,$\phi_1=0$,$\phi_2=1$,BL_L 和 BL_R 由原来的一个“0”和一个“1”被平衡至 $V_{DD}/2$;同时提升虚拟字线 $WL_L=WL_R=1$,虚拟单元的存储电容被写入 $V_{DD}/2$,随后使 $WL_L=WL_R=0$。在读操作时,$\phi_1=1$,$\phi_2=0$,放大器处于放大状态;当一条字线有效(例如 $WL_1=1$)时,同时使对侧的虚拟字线也有效(例如 $WL_R=1$),被选存储单元和被选虚拟单元的存储信息同时分别作用于放大器的两侧(BL_L 和 BL_R),由于存储单元存储的信息是“0”或“1”,而虚拟单元存储的信息是 $V_{DD}/2$,因此电荷再分配会使 BL_L 和 BL_R 之间出现电位差,放大器的平衡

状态被打破，使 BL_L 和 BL_R 中电位较高者迅速达到"1"(V_{DD})，而使电位较低者迅速达到"0"，存储信息由 BL_L 或 BL_R 输出(注意二者之间信息相反)，输出的同时又写入被选中的存储单元和虚拟单元。至此，完成了信息读出和信息再生。

DRAM 在读、写操作结束后，字线 WL 回落至"0"，由于漏电的存在而存储电容又没有电荷补充机制，因此电容上存储的信息长时间后会自行丢失。所以，DRAM 在闲置期间需要以定期进行读操作的方式进行信息再生，以保证存储信息不被丢失。

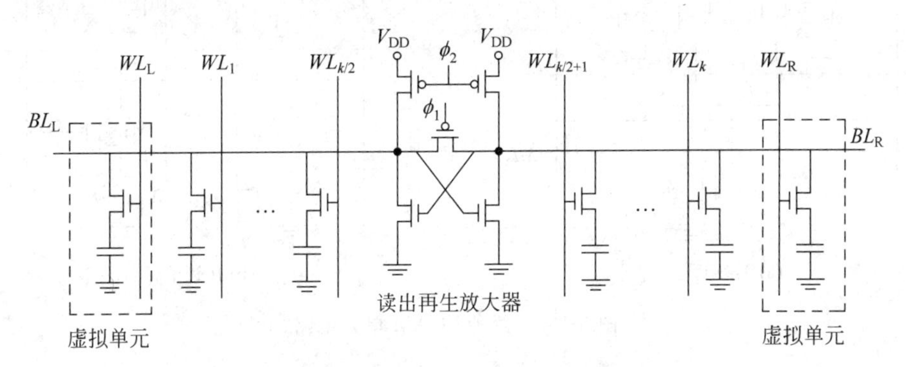

图 6-106　一种 DRAM 的位结构

6.6.5　按内容寻址存储器

按内容寻址的存储器 CAM(content addressable memory)除了具有与存储器(如SRAM、DRAM)一样的按地址对存储单元进行读、写操作的功能外，还具有一项特殊的搜索比较功能——将新输入的数据与其存储阵列中存储的所有数据进行比较匹配，并按一定的匹配规则输出完全匹配或部分匹配的某个或某些匹配字的地址，因此而得其名。CAM 按照其每个存储单元所能提供的状态数量的多少可以划分为两态 CAM(binary CAM,BCAM)和三态 CAM(ternary CAM,TCAM)两类；而按照其字匹配线的结构又分为与非 CAM(NAND CAM)和或非 CAM(NOR CAM)。

1. 两态 CAM 单元

两态 CAM(binary CAM,BCAM)是 CAM 的最基本形式，由于 BCAM 单元中仅有一个 SRAM 单元，只能存储"0"或"1"两个状态，故称为两态 CAM，它可以实现精确的匹配比较功能。图 6-107 给出了 9 管和 10 管两种常用的 BCAM 单元电路，上部都是一个SRAM 6 管存储单元，下部是一个数据比较逻辑。数据的写入/读出由 SRAM 部分完成，而比较逻辑完成匹配比较功能，ML 为匹配线。当进行数据匹配比较时，字线 $WL=0$，位线 BL 和 $\overline{BL}$ 输入要被比较的数据和数据非。当 BL 与 Q($\overline{BL}$ 与 $\overline{Q}$)相同时，匹配线 ML 被下拉为"0"，表示输入数据与存储数据匹配；当 BL 与 Q($\overline{BL}$ 与 $\overline{Q}$)不相同时，匹配线 ML 将保持事先被预充的"1"，表示输入数据与存储数据不匹配。

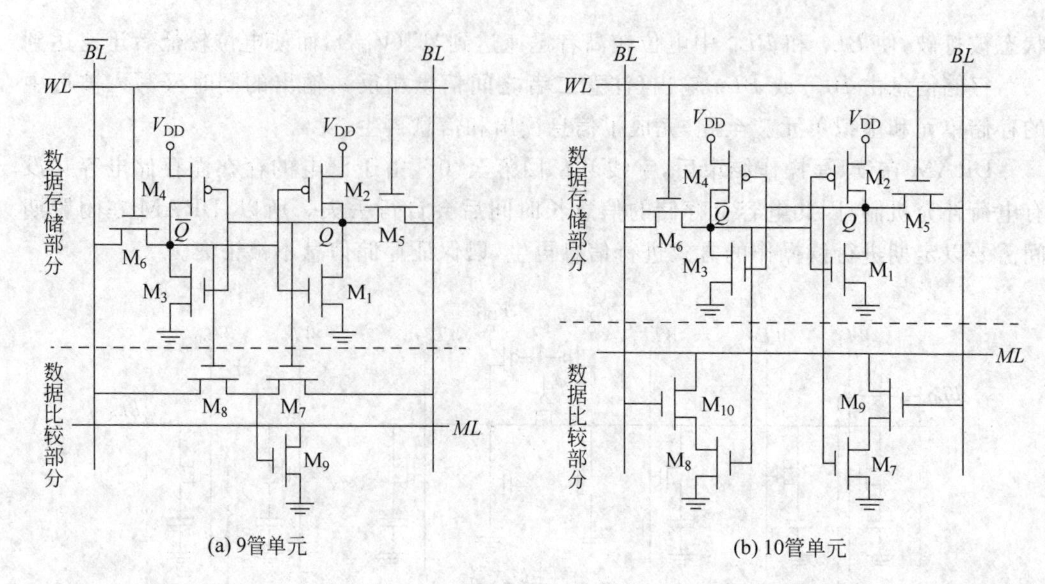

图 6-107　两种 BCAM 单元电路

图 6-107(a) 9 管单元的匹配线 ML 只与一个下拉管 M_9 的漏极相接，而图 6-107(b) 10 管单元的匹配线 ML 与两个下拉管 M_9 和 M_{10} 的漏极相接，所以 9 管单元匹配线 ML 的负载电容会小一些；9 管单元的数据位线 BL 或 $\overline{BL}$ 除了与存储单元相接外，还通过导通的 M_7 或 M_8 的源漏极与下拉管 M_9 栅极相接，而 10 管单元的数据位线 BL 或 $\overline{BL}$ 除了与存储单元相接外，直接与 M_9 或 M_{10} 的栅极相接，所以 9 管单元数据位线 BL 或 $\overline{BL}$ 的负载电容会大一些。

从图 6-107 所示两种 BCAM 单元的工作原理可以看出，在读或写操作的同时，匹配比较操作也在进行，由此带来两个缺点：一是增加了电路功耗，二是使位线负载电容增大。因此，通常将比较电路的数据输入与存储单元的数据端分开，即具有独立的数据位线和数据搜索线，如图 6-108 所示，它相当于一个双端口存储器，位线 BL、$\overline{BL}$ 和字线 WL 为读写端口，搜索线 SL、$\overline{SL}$ 和匹配线 ML 为比较端口。读写端口与搜索端口相对独立，但是，正在进行写操作的单元不可以进行比较操作。另外，当搜索线 SL、$\overline{SL}$ 都输入“1”时，其搜索位无论存储什么信息，比较结果都是默认匹配的，称之为“全局默认匹配”。

2. 三态 CAM 单元

三态 CAM(ternary CAM，TCAM)由两个 SRAM 6 管单元和一个比较逻辑组成，如图 6-109 所示为两种单元结构(没有画出读写端口的数据位线和字线)。这两个单元的匹配线 ML 保持预充的“1”时代表匹配，而被下拉为“0”时代表不匹配。两个 SRAM 单元可以编码存储 4 种状态，即“00”、“01”、“10”和“11”。对于图 6-109(a)，只要 6 管 SRAM Cell_B 存储信息是“0”，无论 SRAM Cell_A 存储什么信息，比较结果都是匹配状态，称之为“局部默认匹配”。因此，图 6-109(a) SRAM Cell_A 和 Cell_B 可看作只存储“01”、“11”和“x0”(x 代表任意态)3 种状态，依次定义为存“0”、存“1”和默认匹配状态。对于图 6-109(b)，SRAM

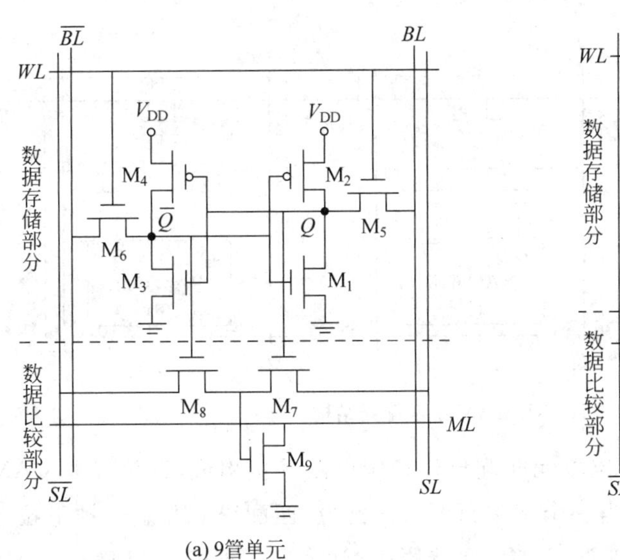

(a) 9管单元

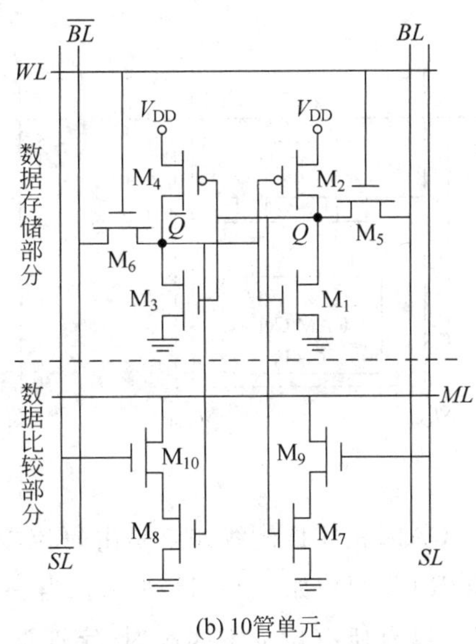

(b) 10管单元

图 6-108 具有独立搜索线的两种 BCAM 单元电路

Cell_A 和 Cell_B 的"11"状态不被使用,所以也有只存储"00"、"01"和"10"3 种状态,依次定义为默认匹配、存"1"和存"0"状态。可见,TCAM 不仅可以像 BCAM 一样实现精确匹配比较(包括搜索线 SL、$\overline{SL}$都输入"0"时的全局默认匹配比较),还可以实现局部默认匹配比较。但是,TCAM 由于增加了一个存储单元,单元面积明显增大。

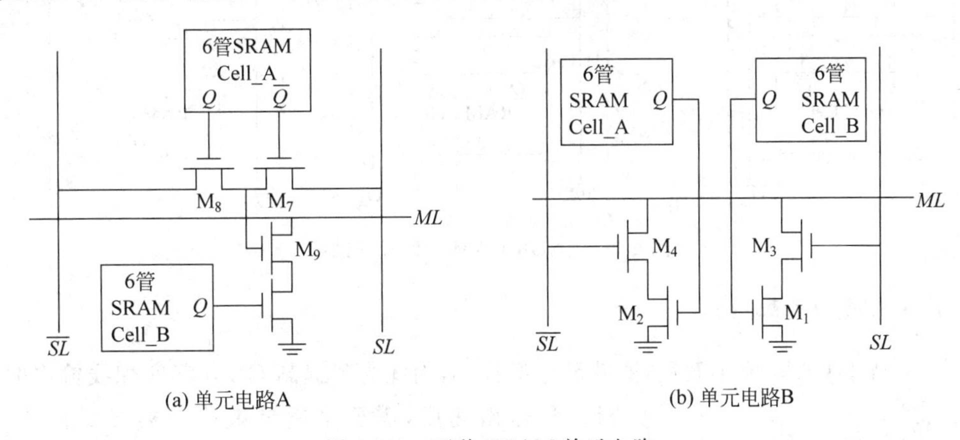

(a) 单元电路A

(b) 单元电路B

图 6-109 两种 TCAM 单元电路

3. 与非 CAM 和或非 CAM

CAM 的字匹配线如果是由每位单元匹配比较逻辑电路串接构成,称为与非 CAM (NAND CAM),如图 6-110 所示。当一个字的所有位全部匹配时,字匹配线 ML 才能被下拉至"0",否则只要有不匹配位,字匹配线 ML 就保持原预充的"1"。NAND CAM 字匹配线 ML 是一个多输入端与非逻辑的输出,匹配时下拉能力较弱、速度较慢,但是功耗较低。

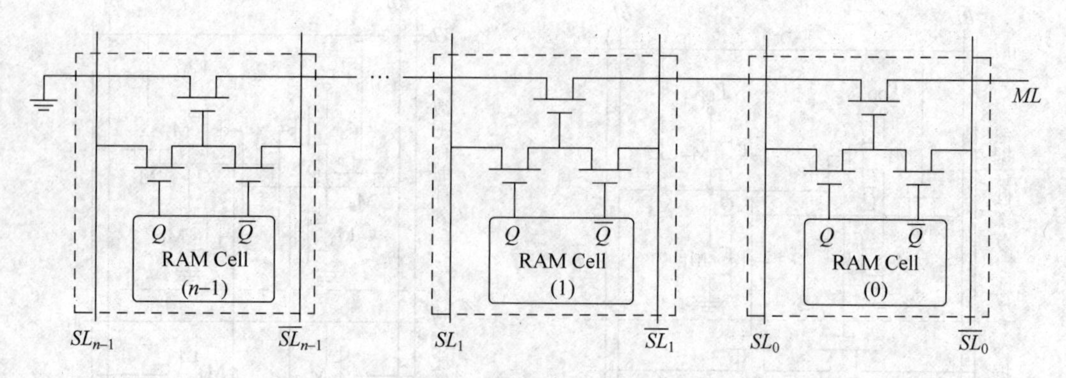

图 6-110　NAND CAM 字匹配线结构

CAM 的字匹配线如果是由每位单元匹配比较逻辑电路并接构成,称为或非 CAM (NOR CAM),如图 6-111 所示。当一个字中只要有匹配位,匹配线 *ML* 就会被下拉至"0";只有所有位都不匹配时,字匹配线 *ML* 保持原预充的"1"。NOR CAM 字匹配线 *ML* 是一个多输入端或非逻辑的输出,匹配时下拉能力相对较强、速度较快,但是功耗相对较大。

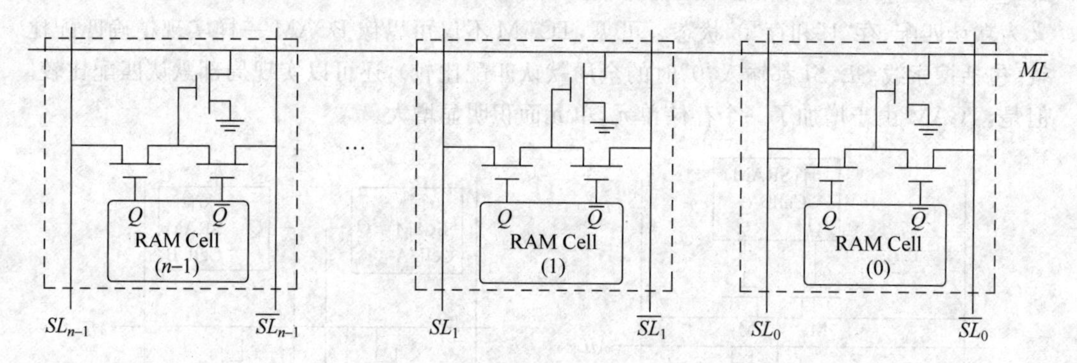

图 6-111　NOR CAM 字匹配线结构

4. CAM 的匹配输出

为了减小 CAM 单元面积,器件尺寸都较小,因此为了提高 CAM 字匹配线输出驱动能力和输出速度,需要采用灵敏放大器 SA 输出(与 ROM 输出相似)。为了能够得到匹配字的地址,还需要一个地址编码器。图 6-112 给出了 CAM 匹配输出结构。

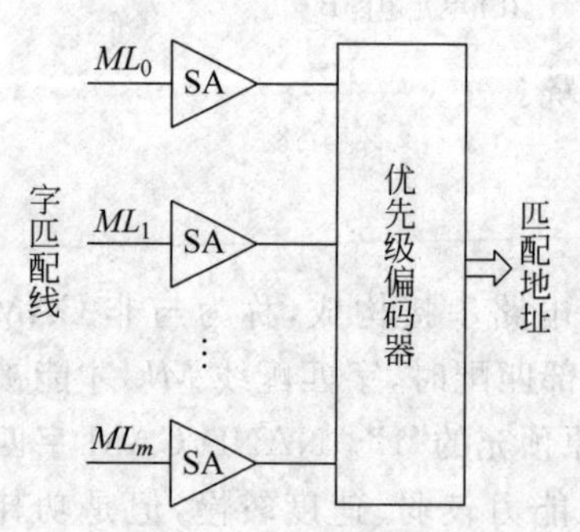

图 6-112　CAM 匹配输出结构

由于可能会有多个字同时达到匹配,因此编码器应具有依据一定规则给出匹配地址的功能,通常规则有输出优先级最高的那个字的地址(如地址最高或最低),或者把所有的匹配地址按优先级顺序依次输出(由高至低或由低至高)。

6.7 CMOS集成电路版图设计特点

6.7.1 抗闩锁设计

在2.3.3小节中介绍了CMOS集成电路中存在一种固有的寄生NPNP结构——寄生可控硅结构，该结构在一定的因素触发下，会使电路发生"闩锁效应"，它是使CMOS集成电路失效的主要模式之一。因此，抗闩锁设计对CMOS集成电路至关重要，是CMOS版图设计中的主要任务之一。

版图设计抗闩锁的主要措施：一是合理布置P衬底与最低电位、N阱与最高电位的接触，降低衬底和阱的分布等效电阻；二是适当加大MOS管源、漏区与阱边界的距离，降低寄生晶体管的β值。

寄生可控硅结构被触发的主要原因是电路状态转换或外界噪声干扰引起的电源抖动。对于内部一般电路而言，器件功率较小，状态转换引起的抖动较小，而又几乎不受外界噪声干扰。因此，版图设计的措施是在布局时充分而较均匀地设置一些P衬底与地（最低电位）、N阱与电源（最高电位）的接触，如图6-113所示。为了清晰可见，图中没有给出金属连线。这些接触不要求等距离，但是要有一定的密度，可以合理利用器件间的空隙，尽量不要因此而增加芯片的面积。这些接触要用金属线直接与地或电源连接。

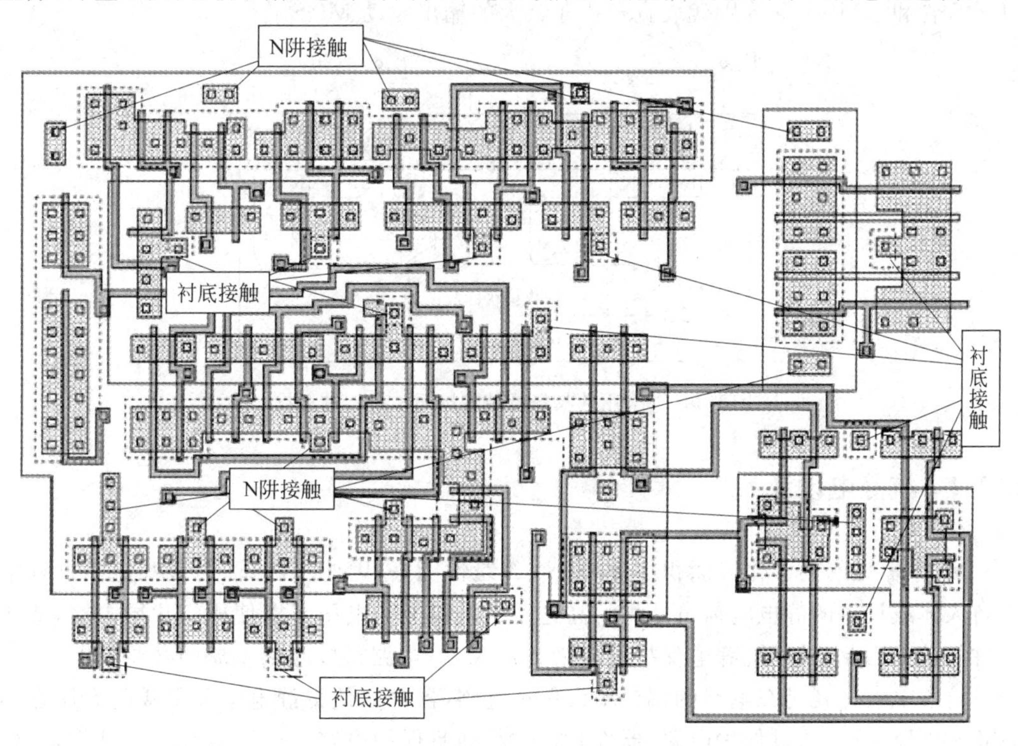

图6-113 内部电路抗闩锁设计的版图示例（不含金属连线）

对于内部功率较大的器件或状态转换易引起较大抖动的电路或受外界噪声干扰较大的电路通常采用保护环(等位环)结构，如图 6-114 所示，N 阱周界的 N^+ 环接电源，P 衬底的 P^+ 环接地。采用保护环结构一方面是提高了等位效果，减小了阱或衬底的分布等效电阻；另一方面是加大了寄生双极型晶体管的基区宽度，减小晶体管的 β 值。芯片面积会因采用保护环(等位环)结构而有所增加。

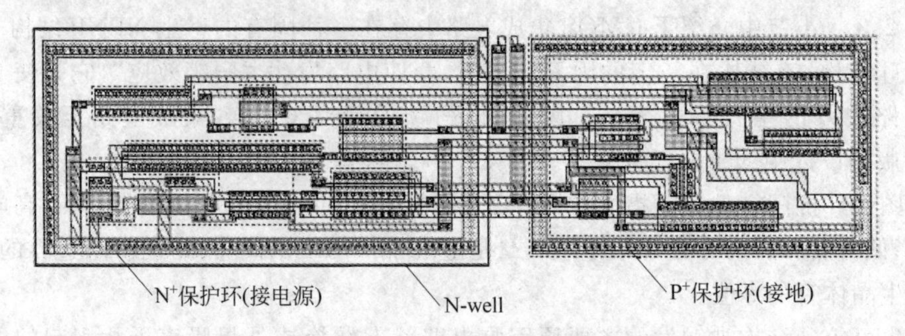

图 6-114　内部采用保护环抗闩锁设计的版图

对于极易发生“闩锁效应”的外围电路，通常采用伪收集极结构，其剖面结构如图 6-115 所示。它是增加一个单独接电源的 N 阱保护环，使寄生 NPN 管的集电极与寄生 PNP 管相对独立，切断寄生 NPNP 结构的回路，更加有效地消除了闩锁效应，但是芯片面积明显增大。这种结构通常用于输出驱动器件电路，如图 6-116 所示的双环保护结构，图中 PMOS 管和 NMOS 管分别代表宽长比非常大的输出驱动 MOS 管。

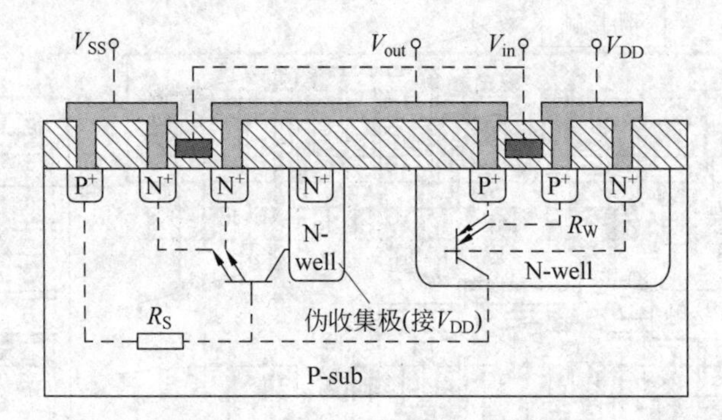

图 6-115　采用伪收集极结构抗闩锁设计的版图

6.7.2　抗静电设计

MOS 器件的栅氧化层面积小、厚度薄、绝缘性能好，因此在测试、封装和应用过程中来自人体或设备的静电电荷可产生的高达几千伏以上的电压足以使栅氧化层击穿，造成器件失效。因此，采用抗静电保护设计措施是 MOS 电路得以应用发展的必要前提。

抗静电设计就是在电路的端口增设保护电路(器件)，使得静电电荷形成的高压在到达正常电路之前，通过保护电路(器件)泄放掉，而且保护电路(器件)自身也不被损坏，使电路得到永久保护。

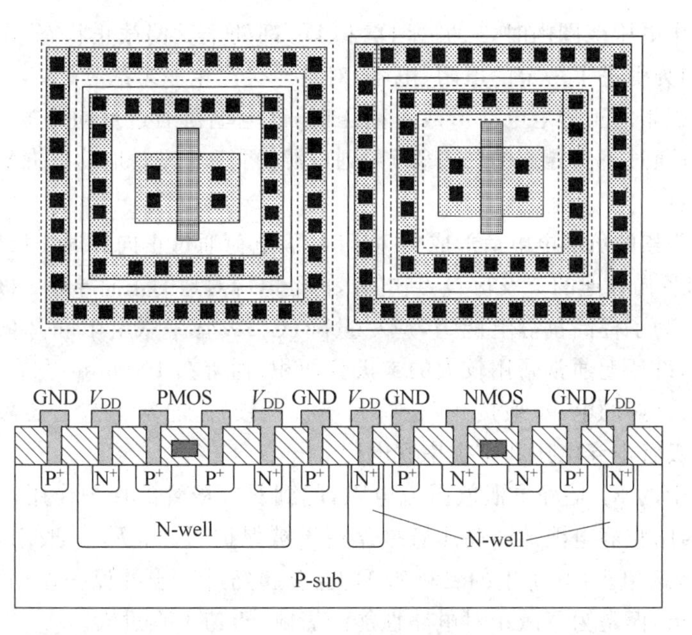

图 6-116　输出驱动器件抗闩锁双环保护结构示意图

抗静电保护电路(器件)的设计思想是：①放电电阻尽可能小,放电回路能承受高的瞬态功耗；②不影响电路的正常功能,占用尽可能小的芯片面积。根据不同的工艺条件以及应用要求,可采用不同的抗静电保护电路(器件)。

1. 二极管结构抗静电保护电路

图 6-117 所示为 CMOS 电路端口上附加的二极管抗静电保护电路,它是利用和电源、地线相连的二极管 D_P、D_N 来泄放静电电荷。对于电源端口和地端口分别对地或电源设置一个二极管即可。图 6-118 所示为电阻-二极管保护电路的一种版图。

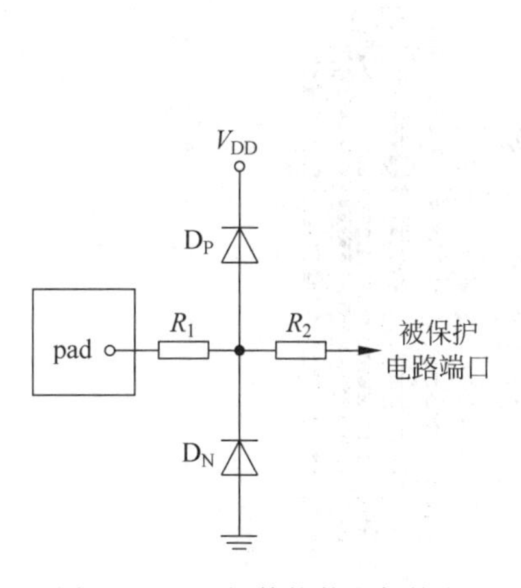

图 6-117　二极管抗静电保护电

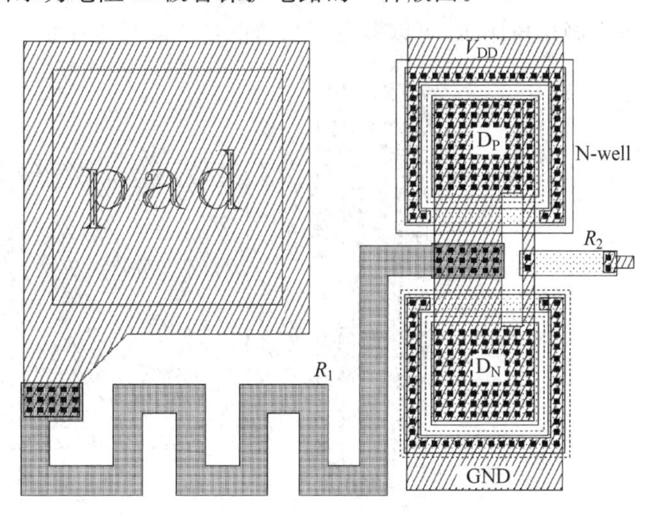

图 6-118　二极管抗静电保护电路的一种版图

在正常工作电压范围内时，二极管 D_P 和 D_N 都处于反偏截止状态，不影响电路的正常功能，只是因为引进了一定的电阻、电容，对信号会产生一定的延迟。

当 pad 上积累的正静电电荷形成正高压时，静电电荷通过反向导通二极管 D_N 对地进行泄放，同时通过正向导通的二极管 D_P 到电源，再经电源对地的反向导通二极管泄放到地。

当 pad 上积累的负静电电荷形成负高压时，静电荷通过正向导通二极管 D_N 对地进行泄放，同时通过反向导通的二极管 D_P 到电源，再经电源对地的正向导通二极管泄放到地。

由此看到，为了提高抗静电能力，应尽量降低二极管串联电阻和降低二极管反向击穿电压。因此，设计上通常采用较大的二极管面积(通常在 $1000\mu m^2$ 左右)和较大的欧姆接触孔面积，有良好的电源、地接触(也有利于抗闩锁)。通常工艺上还采用增加注入版的方法降低二极管击穿电压和寄生串联电阻。

保护电路中的 R_1 是静电泄放限流电阻，起到对二极管的保护作用；R_2 起到一定的延迟缓冲作用，防止静电泄放时高压直接作用于被保护器件。R_1 一般用多晶硅电阻，R_2 一般用 N^+ 有源区电阻(其寄生的二极管 D_N' 也会起到进一步的保护作用)。大阻值有利于提高保护效果，但是为了减小对电路性能的影响，阻值不宜过大。

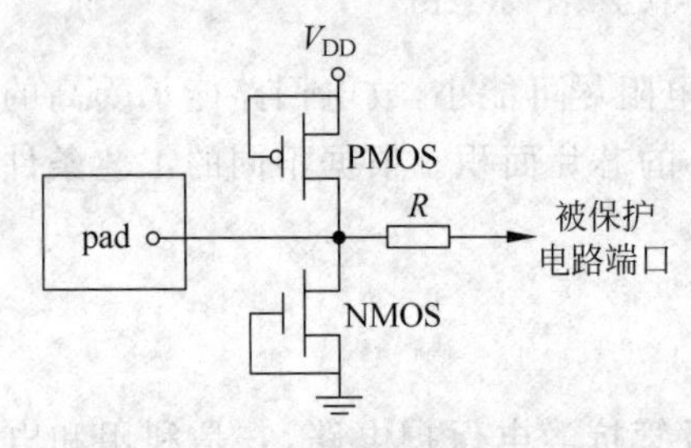

图 6-119　MOS 晶体管抗静电保护电路

2. MOS 晶体管结构抗静电保护电路

图 6-119 所示为 CMOS 电路端口上附加的 MOS 晶体管抗静电保护电路，它是利用和电源、地线相连的 PMOS 晶体管(栅极与电源短接)、NMOS 晶体管(栅极与地短接)分别代替二极管保护电路中的二极管 D_P、D_N 来泄放静电电荷。对于电源端口和地端口分别对地或电源设置 NMOS 晶体管和 PMOS 晶体管。图 6-120 所示为 MOS 晶体管抗静电保护电路的一种版图，图中没有画出电阻 R，可以根据布局情况适当安排电阻的位置。

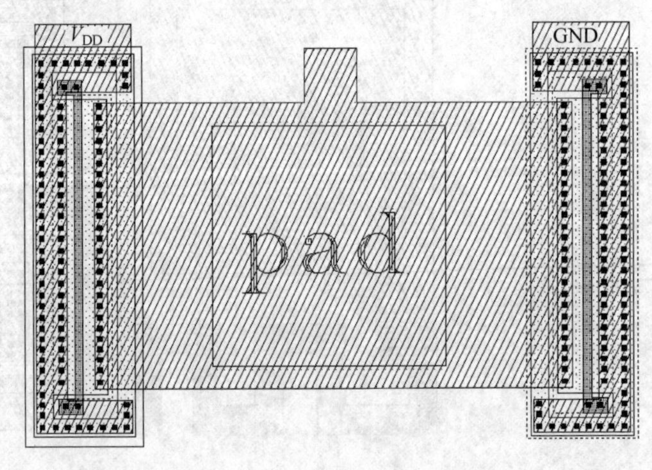

图 6-120　MOS 晶体管抗静电保护电路的一种版图

在正常工作电压范围内时，PMOS、NMOS保护晶体管都处于截止状态，而当pad上积累的静电电荷形成（正或负）高压时，静电电荷通过饱和导通或击穿导通的MOS保护晶体管以及MOS晶体管与pad相连的有源区寄生的二极管对地进行泄放。

为了减小静电电荷泄放电阻，MOS保护晶体管要有足够大的宽长比，源漏区要有足够的欧姆接触孔，有良好的电源、地接触（也有利于抗闩锁）。

MOS保护晶体管与pad相连接的有源区欧姆接触孔与多晶硅栅要保持足够大的距离且要用足够宽的金属与pad连接，以提高自身的保护效果。通常对电路输出驱动MOS晶体管也采用此方法。

目前，工艺上通常采用特殊的注入方法来改善MOS晶体管的特性，以提高抗静电效果。

3. 双极型晶体管结构抗静电保护电路

图6-121所示为CMOS电路端口上附加的双极型晶体管抗静电保护电路，泄放静电电荷的双极型晶体管分别是由两个N^+有源区与P衬底构成的横向NPN晶体管和两个P^+有源区与N阱构成的横向PNP晶体管，图6-122示出它的一种版图（图中没有画出电阻R）。

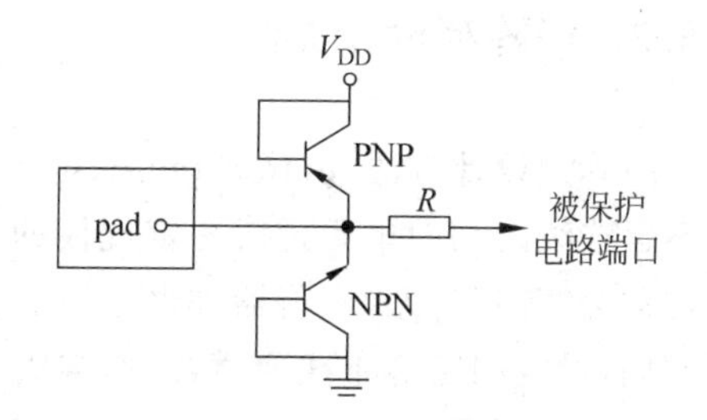

图6-121　双极型晶体管抗静电保护电路

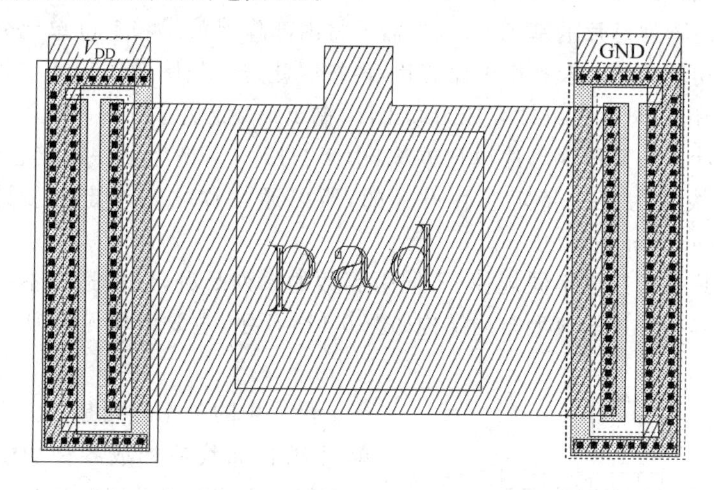

图6-122　双极型晶体管抗静电保护电路的一种版图

6.8 集成电路实现方法

6.8.1 全定制设计方法

全定制设计方法（full-custom design approach）是指由版图设计者针对具体电路的具体要求，依据特定工艺和设计规则，从每个器件的图形、尺寸开始设计，直至完成整个芯片版图的布局布线。它是一种最传统、最基本的设计方法,因为所有的设计工作都是针对某一个特定具体电路而开展的,所以称为"全定制"。

全定制设计方法要求设计者具有相当深入的微电子专业知识和丰富的设计经验,经过不断完善设计,可使每个元器件及连线设计得最适合和最紧凑,因此可获得最佳的电路性能和最小的芯片面积,有利于提高集成度和降低成本。其缺点是随着芯片规模和复杂度的增加,人力消费、设计周期、设计成本会急剧增加。因此,全定制设计方法通常用于需求量极大的通用芯片设计、规模不太大的高性能专用芯片设计以及规模较大的专用芯片自动化设计中用到的标准单元和高性能模块的设计。模拟集成电路基本上都采用全定制设计。

6.8.2 门阵列设计方法

门阵列设计方法(gate array design approach)首先是将器件尺寸一定、器件数一定而不含连线的相同单元排成一定规模的内部阵列(一定行数且每行有相同数目的单元,通常称为"阵列单元"),将器件尺寸一定、器件数一定而不含连线的I/O相同单元排在芯片四周,设定固定的布线通道,因而构成一定规模、一定I/O端口数、没有连线、没有任何功能的芯片版图。按照此版图进行掩膜版制作和流片,完成反刻金属之前的所有加工工序,生产出半成品芯片(称为"门阵列母片")。其次是芯片设计者在固定规模(器件数)、固定端口数的门阵列母片的基础上,根据需要将内部阵列单元和I/O单元分别进行内部连线构成所需功能的单元及整个电路芯片,再按照此连线版图制作后续工艺需要的掩膜版,在预先生产出的母片上继续完成后续工序,制出最终芯片。

门阵列设计方法又称为母片设计方法,由于"母片"不是为某一特定芯片设计的,而后续的金属连线是为某一特定芯片设计的,所以通常称之为半定制设计方法(semi-custom design approach)。

门阵列母片通常制成不同规模、不同引脚数的系列品种,以便适合不同规模电路设计的需求。门阵列母片的典型布局结构如图6-123所示,主要由单元阵列、I/O单元和布线通道组成。

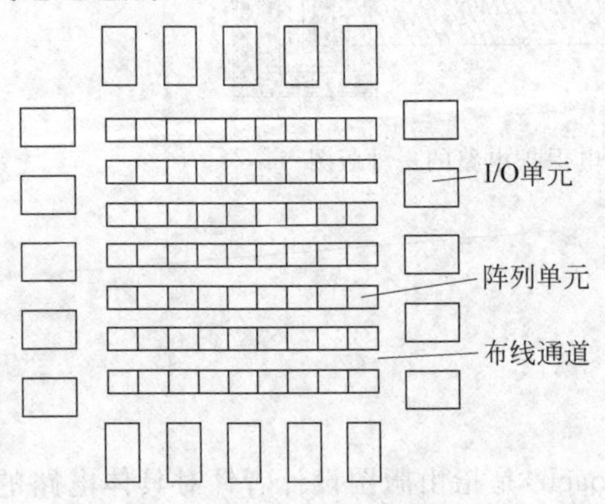

图6-123 门阵列母片的典型布局结构

母片中的单元阵列是由完全相同的阵列单元构成,布线后构成各种功能单元及其间的连线。不同的母片可能采用不同结构的阵列单元。图6-124给出三种典型的阵列单元结构,其中结构(b)和(c)包含相对独立栅极的NMOS管和PMOS管,可以方便地实现包含传输门结构的电路。

图6-125是以图6-124(a)所示的阵列单元结构为基础进行布线而构成的三种基本逻辑门的版图示例。实现含有较多MOS器件

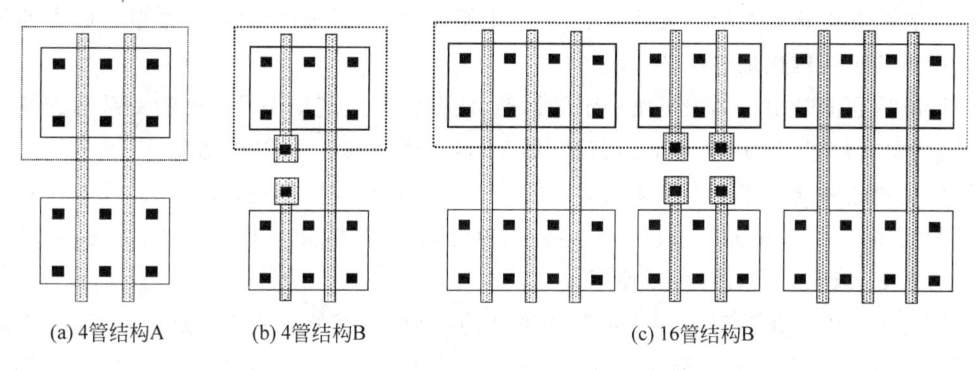

图 6-124 三种阵列单元结构

的单元电路时需要用到两个或更多的阵列单元，如图 6-125(c)用到两个阵列单元(废弃一对 MOS 器件)。

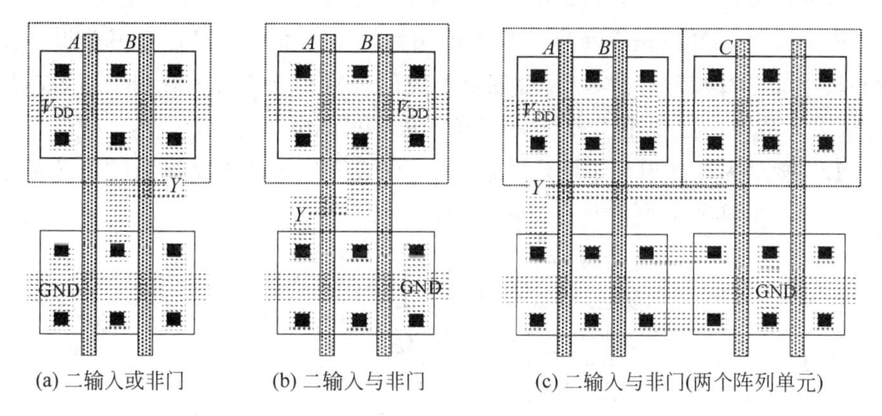

图 6-125 对阵列单元布线构成基本逻辑门电路的示例

母片中的所有 I/O 单元都是完全相同的。图 6-126 所示为一种 I/O 单元的结构，对其进行不同的布线后分别可以构成具有抗静电保护的输入端口、输出端口、三态输出端口、输入输出双向端口等。

采用门阵列设计方法设计芯片的最大优点是可以快速完成芯片的设计和生产，能够大幅度降低芯片设计成本和生产成本。但是每种母片的面积、最多引脚数、最大规模以及每个单元中的器件数和器件尺寸都是固定的，因此采用门阵列母片完成实际芯片设计时，母片内的器件(包括 I/O)利用率不能达到100%，电路的整体性能不能达到最佳。门阵列设计方法主要用于一定规模的 CMOS 数字集成电路的设计。

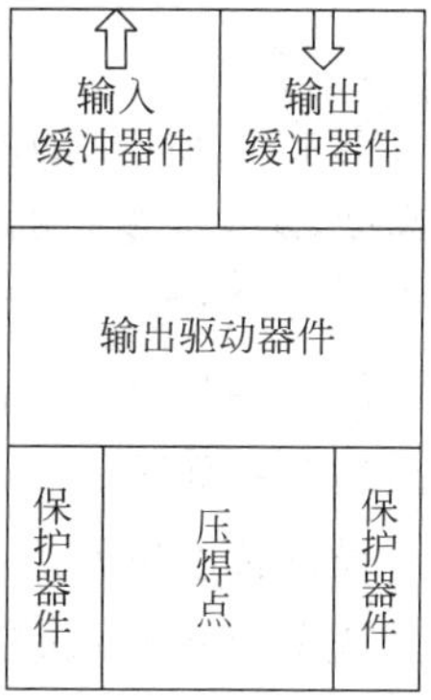

输入缓冲器件		输出缓冲器件
输出驱动器件		
保护器件	压焊点	保护器件

图 6-126 I/O 单元结构

6.8.3 标准单元设计方法

标准单元设计方法(standard cell design approach)是指芯

片设计者根据电路的逻辑网表及约束条件，用相关软件调用所需要的标准单元库中的单元进行布局布线构成最终的芯片版图。

标准单元库是由专门人员按一定的标准、依据特定工艺预先设计好的一系列的基本单元(例如反相器、与非门、或非门、触发器等)和一系列的I/O单元(如输入、输出等)，而且每种功能电路会有多个不同驱动能力的标准单元相对应。但是，每个单元都有相对应的多种描述形式，如单元符号、单元电路图、单元功能描述、单元特性描述、单元拓扑图、单元版图等，以供不同设计阶段使用。

标准单元库不是针对某一特定芯片设计的，而是共享的。从这一点上看，标准单元法属于半定制范畴。但是，除了单元本身外，标准单元法设计的芯片中所用单元又都是针对特定芯片需要而调用的。所以，为了与门阵列(半定制)和全定制相区别，称标准单元法为定制方法(custom design approach)。

标准单元法对芯片设计者的微电子专业知识和设计经验要求不是很高，而对单元库的丰富程度和设计工具的先进性有较强的依赖性。用标准单元设计法可获得较佳的电路性能和较小的芯片尺寸(与库单元性能及种类的丰富程度有关)，有利于缩短芯片设计周期，降低设计成本。主要用于大规模CMOS数字集成电路的设计。

图6-127所示为标准单元法设计的芯片结构示意图，内部单元和I/O单元都是从标准单元库中调用的实际需要的具有特定功能的单元。

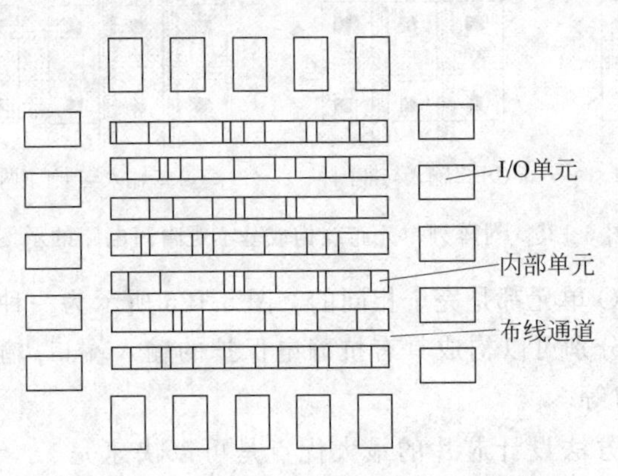

图6-127 标准单元法设计的芯片结构示意图

标准单元库中的内部单元版图都具有相同的高度，电源线和地线都等宽且都位于相同的高度，而单元电路的复杂程度不同其宽度可以不同，通常称之为等高原则，如图6-128(a)所示。标准单元库中的I/O单元版图也具有类似的等高原则，如图6-128(b)所示。等高原则的目的是布图时同排的单元排列整齐，电源线(地线)会自动对齐并互相连接，可以有效地节省面积。

设计标准单元版图时要求每个单元与单元库中包括自身在内的任何同类单元(基本单元或I/O单元)在宽度方向并接排列时(包括其中任意单元Y轴翻转后再并接)，单元间各图层都应满足设计规则的要求。如图6-129所示的排列，单元中的斜角代表单元的

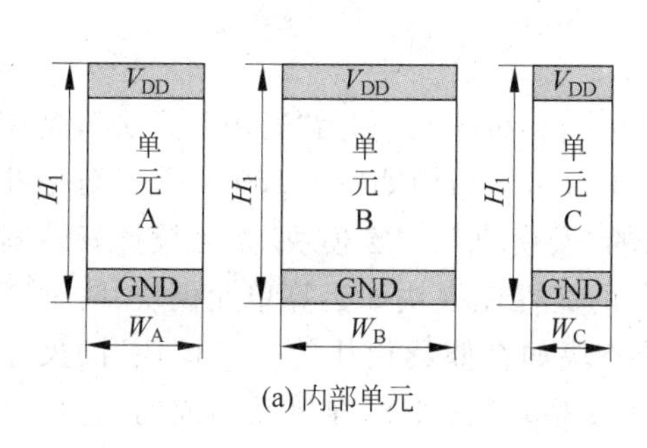

(a) 内部单元

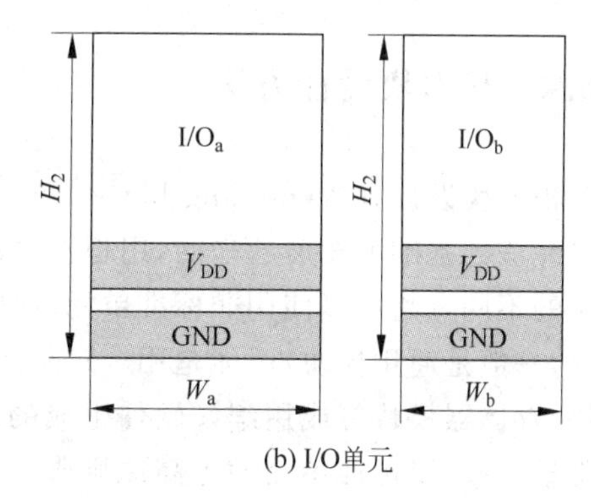

(b) I/O单元

图 6-128　标准单元等高原则示意图

方向,靠左侧的 4 个单元 A 的并接代表了任何同一种单元间的不同并接方式,而靠右侧的 5 个单元(3 个单元 A 和两个单元 B)的并接代表了任何两种单元间的不同并接方式。在这些并接方式中,单元间各图层都应满足设计规则的要求。

图 6-129　标准单元的排列

标准单元库中的每个单元的版图,无论多小都要考虑抗闩锁设计,以防多个这样的单元排在一起造成较大面积内没有电源、地与阱、衬底的接触。较大面积的单元,尤其 I/O 单元要充分设置电源、地与阱、衬底的接触。每个 I/O 单元还都要考虑抗静电设计。

由于标准单元法设计芯片每排中单元的数量及各单元的宽度不尽相同,因而布局布线后一些单元间可能会有缝隙,一般通过设计一系列宽度的填充单元,由自动化设计软件调用去填补缝隙。填充单元中一般只包括电源线、地线以及阱的图形,采用与同类单元(内部单元或 I/O 单元)相同的规则设计。

在先进的多层金属工艺中内部单元通常采用不留行间布线通道的"门海"技术,单元内部连线用较低层的金属,而单元间的连线是采用较高层的金属在单元上面布线,而且任意相邻两行排列的单元对于电源/地线来说是 X 轴翻转对称的,以使相邻两行的电源线或地线可直接相接,进一步减小芯片面积。

标准单元法设计通常是先准备好所设计芯片电路的逻辑网表及相关约束条件,然后启动 EDA 软件,确定使用单元的种类和数量,估算面积,确定芯片几何形状(长度与宽度的比值或单元行数),根据封装要求排布 I/O 单元,根据功耗需求布置适当宽度的电源线和地线的干线网,最后进行整体布局布线以及各项验证工作。

6.8.4 积木块设计方法

积木块设计方法(buiding block level design approach)又称为"通用单元法",是在标准单元法的基础上发展起来的,用积木块法设计的芯片结构如图 6-130 所示。与标准单元法的不同点是可以使用非标准单元,即所谓的"宏模块"。"宏模块"是已设计好的固定模块,一般是通用模块,可能是用全定制法设计的高性能模块如运算单元模块、时钟产生模块、存储器模块等或用编译软件生成的编译模块如存储器模块等,"宏模块"的尺寸一般都较大,不受标准单元的等高原则限制。"可变模块"是由标准单元构成的,它可以根据固定模块的大小和布局位置来改变自身布局形状。可见积木块法使芯片设计更加灵活,性能更加优化,主要用于超大规模 CMOS 数字集成电路设计或数模混合集成电路设计(因为宏模块可以是模拟电路)。积木块设计方法也是定制方法。

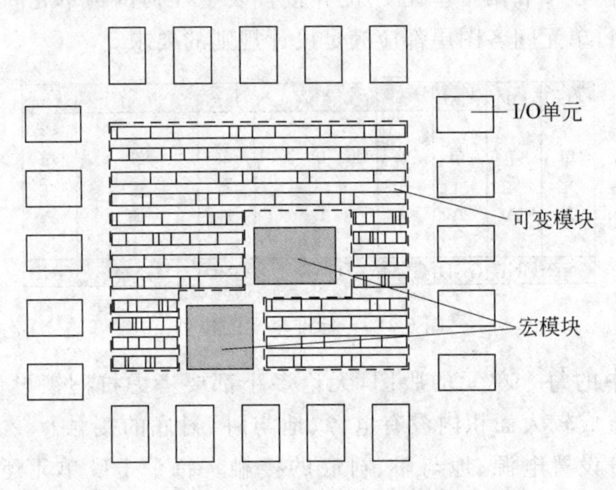

图 6-130 积木块法设计的芯片结构示意图

6.8.5 可编程逻辑器件方法

可编程逻辑器件(programmable logic device,PLD)是一种可以从市场上购买到的已完成全部工艺制造的产品。其芯片中包含了可编程的逻辑结构模块,输入、输出模块和可编程的布线通道。刚买来时没有任何功能,用户对其编程后就可以得到所需要功能的电路,而不需要再进行工艺加工。PLD 有多种类型,而且每种类型又有多种规格型号,用户可根据具体需要选用。

PLA、PAL、GAL 属于低密度 PLD,结构简单,设计灵活,对开发软件的要求较低,但规模小,难以实现复杂的逻辑功能,而且需要使用编程器离线编程。

CPLD 和 FPGA 属于高密度 PLD,又可统称为 FPGA,便于实现复杂逻辑功能,特别适用于用量少、性能要求不是太高的复杂 ASIC 的实现,而且具有在线编程能力,深受电子设计工程师们的欢迎。FPGA 也特别适用于芯片设计后期的硬件验证平台中,以降低流片风险。目前正向着高密度、高速度、低功耗以及结构体系更灵活、适用范围更宽广的方向发展。

FPGA 的核心是由许多独立的可重构逻辑模块(configurable logic block,CLB)、可编程 I/O 模块(I/O block,IOB)和丰富的可编程互联资源(interconnect resource,IR)构成的二维可编程逻辑功能模块阵列,其基本结构如图 6-131 所示。CLB 用于构造 FPGA 中的主要逻辑功能,是用户实现系统逻辑的最基本模块,通常包括四输入的查找表和寄存器组以及附加逻辑和专用的算术逻辑。可以根据设计通过软件灵活改变其内部连接与配置,完成不同的逻辑功能。IOB 用于提供外部信号和 FPGA 内部逻辑单元交换数据的接口,通过软件可以灵活配置输入输出或双向端口,可以匹配不同的电气标准与 I/O 物理特性。IR 用于可编程逻辑功能模块之间、可编程逻辑功能模块与可编程输入输出模块之间的连接。主要提供高速可靠的内部连线及一些相应的可编程开关,互连资源根据工艺、长度、宽度和所处的位置等条件可以划分成不同的等级,以保证芯片内部信号的有效传输。

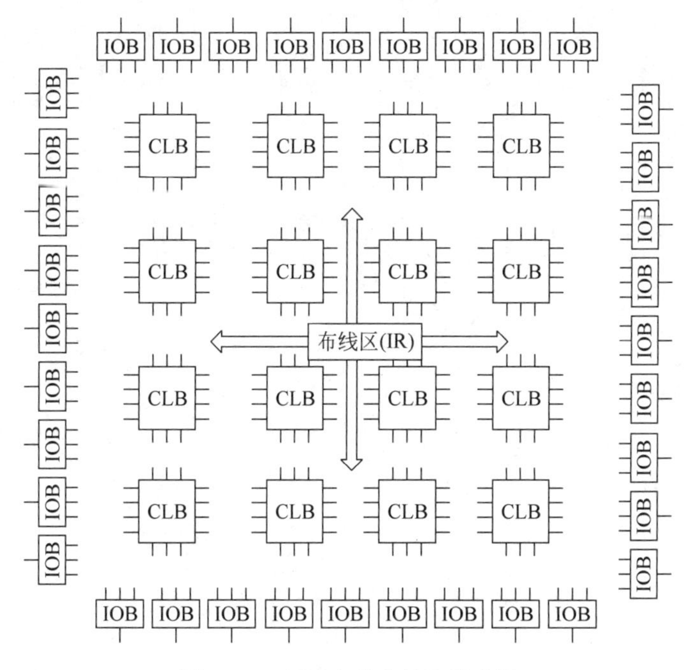

图 6-131　FPGA 基本结构示意图

有些 FPGA 产品内部还集成了 RAM、FIFO、PLL 或 DLL 等,乃至于还将 CPU、DSP、存储器、总线接口等功能子系统嵌入芯片生成一个片上系统的 FPGA 产品,以满足不同的场合应用。

FPGA 按照编程方式可分为熔丝编程型、浮栅器件编程型和 SRAM 编程型。熔丝编程型是通过将连接元件——熔丝进行选择性熔断从而实现编程配置,连接成特定功能电路,其缺点是只能编程一次,改变设计时必须更换新的器件。浮栅器件编程型是将编程配置存储在 EEPROM 或闪存中,可以多次编程,改变设计时不需要更换新的器件,但是产品加工时需要特殊制造工艺，而且编程时即写入或擦除时片内所需高压的产生及其在整个逻辑阵列中的分布使设计复杂性大幅度增加。SRAM 编程型编程时是将编程配置存储在 SRAM 中，其缺点是掉电后编程信息丢失，每次上电时都要从外部永久存储器重新装载编程信息。SRAM 编程型 FPGA 由于可以采用一般 CMOS 工艺加工，成本低，且可重复编程，是目前应用最为广泛的 FPGA。

第7章 模拟集成电路设计

7.1 概述

模拟及混合信号系统可以用 Paul Gray 著名的“蛋壳”模型说明，如图 7-1 所示。无论是信号处理，还是过程控制，目前越来越多的系统采用数字方式完成。然而由于自然界的信号是“模拟”的，因此，在能够交给数字系统（如 CPU 或 DSP）处理之前，必须有功能部件能够将模拟信号转换为数字信号，如 ADC（模数转换器）。同时，数字系统处理得到的结果也需要一定的功能部件将其转换为反映自然界的模拟信号，如 DAC（数模转换器）。另外，诸如电源、信道传输（无线、电缆、光纤等）收发器、存储媒体的驱动电路、音频视频接口、传感器接口等还必须由模拟电路的方式完成。

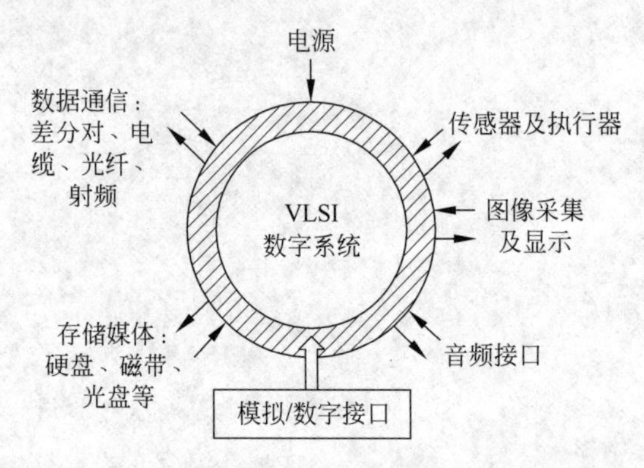

图 7-1 说明模拟及混合信号系统的“蛋壳”模型

对于这种模拟集成电路的设计和分析，通常在不同的抽象层次上来考虑。根据不同的功能、性能要求及设计考虑，需要在器件物理（device）、晶体管电路（circuit）、结构（architecture）、系统（system）等方面对复杂电路进行研究，如图 7-2 所示。

模拟集成电路大都采用双极（bipolar）或 MOS 工艺实现，或二者的组合形式实现（即 Bi-CMOS）。近些年 MOS 工艺占据了主导地位。因为 MOS 器件可以按比例缩小尺寸，因此，集成电路的集成密度和性能在过去的 20 多年得到大幅度提高。CMOS 工艺也具有比较低的制造成本。随着 CMOS 工艺水平不断提高，MOS 管的速度也得到了很大提高，几个 GHz 的 CMOS 模拟电路已经出现。同时，越来越多的芯片，特别是系统级芯片（SoC），要求同一芯片上同时包含模拟和数字电路，因此，CMOS 技术得以广泛应用于模拟电路设计。

双极器件和 MOS 器件方面的相关内容在前面章节中已有讨论，本章将从基本的模拟电路入手，逐步介绍复杂的电路结构。在本章中，以 MOS 模拟电路模块作为重点来进行介绍和讨论，同时介绍一些基本的双极电路模块。作为基本电路理论分析，对于双极和 MOS 电路，大部分的小信号分析模型是一致的和相似的，而且分析方法也是一致的，应用于 MOS 电路的分析方法同样可以用于双极电路。

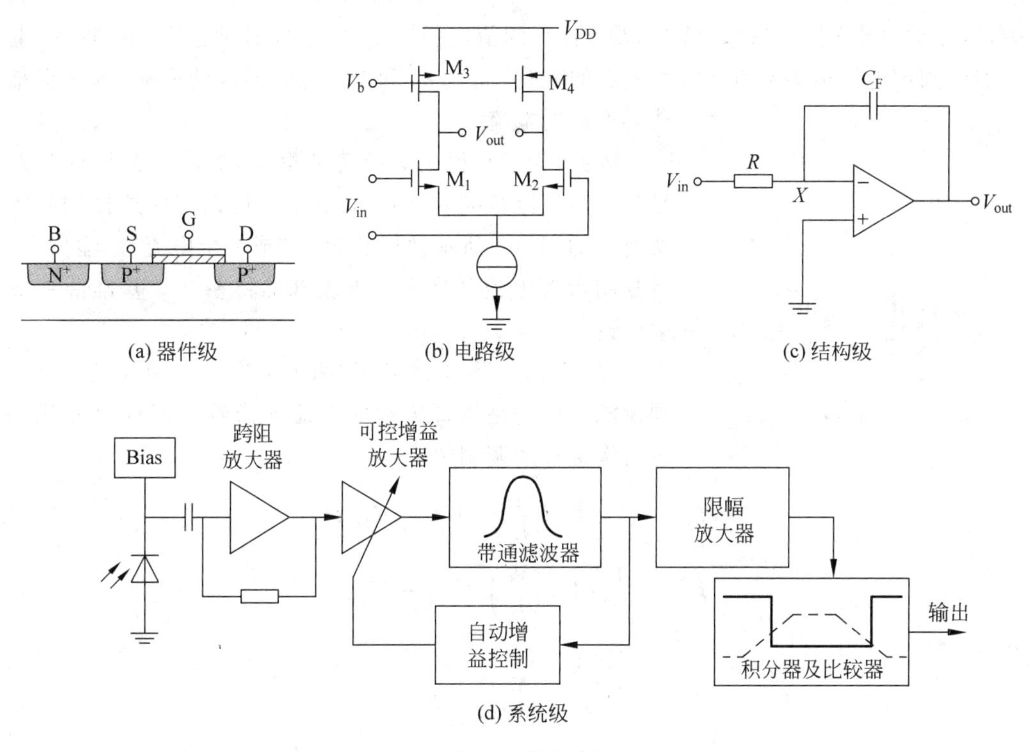

图 7-2　集成电路的抽象层次

7.2　电流镜

7.2.1　基本 MOS 电流镜

在 CMOS 模拟电路中，电流源是基本单元之一。图 7-3 所示为一种电流源的实现方法。当 MOS 晶体管处于饱和区，MOS 管的漏端电流可以提供一个电流源。通过控制 M_1 的栅上的偏置电压 V_{bias}，即 M_1 的 V_{GS}，就可以得到不同的电流值。

工作在饱和区的 NMOS 晶体管 M_1 的漏端输出电流

$$I_{out} = I_{DS}$$

$$\approx \frac{1}{2}\mu_n C_{ox} \frac{W}{L}(V_{GS} - V_{TH})^2(1 + \lambda V_{DS}) \tag{7-1}$$

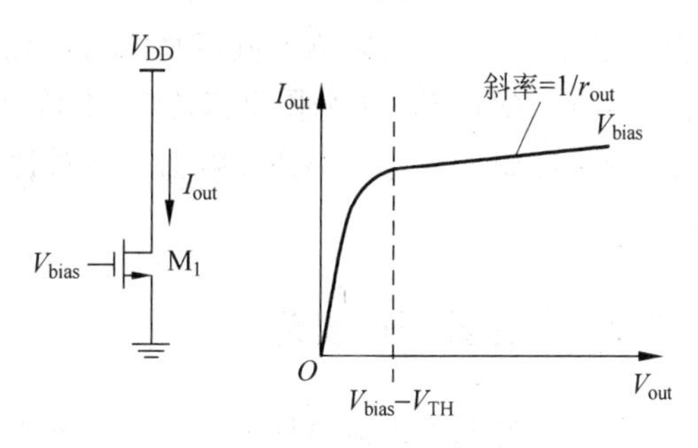

图 7-3　MOS 电流源

可见，这种电流源的性能不是很好。首先，受到沟道长度调制的影响，此电流源的输出电阻较小，表示为

$$r_{out}^{-1} = \frac{\partial I_{out}}{\partial V_{DS}} \approx \lambda I_{out} \tag{7-2}$$

其次，I_{out} 受工艺、温度及电源的影响。其

中,过驱动电压 $V_{OD}=(V_{GS}-V_{TH})$受 V_{GS}和阈值电压 V_{TH}的影响,不同芯片、不同晶圆上的器件阈值电压可能会有±10%左右的变化,而且 μ_n 和 V_{TH}都受温度的影响,因此很难获得准确的电流。

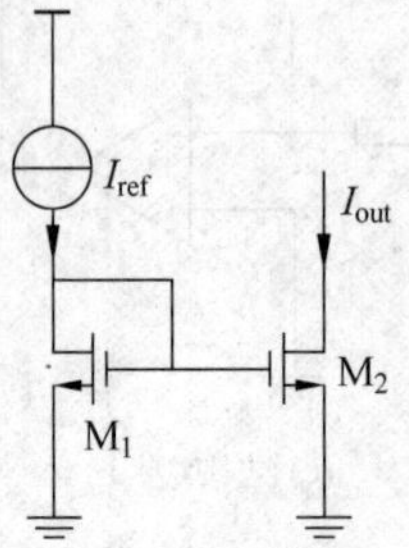

因此,为了获得更为精确的电流,电流源的设计常常是基于对电流基准的复制,电流镜就可以完成这样的复制功能。如图 7-4 所示,M_1 和 M_2 构成一个电流镜,输出 I_{out}将复制参考电流基准 I_{ref}(电流基准将在 7.3 基准源一节中讨论)。

图 7-4　基本 MOS 电流镜

电流镜的工作原理基于“两个工作在饱和区且具有相同栅源电压的晶体管传输的电流比依赖于器件尺寸比”。忽略沟道长度调制效应,可以写出

$$I_{ref}=\frac{1}{2}\mu_n C_{ox}\left(\frac{W}{L}\right)_1 (V_{GS}-V_{TH})^2 \tag{7-3}$$

$$I_{out}=\frac{1}{2}\mu_n C_{ox}\left(\frac{W}{L}\right)_2 (V_{GS}-V_{TH})^2 \tag{7-4}$$

得到

$$I_{out}=\frac{(W/L)_2}{(W/L)_1}I_{ref} \tag{7-5}$$

电流镜电路的特点是:I_{out}与 I_{ref}的比值由器件尺寸的比率决定,不受工艺和温度的影响。设计者可以通过器件的比率来调整输出电流的大小。另外,也可以看出,电流镜可作为电流放大器来使用。

在电流镜电路的实际设计中,通常采用叉指 MOS 管,每个“叉指”的沟道长度相等,复制倍数由叉指数决定,可以减小由于漏源区边缘扩散所产生的误差,以减小器件的失配造成的电流失配。如图 7-5(a)的 4 倍电流的电流镜电路,采用图 7-5(b)所示叉指结构的版图设计,若每个叉指的 W 为$(5\pm0.1)\mu m$,则 M_1 和 M_2 实际的 W 为 $W_1=(5\pm0.1)\mu m$,$W_2=4(5\pm0.1)\mu m$,这样 $I_{out}/I_{ref}=4(5\pm0.1)/(5\pm0.1)=4$,可见可以得到较好的匹配。若采用如图 7-5(c)所示的版图,则 M_1 和 M_2 实际的 W 为 $W_1=(5\pm0.1)\mu m$,$W_2=(4\times5\pm0.1)\mu m$,这样 $I_{out}/I_{ref}=(20\pm0.1)/(5\pm0.1)\approx4\pm0.1$,产生了电流失配。

另外,电流镜在芯片上的分布尽量不采用电压传递的方式,如图 7-6(a)所示,长连线寄生电阻上的压降会影响电流镜复制管的栅源电压,从而造成复制管出现不同的偏置,造成电流失配;应尽量采用电流传递、本地电流镜复制的形式,如图 7-6(b)所示,这样连线上寄生电阻的电压降不会影响电流镜对管对电流的复制精度,以达到减小电流失配的目的。

7.2.2　共源共栅电流镜

制约上述基本电流镜性能的另一个重要因素是 MOS 管的沟道长度调制效应。考虑沟道长度调制效应,对于图 7-4 所示的基本电流镜,有

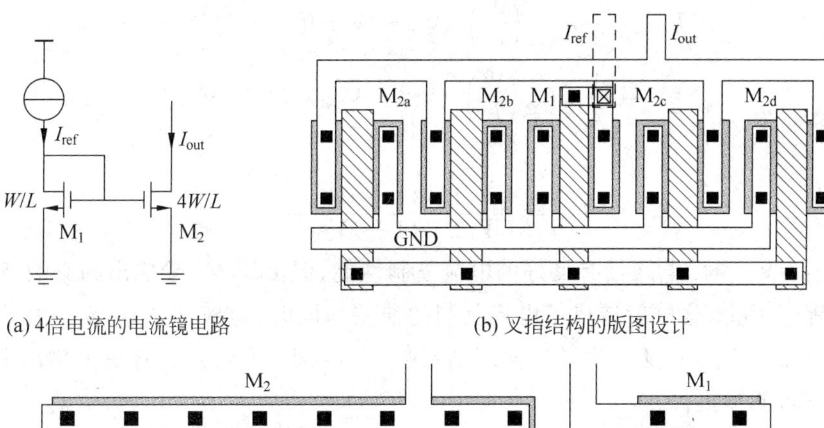

(a) 4倍电流的电流镜电路　　　　(b) 叉指结构的版图设计

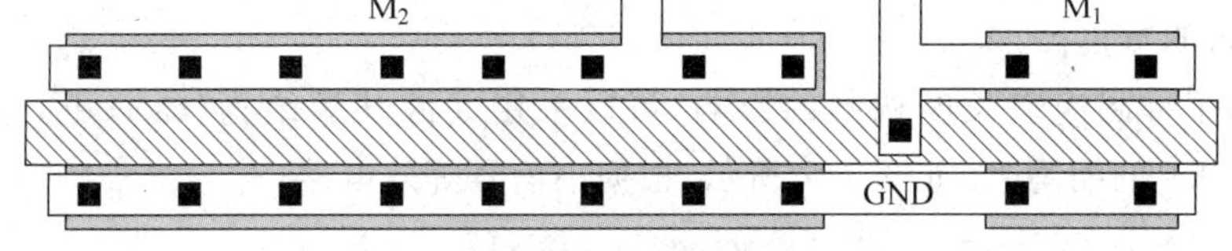

(c) 不精确的电流镜版图设计

图 7-5　电流镜版图设计

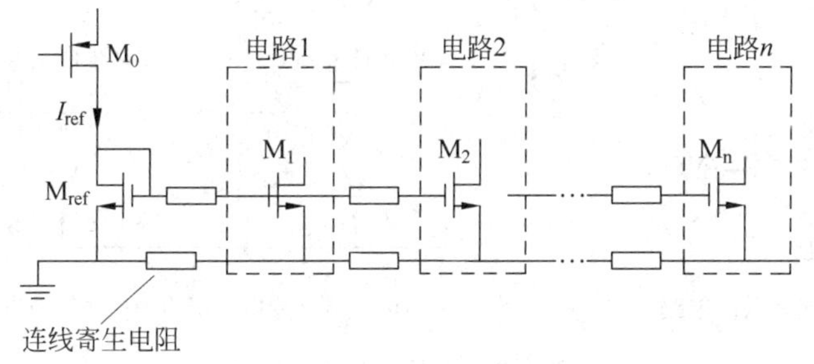

(a) 电压传递方式的电流镜

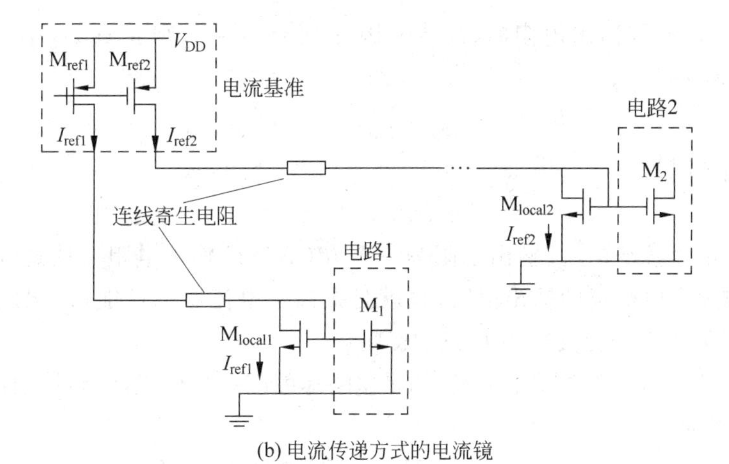

(b) 电流传递方式的电流镜

图 7-6　电流镜在芯片上分布的设计

$$I_{\text{ref}}=\frac{1}{2}\mu_{\text{n}}C_{\text{ox}}\left(\frac{W}{L}\right)_1(V_{\text{GS}}-V_{\text{TH}})^2(1+\lambda V_{\text{DS1}}) \tag{7-6}$$

$$I_{\text{out}}=\frac{1}{2}\mu_{\text{n}}C_{\text{ox}}\left(\frac{W}{L}\right)_2(V_{\text{GS}}-V_{\text{TH}})^2(1+\lambda V_{\text{DS2}}) \tag{7-7}$$

则有

$$I_{\text{out}}=\frac{(W/L)_2(1+\lambda V_{\text{DS2}})}{(W/L)_1(1+\lambda V_{\text{DS1}})}I_{\text{ref}} \tag{7-8}$$

当$V_{\text{DS1}}=V_{\text{DS2}}$时，电路具有良好的电流复制性能，但由于$M_2$受输出的影响，$V_{\text{DS2}}$很少情况能够等于$V_{\text{DS1}}$，这样就造成了电流复制的误差。同时，也应注意到，对于特定的漏源电压偏差$(V_{\text{DS2}}-V_{\text{DS1}})$，随着沟道长度调制系数$\lambda$的减小(也就是具有更大输出电阻)，电流镜的精度将明显提高。

因此，为了抑制沟道长度调制的影响，可以采用共源共栅结构(cascode，cascode是cascaded triodes的缩写)。如图7-7所示，根据小信号等效电路，有

$$v_{\text{out}}=r_{\text{ds4}}(i_{\text{out}}-g_{\text{m4}}v_{\text{gs4}})+r_{\text{ds2}}(i_{\text{out}}-g_{\text{m2}}v_{\text{gs2}}) \tag{7-9}$$

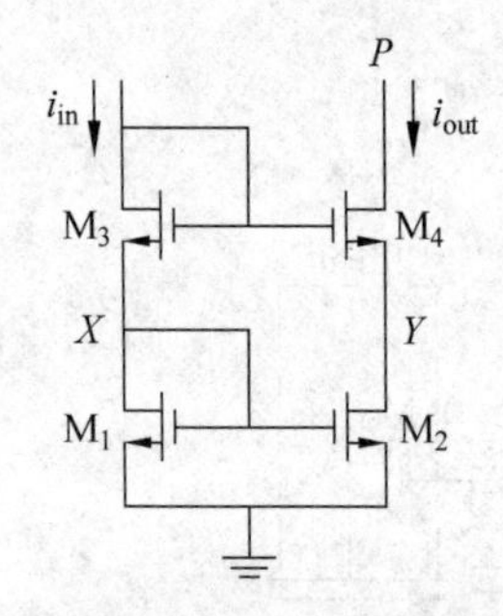

(a) 共源共栅电流镜的电路

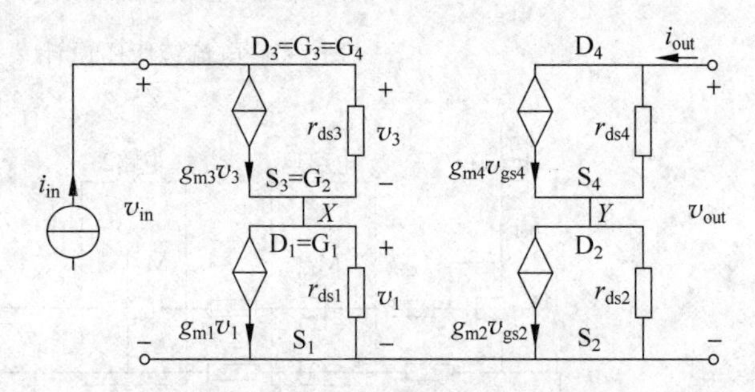

(b) 共源共栅电流镜的小信号等效电路图

图7-7 共源共栅电流镜

对于小信号，计算输出电阻时，$i_{\text{in}}=0$，因此$v_1=v_3=0$，则有$v_{\text{gs2}}=0$，$v_{\text{gs4}}=-v_{\text{s4}}=-i_{\text{out}}r_{\text{ds2}}$，这样得到

$$v_{\text{out}}=(r_{\text{ds4}}+g_{\text{m4}}r_{\text{ds4}}r_{\text{ds2}}+r_{\text{ds2}})i_{\text{out}} \tag{7-10}$$

可以计算输出电阻为

$$r_{\text{out}}=r_{\text{ds4}}+g_{\text{m4}}r_{\text{ds4}}r_{\text{ds2}}+r_{\text{ds2}}\approx g_{\text{m4}}r_{\text{ds4}}r_{\text{ds2}} \tag{7-11}$$

对于基本电流镜结构，其输出电阻为一个MOS管的输出电阻。从式(7-11)可见共源共栅结构增大了电流镜的输出电阻，也就是提高了电流源的性能(理想电流源的输出电阻为∞)，使Y点电压免受输出P点的影响。

对于图7-7中的共源共栅电流镜，如果忽略体效应并且假设所有的晶体管都是相同的，可以计算得到

$$V_{\text{out,min}}=V_{\text{gs3}}+V_{\text{gs1}}-V_{\text{TH}}=2V_{\text{OD}}+V_{\text{TH}} \tag{7-12}$$

即允许的最小输出电压为两个过驱动电压加上一个阈值电压，而M_3和M_4处于饱和区时只需要两个过驱动电压即可，因此共源共栅电流镜消耗额外的电压裕度。

为了解决输出电压裕度的问题，可以采用如图7-8所示大输出摆幅的共源共栅电流镜结构。这种结构的输出电阻和图7-7共源共栅电流镜是一致的。如果$V_b=V_{GS2}+(V_{GS1}-V_{TH})=V_{GS4}+(V_{GS3}-V_{TH})$，则$V_{out}$可以达到最小值$V_b-V_{TH}$，即为$M_3$和$M_4$的过驱动电压之和。为了使消耗的电压裕度最小，且保证所有晶体管处于饱和区，$V_X\geqslant V_{GS1}-V_{TH}$($M_1$饱和)，而偏置$V_b$必须等于或稍大于$V_{GS2}+(V_{GS1}-V_{TH})$，同时，$V_b\leqslant V_{GS1}+V_{TH2}$($M_2$饱和)。

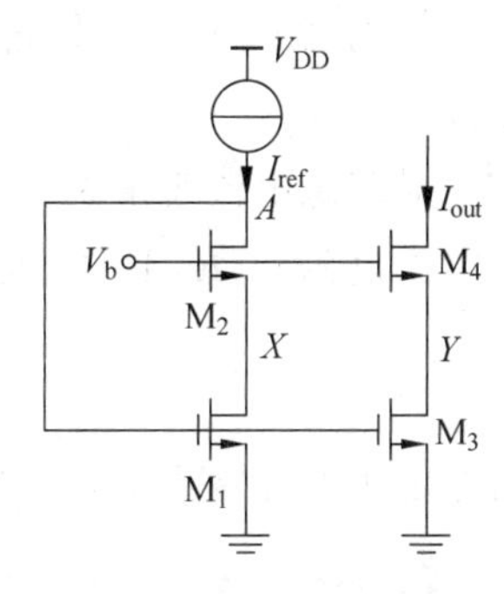

图7-8 大输出摆幅的共源共栅电流镜

7.2.3 双极型电流镜

双极型电流镜与MOSFET电流镜有着相似的结构，如图7-9所示。因为Q_1和Q_2有着相等的V_{BE}，根据双极型晶体管的电压电流方程

$$I_C=I_S\exp(V_{BE}/V_T) \tag{7-13}$$

其中$V_T=kT/q$是热当量电压，常温下约为26mV；I_S是PN结反向漏电流。可知，I_{out}(或者说$I_C(Q_2)$)应该等于$I_C(Q_1)$。而$I_C(Q_1)=I_{in}-2I_b$，由此可见因为双极型晶体管存在着基极电流I_b，所以实际上输出电流I_{out}并不能精确地镜像输入基准电流I_{in}。

假设Q_1和Q_2完全相同，其电流增益(I_C/I_B)皆为β，则可以很容易地得到该电流镜的输出、输入电流之比

$$\frac{I_{out}}{I_{in}}=1-\frac{2}{\beta+2} \tag{7-14}$$

因为在现代双极工艺下，β大小一般在100左右，所以这个镜像电流的误差大概是2%。

为了减小基极电流的影响，可以采用图7-10所示的电路结构。显然，$I_E(Q_3)$提供了Q_1和Q_2两者的基极电流，而$I_B(Q_3)=I_E(Q_3)/(1+\beta)$，所以实际上输入基准电流$I_{in}$被$Q_3$基极分走的电流很小。若$Q_1\sim Q_3$的$\beta$相等，则该电流镜输出、输入电流之比为

$$\frac{I_{out}}{I_{in}}=1-\frac{2}{\beta(\beta+1)+2} \tag{7-15}$$

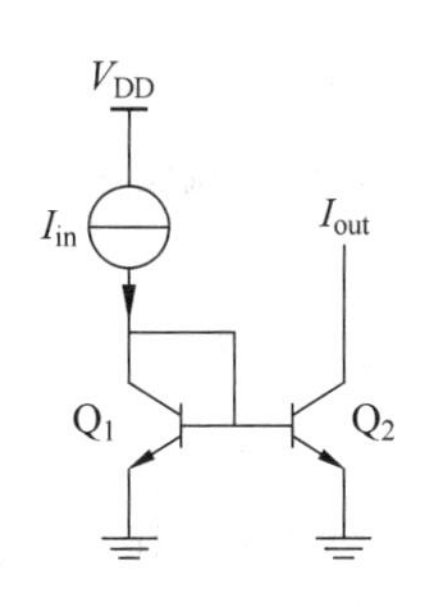

图7-9 双极型电流镜

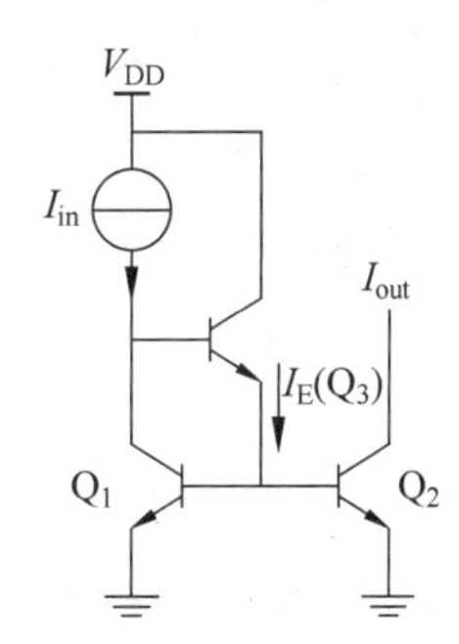

图7-10 减小基极电流影响的双极型电流镜

可见当β为100时,镜像电流的误差大概是0.02%,约为标准双极型电流镜误差的百分之一。

对理想电流镜来说,其输出电阻应该是无穷大。但是对实际的双极型电流镜其输出电阻由厄尔利(Early)电压V_A和集电极电流I_C决定,大小等于

$$r_o = \frac{V_A}{I_C} \tag{7-16}$$

而考虑了实际输出电阻后的双极晶体管的集电极电流表达式为

$$I_C = I_S \exp\left(\frac{V_{BE}}{V_T}\right)\left(1+\frac{V_{CE}}{V_A}\right) \tag{7-17}$$

可见只有在厄尔利电压V_A为无穷大(即输出电阻r_o为无穷大)时,集电极电流是理想值。

为了提高电流镜的输出电阻,可以考虑如图7-11所示的电路,其中添加了发射极负反馈电阻,该电路也就是著名的Widlar电流镜。该电流镜的输出电阻表达式为

$$r_{out} = r_{o2}\frac{1+g_{m2}R_2}{1+g_{m2}/\beta_2} \tag{7-18}$$

图7-12所示为双极型的cascode电流镜。若所有晶体管的厄尔利电压V_A相同、Q_2和Q_4集电极电流I_C相同,则该电流镜的输出电阻表达式可以写为

$$r_{out} \approx r_{o2}\frac{1+g_{m2}r_{o4}}{1+g_{m2}/\beta_2} \approx r_{o2}\times\frac{V_A}{V_T} \approx r_{o2}\times A_V \tag{7-19}$$

其中A_V是单个双极型晶体管的电压增益。显然,因为V_A远大于热当量电压V_T,所以其输出电阻比单管得到了很大提高。

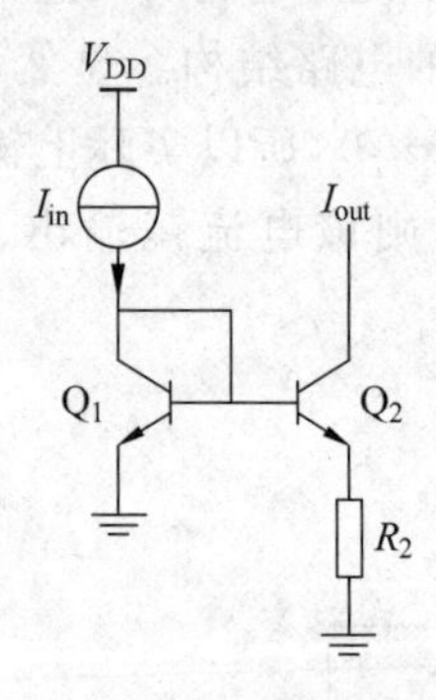

图7-11 Widlar电流镜

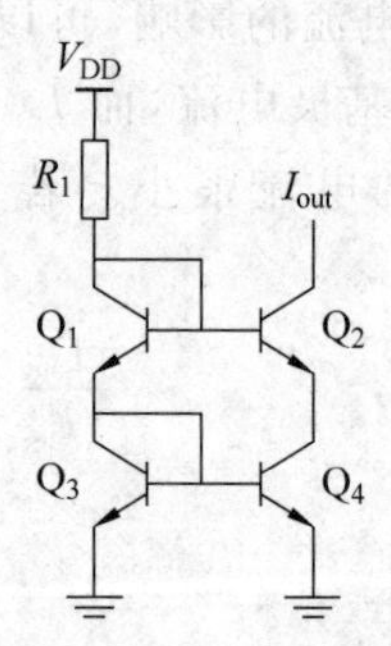

图7-12 双极型cascode电流镜

7.3 基准源

在模拟电路中经常会用到一些表示直流量的电压基准和电流基准,比如,电流源的设计是采用电流镜电路,基于对电流基准的复制。理想的基准源与电压源、工艺及温度无关。而实际上,这些基准源与电源、工艺关系较小,而与温度具有确定的关系。

7.3.1 电压基准源

1. 普通基准电压源

比较简单的一种电压基准是对电源电压进行分压得到，如图 7-13 所示，可以采用电阻分压，或者采用二极管形式连接的 MOS 管进行分压。

采用电阻分压得到的基准电压为

$$V_{\mathrm{ref}}=\frac{R_2}{R_1+R_2}V_{\mathrm{DD}} \tag{7-20}$$

对于二极管形式连接的 MOS 管分压的情况，M_1 和 M_2 均工作在饱和区，忽略沟道长度调制效应，则

$$\begin{aligned} I &= \frac{1}{2}\mu_{\mathrm{n}}C_{\mathrm{ox}}\left(\frac{W}{L}\right)_{\mathrm{n}}(V_{\mathrm{GS1}}-V_{\mathrm{THN}})^2 \\ &= \frac{1}{2}\mu_{\mathrm{p}}C_{\mathrm{ox}}\left(\frac{W}{L}\right)_{\mathrm{p}}(|V_{\mathrm{GS2}}|-|V_{\mathrm{THP}}|)^2 \end{aligned} \tag{7-21}$$

(a) 电阻分压　　(b) MOS管分压

图 7-13　分压型的电压基准

两管的漏源电压均等于栅源电压，因此，$V_{\mathrm{ref}}=V_{\mathrm{DS1}}=V_{\mathrm{GS1}}$，$|V_{\mathrm{DS2}}|=|V_{\mathrm{GS2}}|=V_{\mathrm{DD}}-V_{\mathrm{ref}}$，可以得到

$$V_{\mathrm{ref}}=\frac{V_{\mathrm{THN}}+\sqrt{K_{\mathrm{P}}/K_{\mathrm{N}}}(V_{\mathrm{DD}}-|V_{\mathrm{THP}}|)}{1+\sqrt{K_{\mathrm{P}}/K_{\mathrm{N}}}} \tag{7-22}$$

其中

$$K_{\mathrm{N}}=\mu_{\mathrm{n}}C_{\mathrm{ox}}\left(\frac{W}{L}\right)_{\mathrm{n}},\quad K_{\mathrm{P}}=\mu_{\mathrm{p}}C_{\mathrm{ox}}\left(\frac{W}{L}\right)_{\mathrm{p}}$$

显而易见，对电源分压得到的基准来说，电源的变化会直接表现在基准的输出上。因此这种基准受电源的影响较强。为了降低电源上的干扰对输出电压基准的影响，可以采用如图 7-14 所示的有源器件的电路形式。

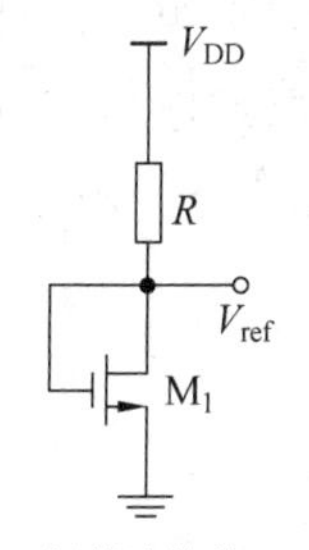

(a) 二极管连接的MOS有源电压基准

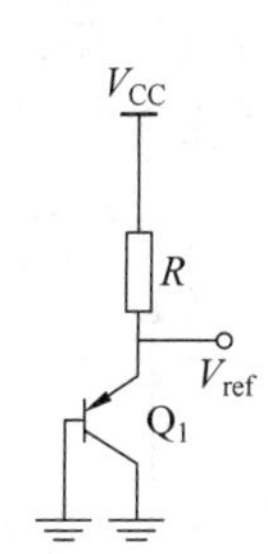

(b) 双极型晶体管PN结电压基准

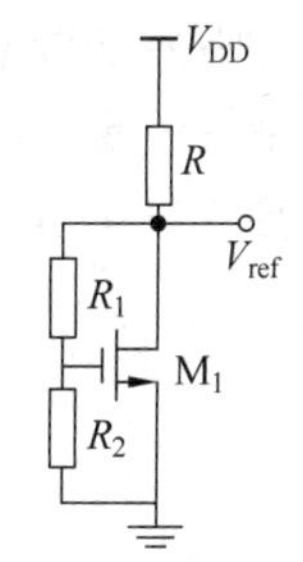

(c) 更高输出的二极管连接的MOS有源电压基准

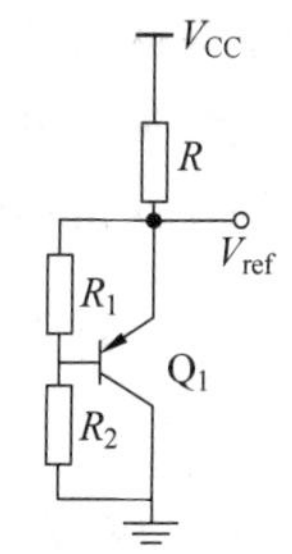

(d) 更高输出的双极晶体管PN结电压基准型

图 7-14　有源电压基准

图 7-14(a)所示电压基准中，基准电压等于处于饱和区的 MOS 管的栅源电压。忽略沟道长度调制效应，则

$$I = \frac{1}{2}\mu_n C_{ox}\frac{W}{L}(V_{GS} - V_{TH})^2 = \frac{1}{2}K_N(V_{GS} - V_{TH})^2 \tag{7-23}$$

得到

$$V_{ref} = V_{GS} = V_{TH} + \sqrt{\frac{2I}{K_N}} = V_{TH} + \sqrt{\frac{2(V_{DD} - V_{ref})}{RK_N}} \tag{7-24}$$

解式(7-24),得

$$V_{ref} = V_{TH} - \frac{1}{RK_N} + \sqrt{\frac{2(V_{DD} - V_{TH})}{RK_N} - \frac{1}{R^2K_N^2}} \tag{7-25}$$

可见,此基准电压 V_{ref} 与 V_{DD} 之间是平方根的关系,降低了电源对基准的影响。

图 7-14(b)所示电压基准中,输出的电压基准就等于晶体管的 BE 结压降。如果电源电压比 V_{EB} 大很多,那么电流 I 可以表示为

$$I = \frac{V_{DD} - V_{EB}}{R} \approx \frac{V_{DD}}{R} \tag{7-26}$$

于是,电压基准表示为

$$V_{ref} = V_{EB} = \frac{kT}{q}\ln(I/I_s) \approx \frac{kT}{q}\ln\left(\frac{V_{DD}}{RI_s}\right) \tag{7-27}$$

可见,此基准电压 V_{ref} 与电源电压成对数关系,对电源的敏感性更低。

图 7-14(a)和(b)这两种有源电压基准可以采用图 7-14(c)、(d)的方式获得更高电压值的电压基准。在流经电阻上的电流比流经晶体管上的电流小得多的情况下,输出的电压基准可以分别表示为

$$V_{ref\_C} \approx V_{GS}\left(\frac{R_1 + R_2}{R_2}\right) \tag{7-28}$$

$$V_{ref\_D} \approx V_{EB}\left(\frac{R_1 + R_2}{R_2}\right) \tag{7-29}$$

在电子线路中,还有一种常见的电压基准形式,就是采用齐纳二极管,如图 7-15 所示。齐纳二极管(Zener Diode,又叫稳压二极管)是一种直到临界反向击穿电压前都具有很高电阻的半导体器件。在此临界击穿点上,反向电阻降低到一个很小的数值,在这个低阻区中电流增加而电压则保持恒定,稳压管主要被作为稳压器或电压基准元件使用。齐纳二极管的反向击穿电压通常在 5~8V,因此只有在高电源电压下使用。

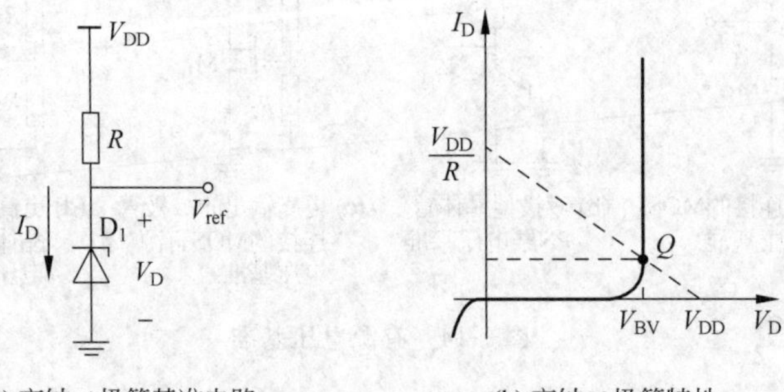

(a) 齐纳二极管基准电路　　(b) 齐纳二极管特性

图 7-15　齐纳二极管电压基准

2. 带隙基准电压源

前面小节介绍的普通电压基准源都是与温度相关的基准。带隙基准电压源的基本思想是将一个具有正温度系数的电路和具有负温度系数的 PN 结压降进行补偿，从而得到一个零温度系数的基准，如图 7-16 所示。

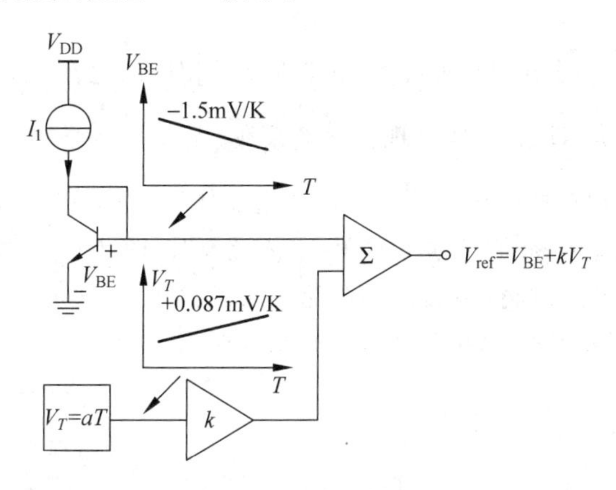

图 7-16　与温度无关的基准源的设计思想

PN 结的正向压降 V_{BE} 的温度系数为

$$\frac{\partial V_{BE}}{\partial T}=\frac{V_{BE}-(4+m)V_T-E_g/q}{T} \tag{7-30}$$

其中，m 表征少于迁移率与温度的关系 $\mu\propto\mu_0 T^m$，$m\approx-3/2$；E_g 是硅的带隙能量，$E_g\approx 1.12\text{eV}$。当 $V_{BE}\approx 750\text{mV}$，$T=300\text{K}$ 时，V_{BE} 的温度系数约为 -1.5mV/K。

两个相同的双极晶体管工作在不相等的电流密度下，它们的基极-发射极 PN 结正向电压的差值就与绝对温度成正比(proportional to absolute temperature, PTAT)。如图 7-17 所示为两种 PTAT 电压基准源。

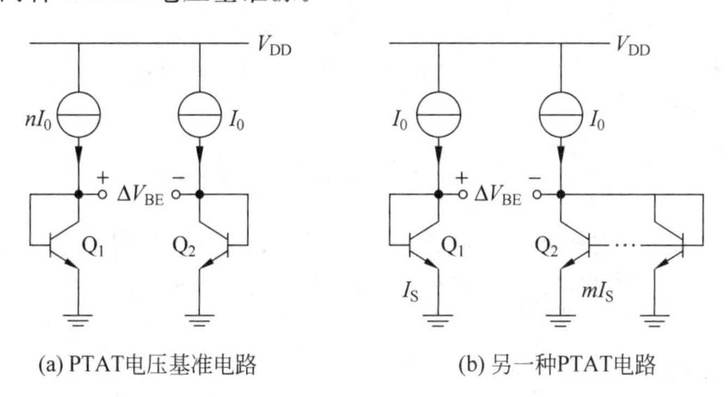

(a) PTAT电压基准电路　　(b) 另一种PTAT电路

图 7-17　PTAT 电压基准源

对于图 7-17(a)

$$\Delta V_{BE}=V_{BE1}-V_{BE2}=V_T\ln\left(\frac{nI_0}{I_{S1}}\right)-V_T\ln\left(\frac{I_0}{I_{S2}}\right) \tag{7-31}$$

如果 $I_{S1}=I_{S2}$,则

$$\Delta V_{BE}=V_T\ln n \tag{7-32}$$

可得

$$\frac{\partial \Delta V_{BE}}{\partial T}=\frac{k}{q}\ln n \tag{7-33}$$

可见其表现为正温度系数。

对于图 7-17(b),两个尺寸成倍数的晶体管流过相同的电流,同样可以证明,$\Delta V_{BE}=V_T\ln m$,$\frac{\partial \Delta V_{BE}}{\partial T}=\frac{k}{q}\ln m$,即 ΔV_{BE} 也呈现正温度系数。

在标准 N 阱 CMOS 工艺中,不兼容 NPN 型晶体管,但可以形成 PNP 型晶体管,如图 7-18 所示。因此,采用标准 N 阱 CMOS 工艺设计时,图 7-17 中的 NPN 管由 PNP 管实现,PNP 管的集电极是衬底,必然接到电路中最负的电位(即地电位 GND)上,将基极也连到 GND 上,利用发射极-基极的正向 PN 结如图 7-19 所示。

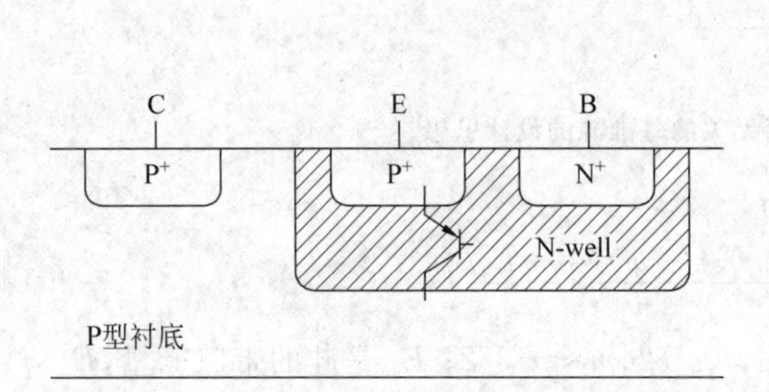

图 7-18　N 阱 CMOS 工艺中的 PNP 型晶体管

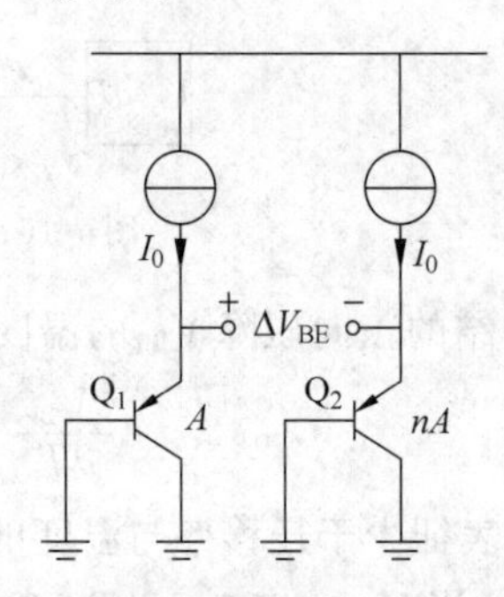

图 7-19　PNP 型晶体管实现的 PTAT 电压基准源

利用上面讨论得到的正、负温度系数基准,就可以设计出一个零温度系数的基准。设

$$V_{ref}=V_{BE}+\alpha\Delta V_{BE}=V_{BE}+\alpha V_T\ln n \tag{7-34}$$

其中 α 是常数值,则

$$\frac{\partial V_{ref}}{\partial T}=\frac{\partial V_{BE}}{\partial T}+\frac{V_T}{T}\alpha\ln n \tag{7-35}$$

将式(7-35)置为 0(零温度系数),并将式(7-30)代入式(7-35),得到

$$\frac{V_T}{T}\alpha\ln n=-\frac{V_{BE}-(4+m)V_T-E_g/q}{T} \tag{7-36}$$

再将式(7-36)代回式(7-34),得到

$$V_{ref}=\frac{E_g}{q}+(4+m)V_T \tag{7-37}$$

可见此电压基准与带隙电压有关,这也是"带隙基准"的由来。

在室温下,PN 结的温度系数约为 -1.5mV/K,而$\partial V_T/\partial T\approx 0.087$mV/K,为了达到零温度系数,可以计算得到 $\alpha\ln n\approx 17.2$,而 $V_{ref}=V_{BE}+\alpha V_T\ln n\approx 1.25$V。

图 7-20 就是一种完成 V_{BE} 和 $17.2V_T$ 相加实现带隙基准电压的电路。采用运算放大器使 X 点和 Y 点电压相等，得到

$$V_{out}=V_{EB2}+\frac{V_T\ln n}{R_3}(R_2+R_3)\tag{7-38}$$

这样，通过选择 R_2 和 R_3 的比值，就可以使 $(1+R_2/R_3)\ln n=17.2$。另外，注意到这里是两个电阻的比值，在 CMOS 集成电路设计中，电阻的实现精度通常有 20%左右的偏差，而电阻的比值通常都可以做得很精确，因此，这种实现方法具有较高精度。

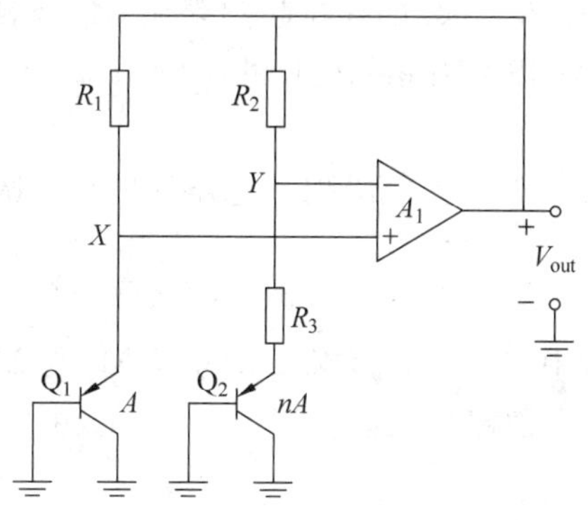

图 7-20 带隙基准的一种实现方法

这里值得注意的是，图 7-20 带隙电路中存在反馈回路，负反馈系数为

$$\beta_-=\frac{1/g_{mQ2}+R_3}{1/g_{mQ2}+R_3+R_2}\tag{7-39}$$

而其正反馈系数为

$$\beta_+=\frac{1/g_{mQ1}}{1/g_{mQ2}+R_1}\tag{7-40}$$

为确保电路的稳定，电路的负反馈系数一定要大于正反馈系数，以确保电路总的反馈是负反馈。

7.3.2 电流基准源

首先分析图 7-21 所示的简单电流镜形式的电流基准源，由 M_1 和 R 确定此电流基准源的电流值 I_{ref}，然后由 M_1 和 M_2 构成的电流镜将电流进行输出。选择适当的 R 值使 M_1 开启并处于饱和区，忽略沟道长度调制效应，则

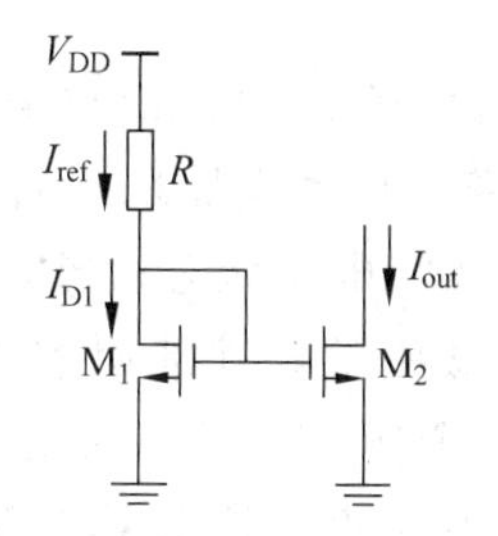

图 7-21 简单电流镜形式的电流基准源

$$I_{out}\approx\frac{(W/L)_2}{(W/L)_1}I_{ref}=\frac{(W/L)_2}{(W/L)_1}\cdot\frac{V_{DD}-V_{GS}}{R}$$

$$=\frac{(W/L)_2}{(W/L)_1}\cdot\frac{V_{DD}-\sqrt{\frac{2I_{ref}}{K_1}}-V_{TH}}{R}\tag{7-41}$$

其中

$$K_1=\mu_n C_{ox}\left(\frac{W}{L}\right)_1$$

通过式(7-41)可以确定输出电流。显而易见，此电路的输出电流敏感于电源 V_{DD}，当 V_{DD} 发生变化时，输出电流的变化可以认为是

$$\Delta I_{out}=\frac{1}{R+1/g_{m1}}\cdot\frac{(W/L)_2}{(W/L)_1}\Delta V_{DD}\tag{7-42}$$

可见，电源的变化会传到输出电流上。同时输出电流也是工艺和温度的函数。

图 7-22(a)中，$M_1\sim M_4$ 将形成相互复制的电流镜结构，电路中的电流将不受电源的

影响,然而,此时电路中的电流也将是任意的。图7-22(b)中,$M_1 \sim M_4$ 及 R_S 构成基准源的主体。R_S 的存在起到限制 M_2 支路电流的作用,使支路中流过一个确定的电流值,PMOS具有相同的尺寸,要求 $I_{out}=I_{ref}$,R_S 降低了 M_2 的栅源电压,因此可以写出

$$V_{GS1} = V_{GS2} + I_{out}R_S \tag{7-43}$$

$M_1 \sim M_4$ 处于饱和区,忽略沟道长度调制效应,有

$$\sqrt{\frac{2I_{out}}{K}} + V_{TH1} = \sqrt{\frac{2I_{out}}{nK}} + V_{TH2} + I_{out}R_S \tag{7-44}$$

式中,$K=\mu_n C_{ox}(W/L)_n$,n 是 M_2 与 M_1 的尺寸比例倍数。

忽略体效应,即 $V_{TH1}=V_{TH2}$,可以得到

$$I_{out} = \frac{2}{K} \cdot \frac{1}{R_S^2}\left(1-\frac{1}{\sqrt{n}}\right)^2 \tag{7-45}$$

可见,电流与电源电压无关,但是由于表达式包含工艺参数项,因此电流基准源仍与工艺和温度有关。

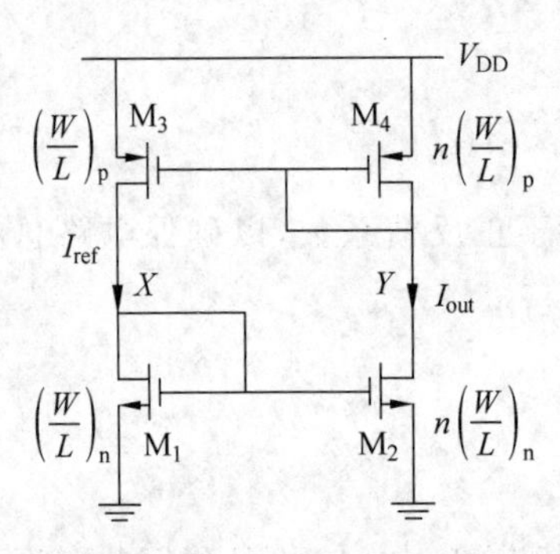

(a) 相互复制的电流镜结构

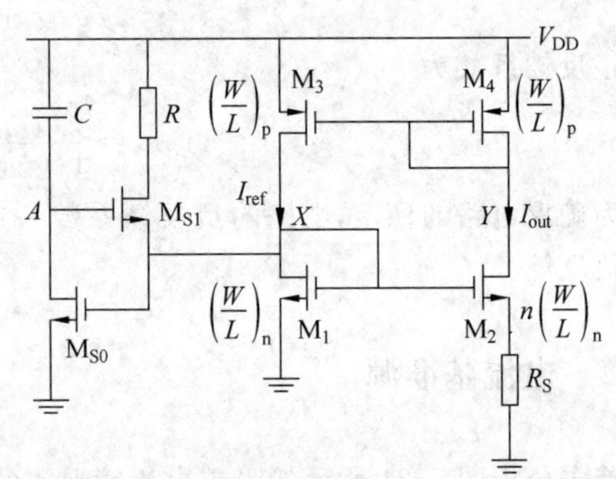

(b) 带启动电路的与电源无关的一种电流基准源

图7-22　与电源无关的一种电流基准源

在含有相互复制的电流镜结构电流基准中,当电源上电时,相互复制的MOS管均处于关断状态,可能造成传输零电流,因此需要增加一个启动电路。启动电路的设计基本原则是:在电源上电时为基准源提供一条直流通路以使其脱离零电流状态;当完成启动后,基准源进入正常的偏置电流后,启动电路应停止工作以免影响基准源的工作。图7-22(b)中由 M_{S0}、M_{S1}、C 和 R 构成的电路是启动电路的一个例子。当电源上电时,$M_1 \sim M_4$ 处于关断状态,X 点电位为零,M_{S0} 也关断,而电容 C 将 A 点上拉至 V_{DD},M_{S1} 管开启,X 点电位开始上升,$M_1 \sim M_4$ 脱离零电流状态,同时使 M_{S0} 导通,电容开始充电,A 点电位将下降,直至 M_{S1} 关断,完成启动过程。启动电路也将不再影响基准源电路的工作。

为了消除体效应的影响,在N阱CMOS工艺中,可以采用将 R_S 连接在电源和P管之间的结构。因为在N阱CMOS工艺中,P型器件做在N阱中,其衬底可以和源端连接在一起,因而可以消除体效应。另外,为了减小沟道长度调制效应的影响,基准源中电流镜可以采用共源共栅结构。

图 7-23 所示为另一种与电源无关的电流基准源，它是利用 PN 结压降来确定电流，图中也显示了另一种启动电路的设计。当 $M_1 \sim M_5$ 都采用相同的晶体管时，输出电流为

$$I_{out} = \frac{V_{EB1}}{R} \tag{7-46}$$

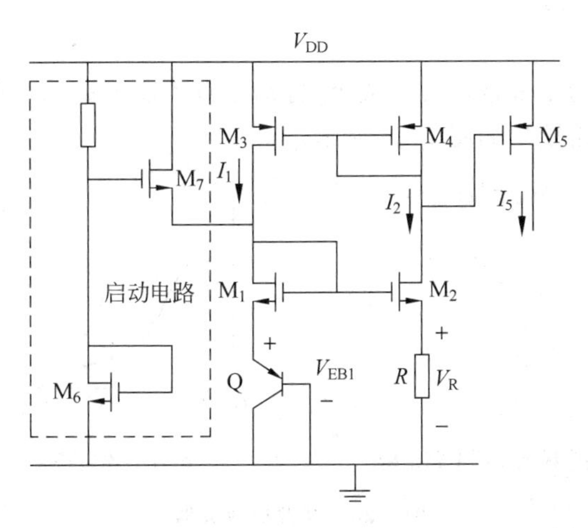

图 7-23　利用 PN 结压降的与电源无关的另一种电流基准源

PTAT 电压基准电路可以形成 PTAT 电流基准，如图 7-24 所示。为了分析简单，设 M_1、M_2 及 M_3、M_4 均为相同的 MOS 对管，为了使两个支路电流相等，X 点和 Y 点电位也必然相等，因此

$$I_{PTAT} = I_R = \frac{V_{EB1} - V_{EB2}}{R_1} = \frac{V_T \ln n}{R_1} \tag{7-47}$$

利用 PTAT 电流基准也可以构建带隙基准电压源电路，如图 7-25 所示，M_5 上流经的 PTAT 电流在 R_2 上产生 PTAT 电压，然后加上 Q_3 的 BE 结压降，便可构成带隙基准电压。可以得到

$$V_{ref} = \frac{V_T \ln n}{R_1} \cdot R_2 + V_{EB3} \tag{7-48}$$

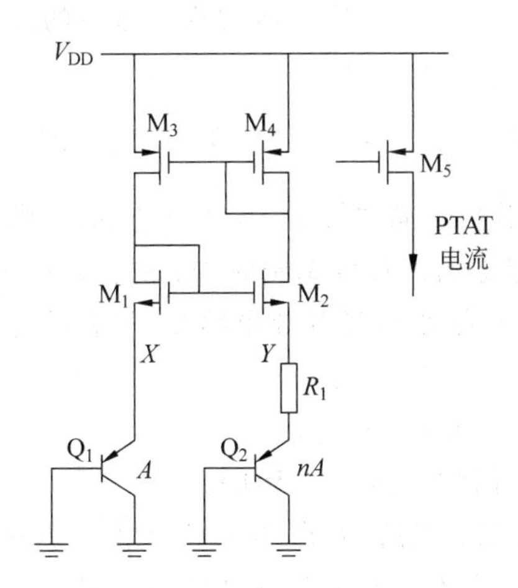

图 7-24　PTAT 电流基准源

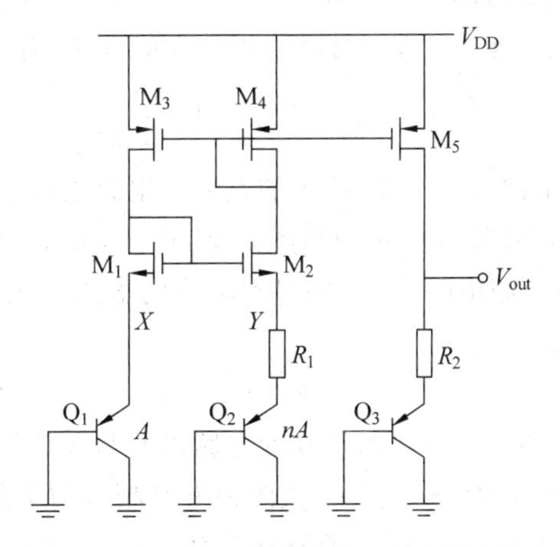

图 7-25　采用 PTAT 电流基准实现带隙基准

7.4 CMOS单级放大器

7.4.1 共源极放大器

共源极放大器结构是最常用的增益级,特别是对于需要高输入阻抗的地方。采用电阻作负载的共源极电路结构如图7-26所示。

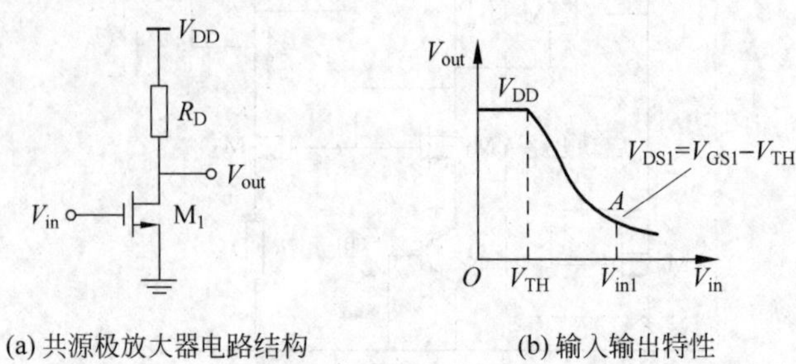

(a) 共源极放大器电路结构　　(b) 输入输出特性

图7-26　共源极放大器

首先分析其输入输出特性。当输入电压从零开始增加,初始时,M_1截止,输出为V_{DD};当V_{in}接近M_1的V_{TH}时,M_1开始导通,V_{out}从V_{DD}值开始下降,由于此时M_1的漏源电压V_{DS1}大于其过驱动电压,因此M_1进入饱和区。忽略晶体管的沟道长度调制效应,可以得到

$$V_{out}=V_{DD}-R_D\cdot\frac{1}{2}\mu_n C_{ox}\frac{W}{L}(V_{in}-V_{TH})^2 \tag{7-49}$$

通常,设计共源极电路时,应将M_1管偏置设在其饱和区工作,这样可以得到较大增益,根据式(7-49),可以得到晶体管处于饱和区时电路的增益为

$$A_v=\frac{\partial V_{out}}{\partial V_{in}}=-\mu_n C_{ox}\frac{W}{L}(V_{in}-V_{TH})\cdot R_D=-g_m R_D \tag{7-50}$$

V_{in}进一步增大,V_{out}进一步下降,直到M_1脱离饱和区进入线性区,$V_{out}<V_{in}-V_{TH}$,即M_1的漏源电压V_{DS1}小于其过驱动电压$V_{OD}=V_{GS1}-V_{TH}$。定义刚脱饱和区时的输入为V_{in1},当$V_{in}>V_{in1}$时,M_1工作在线性区,有

$$V_{out}=V_{DD}-R_D\cdot\frac{1}{2}\mu_n C_{ox}\frac{W}{L}[2(V_{in}-V_{TH})V_{out}-V_{out}^2] \tag{7-51}$$

下面对图7-26所示的共源极电路进行小信号分析。晶体管M_1工作在饱和区,则低频小信号等效电路图如图7-27所示,其中r_{ds1}为考虑沟道长度调制时M_1的输出电阻,r_{ds1}与负载电阻R_D并联得到电路的输出电阻r_{out}。根据小信号等效电路图,很容易得到电路的增益

$$A_v=v_{out}/v_{in}=-g_m(R_D /\!/ r_{ds1})=-g_m r_{out} \tag{7-52}$$

可见,由小信号分析得到的电路增益与大信号分析得到的增益是一致的。

在CMOS工艺中,大阻值并且精确的电阻是很难获得的,因此,在CMOS模拟集成电路设计中,往往采用MOS管代替图7-26中的负载电阻R_D。通常有两种方式,一种是二极

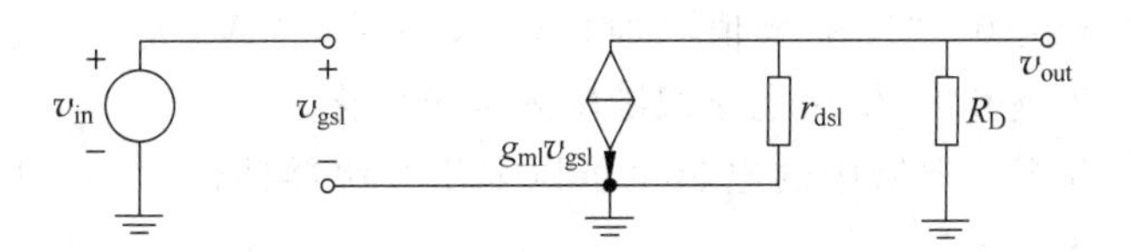

图 7-27　共源极放大器的小信号等效电路

管连接的 MOS 管,如图 7-28(a)和(b);另一种是采用 MOS 电流源的形式,如图 7-28(c)。在 N 阱 CMOS 工艺的情况下,采用 PMOS 管作负载可以消除体效应的影响。

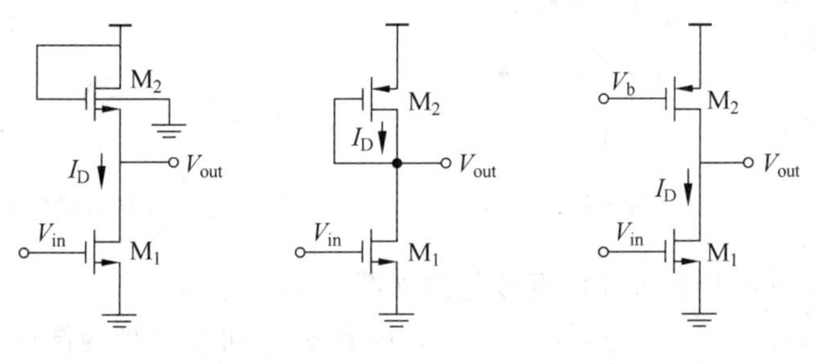

(a) 有源NMOS负载　(b) 有源PMOS负载　(c) 电流源负载

图 7-28　三种负载形式的共源极放大器

利用小信号等效电路,可以计算图 7-28(b)所示有源负载的低频阻抗为$(1/g_{m2})//r_{ds2}$,则总的输出电阻

$$r_{out}=(1/g_{m2})//r_{ds2}//r_{ds1}\approx 1/g_{m2} \tag{7-53}$$

其增益

$$A_v=-g_{m1}r_{out}=-\frac{g_{m1}}{g_{m2}}=-\sqrt{\frac{\mu_n(W/L)_1}{\mu_p(W/L)_2}} \tag{7-54}$$

可见二极管连接的 MOS 管的共源极电路具有较小的输出电阻以及较好的线性度。

为了提高共源极的增益,其中一个切实可行的方法是用电流源代替负载 R_D,图 7-28(c)的电路总的输出阻抗为两个处于饱和区 MOS 管的输出电阻的并联,即 $r_{ds1}\parallel r_{ds2}$,因此,电流源作负载的共源极增益为

$$A_v=-g_{m1}(r_{ds1}//r_{ds2})=-\sqrt{2\left(\frac{W}{L}\right)\mu_n C_{ox}I_D}\cdot\frac{1}{(\lambda_1+\lambda_2)I_D} \tag{7-55}$$

可见,在给定漏电流(电路偏置)下,可以通过改变沟道长度来调节其输出电阻,沟道长度调制系数 $\lambda\propto 1/L$,因此,长沟器件可以产生高的电压增益。同时,从式(7-55)可以得知,增益随偏置电流 I_D 的增大而减小。

7.4.2 共漏极放大器

共漏极放大器也称为"源跟随器",它能提供一种电压缓冲器的作用,经常作为多级放大器的输出级使用。如图 7-29 所示,共漏极放大器漏端是交流小信号的"地"(ground),利用 MOS 管的栅极作输入,利用源极驱动负载。当输入 $V_{in}<V_{TH}$时,MOS 管

关闭,电路中的电流为0(忽略亚阈值导通),V_{out}等于零,当V_{in}大于V_{TH}并进一步增长,M_1开始导通并进入饱和区,输出电压跟随输入电压变化。

图7-29中共漏极放大器中的电阻也可以采用有源器件代替,如图7-30采用MOS电流源的方式。

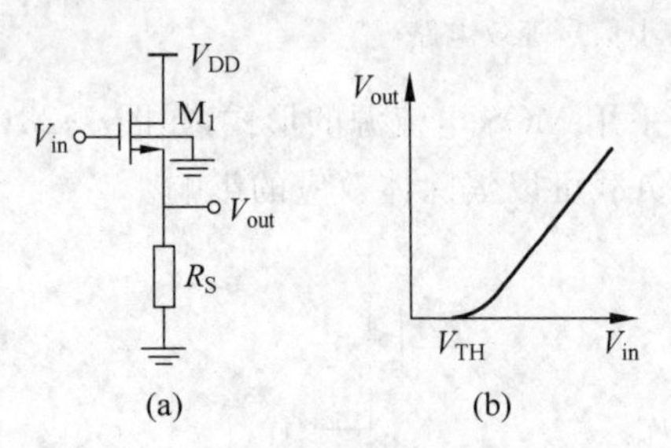

图7-29　共漏极放大器及输入输出特性

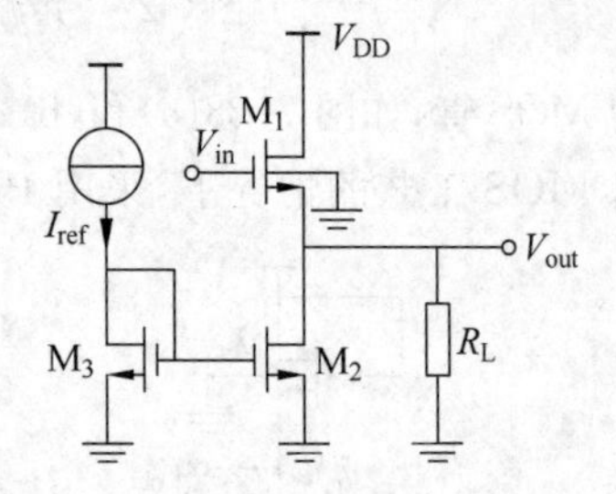

图7-30　电流源作负载的共漏极放大器

图7-30所示共漏极放大器的等效电路如图7-31(a)所示,其中g_{mbs}表征体效应的跨导。从图中可知,$v_{gs1}=v_{in}-v_{out}$,$v_{bs1}=-v_{out}$,因此图(a)可以转换为图(b)。这样,利用基尔霍夫电流定律,可以推导出低频下小信号增益

$$A_v=\frac{v_{out}}{v_{in}}=\frac{g_{m1}}{g_{m1}+g_{mbs1}+g_{ds1}+g_{ds2}+\dfrac{1}{R_L}} \tag{7-56}$$

其中g_{ds}为r_{ds}的电导形式表示,即$g_{ds}=1/r_{ds}$。其小信号输出电阻为

$$r_{out}=\frac{1}{g_{m1}+g_{mbs1}+g_{ds1}+g_{ds2}+\dfrac{1}{R_L}} \tag{7-57}$$

可见,共漏极放大器的小信号电压增益小于1(接近1),而且其小信号输出电阻较低,因此可以驱动较低阻抗的负载。

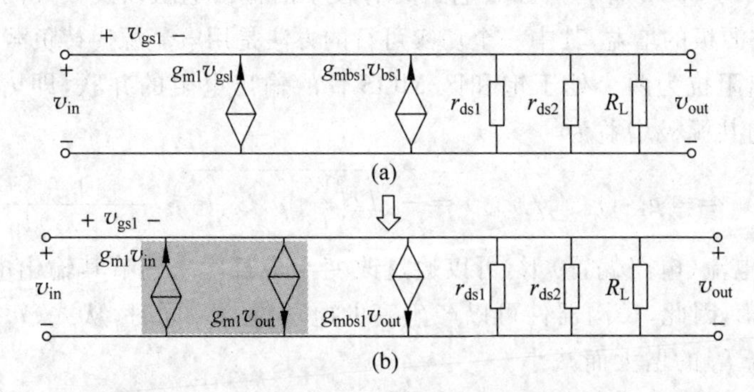

图7-31　共漏极放大器的小信号等效电路

7.4.3　共栅极放大器

共栅极放大器的栅极是交流小信号“地”,输入信号从MOS管的源端加入,在漏极产

生输出。其负载可以采用如电阻、电流源等各种形式。电流源作负载的共栅极放大器结构如图7-32所示，其小信号等效电路如图7-33所示，其中 R_S 为输入信号源内阻，r_{ds2} 是电流源 M_2 的输出电阻。

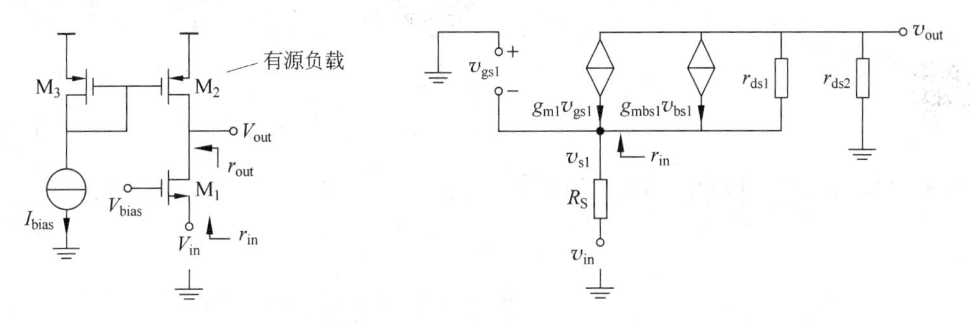

图7-32　共栅极放大器　　　　图7-33　共栅极放大器的小信号等效电路图

可见，$v_{s1}=-v_{gs1}=-v_{bs1}$，在输出 v_{out} 处

$$v_{out}g_{ds2}+(v_{out}-v_{s1})g_{ds1}-(g_{m1}+g_{mbs1})v_{s1}=0 \tag{7-58}$$

其中，$g_{ds}=1/r_{ds}$。整理得

$$\frac{v_{out}}{v_{s1}}=\frac{g_{m1}+g_{mbs1}+g_{ds1}}{g_{ds1}+g_{ds2}} \tag{7-59}$$

此增益可以认为是当输入信号源的内阻为零($R_S=0$)时共栅极放大器的增益。可见，由于式(7-59)中 g_{mbs1} 的存在，即背栅效应(体效应)使得共栅极放大器的增益比共源极放大器的增益要大些。

当考虑信号源的内阻 R_S 时

$$v_{gs1}-v_{out}g_{ds2}R_S+v_{in}=0 \tag{7-60}$$

而流过 r_{ds1} 的电流为 $-v_{out}g_{ds2}-(g_{m1}+g_{mbs1})v_{gs1}$，则

$$r_{ds1}[-v_{out}g_{ds2}-(g_{m1}+g_{mbs1})v_{gs1}]-v_{out}g_{ds2}R_S+v_{in}=v_{out} \tag{7-61}$$

可以得到

$$A_v=\frac{v_{out}}{v_{in}}=\frac{(g_{m1}+g_{mbs1})r_{ds1}+1}{r_{ds1}+(g_{m1}+g_{mbs1})r_{ds1}R_S+R_S+r_{ds2}}r_{ds2} \tag{7-62}$$

流入输入管 M_1 源极的电流为

$$i_s=-(v_{out}-v_{s1})g_{ds1}+(g_{m1}+g_{mbs1})v_{s1} \tag{7-63}$$

结合式(7-59)可以得到共栅极放大器的输入电阻为

$$r_{in}=\frac{v_{s1}}{i_s}=\frac{1+g_{ds1}r_{ds2}}{g_{m1}+g_{mbs1}+g_{ds1}}=\frac{r_{ds1}+r_{ds2}}{(g_{m1}+g_{mbs1})r_{ds1}+1} \tag{7-64}$$

如果 $(g_{m1}+g_{mbs1})r_{ds1}\gg 1$，则式(7-64)变为

$$r_{in}\approx\frac{r_{ds2}}{(g_{m1}+g_{mbs1})r_{ds1}}+\frac{1}{(g_{m1}+g_{mbs1})} \tag{7-65}$$

这个结果表明，当在源端看输入阻抗时，漏端的阻抗要除以 $(g_{m1}+g_{mbs1})r_{ds1}$，即共栅极具有较低的输入阻抗。而且，当采用MOS电流源作负载时，通常 r_{ds1} 和 r_{ds2} 大小近似相等，因此，当忽略体效应时，低频下输入阻抗 r_{in} 大约为 $2/g_{m1}$。

计算共栅极放大器的输出电阻的小信号等效电路如图 7-34 所示。首先计算不含负载的共栅极输出电阻,流经 R_S 的电流等于 i_1,因此有 $v_{gs1}=-i_1R_S$,$v_{bs1}=-i_1R_S$,R_S 上的压降与 r_{ds1} 上的压降之和等于 v_{out},即

$$i_1R_S+r_{ds1}[i_1-(g_{m1}v_{gs1}+g_{mbs1}v_{bs1})]=v_{out} \tag{7-66}$$

整理得到

$$r_{out1}=\frac{v_{out}}{i_1}=[1+(g_{m1}+g_{mbs1})r_{ds1}]R_S+r_{ds1} \tag{7-67}$$

再并联负载电阻 r_{ds2},得到总的输出电阻为

$$r_{out}=\{[1+(g_{m1}+g_{mbs1})r_{ds1}]R_S+r_{ds1}\}\ //\ r_{ds2} \tag{7-68}$$

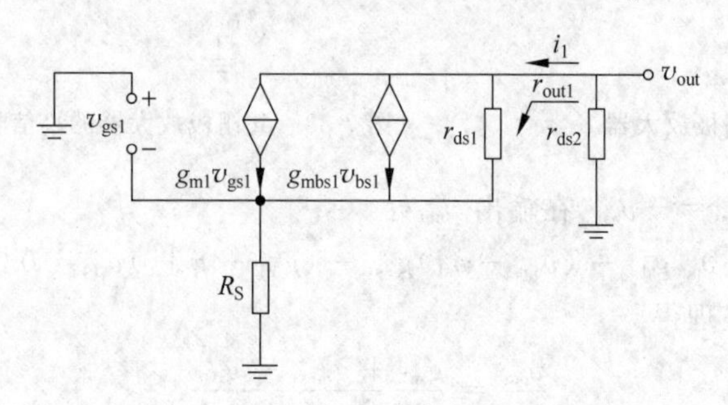

图 7-34　计算共栅极放大器的输出电阻的小信号等效电路图

7.4.4 共源共栅极放大器

将共栅极和共源极这两种结构级联在一起形成一种放大器结构,如图 7-35 所示,称之为共源共栅极(cascode)。在现代集成电路设计中,这是最常用的一种放大器结构。

共源共栅极放大器可以采用相同类型的 MOS 晶体管,如图 7-35 所示,这种结构也叫做套筒式共源共栅极放大器;也可以采用不同类型的 MOS 晶体管,如图 7-36 所示,输入管的小信号电流和负载不在同一条支路上,小信号电流"折叠"到负载通路上,这种结构也叫做折叠式共源共栅极放大器。

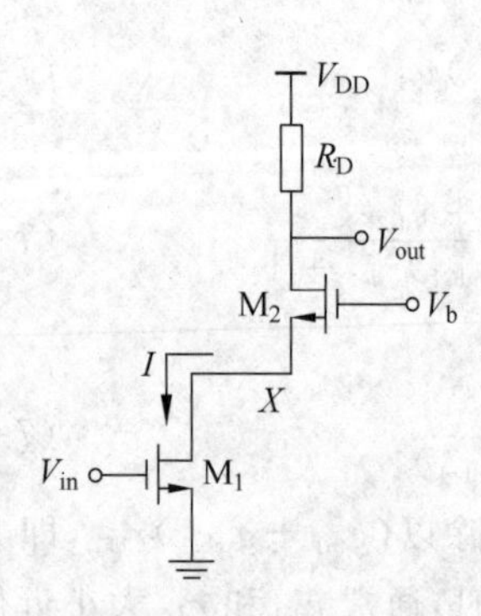

图 7-35　电阻作负载的共源共栅极放大器

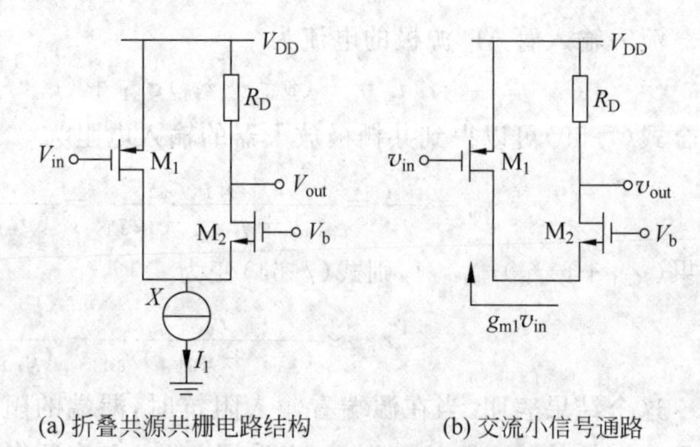

(a) 折叠共源共栅电路结构　(b) 交流小信号通路

图 7-36　折叠式共源共栅极放大器

折叠式共源共栅结构可以有较大的输入电压范围，比如图 7-36 的输入电压最小可以接近 GND 电位，最大为 $V_{DD}-|V_{THP}|$，输入输出可以偏置在相同的电位，便于实现不同放大级的级联。而套筒式共源共栅结构，如图 7-35 的输入电压最小为 $|V_{THN}|$，最高电平为 $(V_{DD}-V_{RD}-V_{OD2}+V_{TH1})$，因此，输入电平范围受到了限制。

不论是套筒式结构，还是折叠式结构，共源共栅放大器的小信号等效电路都可以表示为图 7-37 的形式（以电阻作负载为例，并且忽略沟道长度调制效应，即不考虑 M_1、M_2 的输出电阻，同时忽略体效应）。从中可以看出，M_1 管的漏电流都流经共栅器件，并在负载上产生压降转换为输出电压信号。因此，忽略沟道长度调制效应时，共源共栅极放大器的低频电压增益和共栅极放大器一样，可以表示为

$$A_v=\frac{v_{out}}{v_{in}}=-g_m R_D \tag{7-69}$$

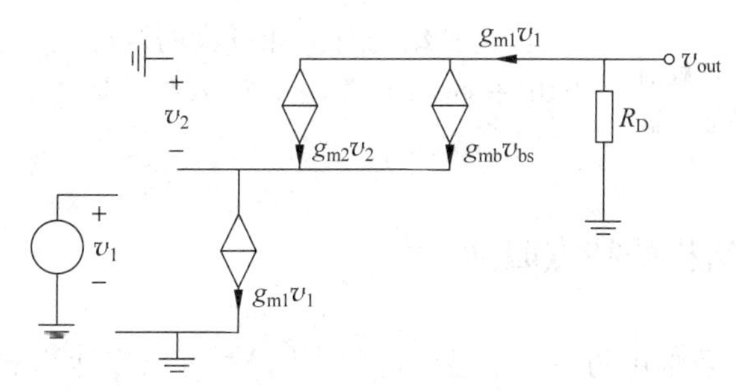

图 7-37 折叠式共源共栅极放大器的小信号等效图

共源共栅极放大器之所以被普及应用是因为其具有很高的输出阻抗。图 7-38 所示为计算共源共栅极输出电阻的等效电路，其中 r_{ds1} 是共源管的输出电阻，流经 r_{ds1} 的电流等于 i_x，因此，

$$v_1=-i_x r_{ds1} \tag{7-70}$$

其中 $v_{bs}=v_1$，则

$$r_{ds2}[i_x-(g_{m2}+g_{mbs2})v_1]+i_x r_{ds1}=v_x \tag{7-71}$$

由式(7-70)和式(7-71)可得

$$r_{out}=\frac{v_x}{i_x}=[1+(g_{m2}+g_{mbs2})r_{ds2}]r_{ds1}+r_{ds2} \tag{7-72}$$

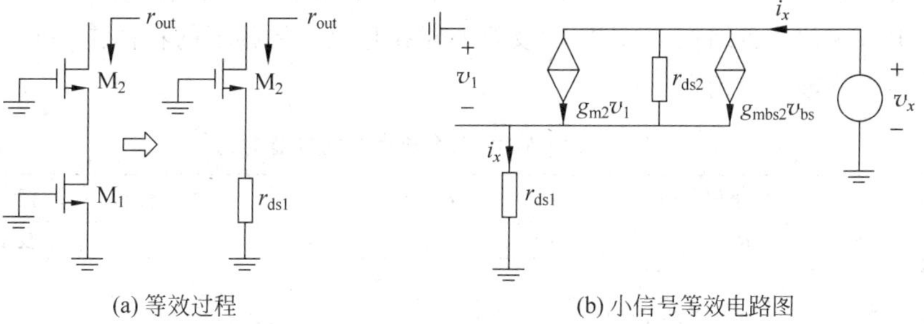

(a) 等效过程　　(b) 小信号等效电路图

图 7-38 计算共源共栅极放大器的输出电阻的等效电路

若$(g_{m2}+g_{mbs2})r_{ds2}\gg 1$,则

$$r_{out}\approx(g_{m2}+g_{mbs2})r_{ds2}r_{ds1}+r_{ds2} \tag{7-73}$$

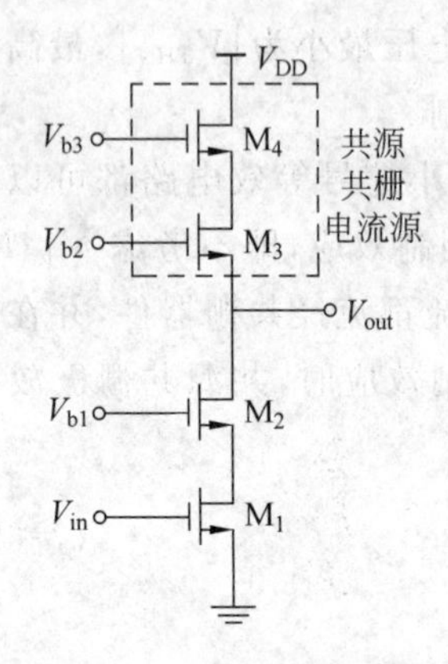

图 7-39　共源共栅作负载的共源共栅极放大器

即比原本的共源极输出电阻至少大了$(g_{m2}+g_{mbs2})r_{ds2}$倍,这样可以有效地提高放大级的输出电阻,进而可以有效地增加放大器的电压增益。如果采用理想电流源作为负载,则共源共栅放大器的增益表达式为

$$A_v\approx -g_{m1}\cdot[(g_{m2}+g_{mb2})r_{ds2}r_{ds1}] \tag{7-74}$$

共源共栅电路的较大输出电阻这一特性同样可以运用到电流源电路中(见 7.2.2 节)。可以采用共源共栅电流源作共源共栅放大器的负载,如图 7-39 所示,其电压增益近似为

$$A_v\approx -g_{m1}[(g_{m2}r_{ds2}r_{ds1})\,/\!/\,(g_{m3}r_{ds3}r_{ds4})] \tag{7-75}$$

当然,这种结构将消耗较大的输出电压摆幅裕度,最大的输出电压摆幅是 $V_{DD}-(V_{GS1}-V_{TH1})-(V_{GS2}-V_{TH2})-|V_{GS3}-V_{TH3}|-|V_{GS4}-V_{TH4}|$。

7.4.5　四种典型结构的特点归纳

共源极放大器是最常用的一种增益级电路,其增益可以表达为$-g_m r_{out}$,即输入管的跨导和输出电阻的乘积,且为反向放大;其负载可以采用不同的结构,MOS 管二极管连接作负载可以提高电路的线性度,但是会以减小增益为代价;采用电流源作负载,可以提高输出电阻,进而提高增益,并且输出摆幅较电阻负载和 MOS 管负载时的大。

共漏极放大器的小信号电压增益小于 1(接近 1),而且其小信号输出电阻较低,因此可以驱动较低阻抗的负载,提供一种电压缓冲器的作用,经常作为多级放大器的输出级。

共栅极放大器为同相放大器,其信号输入端是 MOS 管的源端,因此输入电阻呈现较低的阻值,在某些需要低输入电阻的应用是很有用的。比如一些需要阻抗匹配的地方,需要 50Ω 的输入电阻,这样的电路可以减小波反射,提供更高的功率增益。

共源共栅电路可以具有很大的输出电阻,这样可以增加电路增益。同时,很大的输出电阻可以使共源共栅电路成为一种高质量的电流源。采用共源共栅作为负载的共源共栅极放大器具有很高的增益,这种结构消耗较大的输出电压摆幅裕度。

表 7-1 将四种典型结构 CMOS 单级放大器在直流或低频下的特性作一归纳,高频特性在以后的章节进行讨论。

表 7-1　四种 CMOS 单级放大器的性能对比

类型		小信号增益	输出电阻	输入电阻	摆幅	线性度
共源极	电阻负载	$-g_m(R_D/\!/r_{ds1})$	$R_D/\!/r_{ds1}$	∞	较小	
	PMOS 二极管负载	$-\frac{g_{m1}}{g_{m2}}=-\sqrt{\frac{\mu_n(W/L)_1}{\mu_p(W/L)_2}}$	$(1/g_{m2})/\!/r_{ds2}/\!/r_{ds1}$ $\approx 1/g_{m2}$	∞	小	好
	电流源负载	$-g_{m1}(r_{ds1}/\!/r_{ds2})$	$r_{ds1}/\!/r_{ds2}$	∞	中	

续表

类型	小信号增益	输出电阻	输入电阻	摆幅	线性度
共漏极(电流源负载,驱动 R_L)	$\frac{g_{m1}}{g_{m1}+g_{mbs1}+g_{ds1}+g_{ds2}+\frac{1}{R_L}}$	$\frac{1}{g_{m1}+g_{mbs1}+g_{ds1}+g_{ds2}+\frac{1}{R_L}}$	∞	较小	差
共栅极(电流源负载)	$\frac{g_{m1}+g_{mbs1}+g_{ds1}}{g_{ds1}+g_{ds2}}$	$\{[1+(g_{m1}+g_{mbs1})r_{ds1}]R_S+r_{ds1}\}\mathbin{/\mkern-6mu/}r_{ds2}$	$\frac{r_{ds1}+r_{ds2}}{(g_{m1}+g_{mbs1})r_{ds1}+1}$		
共源共栅极(电流源负载)	$\approx -g_{m1}\cdot[(g_{m2}+g_{mb2})r_{ds2}r_{ds1}]$	$\approx(g_{m2}+g_{mb2})r_{ds2}r_{ds1}$	∞	小	

7.5 双极型单级放大器

7.5.1 共射极放大器

图7-40所示为电阻作负载的共射极放大器。当输入基极电压小于阈值电压时,晶体管 Q_1 不导通,输出电压 V_{out} 为电源电压;随着输入电压升高,Q_1 导通并进入正向有源区,此时对输入信号进行放大,集电极电流 I_C 的表达式为

$$I_C=\beta I_B=I_S\exp(V_{in}/V_T) \tag{7-76}$$

其中 V_T 是热电压,在负载为 R_L 的情况下,输出电压可表示为

$$V_{out}=V_{DD}-R_L I_S\exp(V_{in}/V_T) \tag{7-77}$$

图7-41所示为共射极放大器的小信号等效电路图,这里采用简化的双极型晶体管混合π模型,其中 r_b 是双极型晶体管的输入电阻,r_o 是双极型晶体管的输出电阻,忽略集电极与基极的电阻 r_μ。由图可以很容易得到小信号增益表达式

$$A_v=\frac{v_{out}}{v_{in}}=-g_m(r_o\mathbin{/\mkern-6mu/}R_L) \tag{7-78}$$

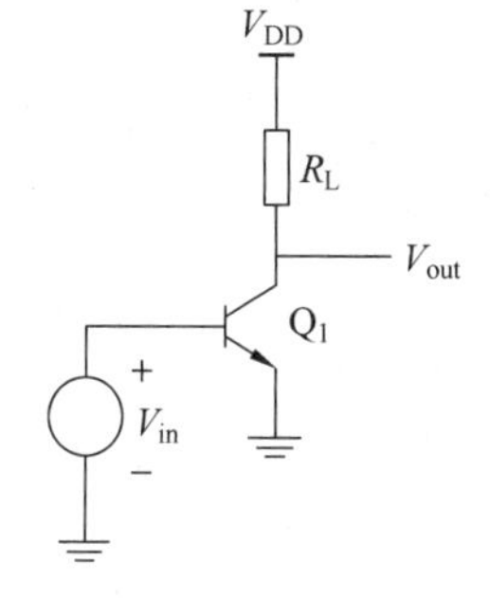

图7-40 共射极放大器

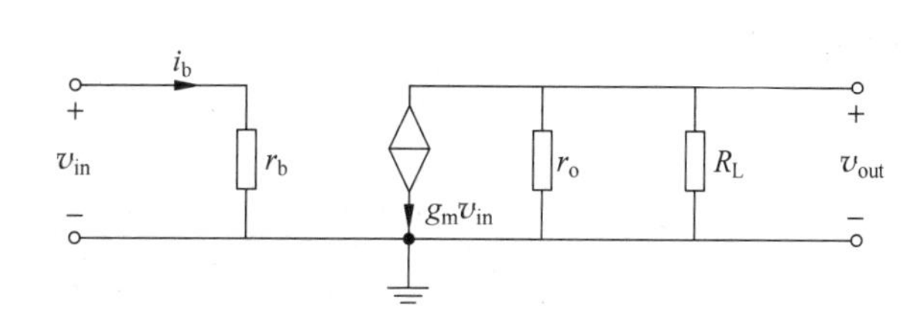

图7-41 共射极放大器小信号等效电路图

因为负载电阻在很多情况下都是电流源负载,可以认为输出电阻很大,所以式(7-78)可写为

$$A_v=\frac{v_{out}}{v_{in}}=-g_m r_o=-\frac{V_A}{V_T} \tag{7-79}$$

有时也将采用理想电流源作负载时的电路增益称为“本征”增益。

显然,由于厄尔利电压 V_A 通常很大(如 100V 左右),而热电压常温下仅 26mV,因此共射极放大器具有相当大的电压增益。需要注意的是,这个电压增益和共射极放大器的电流增益 β 是不一样的。

7.5.2 共集极放大器

当需要驱动后级小电阻或大电容负载时,或者在电路中需要电平移位时,共集极放大器(射极跟随器)是一种常见的电路结构,其电路图和小信号图如图 7-42 所示。可见该结构输入电压信号从晶体管基极进入,而从源极负载电阻 R_L 上输出电压,在直流情况下输入输出电压相差一个 PN 结的压降。由小信号电路图可以很容易写出射极跟随器的电压增益表达式。考虑信号源的内阻 R_S,可得到

$$i_b + g_m v_1 = \frac{v_{out}}{r_o \parallel R_L} \tag{7-80}$$

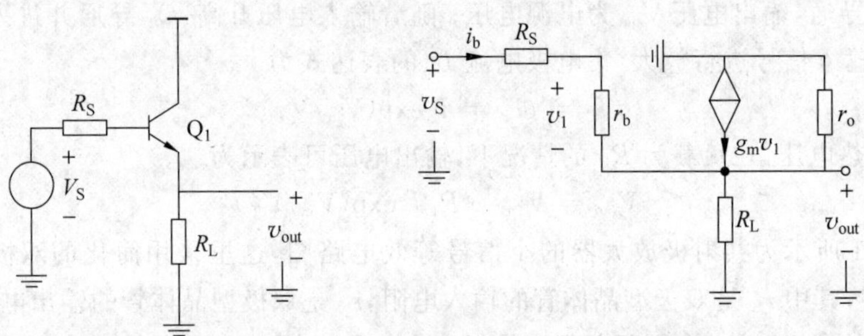

图 7-42 射极跟随器电路及其小信号等效图

根据 $r_b = \dfrac{\beta}{g_m}$,又有 $v_1 = r_b \cdot i_b$,整理得到

$$i_b + \beta i_b = \frac{v_{out}}{r_o \parallel R_L} \tag{7-81}$$

列电压方程,得

$$v_S = i_b(R_S + r_b) + v_{out} \tag{7-82}$$

整理得

$$A_v = \frac{v_{out}}{v_S} = \frac{1}{1 + \dfrac{R_S + r_b}{(\beta+1)(R_L \parallel r_o)}} \tag{7-83}$$

因为电流增益 β 通常很大,所以实际上该结构的电压增益是一个小于但近似于 1 的值。同理也可以写出射极跟随器的输入电阻 r_{in} 和输出电阻 r_{out} 的表达式

$$r_{in} = r_b + (\beta+1)(R_L \parallel r_o) \tag{7-84}$$

$$r_{out} = \left(\frac{r_b + R_S}{\beta+1}\right) \parallel r_o \tag{7-85}$$

如果 $\beta \gg 1$ 并且 $r_o \gg (1/g_m)+R_S/(\beta+1)$ ，则

$$r_{out} \approx 1/g_m + R_S/(\beta+1) \tag{7-86}$$

可见，射极跟随器的输入电阻很大而输出电阻很小。

7.5.3 共基极放大器

将双极型晶体管的基极作为输入和输出回路的公共端，信号从发射极进入而从集电极输出，则构成共基极放大器。图 7-43 所示为其电路图和小信号等效电路图。

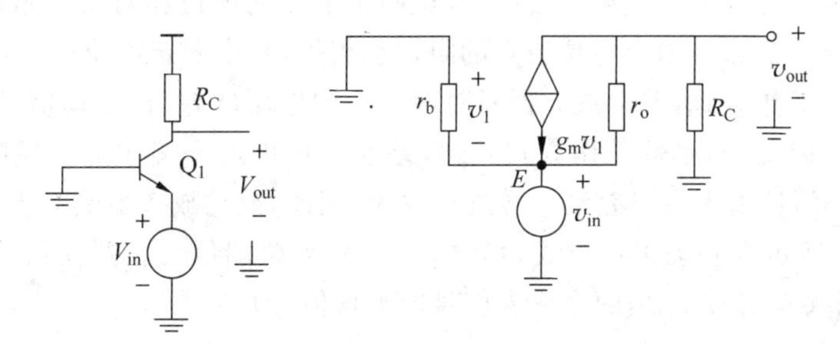

图 7-43 共基极电路及小信号等效电路图

由小信号等效电路图可以写出该接法的输入电阻表达式

$$r_{in} = \frac{1}{\dfrac{1}{r_b} + g_m + \dfrac{1}{r_o}} \approx \frac{1}{\dfrac{1}{r_b} + g_m} \tag{7-87}$$

其中，r_b 是双极型晶体管的输入电阻；r_o 是集电极输出电阻。又因为 $r_b = \beta/g_m$，所以式(7-87)又可以写为

$$r_{in} \approx \frac{1}{\dfrac{1}{r_b} + g_m} = \frac{\beta}{g_m(\beta+1)} = \frac{\alpha}{g_m} \tag{7-88}$$

其中，β 是共射极电流增益；α 是共基极电流增益。从该式也能看出，当 β 很大时，输入电阻 r_{in} 就约等于跨导的倒数，也即热当量电压 V_T 除以集电极电流 I_C。

同理，可以写出共基极接法的电压和电流增益表达式

$$\begin{cases} A_V = g_m R_C \\ A_I = g_m r_{in} = \alpha \end{cases} \tag{7-89}$$

由此可知，共基极接法对电流没有放大作用，但是如果负载电阻 R_C 足够大的话，则对电压和功率具有放大作用。

共基极器件通常不单独使用，而是和共射极器件共同构成 cascode 结构，该结构在 MOS 电路中也得到了广泛应用。因为其高的输出阻抗，因而是一种获得高速、高增益性能的单级放大器形式。

7.6 差动放大器

差动放大器是一种应用广泛的电路形式。由于差动放大器具有很多优良特性,所以成为模拟集成电路设计的主要选择。

7.6.1 差动工作方式

差动信号定义为两个节点电位之差,且这两个节点的电位相对某一固定电位大小相等,极性相反,两个节点与固定电位节点的阻抗也相等,其中固定电位称为共模电平。

不同于单端工作方式,差动放大器只对两个不同电压的差(即差动信号)进行放大而不管其共模值。因此,与单端工作方式相比,差动工作可对环境中的共模噪声具有更强的抗干扰能力;而且由于只对差动信号进行放大,因此,差动放大器具有更好的线性度。

图 7-44(a)所示为差动工作方式,其中 v_1、v_2 称为单端信号。差模信号 v_d 是两个输入信号之差,而共模信号 v_c 是两个输入信号的平均值,即

$$\begin{cases} v_d = v_1 - v_2 \\ v_c = \dfrac{v_1 + v_2}{2} \end{cases} \tag{7-90}$$

因此,差动工作方式可以表示为图 7-44(b)的形式。这样输出信号 v_{out} 可以表示为

$$v_{out} = A_{vd} v_d \pm A_{vc} v_c \tag{7-91}$$

其中,A_{vd}为差模电压增益;A_{vc}为共模电压增益,理想情况下,共模电压增益为零。在差动电路设计中,采用差模增益与共模增益的比值,即共模抑制比(CMRR)来描述电路对共模干扰信号的抑制能力,有

$$\text{CMRR} = \frac{|A_{vd}|}{|A_{vc}|} \tag{7-92}$$

此外,输入共模范围(ICMR)说明在一定的共模范围内,放大器可以对差模信号以相同的增益进行放大。在 CMOS 模拟集成电路设计中,ICMR 的确定通常以电路中的所有 MOSFET 处于饱和区为计算标准。

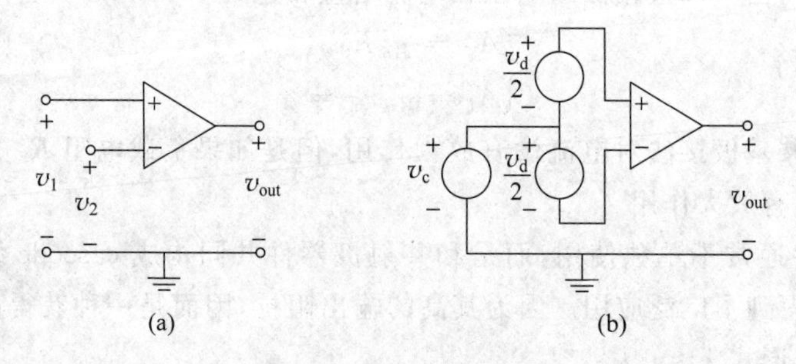

图 7-44 差动工作方式

影响差动放大器性能的另一个参数是失调(offset)。在CMOS差动放大器中,最严重的是电压失调。当输入端连接在一起,出现在差动放大器的输出端的差动输出电压,称为输出失调电压;输出失调电压除以放大器的增益,称为输入失调电压(V_{os})。由于不同的差动放大器的电压增益也不同,为了能够衡量失调对信号的影响程度,差动放大器的失调特性通常采用输入失调电压进行表征。

7.6.2 基本差动对

以CMOS放大器为例,基本差动对如图7-45所示,其中M_1和M_2构成差动对,I_{SS}提供电流偏置,也称为"尾电流源",从而使$I_{D1}+I_{D2}$不依赖输入共模信号;负载可以采用(a)电阻、(b)电流源、(c)二极管连接的MOS管,或(d)电流镜。电流镜作负载的差动放大器可以实现差动输入、单端输出。

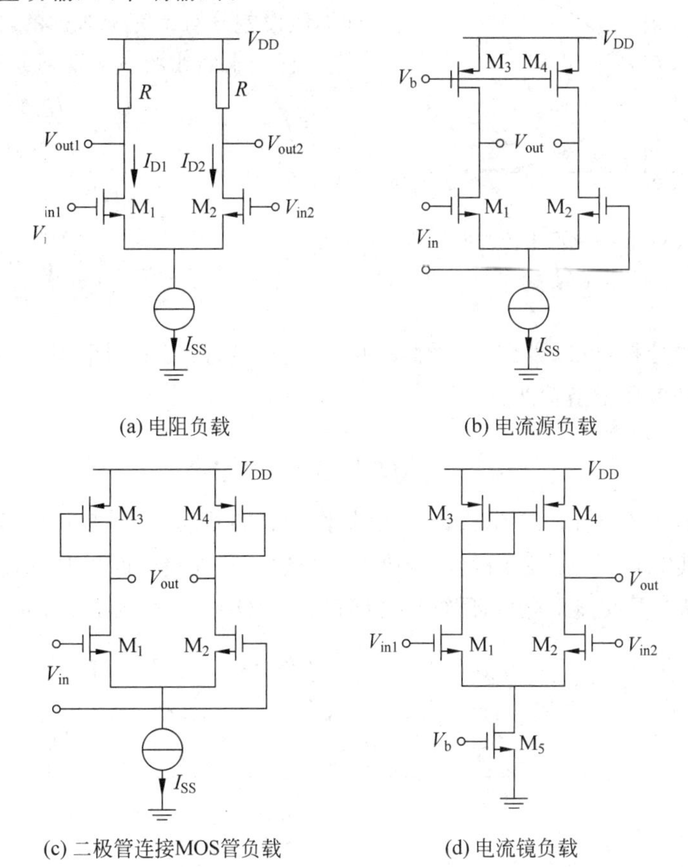

图7-45 不同负载形式的差动放大器

首先分析差动对的大信号特性。假设M_1和M_2差分对总处于饱和状态。根据MOS管饱和区公式,忽略沟道长度调制效应,可以列出

$$V_d = V_{in1} - V_{in2} = V_{GS1} - V_{GS2} = \sqrt{\frac{2I_{D1}}{K_1}} - \sqrt{\frac{2I_{D2}}{K_2}} \tag{7-93}$$

其中，$K = \mu_n C_{ox}\left(\frac{W}{L}\right)$。又有

$$I_{SS} = I_{D1} + I_{D2} \tag{7-94}$$

由式(7-93)和式 (7-94)，可解得，当 $V_d < 2\sqrt{I_{SS}/K}$ 时，有

$$I_{D1} = \frac{I_{SS}}{2} + \frac{I_{SS}}{2}\sqrt{\frac{KV_d^2}{I_{SS}} - \frac{K^2V_d^4}{4I_{SS}^2}} \tag{7-95}$$

$$I_{D2} = \frac{I_{SS}}{2} - \frac{I_{SS}}{2}\sqrt{\frac{KV_d^2}{I_{SS}} - \frac{K^2V_d^4}{4I_{SS}^2}} \tag{7-96}$$

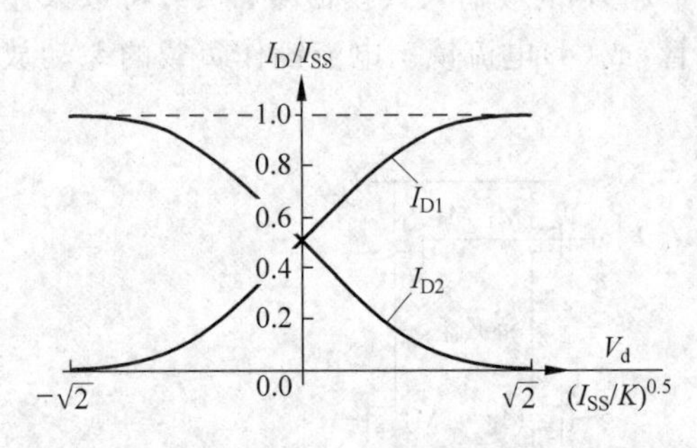

图 7-46　M_1、M_2 归一化漏电流与归一化差动输入电压的关系

图 7-46 是归一化的 M_1、M_2 漏电流与归一化差动输入电压的关系曲线。当 $V_{in1} = V_{in2}$ 时，假设差分对是完全对称的，即 M_1 和 M_2 完全一样。求曲线的斜率得到差分对的跨导

$$g_m = \left.\frac{\partial(I_{D1} - I_{D2})}{\partial V_d}\right|_{V_d=0} = 2\sqrt{\frac{KI_{SS}}{4}} = \sqrt{\mu_n C_{ox}\left(\frac{W}{L}\right)I_{SS}} \tag{7-97}$$

采用大信号分析，可以得到，在平衡态($V_{in1} = V_{in2}$)时，当采用电阻为 R 的负载时，电路的小信号差动电压增益值为

$$|A_v| = \sqrt{\mu_n C_{ox}\left(\frac{W}{L}\right)I_{SS}} \cdot R \tag{7-98}$$

下面进行小信号分析。以图 7-45(a)电阻作负载的差动对为例，其小信号等效电路如图 7-47 所示，其中 r_{ss} 是电流源内阻。若放大器两边的器件完全匹配时，M_1 和 M_2 的源端的连接点可以认为是交流地电位，图(a)可以简化为图(b)，因此，忽略寄生的电容，可以得到

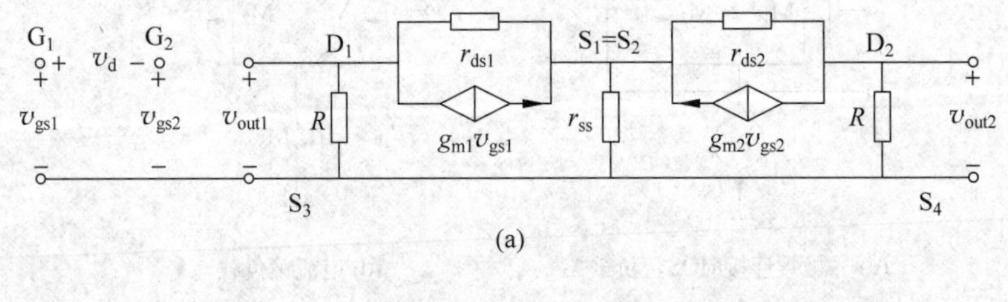

(a)

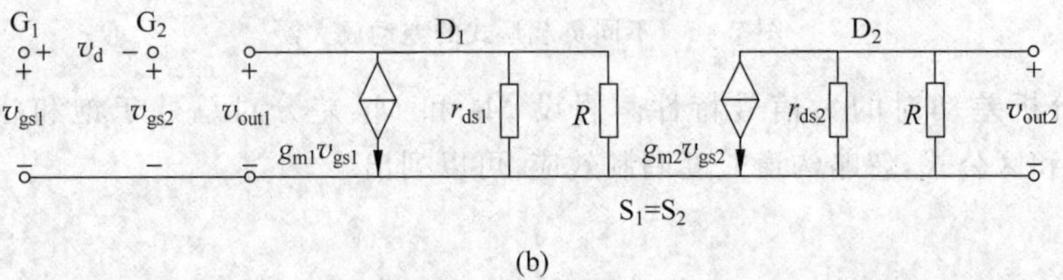

(b)

图 7-47　差动放大器(图 7-45(a))的小信号等效电路

$$\begin{cases} v_{\text{out1}} = -g_{\text{m1}}(r_{\text{ds1}} /\!/ R) \cdot v_{\text{gs1}} \\ v_{\text{out2}} = -g_{\text{m2}}(r_{\text{ds2}} /\!/ R) \cdot v_{\text{gs2}} \end{cases} \tag{7-99}$$

由于 $g_{\text{m1}}=g_{\text{m2}}=g_{\text{m}}$，$r_{\text{ds1}}=r_{\text{ds2}}=r_{\text{ds}}$，则

$$v_{\text{out}} = v_{\text{out1}} - v_{\text{out2}} = -g_{\text{m}}(r_{\text{ds}} /\!/ R) \cdot (v_{\text{gs1}} - v_{\text{gs2}}) = -g_{\text{m}}(r_{\text{ds}} /\!/ R) \cdot v_{\text{d}} \tag{7-100}$$

因此，根据小信号等效分析，可以得到差动放大器的增益为

$$A_v = \frac{v_{\text{out}}}{v_{\text{d}}} = -g_{\text{m}}(r_{\text{ds}} /\!/ R) \tag{7-101}$$

其中 g_{m} 为每个 MOS 管的跨导，$g_{\text{m}}=\sqrt{2\mu_{\text{n}}C_{\text{ox}}\left(\frac{W}{L}\right)I_{\text{D}}}=\sqrt{\mu_{\text{n}}C_{\text{ox}}\left(\frac{W}{L}\right)I_{\text{SS}}}$，可见由小信号和大信号分析得到的直流增益的结果是一致的。

上面是以采用电阻作负载的差动放大器为例进行的讨论，可以采用同样的方法来分析讨论电流源、二极管连接的 MOS 管及电流镜作负载情况下的差动放大器。

7.6.3 共模响应

共模抑制是差动放大器的一个重要特性。下面分析差动放大器的共模响应。在尾电流源是理想电流源的情况下，差动放大器的共模增益为零，即共模抑制为无穷大。当尾电流源具有有限阻抗时，图 7-45(a)的差动放大器可以表示为图 7-48(a)所示的形式，由于电路对称，V_X 等于 V_Y，因此可以将 X 点和 Y 点连接在一起，如图 7-48(b)所示，进而可以等效成图 7-48 (c)的形式。组合器件 M_1+M_2 为两管的并联，其跨导增为单管的两倍，忽略沟道长度调制效应，电路的共模增益等于

$$A_{vc} = \frac{R/2}{1/(2g_{\text{m}}) + R_{\text{SS}}} \tag{7-102}$$

如果电路是单端输出，则

$$\text{CMRR} = \frac{|A_{vd}|}{|A_{vc}|} \tag{7-103}$$

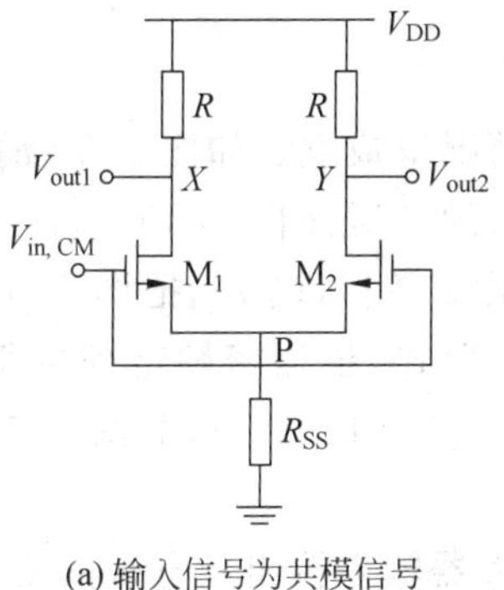

(a) 输入信号为共模信号

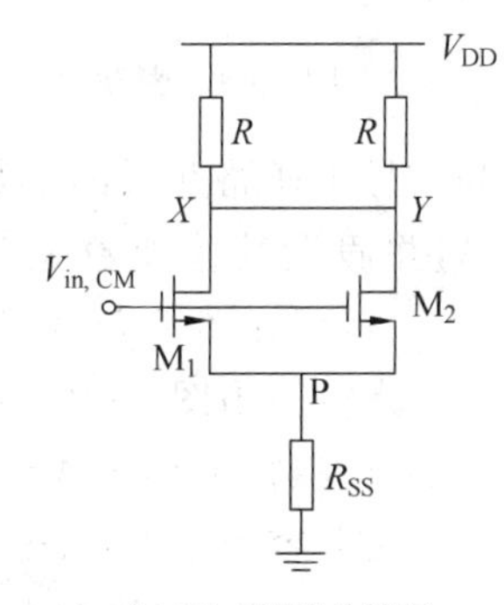

(b) X与Y相等的情况

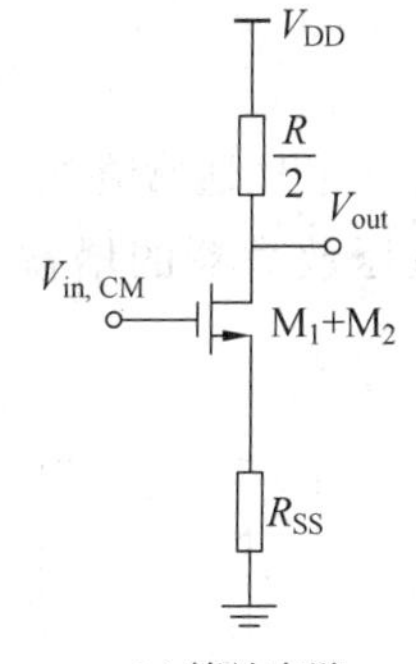

(c) 等效电路

图 7-48 差动放大器(图 7-45(a))的共模响应

其中,A_{vd}是差模增益,是式(7-101)的结果。如果考察双端差动输出,则此共模增益是对差动输出的一个共模扰动,扰乱偏置点,改变小信号增益,而且可能会限制输出电压摆幅。

特别指出的是,当电路的尾电流源具有有限阻抗,并且电路不对称时,共模信号在两个支路中产生不同的增益,则在输出端表现出一定的差动输出,对原本的差动输出信号造成干扰,大大降低共模抑制特性。因此,在电路设计时,应考虑电路的失配,进行精确的仿真,以确定差动放大器的共模抑制特性。

7.7 放大器的频率特性

前面的章节讨论的是放大器在直流或低频时的特性,忽略了器件电容和负载电容的影响。随着电路工作频率的提高,电容的影响将会发挥作用,电路的性能将发生改变,比如增益。因此,有必要了解电路频率响应的限制。本节以 CMOS 放大器作为对象,分析放大器的频率特性,双极类型可采用同样的方法进行讨论。

7.7.1 密勒效应

密勒定理:如果图 7-49(a)的电路可以转换成图 7-49(b)的电路,则 $Z_1=Z/(1-A_v)$,$Z_2=Z/(1-A_v^{-1})$,其中 $A_v=V_Y/V_X$。

这里需要强调的是:定理的前提是图 7-49(a)的电路可以转换成图 7-49(b)的形式,而定理中并没有说明这种转换成立的条件。

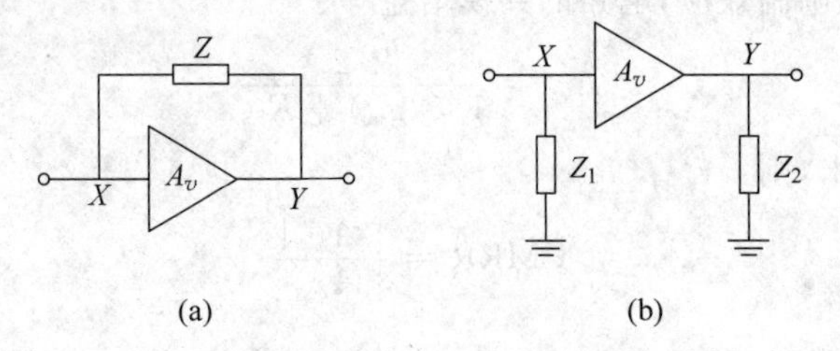

图 7-49 密勒效应

密勒定理通常在阻抗 Z 与信号主通路并联的多数情况下成立。如图 7-50 的例子,其中电压放大器的增益为$-A$,并假设其他参数是理想的。对照图 7-49(a)所示的电路,可知图 7-50 电路的 $Z=1/(C_F)$。把图 7-50 的电路转换为图 7-49(b)的形式,根据密勒定理可得 $Z_1=[1/(C_F)]/(1+A)=1/[C_F(1+A)]$,即图 7-50 的输入电容等于 $C_F(1+A)$。

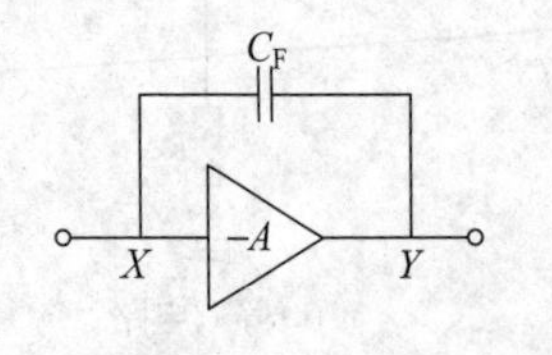

图 7-50 与主放大器并联电容的密勒效应

可见,跨接在主放大器输入输出间电容的密勒效应使得输入电容值增大了 A(主放大器增益)倍,将对放大器的频率特性产生较大影响。

7.7.2 共源极的频率特性

考虑寄生电容的共源极放大器如图 7-51 所示，由具有有限内阻 R_S 的电压源所驱动，C_o 由输出端 MOS 管 M_1 的寄生漏端电容 C_{DB} 和负载电容 C_L 并联组成。注意栅漏寄生电容 C_{GD} 跨接在放大器的输入和输出之间，是一个密勒电容。

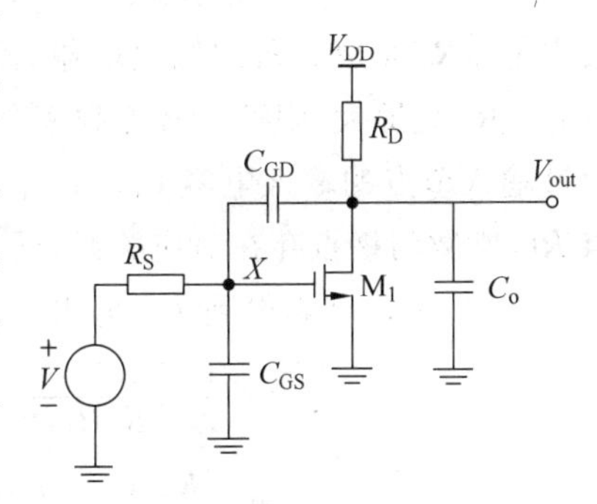

图 7-51 共源极的高频模型

这里，直接采用小信号等效的方法，并解出小信号等效方程的结果，然后同采用密勒等效得到的结果进行对比，会发现采用密勒等效的方法可以更为方便地找到电路的主要极点，对于在设计中估算极点很有帮助。

图 7-51 的共源极电路的小信号等效电路见图 7-52，其中 R_2 表示输出电阻，$R_2 = r_{ds1} /\!/ R_D$。列各节点的电流方程如下

$$\frac{v_x - v_{in}}{R_S} + v_x sC_{GS1} + (v_x - v_{out})sC_{GD1} = 0 \tag{7-104}$$

$$(v_{out} - v_x)sC_{GD1} + g_{m1}v_{gs1} + \frac{v_{out}}{R_2} + v_{out}sC_o = 0 \tag{7-105}$$

其中，$v_x = v_{gs1}$。解式(7-104)和式(7-105)得

$$A(s) = \frac{v_{out}}{v_{in}} = \frac{-g_{m1}R_2\left(1 - s\dfrac{C_{GD1}}{g_{m1}}\right)}{1 + sa + s^2 b} \tag{7-106}$$

其中

$$a = R_S[C_{GS1} + C_{GD1}(1 + g_{gm1}R_2)] + R_2(C_{GD1} + C_o) \tag{7-107}$$

$$b = R_S R_2(C_{GD1}C_{GS1} + C_{GS1}C_o + C_{GD1}C_o) \tag{7-108}$$

式(7-106)的分母可以写成如下形式

$$D = \left(1 - \frac{s}{p_1}\right)\left(1 - \frac{s}{p_2}\right) = \frac{s^2}{p_1 p_2} + \left(-\frac{1}{p_1} - \frac{1}{p_2}\right)s + 1 \tag{7-109}$$

如果极点 p_2 比 p_1 离原点远得多，即 $|\omega_{p_1}| \ll |\omega_{p_2}|$，则第一极点近似等于式(7-106)分母中 s 系数的倒数，即

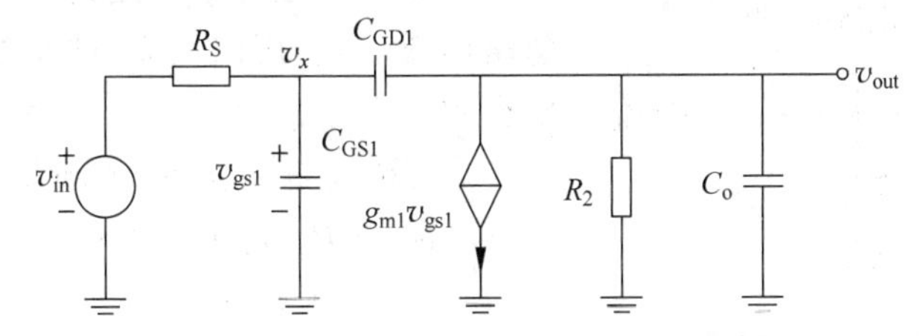

图 7-52 共源极的高频分析的小信号模型

$$p_1 = -\frac{1}{R_S[C_{GS1} + C_{GD1}(1 + g_{gm1}R_2)] + R_2(C_{GD1} + C_o)} \tag{7-110}$$

则第一极点频率

$$\omega_{p_1} = \frac{1}{R_S[C_{GS1} + C_{GD1}(1 + g_{gm1}R_2)] + R_2(C_{GD1} + C_o)} \tag{7-111}$$

其中 $g_{gm1}R_2$ 是放大器的低频增益,而 $C_{GD1}(1+g_{gm1}R_2)$ 是 C_{GD1} 的密勒电容。如果低频增益 $g_{gm1}R_2$ 足够大,则第一极点频率分母中的 $R_2(C_{GD1}+C_o)$ 可以忽略,这样,此极点就可以通过输入节点的输入电容 $C_{GS1}+C_{GD1}(1+g_{gm1}R_2)$ 和节点电阻 R_S 的乘积倒数确定,即节点 RC 常数与极点存在对应关系,通过这种直观方法可以粗略计算极点,十分省力。

同样,可以计算得到 p_2,p_1 和 p_2 的乘积是 S^2 项的系数的倒数,得到

$$\begin{aligned} p_2 &= \frac{1}{p_1} \cdot \frac{1}{R_S R_2(C_{GD1}C_{GS1} + C_{GS1}C_o + C_{GD1}C_o)} \\ &= -\frac{R_S[C_{GS1} + C_{GD1}(1 + g_{gm1}R_2)] + R_2(C_{GD1} + C_o)}{R_S R_2(C_{GD1}C_{GS1} + C_{GS1}C_o + C_{GD1}C_o)} \end{aligned} \tag{7-112}$$

即第二极点频率为

$$\omega_{p_2} = \frac{R_S[C_{GS1} + C_{GD1}(1 + g_{gm1}R_2)] + R_2(C_{GD1} + C_o)}{R_S R_2(C_{GD1}C_{GS1} + C_{GS1}C_o + C_{GD1}C_o)} \tag{7-113}$$

如果采用密勒近似,由输出节点 RC 确定的第二极点频率为 $1/[R_2(C_{GD1}+C_o)]$,可见由密勒近似和节点 RC 近似得到的第二极点的频率与上式结果有些出入。只有当 C_{GS1} 在频率特性中占优势时,式(7-113)的结果与输出节点 RC 近似的结果相一致。

式(7-106)的输出函数还显示共源极电路有一零点 $z=g_{m1}/C_{gd1}$,用密勒近似的方法不能预计这个零点的影响。这是一个右半平面的零点,会提高增益,并产生更大的延迟,产生反馈放大器的稳定性问题。关于反馈放大器的稳定性问题将在 7.9.4 节讨论。

7.7.3 共漏极的频率特性

图 7-53 所示为考虑寄生电容的共漏极放大器的高频特性电路模型。其中 R_S 是输入信号源的内阻,C_L 表示输出节点对地的总电容。

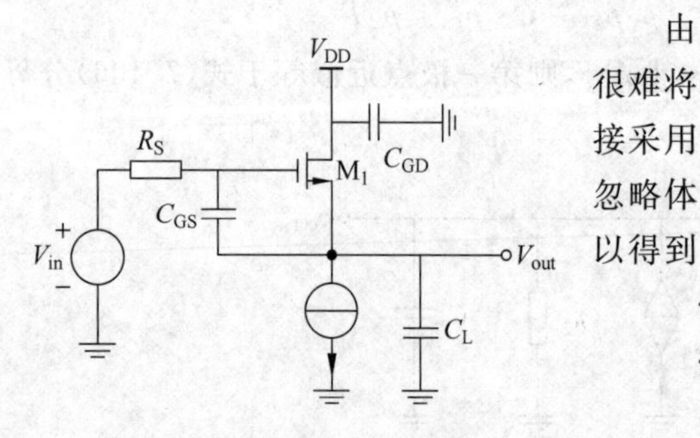

图 7-53 共漏极的高频模型

由于 C_{GS} 在输入输出之间存在强烈相互作用,很难将一个极点和相应的节点进行关联,因此,直接采用交流信号等效电路进行分析。为了简化,忽略体效应,利用图 7-54 的小信号等效电路,可以得到

$$v_1 sC_{GS} + g_m v_1 = v_{out} sC_L \tag{7-114}$$

$$v_{in} = R_S[v_1 sC_{GS} + (v_1 + v_{out})sC_{GD}] + v_1 + v_{out} \tag{7-115}$$

由式(7-114)和式(7-115)可以解得

$$A(S)=\frac{v_{out}}{v_{in}}$$

$$=\frac{g_m+sC_{GS}}{R_S(C_{GS}C_L+C_{GS}C_{GD}+C_{GD}C_L)s^2+(g_mR_SC_{GD}+C_L+C_{GS})s+g_m} \quad (7\text{-}116)$$

可见,传输函数包含一个左半平面的零点 $z=-g_m/C_{GS}$,这是因为在高频时,由 C_{GS} 传输的信号与晶体管产生的信号以相同的极性相加。

假设传输函数中两个极点相距较远,则主极点的频率值为

$$\omega_{p_1}\approx\frac{g_m}{g_mR_SC_{GD}+C_L+C_{GS}} \quad (7\text{-}117)$$

当 $R_S=0$ 时,主极点频率近似为 $g_m/(C_L+C_{GS})$。

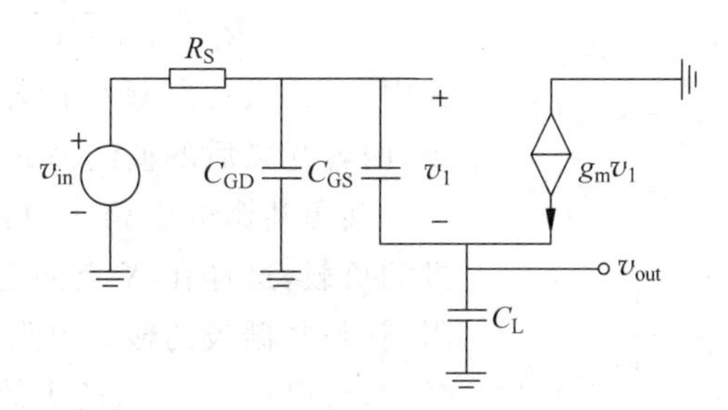

图 7-54　用于计算共漏极高频特性的小信号等效电路

7.7.4　共栅极的频率特性

考虑寄生电容的共栅极放大器的高频特性电路如图 7-55 所示。当忽略沟道长度调制效应时,输出和输入节点不存在相互作用,因此,可以采用节点和极点的关系,确定高频下电路的传输特性。

由器件 M_1 贡献的几个电容都是一端接地,另一端接输入或输出节点,在节点 X,$C_s=C_{GS1}+C_{SB1}$,贡献一个极点频率

$$\omega_{in}=\left[(C_{GS1}+C_{SB1})\left(R_S\parallel\frac{1}{g_{m1}+g_{mbs1}}\right)\right]^{-1} \quad (7\text{-}118)$$

在 Y 节点,$C_d=C_{GD1}+C_{DB1}$,产生另一个极点频率

$$\omega_{out}=[(C_{GD1}+C_{SB1})R_D]^{-1} \quad (7\text{-}119)$$

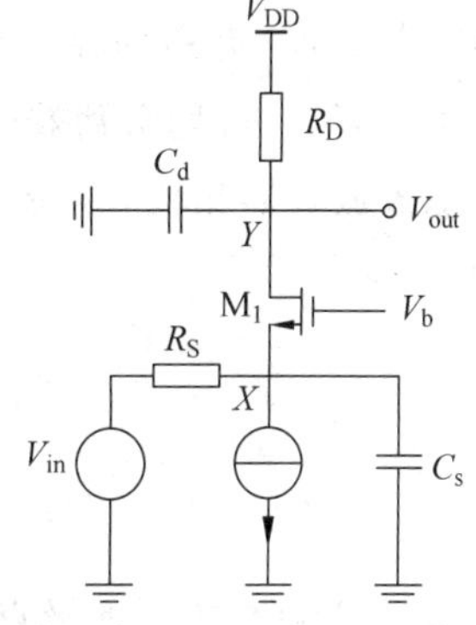

图 7-55　共栅极的高频模型

根据共栅极放大器的低频直流增益公式(7-62),可以得到总的传输函数为

$$A(s)=A_{v0}\frac{1}{\left(1+\frac{s}{\omega_{in}}\right)\left(1+\frac{s}{\omega_{out}}\right)}$$

$$=\frac{(g_m+g_{mbs})R_D}{1+(g_m+g_{mbs})R_S}\frac{1}{\left(1+s\frac{C_{GS1}+C_{SB1}}{g_{m1}+g_{mbs1}+R_s^{-1}}\right)[1+s(C_{GD1}+C_{DB1})R_D]} \quad (7\text{-}120)$$

可见,在共栅极放大器的传输函数中,没有密勒电容乘积项,因此,其频率特性要好于共源极放大器。

7.7.5 共源共栅极的频率特性

图7-56所示为考虑寄生电容的共源共栅极放大器,其中 C_L 是与负载相关的负载电容。根据节点和极点的关系,首先可以很容易地确定输出极点频率值

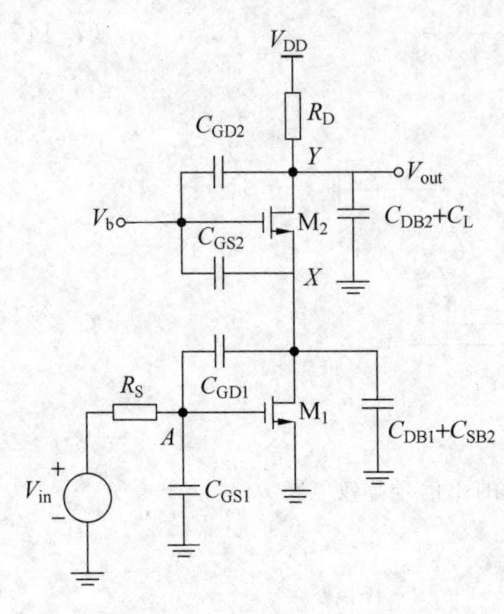

图7-56 共源共栅极的高频模型

$$\omega_{pY}=\frac{1}{(r_{out}\ /\!/\ R_D)(C_{DB2}+C_L+C_{GD2})}$$

$$\approx\frac{1}{R_D(C_{DB2}+C_L+C_{GD2})} \tag{7-121}$$

其中 r_{out} 是共源共栅极的输出电阻,R_D 通常比其小,两者并联后的值约为 R_D。

共源共栅极电路中,可以将共栅极看作共源极的负载,这样在 X 点向上看的共源极的负载电阻,就是共栅极的输入电阻,根据共栅极输入电阻公式,可以得到 X 点的等效电阻

$$r_X=\frac{R_D+r_{ds2}}{(g_{m2}+g_{mbs2})r_{ds2}+1} \tag{7-122}$$

因此,当 R_D 较小时,A 点到 X 点的增益为

$$A_{vAX}=-g_{m1}r_X\approx-\frac{g_{m1}}{g_{m2}+g_{mbs2}} \tag{7-123}$$

C_{GD1} 的密勒效应由 A 点到 X 点的增益决定。如果 M_1 和 M_2 大致相同,则 $A_{vAX}=-1$,根据密勒定理,折算到输入端 A 节点和中间节点 X 点的密勒电容约为 $(1-A)C_{GD1}$ 和 $(1-A^{-1})C_{GD1}$,可见密勒效应倍乘项大约为2,而不是共源极放大器的电压增益。因此,和共源极放大器相比,共源共栅极放大器的密勒效应小得多。X 点相关联的极点频率值为

$$\omega_{pX}=\frac{1}{[(1-A_{vAX}^{-1})C_{GD1}+C_{GB1}+C_{SB2}+C_{GS2}]r_X}$$

$$\approx\frac{g_m+g_{mbs2}}{2C_{GD1}+C_{GB1}+C_{SB2}+C_{GS2}} \tag{7-124}$$

输入节点 A 点相关联的极点频率值为

$$\omega_{pA}=\frac{1}{R_S[C_{GS1}+(1-A_{vAX})C_{GD1}]}\approx\frac{1}{R_S[C_{GS1}+2C_{GD1}]} \tag{7-125}$$

7.7.6 差动放大器的频率特性

针对图7-45(a)所示的电阻作负载的基本差动放大器,参照差动对小信号分析方

法,可以采用半边等效的方法来分析考虑寄生电容的差动对,如图 7-57 所示。由于差动对的两边支路具有同样的传输函数,因此,差动对传输函数中的极点数应是一条通路的极点数,而不是两条通路的极点数之和。这样,采用共源极放大器频率特性的分析方法可以得到基本差动放大器的频率特性。

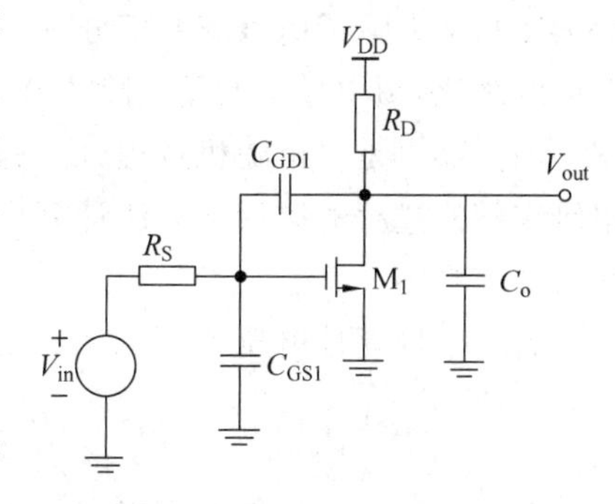

图 7-57 差动对的单边等效电路及高频模型

值得一提的是,当负载采用电流源时,由于其输出电阻 r_{out} 比较大,此时输出节点所对应的极点往往成为主极点,其频率值粗略估算为 $(r_{out}C_o)^{-1}$。

7.8 噪声

7.8.1 噪声有关特性

噪声是决定模拟电路能否正确处理信号最小电平的根本因素,它与功耗、速率以及线性度之间存在着相互制约的关系。在后面章节的讨论中将看到,减小电路噪声就意味着功耗的上升,或者工作速率的降低,或者线性度的变差。随着当代各种应用对电路性能所提出的越来越苛刻的要求,噪声已经成为模拟电路设计者不得不考虑的一个重要内容。

通常用信噪比(signal to noise ratio,SNR)这个性能参数来衡量一个电路对噪声抑制的好坏。但要注意其与信号噪声畸变比(signal to noise and distortion ratio,SNDR)的区别。图 7-58 表示出一个实际电路系统的输入输出关系图。当信号很小时,由于噪声的存在,输出表现为杂乱无章的信号,当信号足够大并且超出噪声的影响后,表现为一个线性的关系;但当输入信号进一步增大后,将会出现失真,并且信号的幅度越大,失真越大。SNR 表示的是最大可能的信号幅度(即不考虑信号失真畸变)与噪声幅度之比;而

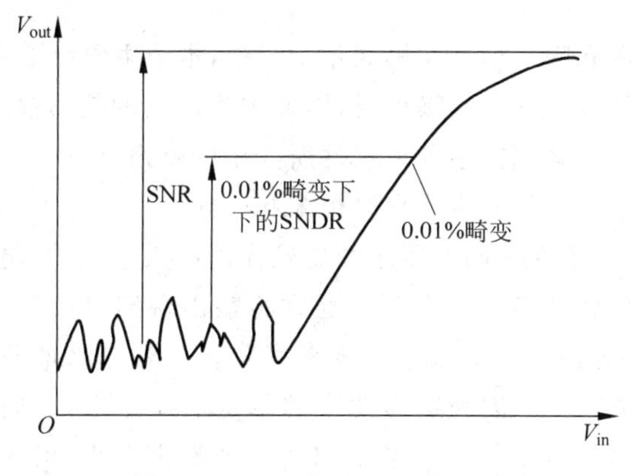

图 7-58 SNR 与 SNDR 的区别

SNDR 则是去除了信号畸变部分(一般限定在一定的失真条件下)之后的信号幅度与噪声幅度之比,图中显示的是去除了 0.01%以上失真畸变部分的 SNDR。

因为噪声是一个随机过程,所以其在某一时刻的幅值是无法被预测的。但是可以利用研究随机过程的统计学方法计算出噪声的平均功率,当然应该记住的是噪声幅值的平均值应该是零。

若一个周期性电压 $V(t)$加在一个负载电阻 R 上,则其消耗的平均功率是

$$P_{a} = \frac{1}{T}\int_{-T/2}^{T/2} \frac{V^2(t)}{R}\mathrm{d}t \tag{7-126}$$

对噪声这一随机信号可以采用相似的研究方法,只不过因为噪声是非周期的信号,所以此计算其平均功率需要在较长时间里进行,一个极端的例子是在无穷的时间中进行计算。于是,可以将式(7-126)改写为

$$P_{na} = \lim_{T\to\infty}\frac{1}{T}\int_{-T/2}^{T/2} \frac{V^2(t)}{R}\mathrm{d}t \tag{7-127}$$

为了让所定义的这个噪声功率和电阻具体值无关,用单位电阻上的功率表示,写作

$$P_{na} = \lim_{T\to\infty}\frac{1}{T}\int_{-T/2}^{T/2} V^2(t)\mathrm{d}t \tag{7-128}$$

需要注意的是: 此时 P_{na}的单位不是 W 而是 V^2。

为将上述平均功率概念和信号频率联系起来,引入了功率谱密度(PSD)。功率谱密度表示在每个频率上信号所具有的功率大小,其单位是 V^2/Hz 或者 $V/\sqrt{Hz}$。具体说来,是表示信号在某个频率附近 1Hz 范围内所具有的平均功率。

若某种噪声的 PSD 在整个频率范围内都是定值,则称其为“白噪声”,因为其类似于白色光的光谱。当然现实世界中是不存在严格意义上的白噪声的,否则其在所有频率上的总功率将为无穷大。但是如果某种噪声在所关心的频率范围内表现出白噪声的特性,则也称它的 PSD 为白噪声谱。

7.8.2 电路中的噪声计算

有关器件的噪声源和噪声模型在第 3 章中讨论,本节主要讨论电路中的噪声计算。

在实际测量或者计算电路中的噪声时,需要先将电路的信号输入端接地然后再测量或计算输出端的总噪声。若电路中各个器件所产生的噪声之间是非相关的,则整个电路的总噪声功率可对各个器件的噪声功率简单求和得到。

计算噪声时,为了便于在不同电路之间比较噪声的大小(各个电路增益不同,造成直接利用输出端噪声作比较变得并不合理),通常将输出端测得或计算出的电路总噪声再折算到电路输入端,即为该电路等效的输入参考噪声。若电路增益为 A,则等效输入参考噪声等于输出噪声除以 A^2(因为噪声功率的单位是 V^2/Hz)。同样,为了比较具有相同的低频噪声但是高频传输函数不同的电路之间的噪声大小,引入了噪声带宽的概念,如图 7-59 所示。噪声带宽 B_n 的大小为

$$B_n = \frac{\int_0^{\infty} V_{n,out}^2 \mathrm{d}f}{V_0^2} \tag{7-129}$$

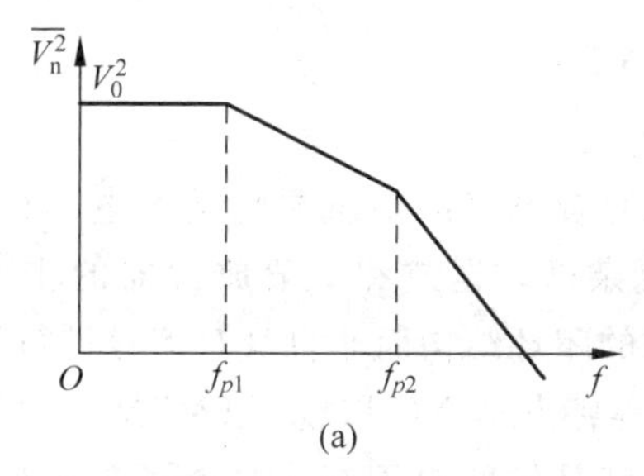

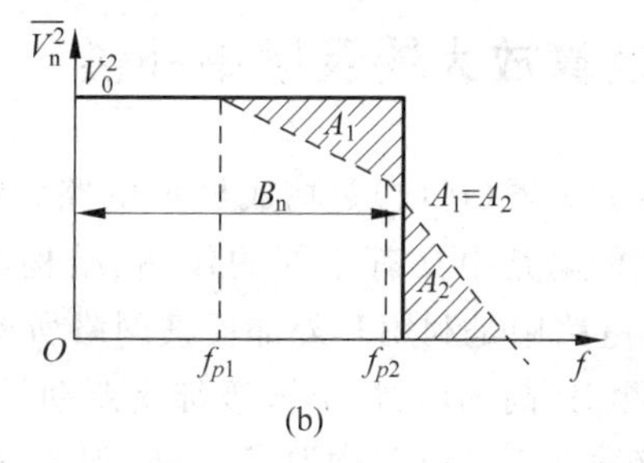

图 7-59 电路输出噪声谱

在一个单极点系统中，一般噪声带宽 B_n 的大小为该极点频率的 $\pi/2$ 倍。

前面讨论噪声模型时提到，噪声源可以用噪声电压源或者噪声电流源表示，但在实际表示一个电路的等效输入参考噪声时，仅用单一的电压源或者电流源都是不合适的。对于一个任意信号源阻抗的情况，同时使用噪声电压源和噪声电流源表示是适用的。作为特例，只有当信号源阻抗无穷大时，才能只用噪声电流源等效；当信号源阻抗为零时，才可只用噪声电压源等效。

下面以图 7-60(a)所示的常见共源放大器为例来实际计算一下其噪声的大小。根据该电路结构，需要考虑负载电阻 R_D 的热噪声、共射管 M_1 的沟道热噪声、闪烁噪声。这些噪声用图 7-60(b)中所示的噪声电流源等效表示。因为这些噪声源具有非相关性，所以可以用其功率直接叠加。

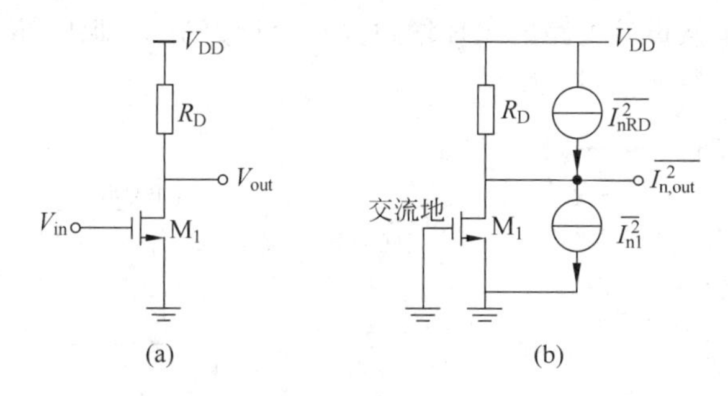

图 7-60 共源极放大器电路及噪声等效电路

考虑电阻的热噪声、M_1 的热噪声和闪烁噪声之后该结构电路输出端的噪声电压表示式为

$$\overline{V_{n,out}^2} = \overline{V_{n,R}^2} + \overline{V_{n,M}^2} = 4KTR_D + \left(4KT \cdot \frac{2}{3}g_{m1} \cdot R_D^2 + \frac{K}{C_{ox}WL} \cdot \frac{1}{f}g_{m1}^2 R_D^2\right) \tag{7-130}$$

若将其表示为输入参考噪声电压，则将信号输入端接地然后用输出端噪声电压除以该电路放大倍数的平方，即得

$$\overline{V_{n,in}^2} = \overline{V_{n,out}^2}/A^2 = \overline{V_{n,out}^2}/(g_{m1}R_D)^2 = \frac{4KT}{g_{m1}^2 R_D} + \left(\frac{8KT}{3g_{m1}} + \frac{K}{C_{ox}WL} \cdot \frac{1}{f}\right) \tag{7-131}$$

需要注意的是,此处的输入参考噪声只用了电压源表示,这是因为 MOS 管构成的共源放大器输入电阻很大,可以忽略电流源表示的输入参考噪声部分。

7.9 运算放大器及频率补偿

运算放大器(运放)是构成模拟电路、数模混合电路的最重要的基本电路模块之一,它在不同的电路中具有不同的作用、结构与复杂度。运放和一般放大器的主要区别在于:它在电路中是利用和外部反馈网络所构成的闭环结构而非自身对信号进行放大。运放具有“相对”高的增益、输入级都是差动结构等特点。之所以说“相对”是因为运放的开环放大倍数在不同电路中要求不同,但是对于其具体的应用却是足够了。比如,某些应用中这个增益可以是几十倍,但在另外一些应用中却可能需要高达几十万倍。

7.9.1 性能参数

具体描述运放的性能参数很多,各个性能参数之间存在着相互折中的关系,这也就是著名的所谓“八边形法则”(如图 7-61 所示)。

(1) 增益

运放的开环增益决定了其与反馈网络所构成的闭环放大器的闭环增益精度。高的开环增益意味着高的闭环增益精度,或者说闭环时有更好的线性度。但是高的增益将会限制放大器的速度,增加面积和功耗。

下面用一个例子来说明运放开环增益和闭环增益精度之间的关系。图 7-62 所示为一种同相放大接法。假设该电路的闭环增益大小设计为 100,即 $1+R_1/R_2=100$,并要求误差不超过 0.1%。

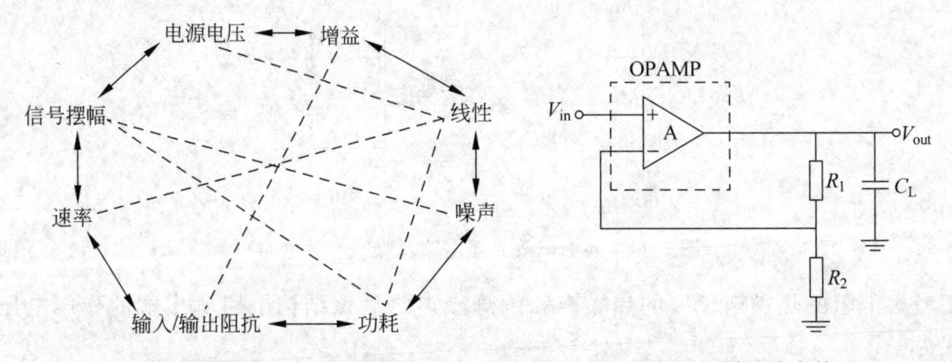

图 7-61 模拟电路设计的八边形法则　　图 7-62 同相放大接法

因为闭环放大器的增益 A_C 与开环放大器增益 A_0、反馈系数 β 之间的关系为

$$A_C=\frac{A_0}{1+A_0\beta}=\frac{A_0}{1+A_0\dfrac{R_2}{R_1+R_2}} \tag{7-132}$$

将其表示为使用理想运放的闭环增益和因为使用非理想运放带来的误差项相乘的形

式，有

$$A_C = \left(1+\frac{R_1}{R_2}\right)\frac{A_0}{\left(1+\frac{R_1}{R_2}\right)+A_0} \approx \left(1+\frac{R_1}{R_2}\right)\left[1-\left(1+\frac{R_1}{R_2}\right)/A_0\right] \tag{7-133}$$

若要求闭环增益误差不超过0.1%，则有

$$\left(1+\frac{R_1}{R_2}\right)/A_0 < 0.1\% \tag{7-134}$$

所以求得运放开环增益 A_0 应该大于 10^5 倍。

不使用闭环放大器而直接使用开环放大器会带来的问题是：因为工艺误差，如迁移率、栅氧化层厚度和电阻大小等值的波动，要保证实际开环放大电路中0.1%的增益误差是非常困难的，这个误差通常会达到20%以上。由式(7-133)可知，运放闭环使用时整个系统的增益误差只和电阻相对误差以及运放开环增益有关，而与电阻无关，并且与运放自身精度关系较弱，比如只要运放的增益保证大于一定值就可以，而不需要精确等于某个值，从而就避免了工艺对增益的影响。

(2) 小信号带宽

运放的小信号带宽可以衡量其频率特性的好坏。具体地说，其实际表示的就是运放开环增益随频率下降的快慢。人们定义单位增益带宽 f_u 和－3dB(有的文献也叫3dB)带宽 f_{3dB} 两个频率参数来具体量化小信号带宽的大小，其具体含义参见图7-63。可见，前者表示的是开环增益下降到0dB(放大倍数为1)时的信号频率；后者表示的是开环增益比直流增益下降3dB时的信号频率。

下面用一个例子来说明小信号带宽在实际电路设计中的运用。

假设图7-62中的运放是一个单极点系统，在电路输入端加一个小的阶跃信号 V_{in}，要求输出信号在5ns内稳定在1%精度以内(输出信号在输入调变信号作用下将会以最终稳定值为中心在一个逐渐变小的范围内上下波动，当其波动范围在要求的误差范围内时人们就认为输出已经稳定了，这个稳定过程所需要的时间就是小信号的稳定时间，如图7-64所示)。

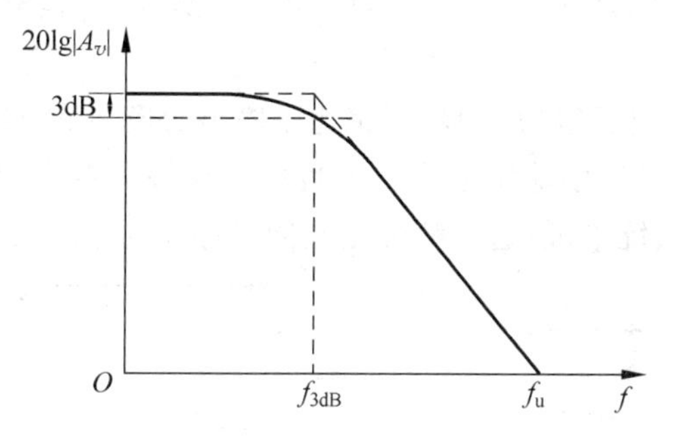

图7-63 单位增益带宽与3dB带宽

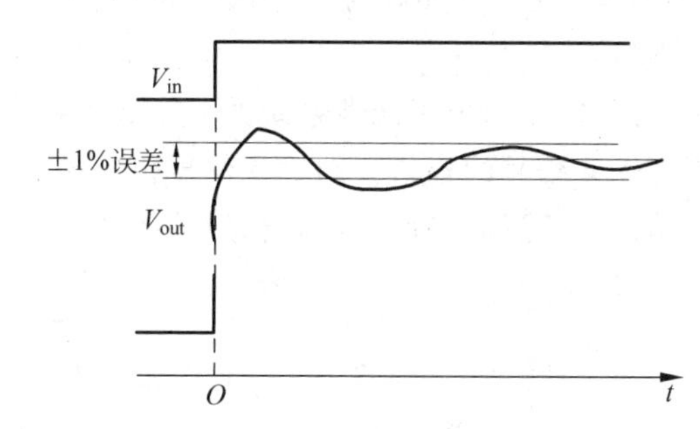

图7-64 小信号稳定过程

该电路的传输函数

$$\frac{V_{out}(s)}{V_{in}(s)} = \frac{A_0(s)}{1+A_0(s)\beta} = \frac{A_0(s)}{1+A_0(s)\dfrac{R_2}{R_1+R_2}} \tag{7-135}$$

因为运放本身也是单极点系统,则有

$$A_0(s)=\frac{A_1(0)}{1+\frac{s}{\omega_0}} \tag{7-136}$$

其中 $A_1(0)$是低频下运放的开环增益,ω_0 是运放开环-3dB 带宽。将式(7-136)代入式(7-135)并化简,得

$$\frac{V_{\text{out}}(s)}{V_{\text{in}}(s)}=\frac{\frac{A_1(0)}{1+\beta A_1(0)}}{1+\frac{s}{(1+\beta A_1(0))\omega_0}} \tag{7-137}$$

可见该闭环放大器构成的单极点系统的时间常数为

$$\tau=\frac{1}{(1+\beta A_1(0))\omega_0}\approx\left(1+\frac{R_1}{R_2}\right)\frac{1}{A_1(0)\omega_0} \tag{7-138}$$

设输入信号为 $V_{\text{in}}=\alpha u(t)$,根据电路原理,输出阶跃响应可表示为

$$V_{\text{out}}(t)=\alpha A_{\text{C,ideal}}\left(1-\exp\frac{-t}{\tau}\right)u(t)=\alpha\left(1+\frac{R_1}{R_2}\right)\left(1-\exp\frac{-t}{\tau}\right)u(t) \tag{7-139}$$

根据要求,满足输出 1%的精度,则有

$$1-\exp\frac{-t}{\tau}=1-1\%=0.99\Rightarrow t=\tau\ln 100\approx 4.6\tau \tag{7-140}$$

因为稳定时间要求为 5ns,则由式(7-138)和式(7-140)可得 $A_1(0)\omega_0=A_1(0)\cdot 2\pi f\approx$ 14.6GHz。若 $A_0(0)$为 1000 倍,则该运放的开环-3dB 带宽 f_0 为 14.6MHz。

(3) 大信号特性

对一个线性系统来说,输出与输入呈线性关系。但实际的放大电路并不是真正的线性系统。在运放开环使用时,若输出信号摆幅超出了运放的设计范围,则输出级的 MOS 管将会脱离对信号线性放大的饱和工作区,也就是运放输出信号在输入大信号时产生了非线性失真。当然运放更多地工作在闭环状态下,此时当输入信号是一个大信号时(通常幅度小于 5mV 的信号认为是小信号),闭环工作的运放表现出“转换”的大信号特性。

图 7-65 示出了线性系统的一个典型特性:阶跃响应的斜率正比于输出的最终值,或者说输入信号的幅值。即输入信号幅度增加一倍,则输出信号电平也相应在每一点增加一倍。对于运放和反馈回路构成的闭环放大系统来说,这个特性也是同样存在的。

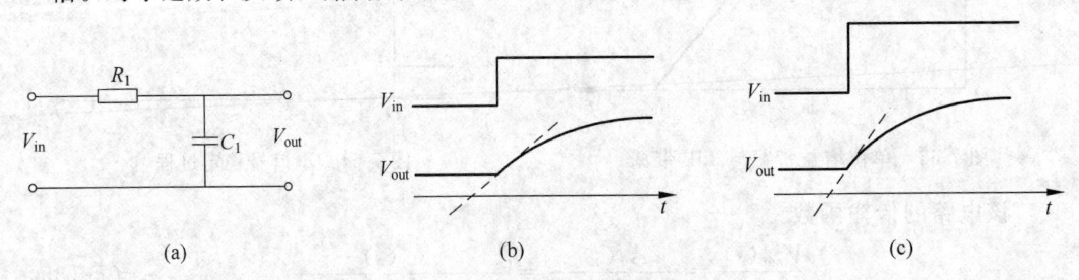

图 7-65 某线性电路对输入阶跃的响应

对于闭环工作的运算放大器，在小信号输入情况下仍表现如上所述的线性电路特性，如图 7-66 所示。但当输入信号幅度变大时，线性电路特性消失。对于大的输入阶跃信号，输出表现为斜率不变的线性斜坡，该斜坡的斜率称为“转换斜率”(slew-rate，也称“压摆率”或“摆率”)，个过程也就是运放所谓的“转换”。

(4) 输出摆幅

运放的输出摆幅通常希望越大越好，因为这意味着其构成的闭环放大模块具有更大范围的信号处理能力，也意味着系统信噪比的提高。但是输出摆幅的提高也意味着面积和功耗同时增加以及系统工作速率的下降。

(5) 线性

全差动电路具有抑制信号偶次谐波的作用，因此可以减小运放的失真。而高开环增益的运放在反馈结构中也可以实现减小系统非线性的作用。一般可以用总谐波失真(THD)来衡量系统的线性。

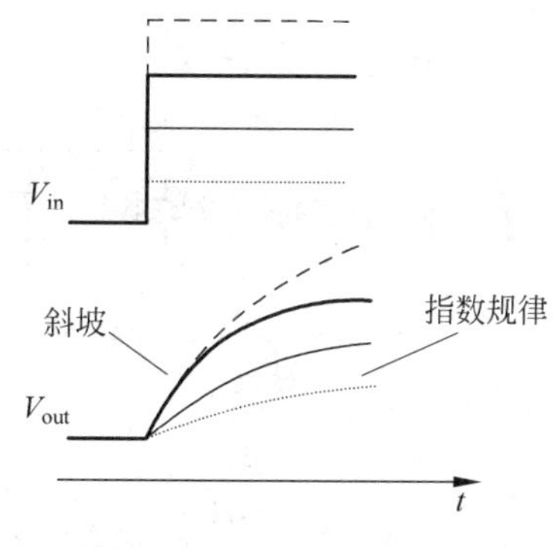

图 7-66　运放中的转换

(6) 噪声与失调

运放自身的噪声和失调决定了由该运放构成的系统所能正确处理的最小信号电平。噪声和其他的运放参数之间存在着折中。

(7) 电源抑制

该参数用以衡量运放输出对电源的敏感程度。因为实际芯片上的电源电压并不是一个恒定值，通常会叠加有噪声，若电路对其抑制性不佳则可能淹没有用的信号。常用电源抑制比(PSRR)来表征这个参数的具体大小。其定义是信号输入端到输出端增益与电源端到输出端增益之比。

共源共栅结构本身就具有良好的电源抑制比特性。在实际电路版图中还使用其他的一些方法，比如电源、地隔离、阱隔离来避免数字电路部分对同一晶片上模拟部分电源的干扰，从而在源头上减小对电压敏感的模拟电路部分的电源噪声。

7.9.2　一级运放

在信号通路上只有一次信号放大(从传输函数上看只有一个输入管跨导 g_m 和输出端负载 Z_R 相乘的形式)的运放称为一级运放。一级运放一般结构简单，具有最快的速度和较高的增益，功耗也较小。

图 7-67 所示为两种最简单运放的结构图，图(a)是电流镜作负载的双端输入、单端输出运放；图(b)是电流源作负载的双端输入、双端输出形式全差动运放。它们的开环低频增益都为

$$|A| = g_{m2}(r_{ds4} \,//\, r_{ds2}) \tag{7-141}$$

其中 r_{ds4}、r_{ds2} 是在信号输出端向 M_4 和 M_2 方向看进去的输出阻抗。当然对于差动结构

来说,每侧支路上对应位置的器件宽和长都是相同的,只不过要注意全差动结构和单端输出结构输出信号位置的区别。这两种最简单的运放增益一般只有几十倍,如果需要更高增益的运放则可以采用共源共栅结构。

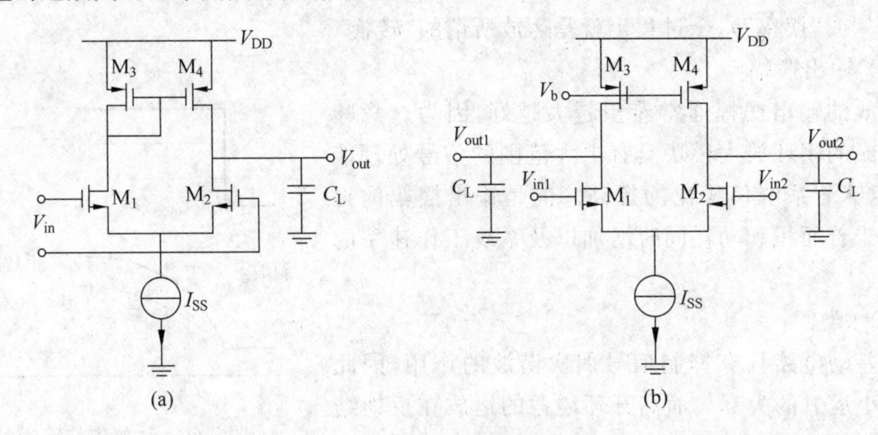

图 7-67　两种简单运放结构

图 7-68 所示为两种采用共源共栅结构的运放结构,也叫"套筒式"共源共栅运放。与图 7-67 比较可知,其变化仅在于将前者的输入管和负载管变为了共源共栅结构。共源共栅结构运放的增益通常都可以达到几千倍,但是因为其层叠的器件较多,输出摆幅变小了;而且因为极点的增多,速度也变慢了。该结构增益表达式为式(7-142)。

$$|A| \approx g_{m2}[(r_{ds2}g_{m4}r_{ds4}) /\!/ (r_{ds8}g_{m6}r_{ds6})] \tag{7-142}$$

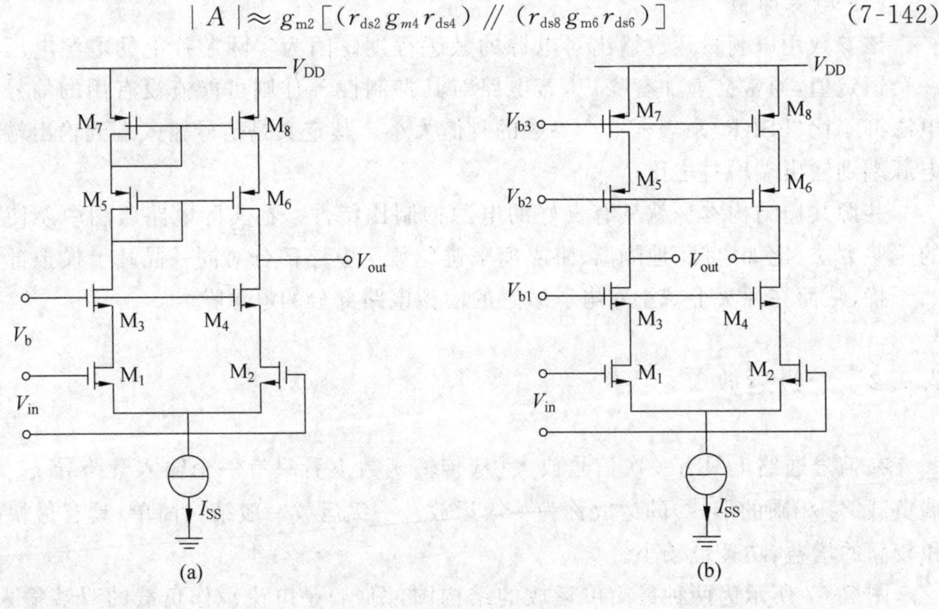

图 7-68　共源共栅结构运放

为了既增加运放的增益,又尽可能提高信号的输出摆幅,可以采用折叠共源共栅结构。图 7-69 所示为采用 PMOS 管作输入的一种折叠共源共栅运放。其基本原理就是将一般共源共栅结构的输入对管和电流源 I_{SS}"折叠"到信号输出通路之外,这样既增加了输出摆幅，运放的增益又损失不大。该结构增益表达式为式(7-143)。

$$|A| \approx g_{m1}\{[g_{m3}r_{ds3}(r_{ds1} /\!/ r_{ds5})] /\!/ (g_{m7}r_{ds7}r_{ds9})\} \tag{7-143}$$

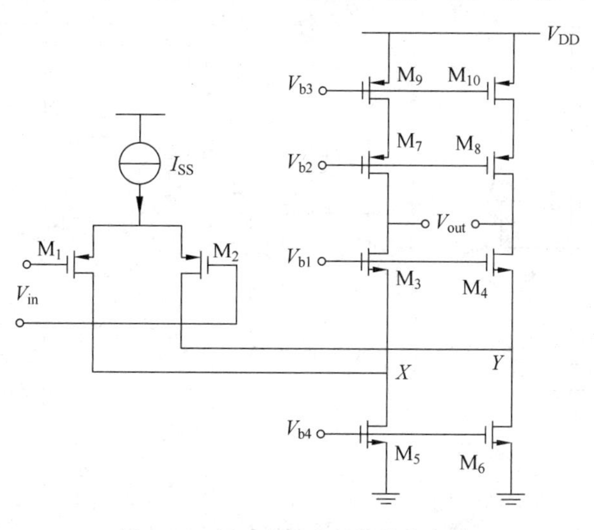

图 7-69 折叠共源共栅结构放大器

图 7-70 所示为采用 NMOS 管作输入的一种折叠共源共栅运放，可以得到比图 7-69 所示结构更大的增益，但是速度有所下降，因为图 7-70 折叠点的电容比图 7-69 要大很多，故相应的极点频率也要小很多。

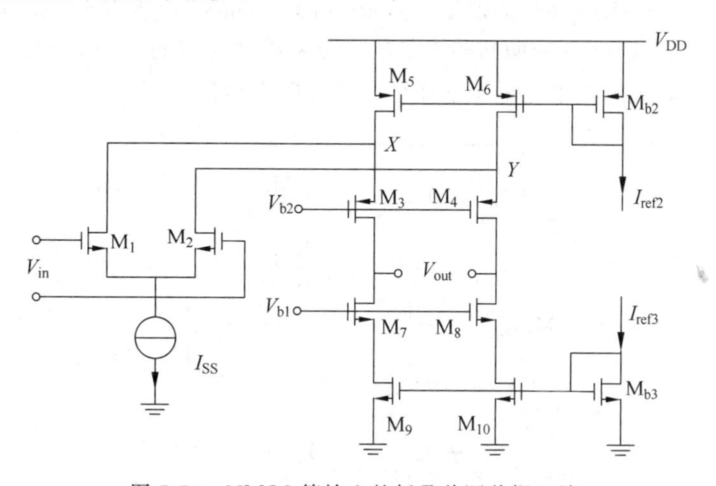

图 7-70 NMOS 管输入的折叠共源共栅运放

若要得到更高的增益，一个方法是增加共源共栅的层数，但显然会限制其输出摆幅，不利于满足当今电路设计低压低功耗的要求；另外一个方法就是采用增益提高技术的共源共栅结构，在当今高速高增益的运放设计中得到了广泛应用。图 7-71 是两种采用了增益提高技术的运放结构图，辅助放大器的加入使电路的输出电阻提高了 A 倍（A 是总的辅助运放增益），因此可以在不减小输出信号摆幅的基础上将原有运放增益提高 2^{n_1}。

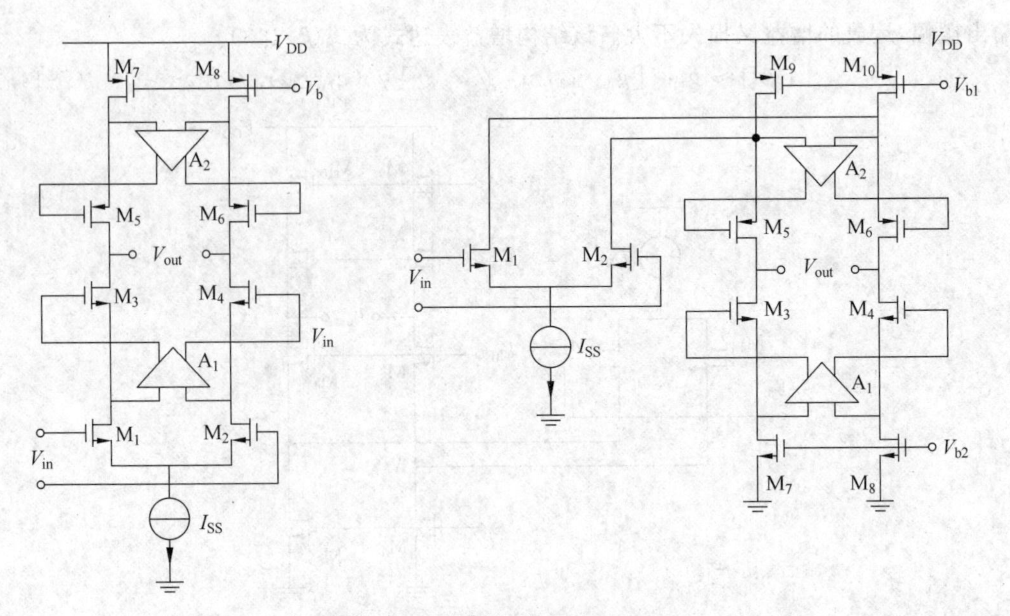

图 7-71　两种增益提高型运放结构

7.9.3　两级运放

两级运放是在一级运放的基础上再串联一个输出增益级，提供一定增益并提供大的输出摆幅。图 7-72 给出一种两级运放，第一级采用共源共栅结构，而第二级采用共源极。可见其输出电压摆幅仅比电源电压低两个过驱动电压。

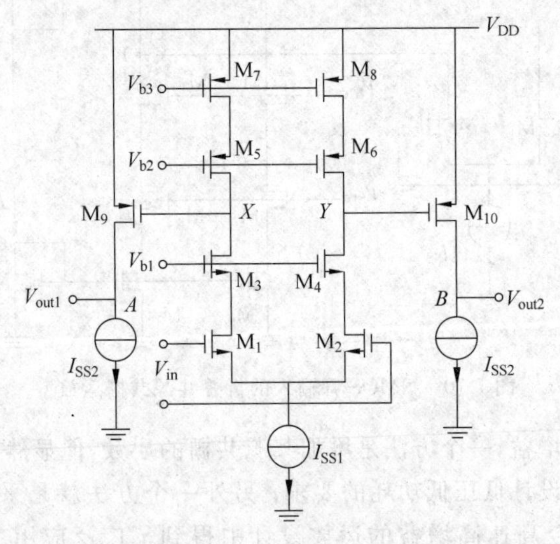

图 7-72　一种两级运放

两级运放的增益是各级增益的乘积。两级运放电路复杂程度的增加引入了更多极点，因此速度有所下降，并且更多的极点会引起稳定性的问题。

表 7-2 列出了不同运放结构的性能比较。

表 7-2 各种运放性能比较

运放结构	增 益	输出摆幅	速 度	功 耗	噪 声
套筒式共源共栅	中	低	高	低	低
折叠式共源共栅	中	中	高	中	中
两级运放	高	高	低	中	低
增益提高运放	高	中	中	高	中

7.9.4 反馈及频率补偿

1. 反馈

反馈在电路中是一个十分重要的概念，电路中通常讨论的都是负反馈（特别是在运放中）而非正反馈。负反馈可以大大改善电路的性能，而正反馈却是一般电路中需要极力避免的，除了在振荡电路中要构成正反馈，以便使之产生振荡。

图 7-73 是一个反馈结构的示意图。其中 $H(s)$ 称为前馈网络，$G(s)$ 称为反馈网络，$X(s)$ 是输入信号，$Y(s)$ 是输出信号。反馈网络将一部分输出（或称为对输出信号的检测）返回到输入端与输入信号做差，余差信号再送入到前馈网络，如此循环。从中可以计算得到反馈系统的闭环增益

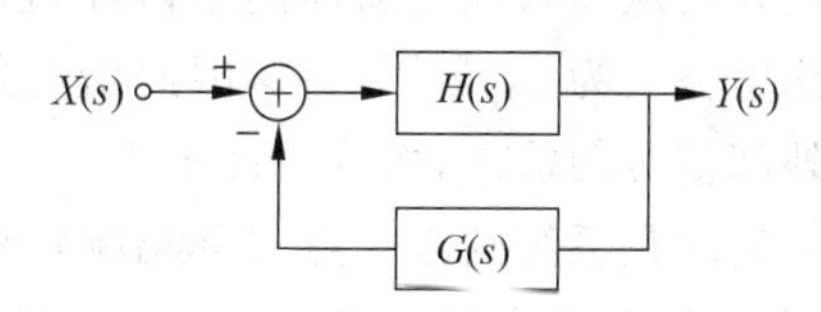

图 7-73 反馈系统示意图

$$\frac{Y(s)}{X(s)}=\frac{H(s)}{1+G(s)H(s)} \tag{7-144}$$

其中的 $H(s)$ 是前馈系统的传输函数，表示不存在反馈网络时的传输函数。

为简单起见，通常认为电路中的反馈网络是和频率无关的。在实际的电路中，闭环使用的运放就可以看成是这样的一个反馈系统。运放本身是前馈网络，外接电阻或电容构成反馈网络。

根据反馈网络检测运放输出端的电压或电流以及反馈网络送到运放输入端的信号是电压或是电流，可以将反馈分为以下四种结构：电压-电压反馈，电流-电压反馈，电流-电流反馈，电压-电流反馈。这四种反馈结构对运放性能的改变各有不同，其作用如表 7-3 所示。这里，前馈网络 $H(s)$ 采用放大器的增益 A 表示，而反馈网络 $G(s)$ 采用反馈系数 β 来表示。可见，除了增益变小外，其他特性都得到了一个固定系数倍的改善（注意：存在一个固定的系数 $(1+\beta A)$！）。

βA 称为环路增益，应注意其与闭环增益 $A/(1+\beta A)$ 以及开环增益 A 的区别。

需要指出的是，反馈网络检测输出端电压时要与输出端并联，将反馈信号以电压形式输出到前馈网络时要与输入端串联；反馈网络检测输出端电流时要与输出端串联，将反馈信号以电流形式输出到前馈网络时要与输入端并联。反馈网络也可以按照串并联结构进行划分。

表 7-3　反馈结构对运放性能的影响

反馈结构	运放输出阻抗	运放输入阻抗	增　益	带　宽
电压-电压反馈	减小为 $1/(1+\beta A)$	增大为 $(1+\beta A)$	减小为 $1/(1+\beta A)$	增大为 $(1+\beta A)$
电流-电压反馈	增大为 $(1+\beta A)$	增大为 $(1+\beta A)$	减小为 $1/(1+\beta A)$	增大为 $(1+\beta A)$
电流-电流反馈	增大为 $(1+\beta A)$	减小为 $1/(1+\beta A)$	减小为 $1/(1+\beta A)$	增大为 $(1+\beta A)$
电压-电流反馈	减小为 $1/(1+\beta A)$	减小为 $1/(1+\beta A)$	减小为 $1/(1+\beta A)$	增大为 $(1+\beta A)$

2. 频率补偿

运放构成的负反馈闭环网络中可能会出现正反馈的现象。正如“巴克豪森判据”(Barkhausen's criteria)所指出的，若前馈网络传输函数为 $H(s)$，反馈网络传输函数为 β(假设与频率无关)，则当满足幅度和相位条件式(7-145)时，该电路将产生振荡。

$$\begin{cases} |\beta H(s)| \geqslant 1 \\ \angle \beta H(s) = -180^\circ \end{cases} \tag{7-145}$$

很明显，因为运放构成的环路产生了至少-180°的相移，再加上负反馈的180°相移，正好使从输入经过前馈网络再经过反馈网络转回到输入端的环路总相移为360°。而环路增益又为1(或大于1)，因此恰好能在环路中维持信号的循环往复而不需要输入端有外部信号的输入，振荡由此产生了。利用伯德(Bode)图可以清楚地说明这一点。伯德图反映的是系统的零极点对其幅频特性和相频特性的影响。伯德图的画法：①在每个零点频率处，幅值曲线的斜率按20dB/dec变化；在每个极点频率处，其斜率按-20dB/dec变化。②对一个在左半平面的极点(零点)频率ω_m，相位约在$0.1\omega_m$处开始下降(上升)，在ω_m处经历$-45^\circ(+45^\circ)$的变化，在大约$10\omega_m$处达到$-90^\circ(+90^\circ)$的变化。右半平面的情况，极点和零点对相位的作用正好反之。

一个不稳定的系统，在相位下降到-180°时系统仍具有增益，即过量增益；或者在增益下降到1(0dB)时系统相位已经超出-180°，即过量相位，这样的系统是不稳定的。图7-74(a)给出了一个不稳定系统的伯德图。为了系统稳定，在相位下降到-180°时，系统的增益必须下降到0dB以下，此时的增益与0dB之差的数值称为“增益裕度”；或者在增益下降到0dB时，相位下降不能超过-180°，此时相位与-180°之差的数值称为“相位裕度”。裕度越大越好，通常相位裕度设计为60°。图7-74(b)给出了一个稳定系统的伯德图。

闭环工作的运放产生振荡是不希望的，因为其脱离了对信号线性放大的正常工作区域。为了避免振荡，从伯德图上看可以有两种方法：①减小环路增益，使幅频特性的横轴交点(即增益交点，分贝表示为0的点)小于相频特性-180°对应的横轴交点(即相位交点)。也就是说在振荡相位条件满足情况下，使幅度条件不满足。②将相频特性-180°对应的横轴交点尽量移向高频方向，使环路增益尽可能大的情况下而不满足振荡的相位条件。显然，后者对运放的使用更为有利。

合理地设计电路中各个器件的尺寸可以有效地达到避免振荡的目的。但是对于两级或更多级的运放，必须使用其他方法避免正反馈。在运放电路中主要是采用电容补偿

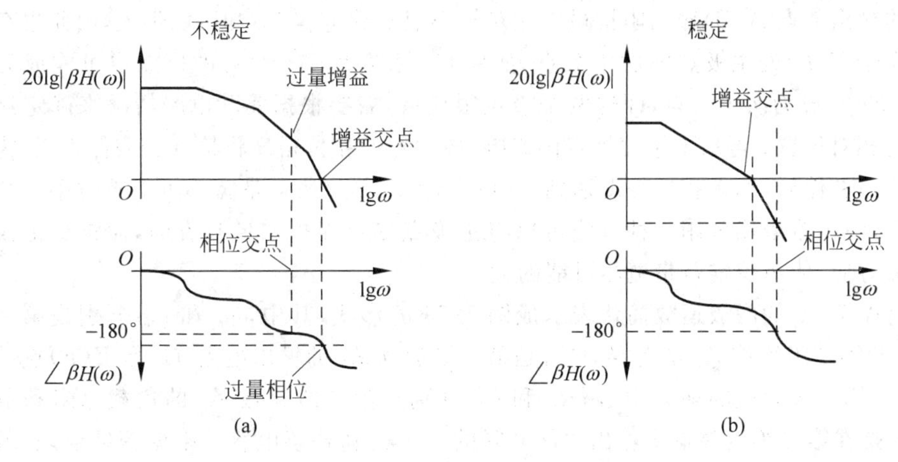

图 7-74　不稳定和稳定系统的伯德图

的方法，即采用加入补偿电容的方式人为使电路中的极点移动，将−180°对应的横轴交点外推。其中一种补偿方法是利用电容的密勒效应，补偿电容就是所谓“密勒电容”，此方法称为“密勒补偿”。密勒效应见 7.7.1 节的密勒定理。

密勒定理的应用具有一定的局限性，但是对于一个单独并联在运放输入输出端之间的电容来说，该定理是适用的，见 7.7.1 节中的例子。在这种情况下，等效到运放输入端的电容值增大为原来的 $1+|A_v|$ 倍。这是一个非常有用的结论。可以通过采用一个中等电容值的密勒电容建立一个低频极点。

由于单级运放在通常情况下，第二极点离主极点较远，因此大多数情况下满足稳定性条件。而两级运放通常不满足稳定性条件。

对于图 7-75 所示的两级运放来说，有 $A(B)$、$E(F)$和 $X(Y)$三个极点。第一级运放输出节点 $E(F)$具有很大的输出阻抗，而该节点电容也不小，因此存在一个主极点；而第

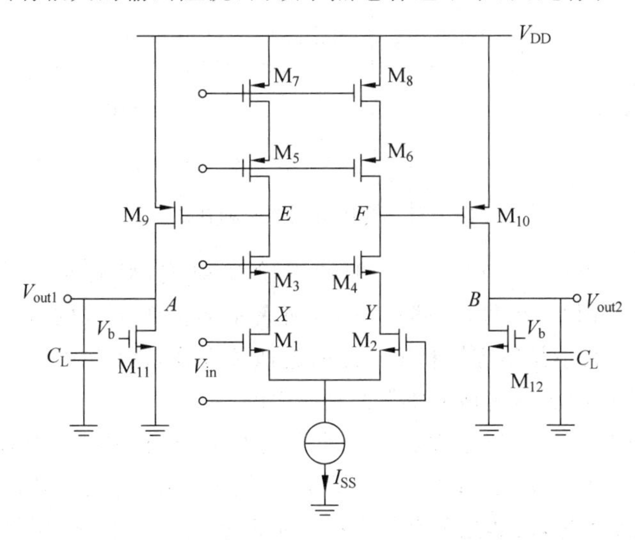

图 7-75　两级运放中节点对应极点情况

二级的输出节点 $A(B)$ 输出阻抗虽然相对较小但负载电容 C_L 却可能很大,因此也存在一个稍大于 $E(F)$ 处主极点的次主极点,如果 C_L 足够大,$A(B)$ 处的极点也可能成为主极点,而 $E(F)$ 成为次主极点,即这两个极点很接近,需要根据实际电路情况来确定这两个极点的相对位置;再加上第三极点的影响,放大器的相位裕度将接近 0°或低于 0°,需要进行补偿。补偿后,如果相位裕度达到 45°以上,运放单位增益带宽不可能超过第二个极点的频率,但仍希望能采用一种方法可以将主极点尽可能推向低频方向,而将次主极点移向高频方向,使单位增益带宽尽可能的大。

将图 7-75 的两级运放简化表示成图 7-76 的形式,其中,g_{m1} 和 g_{m2} 分别是第一级运放 A_1 和第二级运放 A_2 的跨导,R_{out1} 是第一级运放 A_1 的输出电阻,C_1 是 $E(F)$ 点的等效电容,即第二级运放的输入电容,R_L 和 C_L 分别是第二级运放 A_2 的负载电阻和负载电容,C_C 是在第二级运放输入输出之间并联的一个密勒补偿电容。根据密勒定理,若第二级运放 A_2 的开环增益是 A_{v2},则等效到 $E(F)$ 端的电容是 $(A_{v2}+1)C_C$。这说明利用一个不大的电容就可以在需要的节点处引入一个很大的电容,将该处的极点频率变小。密勒电容不仅将主极点推向低频方向,而且也将次主极点推向了高频方向,从而拓展了带宽。这个效应也被称为"极点分裂"(pole splitting)。更精细的计算证实了这个观察所得的结论。利用基尔霍夫电流定律写出节点 $E(F)$ 和 V_{out} 处的电流方程,求解,可得该两级运放的增益表达式

$$A_v = A_{v0}\frac{1-\dfrac{C_C}{g_{m2}}s}{R_{out1}R_LC_{tot}s^2+(R_{out1}C_1+A_{v2}R_{out1}C_C+R_LC_L)s+1} \tag{7-146}$$

其中,$C_{tot}=C_1C_C+C_1C_L+C_CC_L$;$A_{v0}$ 是运放直流下的增益,$A_{v0}=A_{v1}A_{v2}$。

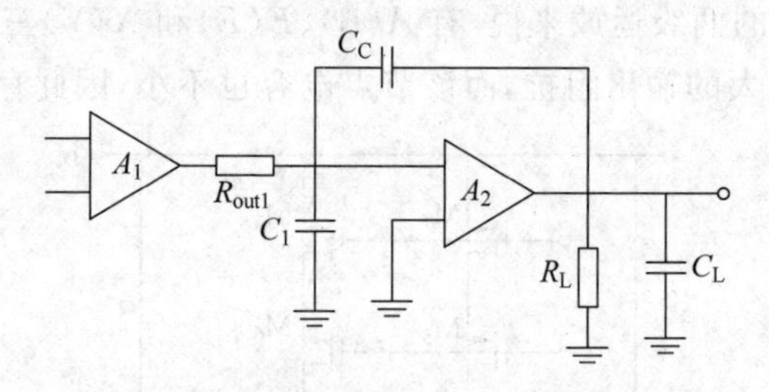

图 7-76　两级运放的密勒补偿

因为对于形如 $P(s)=bs^2+as+1$ 的二阶多项式,其解近似为 $s_1=-1/a$ 和 $s_2=-a/b$(当 $s_2 \gg s_1$ 时)。可见,若式(7-146)所表示的两级运放的极点 p_2 远大于极点 p_1,则这两个极点的大小是很容易利用上面的近似关系式求解出来的。这种假设条件在使用了密勒补偿之后的实际电路中通常都是成立的。

利用式(7-146),可以画出主极点 f_{p1}、非主极点 f_{p2} 与密勒补偿电容 C_C 之间的关系图,以及增益与极点的关系图,如图 7-77 所示。从图上可见,随着补偿电容 C_C 的值增加,主极点频率逐渐下降,而非主极点频率在一定范围内不断上升,两者向背离的方向变化,从而产生了极点分裂的效果,使该两级运放的稳定性得到了提高。

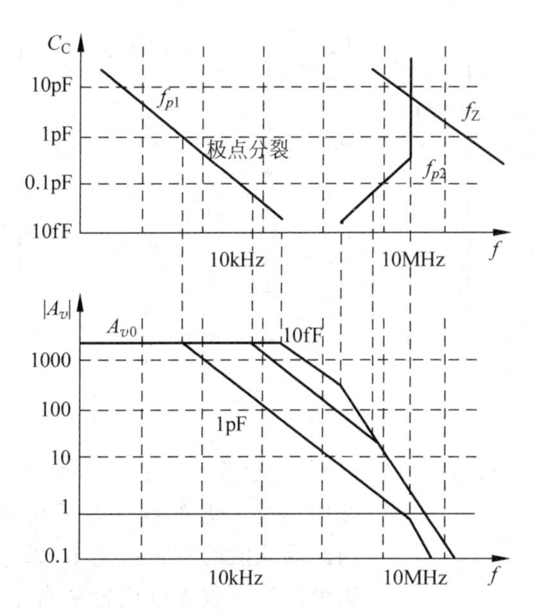

图 7-77 随密勒补偿电容 C_C 变化的极点分裂示意图

从图 7-77 中还可以看到,密勒电容 C_C 在电路中也引入了一个右半平面的零点(正零点)f_Z,根据式(7-146)可知其大小为 g_{m2}/C_C。该零点随着 C_C 变大而向低频方向移动,其对相位的作用等同于左半平面的极点(负极点)使运放伯德图中的相位交点移向低频方向,而使增益交点移向高频方向,结果就是大大降低了运放的稳定性。如图 7-78 所示,这个零点的产生是因为 C_C 在第二级运放的输入和输出端之间引入了一个前馈通路,使输入信号在输出端与通过运放的有 180°相移的输出信号产生了叠加,在零点频率处这两个信号正好幅值相同、相位相反而完全抵消,使输出信号幅值变为零。

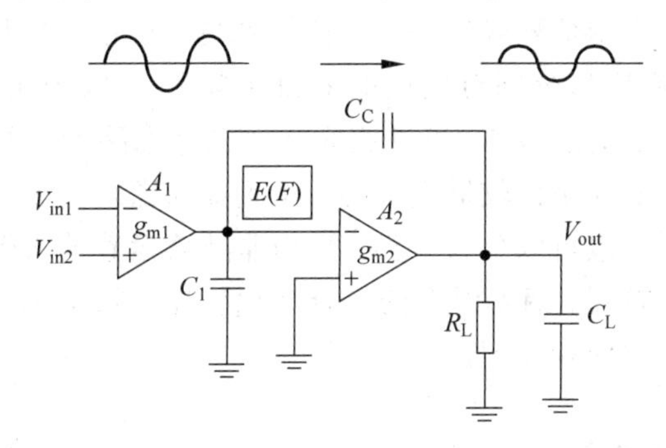

图 7-78 通过密勒电容的前馈零点的产生

在实际电路中有两种常见的方法来解决这个问题,原理都是隔断 C_C 引入的前馈通路而又尽量不影响反馈通路的工作。方法一是在输出和密勒电容之间接入缓冲器以切断前馈通路,如图 7-79 所示。这一方法可以消除零点,但是很明显,其功耗将会增加。方法二是引入一个和 C_C 串联的补偿电阻,如图 7-80 所示,重新推导该两级运放的增益表达式可以得到零点变为

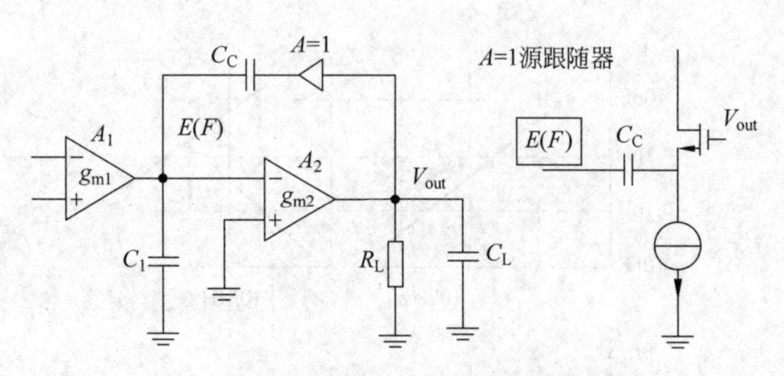

图 7-79　加入缓冲器消除零点

$$f_Z=\frac{1}{2\pi C_C(1/g_{m2}-R_C)} \tag{7-147}$$

理论上若取 $R_C=1/g_{m2}$,则可以使此 f_Z 趋近于无穷大从而消除该零点,但在实际电路中因为工艺的误差是不可能恰好使两者相等的,因此取该值的实际意义不大;若考虑取 $R_C>1/g_{m2}$,则可以发现该零点位置从右半平面被移动到了左半平面,从而其对两级运放稳定性的影响也被消除了。在电路设计时,人们通常合理地取 R_C 的值而将 f_Z 的频率移动至 2～3 倍 GBW(增益带宽积)处,此时可以保证该左半平面的零点不会随工艺变化进入右半平面。

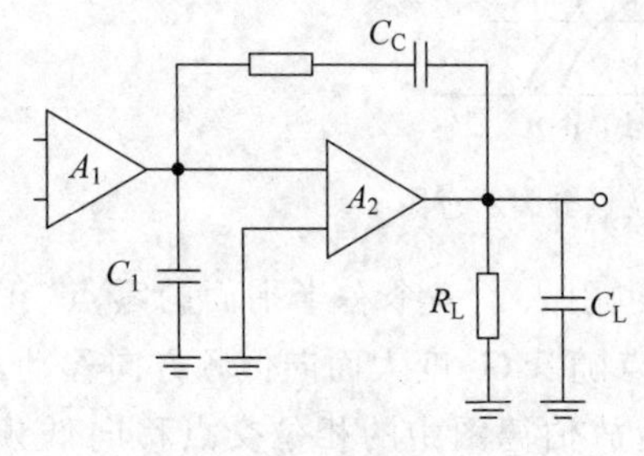

图 7-80　采用串联电阻改变零点

7.10　比较器

比较器可以将两个模拟信号或者一个模拟信号与一个参考信号相比较,并且输出二进制数表示的结果(0 或者 1,分别对应低电平和高电平)。因为输出在两种数字状态之间转换时会有一个不确定的过渡区,该过渡区会使整个电路产生抖动或者相位噪声,因此如何尽可能减小这个时间是比较器设计的一个重要问题。

从结构上看比较器一般可以分为三类:采用非补偿运算放大器构成的开环比较器;使用正反馈的可再生比较器;两者混合的综合型比较器。从工作方式上看,有连续时间比较器和离散时间比较器两种类型。

7.10.1　比较器的特性

图 7-81(a)示出了比较器的符号,可见其和放大器的符号很相似。从某种意义上说,一个高增益的放大器实际上就可以认为是一个比较器。正端输入信号为 V_p,负端输入信号为 V_n,当 V_p 大于 V_n 时输出为正(高电平),反之为负(低电平),如图 7-81(b)所示,V_{OH} 和 V_{OL} 分别是比较器输出的高电平和低电平。

1. 静态特性

精度是指使比较器输出能达到电压上限 V_{OH} 和电压下限 V_{OL} 分别所需最小输入电压的差值 $V_{IH}-V_{IL}$。

增益定义为输出电压上下限之差和相对应的最小输入电压之差的比值。即

$$A_v=\frac{V_{OH}-V_{OL}}{V_{IH}-V_{IL}} \tag{7-148}$$

输入失调电压 V_{OS} 是指要使比较器输出发生变化实际所需要的最小输入差动电压与理想值之差。如图7-82所示，比较器的实际特性曲线相对理想的特性曲线向右平移了一段距离，该距离就是 V_{OS}。在实际电路中输入失调电压可正可负。

由于比较器和运放的相似性，一些特性如差分输入电阻和电容、输出电阻、共模输入电阻、共模输入电压等，可以参照运放的定义。

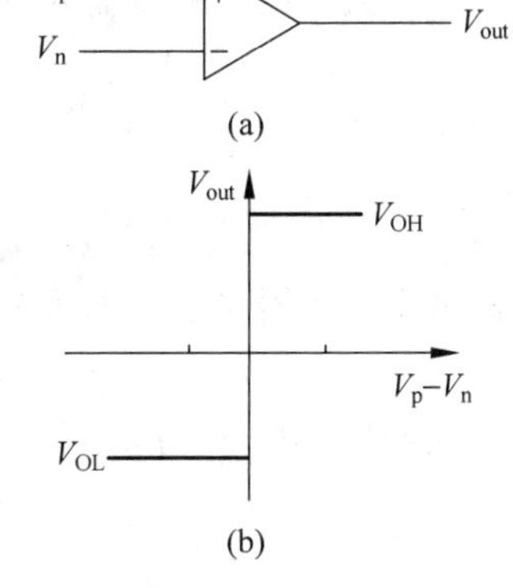

图7-81　比较器符号和其理想输入输出特性曲线

2. 动态特性

比较器的动态特性主要是与时间有关的传输时延特性。其决定了比较器的工作速度。

传输时延是指比较器输出响应和输入激励之间的延迟时间。通常用输出信号变化的中间值和输入信号变化的中间值之间的时间差 t_p 来表示比较器的延迟时间，如图7-83所示。

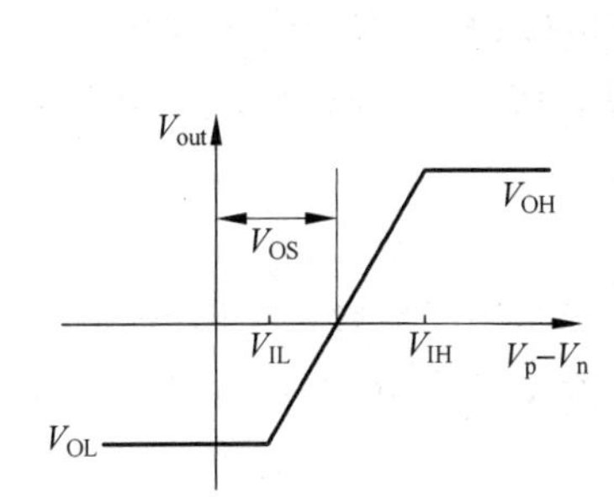

图7-82　含有失调电压的比较器输入输出曲线

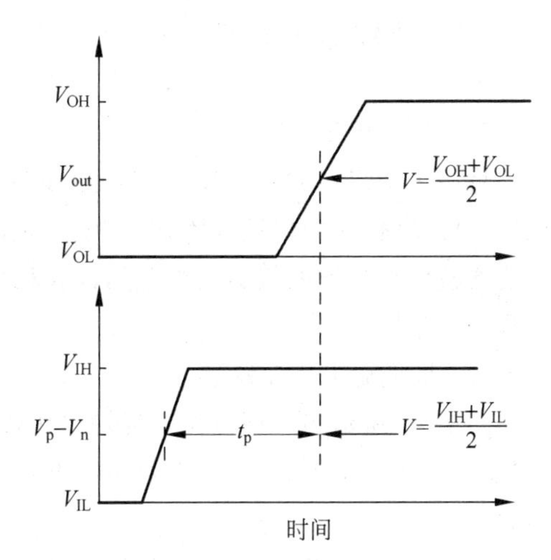

图7-83　同相比较器的传输延迟

该延迟时间的大小可以由类似于运放的小信号和大信号两种状态来分析。

小信号动态特性取决于比较器频率响应。考虑一个单极点的比较器模型，则有

$$A_v(s)=\frac{A_v(0)}{\dfrac{s}{\omega_c}+1} \tag{7-149}$$

其中 $A_v(0)$是比较器直流增益,ω_c 是比较器频率响应的-3dB 角频率。

当以最小的比较器输入电压 $V_{in}(\min)$作为一个阶跃信号加在比较器上时,有

$$\begin{aligned}\frac{V_{OH}-V_{OL}}{2}&=A_v(0)[1-e^{-t_p/\tau_c}]V_{in}(\min)\\&=A_v(0)[1-e^{-t_p/\tau_c}]\left(\frac{V_{OH}-V_{OL}}{A_v(0)}\right)\end{aligned} \tag{7-150}$$

由此可得比较器对输入电压 $V_{in}(\min)$的传输延迟为

$$t_p=\tau_c\ln 2=0.693\tau_c \tag{7-151}$$

若实际的输入是 $V_{in}(\min)$的 k 倍,则相应的传输延迟表示为

$$t_p=\tau_c\ln\frac{2k}{2k-1} \tag{7-152}$$

可见小信号条件下,输入信号越大传输延迟越短。

当比较器进入大信号状态时,与运放类似,需要考虑摆率 SR 的限制。比较器输入电平大到某个值之后,延迟时间就与输入电平的大小无关了,此时的电压变化率为摆率。延迟时间决定于对电容充放电电流的大小,表达式为

$$t_p=\frac{\Delta V}{SR}=\frac{V_{OH}-V_{OL}}{2SR} \tag{7-153}$$

比较器的传输时延最终由比较器的小信号特性和大信号特性共同决定,即小信号和大信号计算得到的延迟的最大值决定比较器的工作速度。

7.10.2 比较器的类型

(1) 两级开环比较器

将一个两级运放开环使用就可以实现比较器的功能,其结构如图 7-84 所示。在作比较器使用时,该两级运放不需要频率补偿,这样可以达到最大的带宽和快的响应。比较器增益的计算和两级运放增益的计算相似。而对于比较器的延时时间,则需要考虑摆率是否产生影响。

(2) 推挽输出比较器

图 7-85 所示为一种钳位推挽输出比较器,第一级采用二极管接法的 MOSFET 作负载,输出级采用推挽结构,能够对负载电容提供大的充放电电流,对电容具有很好的驱动能力。

图 7-84 和图 7-85 所示比较器在处理大信号时性能令人满意,但是对于使比较器响应达不到摆率的小信号而言,其速度较低。

(3) 离散时间比较器

离散时间比较器和上述直接采用运放结构的比较器不同,它们在时钟控制下只工作

于一个时钟相位，具有较低的功耗和快的速度。具有代表性的结构有开关电容比较器和可再生比较器。

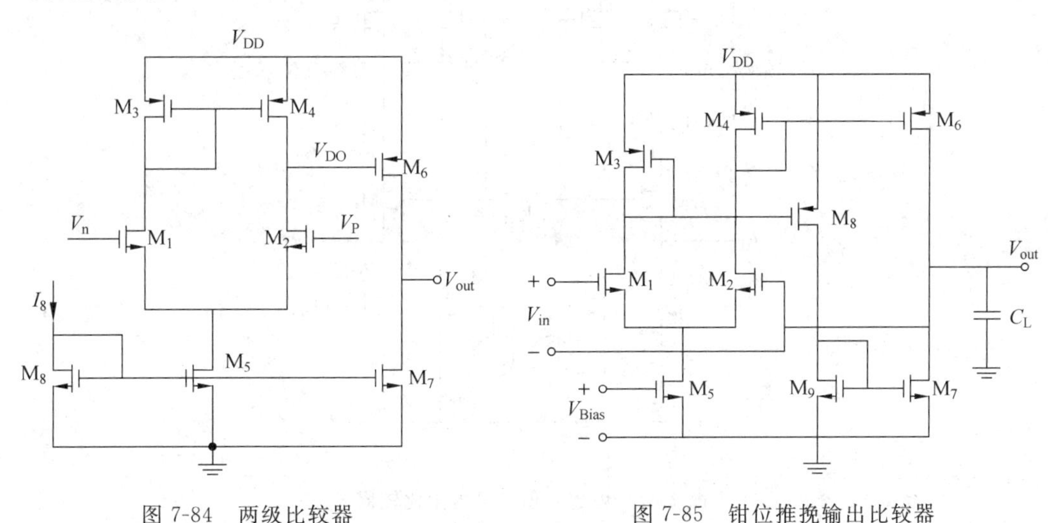

图 7-84　两级比较器

图 7-85　钳位推挽输出比较器

开关电容比较器由开关、电容和开环比较器构成，如图 7-86 所示。该类型比较器可以对内部开环比较器的直流失调电压自动校零，对内部开环比较器的精度要求不高，一般一个简单的单级放大器就可以满足要求。在时钟 ϕ_1 阶段，信号输入端开关的内阻和电容 C 产生的时间常数以及在时钟 ϕ_2 阶段简单开环比较器的延迟时间的总和决定了整个开关电容比较器的最大工作速度。

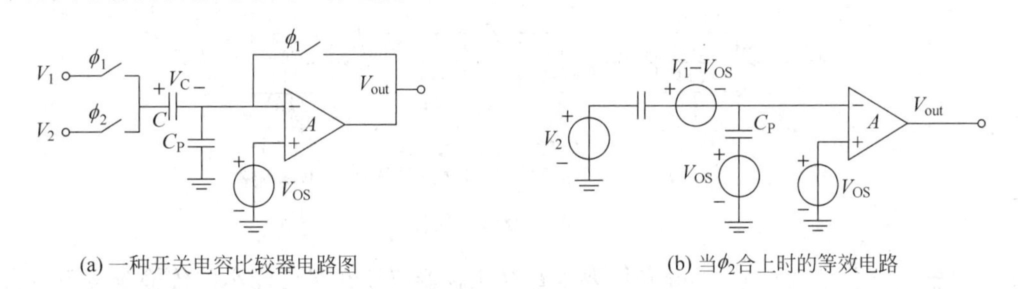

图 7-86　开关电容比较器

可再生比较器是锁存结构的比较器，是一种双稳态电路，其工作原理是利用正反馈来实现对两个输入信号的比较。图 7-87 是一个实用的可再生比较器的例子。当锁存/复位端为高时（$F_1=1$），M_9 和 M_{10} 管关断，M_5 和 M_6 导通，输出通过输入管 M_3 和 M_4 及 M_7 和 M_8 使比较器进入正反馈状态也就是再生比较模式。此时，M_{1p}、M_{2p}、M_{2n} 和 M_{1n} 处于线性区充当电阻。M_{1p}、M_{2p} 等效的电阻 R_1 和 M_{2n}、M_{1n} 等效的电阻 R_2 将分别决定 M_3、M_4 反馈路径上的增益。当正负输入电压与各自的参考电压比较并改变 R_1 和 R_2 的阻值时，两侧支路增益发生变化，同时就会使两个输出端电压发生相反的变化从而得到正确的比较结果。

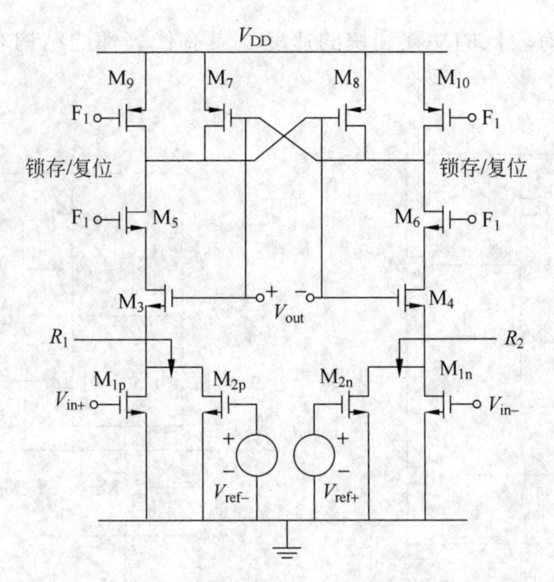

图 7-87　内建阈值的可再生比较器

7.10.3　高速比较器的设计

高速比较器的一个最主要的设计考虑就是尽可能地降低其传输延迟。考虑如图 7-88 所示的一个级联比较器模型，其中每个比较器的增益都为 A_0，且都只有一个大小为 $1/\tau$ 的单极点。

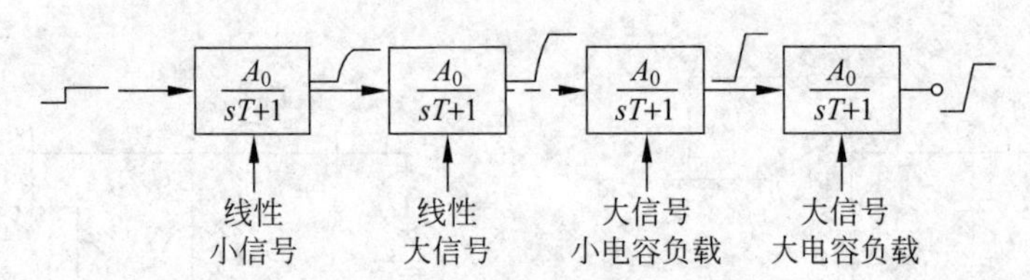

图 7-88　级联比较器

当输入变化稍大于 $V_{in}(\min)$时，要求每级比较器应该在尽可能小的传输延迟下放大信号。对于前几级比较器来说，它们的信号摆幅较小，因此提高其带宽可以减小时延；而对于后面的几级电路，因为信号摆幅较大则必须考虑摆率的限制，应该将比较器设计成高摆率。可见，该比较器链路中各个部分比较器的设计并不相同。

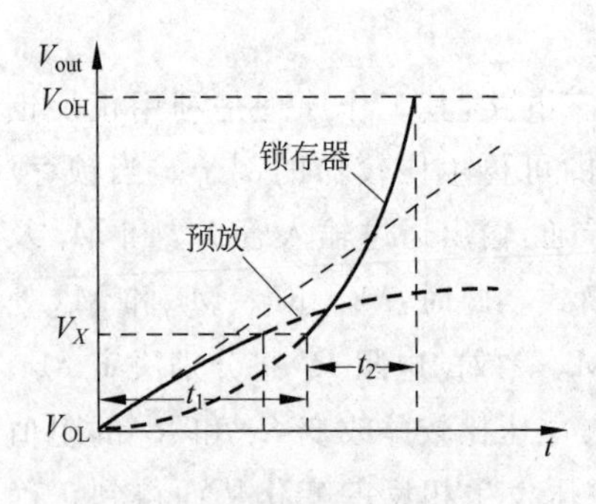

图 7-89　前置放大器和锁存器的阶跃响应

高速比较器设计的基本原则是采用前置放大器使输入的变化足够大并将其加到锁存器上。这就集合了各个电路的优点：具有负指数响应的前置放大器电路和具有正指数响应的锁存器电路，这样整体的响应时间将减少，如图 7-89 所示。级联比较器的最佳个数是 6,每个比较器增益是 2.72,但综合考虑其他指标要求,比如面积消耗等,使用 3 个增益为 6 的比较器也可以提供更好的性能和更小的面积,具体结果参见文献[5]。

7.11 开关电容电路

开关电容电路通常是由运算放大器、MOSFET 开关和电容构成的一种很常见、很基本的电路。与普通放大器等处理连续信号的电路不同的是,开关电容电路是处理离散时间信号的电路系统。它的应用范围很广泛,比如其在滤波器的设计中就有着非常重要的地位。这是因为在处理声音时或者是生物医学等低频应用领域,滤波器需要有很大的时间常数,也就是说需要大电容或者是大电阻,这在工艺中实现起来是比较困难的。而开关电容电路的行为类似于电阻,并且其实现大阻值的电阻也很容易,这就使滤波器可以方便地和其他电路模块相集成。另外,因为离散时间系统的频率响应精度由开关电容电路的电容比值决定,而在集成电路工艺下,电容比值的精度高于一般集成电阻、电容的精度。因此,开关电容电阻具有更好的性能。

7.11.1 基本开关电容

图 7-90 所示为一个基本而又非常简单的开关电容电路。该开关电容电路在频率为 f_c(要求 f_c 要远高于输入信号的频率)的时钟驱动下工作,该时钟有两个不交叠的相位 ϕ_1 和 ϕ_2。在 ϕ_1 相位时钟控制下,电容左侧开关导通将电容充电到输入电压 V_1,此时 ϕ_2 控制下的右侧开关处于关断状态;在时钟处于 ϕ_2 相位时,左侧开关关断,右侧开关导通将电容上的电荷放电,使其上电压降至输出电压 V_2。在整个信号传递的周期 $T_c(1/f_c)$时间段中,电荷总的转移量 ΔQ 为 $C(V_1-V_2)$,这些电荷量的变化所形成的电流如图 7-90 所示,图中虚线表示该电流等效成一个平均值为 I_{av} 的在整个周期内都存在的稳定电流,即有

$$I_{av}=\frac{\Delta Q}{T_c}=\frac{C(V_1-V_2)}{T_c}=\frac{V_1-V_2}{\frac{T_c}{C}} \tag{7-154}$$

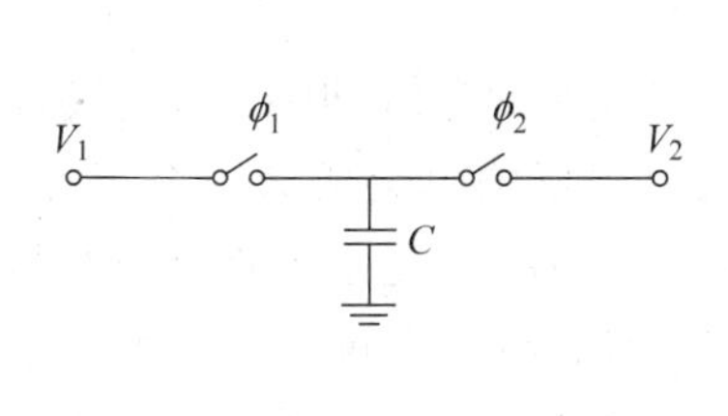

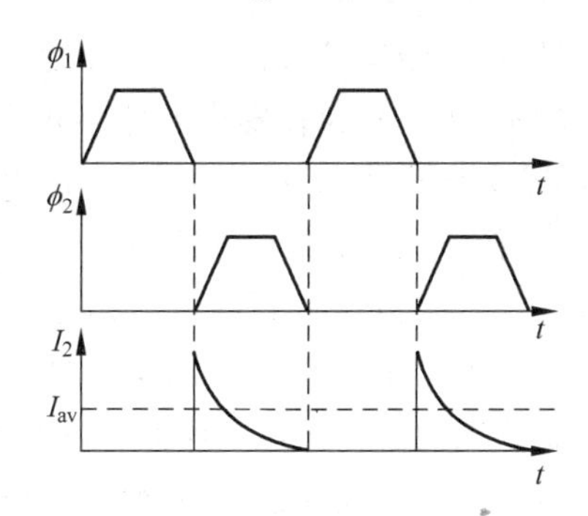

图 7-90 开关电容电路

可见，该开关电容就等效成了一个电阻

$$R_{\mathrm{eff}}=\frac{T_{\mathrm{c}}}{C}=\frac{1}{f_{\mathrm{c}}C} \tag{7-155}$$

在实际电路中，当输入信号频率与时钟频率相比很低时，这个近似是合理的。

7.11.2 基本单元

(1) 运算放大器

上述基本开关电容电路模拟了电阻功能，而要完成信号的运算和处理，就像连续时间电路一样，必须有运算放大器的参与。由于电路中实际运放存在非理想特性，比如有限的开环直流增益、有限的单位增益带宽和相位裕度、转换速率限制以及直流电压偏移等，因此也影响了开关电容电路的特性。但要注意的是，在 CMOS 工艺中运放的输入端通常都是 MOS 管的栅，因此低频下输入阻抗很大，通常可以认为是理想的。

运放的直流增益会影响开关电容电路对信号传输的精度，在这一点上与用于连续时间电路中的运放是一致的。而运放的单位增益带宽和相位裕度则决定了运放小信号建立时间的长短。通常运放单位增益带宽必须大于采样时钟频率的 5 倍，而相位裕度则要超过 70°。目前，信号处理对电路高速高精度的要求日益苛刻，单级高增益的运算放大器得到了广泛的应用。该类型的运算放大器输出电阻很大(在 100kΩ 以上)，而对 MOS 电路来说后级负载又通常都是容性的，因此该类型运放并不需要输出缓冲级。单级运放结构简单、极点较少，其单位增益带宽通常可以做得很大，但是在其输出节点上具有大的输出阻抗，所以负载电容对主极点的位置有很大的影响。负载电容的大小直接决定了单位增益带宽和相位裕度：负载电容越大，单位增益带宽越小，相位裕度越大。当然，运放大信号下有限的转换速率也会限制开关电容电路工作的最高时钟频率。而采用相关双采样技术可以显著降低运放的直流电压偏移，同时该技术还能减小运放的低频输入噪声($1/f$ 噪声)。

(2) 电容

在现代的集成电路工艺中，可形成电容的方法有很多，比如利用金属夹氧化层、金属和重掺杂区域夹氧化层等。但通常又以如图 7-91 所示的两层多晶夹一层薄氧所形成的电容最为常见，这种结构具有很高的线性度。

要注意的是，正是因为在集成电路中可形成电容的方法有很多，除了设计需要形成的电容以外，难免会产生很多寄生电容，寄生电容的影响也会成为一个很重要的因素。从图 7-91 中左图可见，C_1 是设计所需要形成的电容，而 C_{p1} 是上极板金属和衬底之间的寄生电容，其大小约为 C_1 的 1%～5%；C_{p2} 是下极板和衬底之间的寄生电容，其大小可达 C_1 的五分之一。所以在电路中使用这种双层多晶形成的电容时，要注意上下极板对电路节点的影响是不同的。比如在采样保持电路中采样电容使用这种结构时，寄生电容小的电容上极板应该接于运放的输入端，而寄生电容大的下极板应该接于信号的输入端。这也就是现在广泛使用的所谓“下极板采样技术”。

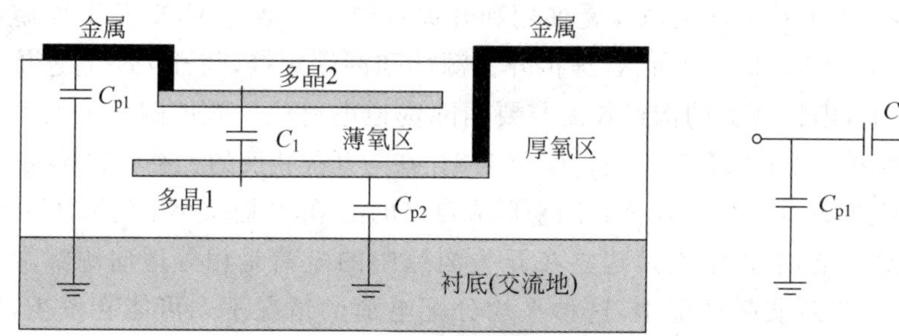

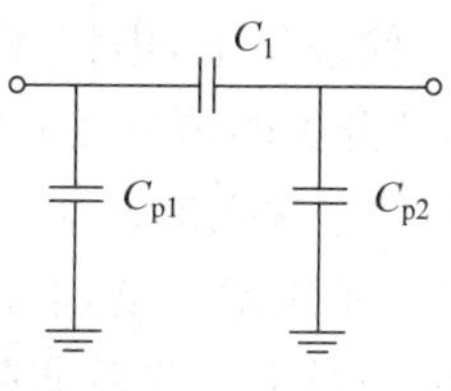

图 7-91　常见的一种双层多晶电容剖面图和其等效电路图

(3) 开关

理想开关应该具有无穷小的导通电阻和无穷大的关断电阻,电流可以双向传递,开关对所传递的信号电压无影响。MOSFET 比 BJT 更具有接近理想开关的特性。MOSFET 作开关使用时工作于线性区,其沟道电阻根据宽长比的不同可以低至 100Ω,而关断状态下的电阻则可以高至 GΩ 量级。MOSFET 源漏区根据电流方向的不同可以互换,因此是双向的。而且,工作于深线性区的 MOSFET 沟道导通电阻可以做到很小,通过开关的信号不会有直流偏移,故被称为"零失调"开关。

但是,MOSFET 开关也有缺点。首先是所传递信号的大小范围限制。考虑到阈值电压的存在,无论单独使用 NMOS 还是 PMOS 都存在一个信号传递的"盲区"。因为当 MOSFET 作开关使用时,其栅上通常都会加上控制电压 0V 或者电源电压 V_{DD}(通常就是时钟信号)。若 MOSFET 的阈值电压为$|V_{th}|$,则可知开关可传递的信号范围为 0 到 $V_{DD}-|V_{th}|$(对 NMOSFET 而言)或者$|V_{th}|$到 V_{DD}(对 PMOSFET 而言)。这个缺点可以使用如图 7-92(a)所示将 NMOSFET 和 PMOSFET 并联的 CMOS 互补开关来克服,该类型开关具有从 0 到 V_{DD}的全范围信号通过能力。当然,该互补开关需要使用一对互补的反向控制信号来驱动栅极。

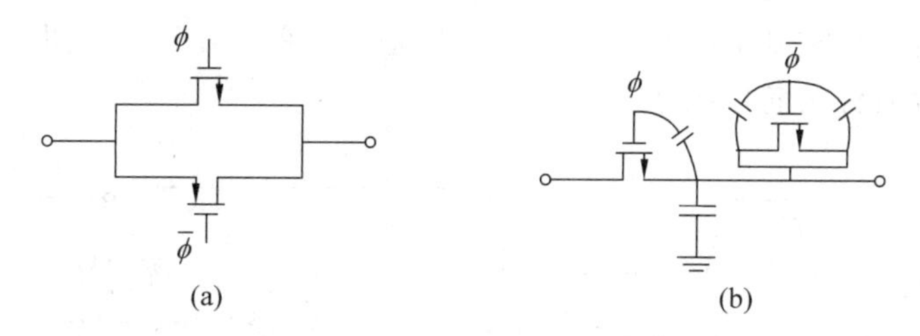

图 7-92　CMOS 互补开关(a)和 MOSFET 虚拟开关(b)

另外,因为 MOSFET 开关的沟道电荷注入和时钟馈通效应,将会给信号采样引入误差,导致精度降低。

所谓沟道注入是指当 MOSFET 关断时,栅下面导电沟道中原本积累的反型层载流子(NMOSFET 是电子,PMOSFET 是空穴)将会分别向源、漏端泄放,从而给开关源或漏端连接的采样电容带来电压误差,造成信号精度下降。减小沟道电荷注入通常可采用三种方法。

第一种减小沟道电荷注入的方法是使用和开关管同一类型的 MOSFET 作虚拟开关(dummy switch),如图 7-92(b)所示,虚拟开关源端和漏端短接,与开关一起连接于采样电容同一侧极板上,虚拟开关的沟道长度与要消除沟道电荷注入效应的开关沟道长度一致,而虚拟开关的沟道宽度取开关沟道长度的 1/2。在与开关相反的互补时钟控制下,虚拟开关可以将开关关断时泄放的电荷吸收用来形成自己的沟道,从而减小了沟道注入效应。

但是,要注意的是,上述结论是建立在开关沟道中的电荷是相等地向源漏端两侧泄放得到的假设上。尽管实际情况中,这种平均分配电荷的情况不太可能会发生,但是这种使用虚拟开关的方法仍可以很大程度上消除电荷注入效应。

第二种减小沟道电荷注入的方法是使用 CMOS 互补开关。因为组成该开关的 NMOSFET 和 PMOSFET 工作时形成的沟道类型相反,因此合理地设置两个开关的尺寸保证 $W_n L_n C_{oxn}(V_g - V_{in} - V_{thn}) = W_p L_p C_{oxp}(V_{in} - |V_{thp}|)$,也就是使两种类型开关形成导电沟道时所积累的沟道电荷相等,则可以使两个开关相互注入沟道电荷,从而有效地降低沟道电荷注入给采样电容上电压带来的影响。

第三种减小沟道电荷注入的方法是采用差动电路。因为沟道电荷注入带来的电压上的误差在差动电路中可以看作共模干扰,因此可以被差动电路所消除。

时钟馈通效应是指开关栅上的时钟可以通过栅源、栅漏交叠电容耦合到源漏端,从而使采样信号上叠加了时钟引入的干扰。这个干扰电压由交叠电容和采样电容串联的分压得到。消除电荷注入效应的虚拟开关同时可以很好地抑制时钟馈通效应。而 CMOS 互补开关则因为两种类型 MOSFET 的交叠电容并不相等,因此无法完全消除时钟馈通。

(4) 不交叠时钟

不交叠时钟是指周期相同但高电平在任何时候都不会交叠的一组时钟,如图 7-93 所示。开关电容电路工作时通常都需要至少一对不交叠时钟。因为开关电容电路是处于离散工作状态的一种电路,为了避免电容上的电荷被泄放掉,电容两侧的开关不能同时导通。不交叠时钟控制下的开关就可以实现这一要求。图 7-93 中也给出了一个可以产生两相不交叠时钟的简单电路。

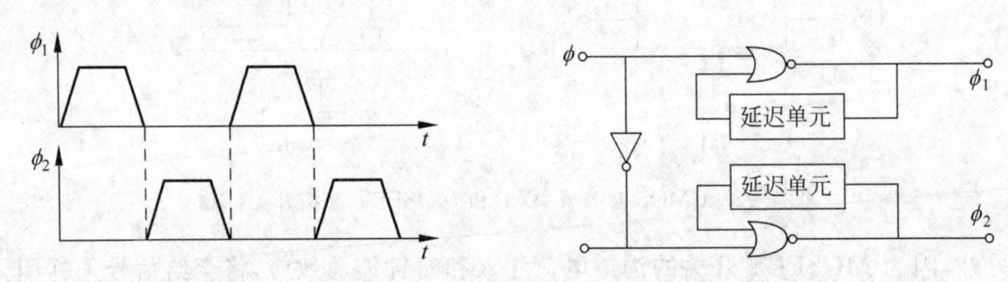

图 7-93　不交叠时钟及产生电路

7.11.3　开关电容滤波器

图 7-94 所示为一个采用普通电阻和电容构成的一阶有源低通滤波器,该滤波器的

通带增益表达式和通带截止频率的表达式分别为

$$A_{v0} = R_2/R_1 \tag{7-156}$$

$$f_{-3\mathrm{dB}} = 1/(2\pi R_2 C) \tag{7-157}$$

在现有半导体工艺条件下,电阻的比值可以做得很精确,因此该滤波器的通带增益精度可达0.5%;而通带截止频率的精度却与电阻和电容的乘积有关,电阻和电容本身的工艺误差很大(电阻通常在30%左右,电容在20%左右),因此其乘积的误差使得截止频率的误差一般至少超过20%。

若采用开关电容技术将图7-94中的电阻替换掉,则构成开关电容滤波器,如图7-95所示。该开关电容滤波器的通带增益和通带截止频率表达式分别为

$$A_{v0} = C_1/C_2 \tag{7-158}$$

$$f_{-3\mathrm{dB}} = \frac{f_c}{2\pi} \cdot \frac{C_2}{C} \tag{7-159}$$

其中,f_c 是控制开关的时钟频率。

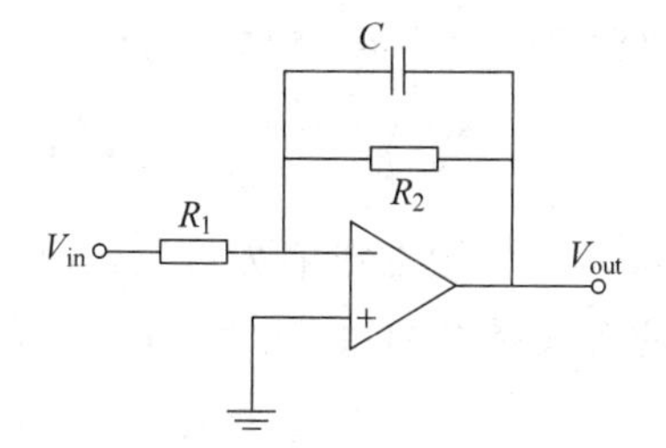

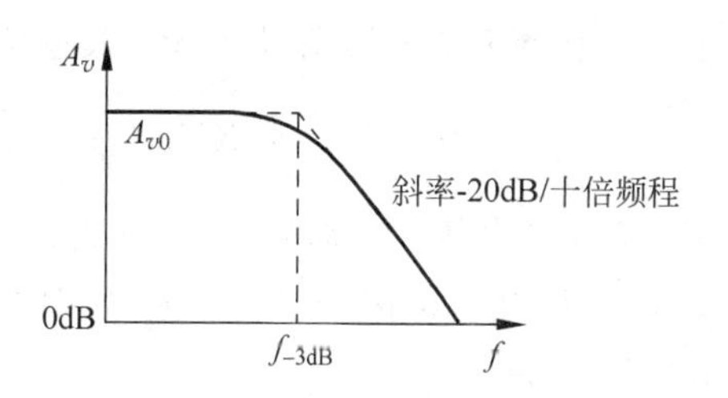

图7-94 采用电阻电容的低通有源滤波器电路图和幅频特性

可见开关电容滤波器的通带增益和通带截止频率只与电容的比值有关。而在现在的工艺条件下,电容的比值比电阻的比值精确很多,可达到0.2%,通带截止频率的精度得到了极大的提高,而且直流功耗也减小了很多。但是要注意,这些结论只有当时钟频率 f_c 很大(远大于信号频率)时才成立。而且,通带截止频率在时钟一定情况下由电容的比值来决定,因此该低通开关电容滤波器的工作频率不可能做得很高,也不可能做得很低。但是,因为低功耗、易于集成和具有很高精度等特点,使其在低频领域得到了广泛应用。

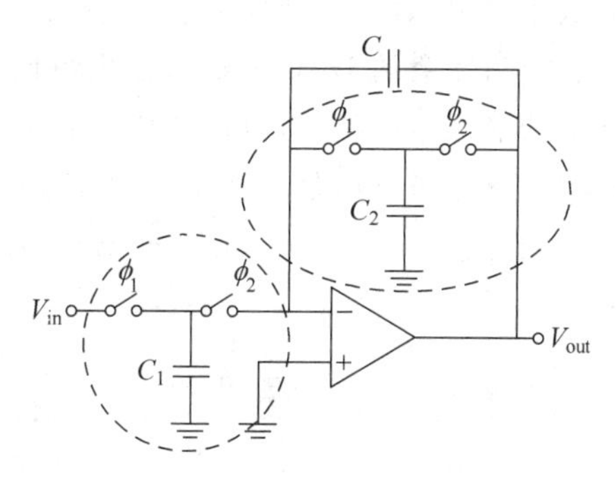

图7-95 开关电容滤波器的设计

7.12 数据转换电路

作为现实的模拟信号世界和数字信号世界的桥梁,数据转换电路(数模转换器DAC和模数转换器ADC)是最重要的电路系统之一,它们担负着将数字信号和模拟信号相互

转换的任务。随着当今数字信号处理技术的日益强大,对高速、高精度数据转换电路的需求也正变得越来越迫切。现在低功耗、易于集成的数据转换电路在 SoC 中也是一个很重要的发展方向。

7.12.1 数模转换器

数模转换器(DAC)电路的作用是利用基准电压,将数字信号处理系统的数字码输出转换为等价的模拟信号。该模拟信号经后续放大、滤波之后可以应用于后面的模拟系统中。经过转换的模拟信号的输出形式可以是电流也可以是电压。尽管电压输出更常见一些,但在高速高精度应用中,采用电流输出直接叠加、同时具有高速和高精度特点的电流舵型数模转换器(current-steering DAC)是当前的研究热点之一。

1. DAC 的基本特性

对于一个 N 位的电压输出 DAC,其输出电压和数字码的关系可以表示为

$$V_{\text{out}}=KV_{\text{ref}}\left(\frac{b_0}{2^1}+\frac{b_1}{2^2}+\frac{b_2}{2^3}+\cdots+\frac{b_{N-1}}{2^N}\right) \tag{7-160}$$

其中,V_{ref}是基准电压;b_0 称为“最高有效位”(MSB),b_{N-1}称为“最低有效位”(LSB),它们取 0 或者 1;K 是比例因子。实际上,LSB 更通常的含义是 DAC 所能表示的最小电平,其大小为 $V_{\text{ref}}/2^N$。

图 7-96 所示为一个 3 位 DAC 的理想输入输出特性,纵轴是用参考电压 V_{ref} 归一化的电压输出,每一个数字码都对应着一个特定的模拟电压输出值。图中的斜线是精度(位数)为无穷的 DAC 的输入输出特性。实折线和虚折线都表示的是 3 位 DAC 理想情况下的输入输出特性,但是区别在于各自电压的基准起点不同。实折线数字码 000 对应的归一化参考电压是 $1/2^3$ 的一半,即 0.0625。而虚折线的 000 对应的是归一化参考电

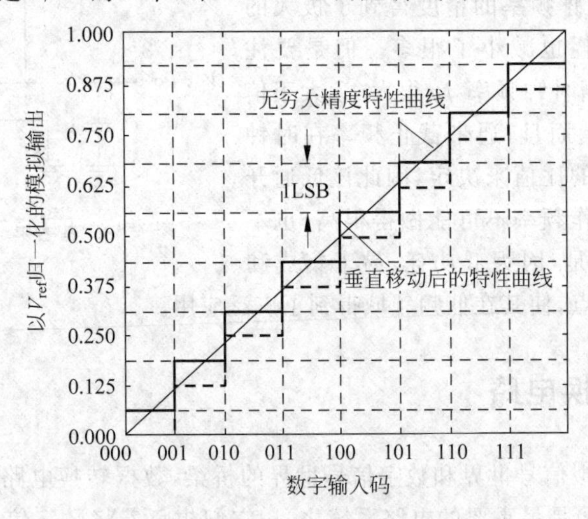

图 7-96 一个 3 位 DAC 的输入输出特性

压0。在后面对DAC静态特性的讨论中将看到使用实折线特性曲线的DAC具有更好的积分非线性(INL)特性。

DAC的基本特性一般包括精度、满刻度范围、量化噪声、静态转换误差(包括失调误差、增益误差、积分非线性误差、微分非线性误差和单调性误差)、速度等。下面分别予以介绍。

(1) 精度(resolution)指的是DAC的数字码的位数。如图7-96中的DAC的精度就是3位。

(2) 满刻度值(the full scale,FS)指的是最大数字码(以图7-96为例,该值为111)和最小数字码(以图7-96为例,该值为000)各自对应的模拟输出量之差。对于任意一个DAC,该满刻度值可以表示为

$$FS = V_{ref} - LSB = V_{ref}\left(1 - \frac{1}{2^N}\right) \tag{7-161}$$

FS的大小只和DAC的参考电压大小和位数有关,与DAC输入输出特性折线基准起点的位置无关。这一结论也可以从图7-96直接看出。

(3) 满刻度范围(the full scale range,FSR)指的是当DAC的位数趋近于无穷大时满刻度值FS的大小。根据式(7-161)可知FSR数值上限就等于参考电压V_{ref}。

(4) 量化噪声(quantization noise)是DAC在数模转换过程中的固有误差,这个误差是因为DAC的有限精度造成的。以3位精度的DAC为例,根据图7-96分别对应每一个数字码的理想输入输出特性和无限精度DAC的输入输出特性差值,可以做出其量化噪声的误差分布图,如图7-97所示。图中实线对应的是采用图7-96中实折线输入输出特性的量化噪声结果;而虚线对应的是采用图7-96中虚折线输入输出特性的量化噪声结果。可见,实线的量化噪声平均值为零,而虚线则不是,因此实线的这种量化方式在DAC中应用更普遍一些。量化噪声是位数固定DAC数模转换精度的下限,只有提高DAC的位数才可以进一步减小量化噪声。

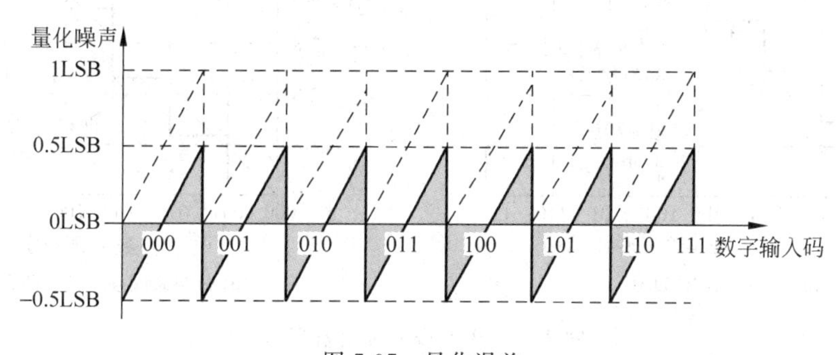

图7-97 量化误差

(5) 动态范围(dynamic range,DR)定义为满刻度范围FSR和DAC所能转换的最小电压LSB的比,即

$$DR = \frac{FSR}{FSR/2^N} = 2^N \quad 或 \quad DR(dB) = 20\lg(2^N) = 6.02N(dB) \tag{7-162}$$

(6) 信噪比(signal-to-noise ratio,SNR)在DAC中定义的是满刻度值的均方根值和量化噪声均方根值之比。若信号是一个正弦波,则其最大可能幅值的均方根值应该是$(\mathrm{FSR}/2)/2^{0.5}$。而对于图7-97中实锯齿线表示的量化噪声的均方根值,有

$$\mathrm{RMS}(\text{量化噪声}) = \sqrt{\frac{1}{T}\int_0^T \mathrm{LSB}^2\left(\frac{t}{T}-0.5\right)^2 \mathrm{d}t} = \frac{\mathrm{LSB}}{\sqrt{12}} = \frac{\mathrm{FSR}}{2^N\sqrt{12}} \tag{7-163}$$

所以,DAC中可能的最大信噪比值为

$$\mathrm{SNR}_{\max} = \frac{\mathrm{FSR}/2\sqrt{2}}{\mathrm{FSR}/(2^N\sqrt{12})} = \frac{2^N\sqrt{6}}{2} \tag{7-164}$$

用分贝可以表示为

$$\mathrm{SNR}_{\max}(\mathrm{dB}) = 20\lg\left(\frac{2^N\sqrt{6}}{2}\right) = 6.02N + 1.76(\mathrm{dB}) \tag{7-165}$$

(7) 有效位数(effective number of bits,ENOB)表示的是DAC实际的精度大小,该值总是小于DAC的位数。其值可以由式(7-166)得到。但要注意的是,此处的$\mathrm{SNR}_{\mathrm{actual}}$表示的是实际电路中测出的DAC信噪比。

$$\mathrm{ENOB} = \frac{\mathrm{SNR}_{\mathrm{actual}} - 1.76}{6.02} \tag{7-166}$$

(8) 失调误差(offset error)如图7-98(a)所示,其表现为一个平行于理想特性但沿纵轴方向上(输出电压)移动了的输入输出特性。因为该误差对于每一个数字码都是固定的,所以可以利用特性曲线的平移来消除。

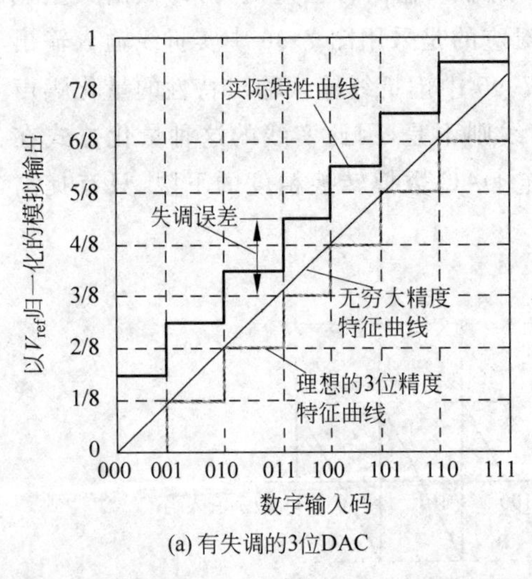

(a) 有失调的3位DAC

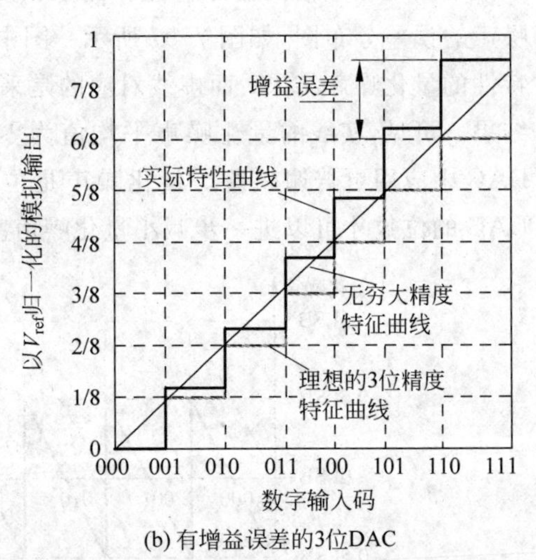

(b) 有增益误差的3位DAC

图7-98 失调误差和增益误差

(9) 增益误差(gain error)是实际的输入输出特性和理想的输入输出特性在最右侧所测得的在纵轴方向上(输出电压)的偏差,如图7-98(b)所示。如果将实际的输入输出特性和理想的输入输出特性中的每个数字码所对应的电压值用直线连接起来,则可以发现这两条直线斜率不同,而原点却是相同的,如图7-99所示。

(10) 积分非线性误差(integral nonlinearity,INL)如图 7-100 所示,积分非线性误差是指实际有限精度输入输出特性和理想的有限输入输出特性在纵轴方向上的最大差值。其值可正可负,通常可以用满刻度范围的百分比或者 LSB 来表示。要注意的是其和增益误差的含义并不一样。图 7-100 中的每个数字码所对应的电压值不在一条直线上,其偏离理想有限精度特性的纵向距离大小也是随机的。

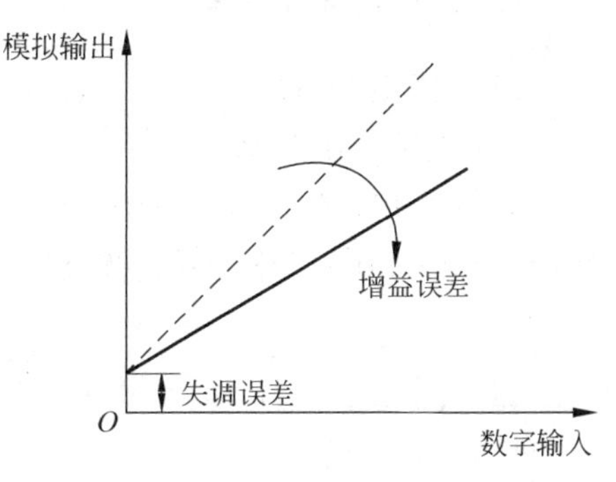

图 7-99 失调误差和增益误差的另外一种图示

(11) 微分非线性误差(differential nonlinearity,DNL)(如图 7-100 所示)微分非线性误差表示的是在纵轴方向上相邻两个电平差偏离理想电压台阶的大小,其值可正可负。大小通常也可以用偏差和理想值的百分比或者是 LSB 表示。

(12) 转换速度(conversion speed)。

图 7-101 显示了当 DAC 的某个数字码变化时,输出电压的变化。虚线所示是理想情况下的电压输出,而实线则是实际情况下可能出现的结果。首先,因为运放转换速率(slew rate,或称压摆率)的限制,实际输出电压会有一个上升时间。另外,因为运放相位裕度的问题,输出电压可能会发生过冲现象,产生所谓"尖峰"或"毛刺"(glitch)。这个尖峰的能量(尖峰电压部分在时间轴上的积分)应该小于 1LSB 对应的能量。当输出稳定在一定精度,如 0.1%之内时,这段时间称为"建立时间"(setting time)。再有,若是 DAC 中的时钟馈通到了输出端,也会在输出上产生毛刺。

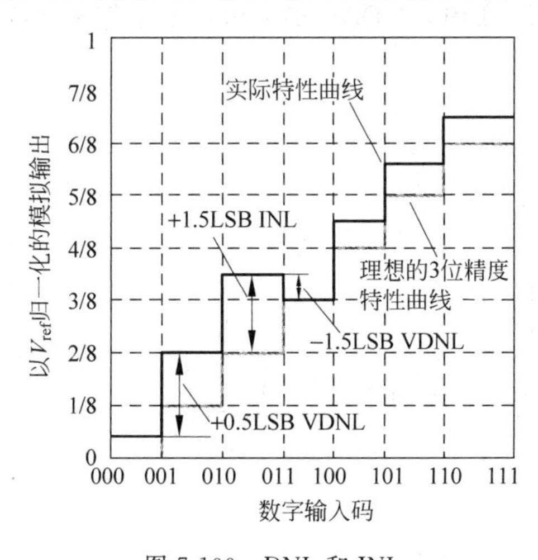

图 7-100 DNL 和 INL

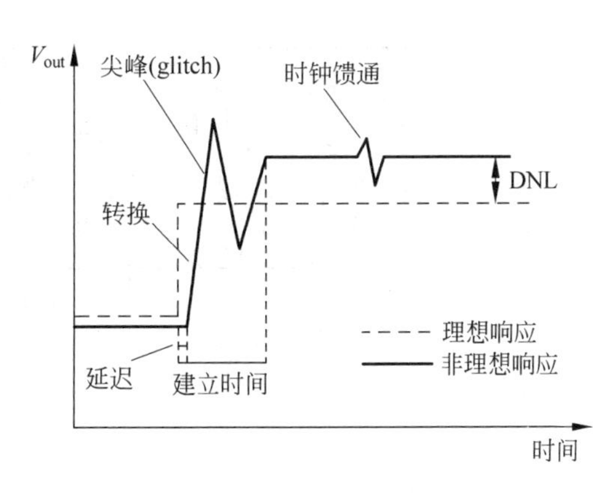

图 7-101 转换速率

转换速率衡量的就是数字码变化时模拟输出到达预定输出的快慢。这个快慢可以用上面提到的建立时间来度量。从前面对输出电压波形变化的分析可见,转换速度受电路中寄生电容、运放的单位增益带宽和运放自身压摆率等因素影响很大。

2. DAC 的典型结构

1）电阻型 DAC

(1) 电阻分压 DAC

如图 7-102 所示，电阻分压 DAC 的结构非常简单明了：利用大小一致的电阻串联而成的电阻链分压，在各个节点就可以得到 DAC 对应不同数字码的各个电压值。利用开关将这些电压值引出来，再通过一个输出缓冲级驱动后级电路。对于一个 N 位分辨率的 DAC 来说，需要有 2^N-1 个电阻和 2^N 个开关。例如 10 位的 DAC 就需要 1023 个电阻和 1024 个开关，这个数量是非常巨大的。在实际电路中，因为电阻之间匹配精度的限制，这种类型的 DAC 分辨率只能做到 6～8 位。

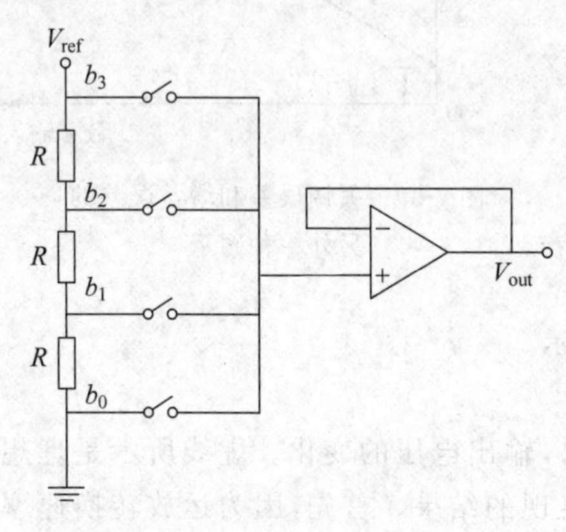

图 7-102　电阻分压 DAC

(2) 二进制加权电阻 DAC

图 7-103 所示的二进制电阻加权 DAC 的工作原理是利用数字码控制的开关控制各电阻支路上电流叠加，然后通过反馈电阻 R_F 在运放输出端产生电压输出。实际上这就是一个反相求和的放大器。输出电压表达式可写为

$$V_{out}=-R_F i_{out}=-R_F\left(\frac{b_0}{R}+\frac{b_1}{2R}+\cdots+\frac{b_{N-1}}{2^{N-1}R}\right)V_{ref} \tag{7-167}$$

其中，$R_F=K(R/2)$，K 称为 DAC 的增益。当 $K=1$ 时，该 DAC 最大电压输出等于满刻度值 FS。

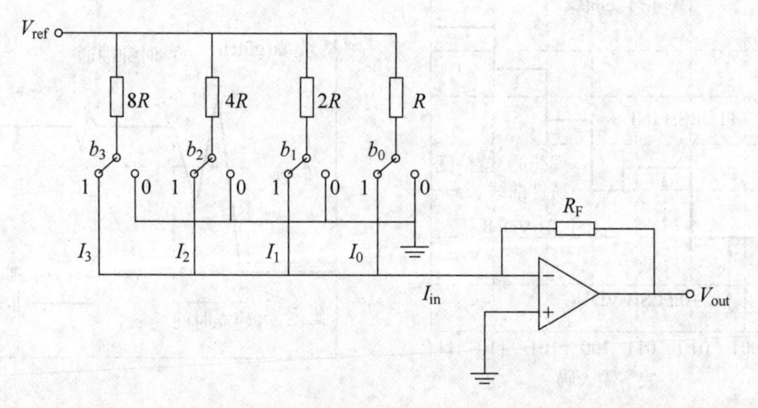

图 7-103　二进制加权电阻 DAC

这种类型 DAC 的优点是不受寄生电容影响，因此具有很高的速度。但是，从式(7-167)可见，当其位数比较高时，最小电阻和最大电阻之间的比值会变得很大。比如对于一个 8 位的该型 DAC 来说，最低位电阻大小为 R，而最高位电阻大小则为 128R。过大的电阻

值差距将会导致很大的匹配误差。另外，这种类型的DAC还有一个巨大的缺点：当数字码从011…1向100…0转换时，所有开关的状态都将同时发生变化，此时将会在输出端产生很大的毛刺(glitch)，使DAC的性能变差。

(3) R-$2R$电阻DAC

图7-104所示的R-$2R$梯形电阻DAC中只有阻值为R和$2R$的两种电阻，因此很好地解决了二进制加权电阻DAC的电阻值相差过大的问题。该类型DAC可以很容易达到10位的精度，而且可以做到很高的速度。由图可见，在任何一个$2R$电阻左侧向右看过去的电阻网络阻值都是$2R$。因此流过整个电阻网络的电流大小为V_{ref}/R，并且在任何一个$2R$电阻支路与R电阻支路连接点处都会将电流等分。从左到右流过$2R$电阻支路的电流分别是$V_{ref}/2R, V_{ref}/4R, \cdots, V_{ref}/2^N R$，其中$N$是DAC的位数。通过开关的选择可以使电流流向地或者流到运放的输入端通过反馈电阻产生输出电压V_{out}。但不论开关切换到哪边，每条支路的电流大小并不变化。

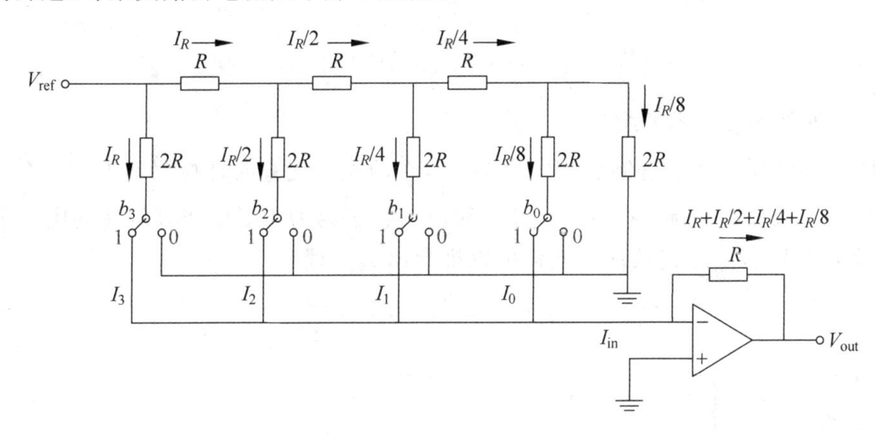

图7-104 R-$2R$梯形电阻DAC

2) 电容型DAC

电容型的DAC都是利用电容上电荷转移的方式实现电压输出的。与电阻类型DAC相比，因为电容在实际工艺中的失配要小很多，所以在同等结构下精度要比电阻型的高出至少两位，同时其直流功耗也小了很多。另外，电容型DAC可以与开关电容电路很好地兼容。

(1) 电荷按比例缩放DAC

图7-105所示为由一个电容阵列和一个缓冲放大器构成的电荷按比例缩放DAC，一个两相不交叠时钟控制电容充放电。在ϕ_1相，电容阵列中所有电容的上下极板都接地。在ϕ_2相，所有电容的上极板与地断开，而电容的下极板在数字码控制下有两类接法：一类接到基准电压V_{ref}(数字码为1)，设这类电容并联后的总电容值为C_{ref}；另一类仍旧处于接地状态(数字码为0)，设这类电容并联后的总电容值为C_{gnd}，C_{ref}与C_{gnd}是串联关系。每类电容存储的总电荷量应相等，于是有

$$(V_{ref} - V_+)C_{ref} = V_+ C_{gnd} \tag{7-168}$$

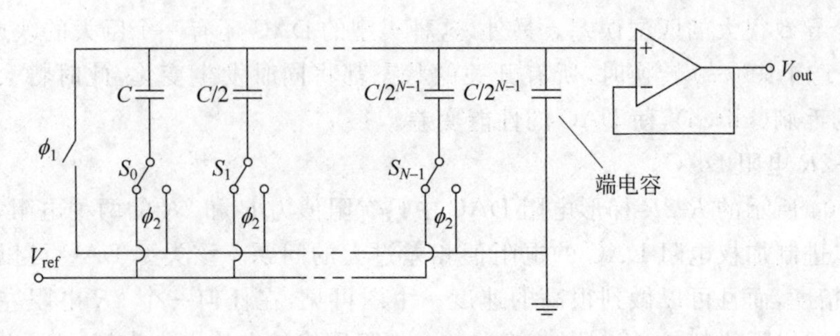

图 7-105　电容按比例缩放 DAC

其中,V_+ 是缓冲放大器正输入端的电压,$V_{\text{out}}=V_+$。由式(7-168)进一步推导可得

$$V_{\text{ref}}C_{\text{ref}}=V_+\ (C_{\text{gnd}}+C_{\text{ref}}) \tag{7-169}$$

$$V_{\text{ref}}\left(b_0C+\frac{b_1C}{2}+\cdots+\frac{b_{N-1}C}{2^{N-1}}\right)=C_{\text{tal}}V_{\text{out}}=2CV_{\text{out}} \tag{7-170}$$

$$V_{\text{out}}=\left(\frac{b_0}{2}+\frac{b_1}{2^2}+\cdots+\frac{b_{N-1}}{2^N}\right)V_{\text{ref}} \tag{7-171}$$

(2) 二进制加权电容 DAC

如图 7-106 所示为二进制加权电容 DAC,在两相不交叠时钟控制下工作。在 ϕ_1 相,所有电容的上极板都接地;在 ϕ_2 相,开关对应的数字码为 1 时则将其对应的电容上极板接到参考电压 V_{ref},反之仍接地。同样可以推导出其方程

$$V_{\text{out}}=-K\left(\frac{b_0}{2}+\frac{b_1}{2^2}+\cdots+\frac{b_{N-1}}{2^N}\right)V_{\text{ref}} \tag{7-172}$$

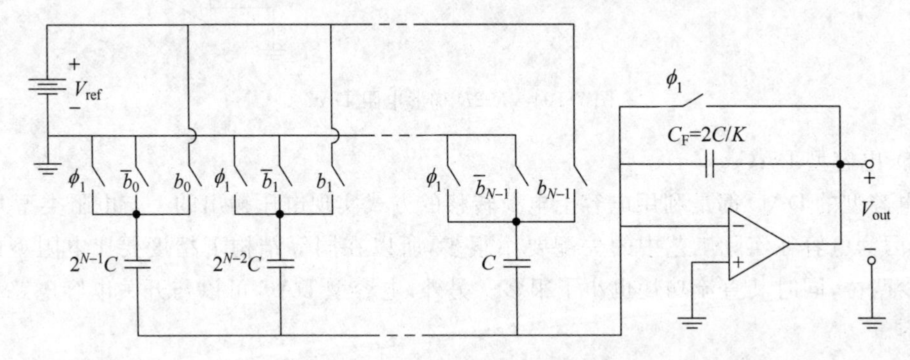

图 7-106　二进制加权电容型 DAC

3) 电流舵型 DAC

电流舵型 DAC(current steering DAC)不使用电阻和电容,而是利用电流源支路上的电流直接叠加来形成 DAC 输出,因此具有高速、高精度的特点。该型 DAC 电路图如图 7-107 所示。对比二进制加权电阻 DAC 和 R-$2R$ 电阻型 DAC,可见它们在工作方式上非常相似,都是各支路的电流在开关控制下叠加。在实际工艺中,用作电流源的 MOSFET 通常精度不会低于构成 DAC 的电阻。但是它与二进制加权电阻 DAC 有同样的缺点:当某个状态开关同时变化时会产生很大的毛刺。因此在实际电路中,人们常使

用温度计编码来解决这个问题。温度计编码下的开关阵列在任意相邻两个状态下变换时，只有一个开关状态会发生变化，这就避免了大量开关同时变化造成的大的毛刺产生。另外，因为电流源阵列的失配会影响 DAC 的精度，因此在版图设计中不仅需要采用中心对称等方法，还要合理安排各个电流源开关导通的顺序，尽量使电流源的误差可以互相抵消从而减小 INL。

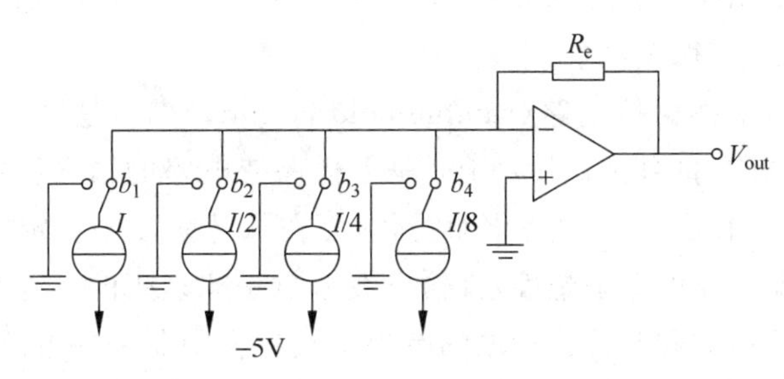

图 7-107 电流舵型 DAC

4) 混合型 DAC

一般来说随着 DAC 分辨率的提高，所需面积也越来越大，而元件之间匹配的精度也会越来越差。混合型 DAC 利用低精度的若干子 DAC 的组合使用，可以实现分辨率的提高而对面积和匹配精度的要求却不会有太大提高。混合型 DAC 的方法可以是同种类型子 DAC 之间的混合，也可以是不同类型子 DAC 之间的混合。

7.12.2 模数转换器

模数转换器(ADC)的功能和数模转换器恰好相反，是将模拟信号转换为数字信号。输入是连续的模拟信号而输出却是精度有限的数字信号，因此模数转换器也是一个数据采样电路。

通常的模数转换器电路都由前置滤波器、采样保持电路、量化器和编码器几个部分组成。根据奈奎斯特采样定律，采样时钟频率至少是信号频率的两倍，才能从采样后的信号中恢复出原始信号。前置滤波器的作用是将高于 0.5 倍采样频率(该频率也被称为奈奎斯特频率)的高频信号滤掉，防止其在奈奎斯特频率下的基带内产生信号混叠。通常把信号频率尽可能接近但小于奈奎斯特频率的 ADC 叫做奈奎斯特模数转换器；而把信号频率远远小于奈奎斯特频率的 ADC 叫做过采样模数转换器。采样保持电路的作用是对模拟信号采样，并在转换过程中保持该采样信号。量化器对采保电路所保持的模拟信号进行量化。最后由编码器将量化结果编译成正确的数字码输出。

因为 ADC 与 DAC 的相似性，它们的静、动态特性的定义也是一样的。只是输入和输出信号类型的相互调换，它们各自特性定义的量在 DAC 中对应的是模拟量而在 ADC 中则是输出的数字编码。

1. ADC 的基本特性

ADC 的特性也包含失调误差(offset error)、增益误差(gain error)、微分非线性

(DNL)和积分非线性(INL),以及动态范围、信噪比和有效位数等。其特性定义,如动态范围、信噪比和有效位数等,与DAC基本相同。

要注意的是,失调误差和增益误差都是在横轴(输入电压)方向上测量的实际有限精度特性曲线和理想有限精度特性曲线之间的差值。而对于ADC的DNL、INL来说,和DAC一样仍旧是在纵轴(数字输出码)方向上测量的。ADC的特性仍旧和DAC一样与寄生电容、运算放大器有很大关系。

另外,ADC中的采样保持电路(sample-hold circuit,S/H)是一个关键的单元,它的性能直接影响整个ADC的性能。图7-108是采样保持电路的输出波形。在采样阶段输出信号(V_{in}^*)跟随输入信号(V_{in})的变化而变化,而在保持阶段则稳定输出最后采样时刻的电压值。由于采保电路的非理想性,其输出波形也是非理想的。这些非理想因素主要来自于采保电路中的运放和开关。运放的有限增益将会限制采保电路的精度,而运放的相位裕度又会影响信号的稳定时间,图中保持阶段输出信号的减幅振荡就反映了这一点。其中采样时间 t_a 表示的是采样电路必须保持采样状态的时间,这个时间保证了采保电路的输出和输入的误差在一个要求的范围之内;建立时间 t_s 是指采保电路所保持的输出信号稳定在要求的误差范围内的时间。采保电路最小的采样时间就等于上述两个时间之和。

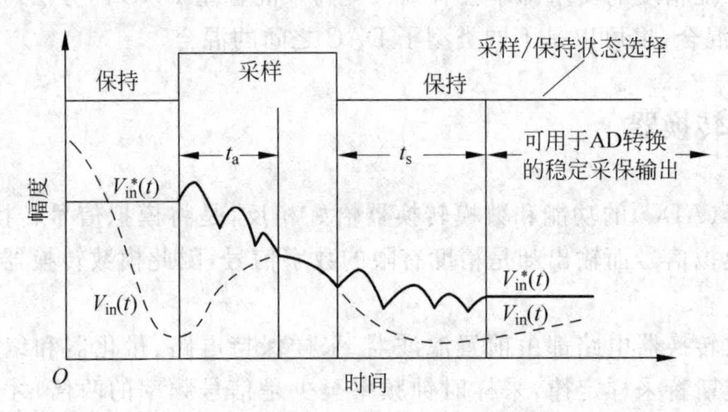

图7-108 采样保持电路的输入输出波形示意图

采保电路通常分为两类:一类是开环结构,一类是闭环结构。开环结构的S/H结构很简单:一个采样开关和一个采样电容,其后是一个缓冲放大器。这种结构速度很快,但是对输入信号源的驱动能力要求较高。闭环结构的速度相对较低,但是精度高而且对信号源的驱动能力要求不高。

2. ADC的典型结构

作为人类通向数字化时代的重要桥梁,ADC已经出现了30多年,其结构不断变化而性能也逐步提高。从最早的并行、逐次逼近型、积分型到近年来的△-Σ型和流水线型ADC,各有所长,能满足不同的性能要求。

1) 积分型 ADC

积分型 ADC 一般有单斜率、双斜率和多斜率等不同种类。一般由一个带输入切换开关的模拟积分器、一个比较器和一个计数器构成，结构简单，对输入信号进行串行变换。

单斜率积分型 ADC 首先对信号采样。在时钟到来时积分器开始对参考电压 V_{ref} 进行积分，当采样的输入信号比该积分结果大时，计数器开始计数，直到积分结果大于采样的输入信号时计数器才停止计数，并将计数结果转换成所要求的码型输出。单斜率积分型 ADC 性能受积分器精度限制很大，并且是单极性的。当输入信号最大时(接近参考电压 V_{ref})转换时间很长，为 $2^N T$。其中 N 是转换器位数，T 为时钟周期。

双斜率积分型 ADC 有正负两个积分周期，使用相同的计数器来确定积分时间。图 7-109 是一个实际电路的例子，设 N 是转换器位数，T 为时钟周期。

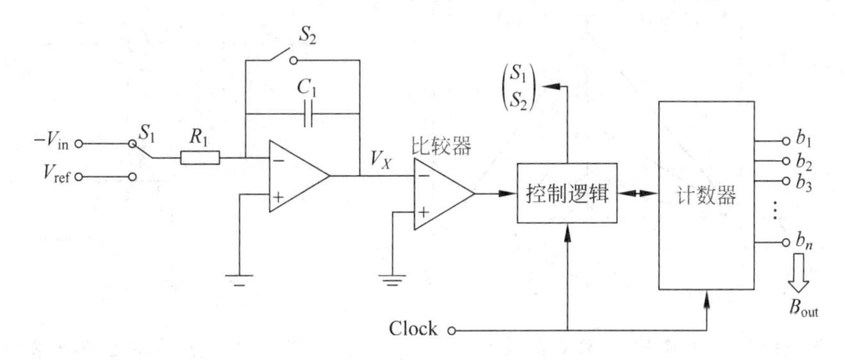

图 7-109 双积分型 ADC 的一种结构

在第一个积分周期 T_1，积分器对输入电压 $-V_{\text{in}}$ 以固定时间常数 R_1C_1 积分 2^N 个时钟周期(由计数器计数)，即 $T_1=2^N T$，积分结果为

$$V_X = (2^N T V_{\text{in}})/(R_1 C_1) \tag{7-173}$$

在第二个积分周期 T_2，积分器输入端接到 V_{ref} 仍以同样的时间常数 R_1C_1 积分(衰减)，计数器重新计数，直到其结果小于零，所用时钟周期数为 N_2，则又有

$$V_X = (N_2 T V_{\text{ref}})/(R_1 C_1) \tag{7-174}$$

而此时计数器输出 B_{out}(与 N_2 相对应)即为最终的数字码输出。

由式(7-173)和式(7-174)可得

$$N_2 = 2^N V_{\text{in}}/V_{\text{ref}} \tag{7-175}$$

可见，由于两次积分都是采用相同的积分常数，转换结果与积分常数的精度无关。图 7-110 示出了双斜率积分 ADC 的工作波形。

2) 逐次逼近 ADC

逐次逼近 ADC 的工作原理可以用天平称量物体质量的工作过程来说明。首先放上一个中间的砝码，若所称量物体质量比此砝码大则该砝码保留，再加上中间砝码以下的中间砝码；反之取下换上中间砝码以上的中间砝码；如此进行下去(二分之一逼近法)，最后天平上剩下的所有砝码就是对应所称量物体的近似质量。对于逐次逼近

ADC 来说，所称量的物体就是采保电路采样并保持的要转换的电压值；由大到小的砝码就是 ADC 权重不同的各个数字码位对应的比较电压；用以比较的天平就是电路中的比较器；取下相应的砝码就是将 ADC 该位置 0，留下相应的砝码就是将 ADC 该位置 1；天平中最终剩下的砝码就是 ADC 相应为 1 的位，将 ADC 为 0 的位按其权重放回 1 的序列中就是 ADC 的数字码转换结果了。根据上述分析，无论是天平的测量，还是逐次逼近 ADC 的转换，都是一个逐渐逼近真实值的过程，这也正是逐次逼近 ADC 名称的由来。

图 7-111 所示为一个逐次逼近 ADC 的结构图。移位寄存器、控制门等数字控制逻辑常被称为逐次逼近寄存器(SAR)，因此这种类型 ADC 也被称为 SAR-ADC。

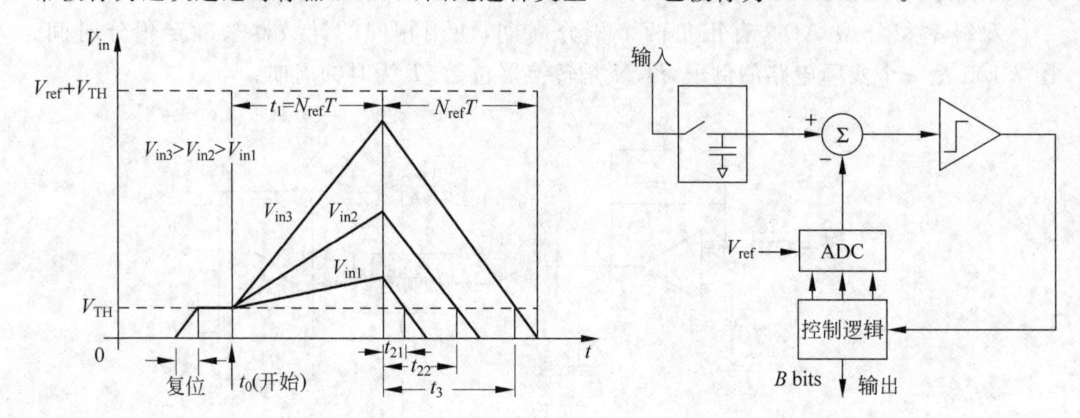

图 7-110　双斜率积分 ADC 的波形

图 7-111　逐次逼近 ADC 的结构图

3）流水线 ADC

流水线 ADC(pipeline ADC)的工作原理和逐次逼近 ADC 一样都类似于天平称量物体，只是天平和 SAR-ADC 是变化砝码(比较电平)，而流水线 ADC 变化的却是物体的质量(输入信号大小)，用来称量物体的砝码(比较电平)始终都是不变的。

图 7-112 所示为一个每级输出一位的流水线 ADC 示意图。这种 N 位的 ADC 由 N 个相同的级串接而成。图中负端接地的比较器用来确定每一位输出的符号。对于每一个采样保持的电压值，流水线 ADC 的每一级都将其乘 2 后根据上一级比较器输出得到的符号加上或者减去基准电压 V_{ref}(比较器输出为正则减去，负则加上)，然后在下一个时钟周期再与比较器比较得到本级的对应数字码输出(比较器正则输出 1，负则输出 0)。

从上述流水线 ADC 的工作过程可以看出，转换每一个采样保持的电压都需要经过整条流水线，也就是需要 N 个时钟周期的延迟。但是在这之后数据便是每个周期连续输出，即只有 1 个时钟周期的延迟。对单个电压信号而言其工作是流水的，但是对多个电压信号的转换其工作却是并行的。每个电压信号的转换结果要在其穿过整条流水线后才能最终得到，因此为了同步输出，需要有一个专门的延迟单元对每一级输出作适当的延迟。图 7-113 给出了这样一个包含了延迟单元的例子，可见位于信号输入的最左端的高位输出具有最多的延迟级数。

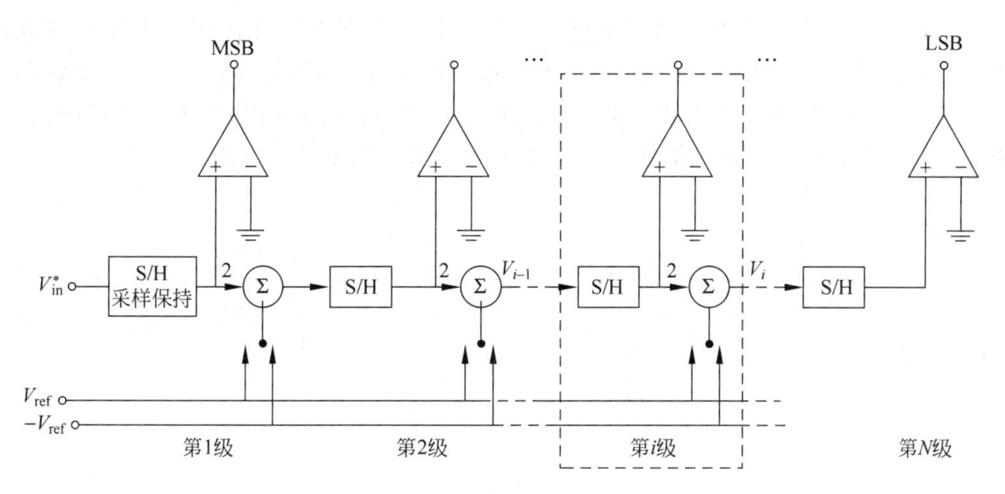

图 7-112 一个流水线 ADC 的结构图

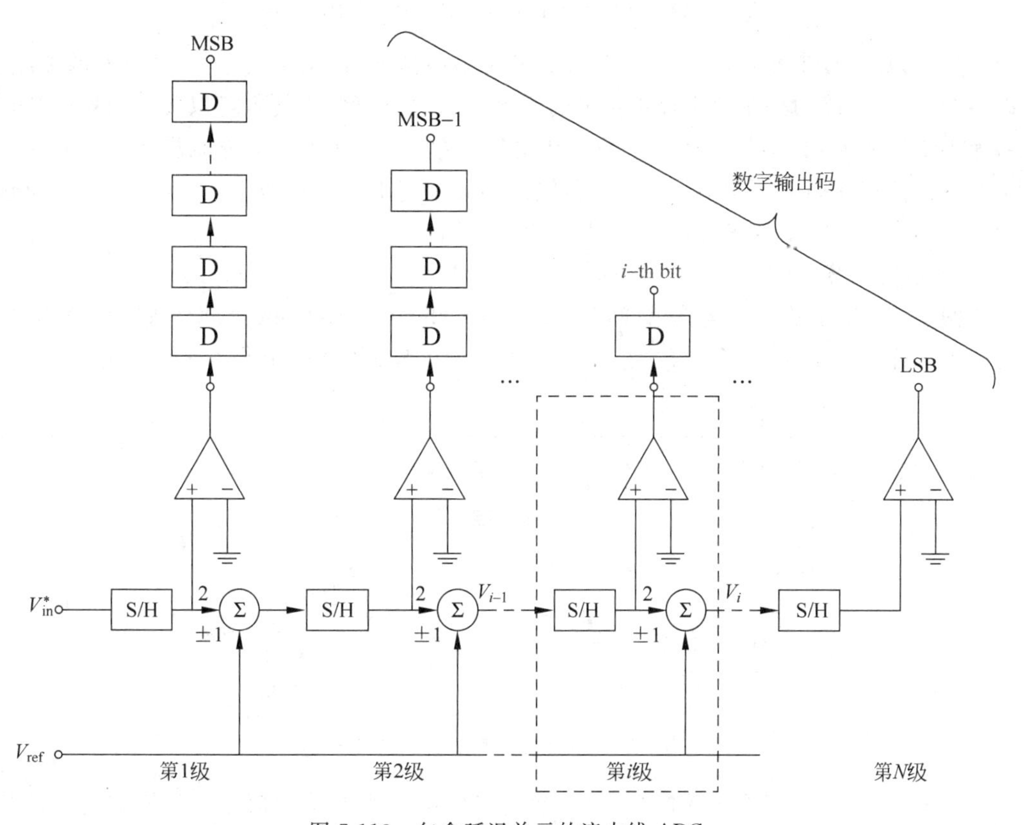

图 7-113 包含延迟单元的流水线 ADC

每级输出多位数字码的流水线 ADC 更加常见一些。图 7-114 是这样一个例子，其每一级输出 k 位的数字码。首先本级所采样保持的电压信号经过一个 k 位的子模数转换器变为当前级的数字码输出，同时该数字码又通过一个 k 位的子数模转换器变为模拟信号被采样保持的电压信号减去，剩下的余差信号在被放大器放大 2^k 倍后送到下一级进行较低位转换。一般来说,如果性能上更看重流水线 ADC 的速度,则每级的位数应该取得越小越好;若要求流水线 ADC 的精度,则应该将每级的位数取得多一些。对于每级多位流水线 ADC 来说,放大器的增益和带宽限制是一个影响性能的重要因素。幸运的是,利用子区间的概念可以发现每增加一级流水,对后级容差的要求就会减小 2^k 倍。

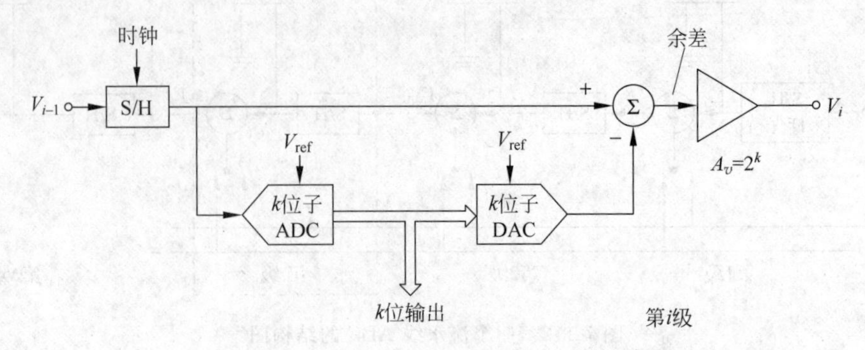

图 7-114　每级多位输出流水线 ADC 的级内结构

另外,数字校正技术的引入大大降低了对多位流水线 ADC 中比较器误差的要求。以一个 1.5 位/级的采用数字校正技术的流水线 ADC 为例,该技术可以校正的比较器误差大小绝对值为 $0.25V_{ref}$。而校正的方法也很简单,只是利用一个全加器将每级的输出数字码错位相加即可。所谓每级 1.5 位输出实际上仍旧是 2 位数字码,但是因为低位包含了比较器误差需要校正,所以认为其只有半位而已。

4）迭代运算 ADC

图 7-115 所示的迭代运算 ADC(iterative (cyclic)、algorithmic ADC)结构很简单,只有一个采样保持电路、一个增益为 2 的放大器、一个比较器和一个参考比较电路。

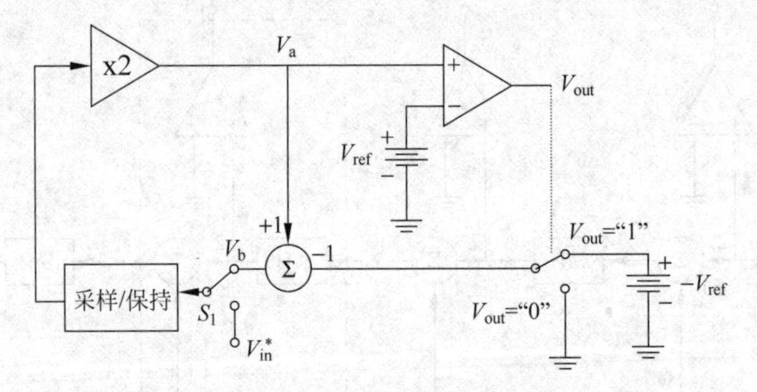

图 7-115　迭代运算 ADC 的实现

首先开关 S_1 接到输入端进行采样,然后采保电路将保持的信号送到增益为 2 的放大器放大,放大后的信号表示为 V_a。V_a 与参考电压 V_{ref} 相比较,若 V_a 大于参考电压则输出该位的数字码 1,并从 V_a 中减去 V_{ref};若 V_a 小于参考电压,则输出数字码 0,并在 V_a 上加上 V_{ref}。加或减后的信号标记为 V_b,并重新通过开关 S_1 进入采保电路,进行下一轮的迭代。这个迭代循环直到输出的位数符合要求为止。输出的数字码串行产生,第一次出来的是最高位 MSB。

迭代运算 ADC 所需器件很少，故其所占版图面积也很小。另外，该类型 ADC 误差主要来自运算放大器的增益误差、运放和比较器的有限输入失调、开关的电荷注入及时钟馈通、电容的电压相关性误差。

5）并行（快闪）ADC

采用并行技术的 Parallel ADC（又称 Flash ADC）具有目前最快的 AD 转换速度，它的转换只需要一个时钟周期。现有的高速 ADC 基本都采用这种结构，目前市场上已经有采样速率 1GHz 以上的产品。但是该结构 ADC 分辨率不可能做到太高，通常最多 6～8 位。

图 7-116 是一个 3 位 Flash ADC 的例子，参考电压 V_{ref} 被电阻串联形成的电阻链分压得到具有各个权重的比较电压值，然后通过对应的比较器和输入电压信号直接进行比较。比较所得的 8 位数字码（温度计码）通过译码器并行输出便得到 3 位 ADC 的最终转换结果。

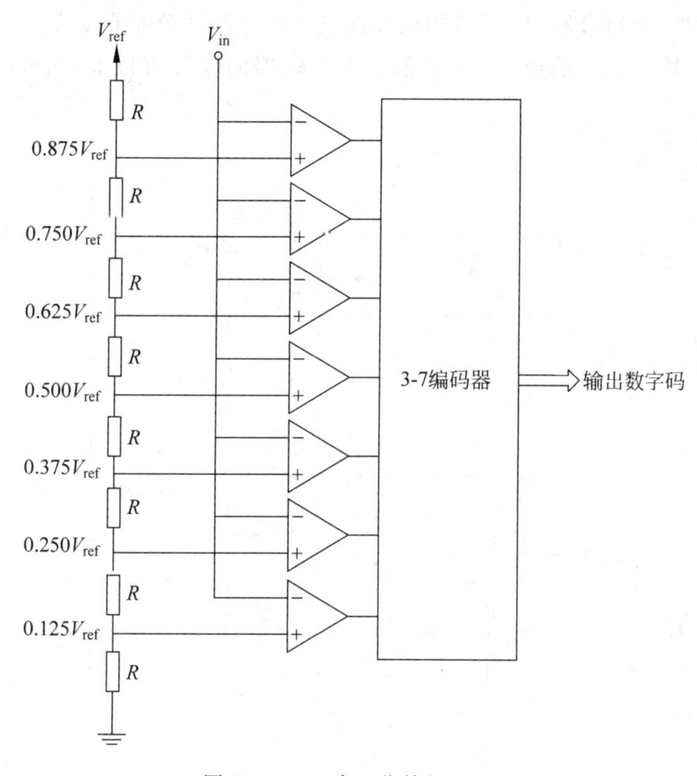

图 7-116　一个 3 位快闪 ADC

输出信号采样的精度对该类型 ADC 的性能影响很大。通常可以采用输入端接入采样保持电路或使用钟控比较器的方法。前一种方法对采保电路的速度要求很高，而后者高速时会降低分辨率。一个 N 位的 Flash ADC 需要 2^N 个电阻和 2^N-1 个比较器，所以其面积和功耗都很大；而且信号输入端并联的比较器数量很多，输入电容很大，会严重影响信号的输入带宽。不过这个问题可以使用采样保持电路来解决。电阻串中电阻的匹配精度当然也会影响 Flash ADC 的精度，而电阻串的抽头处流出的电流则会使 ADC 特性曲线产生弯曲。通过使用更精确的电阻或者使用更大的电流可以消除这种弯曲。

高速比较器中常见的回扫(kickback)或者说回闪(flashback)也会影响 Flash ADC 的性能。可以在比较器前使用前置放大器或者缓冲器来将回扫和其他比较器隔离。另外,比较器还存在一种被称为亚稳定性的状态,该状态来自噪声、串扰、带宽限制等。处于这种状态下的比较器输出具有不确定性,其结果是在比较器阵列后的温度计码输出中出现乱码。如全1之中出现了0,而全0中出现了1。这就需要一个逻辑电路或者所谓"去气泡"电路消除这种乱码。

6) 内插式 ADC

内插式 ADC(interpolating ADC),或称为"插值"式 ADC,是 Flash ADC 的改进结构。它减少了输入比较器数,因此减小了输入电容,所以具有比一般 Flash ADC 更快的速度。

图 7-117 所示为一个内插因数为 4 的 3 位内插式 ADC,信号输入端比较器仅有两个,而且只要求第二级比较器(1~8)的比较阈值电压等距地分布在 0、V_1 和 V_1、V_2 之间,降低了对比较器输入范围的要求,因此第二级比较器的设计可以非常简单,甚至可以用锁存器代替。

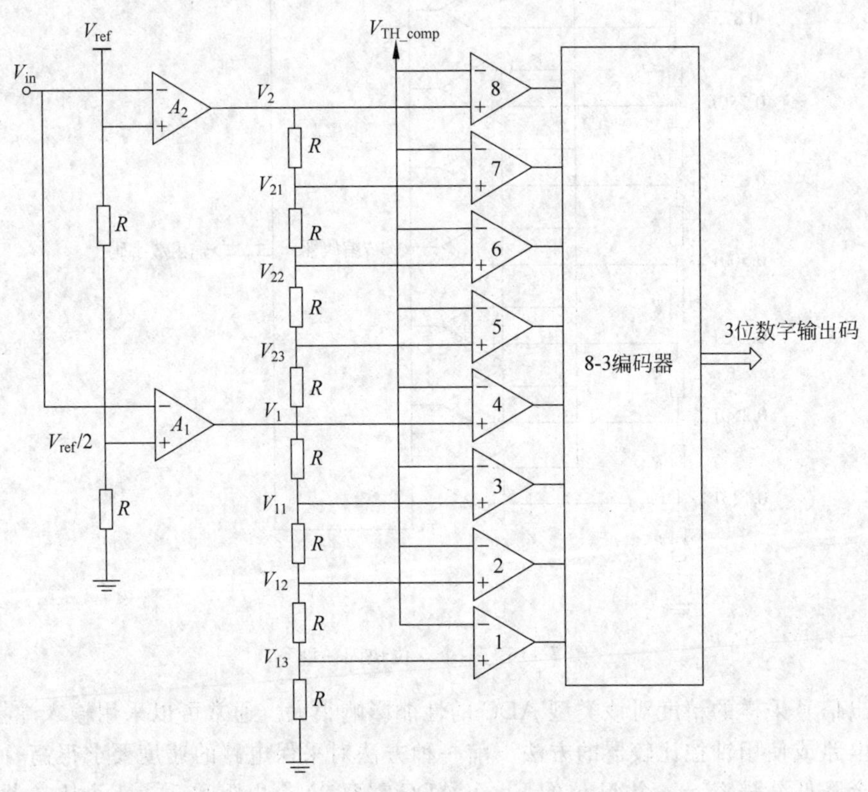

图 7-117　内插因数为 4 的 3 位内插式 ADC

使用电阻的无源内插方式会有一个信号延迟的问题,使比较器 A_1 和 A_2 输出的信号到达各个比较器的时间会因为距离的关系有所不同。解决方法一是在第二级比较器输入端接入大小不同的电阻来进行补偿，使各支路延迟时间近似相等；二是采用电流源模式的有源内插结构。

7）折叠式 ADC

折叠式 ADC(folding ADC)的结构如图 7-118 所示。输入信号被分为两条支路进行处理：一条是通过粗量化器，将输入信号量化为 2^{n_1} 个值；另外一条则是首先通过一个折叠电路将信号的 2^{n_1} 个子区间全部映射到一个子区间上，然后再将该信号送到一个含有 2^{n_2} 个子区间的细量化器中进行处理。

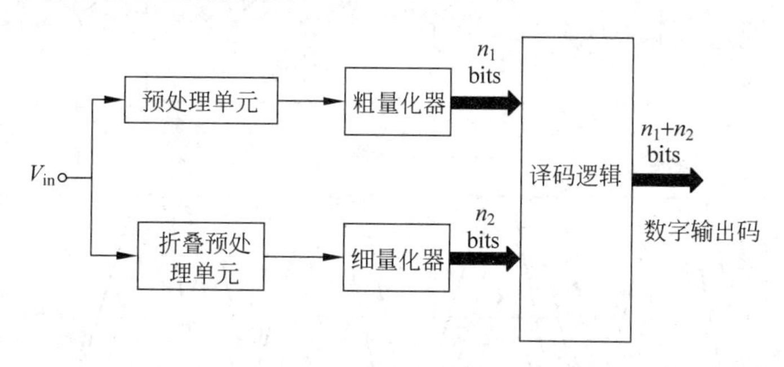

图 7-118　折叠式 ADC 的结构

折叠式 ADC 的优点是其转换只需要一个时钟周期，速度可以做到很快。实际上，将内插技术和折叠技术相混合的折叠内插式 ADC 是现有 ADC 中在同样分辨率下速度最高的。折叠式 ADC 粗量化器中需要 $2^{n_1}-1$ 个比较器，而细量化器中需要 $2^{n_2}-1$ 个比较器，其总数比同样位数的 Flash ADC 的 $2^{n_1+n_2}-1$ 个比较器个数要少很多，因此在功耗和面积上折叠式 ADC 具有很大优势。

图 7-119 所示为一个划分了 4 个粗量化区间（2^{n_1}，其中 $n_1=2$），每个粗量化区间又分为 8 个子区间（2^{n_2}，其中 $n_2=3$）的折叠预处理器特性。由图可见输入的模拟信号被折叠到了一个粗量化区间中进行细量化。

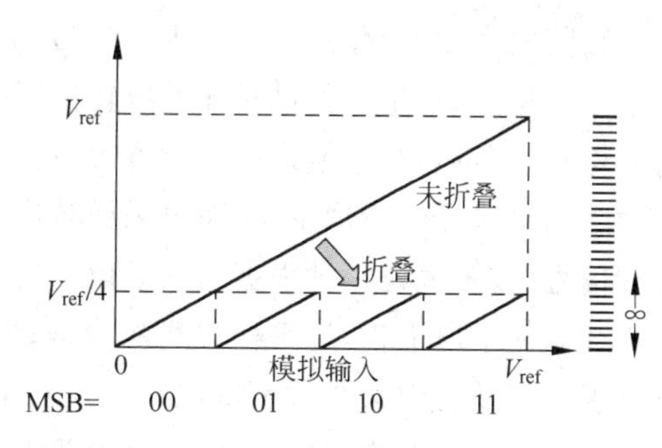

图 7-119　粗量化 $n_1=2$、细量化 $n_2=3$ 的折叠特性曲线

折叠电路是折叠式 ADC 的关键单元，可以用并联差分放大器来实现。图 7-120 所示为一个 4 次折叠器的实现电路和其输出波形。使用多条平移关系特性曲线的多次折叠可以消除图 7-119 所示单次折叠在 $0.25V_{ref}$、$0.5V_{ref}$、$0.75V_{ref}$处的不连续性。电路中的差分放大器的数目和连接方式决定了折叠特性曲线的开始和结束位置。图 7-120 中以大小为 I 的电流源作为特性曲线的开始和结束点。考虑电路中有偶数个差分放大器的情况，此时负输出端的最小输出电压为 $-IR_L$。另外，调整设置放大器一侧输入共模电压的电阻串最顶端和最下端电阻的值可以水平移动折叠特性曲线。

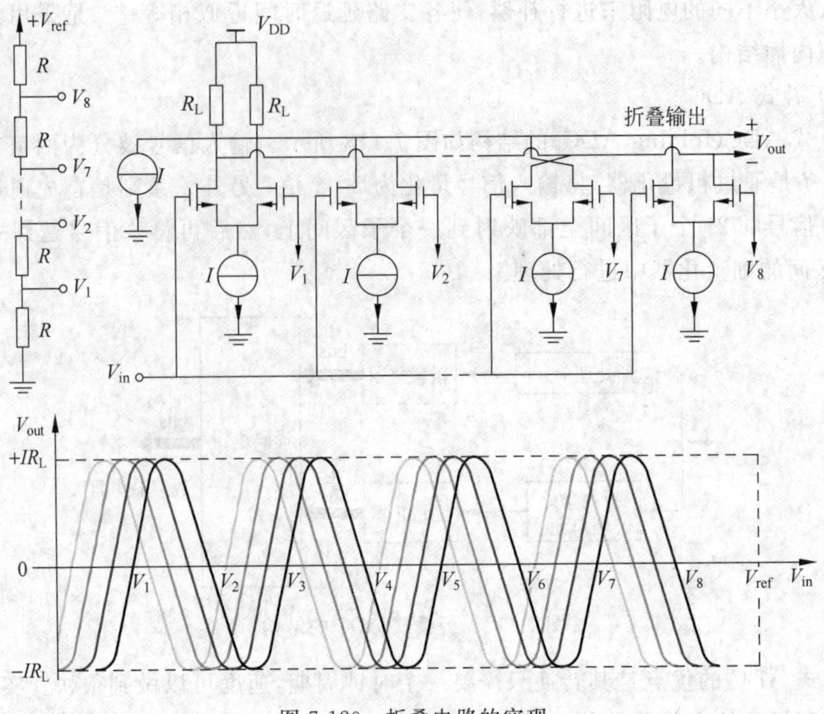

图 7-120　折叠电路的实现

折叠式 ADC 最大的缺点是没有对输入信号采样保持的过程,因此折叠输出的带宽必须是模拟输入带宽的 2^{n_1} 倍。

8) △-∑ADC

和前面介绍的所有 ADC 不同,△-∑ADC 不工作在奈奎斯特频率上,其采样频率远比信号频率要高,是一种过采样模数转换器。通常定义采样速率和奈奎斯特频率之比为过采样率(OSR),这个值目前通常在 8～256 之间。奈奎斯特模数转换器的输出是对单个输入信号采样的精确量化,而过采样转换器的输出则是来自一系列经过粗量化的输入采样信号,或者说是一种根据前一量值与后一量值的差值大小来进行量化编码的增量编码方式。从本质上说,过采样方式的模数转换器就是利用时间换取精度,其对元件的匹配等引入误差的因素非常不敏感。在现在的工艺条件下,采用该结构的 24 位的产品已经很常见了。主要应用于音频、检测等要求精度很高而速度较低的领域。

△-∑ADC 主要包括模拟△-∑调制器和数字抽取滤波器,如图 7-121 所示: $F_p=F_a$ 为模拟低通滤波器的通带频率,主要是粗滤除所需的信号频率以外的噪声信号; F_S 为△-∑ADC 的输出速率,即奈奎斯特速率; K 为过采样率 OSR 数,即 K=OSR。模拟信号经过模拟低通滤波器滤波,再经过△-∑调制器编码,然后经过数字低通滤波器滤波配合抽取滤波器输出数字信号。△-∑调制器决定了 ADC 的精度,而后面的数字部分决定了 ADC 的面积和功耗。由于采用过采样的工作方式,在一些 ADC 结构中,可以不使用低通滤波器。

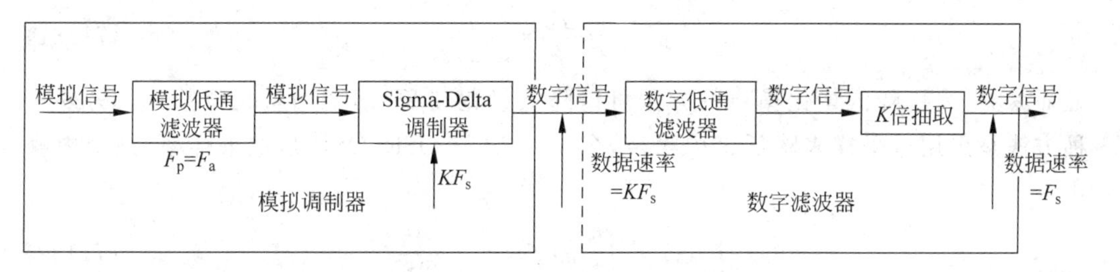

图 7-121　△-∑ADC 基本结构图

(1) △-∑调制器

基本的一阶△-∑调制器结构可以表示为图 7-122(a)，由加法器、积分器、量化器和延迟单元组成反馈回路，z 域表示为图 7-122(b)，$E(z)$表示量化误差(噪声)。

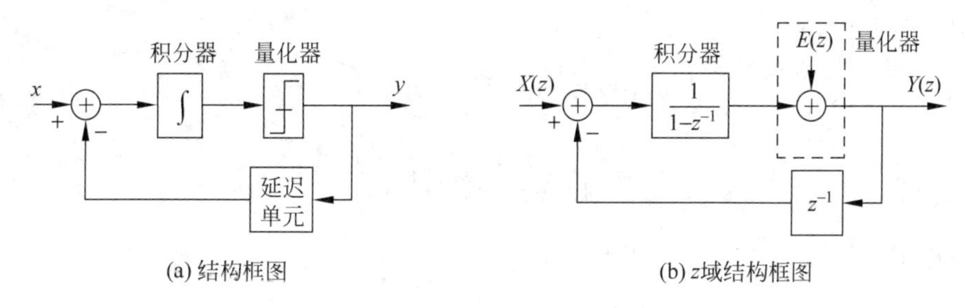

图 7-122　一阶△-∑调制器

可以推出 z 域表达式为

$$Y(z)=X(z)+E(z)(1-z^{-1}) \tag{7-176}$$

所以噪声传递函数

$$NTF=1-z^{-1} \tag{7-177}$$

k 阶△-∑调制器的 z 域表达式为

$$Y(z)=X(z)+E(z)(1-z^{-1})^k \tag{7-178}$$

$$NTF=(1-z^{-1})^k \tag{7-179}$$

NTF 表现为高通特性，因此，将量化噪声向高频处移动。

根据模数/数模转换器的有效位数 ENOB 公式：$\text{ENOB}=\dfrac{\text{SNR}_{\text{actual}}-1.76}{6.02}$，只要提高信号带内的 SNR 便可以提高转换的精度。

假设采样频率满足奈奎斯特定理 $f_s=2f_b$，f_b 是输入信号的带宽。代表满量程(+1～−1)基频为 f_t 的输入信号经 m 位量化后，引入量化噪声，量化噪声可以认为是白噪声，量化步长 $q=\dfrac{2}{2^m-1}\approx\dfrac{1}{2^{m-1}}$，则 m 位量化噪声功率为

$$P_e=\int_{-q/2}^{q/2}\frac{1}{q}e^2\,\mathrm{d}e=\frac{q^2}{12} \tag{7-180}$$

量化噪声功率谱密度(PSD)为

$$\rho(f)=\frac{P_{\mathrm{e}}}{f_{\mathrm{s}}}=\frac{q^2}{12f_{\mathrm{s}}} \tag{7-181}$$

显而易见,采用降低量化噪声的方法可以降低量化步长,即增加量化位数 m。另外一种方法是采用过采样来降低带内噪声,令 $f_{\mathrm{s}}=2f_{\mathrm{b}}\cdot \mathrm{OSR}$,OSR 是过采样率,则带内噪声为

$$P_{\mathrm{inband}}=\int_{-f_{\mathrm{b}}}^{f_{\mathrm{b}}}\rho(f)\mathrm{d}f=\frac{P_{\mathrm{e}}}{\mathrm{OSR}} \tag{7-182}$$

可以看出过采样可以降低带内噪声。

当采用 k 阶△-∑调制器后,根据式(7-179),有

$$|NTF(F)|=|1-\mathrm{e}^{-\mathrm{j}2\pi f/f_{\mathrm{s}}}|^k=\left[2\sin\left(\pi\frac{f}{f_{\mathrm{s}}}\right)\right]^k \tag{7-183}$$

则带内噪声功率为

$$\begin{aligned}P_{\mathrm{inband}}&=\int_{-f_{\mathrm{b}}}^{f_{\mathrm{b}}}\rho(f)|NTF|^2\mathrm{d}f\\&=\int_0^{f_{\mathrm{b}}}\frac{q^2}{6f_{\mathrm{s}}}\left[2\sin\left(\pi\frac{f}{f_{\mathrm{s}}}\right)\right]^{2k}\mathrm{d}f\end{aligned} \tag{7-184}$$

当 $f_{\mathrm{s}}\gg f_{\mathrm{b}}$ 时,$\sin\left(\pi\frac{f}{f_{\mathrm{s}}}\right)\approx\pi\frac{f}{f_{\mathrm{s}}}$,因此

$$\begin{aligned}P_{\mathrm{inband}}&\approx\frac{q^2}{12}\cdot\frac{\pi^{2k}}{2k+1}\left(\frac{2f_{\mathrm{b}}}{f_{\mathrm{s}}}\right)^{2k+1}\\&=P_{\mathrm{e}}\frac{\pi^{2k}}{2k+1}\cdot\frac{1}{\mathrm{OSR}^{2k+1}}\end{aligned} \tag{7-185}$$

对于代表满量程(+1~−1)的正弦信号,信号功率 $P_{\mathrm{s}}=1/2$,因此△-∑调制器的 SNR 为

$$\mathrm{SNR}_{\mathrm{ideal}}=\frac{P_{\mathrm{s}}}{P_{\mathrm{inband}}}=\frac{3}{2}\cdot\frac{(2^m-1)^2}{\pi^{2k}}(2k+1)\mathrm{OSR}^{2k+1} \tag{7-186}$$

表示成分贝形式为

$$\begin{aligned}\mathrm{SNR}_{\mathrm{ideal}}&=20\lg(2^m-1)+10\lg(2k+1)\\&\quad+10(2k+1)\lg\left(\frac{\mathrm{OSR}}{\pi}\right)+6.73(\mathrm{dB})\end{aligned} \tag{7-187}$$

式(7-187)表明即便采用 1 位量化($m=1$),通过提高 OSR,增加△-∑调制器阶数 k,也可以得到相当高的 SNR,即提高转换的有效位数,这便是△-∑调制器的工作原理。

(2) △-∑ADC 中的数字滤波器

△-∑调制器对量化噪声整形以后,将量化噪声移到所关心的频带以外。对整形的量化噪声可采用数字滤波器滤除。图 7-123 为数字滤波前的噪声功率频谱图,可以看出,经过调制器后,量化噪声已经被整形到高频处。此时数字滤波器的作用有两个:一是相对于最终的采样频率 f_{s},它必须起到抗混叠的作用;二是必须滤除经过噪声整形后的高频噪声。图 7-124 即表示滤除高频量化噪声后的频谱图。

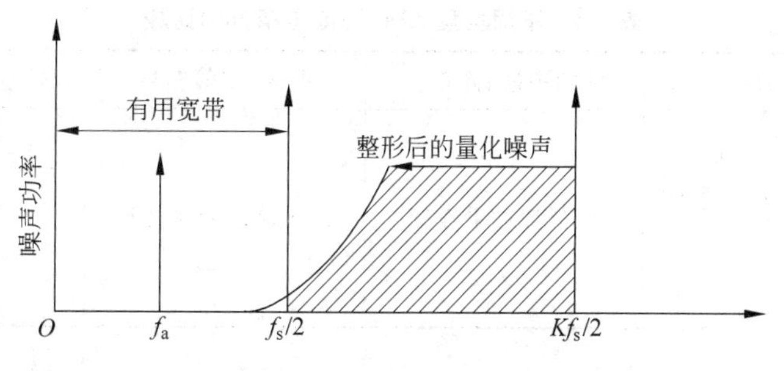

图 7-123　数字滤波前噪声功率

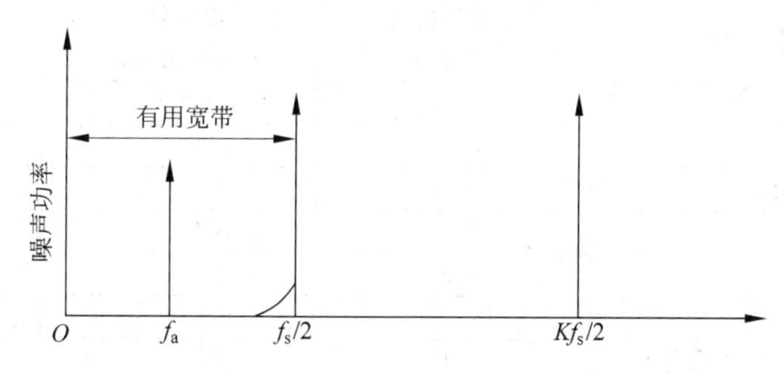

图 7-124　数字滤波后噪声功率

数字滤波器一般采用多级级联方式来实现，主要形式有 FIR(finite impulse response)型滤波器和 IIR(infinite impulse response)型滤波器。在很多应用领域，比如高品质数字音频，线性相位是很重要的。因此，一般的数字滤波器都采用 FIR 滤波器。通常△-∑ADC 的数字部分分为两部分，第一部分为级联积分梳状(cascade integrator comb, CIC)滤波器，由于其充分节省面积，满足低频滤波器的性能，一般是固定使用的；第二部分为补偿滤波器和其他类型滤波器，是可以选择的。通常来说，由于 CIC 滤波器存在较大的通带衰减，因此，为了满足通带衰减的要求，可能会采用补偿滤波器。其他类型的滤波器一般最常用的为两种类型：CIC 降频滤波器和 FIR 型半带滤波器。考虑到 CIC 滤波器的降频不能满足系统信噪比要求，因此采用了 FIR 半带滤波器，这种滤波器有一半系数为零，在实现滤波的前提下，可以节省芯片面积。数字滤波器结构如图 7-125 所示。具体设计细节，有兴趣的读者可进一步参考文献[6]。

图 7-125　数字滤波器结构图

表 7-4 和表 7-5 是各种类型 ADC 速度和精度的比较。值得注意的是，在表 7-5 速度一项中，是以时钟周期作为参量来考察的，但不同结构所能采用的最小的时钟周期也是不一样的，也就是说，表中速度同为一个单位 T 的不同 ADC 结构所能达到的最快速度是不一样的。

表 7-4 不同类型 ADC 速度与精度的比较

低速、极高精度	低到中速、高精度	中速、中等精度	高速、低到中等精度
△-∑ADC 为代表的过采样模数转换器	积分型过采样型	逐次逼近型算法型	快闪型 插值型 折叠型 流水线型 时间交织型

表 7-5 不同类型 ADC 的对比二

AD 转换器类型	可能的精度（N 位）	速度（以时钟周期 T 为参量来表示）	面积与精度 N 参数的关系
双斜率积分	12～18	$2 \cdot 2^{NT}$	无关
连续逼近	10～15	NT	$\propto N$
流水线型(k 级流水)	10～14	T	$\propto k \cdot 2^{N/k}$
算法型	12	NT	无关
快闪型(Flash)	6～8	T	$\propto 2^N$
插值	8	T	$\propto 2^N$
折叠(N_1 粗量化，N_2 细量化)	8～12	T	$\propto (2^{N_1}+2^{N_2})$
△-∑过采样(k 阶 1 位量化，过采样 $\mathrm{OSR}=f_{\mathrm{clock}}/2f_{\mathrm{b}}$)	15～24	$\mathrm{OSR} \cdot T$	$\propto k$

7.13 模拟电路的版图设计特点

在模拟或混合信号集成电路设计中，相对数字信号来说较弱的模拟信号，容易受到干扰，因此模拟集成电路的版图布局显得尤为重要。其核心问题是匹配和抗噪声干扰。

7.13.1 晶体管

MOS 模拟集成电路中，经常需要实现大尺寸的晶体管。为了减小漏源结面积及栅电阻，这样大尺寸的晶体管常常采用“叉指”型结构，如图 7-126 所示。

对于共源共栅电路，若共源共栅的两个晶体管具有相同的栅宽，则版图可以简化，如图 7-127(a)所示，M_1 的漏和 M_2 的源共用一个区域，如果不必提供接触孔，则可以简化成图(b)的版图形式。若需要大尺寸的器件，可以采用并联的形式，如图(c)给出了等效电路图。

7.13.2 对称性

对称性对于模拟集成电路设计尤为重要。例如，在全差动电路中，器件的不对称性会引入失调，降低电路的共模抑制比，产生偶次非线性失真等。对于如图 7-128(a)所示差动对的版图设计，应考虑将差动对的两个晶体管放置在同一方向上，并且周围的环境要一致。图(b)的两个晶体管没有放置在同一方向上，会产生较大失配。而图(c)、(d)都是较好的选择，由于图(c)的两个晶体管所处的环境大致相同，因此图(c)的方案更好一些。当在两个晶体管附近有金属走线时，也应使两管的情况一致，如当其中一个晶体管边有走线时，另一个晶体管边也应放置一条相同的走线，如图(e)所示。由于工艺总会存在偏差，会造成沿硅片不同方向的杂质浓度不同，对匹配要求高的尺寸较大的器件，可以采用“共中心”的版图布局，以较小器件的失配，如图(f)所示。

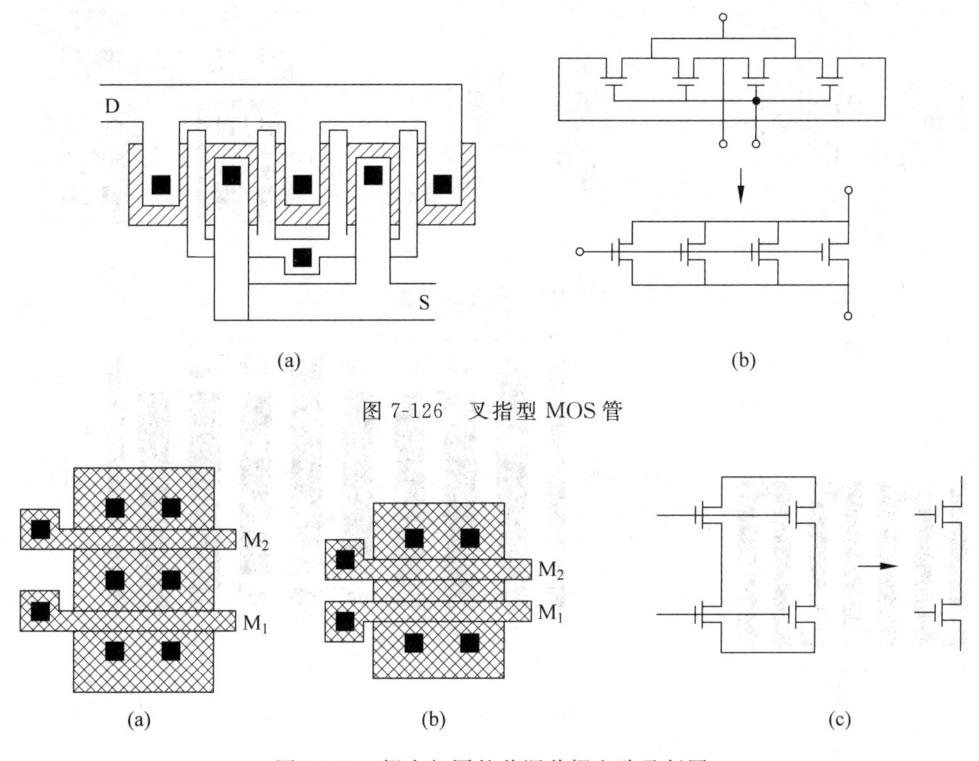

图 7-126　叉指型 MOS 管

图 7-127　栅宽相同的共源共栅电路及版图

7.13.3　无源器件

在集成电路中，比较难以实现的元器件就是无源器件，因其制造精度较有源器件要差很多，造成模拟工艺较数字工艺通常要落后约两年。因此，在无源器件的版图设计中更需要特殊考虑。通常匹配问题仍是主要考虑的因素。

电阻的版图设计通常有两种形式：“蛇”型电阻和单位电阻，如图 7-129 所示。图(a)为“蛇”型电阻，比较节省芯片面积，但精度差些。如果需要精确匹配，可以设计成图(b)的单位电阻形式，采用一致电阻值的电阻阵列的方式，端头采用金属连接，R_1 和 R_2 交错分布，并且在电阻阵列的边缘作虚拟电阻，以保证电阻的匹配。在电路设计时，电路的特性尽量采用电阻比的形式出现，因为在实现时电阻比值可以达到较高精度。

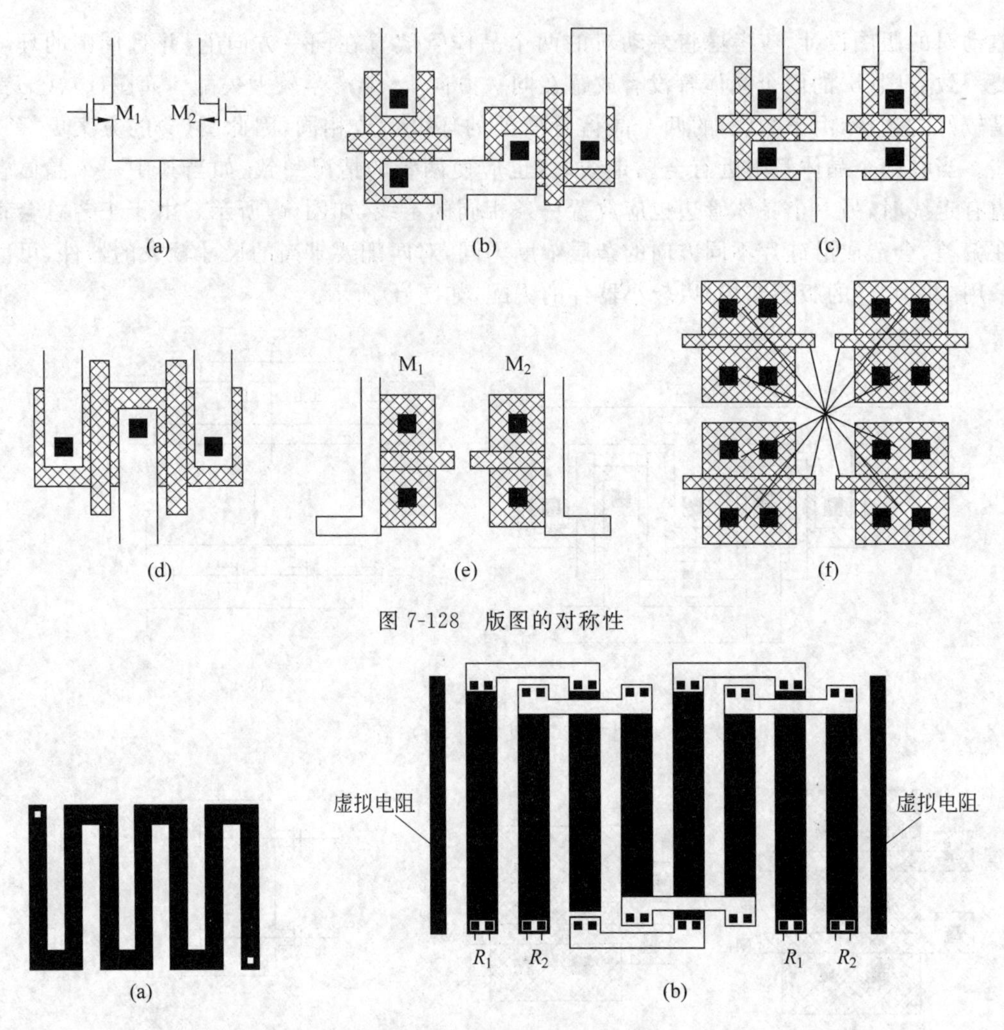

图 7-128 版图的对称性

图 7-129 电阻的版图设计

同样,电容的版图设计也需要考虑同样的匹配问题,尽量采用电容阵列的方式。图 7-130 是一种匹配较好的电容版图设计,外围采用虚拟电阻,以保证匹配性,同时有 N 阱进行隔离,防止噪声干扰。电容上方尽量不走线,以减小寄生电容的影响。

7.13.4 噪声问题

这里讨论的噪声问题,主要指在设计时所面临的“衬底噪声耦合”问题。目前,越来越多的芯片上同时集成了数字电路和模拟电路,或者称之为“混合信号”电路。数字信号的翻转会通过衬底耦合到模拟电路部分,如图 7-131 所示。

为了减小衬底噪声耦合对敏感的模拟电路的影响,在设计时,模拟电路采用差动工作的方式,以提高对共模噪声的抑制。数字信号以互补的形式分布,从而减小净耦合噪声。另外一种比较有效的方法是采用“隔离环”将敏感的模拟电路同其他产生噪声的电

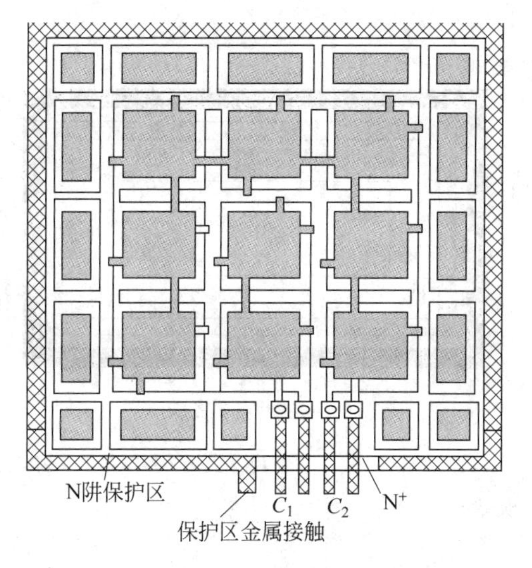

图 7-130　电容的版图设计

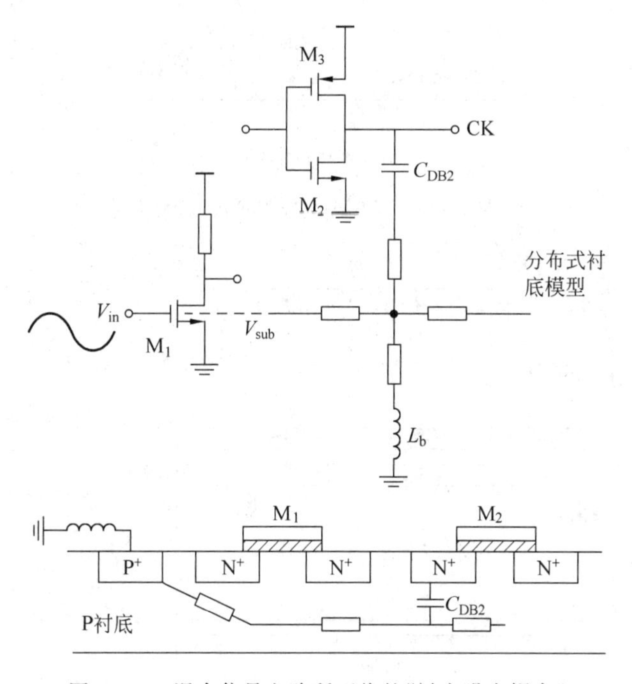

图 7-131　混合信号电路所面临的"衬底噪声耦合"

路进行隔离，如图 7-132 所示，利用注入比较深的阱阻止噪声电流在芯片表面流动。同时，数字电源和地(V_{DD}和 GND)与模拟电源和地(V_{DDA}和 GNDA)采用不同电源网络，以避免数字电路产生的信号干扰模拟电路的工作。

在整体布局中，除了采用隔离环等措施外，尽量使敏感的模拟电路远离数字信号区域。图 7-133 是一种可能的版图布局。另外，还有一种有效的措施是在布局完成后，剩余的空间尽量地采用衬底接触或阱接触连接到地和电源上，一方面防止闩锁发生，另一方面也可减小衬底耦合噪声。

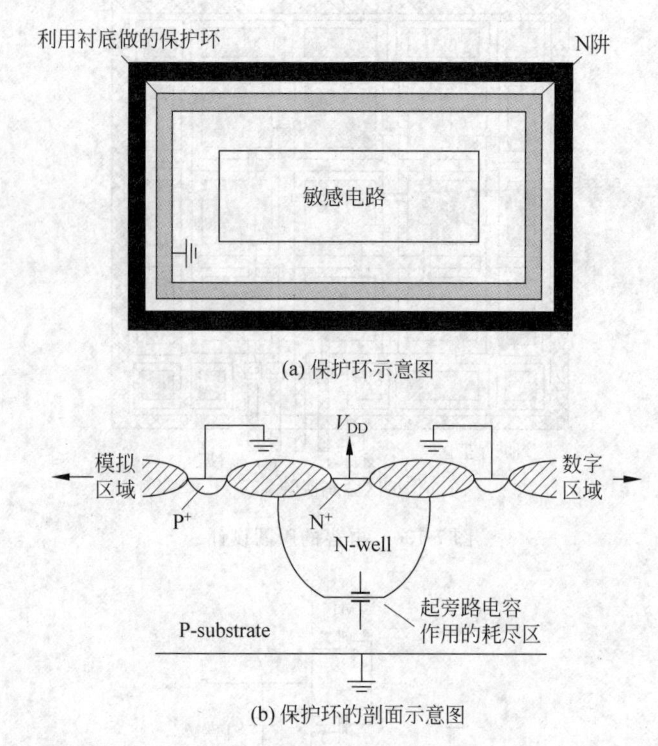

图 7-132　采用隔离环保护敏感电路

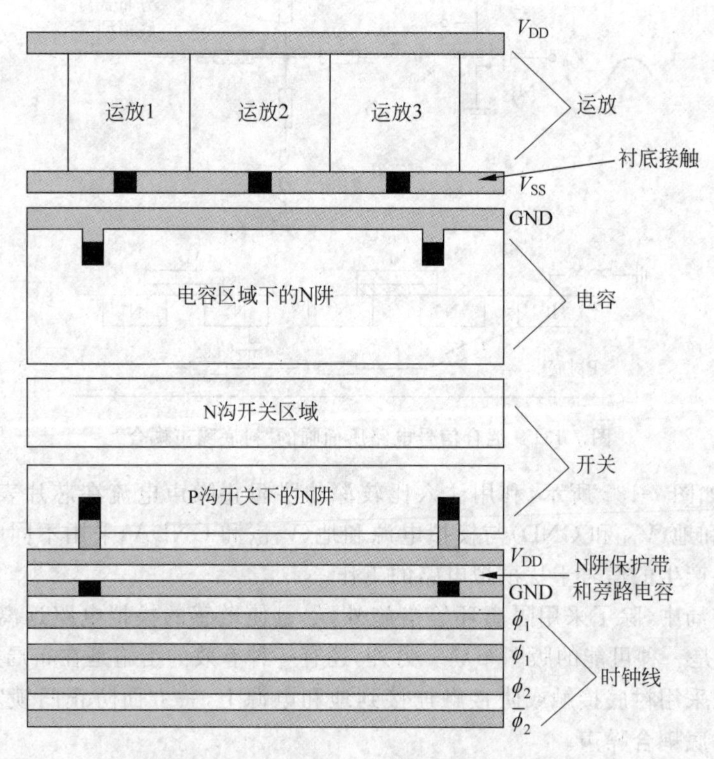

图 7-133　一个混合信号电路的版图布局例子

第8章 数字集成电路自动化设计

随着半导体工艺以及计算机技术的提高,数字集成电路的设计规模以及复杂度越来越大,这对设计人员构成了巨大的挑战。然而,随着电子设计自动化(electronic design automation,EDA)技术以及集成电路设计方法学的发展,设计人员的设计能力不断提高,在一定程度上弥补了芯片制造和芯片设计之间的差距。本章重点介绍数字集成电路自动化设计采用的主要技术,包括数字集成电路设计方法学、Verilog 硬件描述语言、设计综合及验证的相关技术及方法。

8.1 数字集成电路设计方法学概述

目前,由于集成电路设计规模越来越庞大,设计复杂度不断加大,设计者必须采用层次化设计(hierarchical design)方法以及适合于电子设计自动化的设计流程。

8.1.1 层次化设计方法

对于数字集成电路来说,如果将复杂的设计进行划分,可以认为一个系统设计由若干模块(module)组成,而每个模块又是由若干单元(unit)组成,如果能够将单元甚至模块重复使用,必然会提高设计效率。较高设计层次(如系统设计层)将其每个组成部分(如模块层)当作黑盒子(black box),系统设计人员只须知道黑盒子的特性和参数,而不涉及黑盒子的设计和实现细节。这样一来,电路的复杂性被层层抽象,层层分担,从而建立起一个自顶向下(top-down)的层次化设计过程。

自顶向下的设计开始于目标设计的行为概念,然后建立起越来越具体的层次结构,最终达到某个能够变换为物理实现的较低的抽象层次。数字集成电路设计描述的层次关系如图 8-1 所示,分别称为系统级、算法级、寄存器传输级、逻辑级、电路级及版图级。从系统级向下,每一级对集成电路的描述越来越精确,越发接近实际芯片版图。

自顶向下的设计过程可按下述对应的设计层次从抽象到具体展开。

(1) 系统级(system level):对整个电路最高层次的描述。在这个层次上,用户需求被转化为系统设计规范,并且给出电路性能指标要求、工艺条件以及开发周期等具体要求。

(2) 算法级(arithmetic level):这一层次的设计将系统设计规范转化为硬件描述语言的算法或行为描述。行为描述代码包括操作、变量及数组等与高级语言描述的算法类似或相同的表达方式,因此这一级又称为行为级(behavioral level)描述。

(3) 寄存器传输级(register-transfer level,RTL):将算法转化为可以采用硬件(寄存器、多路选择器、组合电路等)实现的描述。

(4) 逻辑级(logic level):又称为门级(gate level)。在这一级描述中,电路被进一步具体化成各种基本逻辑门和触发器的互连。

(5) 电路级(circuit level):又称开关级描述。此一级是电路抽象层次最低的底层描

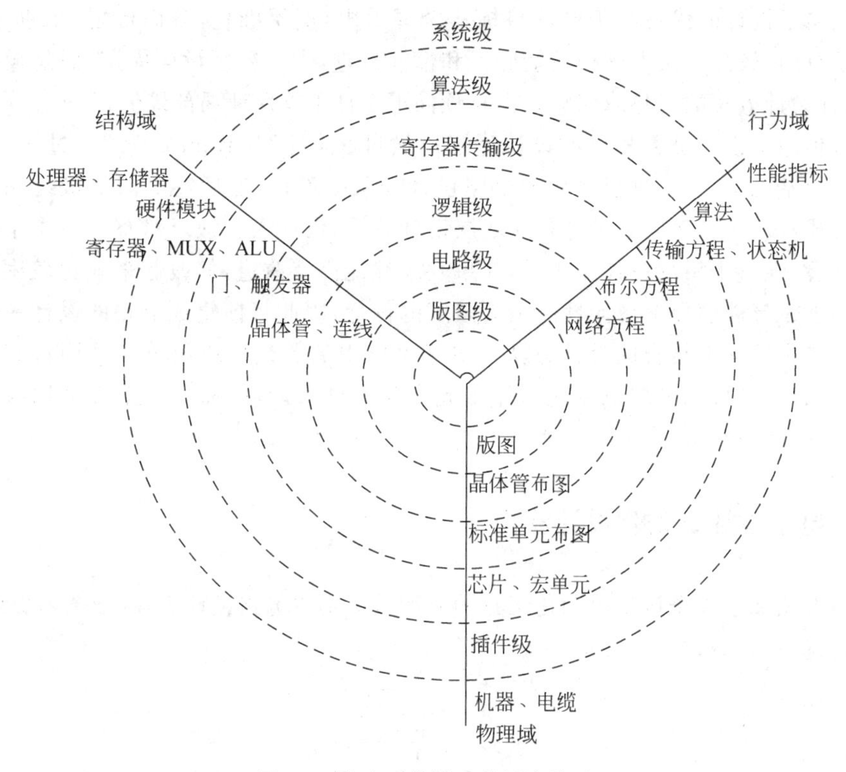

图 8-1 数字系统描述的层次关系

述，基本逻辑门和触发器被进一步转换成具体的晶体管、电阻、电容以及连线的描述。

(6) 版图级(layout level)：将具体的晶体管、电阻、电容以及连线的描述转化成几何图形，即可进行生产的物理版图。

层次化设计是数字集成电路设计最广泛使用的方法，它使得复杂的设计工作高效而有序。设计可以在某一种抽象级别上(一般为算法级或 RTL)进行描述，然后通过 EDA 综合工具，将其转化为最终的版图实现。从图 8-1 中可知，不同的设计对象归属于不同的设计领域。

(1) 行为域(behavior domain)。行为域设计在较高的抽象层次上描述目标设计的行为或功能特性。

(2) 结构域(structure domain)。结构域设计研究电路的宏模块、子模块以及基本逻辑电路的实现和连接关系。

(3) 物理域(physical domain)。物理域设计则实现芯片的物理划分、布局布线等与工艺相关的工作。

在目前典型的设计流程中，设计工作往往在行为域上进行。如果设计实体为 RTL 描述，可通过逻辑综合(synthesis)工具实现为结构域的门级网表；设计实体为算法级描述，则可采用行为综合工具实现为结构域的 RTL 描述。从结构域向物理域则采用版图综合工具，将设计最终实现成为版图。在不同设计领域转换时，相应设计层次也从抽象到具体，从较高层次向较低层次推进，形成跨领域的层次式实现过程。

自顶向下设计的优点在于设计目标从全局着眼,层层细化,分而治之,借助于EDA工具辅助,可在较高层次上进行功能验证和性能改进,大大缩短设计周期,而且设计规模越大,这种设计方法的优势越明显。但自顶向下设计不能保证局部最优。

与自顶向下设计过程相反的设计过程称做自底向上(bottom-up)设计过程,它是在系统划分的基础上,首先进行单元的电路设计和版图设计,然后逐层向上最终完成整个系统的集成。由于自底向上设计是从底层设计着手,设计人员缺乏对整个电子系统总体性能的把握,在整个系统设计完成后,如果发现性能尚待改进,修改起来就比较困难。但是自底向上设计能够保证单元性能最大限度的优化,因此目前集成电路的设计一般采用自顶向下和自底向上结合的设计方法。对于电路中的关键模块或单元采用自底向上的设计过程,将设计好的模块或单元当作单元库的元件来调用,而整个系统采用自顶向下设计。

8.1.2 电子设计自动化设计流程

本节介绍基于电子设计自动化工具的典型数字集成电路设计流程(如图8-2所示)以及相关技术。

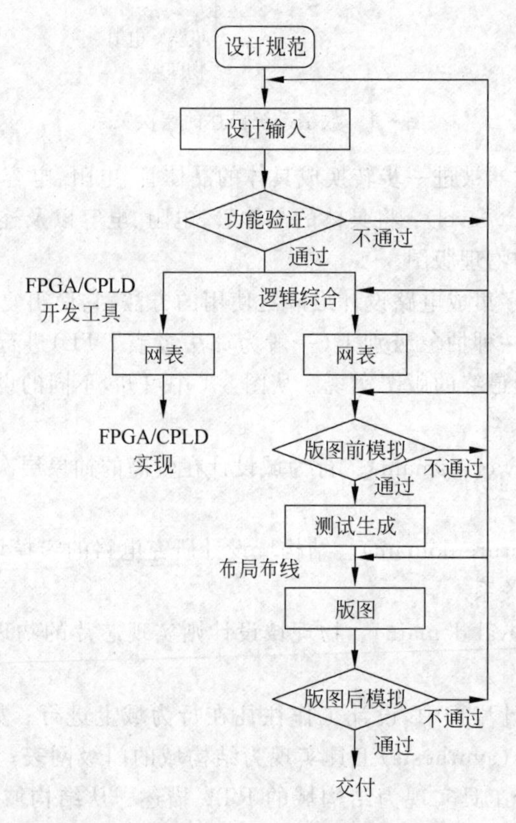

图8-2 数字集成电路自动化设计流程

1）设计规范

当用户提出一个设计需求之后，由系统工程师与用户共同形成设计规范(specification)。该规范以详尽的系统性能分析与功能划分为基础，用来指导设计人员进一步的设计和实现。通过详细了解设计规范提出的硬件功能和性能需求，可以在系统层次上进行建模，并验证硬件系统的正确性。系统模型可以用高级语言描述，主要用来评估设计规范是否达到用户需要，如果没有问题，那么接下来硬件部分将由设计工程师进行代码实现。

2）设计输入及功能验证

对于复杂的硬件设计，针对不同的综合工具，可采用不同层次的设计输入。如果采用行为综合工具，则建立算法级描述进行输入；如果采用逻辑综合工具，则需要建立RTL描述。目前一般采用RTL硬件描述语言代码描述实现，并在系统层次来对设计进行模拟和验证，以找出关键算法和可选用的结构。RTL代码详细完整地为设计建立模型，其中定义了设计中寄存器的结构和数目、组合电路功能及寄存器的时钟等。此外，对于小型设计，设计者也可以提供设计的逻辑图。

可对RTL源代码进行算法优化与功能验证，算法优化的目标是选择最优的算法实现方法；功能验证的目的是为了验证硬件描述语言代码描述是否能够实现所需的功能，一般采用基于模拟的验证方法来进行。

3）逻辑综合

将通过验证的RTL代码描述的模型输入到逻辑综合(logic synthesis)工具，以生成门级网表。综合时需要提供详细的约束条件，以便产生出时序、面积以及功耗折中的符合设计规范要求的设计结果。逻辑综合的目标是将前面得到的RTL硬件描述语言代码映射到具体的工艺上加以实现。因而从这一步开始，设计过程与实现工艺相关联。

实现自动逻辑综合的前提是有逻辑综合库的支持。综合库包含了相应的工艺参数，最典型的如延时参数、单元面积、驱动能力、扇入扇出系数等。设计一个硬件系统，总有相应的设计指标，典型的如时钟频率、芯片面积、端口驱动能力等，自动综合工具将这些设计指标作为综合过程的约束条件，在给定的包含工艺参数的综合库中选取最佳单元，实现综合过程。

另外需要注意的是，除了综合过程与工艺相关外，对应不同的实现方式还应考虑选用不同的综合工具。对于目标实现为FPGA或CPLD的用户，综合和后端开发工具均由FPGA或CPLD开发商专门提供，往往是一个整合的开发系统，设计者可将硬件描述语言的设计描述代码输入相应的开发系统，然后经逻辑综合生成网表；对于面向集成电路芯片设计的用户，则通过典型的数字系统综合工具(如Synopsys的design compiler)将硬件描述语言的设计描述代码转换成网表，然后插入可复用的或生成的宏单元网表，最终形成该设计的完整网表。

4）版图前模拟和验证

这一步骤又称为门级仿真。在进行物理版图实现之前，设计的功能及其时序均需要进行验证。对时序的验证可采用静态时序分析工具来进行，此时的时序分析采用的是估计的寄生参数和版图参数。如果功能或时序验证结果未通过，则需要重复进行设计输入或逻辑综合过程。

实际上,在设计过程的每一个阶段都需对相应的目标设计进行模拟,以期尽早发现并改正错误,从而保证设计过程的正确性。与前面的 RTL 模拟不同的是,完成逻辑综合后的版图前模拟包含了门单元的延时信息,因而需要相应工艺的仿真库的支持。

5) 测试生成

完成逻辑综合后,可产生相应的网表文件,但在将设计提交给下一步进行布局布线时,同时应当提供相应的测试向量,并在网表文件中嵌入测试电路。测试用于检测出制造过程中有故障的芯片。对于较复杂的时序电路而言,高故障覆盖率的测试向量必须借助于测试综合才能完成,测试综合可以自动生成测试向量(automatic test pattern generation,ATPG)。

6) 布局布线

对于以 FPGA 或 CPLD 为实现目标的设计过程,专用设计工具可自动完成布局布线(place and routing,P&R),其工作是将 FPGA 或 CPLD 各部件连接起来后,生成一种用于 FPGA 或 CPLD 内部构造的配置文件。设计者将配置文件下载到 FPGA 或 CPLD 器件中即实现了最终设计。

对于集成电路芯片设计来说,这一步需要借助于版图综合的自动布局布线工具,在对应工艺的版图库支持下完成,通常称之为后端设计。后端设计包括如下过程。

(1) 版图规划:根据估计的模块尺寸,规划芯片面积的总体分配。在此阶段,需要规划如何插入全局电源及时钟树。

(2) 布局:确定每个单元的准确位置。

(3) 布线:进行单元和功能模块的互连布线。

7) 参数提取

完成版图综合后,布局布线都已确定,可以从布线后的物理版图中得到精确的器件尺寸、寄生参数和连线的电阻电容。

8) 版图后模拟和验证

这一步在相对精确的芯片模型基础上,对设计进行功能和性能验证,通常采用动态模拟、形式等价检查以及静态时序分析等手段来进行。

此阶段的动态模拟就是将上一步中提取的分布参数反标到门级网表中,进行包含门延时及连线延时的模拟,主要是进行时序模拟,考察在增加连线延时后,时序是否仍然满足设计要求。如果这时发现问题,可能需要重复版图规划、布局及布线过程。如果问题还是不能解决,也许要重新开始设计。

形式等价检查可以将从版图提取的网表与 RTL 模型进行逻辑等价性检查,以确定功能是一致的。

静态时序分析可以检查带有版图延迟参数反标后的网表中所有路径是否满足时序及驱动等要求。

9) 交付

当设计满足了设计目标和功能要求后,将生成包含制造掩膜信息的二进制文件。该文件将交付(tape out)给制造厂商制版、流片。

8.2 Verilog 硬件描述语言

硬件描述语言是为了描述硬件电路而专门设计的一种语言,它是硬件设计者与 EDA 工具之间的界面。硬件描述语言不但可以描述电路本身的硬件行为,还可以描述电路的工作环境,因此,硬件描述语言可以用于电路的设计实现和验证。从电路实现的角度看,可以说硬件描述语言代码是电子设计自动化设计流程的起点。目前, Verilog HDL 和 VHDL 是业界普遍采用的两种硬件描述语言。

采用硬件描述语言结合 EDA 工具进行数字集成电路设计与实现,有如下优点。

(1) 设计效率高:传统的全定制设计或计算机辅助设计,或者需要设计者精心设计版图,或者进行逻辑图输入。这两种设计方法均需要较长的设计周期,无法保证产品上市时间。采用硬件描述语言设计,可在较短时间产生设计输入,转入 EDA 流程,提高了设计效率。

(2) 复用性强: Verilog HDL 和 VHDL 已经成为 IEEE 标准,也成为业界通用的设计语言。采用硬件描述语言进行设计,无须考虑具体工艺细节,可以用不同的 EDA 工具进行综合和验证。由于电路实现并不限于特定工艺,因此可重复使用。

(3) 验证方便:在设计的不同阶段,从 RTL 级一直到最后版图实现,都可以用同一种硬件描述语言进行验证。由于验证和电路的设计采用的是同一种语言,验证时不容易出错。

8.2.1 Verilog HDL 基础

Verilog HDL 由 Gateway Design Automation 公司于 1983 年首创,于 1995 年成为 IEEE 标准,即 IEEE Standard 1364。作为目前广泛应用的硬件描述语言, Verilog HDL 具有如下特点:

(1) 支持不同抽象层次的精确描述以及混合模拟,包括行为级、RTL、门级等;

(2) 设计和模拟采用相同的语法;

(3) 提供了类似 C 语言的高级程序语句,如 if-else、case、for 等;

(4) 提供了算术、逻辑、位操作等运算符;

(5) 包含完整的组合逻辑元件,如 and、or、xor 等,无须自行定义;

(6) 支持元件门级延时和元件门级驱动强度。

1. Verilog HDL 的基本结构

Verilog HDL 是在 C 语言的基础上发展起来的,保留了 C 语言所独有的结构特点。与 C 语言相比,其主要特点在于 Verilog HDL 是由模块组成的,每个模块可看作具备特定功能的硬件实体,这类似于 C 语言的函数。通过模块调用的方法实现相关模块端口之间的连接,从而反映了硬件之间实际的物理连接。

模块的结构从关键词 module 开始,到关键词 endmodule 结束。下面以一个上升沿D触发器的描述为例说明模块的结构。

例 8-1 采用 Verilog HDL 描述一个 D 触发器,其中 clk 为触发器的时钟,data、q 分别为触发器的输入、输出。

解

```
module dff_pos (data, clk, q);      //模块定义
input data, clk;                    //端口声明
output q;                           //端口声明
reg q;                              //数据类型声明
    always @(posedge clk)           //描述体
    q=data;
endmodule                           //模块结束
```

从上面的例子可以看到,一个完整的模块由以下 5 部分组成。

(1) 模块定义

这一行以关键字 module 开头,接着给出模块的名字,之后的括号内给出的是端口列表,最后以分号结束。当无端口列表时,括号可省去。从例子中可知,模块的名字为 dff_pos,模块的端口分别为 data、clk、q。这些端口等价于硬件中的外接引脚,模块通过这些端口与外界进行数据交换。

(2) 端口声明

在模块定义行下面,需要对端口类型进行声明。凡是出现在端口名列表中的端口,都必须显式说明其端口类型以及其位宽。例 8-1 中第二行和第三行即是对各端口输入输出类型的说明。

(3) 数据类型声明

Verilog HDL 支持的数据类型有连线类和寄存器类,每类又细分为多种具体的数据类型。对于 module 内部除了一位宽的 wire 类变量声明可省略外,其他凡将在后面的描述中出现的变量都应给出相应的数据类型说明。

例 8-1 中的第四行说明 q 是寄存器类型,而对 data 和 clk 没有给出相应的数据类型说明,因而它们都默认为一位宽的 wire 类。寄存器类型变量可以在过程语句中被赋值,如例 8-1 中第六行的过程赋值语句。

(4) 描述体

描述体是对模块功能的详细描述。上例中第五行和第六行是该模块的行为描述,其含义为:每当出现一个时钟信号 clk 的上升沿时,输入信号 data 就被传送到 q 输出端,由于前面已说明 q 具有寄存器类型,因而当没有边沿触发时,它将保持原值不变。always 是一个过程语句,后面的@(posedge clk)是过程的触发(或称激活)条件,当触发条件满足时,将执行后面块语句中所包含的各条语句。块语句通常由 begin-end(或 folk-join)所界定,例 8-1 中由于只有一条语句(过程赋值语句 q=data),begin-end 可省略。always 过程语句在本质上是一个循环语句,每当触发条件被满足时,过程就重新被执行一次,如果没有给出触发条件,则相当于触发条件一直满足,循环就将无休止地执行下去。

(5) 结束行

结束行用关键词 endmodule 标志模块定义结束。

2. 数值及字符

Verilog HDL 中数值分整数和实数两种表示方法。整数可以用二进制、八进制、十进制和十六进制表示，其通用表示形式如下：

+/− 位宽'基数符号　按基数表示的数值

其中位宽指出该整数用二进制展开所需位(bit)的个数，用十进制表示。位宽在实际表示中可缺省，位宽缺省时实际位宽为机器字长。当位宽小于数值的实际二进制位数，则舍弃高位。例如 6'he2，表示的二进制数为 100010。当位宽大于数值的实际二进制位数，且最高位为 0 或 1，则高位补 0，如果最高位为 x 或 z，则高位填充相应 x 或 z。例如 5'hx，表示的值为 xxxxx。基数符号及其可采用数值的合法表示符见表 8-1。表 8-1 中"?"是高阻态的另一种表示方式。下划线"_"没有任何数值含义，只是增加数据的可读性。值得注意的是：在二进制中，x 和 z 代表一位二进制数；而在八进制和十六进制中 x 和 z 则分别代表三位二进制数和四位二进制数。

表 8-1　基数符号及其合法表示值

数　制	基数符号	表示值
二进制	B,b	0,1,x,X,z,Z,?,_
八进制	O,o	0～7,x,X,z,Z,?,_
十进制	D,d	0～9,_
十六进制	H,h	0～9,a～f,A～F,x,X,z,Z,?,_

Verilog HDL 中实数的引入是为了便于延迟、负载等物理参数的表示。实数的表示方式有以下两种。

(1) 十进制表示：如 3.1415。

(2) 指数表示：如 5e6，表示 5×10^6。

Verilog HDL 中字符串为一对双引号""之间的字符，不许跨行。一般字符串中为 ASCII 字符，如果需要引入特殊字符，需在该特殊字符前加前导控制符(反斜杠\，或百分号%)，见表 8-2。

表 8-2　特殊字符的表示

特殊字符	含　义
\n	换行
\t	TAB 键
\\	反斜杠\
\"	引号"
\ooo	三个八进制数指明的 ASCII 值
%%	百分号%

Verilog HDL中标识符的命名规则如下：

(1) 标识符必须是由a～z,A～Z,0～9,_,$这些字符组成,最长只能到1024个字符；

(2) 必须由a～z,A～Z或下划线_开头；

(3) 可以在标识符所取的非法名称前加上反斜杠"\",并在名称结尾加上空白符,这样就可以用任何可印出的ASCII字符来当作标识符的名称,反斜杠和空白符不会被视为标识符的一部分。

此外,以$开头的标识符在Verilog HDL中代表系统命令(如$finish，$monitor),以#开头的数字或字符代表延迟时间(#5),以`开头的字符代表宏定义等含义(如`define等),因此普通标识符不能以$、#或`开头。用户在命名标识符时,还要注意避免使用Verilog HDL的关键词和保留字。关键词和保留字是指一些Verilog语言内部已经使用的词,主要用来定义语言的架构,用户应避免使用。

在Verilog HDL中表示数字电路存储和传输的电平逻辑状态的字符有四种,如表8-3所示。

表8-3　电平逻辑

电平逻辑状态	含　义
0	逻辑0、逻辑假
1	逻辑1、逻辑真
X,x	不定态
Z,z	高阻态

3. 数据类型

为了方便对硬件电路中信号连线、寄存器等物理量进行描述,Verilog HDL引入了一些特定数据类型。主要包括两种数据类型：连线类型(net type)和寄存器类型(register type)。

(1) 连线类型

连线类型反映电路中可能的连线连接方式,即结构实体(如基本门元件)之间的物理连接。连线类型的变量没有电荷存储的功能(除trireg类型外),连线类型变量的驱动方式有两种：作为基本门或模块的输出端；由连续赋值语句assign赋值。

如果某一连线类型变量没有驱动器与之相连,则该变量将处于高阻态,即其值为z(trireg型变量为x)。

表8-4给出各种Verilog连线类型及其功能。表中同一行的类型具有相同的功能,如wire和tri,提供两种名称只为增加可读性。表中前三类wire、wor以及wand连线类型的区别在于,当相应变量有多重驱动时,会表现出不同的逻辑特性。

表8-4　连线类型及其功能

连线类型	功能说明
wire, tri	标准连线(default)
wor, trior	多重驱动时,具有线或特性的连线
wand, triand	多重驱动时,具有线与特性的连线
trireg	具有电荷保持特性的连线
tri1	具有弱上拉电阻的连线
tri0	具有弱下拉电阻的连线
supply1	电源线,逻辑1
supply0	地线,逻辑0

图8-3给出变量y被a和b同时驱动的逻辑连接关系。如果y为wire或tri类型，则当a、b具有相同激励信号0、1、x、z时，则y的输出也是0、1、x、z；但是当a、b具有不同激励信号时，则y的输出依赖于激励信号的强度，即输出强度大的信号，如果激励信号强度相同，则y的输出为x。同样以图8-3为例，当y为wand类型，则其输出具有线与特性，即只要a、b其中出现0，则输出为0；而当y为wor类型，则其输出具有线或特性，即只要a、b其中出现1，则输出为1。此外，trireg类型是具有电荷保持作用的连线，可以用来描述动态随机存储器中连接的栅电容的连线。

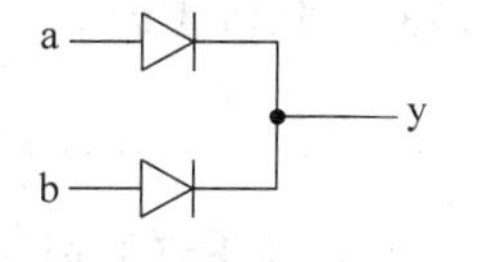

图8-3 多驱动示意图

在Verilog HDL程序中，连线类型变量的一般声明格式如下：

```
连线类型  <[msb: lsb]>  变量名<,变量名,…,变量名>;
```

<>内的部分表示依不同情况可缺省，下同。

例如声明一位标准连线信号net1如下：

```
wire net1;
```

或声明两个16位标准连线变量net2、net3，则写作：

```
wire [15:0] net2,net3;
```

(2) 寄存器类型

寄存器类型是数据存储单元的抽象，具有这种数据类型的变量被赋值后，其值在下一次重新赋值之前保持不变。寄存器类型变量只能通过过程赋值语句赋值。Verilog HDL寄存器类型共包括四类，如表8-5所示。

表8-5 寄存器类型及其功能

寄存器类型	功能描述
reg	用于行为描述时的寄存器类说明，无符号整型变量
integer	32位带符号整型变量
real	64位浮点、双精度、带符号实型变量
time	64位无符号时间变量

reg型变量默认值为不定态x。在模块的行为描述中，reg型变量既可以对应于一个寄存单元，也可以对应于组合输出，这与编程风格有关。前者通常与沿触发以及电平触发条件有关。

对于integer、real和time型变量来说，不对应任何具体电路实现，可作为控制变量、延迟、物理量等的描述。

在Verilog HDL程序中，寄存器类型变量的一般声明格式如下：

```
寄存器类型  <[msb: lsb]>  变量名 <,变量名,…,变量名>;
```

例如声明一位寄存器变量reg1，3个32位寄存器变量reg2、reg3、reg4如下：

```
reg reg1;
reg[31:0] reg2,reg3,reg4;
```

此外,通过 reg 型变量建立数组可以对存储器建模。数组的每一个单元通过数组索引寻址。其格式如下:

```
reg[n-1:0] 存储器名[m-1:0];
```

其中,n 定义了存储器每个单元的大小,即存储单元的位数; m 定义了存储器中单元的个数。例如下面的定义给出了一个 256×8bit 的存储器:

```
reg[7:0]  SRAM[255:0];
```

在对其赋值时,只能分别对每个单元赋值,而不能进行整体赋值。如:

```
SRAM[255] = 8'h00;
```

上述语句是对 SRAM 地址为 255 的 8 位单元赋值为 0,这相当于写存储器。

8.2.2 Verilog HDL 门级建模

Verilog HDL 内含的基本门级元件有 26 种,其中 14 种为门级元件,12 种为开关级元件。这些基本门级元件在结构设计中作为最底层的描述进行直接调用,而无须设计者自行设计。

按照输入输出端口数目的不同,基本门级元件可分成四组。

(1) and(与门)、nand(与非门)、or(或门)、nor(或非门)、xor(异或门)、xnor(同或门)

这六种基本门的特点是:只有一个输出,但可以有多个输入,其表示形式为:

```
门名 (输出,输入 1,输入 2,…);
```

其中门名指上述六种门之一。例如:

```
and (out,in1,in2,in3);             //三输入与门
xor (xor_out, a,b);                //二输入异或门
```

(2) buf(缓冲门)、not(反相器)

这两种基本门的特点是:可以有多个输出,但只有一个输入,其表示形式为:

```
门名 (输出 1,输出 2,…,输入);
```

如:

```
buf(out1,out2,in);
not (out,in);
```

(3) bufif1(高电平使能缓冲门)、bufif0(低电平使能缓冲门)、notif1(高电平使能反相器)、notif0(低电平使能反相器)

这四种基本门的特点是：只有一个输出，一个输入，但带有输出使能控制端，因此可实现三态输出。其表示形式为：

```
门名(输出,输入,使能控制端);
```

如：

```
bufif1(out,in,enable);
```

(4) pullup(上拉电阻)、pulldown(下拉电阻)

上拉电阻和下拉电阻的特点是：只有一个输出。其表示形式为：

```
门名(输出);
```

如：

```
pullup(out);
```

如果给定了门级电路逻辑表达式或逻辑图，可以很方便地直接采用上述基本门进行设计建模。

例 8-2 采用门级建模方式进行二输入四输出变量译码器(如图 8-4 所示)的逻辑描述。

解

```
module decode_2_4(a,b,y0,y1,y2,y3);
input a,b;
output y0,y1,y2,y3;
wire tmp0,tmp1,tmp2,tmp3;

   not u1(tmp0,a);
   not u2(tmp1,b);
   not u3(tmp2,tmp0);
   not u4(tmp3,tmp1);
   nand u5(y0,tmp0,tmp1);
   nand u6(y1,tmp2,tmp1);
   nand u7(y2,tmp0,tmp3);
   nand u8(y3,tmp2,tmp3);

endmodule
```

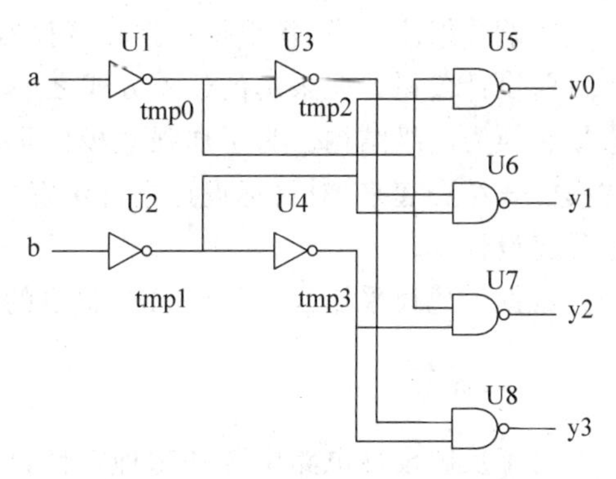

图 8-4 二输入四输出变量译码器逻辑结构图

例 8-3 四选一多路选择器的输出逻辑表达式如下

$$y = a \cdot \overline{S_0} \cdot \overline{S_1} + b \cdot S_0 \cdot \overline{S_1} + c \cdot \overline{S_0} \cdot S_1 + d \cdot S_0 \cdot S_1$$

试采用门级建模方式对其进行描述。

解

```
module Sel4_1(a,b,c,d,sel,y);
input a,b,c,d;
input[1:0] sel;
output y;
```

```
wire and_0, and_1, and_2, and_3;
wire[1:0] sel_;

  not u1(sel_[0],sel[0]);
  not u2(sel_[1],sel[1]);
  and u3(and_0,a,sel_[0],sel_[1]);
  and u4(and_1,b,sel [0],sel_[1]);
  and u5(and_2,c,sel_[0],sel [1]);
  and u6(and_3,d,sel [0],sel [1]);
  or u7(y,and_0, and_1, and_2, and_3);

endmodule
```

例 8-2 和例 8-3 给出了采用基本门对简单电路的逻辑表达式或逻辑图进行描述的方式,可以看到,如果电路规模较大的话,对于给定的逻辑表达式或逻辑图采用门级建模描述,其代码量会非常大,书写也比较麻烦,容易出错。Verilog HDL 提供了另外一种比较简洁的建模方式:数据流建模。

8.2.3 Verilog HDL 数据流建模

所谓数据流建模,指根据数据在寄存器之间的流动和处理过程对电路进行描述。这是目前设计公司普遍采用的建模方式之一。采用 EDA 综合工具可以自动将数据流模型直接转换为门级结构。为了加强建模的灵活性,设计者往往将门级、数据流以及行为级建模方式结合起来,对目标设计进行建模。RTL 设计通常是指数据流与行为级建模的混合描述设计。

数据流建模采用 Verilog HDL 提供的运算符以及连续赋值语句来进行。

1. 运算符

为了反映硬件电路中各种物理特性,Verilog HDL 定义了很多运算符。表 8-6 给出按类划分的所有运算符。

表 8-6 运算符及其表达式

运算符分类	表 达 式
算术运算符	+, -, *, /, %
关系运算符	<, <=, >, >=
相等与全等运算符	==, !=, ===, !==
逻辑运算符	!, &&, ||
缩位运算符	&, ~&, |, ~|, ^, ~^, ^~
位运算符	~, &, |, ^, ~^, ^~
逻辑移位运算符	>>, <<
条件运算符	? :
连接运算符	{}

(1) 算术运算符

+：加法运算符，或正值运算符

-：减法运算符，或负值运算符

*：乘法运算符

/：除法运算符。注意：整数除法舍弃小数

%：取模运算符，或称求余运算符

取模运算的结果是相除以后的余数，符号为第一个操作数的符号，如：

```
-10 % 3= -1;   10 % (-3)= 1
```

进行算术运算时，如果操作数里包含 x，则运算结果全部位均为不定态。

(2) 关系运算符：比较两个操作数大小，比较结果为一位逻辑值。

<：小于关系运算符

<=：小于等于关系运算符

>：大于关系运算符

>=：大于等于关系运算符

如果操作数里包含 x，则结果为不定态。

(3) 相等与全等运算符：比较两个操作数是否相等，结果为一位逻辑值。

==：相等运算符

!=：不相等运算符

===：全等运算符

!==：不全等运算符

全等运算符和相等运算符的区别在于；当等式两边的值出现 x 或 z 时，相等、不相等运算的结果为 x；而全等、不全等运算把 x 或 z 当成逻辑状态参与比较，即如果按位比较相同，结果为 1，否则为 0。

例如：设a=4'b1x0z, b=4'b1x0z，则a==b 的判断结果为 x；a===b 的判断结果为 1。

(4) 逻辑运算符

&&：逻辑与

‖：逻辑或

!：逻辑非

其中 && 和 ‖ 为双目运算符，! 为单目运算符。逻辑运算取变量或表达式作为操作数，如果一个操作数不为 0，则等价于逻辑 1(真)；如果操作数为 0，则等价于逻辑 0(假)。逻辑运算可看作计算结果为 1(真)、0(假)或 x(不确定)的操作。

例如：设a=4'b1010, b=4'b0101，则!a 为0, a&& b 为 1, a‖b 为 1。

(5) 缩位运算符：单目运算符，运算逐位进行，结果为 1 位。

&, |, ^：与，或，异或

~&, ~|, ~^(或^~)：与非，或非，同或

缩位运算的具体运算过程是首先将操作数的第 1 位与第 2 位进行运算，然后其结果

再和第 3 位进行运算，依此类推直至最后一位，因此最终结果为一位逻辑值。

例如：设 a=4'b1011，则 &a=1'b0，~&a=1'b1，|a=1'b1，~|a=1'b0，^a=1'b1，~^a=1'b0。

(6) 位运算符：按位进行运算，结果的位数不变。

~：按位取反

&：按位与

|：按位或

^：按位异或

^~，~^：按位同或

其中除~为单目运算符，其他均为双目运算符。在进行位运算时，要求对两个操作数的相应位进行运算操作。

例如：当变量 a 的值为4'b1011，b 的值为4'b0011，则~a=4'b0100，a|b=4'b1011，a&b=4'b0011，a^b=4'b1000，a~^b=4'b0111。

(7) 逻辑移位运算符：对操作数进行移位运算，空位填 0。

<<：逻辑左移

>>：逻辑右移

例如：设操作数 a 为4'b1010，则 a<<1=4'b0100，a<<4=4'b0000，a<<0 = 4'b1010，a>>1=4'b0101，a>>4=4'b0000，a>>0 = 4'b1010。

(8) 条件运算符

该运算符格式如下：

```
条件表达式 ? 表达式 1 : 表达式 2;
```

其运算过程如下：当条件表达式计算结果为真时，结果取表达式 1，否则取表达式 2。该运算符常用于多选一选择器及三态门的描述。

例如：

```
tri_data=en? data_out: 1'bz;                    //三态门
out=condition? a: b;                            //2 选 1 多路选择器
```

注意：如果条件表达式计算结果为 x，则将表达式 1 和表达式 2 的计算结果按位比较。其中当两位相同，则结果中该位的值就是计算结果中该位的值；当两位不同，则结果中该位的值为 x。

例如：假设 a 取4'b10x0，b 取4'b10x1，计算

```
out = condition?a: b;
```

那么当 condition 的值为 x 时，out 得到的运算结果为4'b10xx。

(9) 连接运算符：用一对大括号{}将两组或两组以上的信号拼接起来组成一个操作数。

例如：a，b，c 均为 1 位标量，则

```
{a,b,c,4'b0011}            //结果为 7 位矢量
```

```
{a,a,a}                    //结果为3位矢量
{3{a}}                     //结果与上式等价
{a, {2{a,b}}}              //结果等价于{a,a,b,a,b}
```

2. 连续赋值语句

连续赋值语句是只能对连线类变量赋值的语句。其格式如下：

```
assign <延迟控制> 连线型变量 = 赋值表达式;
```

只要赋值符右端的赋值表达式中的值发生变化，表达式立即计算，并经过延迟控制的时间后改变左端的连线型变量的值。但是，脉冲宽度小于延迟控制时间的输入变化不会对输出产生影响。

连续赋值语句的连线型变量可以是标量或矢量，矢量的赋值目标可以是矢量全体，也可以是其中的某一位或某几位，也可以对标量或矢量连线型变量的拼接值赋值。

如：

```
wire a,b;
wire[31:0] d1,d2;
assign a =b;
assign d1 =d2;
assign d1[7:4] = d2[3:0];
assign {b, d1[31], d1[3:0]} = {1'b0, a, d2[15:12]};
```

3. 数据流建模实例

数据流建模采用各种运算符将变量或数值连接构成的表达式，对连线类变量进行连续赋值，从而得到目标设计的模型。下面以例8-2中的二输入四输出变量译码器设计为例，说明数据流建模的一般形式。

例8-4 采用数据流建模方式进行二输入四输出变量译码器的逻辑图描述。

解

```
module decode_2_4(a,b,y0,y1,y2,y3);
input a,b;
output y0,y1,y2,y3;

  assign y0=~(~a&~b);
  assign y1=~(a&~b);
  assign y2=~(~a&b);
  assign y3=~(a&b);

endmodule
```

从上例可以看到，逻辑图中的反相器或反相关系只需采用“~”运算符与对应变量构成表达式即可，而“与”逻辑采用“&”运算符。这样，利用各种运算符即可进行复杂系统的构建，大大减少了代码复杂度。

例 8-5 超前进位加法器采用专门的进位门来提供每一位加法的进位输出,这样各位的进位几乎同时形成。采用此种方法构造的加法器又称为快速进位加法器。试采用数据流建模方式对一个四位超前进位加法器进行描述。超前进位公式参见式(6-48)~式(6-52)。

解
```
module adder_4(sum,cout,a,b,cin);
input[3:0] a,b;
input cin;
output[3:0] sum;
output cout;
wire p1,p2,p3,p4,g1,g2,g3,g4;
wire c1,c2,c3,c4;

  assign p1=a[0]|b[0];
  assign p2=a[1]|b[1];
  assign p3=a[2]|b[2];
  assign p4=a[3]|b[3];
  assign g1=a[0]&b[0];
  assign g2=a[1]&b[1];
  assign g3=a[2]&b[2];
  assign g4=a[3]&b[3];
  assign c1=g1|p1&cin;
  assign c2=g2|p2&g1|p2&p1&cin;
  assign c3=g3|p3&g2|p3&p2&g1|p3&p2&p1&cin;
  assign c4=g4|p4&g3|p4&p3&g2|p4&p3&p2&g1| p4&p3&p2&p1&cin;
  assign sum[0]=p1^cin;
  assign sum[1]=p2^c1;
  assign sum[2]=p3^c2;
  assign sum[3]=p4^c3;
  assign cout=c4;

endmodule
```

8.2.4 Verilog HDL 行为级建模

Verilog HDL 的行为级建模支持设计人员从设计的算法或外部行为的角度,对目标设计进行较高抽象层次的描述。在此层次上建模,类似于C语言编程方式,使设计者编码更加灵活。

1. Verilog HDL 行为级建模的基本框架

行为级建模时,模块内部描述体是由若干并行执行的进程组成。每一个进程由过程块来描述其执行流程。这些过程块在执行时,是并发执行的,即同时从模拟0时刻执行。

由 Verilog HDL 行为级建模模块组成的基本框架(如图 8-5 所示)可知,过程块本身又是由过程语句(initial 或 always)和块语句组成。进一步细化的话,在块语句内部,就是由过程赋值语句、高级程序语句构成的功能描述。

一个过程块的基本格式如下:

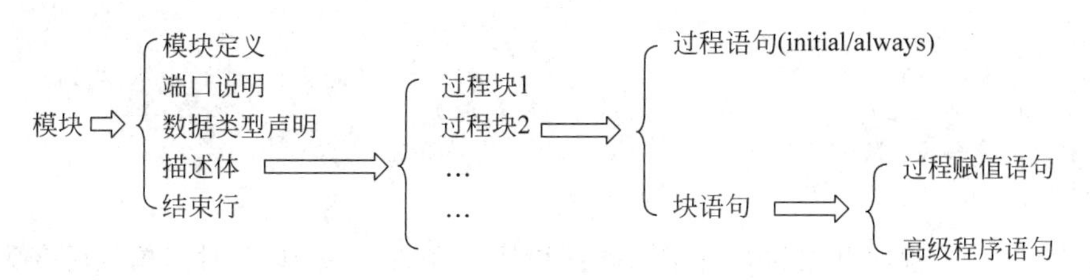

图 8-5 行为级建模中模块组成示意图

过程语句 <@(事件控制敏感表)>
<块语句开始标识符> <: 块名>
<块内局部变量说明>
过程赋值语句或高级程序语句 1
<过程赋值语句或高级程序语句 2
…
过程赋值语句或高级程序语句 n>
<块语句结束标识符>

2. 过程语句和块语句

1) 过程语句

Verilog HDL 的过程语句只有两条：initial 和 always，它们规定了相应的块语句的执行方式。Verilog HDL 的 module 内部可以有多个 initial 或 always 语句表示的过程块，它们之间相互独立，并发运行。initial 和 always 语句区别如下。

(1) 由二者声明的块语句在模拟过程进行时，均是从模拟的 0 时刻开始执行；区别在于，initial 后面的块语句沿时间顺序只执行一次，而 always 后面的块语句会循环执行。

(2) 由于 always 语句的循环执行特性，因此有必要限制其触发条件。触发条件由@(事件控制敏感表)指定，只有相应触发条件满足时，其后的块语句方可执行。如果没有触发条件，always 后的块语句认为触发条件始终为真，那么块语句会反复循环执行。而 initial 语句不需要触发条件。

(3) initial 语句一般用于模拟，不能综合；而 always 既可以用于设计和综合，也可以用于模拟。

2) 块语句

块语句是由块标识符 begin-end 或 fork-join 界定的一组行为描述语句。块语句位于过程语句后面，其中包含的行为描述语句具体描述块的功能。当块语句中只包含一条行为描述语句时，块标识符可省略。

由 begin-end 标识符界定的块语句为顺序块，位于顺序块中的语句以串行方式顺序执行。而由 fork-join 标识符界定的块语句为并行块，位于并行块中的语句以并发方式执行。

为了便于理解二者的区别，看一个包含延迟的顺序块的例子：

```
begin
   # 10  a = 1'b1;
   # 10  b = 1'b0;
   # 10  c = 1'b1;
end
```

在上例中,当程序开始执行并进入顺序块后,a 值在经过 10 个时间单位后变为 1;再经过 10 个时间单位后,b 变为 0;经过 10 个时间单位后,c 变为 1。因此赋值语句前面的延迟是相对于前面一条语句的。

对前面的例子,亦可以采用 fork-join 并行块来描述:

```
fork
   # 10  a = 1'b1;
   # 20  b = 1'b0;
   # 30  c = 1'b1;
join
```

在此例中,正是由于并行的特性,三条赋值语句在程序开始执行并进入并行块后,同时开始执行,因此 b 如果要在 a 变为 1 后 10 个时间单位变为 0,必须从程序开始执行的时间点开始计算延迟,需要延迟时间为 20 个时间单位,而 c 则需要延迟时间为 30 个时间单位。

3. 过程赋值语句

在 Verilog HDL 中,对变量的赋值分为两种赋值语句。

(1) 过程赋值语句:只能对寄存器类变量赋值的语句,并且只能出现在过程块中。

(2) 连续赋值语句:只能对连线类变量赋值的语句,并且只能出现在过程块外。

从上述两种赋值语句的定义可知,寄存器类变量的赋值只发生在过程块内,而连线类变量的赋值只发生在过程块外。过程赋值语句是在 initial 或 always 块语句内部的赋值,它只能对寄存器类变量赋值。因此过程赋值语句左端必须为寄存器类变量。过程赋值语句可以对矢量整体,也可对其中某几位赋值;对存储器类变量,只能通过选定地址单元,对某个字赋值;过程赋值语句也可对连接符拼接后的变量整体赋值。例如,假设声明变量:

```
reg[7:0] reg_a, reg_b, sum;
reg[7:0] memory[0:255];
reg carry;
```

则下述赋值方式均为合法的:

```
reg_a = 8'b1011_1100;
reg_a[2] =1'b1;
reg_a[7:4] = 4'he;
memory[4] = 8'h1a;
{carry, sum} = reg_a +reg_b;
```

根据其延迟模式的不同,过程赋值语句的基本格式分为两种。

(1) 外部模式：定时控制 寄存器变量 赋值操作符 赋值表达式；

(2) 内部模式：寄存器变量 赋值操作符 定时控制 赋值表达式。

外部模式和内部模式的区别在于：外部模式中赋值操作符的右端赋值表达式只有在定时控制产生的延迟到期时才对表达式求值，并执行赋值；而内部模式赋值操作符的右端赋值表达式则先对表达式求值，然后等待定时控制产生的延迟到期后执行赋值过程，即把求得的值赋予寄存器变量。

赋值操作符可以是"＝"或"＜＝"，分别代表阻塞式过程赋值和非阻塞式过程赋值。

(1) 阻塞式过程赋值：在顺序块(begin-end 块)中，每一条阻塞式过程赋值语句顺序执行，在并行块(fork-join 块)中，每一条阻塞式过程赋值语句同时执行。每一条阻塞式过程赋值语句单独执行的过程是立即计算"＝"右边的表达式的值，并将计算结果赋给左端的寄存器变量(在没有定时控制的情况下)。

(2) 非阻塞式过程赋值：在顺序块(begin-end 块)中，非阻塞式过程赋值语句不是以书写的次序顺序执行，而是统一对所有非阻塞式过程赋值语句右端表达式求值，在模拟一个极小的时间段之后统一赋给所有非阻塞式过程赋值语句左端的寄存器变量。

从两种过程赋值的操作上看，阻塞式过程赋值的过程是一条语句没有执行完，下一条语句就不能进行。因此，前一条语句对接下来的语句产生阻塞作用。而非阻塞式过程赋值的过程是彼此独立求值，然后一同赋值，也就是说若干非阻塞式过程赋值语句是并行执行的独立语句。

定时控制包括延迟控制和事件控制，控制过程赋值语句赋值启动的时间。

(1) 延迟控制：直接给出延迟时间，由＃开头的数字表明基本时间单位的倍数，如

```
#10 a=b;                    //经过 10 个时间单位,b 的值赋给 a
```

(2) 事件控制：当事件敏感控制表中某个"事件"发生时，赋值才发生。事件控制以@开头，后面是事件敏感控制表。

① @(信号名)：信号变化引发事件发生；

② @(posedge 信号名)，@(negedge 信号名)：信号发生上升沿(posedge)或下降沿(negedge)跳变，引发事件发生；

③ @(敏感事件 1 or 敏感事件 2 or…敏感事件 n)：敏感事件指上述①、②事件中任意一种；or 表示"逻辑或"，即只要任意一个敏感事件发生，均激活事件控制，即事件发生。例如：

```
@(add or data or wr or rd)          //四个信号中任意一个变化,均引发事件发生
@(posedge clk or negedge reset_)    //当 clk 产生上升沿或 reset_产生下降沿,引发事件发生
```

4. 高级程序语句

高级程序语句是块语句的重要组成部分，构成行为描述中的控制结构。

1) if-else 条件语句

if-else 条件语句根据指定判断条件的满足与否，决定需要执行的操作。其格式如下：

```
if(条件表达式 1)
  begin
    语句或语句块
  end
<else if(条件表达式 2)
  begin
    语句或语句块
  end>
...
<else
  begin
    语句或语句块
  end>
```

当 begin 和 end 之间只有一条语句时，begin-end 可缺省。条件语句允许嵌套，但需要注意 if-else 之间的配对关系。在编译的过程中，编译器总是将 else 与离它最近的上一个 if 配套。例如：

```
if(clock == 1'b1)
if(reset_ == 1'b0)
reg_1 <= 32'h0;
else
reg_1 <= data;
```

例子中，else 语句与紧邻的第二行的 if 语句配对。

2）case 语句

case 语句是实现多路选择的分支语句。其格式如下：

```
case(条件表达式)
    分支项表达式 1:
    begin
            语句或语句块
        end
    <分支项表达式 2:
    begin
            语句或语句块
        end>
          ...
    <分支项表达式 n:
    begin
            语句或语句块
        end>
    <default:
    begin
            语句或语句块
        end>
endcase
```

case语句在执行时，条件表达式和分支项表达式之间是进行按位全等比较的。因此，不定态x和高阻态z这两种逻辑状态同样为合法状态参与比较。

Verilog HDL还提供了两种case语句：casex和casez语句。在casez语句中，如果比较双方（条件表达式和分支项表达式）某一位为z，该位比较结果为真，即z为无关项。而在casex语句中，如果比较双方某一位为x或z，该位比较结果为真。

3）循环语句

（1）forever语句

forever语句实现无限循环，该语句内指定的循环体部分将反复执行。其语法格式如下：

```
forever 块语句
```

注意，forever语句内的语句或语句块要实现一定的时序控制。

（2）repeat语句

repeat语句实现的是按照循环次数计算表达式计算的次数进行的循环，其语法格式为：

```
repeat (循环次数表达式)块语句
```

例如：

```
repeat(5) x<=x +1;
repeat ( timer + 1) y<<1;
```

（3）while语句

while语句是一种条件循环，循环执行的前提是循环条件为真。其语法格式如下：

```
while(循环条件)块语句
```

循环条件可以是一个整数、变量或数值表达式，如果循环条件结果为不定态或高阻态，则循环条件为0次。先判断循环条件是否为真，如果为真，则执行内部语句；如果为假，则不执行。

（4）for语句

for语句在条件表达式为真时才循环执行后面的语句，否则不执行。其语法格式为：

```
for (表达式1;表达式2;表达式3) 块语句
```

其中，表达式1为赋初值；

表达式2为循环结束控制表达式；

表达式3为循环变量增减计算。

5. 任务与函数

1）任务

为了可以从描述的不同位置执行共同的代码，可以把需要公用的代码定义为任务，然后通过任务调用来使用它。

任务定义：

```
task 任务名;
    端口与类型声明;
    <变量声明;>
    块语句
endtask
```

其中端口与类型声明用来声明输入输出参数,值通过参数传入传出任务。端口类型可以由 input、output、inout 指定。

任务定义需要注意以下几点。

(1) task 的定义和调用都在 module 内部。

(2) task 的定义需要端口说明和数据类型说明。但由于 task 在 module 内部,因此没有端口名列表。

(3) task 内部没有过程块(always 和 initial),但在块语句中可以包含时间控制部分。

(4) 调用 task 时,通过 task 名端口调用,严格按照端口顺序和类型进行。

(5) 一个 task 可以调用别的 task 和 function,也可以调用自己。

(6) 允许在 task 定义内部,通过 disable 语句将 task 中断；中断后,控制将返回到调用 task 的地方继续向下执行。

2) 函数

函数定义：

```
function<位宽> 函数名;
    输入端口与类型说明;
    <局部变量说明;>
    块语句
endfunction
```

对比函数和任务,二者主要的不同点如下。

(1) 函数不能调用任务,任务可调用任何其他函数和任务。

(2) 函数只有输入变量且至少一个,输出则由函数名返回一个值。

(3) 函数内部没有过程块。

(4) 函数定义的块语句不许出现定时控制,不可以有 wait 和 disable 语句；而 task 则可以。

(5) 函数可以出现在连续赋值语句 assign 右端。

6. 行为级建模实例

例 8-6 设计一个用于仿真的时钟发生器,其周期为 10 个时间单位。

解

```
module clk_gen(clock);
output clock;
```

```
reg clock;
  initial
    begin
      clock=0;
      forever #5 clock=~clock;
    end
endmodule
```

例 8-7 采用行为级描述方式设计一个 8×8 bit 乘法器。

解

```
module multiplier(opa,opb,result);
input [8:1] opa, opb;
output [16:1] result;
reg [16:1] result;
  always @(opa or opb)
    begin
    integer bindex;
    result = 0;
    for(bindex = 1; bindex <= size; bindex = bindex+1)
       if(opb[bindex])
          result = result +(opa << (bindex-1));
end
endmodule
```

8.2.5 Verilog HDL 层次式建模

在进行复杂系统硬件电路设计时,设计人员将系统层层划分,并采用硬件描述语言实现对各级模块的描述。随后,将这些模块互相连接就形成系统中各独立功能模块的设计,再把这些功能模块连接起来,最后构成整个的目标设计,这就是层次式的建模。

1. 模块调用方法

一个完整电路系统就是由模块所组成,一个模块由模块名及其相应的端口特征唯一确定。模块内部具体行为的描述或实现方式的改变,并不会影响该模块与外部之间的连接关系。与C语言中一个函数可以被多个其他函数调用相类似,一个 Verilog HDL 模块也可被任意多个其他模块调用,但两者在本质上有很大的差别。由于 Verilog HDL 所描述的是具体的硬件电路,一个模块代表具有特定功能的一个电路块,每当它被某个其他模块调用一次,则在该模块内部,被调用的电路块将被原原本本地复制一次。

模块调用是层次式建模的基本构成方式。一个模块可以由其他模块构建而成,该模块可看作高一层次的模块,而所有参与构建的模块都属于低一层次的模块。在构建的过程中,采用模块调用的方式来设计,最基本的格式如下:

```
模块名 调用名(端口名表);
```

其中端口名表列出被调用模块例化后形成的元件输入输出端口与其他信号的连接关系。可以采用如下两种方式进行连接。

(1) 位置对应：按照定义时确定的端口顺序，用需要与之连接的信号名替换。

(2) 端口名对应：把端口名和调用时的实际连接信号名用定义格式显式表示出来。其格式为：

```
.端口名(调用时与之相连的信号名)
```

例如下面采用不同的模块调用方式例化一个模型。假设模块结构如下：

```
module comp(out_port1, out_port2, in_port1, in_port2);
output out_port1, out_port2;
input in_port1, in_port2;
...
endmodule
```

则

```
//调用方式 1: 位置对应
module demo_top1;
  comp gate1(Q, R, J, K);
endmodule

//调用方式 2: 端口名对应
module demo_top2;
  comp gate2(.in_port2(K), .out_port1(Q), .out_port2(R), .in_port1(J));
endmodule

//不连接端口
module demo_top3;
  comp gate3(Q, , J,K);
endmodule
```

例中还给出了当模块的某些端口无须信号连接时，模块的调用方式。此时可采用位置对应的模块调用方式，无须信号连接的端口用空格替代。

2. 层次式建模实例

例 8-8 采用模块调用的方法设计一个四位行波进位加法器。

解 这里首先对1位全加器进行建模，它包括全加和电路(模块1)以及进位电路(模块2)；模块3采用模块调用的方式形成了1位全加器模型；模块4也采用模块调用的方式，最终形成了四位行波进位加法器。

```
//模块 1: 全加器的全加和电路描述
  module fadder_sum (sum, a, b, cin);
  output sum;
  input a, b, cin;
  reg sum;
```

```
        always @(a or b or cin)
        begin
          sum = a ^b ^cin;
        end

    endmodule
  //模块 2: 全加器的进位电路描述
    module fadder_cout (cout, a, b, cin);
    output cout;
    input a, b, cin;
    wire net1,net2,net3;

      and U1(net1, a, b);
      and U2(net2, a, cin);
      and U3(net3, b, cin);
      or  U4(cout, net1, net2, net3);

    endmodule
  //模块 3: 全加器电路描述
    module fadder_structure(sum, cout, a, b, cin);
    output sum, cout;
    input a, b, cin;

      fadder_sum U1(sum, a, b, cin);
      fadder_cout U2(cout, a, b, cin);

    endmodule
  //模块 4: 4 位行波进位加法器电路描述
    module adder_ripple_4bits (result, cout, data1, data2);
    output[3:0] result;
    output cout;
    input[3:0] data1, data2;
    wire cin1,cin2,cin3;

      fadder_structure Unit0(result[0], cin1, data1[0], data2[0], 1'b0);
      fadder_structure Unit1(result[1], cin2, data1[1], data2[1], cin1);
      fadder_structure Unit2(result[2], cin3, data1[2], data2[2], cin2);
      fadder_structure Unit3(result[3], cout, data1[3], data2[3], cin3);

  endmodule
```

例 8-8 中模块 fadder_sum 和 fadder_cout 是最底层的描述，分别完成了全加和及进位电路的描述。模块 fadder_structure 对上述两个底层模块进行调用形成了全加器完整描述，那么相对于前面两个模块，fadder_structure 属于较高层次。模块 adder_ripple_4bits 调用了 fadder_structure，那么在此例中 adder_ripple_4bits 即称为顶层模块。

从例 8-8 中可知，adder_ripple_4bits 只是将一位全加器按照行波进位加法器逻辑图中全加器之间的连接关系转变为相应的 HDL 语言表达。其中组成电路的每个元件为独立实体,因此具有唯一的元件名,内部连线也一样,需给予唯一的变量名,最终电路依据四位行波进位加法器逻辑图给出的连接关系,确定各单元输入输出端口间的信号连接(相同的连线变量名代表连接)。在 Verilog HDL 中,这种描述与逻辑图存在着对应关系,是语言映射逻辑连接的结果,一般称这种在结构领域的描述为结构描述,而把行为领域的描述简称为行为描述。

将上述方法推而广之,那么复杂系统的设计可以看作是从顶层到底层的逐级展开,这就是基于 Verilog HDL 的层次式设计。

3. 验证模块设计

在设计完成之后,需要对其进行验证。目前广泛采用计算机辅助模拟的方法来模拟硬件系统,从而可以分析系统的性能,验证其功能是否正确。Verilog HDL 语言既支持对电路的设计描述,也支持与之密切相关的模拟与验证环境的描述。

对于已完成的待验证的设计描述,在进行模拟验证之前,首先需要搭建一个验证平台。在此平台中,需要在待验证的设计的输入端口加载验证向量作为激励信号,而从输出端口检查其输出结果是否正确。Verilog HDL 语言本身包含有专门用于描述模拟验证的语句,建立简单的验证平台只需要为待验证的设计写一个用于验证的模块。一般这个模块应至少包括以下两方面的内容:①调用待验证的设计以对它进行验证;②用于验证的激励信号源。验证结果正确与否可通过检查输出波形来确定。

例 8-9 写出一个例 8-8 描述的加法器(模块 adder_ripple_4bits)的完整验证模块。

```
module testbench_for_4bitadder;
reg[3:0] a, b;
wire[3:0] sum;
wire cout;

  adder_ripple_4bits U0 (sum,cout,a,b);             //例化模块
  //下面的过程块产生激励

  initial
   begin
     a = 4'b0;
     b = 4'b0;
     for(i = 1; i <= 15; i = i+1)                   //外循环: 遍历 a 的全部数值(0~15)
       begin
         for(j = 1; j <= 15; j = j+1) #5 b=b+4'b1 //对于每个 a,给出 b 的全部数值(0~15)
         #5 a=a+4'b1;                               //每 5 个时间单位 a 的值顺序变化
       end
     #5 $finish;                                    //结束模拟
   end

endmodule
```

例 8-9 的 testbench_for_4bitadder 模块中，待验证设计是 U0。激励信号的产生是通过 Verilog HDL 中的一条 initial 过程语句实现的。由 begin-end 组成的块语句表明包含的语句区为顺序执行语句区。顺序执行语句区中的语句描述了输入元件 U0 的激励信号，第一、二条语句是给信号 a、b 赋初值。for 循环实现了全部可能的输入信号，以实现加法器全验证。最后一条语句(＃5 $finish;)用于终止整个模拟过程。为了观察输出与输入之间信号的关系，从而验证程序的正确性，这里需要一个支持 Verilog HDL 模拟的 EDA 工具，即一个软件模拟器。它可以提供一个图形界面，用波形显示各个被模拟的信号随时间和激励改变而发生的变化，这样使得验证的分析方便而直观。

8.3 设计综合

在集成电路设计中，综合(synthesis)是指两种不同设计描述之间的转换。通常，综合可分为三个层次。

(1) 行为综合：又称为高层次综合或结构综合，从行为域的算法级描述转换到 RTL 结构描述。

(2) 逻辑综合：从行为域的 RTL 描述转换到结构域的基本门级元件组成的结构描述(称为门级网表)。

(3) 版图综合：也称物理综合，将结构域的门级网表转换成物理域的物理版图。

8.3.1 行为综合

行为综合的任务就是：对于一个给定执行目标的行为描述以及一组性能、面积和功耗的约束条件，产生一个总体结构设计的结构图。一般来说，该结构是由数据通路(datapath)和控制器(controller)组成，其中数据通路是由寄存器、功能单元、多路选择器和总线等模块构成的互连网络，以实现数据的传输通道；控制器用于控制数据通路中数据的传输。

在给定行为描述和约束之后，行为综合工具需要确定采用什么样的结构资源执行给定的目标，然后把行为操作与选定的硬件资源相联系，并确定在所产生的结构上执行操作的顺序。通常，实现给定行为功能的硬件结构有许多种，行为综合的一个重要任务就是找出一个满足约束条件和目标集合的、花费最少的硬件结构。在综合过程中，这些工作细化为调度、硬件分配、FSM 生成、算法转换、循环流水化等操作。经过行为综合，目标行为描述被转化为 RTL 的结构描述，那么这种描述可以作为逻辑综合的输入进一步优化。

行为综合的输入是算法级(或行为级)的描述，该描述不含结构信息。行为综合通常通过如下步骤来进行。

(1) 编译：将行为特性描述编译到一种有利于行为综合的中间表示格式。编译是从行为特性描述到中间表示格式一对一的翻译，中间表示格式通常是包含数据流和控制流的语法分析图或分析树。

(2) 转换：对设计的行为描述进行优化。

(3) 调度(scheduling)：将操作赋给执行过程中的某一时间段。在同步系统中，执行时间是用控制步(control step)来表示的。一个控制步是一个基本时序单位，对应一个(或多个)时钟周期。

(4) 分配(allocation)：又称做数据通路分配(datapath allocation)，它的任务是将操作和变量(或值)赋给相应的硬件进行运算和存放，将数据传输通道赋给相应的硬件传输，从而建立一个功能块组成的数据通路，使所占用的硬件资源花费最少。

(5) 控制器综合：数据通路建立后，需要综合一个按调度要求驱动数据通路的控制器。控制器可以用多种方法来实现，实际运用的方法主要有两种：硬连逻辑和固件实现。

(6) 结果生成与反编译：结果生成和反编译的目的在于产生低层次设计工具可接受的格式(如作为逻辑综合输入的硬件描述语言描述)。

从行为到结构转换的核心部分是调度和分配，它们是紧密相关的两步，并决定了数字系统的性价比。

行为综合已在某些特殊应用领域(包括无线通信、存储、图像和消费类电子领域等)被成功应用，例如采用 Simulink 环境就可以快速综合出无线通信中的高级基带处理器。但是，行为综合在集成电路设计领域并没有得到普遍应用。

8.3.2 逻辑综合

逻辑综合的典型输入是硬件描述语言描述的 RTL 代码。逻辑综合就是在一个包含众多结构、功能、性能已知的逻辑元件的逻辑单元库的支持下，根据一个系统逻辑功能与性能的要求，寻找出一个逻辑网络结构的最佳(至少是较佳的)实现方案，最终把硬件描述语言所描述的电路转化为由逻辑单元库中的逻辑元件组成的逻辑网络结构——门级网表。由逻辑综合产生的网表可以作为版图综合的输入。

1. 逻辑综合的基本原理

逻辑电路分为组合逻辑和时序逻辑电路。逻辑综合的重要工作就是对组合逻辑和时序逻辑电路进行逻辑优化，以满足设计者的约束。下面从时序优化的角度分别介绍这两种电路的综合基本原理。

1) 组合逻辑电路综合的基本原理

组合电路常用真值表或布尔函数来描述功能，对组合电路进行优化的基本方法就是逻辑化简。例如，一位全加器的功能用真值表如表 8-7 所示，其布尔函数表示如下：

$$sum = \bar{a} \cdot \bar{b} \cdot cin + \bar{a} \cdot b \cdot \overline{cin} + a \cdot \bar{b} \cdot \overline{cin} + a \cdot b \cdot cin \tag{8-1}$$

$$cout = \bar{a} \cdot b \cdot cin + a \cdot \bar{b} \cdot cin + a \cdot b \cdot \overline{cin} + a \cdot b \cdot cin \tag{8-2}$$

对上面两个布尔函数化简后，得到

$$sum = \bar{a} \cdot \bar{b} \cdot cin + \bar{a} \cdot b \cdot \overline{cin} + a \cdot \bar{b} \cdot \overline{cin} + a \cdot b \cdot cin \tag{8-3}$$

$$cout = a \cdot b + a \cdot cin + b \cdot cin \tag{8-4}$$

依据简化的布尔函数对上述真值表进行改造，即可得到相应的覆盖表，如表8-8所示。

表8-7 一位全加器真值表

a	*b*	*cin*	*sum*	*cout*
0	0	0	0	0
0	0	1	1	0
0	1	0	1	0
0	1	1	0	1
1	0	0	1	0
1	0	1	0	1
1	1	0	0	1
1	1	1	1	1

表8-8 一位全加器覆盖表

a	*b*	*cin*	*sum*	*cout*
1	1	x	u	1
1	x	1	u	1
x	1	1	u	1
0	0	1	1	u
0	1	0	1	u
1	0	0	1	u
1	1	1	1	u

表中输入 x，代表该变量在对应的乘积项中不出现。如 x11 代表 b · cin 项；而输出变量 u 表示相应的乘积项与输出函数之间关系在此不定义，也就是说综合过程中不必考虑。从覆盖表可知，它与式(8-3)及式(8-4)所描述的功能等价。

上述例子就是一种可完全手工实现的逻辑化简方法，其他常见的方法包括卡诺图法、布尔代数化简法及真值表化简法等。然而当目标设计的输入变量足够多的时候，手工进行逻辑综合将非常费力。对于这类复杂逻辑，一般采用代数拓扑方法，即以多维体表示逻辑函数，并使用一组算符对其进行代数拓扑运算完成逻辑函数的综合，这就是目前逻辑综合工具中使用最广的自动综合方法。

组合逻辑电路综合的主要目标通常是使面积最小，同时满足时序要求。以上面的例子来看，就是寻找一个与化简的覆盖表对应的组合逻辑电路。覆盖的优劣通常用它的成本进行量化，成本越低越好。成本的因素相当复杂，同采用的逻辑结构形式、追求目标、使用算法等多方面因素有关。假定采用二级"与或"逻辑结构，成本的主要因素有：

(1) "与"门的个数；

(2) 连线的数目，也即"与"门和"或"门的输入端口数；

(3) 单个"与"门的输入端口数；

(4) 单个"或"门的输入端口数；

(5) 单个"与"门的扇出数。

如何合理考虑以上因素，制定一个覆盖总成本的计算方法是比较困难的。但可以分出以上诸因素的轻重关系。如把减少"与"门个数放在第一位，其次降低连线总数。(3)～(5)三项为争取目标。这样不妨把"与"门个数作为第一成本

$$CS_1 = \text{“与”门个数}$$

把连线总数作为第二成本

$$\begin{aligned} CS_2 &= \text{“与”门输入端总数} + \text{“或”门输入端总数} \\ &= \text{“与”门输入端总数} + \text{“与”门扇出总数} \end{aligned}$$

将每个"与"门对第二成本的贡献，作为单个门的成本

$$CS_0 = 输入端数 + 扇出数$$

2）时序逻辑电路综合的基本原理

时序逻辑电路的输出信号不仅依赖于输入信号的当前值，还依赖于输入信号的历史值。输入序列和输出序列的关系用时序函数来描述，这个函数称为时序机。若时序电路中的存储部件在统一时钟激励下发生状态转换，则称为同步时序电路。逻辑设计最关心的是状态个数有限的时序机，称为有限状态机(FSM)。时序逻辑电路综合就是将状态个数有限的时序机的状态数化为最小。时序机综合的步骤如下。

(1) 建立原始状态图(或状态表)，指定时序机的输出和状态转移的情况。

(2) 状态化简：删除冗余状态；合并状态；寻找一个功能等价、状态数目最小或接近最小的时序机。

(3) 状态分配：将简化的状态表中每一个状态分配一个状态变量的编码，目标是造价最低。

(4) 用组合逻辑电路综合的方法，实现次态函数和输出函数。

得到时序机最小化状态表后，需要给每个状态分配一个存储部件的编码来保存该状态。通常用寄存器来保存状态。如果要达到造价最低，可以理解为成本最低，即存储部件的成本和组合逻辑部分的总体成本最低。

2. 逻辑综合的基本过程

图 8-6 给出了从设计的 RTL 描述到门级网表的逻辑综合的基本过程，它包括如下主要步骤。

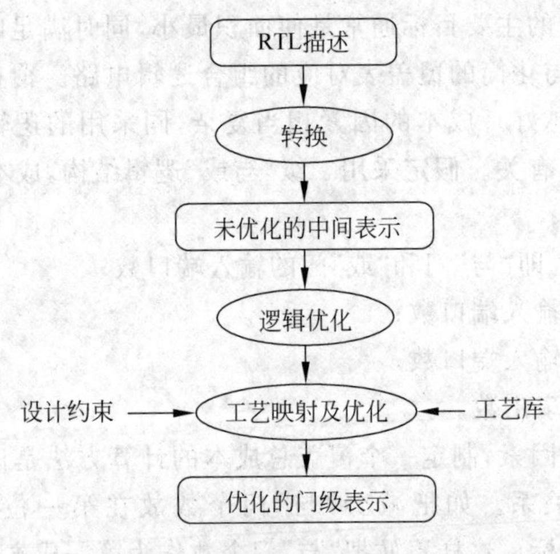

图 8-6　逻辑综合基本过程

(1) 转换：将输入的 RTL 描述转换为未经优化的中间表示。它采用的技术就是将设计描述一对一地转换到通用逻辑表示的基本门结构，此过程不考虑面积、功耗及时序方面的设计约束。

(2) 逻辑优化：运用布尔或代数变换技术对上一步骤产生的中间表示进行逻辑优

化。这一阶段主要是进行逻辑化简与优化，达到尽可能地用较少的元件和连线形成一个逻辑网络结构(逻辑图)，以满足系统逻辑功能的要求。

(3) 工艺映射及优化：考虑所实现的目标结构特点及性质，把前面产生的与工艺无关的结构描述，映射到目标工艺库，从而转换成一个门级网表或 PLA 描述。在此阶段利用给定的逻辑单元库，对已生成的逻辑网络进行元件配置，进而估算性能与成本。性能主要指芯片的速度，成本主要指芯片的面积与功耗。这一步允许使用者对速度与面积，或速度与功耗这种互相矛盾的指标进行性能与成本的折中，以确定合适的元件配置，完成最终的、符合要求的逻辑网络结构。

逻辑综合的结果和设计约束有很大的关系，设计者通过设计约束(design constraint)设置目标，综合工具对设计进行优化来满足设计目标。设计者提供约束(即时序和面积等信息)指导综合工具，综合工具使用这些信息尝试产生满足时序要求的最小面积设计。如不提供约束，综合工具会产生非优化的网表，而该网表可能不能满足设计者的要求。

下面以一个四位比较器的逻辑综合为例，简要介绍一下逻辑综合过程。

四位比较器的 Verilog RTL 代码如下：

```
module comparator (gt, le, data1, data2);
output gt,le;
input[3:0] data1, data2;
reg gt,le;

  always @(data1 or data2)
    begin
      if(data1>data2)
        begin
          gt <= 1'b1;
          le <= 1'b0;
        end
      else
        begin
          gt <= 1'b0;
          le <= 1'b1;
        end
      end

endmodule
```

该比较器对两个 4 位输入 data1 和 data2 进行比较，当 data1 大于 data2，则置 gt 输出为 1；否则，置 le 输出为 1。

在综合过程中，采用的综合工具为美国 Synopsys 公司的 Design Compiler，选择 SMIC 0.18μm 工艺库参与综合。该工艺库包含很多基本库单元，如反相器、与非门、或非门、与或非门等，每一个库单元的功能、时序、面积及功耗信息都有详细描述。

在对四位比较器综合时，需要对其设置一定的设计约束。设计约束通常包括速度、面积及功耗的要求，此外还需要提供设计的工作环境约束，如工作的电压、温度、输入驱动强度、输出负载等。这里要求四位比较器综合结果速度尽可能快,面积不做限定。

在进行上述准备后,综合工具将四位比较器的 Verilog RTL 代码读入,然后进行转换、逻辑优化、工艺映射及优化,最终生成如下的 Verilog 门级网表,相应的门级电路如图 8-7 所示。

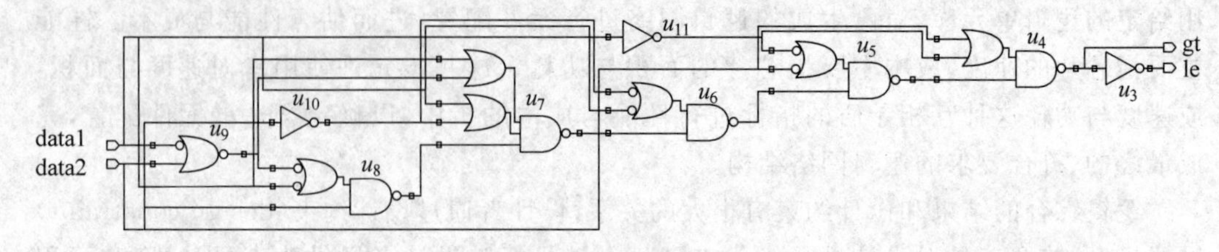

图 8-7 四位比较器门级电路图

```
module comparator ( gt, le, data1, data2 );
  input [3:0] data1;
  input [3:0] data2;
  output gt, le;
  wire   n2, n3, n4, n5, n6, n7, n8;

  INVX1 U3 ( .A(gt), .Y(le) );
  OAI21XL U4 ( .A0(data2[3]), .A1(n2), .B0(n3), .Y(gt) );
  OAI2BB1X1 U5 ( .A0N(n2), .A1N(data2[3]), .B0(n4), .Y(n3) );
  OAI2BB1X1 U6 ( .A0N(n5), .A1N(data1[2]), .B0(n6), .Y(n4) );
  OAI221XL U7 ( .A0(data1[1]), .A1(n7), .B0(data1[2]), .B1(n5), .C0(n8), .Y(n6) );
  OAI2BB1X1 U8 ( .A0N(n7), .A1N(data1[1]), .B0(data2[1]), .Y(n8) );
  NOR2BX1 U9 ( .AN(data1[0]), .B(data2[0]), .Y(n7) );
  INVX1 U10 ( .A(data2[2]), .Y(n5) );
  INVX1 U11 ( .A(data1[3]), .Y(n2) );
endmodule
```

从门级网表中可知,该比较器实现的逻辑电路包含 3 个反相器(INVX1)、5 个或与非门(OAI21XL、OAI2BB1X1、OAI221XL)以及一个或非门(NOR2BX1)。

8.3.3 版图综合

版图综合的主要目的就是将前端设计产生的经过逻辑优化的网表转化成目标工艺的版图。版图综合主要包括如下三个步骤:

(1) 布局(floorplanning);

(2) 插入时钟树(clock tree);

(3) 布线(routing)。

图 8-8 给出了一个基于 synopsys 版图综合工具的传统综合流程,下面对其各主要步骤进行的工作及简单原理逐一介绍。

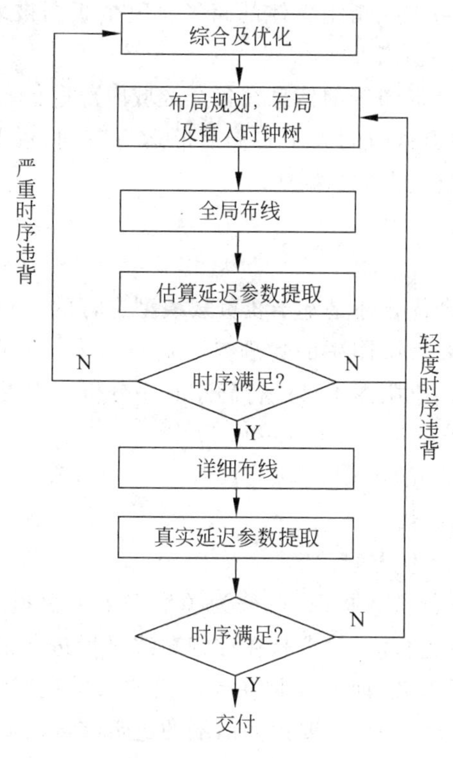

图 8-8 版图综合流程

1. 布局

在整个版图设计过程中，布局是最为关键的一步。其目的是达到尽可能小的面积，同时又保证设计的时序要求。布局的主要工作是将元件以及宏模块(如 RAM、ROM 或子模块)摆放在合适的位置上，目的是既要节省面积，又要保证尽量减少连线的拥塞(congestion)。确定元件和宏模块的正确位置比较费时，因为每一条时序路径均需要完全的时序分析和验证。如果布局过程出现时序失效，就需要重新布局。为了缩短布局时间，目前普遍采用时序驱动的布局方法(timing driven placement)，又称 TDL(timing driven layout)。TDL 方法将网表中的时序信息正标(forward annotating)到设计中，版图综合工具在布局过程中以满足时序作为优先考虑，尽量做到不违反路径约束。

2. 插入时钟树

时钟歪斜和延迟过大会引起竞争冒险，因此对于数字电路来说控制时钟歪斜和延迟异常重要。插入时钟树是由版图工具中时钟树综合(clock tree synthesis，CTS)工具来进行的。其约束条件包括时钟树的层数和每一层时钟树所选用的缓冲器类型。

3. 布线

版图综合的最后一步就是布线，它分两个阶段。

(1) 全局布线：为每条连线指定大体的路径。整个版图被划分成若干区域，穿越每个区域的最短路径被工具所确定。

(2) 详细布线：利用全局布线的信息在各个区域内部进行布线。

若全局布线后版图的运行时间大于布局后的运行时间，说明布线质量不高，需要返回到布局阶段重新布局，重点在减少拥塞。

4. 版图参数提取

到布线结束为止，综合优化还是基于线负载模型进行的。为了真实反映布线后实际版图的连线物理信息，需要将版图中的物理参数提取出来，一方面提供给逻辑综合工具进一步优化，另一方面提供给版图工具进行静态时序分析。需提取的参数可能是：

(1) 详细寄生参数(detailed parasitics)；

(2) 精简寄生参数(reduced parasitics)；

(3) 连线和元件延迟参数；

(4) 连线延迟+集总寄生电容。

在布线的不同阶段进行参数提取，可分为预估寄生参数提取和实际寄生参数提取。前者是在全局布线完成后进行的，后者是在详细布线之后进行的。预估寄生参数提取的结果相当接近最终的实际参数，而好处是在此阶段如果发现时序问题，相对容易重新进行布局布线。当时序违背较大时，需要返回前端的逻辑综合；如果时序违背不大，则只需重新进行布局布线。

参数提取的目的是在设计流程早期就提供芯片的物理效应，减少实际延迟(实际版图完成后得到的延迟)与预估延迟(逻辑综合时用线负载模型计算得到的延迟)之间的误差所产生的时序错误。使用物理综合，可以使设计能更快地满足时序收敛，并使设计结果可预测。

5. 后版图优化

后版图优化(post-layout optimization)的目的是进一步优化和精细化设计。后版图优化依据时序违背的程度，可采取整体综合，或采用区域内优化(in-place-optimization，IPO)技术进行小的调整。

(1) IPO技术

IPO技术保持设计整体结构不变，而仅仅针对设计中有时序问题的组件进行修改，因此对版图影响很小。IPO通常采用添加或互换特定位置的门的方法来修正建立时间/保持时间错误。

(2) 基于位置的优化(location based optimization，LBO)

LBO是IPO的组件，在进行IPO的同时自动参与优化。它在添加缓冲器时，采用先进算法决定其精确位置，以避免产生附带错误。例如图8-9中，从IN1到触发器的OUT2路径有保持时间违背错误。LBO将会在靠近触发器的位置添加一个缓冲器，而不是在IN1附近。因为那样一来有可能引起另一条路径(IN1→OUT1)产生建立时间错误。

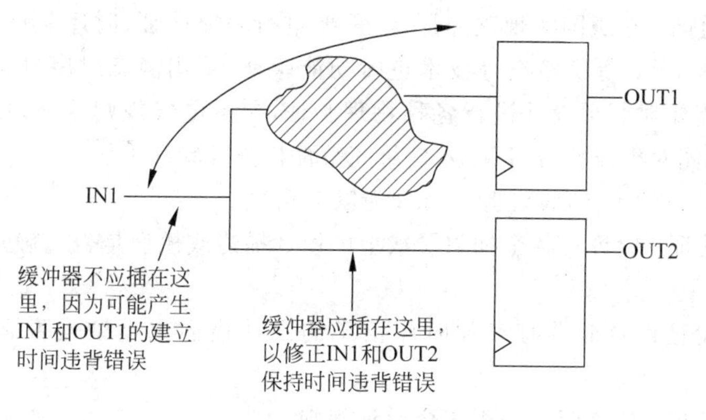

图 8-9　LBO 优化示意图

此外 LBO 还能对连线簇(cluster net)更好地建模，也能够生成对添加或删减的缓冲器的连线。

8.4　设计验证

验证是数字集成电路设计过程中的重要环节，如果设计没有得到充分验证，会带来不可估量的后果。为了正确并及时地生产出合格的芯片产品，验证必须满足两方面要求：一是验证的完整性，只有全部验证点得到充分验证，达到一定的覆盖率要求，才能对产品有信心；二是高效率，即尽可能减少验证时间对产品上市时间的影响，验证才是成功的，这需要借助 EDA 工具和先进验证手段。在当今超大规模集成电路的设计中，验证工作的投入占据整体工程量的很大份额，一般来说验证大约消耗 70%的设计努力。

在电子设计自动化设计流程中，设计的不同阶段始终伴随着验证工作。

8.4.1　设计验证的基本内容

设计规范是电子设计自动化设计流程的起点，随着设计的层层细化，该规范被依次转换为 RTL 模型、门级网表以及版图等描述。每一层次的描述都可以看作对设计规范的某种实现。设计验证的目的就是确认某个实现方案是否满足设计规范。随着设计层次的推进，验证工作基本按照如下流程进行。

(1) RTL 验证：依据设计规范，通过设计得到 RTL 代码，然后需要进行 RTL 功能验证。相应的验证技术包括逻辑模拟、模型检查及定理证明等。

(2) 网表验证：RTL 设计经逻辑综合后，得到门级网表，在此层次上需要进行功能验证和时序验证。门级网表的功能验证可采用 RTL-门级形式等价检查，目的是保证 RTL 模型与门级网表在功能上是等价的；随着时钟树和可测性设计扫描链的插入，新生成的网表还要进行等价性检查以确保功能的正确性。从网表验证开始，在以后各阶段为保证设计满足时序要求，均需要进行静态时序分析验证。

(3) 版图验证：在版图实现这一层次，需要进行功能验证、时序验证以及物理验证。通常采用后仿真、形式等价检查等技术进行功能验证，采用静态时序分析技术进行时序验证。此时还需要对版图设计进行各种物理验证，包括电气规则检查(ERC)、设计规则检查(DRC)、版图对电路检查(LVS)、信号完整性检查等验证工作。

依据验证的目的不同，设计验证可分为以下几种。

(1) 功能验证：验证在各个抽象层次上的设计描述或模型是否正确达到设计的功能规范要求。

(2) 时序验证：验证带有某种时序信息的设计描述或模型是否满足设计的时序要求。

(3) 物理验证：检查版图是否符合设计规则。

由于物理验证在2.4.4节已经详细阐述，因此本节将着重介绍功能验证及时序验证的相关知识。

8.4.2 功能验证概述

1. 功能验证基本原理

集成电路的设计过程是将设计规范转换为规范实现的过程，一般是按照设计的抽象层次，从抽象到具体、层层细化的过程。而验证则是一个与设计相反的过程(如图8-10所示)，它确认某个实现方案是否满足设计规范。从本质上来看，验证就是保证某种形式的转换符合设计者的期望，即保证设计正确地实现了规范所定义的功能和性能要求。

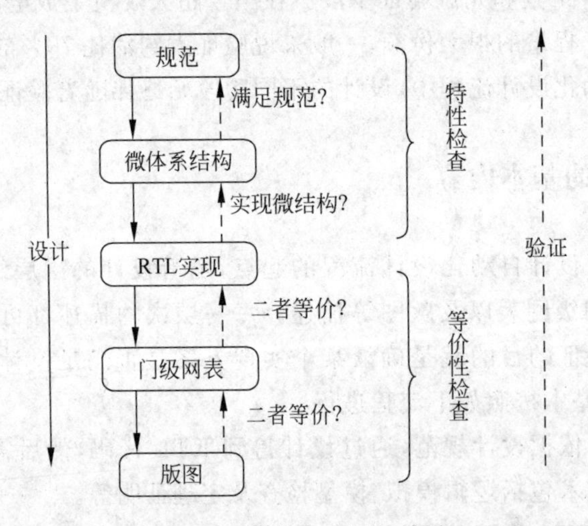

图8-10 设计与验证的关系

从图8-10可以看到，从规范到版图的实现步骤所采取的验证方法可划分为两种类型。从RTL代码到版图实现过程中，验证是证明两个实现的版本功能是否等价，此类验证称为等价性检查。而从规范到RTL代码实现过程中，由于不同抽象层次的实现版本存在差异，原因在于较低层次的实现方案可能包含较高层次允许但并未指定的细节，因此这一过程只验证实现方案是否满足规范。这种类型的验证称为特性检查(property check)，属于目的性验证。

目前，各种广泛采用的验证方法，其基本原理是利用冗余性来找出设计过程引入的错误。设计错误包括实现过程引入的实现错误(如设计人员对规范的错误解释)以及设计规范本身的错误(如未能说明的功能描述、互相矛盾的需求等)。

对于实现错误，可使用不同方法两次或多次实现同一个规范并加以比较来查找。例如把设计过程得到的实现方案产生的结果与验证过程所产生的结果进行比较。因此，对于复杂的集成电路设计，为了提高验证的质量和效率，从管理上可以考虑验证和设计分离原则，即验证任务和设计任务由不同人员或团队分别完成，这是保证设计可靠性的一个重要原则。如果由同一个人进行设计和验证，容易造成设计和验证犯同一个错误而得不到真正的验证。

对于设计规范本身的错误，可通过设计评审并详细检查设计体系、对目标产品应用环境进行考查等方式来发现，这些方式本质上也是基于冗余性来进行的验证。

功能验证贯穿于从系统设计到物理实现的全过程。对于硬件设计来说，功能验证的对象主要是RTL代码，它是设计人员采用硬件描述语言对设计规范的描述。经过完整验证的RTL代码可作为较低层次设计实现的“黄金参考”，采用综合工具可保证二者之间的正确转换。验证用的验证向量和验证程序可以在算法级或RTL开发，较低层次的设计可在某种程度上复用高层次模型开发的验证向量和验证程序。

2. 功能验证技术

目前，功能验证采用的技术可分为两种类型：基于模拟(simulation)的验证及形式验证(formal verification)。二者之间的主要区别在于是否存在验证向量。依据在验证过程中是否需要验证向量，又可将不同的验证技术或方法归之为动态验证或静态验证。基于模拟的验证需要验证向量，因此属于动态验证；而形式验证则属于静态验证，不需要验证向量。

1) 基于模拟的验证

基于模拟的验证包括三种方式：软件模拟、仿真加速及硬件仿真。

软件模拟通过将验证向量施加到待验证设计(design under verification，DUV)的模型上，使其在软件模拟器(simulator，传统上称做软件仿真器)上工作运行，通过检查模型的响应来进行验证。软件模拟器分为两种。

(1) 基于事件的模拟器：每次取一个事件在DUV中传播，直至电路达到稳定状态。由于信号延时不同和存在反馈，每个时钟有可能模拟若干遍，这种模拟精度高，但对于规模大的电路，模拟速度会相当慢。

(2) 基于时钟周期的模拟器：不考虑时钟周期内的时序，仅一次性计算状态元件和输入输出端口之间的逻辑，模拟速度可以大大提高，但电路类型有一定限制。例如，要考虑时钟周期内时序的电路，就不能用这种模拟器。

基于软件模拟器进行验证，验证向量的运行速度较慢，对于超过百万门级的设计，模拟的验证时间较长。因此,针对大型验证任务,往往采用仿真加速或硬件仿真来加速功能验证周期。

将软件模拟程序中的某些代码映射到硬件平台中进行操作,称为仿真加速(或称硬件加速)。最典型情况就是验证平台仍然保留在软件中运行,而被验证的设计却是在硬件加速器(基于FPGA或基于处理器)中运行。

硬件仿真是指无须软件模拟器而采用专门的软/硬件系统,称为硬件仿真器(典型的是采用现场可编程门阵列),来全部或部分实现目标设计,在进行验证时,验证向量被施加在已实现了目标设计的硬件仿真器上运行。由于验证向量是在硬件系统上运行,验证任务可以在很高的时钟频率(一般在MHz数量级)下执行,因此可以大大提高验证速度,通常可以将验证速度提高两个甚至三个数量级。

2)形式验证

形式验证利用数学方法对设计结果的功能进行验证。它仅依赖于对设计的数学分析,无须使用验证向量。目前包括如下几种技术。

(1)模型检查:运用公式化的数学技巧来查验设计的功能特性。模型检查将设计描述及其部分规范的特性作为输入,以证明该设计是否具有某种特性。其过程是搜索一个设计在所有可能条件下的状态空间,寻找不符合某特性的点,如果找到这样的点,则可证明该特性不正确。模型检查不需要建立任何验证平台,被验证的性质是以特殊的规范语言描述的查询表形式给出。当模型检查工具发现错误,就会产生自初始状态到行为或特性出错的地方为止的完全搜索路径。因为包含数据通道的电路系统往往包含很大的状态空间,采用模型检查将占据大量的存储空间,验证时间也变得难以承受。

(2)定理证明:在定理证明的过程中特性被表述为数学命题,而设计则表述为数学实体,该实体表示为若干公理。证明的过程就是看数学命题是否可从公理中演绎得到。如果得到,则该特性存在;否则,该特性则不存在。已经有很多的定理证明系统在大型的设计中得以成功地运用,如在浮点指针单元和在复杂流水控制中。定理证明验证的主要缺点就是它不如特性检查那样自动化程度高。因为在通过理论证明的验证中,用户必须使用定理证明的命令进行交互式的证明。同时,另一个缺点就是在对某事件的证明失败时,验证系统无法自动构造搜索指针,用户必须通过人为的分析来寻找错误发生的原因。

(3)形式等价检查(formal equivalence checking):形式等价检查的优点是提供完全的等价验证,只需较少执行时间。形式等价检查工具会生成一个数据结构,以用来比较在相同的输入模式下得出的输出数值模式,如果这些输出数值模式不相同,那么同一设计的两种描述(如门级和RTL)就不是等价的。芯片设计过程的各个阶段有不同层次、不同版本的设计。形式等价检验用于验证两种设计在功能上的等价,一般是验证新的设计描述与已经得到验证的设计描述的等价。当一种描述经过了某种类型的变换,那么等价性验证也会在两个门级网表或两个RTL实现之间进行。常用的是RTL与RTL、RTL与门级网表、门级网表与门级网表之间的等价检验。形式等价检查所需处理器时间和存储容量较小。目前实际应用的形式等价检查主要针对组合电路,其方法可以有布尔满足(SAT)法、二元决策图(BDD)法、符号模拟法等。

8.4.3 基于模拟的验证

1. 基于模拟的验证流程

基于模拟的验证是功能验证最重要、用得最多的一种技术，主要是在模拟器或仿真器上通过模拟实际电路的工作环境来对设计进行验证。图 8-11 给出了一个典型的基于模拟验证的流程。

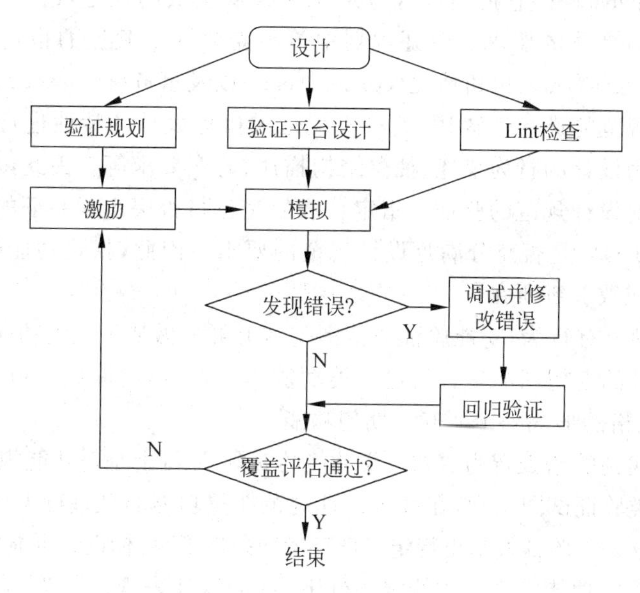

图 8-11 基于模拟的验证流程

(1) 根据目标设计的设计规范，设计验证平台(testbench，又称做测试平台)；制订验证规划，根据验证规划编写验证用例(testcase，又称测试用例)，以生成验证向量，用作输入激励以及响应检查；设计还需要进行 Lint 检查，Lint 检查能够检查设计的静态错误(如空置的总线等)、编码风格冲突等，属于一种静态检查，也就是说无须输入向量。

(2) 将验证向量输入到 DUV，在软件模拟器(或仿真器)上进行模拟。

(3) 将输出与参考输出结果进行比较。

(4) 如果观察到与预期结果不符的情况，需要调试，并改正之。

(5) 经过改正的设计需要进行回归验证(regression testing)。这是因为有时设计人员会在不违背现有功能的同时加入一些新的功能，或者在排除一个设计错误的同时，又引入了新的错误。回归验证是将已有的验证在新版本的 DUV 上重新运行，以证明没有引入错误。在整个验证过程中，应该定期进行回归验证。

(6) 经过回归验证如果证明没有引入新的错误，或已经进行所有验证向量的模拟，则以覆盖评估来考察是否通过验证。覆盖率指标被用来衡量一个设计的模拟验证的质量，由衡量覆盖率的工具给出代码覆盖率(模拟验证运行过的代码的百分比)或功能覆盖率

(模拟验证运行过的功能的百分比)的报告。利用覆盖率报告,可发现设计中没有得到验证的部分,从而为其生成验证向量。如果没有达到覆盖评估标准,则需要对 DUV 反复验证;如果达到覆盖评估标准,则结束基于模拟的验证工作。

2. 验证规划及验证用例

验证规划以系统设计的体系结构规范为起点,找出需要验证的功能并赋予优先级,建立验证构想或者为每个优先级的功能建立验证用例,并跟踪验证过程。这 4 个步骤可视为一种自顶向下的过程,它把高层规范细化为较低层次的规范,进一步细化到最终生成验证用例的更加具体的要求。验证规划中给出需要详细验证的指定功能,包括属性(feature)、操作(operation)、边角情况(corner cases)以及事务(transaction)等。验证的指定功能可看作对规范的进一步解释,其核心就是对目标设计的特性进行说明和穷举,这些特性可以表示为设计的行为描述、抽象结构描述、时序要求等。因此,对所有指定功能的验证就构成了对设计规范的验证。指定功能的完备与否决定了验证的功能覆盖程度,从而最终决定了 DUV 是否充分满足设计规范的要求。因此,指定功能的提取可以说是基于模拟的验证成败关键所在。

对于 DUV 的所有行为,功能验证的范围基本上可分做如下三类功能的提取。

(1) 目标设计的期望功能集合。这一类功能的获取,需要验证人员彻底了解设计的功能规范,并以表格的形式列出所有的期望功能。

(2) 想要寻找到的错误行为。这一类功能的获取,原则上是对功能规范的完整性和正确性的验证。此类验证试图发现,在基于设计规范期望功能验证基础上,设计本身是否存在漏洞和缺陷。这一类验证枚举出特定工作环境和条件下,目标设计可能发生的错误。

(3) 未被覆盖的功能定义。指特定条件下,目标设计表现的行为不可能得到验证的那些功能。这类功能为超出设计规范所定义的工作环境要求的考虑,因此此类功能点的获取目的是指明应该将设计置于什么样的使用环境,也就是说,限制设计的应用范围。

在进行设计的功能验证时,从验证规划提取的指定功能出发,就可以有针对性地采用适合的验证方法及 EDA 工具进行验证工作。在基于模拟技术进行验证时,验证规范的指定功能可以指导生成相应的验证用例。一个验证用例是实现了一组针对特定功能的验证向量,该向量应实现对目标设计的输入激励和响应检查的描述,通过模拟工具在目标设计上运行,可以得到指定功能的“真”或“假”的确定结论。

在实现验证用例之前,需要在验证规划中列出所有验证用例的功能、优先级、实现方法等。例如,对如图 8-12 所示的一个通用异步收发器(UART)进行模拟验证,首先需要提取需要验证的指定功能。UART 的主要功能如下。

(1) 串行数据接收:以接收移位寄存器和接收保持寄存器为主体,进行串行数据的接收及检查。

(2) 串行数据发送:以传输移位寄存器和传输保持寄存器为主体,进行串行数据的组装及发送。

(3) 波特率发生:按照 UART 控制寄存器的规定波特率生成相应波特率的时钟。

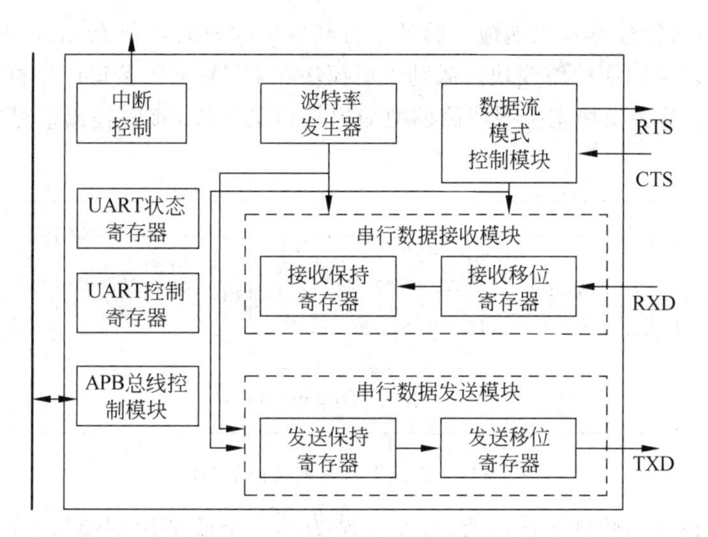

图 8-12　UART 结构示意图

(4) 数据流模式控制：完成与其他 UART 数据流传输协议的控制。

(5) 中断控制：发送中断请求信号。

(6) UART 控制：管理 UART 控制寄存器、状态寄存器等。

(7) APB 总线控制：管理和控制 AMBA APB 外围总线数据传输及协议控制。

然后针对指定功能，设计验证用例实现步骤。例如验证 UART 发送数据的功能，实现步骤描述如下。

(1) 验证 UART 是否能够正确发送数据

① 保持发送时钟基准时钟；

② 将 UART 控制寄存器置为发送态；

③ 向 UART 发送保持寄存器写入待发送数据；

④ 检测是否正确接收该数据。

(2) 验证 UART 能否检验出偶校验错，并据此发出中断请求

① 保持发送时钟基准时钟；

② 将 UART 控制寄存器置为发送态，置为偶校验；

③ 向 UART 发送保持寄存器写入待发送数据；

④ 检测是否正确接收数据且偶校验无误。

……

最后采用模拟器识别的计算机语言将上述步骤加以实现即形成验证用例。

在对 DUV 进行验证之前，完整的验证向量可以在验证规划的基础上生成。首先需要将验证规划中对验证用例的描述编写成模拟器可识别的代码，然后依照验证用例的验证组别以及优先级别排列，这些代码将由验证平台调用。

3. 验证平台

验证平台是为模拟验证而编写的代码，其目的是用来对待验证模型产生预先确定的

输入序列,然后选择性地检测响应。验证平台基本结构如图 8-13 所示,由两大组件构成:激励生成模块以及响应检测模块。激励生成模块在 DUV 输入接口产生符合时序要求的信号激励;响应检测模块则按照待测模型输出接口的时序,接收输出信号并与期望结果进行比较。

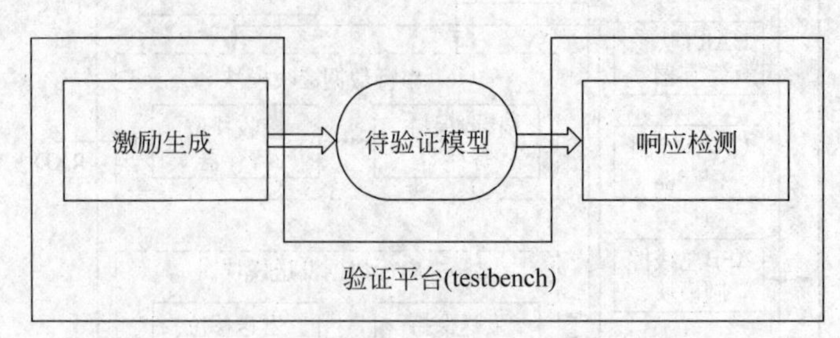

图 8-13　验证平台基本结构示意图

由于一般设计的验证用例庞大,如果单纯为某一个验证用例编写专门的验证平台,则无法达到面向所有验证用例的通用性,从而增加了编写代码的重复劳动,因此验证平台的激励生成和响应检测模块的设计要考虑复用性。在采用硬件描述语言设计的验证平台中,复用性通过硬件描述语言提供的过程来实现,对于 Verilog HDL 就是任务(task),而对于 VHDL 则是过程(procedure)。这些可重复调用的过程的主要功能就是把数据写入 DUV——激励生成,或从 DUV 中读取数据——响应检测。

下面给出一个面向 UART 模块的验证平台实例的 Verilog 代码片段。该平台主要由三部分组成:待验证模块的例化,激励生成及响应检测,可复用任务声明。

```
module testbench_for_UART_RXD;
    //例化待验证模块 UART

    UART u1(RXD, TXD,…);

    //下面在 initial 过程块中,顺序执行任务序列,产生激励,进行功能验证

    initial
    begin
    //调用激励产生模块,输入数据 8'ha5,1 位偶校验位
       serial_data_input_generater(8'ha5, 2'b10, baudrate, RXD);
    //调用数据接收检查
       serial_data_receiver_check(…);
       …
    end
    //下面为可复用任务声明区
    task serial_data_input_generater;
    input[7:0] data;
    input[1:0] verify_indicate;
    input baudrate_clk;
    output RXD;
    reg TXD;
```

```
// verify_indicate [1] =1,表示有校验位,否则无校验位;
// verify_indicate [0] =1,表示奇校验,否则为偶校验;
wire verify_bit = verify_indicate [0]? ~^data:^data;
begin
  @(posedge baudrate_clk) TXD= 1'b0;      // 发送起始位
  @(posedge baudrate_clk) TXD= data[0];  // 发送数据位(第 0 位)
  @(posedge baudrate_clk) TXD= data[1];  // 发送数据位(第 1 位)
  @(posedge baudrate_clk) TXD= data[2];  // 发送数据位(第 2 位)
  @(posedge baudrate_clk) TXD= data[3];  // 发送数据位(第 3 位)
  @(posedge baudrate_clk) TXD= data[4];  // 发送数据位(第 4 位)
  @(posedge baudrate_clk) TXD= data[5];  // 发送数据位(第 5 位)
  @(posedge baudrate_clk) TXD= data[6];  // 发送数据位(第 6 位)
  @(posedge baudrate_clk) TXD= data[7];  // 发送数据位(第 7 位)
  @(posedge baudrate_clk) TXD= verify_indicate[1]? verify_bit:1'b1;// 发送校验位
  @(posedge baudrate_clk) TXD= 1'b1;      // 发送停止位
end
endtask
task serial_data_receiver_check;                  //检测数据格式
…
//其他任务
…
endmodule
```

该验证平台经裁剪,只保留了一个面向 UART 的 RXD(串行数据接收端口)无数据流模式控制的激励产生及其可复用的任务声明(serial_data_input_generater)。任务 serial_data_input_generater 在 initial 过程块中被调用时,它向 RXD 输入 8 位串行数据 8'ha5(数据格式 1 位起始位,8 位数据位,1 位偶校验,1 位停止位),并随后被另一个任务 serial_data_receiver_check 的调用所检测。例中,任务 serial_data_input_generater 可看作验证平台的激励生成机制,它可以提供任何需要向 RXD 写入数据的验证用例调用,而实现了可复用性。

将需要反复使用的复杂行为抽象并提取成若干任务,就构成了一个基本的结构化的验证平台。典型的结构化验证平台(如图 8-14 所示)应包括激励生成、时序/协议检查、输出接收、预期结果检查等结构组件。

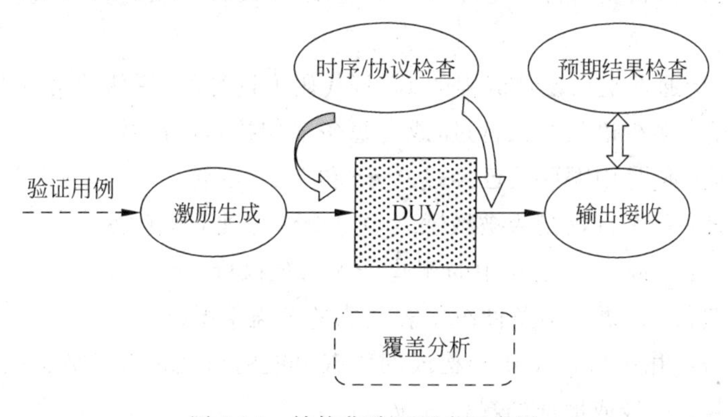

图 8-14　结构化验证平台示意图

激励生成和输出接收组件的主要任务就是将验证用例提供的验证数据,按照待测模型与周边环境之间的时序和协议,正确地写入DUV或从DUV读出数据。

协议检查组件用来监视接口上的事务,并检查接口操作的正确性,如有非正确操作,则可给出错误提示。它们既可以嵌入到激励生成和输出接收组件中,在模拟时进行验证,也可以嵌入到待验证模型或参考模型中,这样除了模拟验证外,以后实际的集成电路在正常工作时就能达到自检验的目的。

预期结果检查是指根据事先给定的预期响应文件来检查模拟结果,如果结果不符合,则给出错误提示。在大型设计项目中,预期结果检查往往由参考模型(reference model)代替。参考模型是一种专门面向功能验证而设计的代码,可以在施加于DUV的相同激励条件下,产生预期的结果,该结果作为输出检查器的预期响应参与比较。所以,参考模型的主要目的就是生成与目标设计描述进行比较的比对数据。参考模型侧重于设计的行为功能,而不是实现的细节,因此既可以采用C、C++、E、Vera语言,也可以采用硬件描述语言Verilog HDL或VHDL进行编码。一般硬件描述语言的参考模型可以采用抽象层次较高的行为级描述来实现,由于参考模型无须实现设计的硬件结构的细节,因此是一种不可综合的、面向模拟验证的行为模型。总之,参考模型的目标就是以一种容易书写和模拟的方式忠实地表达设计的功能。参考模型可以在算法开发期间进行设计,因此也可用来对算法的可行性和效率进行模拟。

4. 验证覆盖

理论上验证工作只有在验证达到100%的功能完整性要求才算结束,但是对于复杂的系统,完整地对规范进行验证是不现实的,因此需要给出验证质量的评估方法。目前尚无精确的评估量化方法来给出完整性指标,只能借助覆盖来近似量化验证过程和达到的验证程度。常见的覆盖类型包括代码覆盖、FSM覆盖及功能覆盖。

目前,先进的模拟器本身就内嵌了代码覆盖分析工具。把特定的验证向量序列输入到待验证的设计中,在模拟过程中通过代码覆盖率分析工具来评定验证向量序列的覆盖率指标。通过代码覆盖率分析就有可能得出功能覆盖率的某些方面的信息。分析工具可以提供每个被评估属性的百分比的覆盖率值,以及设计中没有执行或者只是部分执行的区域的列表。

代码覆盖分析通常是在设计流程的RTL代码上进行的,评估的是以下类型的覆盖。

① 语句覆盖:多少语句被执行过,或者每条语句执行的次数。

② 翻转覆盖:信号中哪些位已经过0→1和1→0翻转。

③ 触发覆盖:每个进程是否被敏感表中每个信号独立地触发。

④ 分支覆盖:if或case语句中的哪些分支已被执行。

⑤ 表达式覆盖:if语句中条件布尔表达式的覆盖情况。

⑥ 路径覆盖:由if和case语句构成的所有可能的路径是否已被验证。

⑦ 变量覆盖:信号或地址的覆盖情况。

FSM(有限状态时序机)覆盖包含两种覆盖：

① 状态覆盖：多少 FSM 状态达到过。

② 转换覆盖：多少 FSM 转换发生过。

功能覆盖是一种由用户定义的、反映在验证过程中被运行到的功能点的范围的衡量方法。功能点可以是对用户而言可视的体系结构特点，也可以是主要的微结构特征。

功能覆盖率数据一般是一些时序行为(如总线的交易)和一些数据(如交易源、目的和优先级等)的交叉组合。附加覆盖率信息可以从功能覆盖率点的交叉引用中得到。比如，在一个器件的两个引脚之间进行的数据处理的相互关系，或者在一个处理器中指令和中断的关系等。

功能覆盖与代码覆盖的不同之处是，功能覆盖的指标需要开发者自行定义。一个好的定义不仅与验证平台紧密相关，而且应覆盖设计中的所有主要特征。因此，功能覆盖率比代码覆盖率的要求更加严格。功能覆盖率分析通常是在 RTL 上进行。

5. 提高验证完整性的方法

功能验证的主要工作是确定 DUV 是否遵守设计规范，通常称之为特性检查，或规范一致性检查(compliance testing)。在规范一致性检查中，激励信号被明确给出，DUV 的响应信号能够预知并被检测到。针对验证规划中的所有功能进行模拟验证后，设计是否在功能上符合设计规范这一点通常会得到充分检查。

然而，经过规范一致性检查后，一般还是无法肯定待验证模型是否可以在各种可能的情况下正确运行。这主要是以下原因造成：

(1) 人工验证条件下，有些情况无法验证到；

(2) 在各种功能任意排列组合的情况下，可能出现意想不到的错误；

(3) 与时序或数据相关的情况；

(4) 设计的临界状态、临界序列；

(5) 在规范中阐述不清而容易发生争议的情况；

(6) 其他可能出错的复杂情况。

这些就是所谓的边角情况(corner case)。对于边角情况，无法给出预先确定的验证用例，因此，边角情况需要采用随机模拟的方法。随机模拟的激励是由随机向量发生器随机产生的，依据产生的随机向量是否被限定，随机模拟可分为有向随机模拟和无向随机模拟。

在有向随机模拟时，地址和控制信号被随机加入总线或信号流中，但是这些信号需要总线监测器的监控，目的是确保总线协议不会产生错误操作。之所以称为有向，是因为验证是以一种特殊的方式来强调 DUV 的某些特性，同时随机序列要在有限的范围内使用有限的离散数值。例如为了验证总线交易，限定随机向量发生器将各种可能的总线交易定量分配以产生特定的传输交易序列，如规定在随机序列中产生 10%的读交易、50%的写交易和 40%的广播交易等。

无向随机模拟对设计的输入激励直接由随机向量发生器驱动，之后检查其输出以检测任何无效的操作。这种方法最常用于验证数据通道和算术部件，或者用来验证能够接收任何随机序列的小型模块。

目前,功能验证正是采用随机模拟来验证用规范一致性检查很难验证的边角情况,而且随机模拟也可能查到验证人员遗漏掉的验证点。采用随机模拟,多数算法错误都能在设计周期的早期被发现和修改,所以是规范一致性检查极好的补充。由于随机模拟的不确定性,而且验证序列数量庞大,往往需要在硬件仿真器上进行以加速模拟。

在完成上述两种模拟验证工作后,DUV 必须用真实的代码在真正的应用环境下运行,即实代码验证,以进一步找出由于设计人员对于规范、设计代码以及验证代码的理解错误而产生的设计错误。在真实环境下的验证是发现这类错误的有效办法。

8.4.4 时序验证概述

在数字集成电路设计中,时序验证的主要任务是验证电路是否符合时序要求(如建立时间、保持时间等)。时序验证主要采用后仿真以及静态时序分析的方法来进行。

后仿真就是引入器件和连线延迟信息后的软件模拟,包括版图前模拟和版图后模拟。后仿真可以同时用来验证电路的功能和性能,即验证在规定速度下设计能否正确实现规定的功能。可是,由于器件和连线模型参数的引入,就使得本来速度相对较慢的模拟速度变得更加慢了,因此对于大型设计来说并不实际。

静态时序分析(static timing analysis,STA)是确定集成电路满足时序约束、进行时序验证的一种方法,这种方法借助静态时序分析工具对设计中的所有时序路径进行穷尽式的分析。由于这种方法无须验证向量进行模拟,因此称为静态分析。静态时序分析的特点在于:时序检查与验证向量无关;分析速度快;覆盖完全,但由于存在伪路径而有可能不精确。

在集成电路后端设计阶段,网表的变换贯穿于综合、扫描电路插入、时钟树生成、平面设计、模块布局、完整芯片布线等过程,因此每一步都要进行静态时序分析,以确保各级网表均满足时序要求。

静态时序分析技术业已广泛应用于集成电路的时序验证中,其步骤如下。

(1) 建立电路的时序路径集。

(2) 路径延时计算。

① 元件延时:物理设计前,根据目标工艺库,按输入边沿及输出电容负载查表得到元件延时和输出边沿;物理设计后,根据提取得到的连线寄生参数进行计算,采用标准延时格式(SDF)估计。

② 连线延时:物理设计前,根据目标厂商或自行建立的线负载模型估计连线寄生参数,即按线扇出数查表得到连线的寄生电阻和负载电容,并估算连线延时;物理设计后,提取连线寄生参数,采用 SDF 估计。

(3) 检查路径延时是否满足时序约束。

第9章 集成电路的测试技术

集成电路的设计和制造是一项复杂的工程。在制造过程中芯片可能出现各种缺陷，如氧化层穿透、体缺陷、表面缺陷、电迁移现象及封装缺陷等，这些缺陷的存在都将导致芯片出现故障，而集成电路测试是指在其运行过程中施加已知激励，对其产生的响应进行分析评估，以判定电路是否存在故障、设计是否能按预期正常工作。测试能否成功的条件是，在输入激励相同的条件下，有故障和无故障的被测电路的输出必须能够相互区别。通过电路测试可以检测出在生成制造过程引入的缺陷，将有故障的芯片剔除，避免其流入市场。测试不仅仅用来检测被测产品是否合格，还可以通过提供制造过程中的有用信息进而提高产品的成品率。根据工业界的十倍经验法则：若一个芯片故障在芯片测试时没有被发现，那么在印刷电路板(PCB)级别发现故障的成本将是芯片级别测试的十倍；如果一个PCB板级故障在电路板级测试没有被发现，则在系统级别发现此故障的成本将是PCB板级的十倍。可见芯片测试的重要性，而且芯片、电路板及系统日趋复杂，测试成本的递增将更大，甚至超过十倍经验法则。

9.1 故障模型

在集成电路测试中为了有效地测试分析电路，并能够检验硅片的多种缺陷，需要抽象的故障模型来表示它们。故障模型就是指将实际物理上的缺陷用抽象的模型表示出来。常见的故障模型有固定型故障、短路与开路故障、时延故障等。

9.1.1 固定型故障

固定型故障是数字电路测试中最常用的故障模型，也是较早获得成功的门级故障之一。导致固定型故障的原因有多种，如器件存在错误的状态、引线处于短路或开路状态等。由于固定型故障易于描述，处理故障方便，这使得固定型故障在测试领域获得普遍应用。

对于电路中的一条引线来说，无论输入如何，其逻辑值都固定于逻辑1或0的缺陷，用单固定型故障(single stuck-at fault)模型描述，简称SSA故障。如图9-1所示的两输入与门AND1，若线A固定接地，则用s-a-0故障描述，标志为A：s-a-0，记为A/0或A≡0；同样，固定为1的故障用s-a-1描述，标志为A：s-a-1，记为A/1或A≡1。SSA故障可以说是经典或标准故障模型，这种故障模型最早被提出，在集成电路测试中的研究和应用也最广泛。

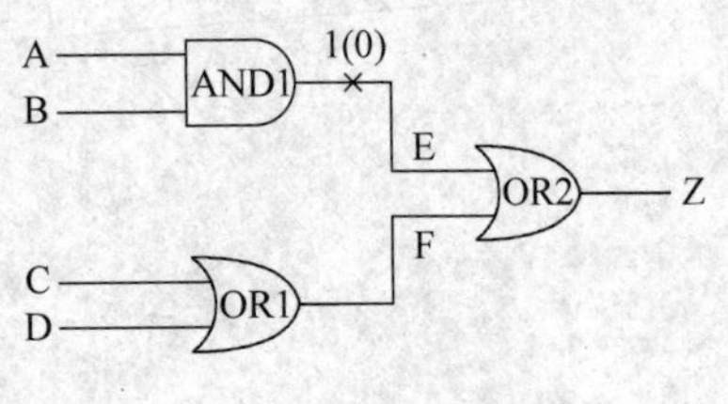

图9-1 单固定故障示例

单固定故障具有以下两个特征：①任意时刻只有一条引线存在故障；②故障固定于0或1。如图9-1所示电路，假设电路的引线E上出现s-a-0故障，当输入测试向量{A,B,C,D}={1,1,0,0}时，由于引线E上的s-a-0故障存在，引线上的逻辑值为0，而不是正确逻辑值1。如果一电路具有n条引线，每条引线可能有单 s-a-0 或 s-a-1 故障存在，那么该电路单固定故障数为 $2n$。

为了说明固定型故障的外在表现，下面以图 9-2 所示的三输入或非门为例加以分析。设三输入或非门的三个输入端分别用 A、B、C 表示，输出端为 Z。首先分析输入端存在故障的情况，假设 A 输入端发生 A：s-a-1 故障，此时无论输入端 B、C 如何设置，在输出端 Z 的结果均为 0。如何才能检测出 A：s-a-1 故障呢？很显然，输入端 A 如果为 1，就会与故障值相同，使故障无法反映出来；而如果输入端 A 为 0，虽然与故障值相反，但故障是否能够在输出端 Z 反映出来还要分析输入端 B、C 的值，如果输入端 B、C 有 1 存在，那么故障仍然被屏蔽，因此能够检测 A：s-a-1 故障的输入激励为 000。当 A：s-a-1 故障不存在时 000 的输入激励的输出响应（正确响应）为 1；当 A：s-a-1 故障存在时 000 输入激励的输出响应（故障响应）为 0。接下来分析输出端存在故障时的情况，假设输入端不存在故障，Z 输出端存在 Z：s-a-0 故障，而当输入激励分别为 001、010、011、100、101、110、111 时，输出端 Z 无故障时的正确响应为 0，这与故障 Z：s-a-0 状态值相同，无法将故障效应表现出来，而只有当输入激励为 000 时，正确响应与故障值恰恰相反，即输入激励 000 能够探测 Z：s-a-0 故障。

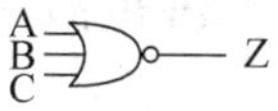

A
B
C
Z

图 9-2　三输入或非门

通过以上例子的分析可知，当输入端存在故障时，此输入端引线的信号值如果与故障状态相同时，故障无法表现出来；而当此输入端引线的信号值与故障状态相反时，那么除输入故障线外的其他输入信号值就不能对逻辑门产生控制，这样就可使故障状态能够在输出端表现出来。对于输出端存在固定型故障时，只有输入产生的正常输出值与故障值相反，故障才能够反映出来。

如果被测电路内部同时存在多个单固定故障，这样的缺陷可采用多重固定型故障(multiple stuck-at fault)模型描述，简称 MSA 故障。其特点是同时出现单固定故障的引线条数大于 1，如图 9-2 所示。该例子电路有 4 条引线，其 A 和 B 两条引线发生的 2 重固定型故障的个数为 2^2，它们分别为{A：s-a-0，B：s-a-0}，{A：s-a-0，B：s-a-1}，{A：s-a-1，B：s-a-0}和{A：s-a-1，B：s-a-1}。MSA 故障出现的概率随着器件对称性的降低和门密度的增加而增加。m 条线可能有 2^m 个 m 重 MSA 故障，而 N 条线中 m 重线的总个数为

$$C(N,m)=\frac{N!}{m!(N-m)!}\tag{9-1}$$

则 m 重固定型故障的个数为 $2^m\cdot C(N,m)$，所以 N 条线中可能存在的 MSA 故障的总个数为

$$\sum_{m=1}^{N}2^m\cdot C(N,m)=3^N-1\tag{9-2}$$

这里 MSA 故障的总个数包括 SSA 的数量。电路中多重固定故障的数目随引线的个数呈指数增加，当 N 较大时，故障总数过多，影响 MSA 故障测试的主要因素是原始输入的个数和重聚的扇出点的个数。尽管可以用穷举和伪穷举测试来检测 MSA 故障，即对多重固定故障逐一生成测试码进行检测，但此方法工作量过大，运算时间过长，对于超大规模集成电路并不适用，多重固定型故障目前多是进行理论上的研究。而实际测试中最常用的方法就是单固定故障假定，即用单固定故障的测试生成来检测多重固定故障，可实

现高的故障覆盖率,所以单固定型故障的故障模拟和测试生成算法一直是测试研究的重点。

9.1.2 桥接故障

当电路中两条和两条以上不应有的引线连接而导致错误逻辑发生,此缺陷用桥接故障(bridging fault)模型进行描述,桥接故障通常为门或晶体管级的故障模型。一个桥接故障表示一组引线间的短路,称为单桥接故障。而当桥接故障涉及的线数超过两条时,则称为多重桥接故障。实际上电路中大多数引线并不容易成对地短接,因此单桥接故障发生的数量可能很小,更容易出现多重桥接故障。随着器件尺寸的减小和门密度的增加,桥接故障上升为主要的故障类型之一。

桥接故障的产生与电路的实现技术和工艺加工过程有关,产生原因有金属连条、二氧化硅上的针孔,或者电路中存在器件失效等。桥接故障除了对电路的性能产生影响,还有可能使电路的拓扑结构发生改变,导致电路功能的根本性变化。

桥接故障的复杂性使得对该故障类型的分析和检测较困难。对于无反馈桥接故障表现为组合逻辑,可用单固定故障测试集检测,故障覆盖率高,对一些电路甚至还会有100%的故障覆盖率。穷举测试、电流测试也可用于检测桥接故障。而对于有反馈的桥接故障则产生不同于组合逻辑的存储状态。即使故障检测可以发现错误逻辑的存在,但在一个大的电路系统中,故障定位却不是很容易实现的。

9.1.3 延迟故障

在电路结构正确的情况下,如果信号输入传播出现异常,导致电路的延迟超过了时钟周期,此类故障用延迟故障(delay fault)模型描述。延迟故障模型又分为传输延迟模型、门延迟模型和源于路径的路径延迟模型。检测延迟故障是为了保证在设计的时钟频率下电路工作不出现异常。

传输延迟是一个门的输出到另一个门的输入之间的时间间隔,通常可将传播延迟作为输入延迟,并对每个门的输入分别指定延迟。门延迟故障源于门的延迟,不考虑其他门的延迟累积产生的效应,其延迟取决于输入信号的翻转。门延迟故障造成当前门的传输延迟,但可能不会影响整个电路的延迟。路径延迟故障是延迟测试过程中常用的重要故障模型。

在电路的实际应用和测试中,路径延迟模型是对原始输入到原始输出电路路径的延迟的累积,更适合延迟故障的测试。通常将具有最长延迟组合的路径称为关键路径,关键路径的延迟决定正确完成电路功能所需的最小时钟周期。通常对某一路径进行故障检测时,需已知时钟周期与最长的延迟路径之差,作为电路的正常工作范围,延迟测试就是检测当输入信号转换时沿所检测的路径是否传播得太快或太慢。

9.1.4 I_{DDQ}故障

静态电流故障(I_{DDQ} fault)模型也是一种测试中常用的故障模型。当电源 V_{DD} 与地 GND 之间存在导通的路径时,例如 CMOS 电路中 P 管和 N 管同时导通,就会出现过大的静态电流(I_{DDQ}),这种故障称为 I_{DDQ} 故障。I_{DDQ}测试适合于静态 CMOS 电路,其测试原理是无故障 CMOS 电路在静态条件下 I_{DDQ}值相当小,典型值在微安级,当存在故障时出现非正常导通,I_{DDQ}值增大,能跃升到十至百毫安级,因此可通过设定阈值作为电路是否存在故障的判断依据。采用 I_{DDQ} 测试可降低测试成本,由于不需要故障传输,可通过电源电流观测,可观测性强,而且可作为功能测试和基于固定故障测试方法的补充。

测试开发时,常用对固定故障进行故障模拟的方法来确定故障覆盖率。然而,CMOS 集成电路很可能包含其他与工艺有关的故障,如桥接故障等。这些故障和某些开路故障一样,用基于固定故障模型的测试不容易发现,而这些故障会导致集成电路产生错误的行为和潜在的质量问题。而 I_{DDQ}测试可覆盖多数的桥接故障和一些开路故障,提高故障覆盖率,且测试生成容易。

尽管 I_{DDQ}测试很方便,但它有一定的适用范围,I_{DDQ}测试限制被测电路必须具有较低的 I_{DDQ}值,而阈值则须凭经验设置。因为逻辑电路在正常的情况下也会产生大的静态电流,所以仅凭电流的大小,也不能完全确定电路中存在故障,使用不当会产生误判。特别是在深亚微米甚至是纳米工艺下,随着电路规模不断提高,电路的静态电流变得很大。表 9-1 是 ITRS2001 估计面向性能的芯片产品的最大静态电流。

表 9-1　估计面向性能的 IC 产品的 I_{DDQ} 值

年份	2003	2005	2008	2011	2014
最大 I_{DDQ}	70～150mA	150～400mA	400mA～1.6A	1.6～8A	8～20A

不但未来芯片产品的 I_{DDQ}值变得很大,而且芯片间 I_{DDQ} 的变化波动也会增大,因此 I_{DDQ}测试技术在未来是否仍然有效一直是人们关心的问题。

9.2 测试向量生成

随着集成电路设计开发周期的不断缩短,对芯片上市时间和投产时间的要求也变得日益严峻,这就意味着对设计及测试自动化依赖的加深。而为实现高测试质量、低测试成本的测试要求,就需要减少测试向量的存储量,同时还应实现高的测试覆盖率。为此,自动测试向量生成技术成为研究的热点问题。自动测试向量生成(auto test pattern generation, ATPG)是指为被测电路生成测试向量的过程,常使用以算法为基础的软件工具生成测试向量。本节主要介绍常用的测试向量生成算法的基本原理。

在结构测试中,可将被测电路看作是由一些基本逻辑单元互连构成的网络,对其中的故障进行模型化,然后针对模型化后产生的故障集合生成测试向量。在这种面向故障的测试向量生成方法通常又可分为代数方法和基于路径敏化的方法。代数方法是根据所描述的被测电路功能的布尔表达式求解出测试向量,常用的有异或法、布尔差分法和布尔满足法等。代数方法具有占用存储区间大的缺点,而且当被测电路越加复杂时,很难求解甚至不存在布尔等式。基于路径敏化的方法是通过追踪和敏化路径,把故障效应传播到电路的原始输出端,然后给原始输入分配满足故障激活和故障传播的值。目前,基于路径敏化的 ATPG 算法主要有单路径敏化法、D 算法、PODEM 算法和 FAN 算法等。

虽然代数法对于大规模集成电路的测试生成并不是很有效,但通过学习代数法有助于理解路径敏化方法,使得路径敏化的理论更加系统化。因此,下面首先简单介绍代数法中的常用方法:异或法和布尔差分法。

9.2.1 异或法

异或法是根据被测电路的功能函数求解测试向量的一种代数方法,是最简单的测试生成方法。对于一个 n 输入的组合电路来说,当其无故障时函数表达式为 $f=F(x_1, x_2, \cdots, x_n)$;当存在故障 α 时,函数表达式则为 $f=F_\alpha(x_1, x_2, \cdots, x_n)$。如果存在一个测试向量 $\boldsymbol{P}_\alpha=\{x_1^\alpha, x_2^\alpha, \cdots, x_n^\alpha\}$,满足

$$F(\boldsymbol{P}_\alpha)=\overline{F_\alpha(\boldsymbol{P}_\alpha)} \tag{9-3}$$

则向量 $\boldsymbol{P}_\alpha=\{x_1^\alpha, x_2^\alpha, \cdots, x_n^\alpha\}$ 为探测故障 α 的一个测试向量。

式(9-3)也可以通过以下形式表达为

$$F(\boldsymbol{P}_\alpha)\oplus F_\alpha(\boldsymbol{P}_\alpha)=1 \tag{9-4}$$

异或法是一种简单、直观的测试生成方法,但也存在计算过程冗长、占用存储空间过大的缺点。

9.2.2 布尔差分法

布尔差分法是 Sellers 等人于 1968 年在异或法的基础上提出的。布尔差分法是一种通过对数字电路的布尔方程式进行差分运算,对所给故障求得测试向量的方法。假设一个 n 输入组合电路的功能函数为 $f=F(x_1, x_2, \cdots, x_n)$,$w$ 为组合电路中的任意一条引线,引线 w 的逻辑值可用输入变量表示为 $w=W(x_1, x_2, \cdots, x_n)$,则功能函数可改写成 $f=F(x_1, x_2, \cdots, x_n, w)$,这里 w 可以看作一个独立的变量。对于一组输入值如果是单固定故障 w:s-a-0 的测试向量的充要条件是

$$w\cdot[F(x_1, x_2, \cdots, x_n, 0)\oplus F(x_1, x_2, \cdots, x_n, 1)]=1 \tag{9-5}$$

同样,输入值是单固定故障 w:s-a-1 的测试向量的充要条件是

$$\bar{w}\cdot[F(x_1, x_2, \cdots, x_n, 0)\oplus F(x_1, x_2, \cdots, x_n, 1)]=1 \tag{9-6}$$

由上述讨论可知,为了检测单固定故障 w:s-a-d(这里 d 为 1 或者 0),必须满足以下两个条件。

(1) 故障激活：测试向量必须保证引线 w 的逻辑值为$\bar{d}$，因此，$W(x_1,x_2,\cdots,x_n)=\bar{d}$。

(2) 故障敏化：w 变化向外部输出端传播，要求

$$F(x_1,x_2,\cdots,x_n,0)\oplus F(x_1,x_2,\cdots,x_n,1)=1$$

这里

$$F(x_1,x_2,\cdots,x_n,0)\oplus F(x_1,x_2,\cdots,x_n,1)=\frac{\partial F}{\partial w} \tag{9-7}$$

式中，$\frac{\partial F}{\partial w}$为$F$关于$w$的布尔差分。布尔差分方法描述了组合逻辑电路测试的实质问题，给出了故障是否可测的判断依据，即故障是否被激活和敏化。基于布尔差分的测试生成方法适用于各种故障，可求得给定故障的全部测试。但由于计算复杂性较高，对于大规模集成电路的测试向量生成并不是一种有效的方法。

9.2.3 单路径敏化法

单路径敏化法是 D. B. Amstrmg 在 1966 年正式提出的，其原理是从故障源到被测电路的原始输出端之间寻找一条敏化路径，沿着该路径故障效应可传播到原始输出端，使得故障效应可观测。对于单路径敏化法可由以下步骤描述。

(1) 故障激活。首先选定一条从故障引线到被测电路原始输出端的路径，对一个单固定故障，赋值与故障值相反的逻辑值，激活故障并产生故障效应。

(2) 故障效应传播。故障效应通过敏化的路径逐级传播到被测电路的原始输出端，该过程也称为路径敏化。通常路径数可能随着电路中逻辑门数按指数增加。

(3) 线值确认。对前两个步骤中所产生的引线赋值通过设置被测电路的原始输入来确认，求得一组原始输入端的测试向量。如果存在对同一条引线同时要求取相反的值时，则返回步骤(1)，重新选择一条路径进行计算。

单路径敏化方法简单，缺点是不能保证对任一非冗余故障都能找到测试向量。典型的情况就是故障处于再汇聚路径(reconvergent path)中时，由于单路径敏化法每次只选择一条敏化路径，因此可能求解不出其测试向量。

9.2.4 D算法

D算法是 J. P. Roth 于 1966 年提出的，是关于非冗余组合电路测试生成的第一个算法，也是目前应用较为广泛的测试生成算法之一。D算法的主要思想与单路径敏化法相同，也是设法将故障效应传播到输出端，同时确定输入向量和其他信号值，以保证各个信号值的一致性要求。D算法和单路径敏化法的区别在于D算法采用立方体运算，并且考虑多条路径的情况。由于 Roth 的D算法是后续 ATPG 算法的基础，下面将对其进行深入的讨论。

D算法是一种采用D立方建立起来的自动测试向量生成算法，并且对立方运算进行

了扩展,这里首先引出几个有关立方的定义。

(1) 立方表示法:这是一种适合于计算机内部表示布尔函数的方法。逻辑函数的每一个最小项对应于卡诺图中的一个最小方格,也对应于立方体的一个顶点。

(2) 奇异立方:这是逻辑函数的一个压缩的真值表项,可表征任意的逻辑块。例如,对于一个二输入的与门,可以用奇异立方"111"、"0X0"和"X00"来表示其逻辑函数,其中第1、2位表示逻辑门的输入,而第3位表示逻辑门的输出。

(3) 符号 $D/\overline{D}$:这是故障效应的一种表示方法,简化了对故障电路中每条引线上取值的表示。当正常值为逻辑1,而故障值为逻辑0时,则记为D;当正常值为逻辑0,而故障值为逻辑1时,则记为 $\overline{D}$ 。

(4) 传播D立方(propagation D-cube,PDC):又称原始D立方,是指为把输入端的故障效应 $D/\overline{D}$ 传播到输出端所需要的最小输入条件,它描述了一个逻辑器件对故障效应 $D/\overline{D}$ 的传输特性,其特点是逻辑器件的输入端必须出现 $D/\overline{D}$。例如,对于一个二输入的与门,由表9-2可知,它的传播D立方为"D1D"和"1DD"。同理,可根据表9-3、表9-4得到或门和非门的传播D立方。

表 9-2 与运算规则表

AND	0	1	D	$\overline{D}$	X
0	0	0	0	0	0
1	0	1	D	$\overline{D}$	X
D	0	D	D	0	X
$\overline{D}$	0	$\overline{D}$	0	$\overline{D}$	X
X	0	X	X	X	X

表 9-3 或运算规则表

OR	0	1	D	$\overline{D}$	X
0	0	1	D	$\overline{D}$	X
1	1	1	1	1	1
D	D	1	D	1	X
$\overline{D}$	$\overline{D}$	1	1	$\overline{D}$	X
X	X	1	X	X	X

表 9-4 非运算规则表

0	1	D	$\overline{D}$	X
1	0	$\overline{D}$	D	X

(5) 故障的原始D立方(primitive D-cube of fault,PDCF):这是指为在输出端产生故障效应 $D/\overline{D}$ 所必需的输入端向量组成的立方体集合,它是故障激活的条件,可通过无故障的奇异立方和有故障的奇异立方相交得到,相交规则如表9-5所示。例如,一个输出端存在s-a-0故障的二输入与门,其无故障的奇异立方为"111",而有故障的奇异立方为

"110"，则 111∩110=11D，因此，故障的原始 D 立方为"11D"。因为在正常的二输入与门中两输入必须为 1 才能使输出为 1，但是在输出端存在故障的二输入与门中这个固定 0 故障使得输出 0，因此原始 D 立方"11D"将输出端固定 0 故障激活了。

表 9-5　相交运算规则表

∩	0	1	D	$\bar{D}$	X
0	0	$\bar{D}$	ϕ	ϕ	0
1	D	1	ϕ	ϕ	1
D	ϕ	ϕ	D	ϕ	D
$\bar{D}$	ϕ	ϕ	ϕ	$\bar{D}$	$\bar{D}$
X	0	1	D	$\bar{D}$	X

(6) 测试 D 立方(test D-cube)：指运算过程中电路的各个节点(包括电路的输入端和输出端)逻辑值(含有 D 值)的动态列表，未被确定的值统一用 X 赋值。

(7) D 交运算：为了求解电路的各条路径上 D 传播的一种运算规则，一般是由测试 D 立方与其他立方作 D 交运算，得到一个新的测试 D 立方。D 交运算的规则如表 9-6 所示。

表 9-6　D 相交运算规则表

$\cap_D$	0	1	D	$\bar{D}$	X
0	0	ϕ	ϕ	ϕ	0
1	ϕ	1	ϕ	ϕ	1
D	ϕ	ϕ	D	ϕ	D
$\bar{D}$	ϕ	ϕ	ϕ	$\bar{D}$	$\bar{D}$
X	0	1	D	$\bar{D}$	X

D 算法的主要步骤：首先建立故障的原始 D 立方，用来激活故障；然后建立并确定敏化路径，沿着敏化路径传播故障的原始 D 立方，依次对敏化路径上的每一个门进行 D 相交运算，逐级地将故障效应从故障源处敏化至原始输出，并对输入值进行确认，检验输入值是否相容，如存在矛盾，则需回溯。如果 D 或 $\bar{D}$ 出现在电路的原始输出端，则算法成功；否则重新建立敏化路径。

下面给出一个简单的例子(如图 9-3 所示)对 D 算法作进一步的说明。

第一步，对电路的所有节点赋值 X，得到电路的初始测试 D 立方 C_0

$$C_0 = \begin{matrix} a & b & c & d & e & f \\ X & X & X & X & X & X \end{matrix}$$

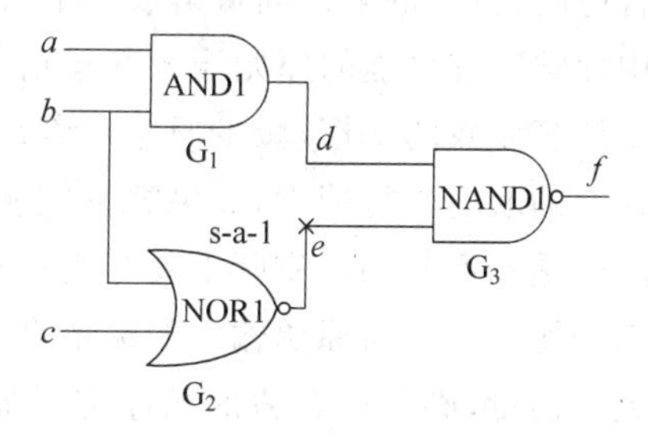

图 9-3　D 算法的例子

第二步，对故障门 G_2 建立故障的原始 D 立方。为了求得 G_2 的故障原始 D 立方，需要先得到 G_2 门无故障的奇异立方和 G_2 门有故障的奇异立方。G_2

门无故障的奇异立方为“001”、“X10”和“1X0”，而有故障的奇异立方为“X11”和“1X1”。选取X10和X11作相交运算，得到故障的原始D立方为“X1$\bar{D}$”。将G故障的原始D立方“X1$\bar{D}$”与C_0作D交运算得到

$$C_1 = \begin{matrix} a & b & c & d & e & f \\ X & X & 1 & X & \bar{D} & X \end{matrix}$$

第三步，选择敏化路径：e-G_3-f，进入D追踪阶段。

第四步，对逻辑门G_3建立传播D立方。其传播D立方为“1$\bar{D}$D”，将传播D立方“1$\bar{D}$D”与C_1作D交，得到新的测试D立方C_2

$$C_2 = \begin{matrix} a & b & c & d & e & f \\ X & X & 1 & 1 & \bar{D} & D \end{matrix}$$

电路的输出端f出现故障效应D，表明D追踪完成，进入后向操作阶段。

第五步，对逻辑门G_1建立奇异立方。G_1的奇异立方为“111”、“0X0”和“X00”。选择奇异立方“111”与C_2作D交，得到新的测试D立方C_3

$$C_3 = \begin{matrix} a & b & c & d & e & f \\ 1 & 1 & 1 & 1 & \bar{D} & D \end{matrix}$$

所有输入端的逻辑值都被确认，表明后向操作完成。

第六步，程序结束，当原始输入为111时，线e上的s-a-1故障效应可以传播到电路的输出端，也即111是线e上的s-a-1故障的测试向量。

D算法采用D相交运算取代了布尔差分法中的布尔运算，因此运算速度快于布尔差分法，所占的内存容量也相对较小。经典D算法能够有效地对非冗余组合电路求解得到测试向量，然而对于重聚的扇出电路则计算量大，计算效果不是很理想。这是因为D算法在将故障效应敏化至原始输出端时以及线确认的过程中涉及选择问题，而且选择过程中常会导致算法失败，因此必须重新建立敏化路径，这种反复的操作大大降低了有效操作数，使大规模集成电路的测试生成效率很低。

针对上述问题提出了多种改进算法，如PODEM(path oriented decision making)算法。PODEM算法是P. Goel在1981年提出的，它将测试生成问题归结为一个多维空间解的搜索问题。该算法在D算法的基础上，采用隐枚举的方法来处理测试生成问题，并引入了回退技术，使得测试向量生成效率大幅提高。其基本思路是对于一个n输入的组合电路，所有的测试向量组成一个状态空间，对激活的故障回溯到原始输入，在状态空间中搜索所有可能的原始输入变量值，寻找到符合要求的值即可作为测试向量，因此避免了许多无效的试探，减少回溯与判决的次数，提高了算法效率。其特点是直接对外部输入端的取值进行搜索，如果穷举完所有可能的输入变量组合后仍找不到测试向量，则此故障是不可测的。实际上就是将测试生成问题看作在给定状态空间中寻找适合点的搜索问题。由于对原始输入的赋值存在随机性，为了提高算法效率，快速地搜索到所需的测试向量，必须以合适的顺序穷举原始输入值。在PODEM算法中采用分支-判定树的方法来解决这个问题。

9.2.5 FAN 算法

为提高测试生成算法的效率，Fujiwara 和 Shimono 对 PODEM 的回退过程进行了改进，提出了 FAN(fan-out-oriented)算法。其主要贡献在于提出了新的概念，减少了算法执行过程中的回溯次数，并可以有效减少两次回溯间的处理时间，从而使 ATPG 的搜索空间被进一步限制，加速了算法的回溯速度，提高了算法效率。

FAN 算法提出了以下新的概念。

立即蕴涵：指确定一个信号值后，立即对整个电路执行向前和向后的蕴涵，对唯一确定的信号值立即赋值。如图 9-4 所示，假设电路有 Z：s-a-1 故障，为能够确认 Z=D̄，FAN 算法立即设置 I4=0，B=0，C=0，其中 C=0 又唯一地可以确定 A=1，而对于 A=1 无法唯一地确定 I1 和 I2，所以 FAN 算法先是对 B=0 唯一地确定出 I2=1，I3=1，在已经确认 I2=1 的情况下，就可根据 A=1 唯一地得出 I1=0，由此完成全部的赋值，而且所有的输入值都是唯一确定的，避免了不必要的搜索，提高了算法效率。

唯一敏化路径：指对于电路中的某一故障，当仅有一条路径可以传播该故障时，沿着这条路径设置该路径外的输入，确定唯一敏化路径的赋值，使故障响应可以立即传播。FAN 算法通过立即蕴涵和唯一敏化路径，尽可能的进行唯一确定赋值，有效减少回溯次数。

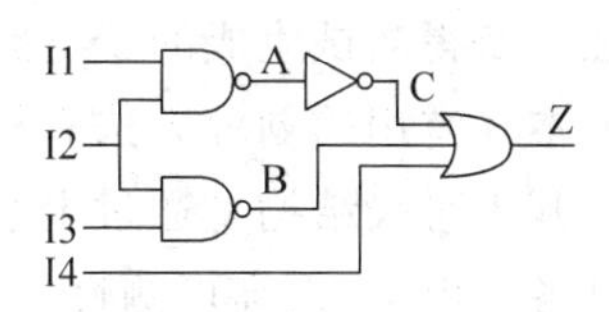

图 9-4 FAN 算法信号确定示例

主导线：指可将电路分块的点，通过切断称之为主导线的单个连线可以使由原始输入驱动的逻辑锥与剩余电路部分独立。进行回溯时，可以把主导线看作伪原始输入，确认赋值后，再对主导线进行回溯。主导线可以缩小表示一族原始输入的判决树规模，限制了搜索空间，提高了搜索效率。

多重回溯：与 PODEM 算法中对多个同时要满足的目标逐一回溯不同，FAN 算法对多个同时需满足的目标同时向原始输入方向回溯，称为多路回溯。PODEM 算法的回溯原则是深度优先，而 FAN 算法则采用了广度优先的原则回溯，使回溯过程加快。FAN 算法使测试生成算法的基本思想得以丰富和发展，近年来提出的一些有效方法多是采用 FAN 算法的基本思想，在此基础上扩充和发展。

9.3 可测性设计

随着集成电路设计方法和工艺水平的不断进步，芯片的集成度和复杂度也不断提高，测试向量的生成过程越加复杂冗长。为了降低测试成本，提高测试质量，于是提出了在设计开始阶段就将测试设计考虑进去，发展可测性设计技术。通常可测性设计技术就是在电路的设计中加入嵌入式的测试结构，例如扫描测试、内建自测试、边界扫描等，增强被测电路的可控性和可观测性，并使测试向量的生成和测试过程更加容易，提高测试故障覆盖率，有效降低测试成本。可测性设计技术可以分为专用测试技术和结构设计技术。

9.3.1 专用可测性设计技术

专用可测性设计技术(Ad-Hoc)是采用传统的方法对局部电路进行迭代设计,以提高电路的可测性,在可测性设计技术发展的早期阶段,多采用该方法。由于专用设计方法是面向特定应用的,相对于结构设计方法其所产生的成本较低。主要的专用可测性设计方法有设置测试点、电路划分技术和基于总线结构等。

设置测试点是提高电路可测性最直接的方法,即在被测电路内部不易测试的节点插入控制点和观测点,测试时可由原始输入端直接控制,并可通过原始输出端直接观测。通过插入测试点提高了被测电路的可控制性和可观测性,使电路测试更加容易。但实际测试中由于芯片管脚数目的限制,可设置的测试点数是非常有限的。

电路划分技术就是将大的电路划分成一些规模较小的子电路,由于电路可测性度量是其深度的函数,因此电路规模越小就越容易测试。当电路划分成若干可独立测试、并可独立获得测试生成的子电路时,测试施加和测试生成时间就可大大缩短,有效降低测试成本。常用的划分方法有机械分割法、选通门和跳线方法等。

基于总线结构是通过上述电路划分技术获得若干子电路,采用总线结构将其相连并测试各子电路,提高可测性。但该方法存在的问题是总线自身的故障无法检测。

专用可测性设计方法是对设计的经验积累,采用专用可测性设计方法时要注意以下几个问题:首先要避免异步逻辑反馈,这是因为在组合逻辑中,反馈对某些特定的输入情况会引起振荡,使电路难以验证,而且无法利用 ATPG 产生测试向量;其次,在设计中要保证触发器可以初始化;另外要避免使用具有多扇入信号的逻辑门,多扇入逻辑门使在输入端难以观测,而且使逻辑门输出端的可控制性降低。在专用可测性设计方法的实际应用中还存在许多需要格外注意的事项,在此不详述。专用可测性设计方法在应用中存在一些实际问题,如随着电路规模的增大,人工验证电路变得越加困难。为了提高故障覆盖率,测试向量的生成是一个关键的问题,对于采用专用可测性设计方法的电路,ATPG 工具无法保证所生成的测试向量具有高的故障覆盖率,对于大规模集成电路,人工生成测试向量更是不现实的。因此对于大规模集成电路通常很少采用专用的可测性设计技术。

通常专用技术是针对具体电路设计的,不存在普遍性,不能解决所有可测性设计问题。而结构可测性设计方法就是针对所有设计的测试问题提出的,就是在电路中嵌入额外的电路和信号,增加了测试模式,使测试可以按照某个预先定义的过程进行。目前常用的结构化可测性设计方法是扫描测试技术、内建自测试和边界扫描测试等。

9.3.2 扫描测试技术

前述的专用可测性设计技术主要针对组合电路,一般不适用于时序电路。而数字系统中故障检测与诊断的困难之处往往在于存在着时序电路。时序电路比组合电路难测主要表现在以下两点。

(1) 由于时序电路内部时序元件不可直接控制、观察，因此很难对时序电路内部节点设置逻辑值，并且电路内部状态很难观察。

(2) 时序电路规模的测试生成相当复杂，生成的测试向量非常多，因此测试施加时间也相当长。

扫描测试技术的提出有效地解决了时序电路的测试问题，其设计的基本思想是增加对电路中触发器的可控性和可观测性。扫描测试技术是对电路增加了一个测试模式，当被测电路设置为测试模式时，电路中所有的触发器连接形成一个或多个移位寄存器，即构成扫描链，用以实现测试数据的扫描、捕获和移出的功能，加强了对时序电路的可控性和可观测性。

扫描测试结构如图9-5所示，其中PI为原始输入端口(primary input)，PO为原始输出端口(primary output)。为了实现扫描功能需要增加三个额外的I/O引脚，它们分别是：扫描输入(scan input, SI)、扫描输出(scan output, SO)和扫描控制端(scan enable, SE)，其中扫描输入输出引脚可以和其他输入输出引脚复用。扫描路径中，在每个触发器前都增加一个两输入的多路选择器，其输入端分别为前一个触发器的输出和原始设计中所接的信号。扫描路径上所有触发器的控制端都统一接在控制线SE上，确定触发器是处在正常模式还是测试模式。正常工作模式时，SE置0，电路按原始设计连接；测试模式时，SE置1，电路中的触发器形成移位寄存器结构，即构成扫描链(扫描路径)。扫描测试的具体工作过程如下。

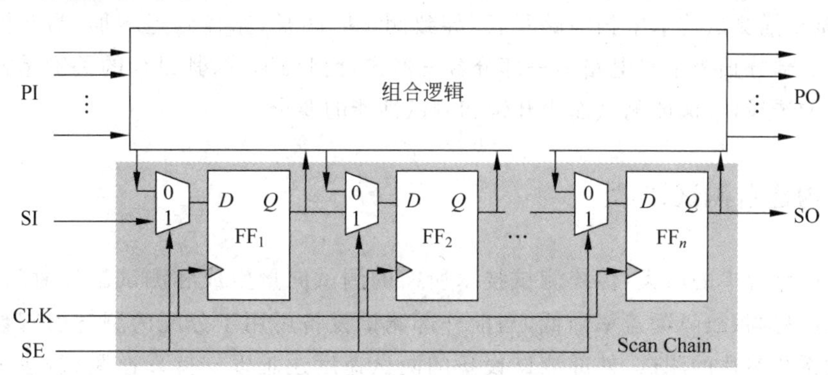

图9-5 扫描测试设计方法

(1) 设置扫描控制端，使待测电路处于测试模式。

(2) 对扫描链中所有触发器的状态与功能进行测试，检验方法是通过扫描输入端依次使所有触发器分别都置0或1，在扫描输出端观测状态是否正确。再扫描输入由0和1构成的测试序列，使每个触发器都发生0→0、1→0、0→1、1→1四种状态的转换，观测触发器的输出端，检验翻转和移位功能是否正确。

(3) 对电路进行扫描测试，在测试模式下依次串行扫描移入测试向量，再将扫描控制端设置为正常工作模式，并在组合电路部分原始输入端施加测试向量，将被测电路的输出响应捕获到扫描链中,再设置为测试模式,将扫描链中捕获的上一个测试向量所对应的测试响应串行移出,在移出当前状态的同时移入下一个测试向量。重复该步骤,直到所有测试向量施加完毕,移出最后一个测试响应。

扫描测试中每个测试向量都是由组合逻辑电路原始输入和扫描路径输入两部分组成,同样,测试输出响应也是由组合电路原始输出和扫描路径输出两部分组成的。图 9-6表示扫描测试向量组成和测试过程,其中阴影部分表示闲置状态,空白部分表示工作状态。

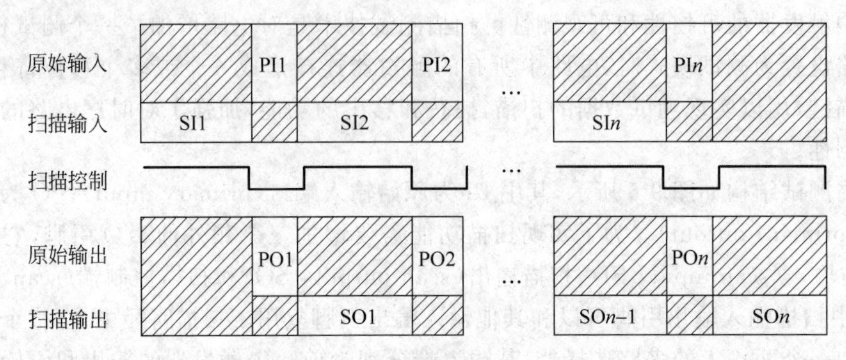

图 9-6　扫描测试向量示例

扫描测试技术又可分为全扫描和部分扫描技术。全扫描设计就是使待测电路中所有的触发器都具有扫描的能力,该方法是目前最有效的可测性设计技术,可使用集成电路自动化设计工具实现扫描链的综合。全扫描测试生成算法简单,并可获得高的故障覆盖率,但全扫描测试技术中扫描路径长,导致测试时间长,路径延迟增加,为此提出部分扫描技术。部分扫描是对电路中一部分触发器进行扫描测试,其设计的关键是扫描路径上触发器的选择,以保证测试面积开销和测试性能的要求。

9.3.3　内建自测试技术

随着电路规模的增大,传统测试技术所需的测试向量生成和测试施加时间增加、测试复杂程度提高、故障覆盖率降低,当前外部测试设备可用于分配的测试引脚数目不足以支持对系统芯片的测试,外部测试设备的测试速度还难以支持真速测试,诸多因素导致利用外部测试设备进行测试所产生的测试成本也随之加大,测试质量降低,急需要一种低成本而且实用的测试方法来替代传统测试技术。为此研究人员提出了内建自测试技术(Built-in self-test,BIST),并广泛用于集成电路的可测性设计。

内建自测试技术就是将测试生成、施加和分析以及测试控制结构为一体的自测试系统嵌入在电路内部,使电路具有能够测试自身的能力。内建自测试技术不但降低了测试开发费用,而且可实现较高的测试覆盖率,保证了测试质量的同时减少了对外部测试设备的依赖。内建自测试解决了超大规模电路有限的输入输出给测试造成的瓶颈,也为嵌入式芯片测试提供了好的方案。

内建自测试为实现自测功能，需增设测试向量发生器、输出响应分析器及测试控制模块三个主要的硬件电路，内建自测试的一般结构如图 9-7 所示。在内建自测试结构中，被测电路可以是逻辑电路或存储体，相应的内建自测试分别称为逻辑 BIST 和存储体 BIST。测试向量发生器用来产生测试向量；输出响应分析器压缩并分析被测电路的测试响应，从而判断其是否存在故障；控制模块是控制整个 BIST 测试操作的中心控制单元。

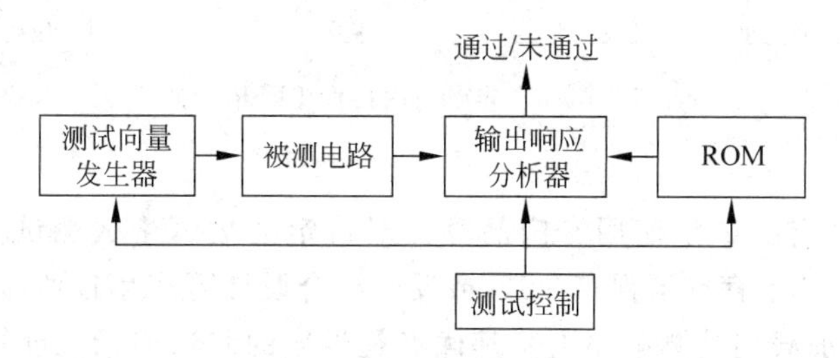

图 9-7　内建自测试一般结构

在内建自测试技术中，测试向量生成主要有三种方式。

1）穷举测试

穷举测试是对 n 输入端的组合电路生成全部 2^n 个测试向量，具有硬件开销小的优点。但随着电路规模的不断增大，穷举方法因测试时间过长并不适用。

2）伪随机测试

伪随机测试是采用专用的测试生成电路获得随机的或者伪随机的测试向量，对于该方法，如果有足够长度的测试向量，就能获得比较高的故障覆盖率。伪随机测试在内建自测试中得到了广泛应用，但由于抗随机故障（难测故障）的存在，确定性测试作为伪随机测试的补充可实现高的故障覆盖率。

伪随机序列生成的常用方法之一是采用线性反馈移位寄存器及异或门构成伪随机序列产生电路，称为线性反馈移位寄存器（linear feedback shift register，LFSR）。所生成的序列只与寄存器的初始状态和反馈方式有关。常用的线性反馈移位寄存器根据反馈不同有两种连接方式，分别称做异或门外接型和内接型线性反馈移位寄存器，如图 9-8 和图 9-9 所示。

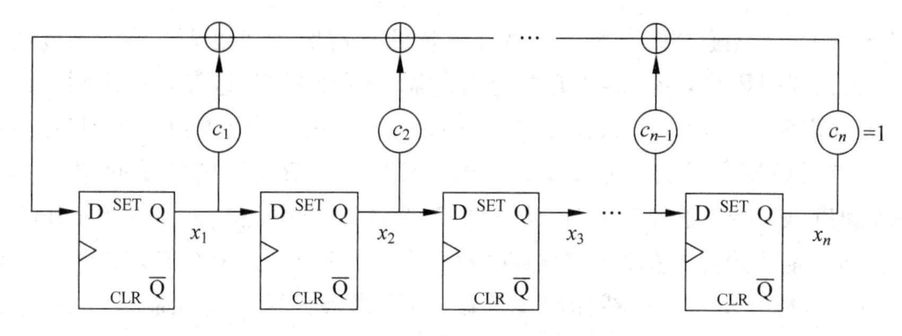

图 9-8　异或门外接型 LFSR

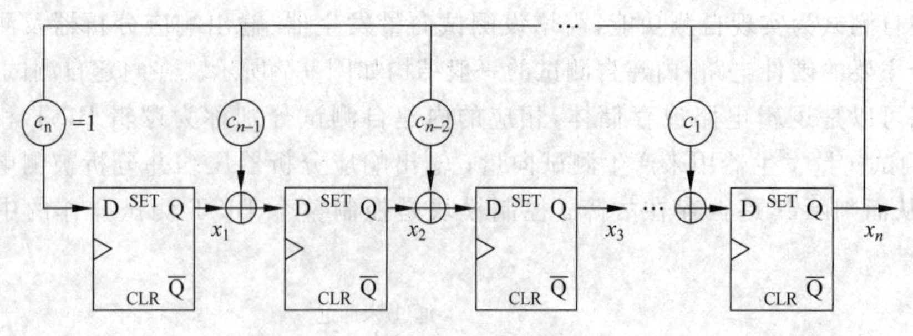

图 9-9　异或门内接型 LFSR

3）确定测试

基于故障的确定测试是使用专门的算法对待定的故障生成测试向量，如 D 算法、FAN 算法等，通过片上存储器保存向量，或反向综合设计可产生这些向量的确定向量发生器，在测试模式加载到被测电路上。其优点是生成的测试向量长度短，可有效减少测试施加时间，故障覆盖率和测试效率高。但生成过程比较复杂，测试施加相对困难，硬件开销较大。

内建自测试电路的测试过程类似于一般的测试：在测试状态，测试向量发生器产生测试向量，在时钟作用下依次施加到被测电路，被测电路对所加测试向量产生测试响应并输出至比较电路，与参考测试响应值进行比较，然后将比较结果输出至观察点，给出测试结果是否正确。在整个测试操作过程中，各部分均由内部测试控制电路控制。在正常工作模式下，自测试电路则被禁止。

在内建自测试电路的设计中需要考虑三个关键问题，即测试隔离、控制和观察。通过测试隔离可以避免测试电路对正常工作电路产生影响。测试控制是控制各部分测试逻辑使其正确完成测试任务。测试观察的作用则是监测测试结果。内建自测试具备了诸多的优越性能；简化了外部测试设备，降低测试对外部自动测试设备的性能和成本上的依赖；采用内建自测试可以实现真速测试，提高测试质量和测试效率，减少测试时间；有助于保护 IP 核的知识产权等。因此，内建自测试也是一种有效的 SoC 可测性设计技术。

9.3.4　边界扫描技术

20 世纪 80 年代，随着板上集成元器件数量的日益增多和集成电路复杂度的大大提高，板级的测试变得困难，而且难以在板上对各器件逐个测试，这使得传统测试已无法适应技术发展的需要。针对以上问题提出了新的解决方法——边界扫描法，其特点是将扫描测试技术扩展到整个板级或系统级，有效地解决了复杂电路的测试问题。1998 年由 IEEE 组织和欧美一些著名公司组成了联合测试行动小组(joint test action group, JTAG)，共同制定了边界扫描结构的标准协议 IEEE 1149.1。最初制定边界扫描测试标准是为了解决线路板测试时的线路故障问题，后来发展到可支持从芯片级、板级到系统级的测试，并提供标准测试框架，该标准的提出使得边界扫描测试结构及边界扫描测试方法标准化。边界扫描技术作为一种完整的、标准化的可测性设计方法得到广泛的应用。

边界扫描方法类似于扫描测试技术，并结合电路故障诊断技术，与外部信息交换时采用的是串行通信方式，测试数据输入和测试指令串行送给待测器件，测试结果从待测器件串行读出。以上技术是通过与待测器件的每个引脚相连，并包含在边界扫描寄存器单元中的寄存器链完成的。即利用扫描测试原理实现对器件的边界信号的控制和观察。其优点是用少的引脚就可解决复杂的电路测试问题。

边界扫描技术实现的电路结构如图 9-10 所示，主要硬件结构基本组成包括测试存取端口(test access port，TAP)、TAP 控制器和一组边界扫描寄存器，如指令寄存器(instruction register，IR)、标识寄存器(identification register，IR)、旁路寄存器(bypass register，BR)和由边界扫描单元构成的数据寄存器(data register，DR)。

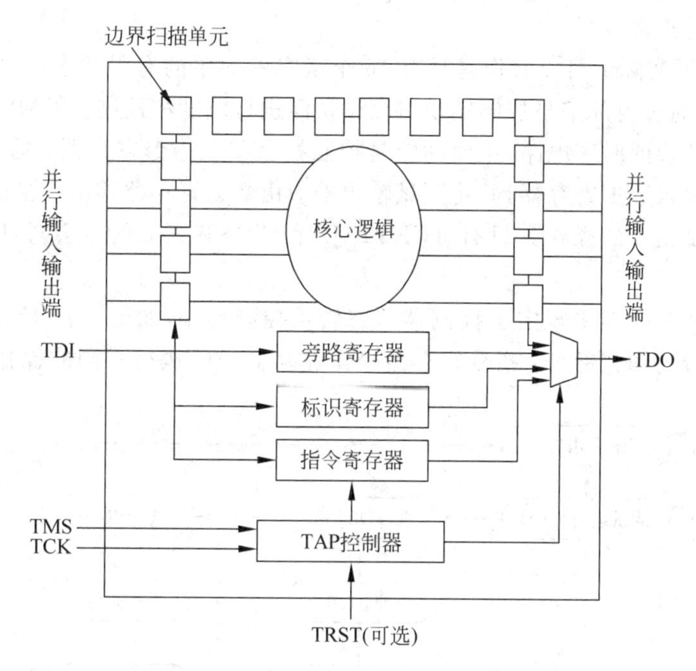

图 9-10　边界扫描设计的基本组成结构

测试存取端口 TA 最少可包含 4 个引脚就可进行电路测试，这 4 个基本引脚分别是测试数据输入(test data input，TDI)、测试数据输出(test data output，TDO)、测试选择模式(test mode select，TMS)和测试时钟(test clock，TCK)。有时 TAP 还会增加一个测试复位(test reset，TRST)。各端口功能如下所述。

(1) 测试数据输入(TDI)

由 TDI 输入的数据分为两种：一种是指令信号，移入指令寄存器；而测试数据则移入相应的测试数据寄存器(边界扫描寄存器)。输入数据以串行方式移入，并由 TAP 控制器的状态转移来确定输入数据所移入的寄存器。

(2) 测试数据输出(TDO)

类似于 TDI，由 TDO 输出的数据也分为两种：指令信号和测试响应数据。在 TCK 的下降沿数据移出，不产生数据输出时保持为三态。

(3) 测试选择模式(TMS)

在测试过程中,具有数据捕获、移位、暂停和更新等不同的操作状态,因此需要由模式选择来确定。TMS按照状态转换流程图进行状态转换,进入到所需的测试模式。状态转换发生在测试时钟TCK的上升沿,TMS必须在TCK上升沿之前产生。

(4) 测试时钟(TCK)

测试时钟TCK独立于芯片的时钟,并协调完成测试过程中的各个操作。

以上端口不能与其他系统功能共享,而且TMS必须独立使用。通过简单的协议,这些引脚可以与片上的边界扫描逻辑进行通信。JTAG标准要求TMS、TDI和TRST在非测试模式下保持逻辑复位,这可以通过内部连接上拉电阻来实现,以保证芯片测试模式和工作模式的正常运行。

TAP控制器实际上可以看作是具有16个状态的简单的有限状态机,能够识别边界扫描通信协议,通过内部信号控制实现对测试访问进行调度和控制。TAP控制器作为一个具有多状态转换的时序电路,主要功能是控制指令移入指令寄存器;通过控制信号将测试输入数据移入数据寄存器,并将测试输出响应由数据寄存器移出;控制执行捕获、移位和更新等测试指令的操作。只有TCK、TMS和TRST三个信号会对TAP控制器产生影响。

IEEE 1149.1标准中规定了控制器状态转换控制操作,如图9-11所示。TAP控制器的控制操作分为两大部分:指令寄存器操作控制JTAG执行不同的操作模式,而数据

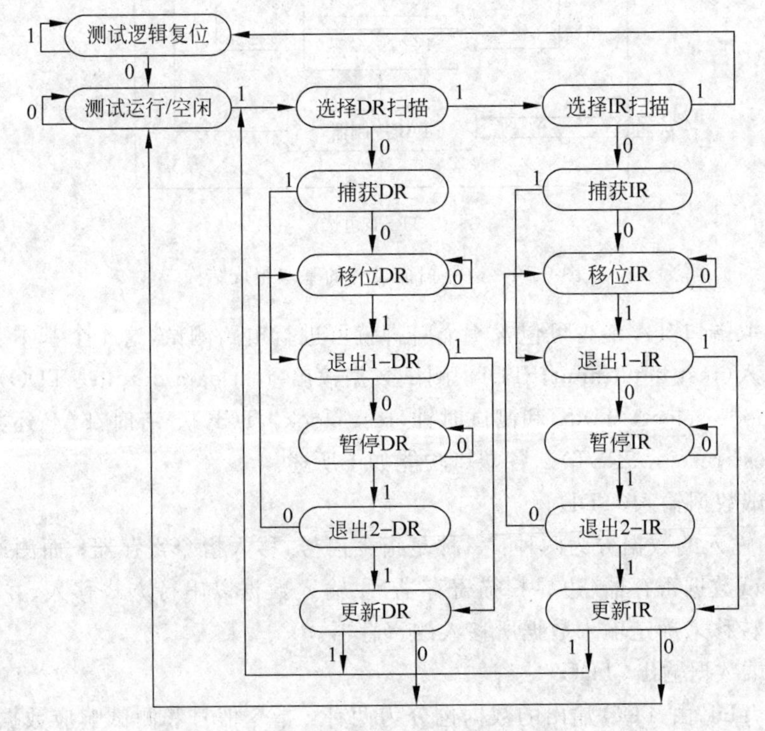

图9-11 TAP控制器状态转换流程图

寄存器操作则控制测试数据的流向。TAP 控制器的所有状态转换都发生在测试时钟 TCK 的上升沿时刻,并在 TMS=1 的控制下,根据 TDI 输入值和当前状态转移到下一状态。

TAP 控制器状态转换流程中各个状态的意义和功能说明如下。

1) 测试逻辑复位

当边界扫描系统处于“测试逻辑复位”时,系统的核心逻辑进入正常工作状态,测试功能失效。在系统接通时自动进入该状态。在测试进行过程中的任何状态时,通过设置 TMS 为高电平,连续施加 5 个 TCK 时钟,也可使边界扫描系统进入到测试逻辑复位状态。

2) 测试运行/空闲状态

TMS 保持在低电平,可使边界扫描系统始终处于该状态。

3) 捕获数据寄存器操作(capture DR)

在 TCK 上升沿时刻,数据寄存器从系统核心的逻辑的输出端以并行方式捕获数据。

4) 数据寄存器移位操作(shift DR)

在 TCK 的上升沿时刻,通过被当前指令选中的 TDI 与 TDO 之间的扫描测试,捕获的数据向 TDO 端口方向移动。

5) 数据寄存器更新操作(update DR)

移位操作结束后,可选中数据寄存器进行更新操作。每个数据寄存器通常都包含一个锁存器,当数据寄存器进行捕获或移位操作时,可防止边界扫描寄存器单元输出端状态发生改变,当进入更新状态后,其内容才会被数据寄存器中的新数据所代替。

6) 捕获指令寄存器操作(capture IR)

以并行方式向指令寄存器中加载指令。指令数据的最低两位为 01。

7) 指令寄存器移位操作(shift IR)

在 TCK 的上升沿时刻,捕获的指令数据向 TDO 端口移动,同时新的指令又向 TDI 端移入。

8) 指令寄存器更新操作(update IR)

类似于数据寄存器更新操作,进入指令寄存器更新状态后,与指令寄存器对应的锁存器中的内容被指令寄存器中的新数据所替代。

对于两种辅助状态,即退出和暂停状态,在此不再细述。

IEEE 1149.1 标准中将指令分为两类:一是公共指令,即在边界扫描设计中可通用的;另一类则是专用指令,是设计者或器件生产商为专用的测试数据寄存器完成特定测试功能而专门设计使用的。

对于公共指令又分为 IEEE 1149.1 标准中所必须要求含有的和非强制的指令。前者包含 3 条指令:旁路(BYPASS)、采样/预装(SAMPLE/PRELOAD)和外测试指令(EXTEST)。而非强制指令有 4 条:内测试(INTEST)、运行内建自测试(RUNBIST)、模块(或器件)标识码(IDCODE)和用户定义代码(USERCODE)。另外还有两条可选指令:钳位(CLAMP)指令和输出高阻(HIGHZ)指令。每条指令的具体功能及操作可参考 IEEE 1149.1 标准。

9.4 系统芯片的测试结构及标准

系统芯片(SoC)包含多种IP核,这些IP核可能来自科研机构内部、也可能来自第三方IP提供者,或二者兼而有之。关于SoC及IP核的相关技术详见10.3节。SoC集成者必须完成单独IP核的测试信息到SoC芯片级测试的转换和再利用。当各IP模块集成到SoC上时,原IP核边界上的IO端口嵌入到SoC芯片中,将无法对其进行直接访问,使得IP核失去原本的可控性和可观测性。如何通过SoC芯片的I/O端口访问到嵌入其中的各IP核是SoC测试必须解决的问题,为此,工业界提出了IEEE 1500标准,该标准有助于IP核的测试开发以及在SoC中的测试集成。

9.4.1 SoC测试结构

为了实现SoC中IP核的测试,任何形式的SoC测试结构应包含以下要素,如图9-12所示。

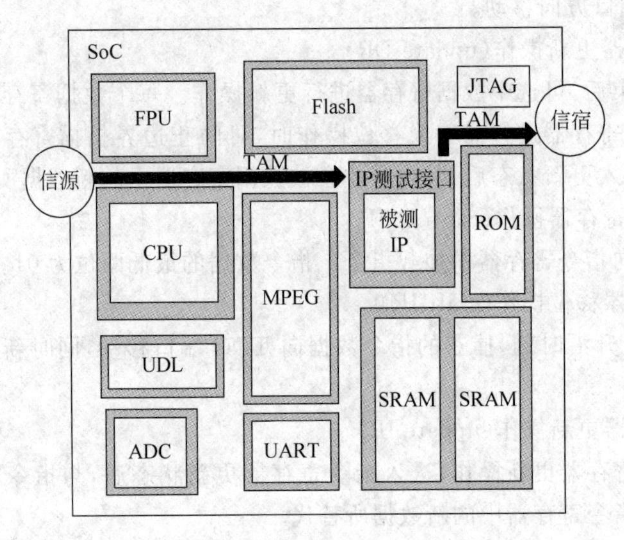

图9-12 SoC中IP测试结构示意图

(1) 测试信源(source)

测试信源用来提供测试向量,有两种方式:一是信源位于片上,如BIST结构中的测试向量发生器;二是信源来自片外的自动测试机(ATE)信源。

(2) 测试信宿(sink)

测试信宿进行芯片输出信号分析,有两种方式:一是位于片上,如BIST结构中的特性分析电路;二是由片外的ATE进行输出的分析对比,以判断芯片是否存在故障。

(3) 测试存取机制(TAM)

测试存取机制提供信源到被测IP核及IP核到信宿的测试数据通路。IEEE 1500标准未对TAM的具体实现进行规定,但对TAM接口进行了规定。

(4) IP 核测试接口

通常称之为测试壳或测试包(wrapper),测试壳包裹 IP 核,提供 IP 核同各种测试存取机制及测试控制的接口,通过测试壳传送测试数据及测试控制完成对 IP 核的测试;并通过测试壳完成对 IP 外界电路的测试。

(5) 测试控制机制(test control mechanism,TCM)

提供 SoC 测试的控制机制,允许从 SoC 片外控制整个 SoC 测试操作。在 IEEE 1500 的解决方案中,要求定义一套控制指令而不规定测试控制信号。

目前的 SoC 测试结构中,有一类技术是将功能模块复用为测试结构,优点是测试成本较小,测试所占用的额外芯片面积很小。但其具有一定的适用范围,不具有通用性,测试控制也较复杂,测试效果不尽如人意。因此需要在 SoC 芯片中加入测试存取和控制的测试电路结构,解决 SoC 的测试存取和测试控制问题。按照发展历程,比较典型的测试存取机制结构有以下几种。

(1) 直接并行测试存取方式

为实现测试存取,最直接的办法是在系统芯片端口上为 IP 核提供测试 I/O 端口,这些测试 I/O 端口通过一组连线与被测模块的端口相连接,可以直接地、并行地存取被测 IP 核。采用复用系统芯片的 I/O 端口方式如图 9-13 所示。该方法简单,可直接存取到嵌入的被测 IP 核,同时简化了 IP 核的诊断与调试访问。但是如果被测 IP 核的端口多于芯片的 I/O 端口,这种方法就得修改,而且目前 SoC 芯片都含有很多嵌入的 IP 核,采用这种方法将导致过高的硬件开销,芯片性能也会随之下降。由于 SoC 芯片的 I/O 端口资源有限,此方法越发不适合 SoC 芯片的测试存取。

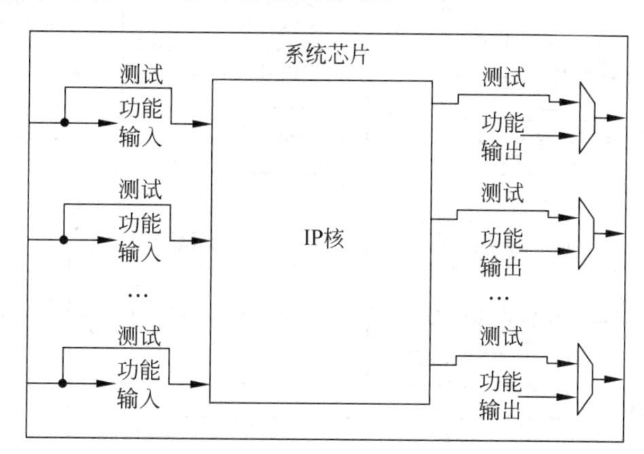

图 9-13 输入输出 I/O 端口复用方式的测试存取

(2) 测试总线(test bus)方式

针对直接测试存取结构存在的问题,提出了测试总线结构。即多个 IP 核共享一条测试总线,而且总线宽度可以改变,这样就降低了芯片面积的开销。但总线宽度要满足 SoC 中端口最多的 IP 核的需要,即总线宽度要大于或等于端口最多的 IP 核的端口数,仍占用较多的芯片 I/O 端口。该方法明显的缺点是:测试时,测试总线只能连接到一个被测 IP 核上,测试效率较低。

(3) 边界扫描测试方法

采用 JTAG 边界扫描结构进行测试存取,即 IEEE 1149.1 标准。该标准最初的目的是解决 PCB 板上各集成电路的测试问题,详见 9.3.4 节。在某种程度上,SoC 测试问题与板级测试问题相类似,因此可将板级标准测试结构应用到 SoC 测试中。该方法的优点是,可利用成熟的工业技术,而且很多 IP 核最初是作为单一芯片而设计的,大都含有 JTAG 边界扫描结构。该方法的缺点是,由于每个 JTAG 模块中都含有一个测试存取端口(TAP)控制器,如果 SoC 中的每个 IP 核均采用 JTAG 结构,则会存在多个 JTAG TAP 控制器,它们的控制是一个技术难点,也会造成较多的硬件消耗;另外 JTAG 结构只有一个串行的测试数据输入输出端口,只有一位宽,因此测试时间会很长,无法进行测试带宽和测试时间的优化。对于小规模的 SoC,可满足基本测试需要;而对规模较大的 SoC,这种方法将不能胜任,但仍具有启发意义。

(4) 测试轨(test rail)方法

测试轨是测试总线(test bus)和边界扫描测试(JTAG)相结合的一种测试方法。如图 9-14 所示,测试轨形成了从一个 IP 核到另一个 IP 核的测试存取路径。测试轨可以改变总线宽度,以便在测试时间和芯片面积开销之间作权衡优化。测试轨类似于 JTAG 结构,IP 核被一层测试层包围,称做测试壳(test shell)。SoC 上的 IP 模块可以采用菊花链的方式连接测试轨。每个 IP 核还有一个测试轨旁路寄存器。设计者可选择级连方式、顺序方式来测试各总线上各 IP 核,为测试提供一定灵活性。

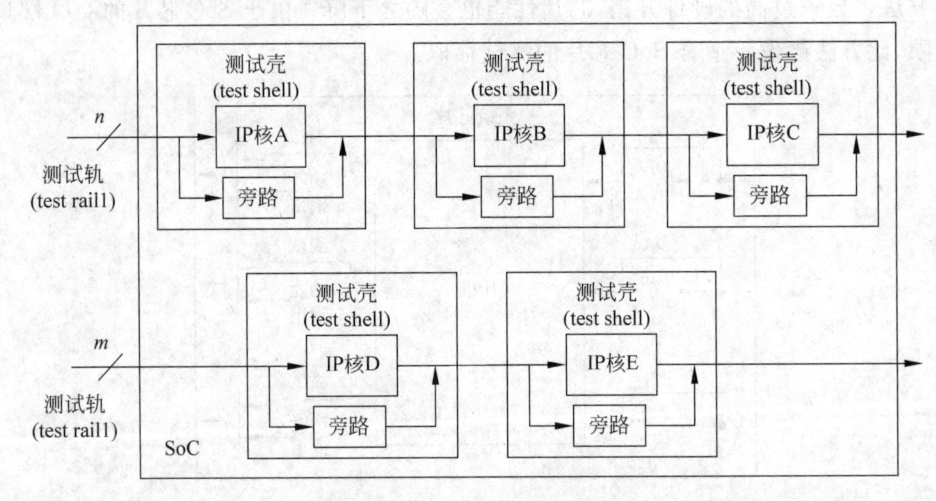

图 9-14 测试轨的例子

9.4.2 内核测试标准 IEEE 1500

为了推动 SoC 的测试,工业界也做着不懈的努力,最具代表性的是 IEEE 1500 标准和虚拟插座接口联盟(VSIA,1996—2007)的研究。

作为一个针对 SoC 中 IP 核的测试标准，IEEE 1500 工作组提出了 IEEE 1500 标准：内核测试标准(the standard for embedded core test，SECT)。与此同时，虚拟插座接口联盟(VSIA)为了推动虚拟部件(VC)的提供者与集成者之间测试相关信息的传递，成立了“制造相关测试工作组”，致力于 VC 测试方法学的研究，以满足 VC 的测试要求，并使之成为通用的工业标准。

1997 年 IEEE 1500 工作组开始从事嵌入内核测试标准的制定。标准有助于 IP 核的测试开发以及在 SoC 中的测试集成，并促使 EDA 公司开发相应的支持工具，实现统一的测试方法。工作组基本的精神是提供标准测试结构规范使其能应用到 SoC 中的 IP 核，并实现 SoC 中的 IP 核本身可以被测试以及 IP 核之间的电路可以被测试，以推动测试复用，实现测试的“即插即用”。2005 年完成了 IEEE 1500 标准的制定工作。

IEEE 1500 标准是一种类似于 JTAG 结构的模块级边界扫描结构，这种结构称做“测试壳”(wrapper)，可通过测试存取机制(test access mechanism，TAM)进行 IP 核内和 IP 核外测试。IEEE 1500 标准不规定 TAM，通常测试是测试向量和协议的组合，IEEE 1500 工作组建议使用另一个 IEEE 标准——IEEE 1450 标准测试接口语言(standard test interface language，STIL)——来说明基于 IP 核的测试。

IEEE 1500 标准集中于 IP 核提供者与使用者之间接口标准的制定，包括内核测试信息传递交付和嵌入 IP 核的测试存取。标准的两个主要部分内容为：内核测试语言(core test language，CTL)和内核测试壳结构。虽然标准对其进行了规定，但在其具体应用中仍具相当大的灵活性。

(1) 内核测试壳

IEEE 1500 标准的内核测试壳是围绕内核的一个薄层，提供内核与各种存取机制间的转换机制。针对内核的测试存取，测试壳将内核的输入输出连接到：①标准强制规定的一位宽串行测试存取数据端口；②零位或多位扩展并行测试存取数据端口。IEEE 1500 标准仅仅对测试壳进行标准化，而将测试信源、测试信宿以及 TAM 的设计、优化留给了 SoC 设计者，并且仅对测试壳的行为进行规定，对其具体实现不作强行规定。

IEEE 1500 标准规定的测试壳总体结构如图 9-15 所示。测试壳具有和 IP 核端口一致的功能输入输出端口。在 IP 核被包裹后，原本连接 IP 核端口的互连线将连接到测试壳的功能输入输出端口。

测试壳的串行测试存取端口由 1 位串行输入端口 WSI 和 1 位串行输出端口 WSO 组成。串行测试存取端口是 IEEE 1500 标准所强制规定的。测试壳的并行测试存取端口由 0 位～多位的输入端口 WPI 和输出端口 WPO 组成。并行测试存取端口是 IEEE 1500 标准的可选项。为了实现对测试的控制，测试壳提供了测试壳串行控制端口 WSC 和测试壳指令寄存器 WIR。WSC 控制 WIR 从串行端口加载指令，然后测试壳的测试控制由指令译码和 WSC 信号共同完成。测试壳边界寄存器 WBR 对 IP 核端口提供可控性和可观测性。这样，在指令译码和 WSC 对 WBR 的控制下，才可以实现不同的测试模式，如 IP 核内核测试及核外测试。测试数据可以通过串行测试端口移入 WBR，也可以通过并行测试端口载入 WBR。并行测试端口为测试提供更大的带宽。像 IEEE 1149.1 标准一样,IEEE 1500 的测试壳也包括旁路寄存器 WBY,它提供串行测试数据和指令的旁路机制。可见,IEEE 1500 的测试壳结构借鉴了 IEEE 1149 的很多设计思想,同时又解决了 IEEE 1149 测试带宽小、多核测试控制困难的问题,并提供了更大的灵活性,有助于完成测试带宽和测试时间的优化。

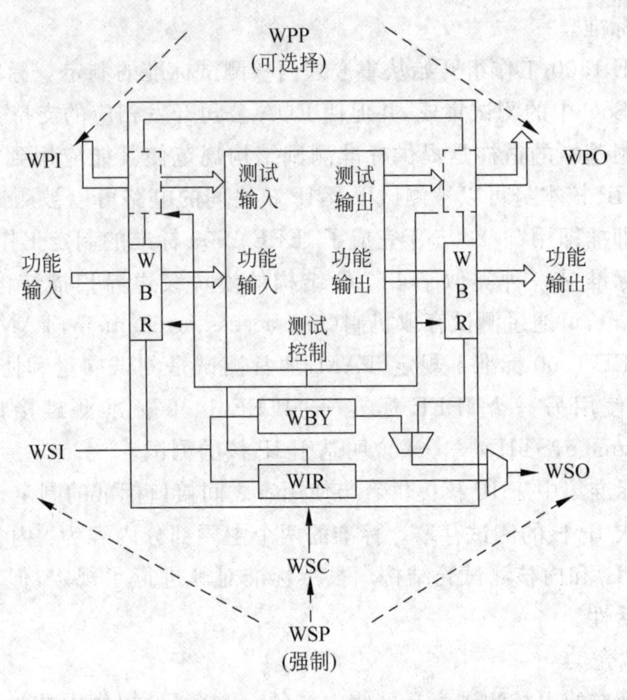

图 9-15　IEEE 1500 测试壳的结构

(2) 内核测试语言

标准测试接口语言(STIL)没有完全涵盖所有用于 SoC 可测试性设计所必需的属性,因此,IEEE 1500 内核测试语言(CTL)工作组的任务是扩展 STIL,以便适合 SoC 中 IP 核的测试描述。CTL 是一种描述可重用内核的测试相关信息的语言,为需要测试的内核本身及其周边电路的配置控制提供明确、简洁和通用的信息模型,并为芯片级内核测试接口的实现提供要求和约束。CTL 是建立在标准测试接口语言基础上,使用类似 STIL 的语法。目前 CTL 由 IEEE P1450.6 规定。

IEEE 1450 标准解决的是 IC 测试工业中从测试生成平台到测试平台传递的大量数字测试数据的标准问题。目前平台包括:计算机辅助工程(CAE)平台;IC 制造厂家的测试平台;IC 自动测试机(ATE)输入接口。每个平台只能解决各自的问题,但却造成了接口、翻译和软件平台上的困难。随着集成电路器件密度的提高,产生了大量测试数据,使测试瓶颈从测试数据的产生过程转到这些数据的维护和传输上。这两方面的因素对测试工作的成效产生极大威胁。IEEE 1450 标准语言提供数字测试产生工具与测试设备之间的接口。STIL 促进从 CAE 平台到 ATE 平台的大量数字测试信息的传递,用来说明测试向量、时序信息以便有足够的信息来定义被测芯片的测试向量,支持从 ATPG、

BIST 或 ATE 转换而来的大量测试信息。IEEE 1450 标准推动了测试数据的产生、移交和测试过程。

IEEE 1500 标准中，IP 核的测试向量用 STIL/CTL 来描述。为了便于测试向量可重用于 SoC 设计中，CTL 扩展了 STIL，增加描述 IP 核测试操作的部分。在 CTL 中，描述 IP 核边界信息以便实现：①构建 IP 核测试壳；②将 IP 核的端口映射成测试壳端口；③IP 核测试数据的重用；④IP 核间外部电路(用户自定义逻辑及连线)的测试。

(3) IEEE 1500 两级兼容

IEEE 1500 标准规定了 IEEE 1500 未包装内核(IEEE 1500 Unwrapped Core)和 IEEE 1500 包装内核(IEEE 1500 Wrapped Core)两级兼容。

IEEE 1500 未包装内核这个概念指的是 IP 还没有(完全的)IEEE 1500 测试壳，但却有 IEEE 1500 CTL 程序描述，在此描述的基础上，可以利用专门的工具或手工的方法使 IP 核形成 1500-wrapped 测试壳。CTL 程序描述了 IP 核端口的测试信息。IP 核提供者提供 1500-unwrapped IP 核时，提供的 CTL 程序除了包含所有的 IP 核本身测试信息之外，还包含用来生成 IEEE 1500 测试壳所需的相关的 IP 核数据，例如数目、名称、IP 核端口类型以及在 IP 核测试中哪些端口被包括进来及其数据流速率。购买 1500-unwrapped IP 核的用户在其中增加测试壳使之成为 1500-wrapped，并且将 CTL 文档从 IP 核端口级升级到测试壳端口级。

IEEE 1500 包装内核是指 IP 核包含了 IEEE 1500 测试壳功能，而且也附有 IEEE 1500 CTL 程序。CTL 程序描述的是 IP 核测试信息，包括在测试壳外部端口怎样操作测试壳。IP 核提供者提供 1500-wrapped IP 核，包含了测试壳的建立顺序，此信息是在用户说明文档提供的参数基础上得出的。

IEEE 1500 标准目前只包括数字 IP 核测试方面的内容，还未涉及模拟及混合信号 IP 核，IEEE 1500 工作组也正在为此展开研究，促使标准能涵盖模拟及混合信号 IP 核的内容。并且 IEEE 1500 标准将信源(source)、信宿(sink)以及 TAM 的设计留给了系统芯片设计者，也不覆盖 SoC 测试集成与优化方面的内容。SoC 测试技术正成为新的研究热点。

第10章 SoC设计概论

10.1 SoC 简介

10.1.1 SoC 概述

随着微电子工艺技术的发展，MOS 晶体管尺寸按比例缩小，芯片面积不断加大，在单位面积芯片内可以集成的晶体管数量每 2～3 年翻一番。一个全新自主设计的芯片，设计成本占整个开发成本的比例最大，设计芯片的能力与每个芯片上可以集成的晶体管数差距越来越大，芯片的开发费用越来越高。设计能力落后于工艺技术的发展，导致在芯片生产能力和实际产量之间形成了间隙(gap)，成为集成电路产业发展的瓶颈。20 世纪 90 年代中期，系统级芯片(SoC)设计技术的出现填补了这一间隙，推动了集成电路生产力的进一步发展，见图 10-1。

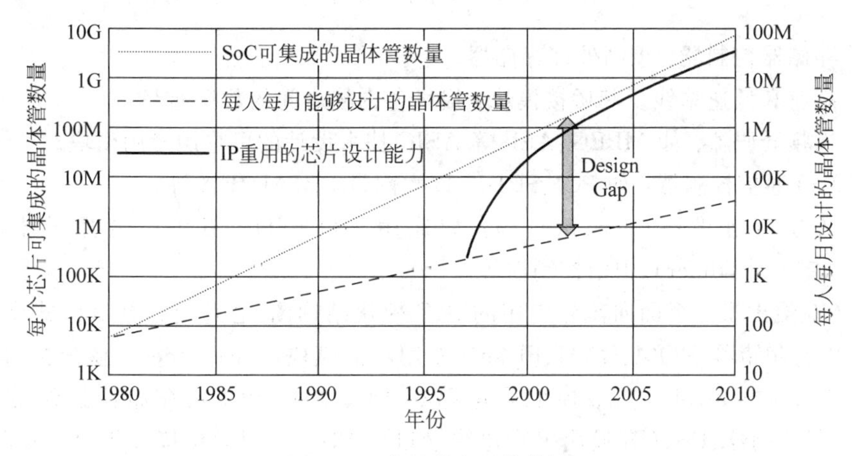

图 10-1 半导体发展趋势图

SoC 是在单个芯片上集成一个电子系统，以 CMOS 为主要工艺技术，具有高集成度、高性能、低功耗和低成本以及快速的设计方法等特性，在无线通信和嵌入式系统、消费类电子产品等领域有广阔的应用。SoC 设计方法的特点是要最大程度地重用现有的模块和芯核，即尽量减少芯片中重新创造和设计的内容。

10.1.2 SoC 结构

组成 SoC 的模块包括以下几类：微处理器(MPU)、片上存储器、实现加速的专用硬件功能单元、执行与外部数据传输的数据通路和接口模块、连接片上各部件的总线、存储器控制器以及片上外围设备等硬件功能模块；同时在 SoC 中还必须包括与硬件系统配套的实时操作系统(RTOS)。下面给出两个例子。

图 10-2 为一个规范的 SoC 硬件结构框图。片上模块包括以下几种。

(1) 微处理器：如 ARM、MIPS 等。

(2) 存储器：如 SRAM、Flash、ROM、动态存储器(DRAM、SDRAM、DDRAM)等。

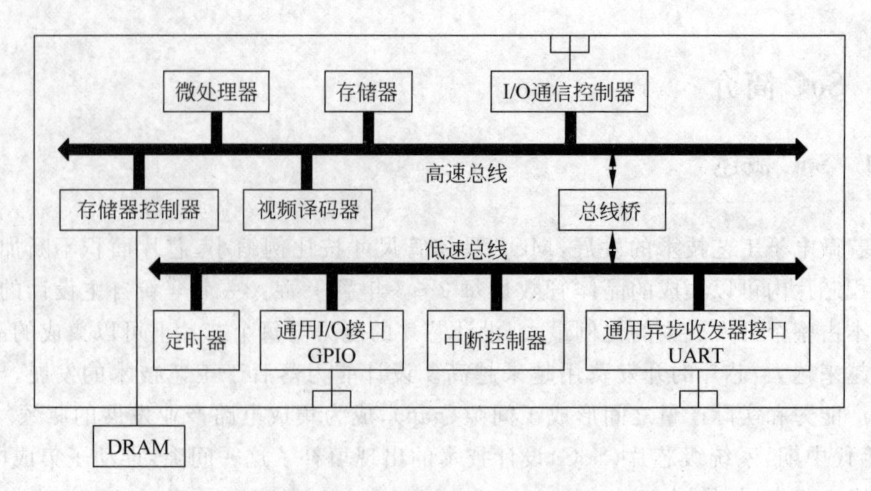

图 10-2　典型的 SoC 架构

(3) 存储器控制器：控制外部存储器。

(4) 高速和低速总线及其桥接模块：提供各内核之间的数据通路。

(5) 视频译码器：如 MPEG、ASF 等 ASIC 技术设计的可重用专用模块。

(6) I/O 通信控制器：如 PCI、PCI-X、以太网、USB、AD/DA 等。

(7) 外围互连设备(peripherals)：如通用 I/O 接口(GPIO)、通用异步收发器(UART)、定时器(timer)、中断控制器等。

图 10-3 给出了一个面向蓝牙应用的 SoC 模块结构图，芯片上包括嵌入式微处理器(CPU)、片上存储器(ROM、RAM、Flash)、专用功能模块(voice codec)、蓝牙接口控制器(bluetooth link controller)、数模混合电路(ADC、DAC、PLL)、存储器控制器(MEM CON)、中断控制器(INTC)、通用串行总线接口(USB)、通用异步接收机(UART)、定时器(timer)、测试结构(test)、系统总线(ASB)、低速总线(APB)等。其中，ROM 中存放嵌入式软件。

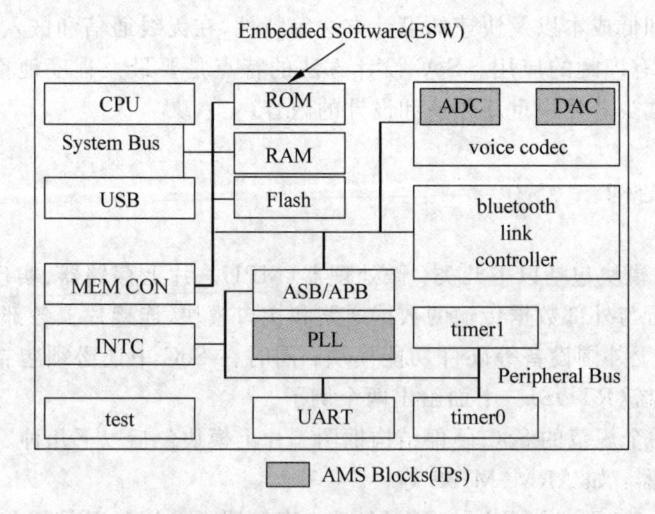

图 10-3　面向蓝牙应用的 SoC 结构图

10.1.3 SoC的技术特点

SoC具有以下特点：

(1) 采用深亚微米、超深亚微米CMOS工艺技术。SoC包括从顶层系统规范定义到完成芯片的版图设计。SoC规模大、复杂度高，保证设计的正确性需要先进的设计方法学和设计自动化工具的支持。

(2) SoC是针对不同应用市场开发的产品。市场需求多样化、升级快，因而对产品设计周期、更新换代及多品种开发速度要求很高。如果每一款SoC都完全重新设计是不能满足上市要求的。

(3) 软/硬件协同设计。针对不同的应用目标，SoC在系统级功能设计完成后，需要进行软/硬件划分，以确定由硬件或软件实现的功能。

(4) 低功耗技术要求。SoC比传统的ASIC在单一芯片上集成了更多的晶体管，因此，功耗更大，导致发热量大，要保证芯片能够正常工作，必须采用低功耗设计技术。

SoC的上述特性导致了集成电路设计方法学的变革，促进了SoC设计方法学的产生，SoC设计方法学的主要特征是IP(intellectual property)核复用和IP平台的复用技术，该技术用较小的设计成本和较少的设计时间获得复杂度高、规模大的SoC，同时推动了集成电路设计工具的发展。

10.2 SoC设计方法学

SoC的设计采用先进的设计方法学来提高设计效率。包括系统级行为建模、软/硬件划分和协同设计、IP核复用、基于平台的设计和验证、超深亚微米芯片设计等技术，其中的核心是采用IP核复用技术以加快设计效率。

10.2.1 SoC设计流程

SoC设计是基于一个自顶向下和自底向上相结合的过程，主要流程如图10-4所示。

(1) 系统需求分析：规定设计目标和要求，包括功能、速度和相关性能。建立设计规范。

(2) 建立系统行为模型：包括功能和性能模型。SoC设计者首先定义芯片规范，用C、C++、System C等计算机高级语言进行系统功能建模，并给出性能模型，反复仿真验证确定模型满足系统设计规范要求。

(3) 软/硬件划分和优化：根据系统要求，确定哪些功能由软件完成，哪些功能由硬件完成，通常对速度要求严格的用专用硬件实现，反之则用软件实现。软/硬件划分的原则是在性能、面积上进行折中，不同的应用目标，软/硬件划分也不同。软/硬件划分自动化算法已经研究了多年，目前还未达到实用水平，现阶段的SoC设计中软/硬件的划分基本上是由人工分析来进行。

(4) 基于IP核重用的硬件体系结构模型的建立：所有的子模块尽量采用事先已完成设计并经过验证的IP核，应用IP核建立系统平台来设计SoC，设计者精力集中在整体功能、性能分析和验证及最终模块间的布局和布线。IP核可以来自芯片设计公司自身积累、Foundry积累、专业IP公司、EDA厂商和IC设计服务公司设计者的IP库，IP核已经成为一种商品。

(5) SoC硬件实现：通过对系统芯片中嵌入的各模块RTL描述部分进行综合、性能和可测性验证、布局布线、版图后分析和逻辑，以及版图的一致性、正确性验证，完成SoC硬件实现。由于IP核的复用，省略了大量人工设计RTL模块的工作量，大大缩短了芯片设计周期。

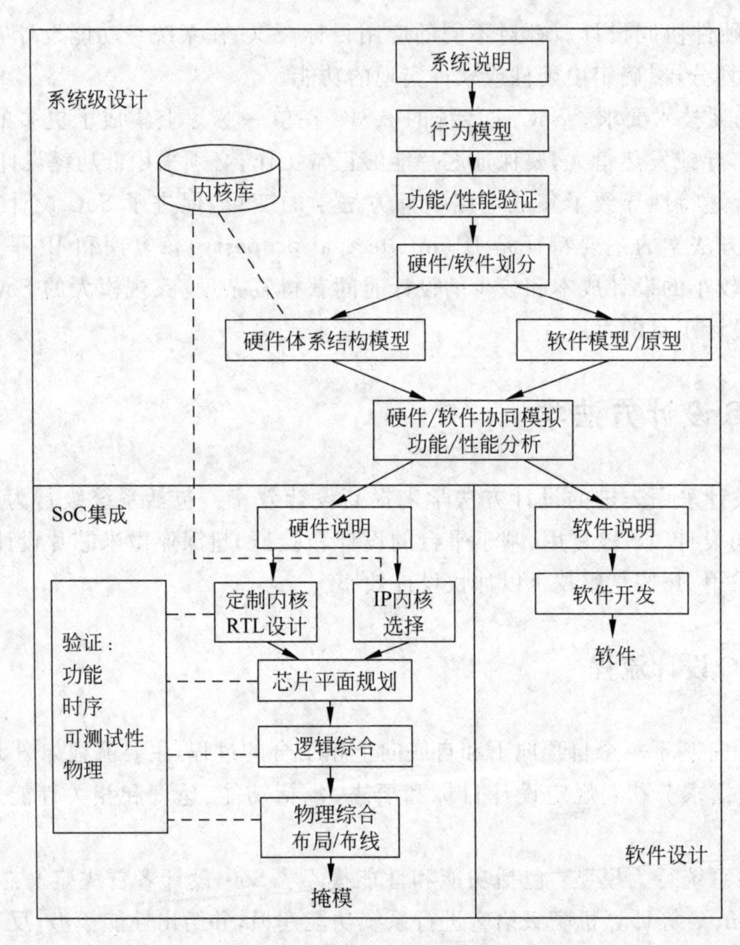

图10-4　SoC设计流程

10.2.2　基于平台的SoC设计方法

基于平台的设计是针对一类应用领域进行硬件结构、嵌入式软件、IP核创造和集成的设计方法。在一个系统设计的前端功能和性能设计完成后搭建一个SoC的设计平台，它包括设计规范、不同层次建模、IP的选择、硬件/软件的验证和原型生成等步骤的具体体现。基于平台的设计是以已建立的适合某类应用的可重构SoC平台为基础，在平台总体架构基本不变的情况下，通过增加、重新配置或删除平台中组件的方法衍生出满足该应用领域的SoC。对特定的SoC衍生产品的平台进行定制化，已成为一种探索设计空间的形式。基本的通信结构和平台处理器的选择被固定后，设计者被限制在只从IP核库中来选择参数合适的IP核，它将SoC设计中的IP核复用扩展到IP核群的复用。基于平台的设计在SoC设计流程中的软/硬件划分阶段进行，以提高系统性能、降低系统面积和功耗。图10-5给出的是一种基础的通用平台的示例。

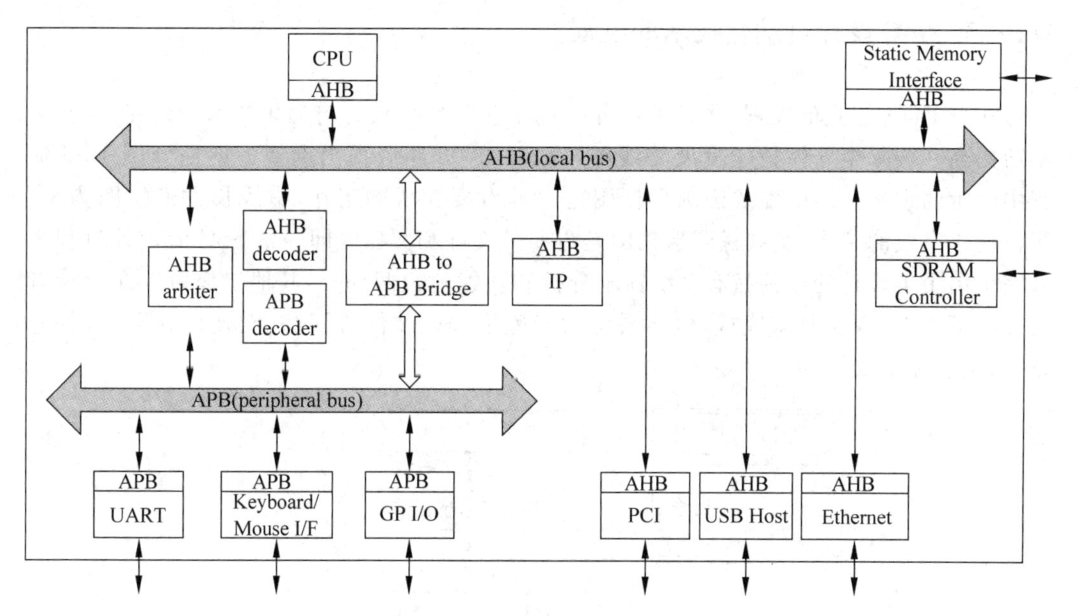

图10-5 SoC设计平台框架示意图

不同方案构建平台的效益由系统芯片的市场需求、功能要求和结构复杂度三方面来评估。SoC平台可分为以下三类。

(1) 技术驱动的SoC平台：这类平台基于传统自底向上的设计方法，采用最新的、具有最高性能潜力的半导体工艺制造技术来设计。建立这类平台，设计者需要提供所有硬件、软件、通信单元和基于模块的IP核库，但所有组件没有按特别的风格预先组装，而是参考已有的系统体系结构模型。这类平台的例子有Xilinx公司的Virtex Ⅱ Pro系列。

(2) 结构驱动的SoC平台：这类平台根据相关的技术基础(如已有的核系列、存储器结构、片上通信标准等)，采用自内向外(middle-out)的系统级设计方法完成。这类平台提供预先验证的处理器、通信结构、RTOS、IP核，提供针对某种目标市场应用的系统体系结构以及相关IP组件如何集成到特定衍生设计的方法。这类平台可以通过增加或改造平台中已有IP核衍生出新的SoC，该类平台的例子有ARM公司的ARM PrimeXsys。

(3) 应用驱动的 SoC 平台：这类平台根据一类产品的功能需要，采用自顶向下的设计方法进行开发。平台开发者根据已开发的组件库、平台框架结构(framework)、应用接口等创造出 SoC 平台，该平台符合某一产品系列路线图要求，它包括应用接口、面向应用的实现/验证流程、公共 IP 核及特殊 IP 核等。根据该平台，通过集成其他不同特性的 IP 核可以衍生出产品系列中的不同成员。该类平台的例子有 TI 公司的 OMAP、Philips 公司的 Nexperia 等。

以上三类平台从(1)至(3)设计灵活性越小、技术更新越少，但复用性越好、设计周期更短、上市越快。

10.2.3 SoC 设计自动化技术的发展

随着 EDA 工具的发展，研究工作者一直在进行 SoC 设计自动化技术的研究，且水平不断提高。国际半导体技术发展路线图(ITRS)2005 年版提出期望近期达到图 10-6 流程中所示的水平。图中虚线椭圆形框图是设计者要完成的工作，虚线长方形框图为全/半自动化完成的工作，实线椭圆形框图是需要的文件和文档。即一个 SoC 的设计过程需要完全由手工设计的步骤只有系统需求分析和功能建模两部分，其他工作可以在设计者的控制下由 EDA 工具来完成，包括系统功能验证、软/硬件协同综合、硬件开发、软件开发、系统芯片生成等。

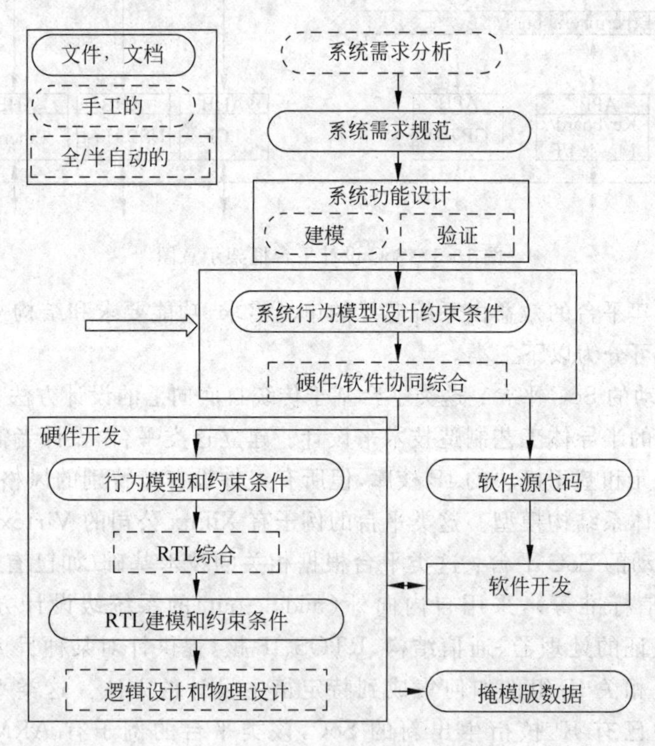

图 10-6　SoC 自动设计流程

但是，目前软/硬件划分尚未达到图中粗线箭头所示的全/半自动化的协同综合技术水平，业界正在积极开展研究工作，期望达到在系统功能建模和验证完成后，能够根据系统行为模型、设计约束条件进行自动软/硬件划分。

10.3 IP核的设计和复用

IP核是SoC设计的部件或称半成品，其主要特征是可用性和可复用性。可用性是指IP核的功能和性能要求，可复用性是指IP核能够被SoC设计者方便地使用的要求，IP核也称为硅知识产权模块(silicon IP,SIP)。

10.3.1 IP核的几种形态

IP核分为软核(软IP核)、固核(固IP核)和硬核(硬IP核)。

软核(soft core)是以可综合的硬件描述语言(HDL)的形式交付的。优点为具有采用不同实现方案的灵活性；缺点为性能(时序、面积和功耗等)方面的不可预测性。由于要向IP集成者提供RTL源代码，所以软核的知识产权保护风险最大。

固核(firm core)是已经在结构和拓扑方面通过布局布线或者利用一个通用工艺库对性能和面积进行了优化的门级网表。如果是完整的网表则表示测试逻辑已经被插入并且测试集也包含在设计里。固核不包括布线信息，它比硬核更灵活，更具有可移植性，比软核在性能和面积上更可预测，是软核与硬核的折中。

硬核(hard core)是已经对功耗、面积和时序等性能进行了优化并且映射到一个指定的工艺中，带有全部布局布线信息的、优化的网表或一个定制的物理版图。硬IP的工艺已经确定，一般表示为GDSII形式，具有在面积和性能方面更能预测的优点；但是由于与工艺相关，所以灵活性小、可移植性差。在硬核交付中至少需要有：高层次行为模型(用以验证所提供的硬核功能的正确性)、测试列表、完整的物理和时序模型及GDSII文件。由于不需要提供RTL源代码，并且有版权保护，硬IP的保护风险会小一些。

在以上三种典型的IP核中软核和硬核在交易中应用普遍。除此以外，还有两种IP核：如前面提到的硬IP核需要提供的高层次行为模型，称为验证核，验证核一般也称为VIP(verification IP)；在某一类SoC系统中专用的、经过验证、成熟的可复用的嵌入式软件，称为软件核(software core)。

10.3.2 IP核设计和复用技术

SoC技术和产业的发展需要发明、创造和维护一大批有应用价值的IP核，IP核可以采用全定制，也可采用半定制方案来实现。其中模拟IP核和使用率高的数字IP核一般采用全定制开发。IP核的设计是一个自上而下的设计过程，即遵循ASIC的设计方法。IP核的设计层次包括系统层(行为级)、逻辑层(RTL级、门级)、电路层(晶体管级)和物理层(版图级)。由于 IP 核是一种用于交易的可重用的电路模块,包括其中属于半成品的各阶段,因而对其设计各层次的准确性、验证的精确可靠性,以及文档、数据的完整性要求很高。设计一个可以被重用的 IP 核要比设计一个一次性使用的 IC 要复杂得多,一般来说,工作量会增加 2～5 倍。

1) 设计要求

图 10-7 给出了一个 IP 核的创造和使用过程的方法学示意图。左边为 IP 核的设计、验证内容以及软、固和硬三种 IP 核所代表不同设计阶段的区分,右边为 SoC 设计者在使用 IP 核时需要进行的集成和验证工作。其中,设计方面和验证方面的任务划分如下。

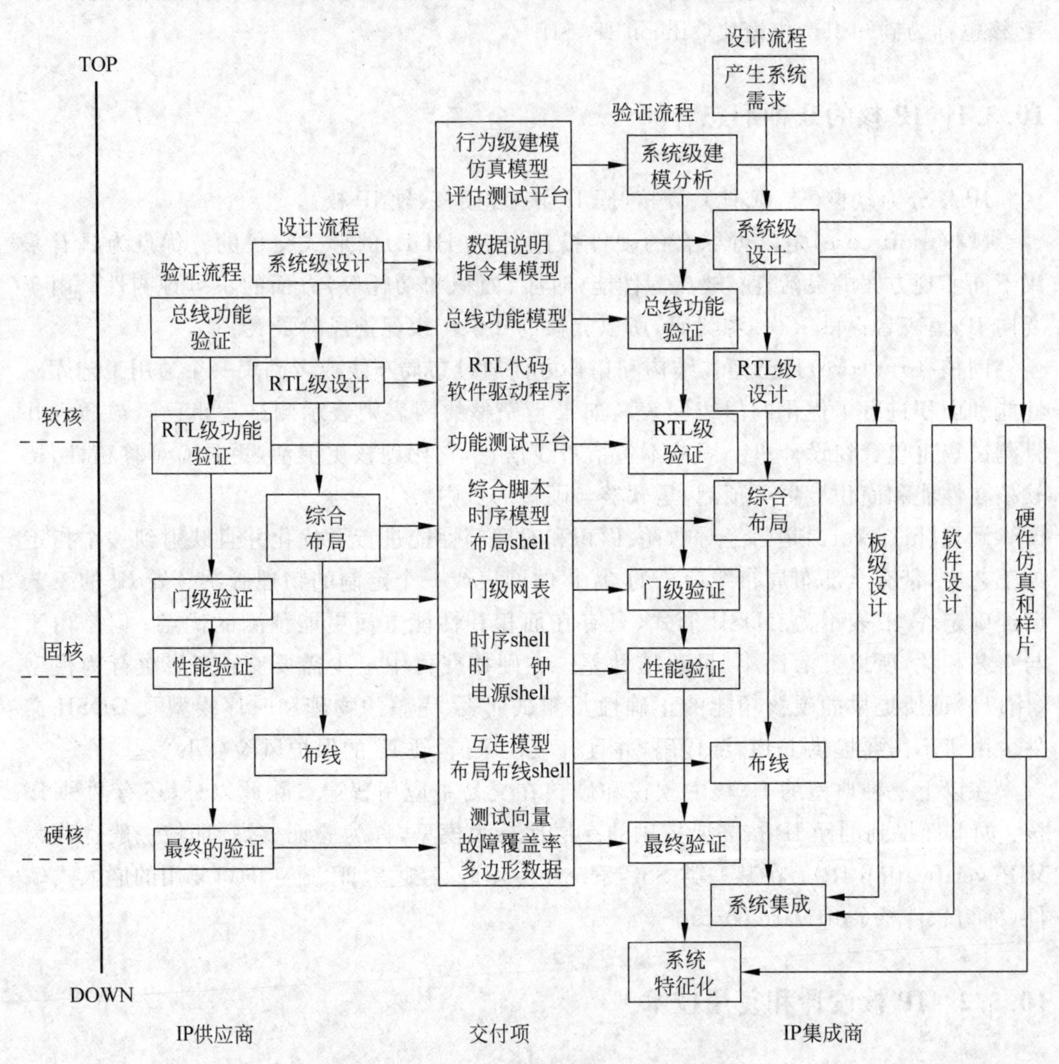

图 10-7　IP 核设计和使用方法学示意图

(1) 设计方面的任务

① 行为设计(功能和性能的要求和描述,行为级建模)

② 逻辑设计(RTL 设计、布图规划、综合、时钟插入、测试插入)

③ 物理设计(模块的生成、数据通路的生成、布局布线、IPO/ECO)

(2) 验证方面的任务

① 功能验证(事件驱动/基于周期的模拟、硬件仿真、FPGA 仿真、形式验证)

② 时序验证(延时计算、寄生参数提取、时序仿真、时序分析)

③ 功耗分析,信号完整性(signal integrity)分析

④ 物理验证(LVS、DRC、ERC)

图 10-7 中间框内是为了顺利完成芯片的集成,IP 核设计者需要提供给集成者的各种数据和文档。根据软、硬核不同要求,需要提交的数据有所不同。

为使从第三方获得的 IP 核能有效地集成,需要规范以上 IP 核交付项的内容和格式。近十多年来各 IP 核设计和供应商、相关的企业联盟,如国际虚拟插座接口联盟(VSIA,1996 年建立,2007 年停止工作)、IEEE 的电子设计标准化委员会(DASC)、国际无生产线半导体联盟(FSA)等在 IP 核交付项的规范、质量评测及接口、可测性、IP 保护等方面进行了标准化工作,推动了 IP 核复用技术的普及。我国由多家企业、研究所和高校联合组成的"工业信息化部 IP 核标准工作组"也一直在开展相关标准的研究制定和推广工作。

2) IP 核交付项主要内容

(1) 文档

在 IP 核设计和复用过程中,文档的作用非常重要。IP 核文档主要包括以下几种。

① IP 核功能规范。功能规范(functional specification)提供 IP 核功能相关的信息,不涉及具体设计细节。功能规范应该提供充分的信息让 IP 核使用者准确了解 IP 核的功能。

② 设计手册。设计手册(design manual)提供 IP 核的详细结构以及其内部实现细节,以便使读者能够重建该设计或者在必要时对该设计进行调整。

③ 验证文档。功能验证(functional verification)提供 IP 核所涉及的验证环境、验证方法、验证覆盖率等方面内容,以便使读者能够较快地重建该 IP 核的验证环境。

④ 测试手册。测试手册(test manual)描述 IP 核的测试策略和测试的实现方案以及每个测试组中的相关信号,同时描述对实体进行制造测试所需的数据和相关测试操作。

⑤ 应用手册。应用手册(application notes)提供关于实际应用中使用 IP 核的详细信息。应用手册包含在评估/选择阶段各种有用的信息。

(2) 机器可执行的设计描述

这部分内容主要包括:可综合的 RTL 代码、电路网表、物理网表、版图(GDSⅡ)等设计数据;功能、行为、结构、接口、性能等各种模型(models);在逻辑设计、功能验证、性能分析、版图验证、测试设计过程中需要的脚本(scripts)、约束(constraints)和配置(configuration)文件;相关的验证平台(testbench)等。

其中 IP 核的模型需要在不同抽象层次中建立和交付,以提供在 SoC 整个设计流程中不同阶段的设计和验证需要。下面给出几种基本模型的定义。

① 功能模型(functional model)。功能模型描述一个系统或元件的功能,而不描述

明确的实现。功能模型可以存在于任何抽象级,这取决于实现细节的精度。例如,一个功能模型能够抽象地描述一个信号处理算法,或者作为较低的抽象模型描述一个算术逻辑部件实现的算法功能。除了功能相关性中隐含的时序外,功能模型没有指明任何时序。因此,功能模型说明的是一系列不包含中间步骤的输入输出关系,而没有时间上的规范信息。功能模型用数学函数和计算机语言来描述。

② 行为模型(behavioral model)。行为模型描述一个元件的功能和时序而不涉及特定的实现。行为模型可以存在于任何抽象级,这取决于实现细节的精度。例如,行为模型可以描述一个执行抽象算法的处理器的总体时间和功能,或者它可以是该处理器在较低抽象级的指令集上的模型。

③ 结构模型(structural model)。结构模型根据一个元件或系统组成部件的互连来描述该元件或系统。对一个结构模型进行模拟,需要该层次结构所有最底层(叶节点层)分支上的模型都是行为或功能模型。结构模型可以存在于任何抽象级。

④ 接口模型(interface model)。接口模型是一种元件模型,它描述在某一抽象级或某些抽象级上该元件与周围环境相互作用的操作。在接口模型中,模型提供该接口的外部连接点、功能约束、时序细节,以表明该部件如何同其外部环境交换信息。除了精确模拟外部接口行为所必需的信息,接口模型不包含关于 IP 核内部结构、功能、数据值或时序的细节信息。总线功能模型(bus functional model,BFM)和接口行为模型(interface behavioral model)都可以用来表示接口模型。

⑤ 性能模型(performance model)。性能是一个设计的质量的度量集合,这个度量涉及系统对激励响应的时间。与性能关联的度量包括响应时间、吞吐量和利用率。性能模型可以在任意抽象级上建模。虽然此处性能模型只根据设计的时序或延时来描述,但可以有一些其他的属性与时序属性合在一起作为"性能模型"的特征,这些属性包括如功耗、设计成本、可靠性、可维护性和其他系统级属性。

10.4 SoC/IP 验证技术

SoC/IP 验证的目的也是证明设计的结果与功能规范中定义的要求相符合,SoC/IP 核的验证可以采用第 8 章介绍的验证方法,但是,SoC 的验证具有其独有的特点。

10.4.1 SoC 验证的特点

从图 10-8 所示的 SoC 设计与验证流程图可以看出,在验证层次和验证技术方面 SoC 与 ASIC 基本上是一致的。其验证的特点主要体现在以下几方面。

(1) 系统验证。SoC 集成了处理器、总线架构、存储器、专用 IP 核及片上外围互连 IP 核等多种模块,其本身就是一个系统。因此 SoC 的验证是验证一个系统的功能,而不是传统 ASIC 单一的模块功能。

(2) 接口验证。SoC 中集成了大量的第三方或自主设计的 IP 核,接口验证的目的主要是验证这些 IP 核的接口与 SoC 采用的互连(如总线等)接口的相容性。

(3) 混合验证。SoC 中集成的大量 IP 核都具有不同的抽象描述级别,对于模拟和数字硬 IP 核的功能验证,通常采用行为模型;对于数字软 IP 核的功能验证则可以采用行为模型和 RTL 模型及其混合。因此,SoC 验证通常是混合验证。

(4) IP 核之间协同工作验证。SoC 中集成的 IP 核需要多个 IP 核协同工作才能完成相应的功能,如在存储器与 USB 控制的 FIFO 之间进行 DMA 数据传输,需要处理器、DMA 控制器、存储器控制器、USB 控制器相互协作才能完成,该项验证工作主要验证在 SoC 中具有协同工作的 IP 核之间是否正常工作。

(5) 软/硬件协同验证。SoC 验证不仅包括硬件的验证,而且还包括操作系统、驱动及应用程序等软件的验证。由于硬件描述语言模拟速度慢,不适合在 RTL 运行操作系统或大型应用程序,一般采用软/硬件协同验证的方法进行验证。目前的软/硬件协同验证通常的做法是用 FPGA 实现硬件原型,然后在该硬件原型上运行操作系统或应用程序。

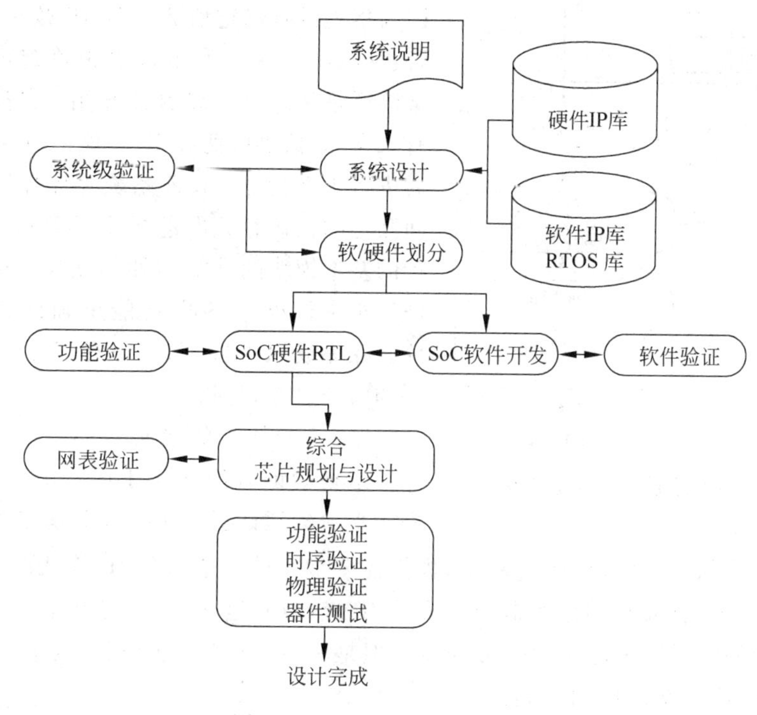

图 10-8　SoC 设计与验证流程

10.4.2　SoC 验证方法学

1. 验证方法

根据 SoC 设计的不同特点,下面给出几种可采用的验证方法。

(1) 自顶向下的 SoC 验证

对于采用如图 10-8 所示自顶向下方法设计的 SoC,其验证也遵循自顶向下的方法,即从系统级、RTL、网表级、物理版图到芯片原型逐层进行验证。其中系统级采用行为模型验证,在软/硬件划分后,进行硬件 RTL 的功能验证及 SoC 软/硬件的协同验证;由 RTL 综合得到的门级网表验证可采用 RTL-门级等价验证,在完成芯片版图布局、布线后进行功能、时序和物理验证,最后进行芯片原型的测试验证。

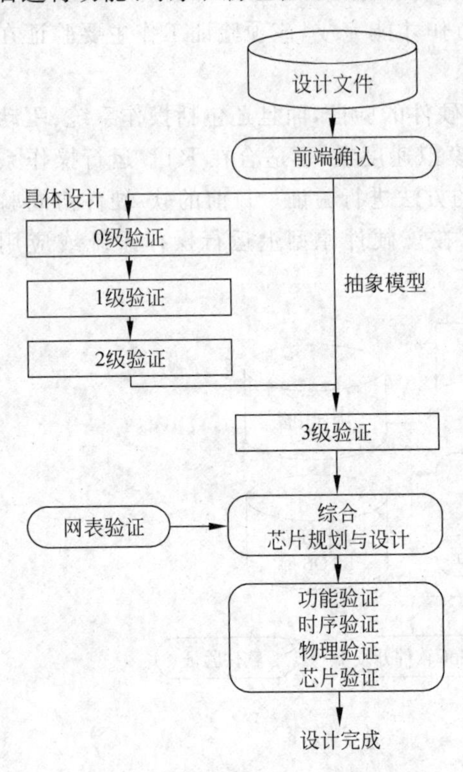

图 10-9 SoC 自底向上验证流程

(2) 自底向上的 SoC 验证

现阶段,SoC 设计者大多数采用 10.2.2 节中介绍的基于平台的设计方法,其验证流程采用如图 10-9 所示自底向上的验证方法。因为如果在前端系统设计完成并进行行为级功能验证以后直接进行第 3 级的验证,即对整个 SoC 平台进行 RTL 功能验证,这将要冒很大的风险,因为事先没有确定所集成的 IP 核功能、接口是否正确,所以一旦发生错误很难定位。因此通常验证是从底层 0 级验证开始:先独立验证所有来自 IP 核供应商和 IP 核库的有关 IP 核;然后进行 1 级验证:验证系统存储器映射和模块间互连的正确性;再进行 2 级验证:验证所设计的基本模块的功能和外部互连。通过以上验证后再进行整个 SoC 功能正确性的第 3 级验证。在完成以上验证后,其他的验证与自顶向下的验证过程相同。

(3) 基于平台的验证

这种验证方法适用于由 10.2.2 节给出的基于平台构建的 SoC 结构,即基本平台及其中的硬件 IP 核和软件 IP 核已经过验证,根据需要加入或改造部分 IP 核从而衍生出新的 SoC。这种验证方法重点验证改造或加入的 IP 核,以及这些 IP 核与基本平台中未改变的 IP 核之间的协同工作,如图 10-10 所示。但是其中未改变的 IP 核需要进行回归测试。

(4) 基于系统接口驱动的验证

在系统设计所用的模块中,为提高验证速度,只对需要进行功能验证的被测模块采用 RTL 描述,系统中其他的模块采用接口模型描述。这些模型与模块的规范一起进行系统和模块接口的设计和验证,以利于尽早发现错误。如图 10-11 所示,系统由 5 个模块组成,如对模块 E 进行验证,则模块 A、B、C、D 可采用接口模型。

2. 功能验证加速技术

在构建 SoC 平台后,需要对构成硬件平台的全部 RTL 组件进行详细的验证,以确保

SoC 功能正确。由于 RTL 是对硬件模块实现的描述,验证速度慢、工作量大、时间长,为此业界采用了多种加速验证的方案来提高验证效率。下面介绍几种 SoC 功能验证普遍采用的加速技术。

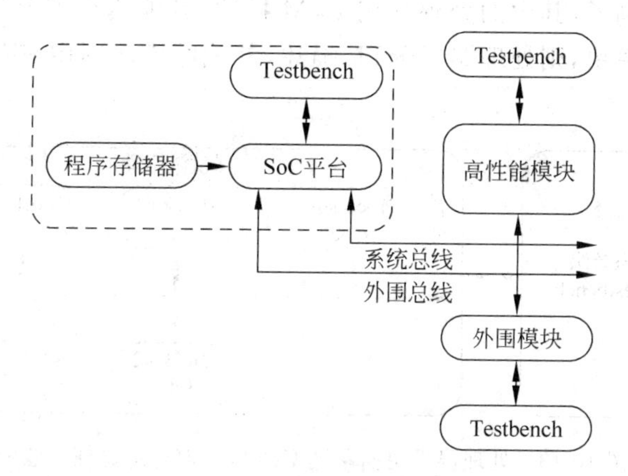

图 10-10 基于平台的验证示意图

(1) 基于事务的验证

事务是模块之间的数据和事件的交换,数据指一个字、多个字或数据结构,事件指同步或中断等。事务级模型的复杂度在算法级模型和 RTL 模型之间,以函数调用和数据包传输为特征,可以为算法选择、软/硬件划分及协同验证的接口建模提供折中的评价方法。事务级建模的核心思想是把运算功能和通信功能分开,减少事件和信息处理,代码少、执行速度快,同时还能提供足够的设计精度。

基于事务的验证是指 SoC 中的模块采用事务级模型,验证环境如分析工具等也采用事务级模型,这样可以较快地进行模拟验证,同时可以对 SoC 的体系结构进行评估。总线功能模型(bus function model,BFM)是一种通信周期精确、计算周期近似的事务级验证模型(transaction verification model,TVM),它把验证平台中的事务级验证激励翻译成被验证设计接口的周期精确和管脚精确的信号变化。图 10-12 示出了一个基于事务级的验证环境。

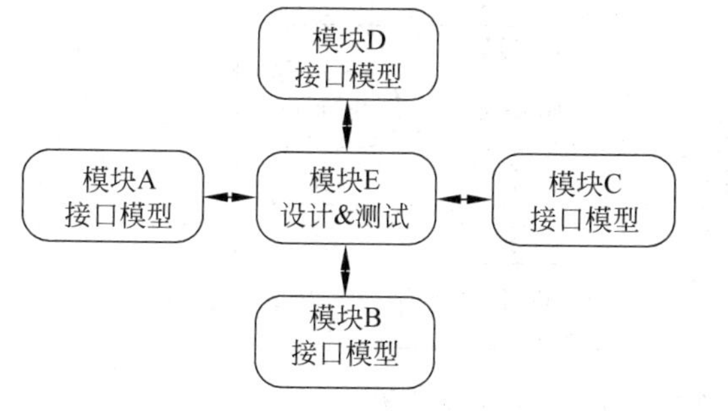

图 10-11 基于系统接口验证方法示意图

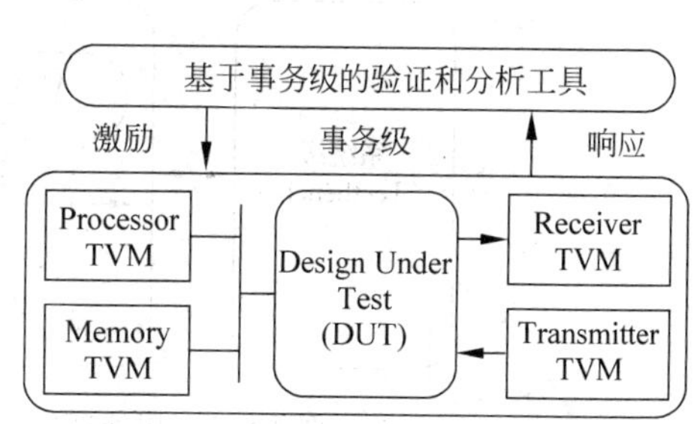

图 10-12 基于事务级的验证环境例子

(2) 混合级的验证

为了提高模拟速度,缩短验证时间,SoC 可以采用混合模型进行验证,影响模拟速度的复杂模块采用抽象模型如总线功能模型,其他模块采用 RTL 模型。图 10-13 是 SoC 混合级验证的一个例子,其中的处理器用 BFM 描述,其他模块用 RTL 描述。如果影响模拟速度的是其他模块,则处理器用 RTL 描述,其他的模块则用 BFM 描述,如图 10-14 所示。

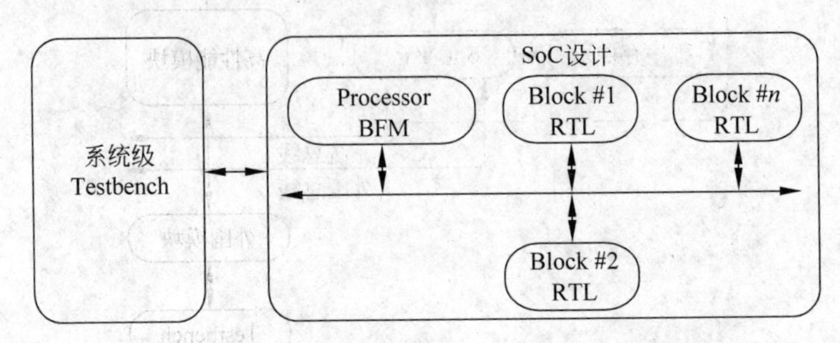

图 10-13　处理器采用抽象模型的 SoC 混合级验证示意图

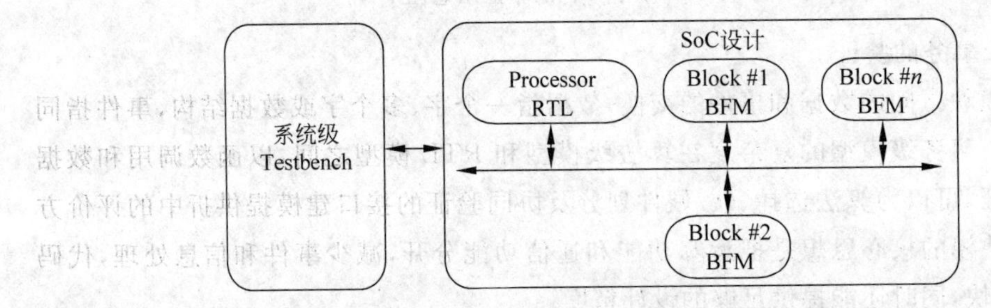

图 10-14　其他模块采用抽象模型的 SoC 混合级验证示意图

(3) 基于硬件加速的验证

基于硬件加速的验证指将在软件模拟中的部分或全部的组件映射到特别设计的硬件平台中,以加速模拟操作,提高验证速度。通常情况下 Testbench 仍然在软件中运行,而被验证的设计则在硬件加速器中运行。有些类型的加速器也提供对 Testbench 加速的能力。图 10-15 中的处理器是一个实际的硬件芯片,以代替软件模拟时的处理器软 IP 核。

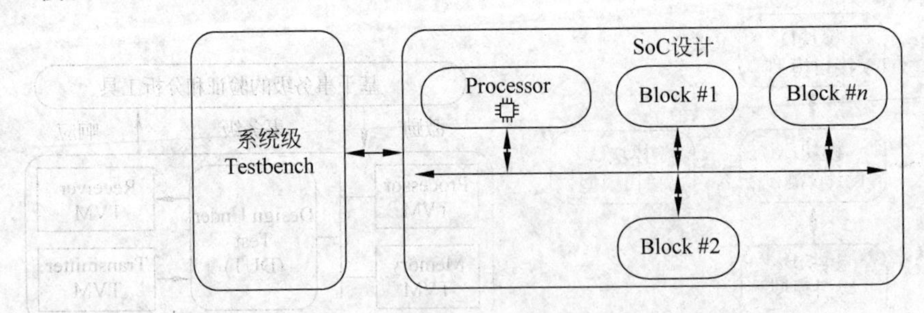

图 10-15　用处理器硬件模型进行 SoC 验证的例子

(4) 基于硬件仿真器的验证

图 10-16 是一个采用硬件仿真器的 SoC 验证例子。仿真器是专门设计的硬件和软件系统,通常是由某些可重构逻辑构成,往往采用现场可编程器件(FPGA)。各模块被编程为执行目标设计的行为并且仿真目标设计的功能。各模块以硬件为基础,模拟速度可以提高到几十兆赫,而软件模拟器的速度仅为几十赫到几千赫。几个量级的性能差异使得仿真技术能够承担在软件模拟时需要用几个月甚至几年才能完成的大型设计验证任务。这样的验证任务包括:视频数据流的大量数据集处理,规模超过上百万行的整个操作系统软件等。带有嵌入式处理器的 SoC,在制造前通常需要实现硬件仿真器或者制造物理原型,以便能够将软件在嵌入式处理器中实际运行,验证其复杂的功能。

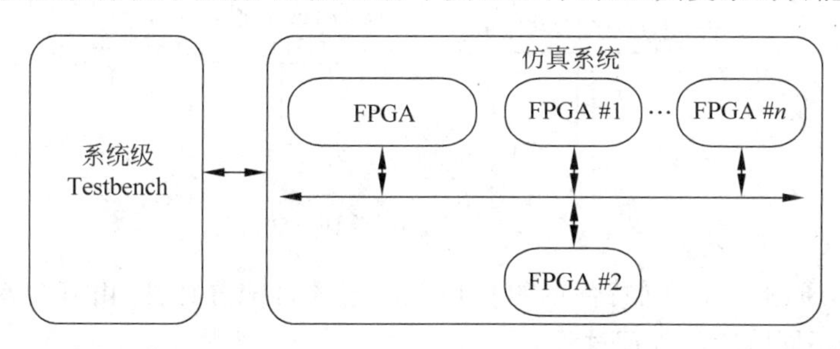

图 10-16　基于硬件仿真器的 SoC 验证实例

(5) 软/硬件协同验证

采用软/硬件协同验证方法,系统硬件和软件的验证可以同时进行。传统的系统设计流程是串行的,首先构造硬件,然后以硬件为基础编写和调试系统软件。对于软/硬件协同验证,则在硬件开发时,相应的软件也需要在硬件模拟平台上运行,硬件和软件的调试和纠错是并行进行的。

使用软/硬件协同验证技术能够在 SoC 实际制造之前就发现并纠正许多系统级的缺陷和问题。软/硬件协同验证由于采用了实际的处理器和固件代码,因此可以进行更充分的验证,同时相关软件也得到验证。软/硬件协同验证技术通过在设计的早期发现并解决问题,改善了整个产品开发流程,缩短了开发时间,节省了开发费用。软/硬件协同验证可以从系统的事务级模型、RTL 硬件模型到 FPGA 原型各层进行,在 FPGA 原型上进行软/硬件协同验证时,就是前面介绍的基于硬件仿真器的验证。图 10-17 给出了一个软/硬件协同验证方法的流程图。

3. 支持多种抽象层次的自动化 SoC 验证环境

SoC 的验证比传统的 ASIC 验证更加复杂,验证流程和手段都具有多样化特征。在 SoC 的整个开发流程中,常常伴随着验证的同步过程。如在系统设计过程中,为了确定系统方案的有效性,一般要求通过系统级建模完成系统验证;而在硬件设计过程中,又需要完成功能验证;最后的网表和版图的设计过程,还需要完成一致性验证等。因此,开发或拥有一个支持多层次混合验证、组件复用、软/硬件协同验证、可配置和自动化的验证环境非常重要。该环境要求能够贯穿整个 SoC 设计流程,从系统级到网表级的验证都可

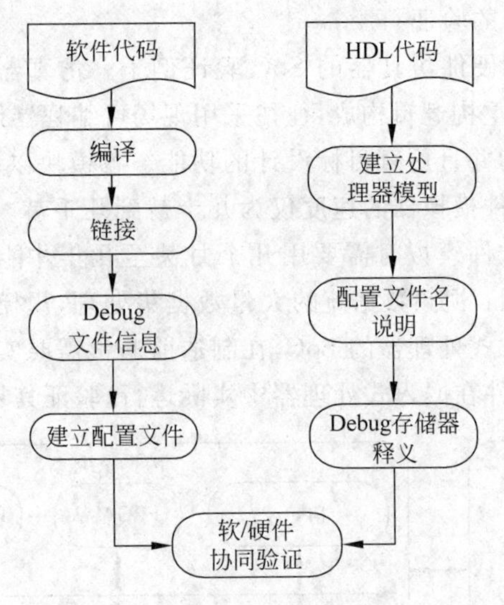

图 10-17　软/硬件协同验证方法流程

以在该环境中，通过利用不同特性的组件以及环境的可配置特性，由其自动化的流程完成 SoC 的各个不同阶段的验证过程。

图 10-18 所示的是一个自动化的 SoC 验证环境图。该环境中包含配置模块(处理器配置、互联配置、外设配置等)、分层次的组件模型(包括 CPU 模型、互联模型、外设模型)、不同层次的模型之间的接口(包括事务级接口、端口级接口以及信号级接口等)、性能统计模块、仿真执行驱动器等。其中配置模块用于提供给用户通过有效的脚本语言配置用户需求的验证环境。分层次的组件模型中包含了一般 SoC 中的基本部件，并且每种部件都含有三个层次的模型(事物级模型、RTL 模型、基于 FPGA 的硬件模型)供用户选

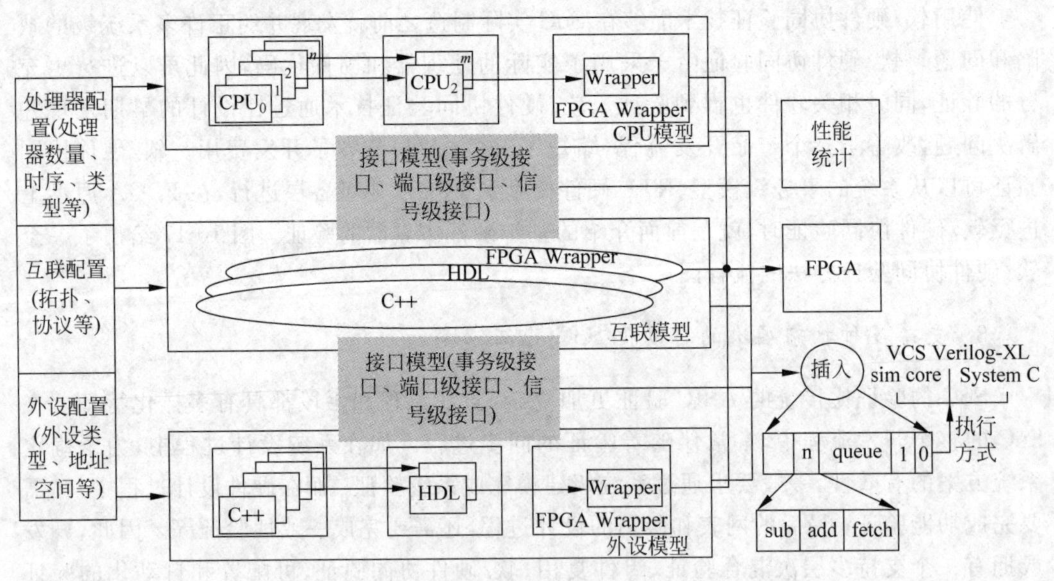

图 10-18　支持各级抽象的自动化 SoC 验证环境

择。性能统计模块既可以帮助系统级设计者完成系统性能分析，也可以为其他设计阶段提供记分板功能。作为整个验证环境的核心部件——仿真执行驱动器，既要做到具有快的执行速度，还要求稳定的工作特性。一般来说设计者可以借用当前 EDA 厂商提供的仿真器的核心或者自己构建仿真核心。

目前 EDA 厂商提出了一些新的验证方法如 VMM（verification methodology manual），AVM（advanced verification methodology）等，以帮助验证人员更快地搭建自动化的验证环境。这些验证方法预先定义了很多类及函数库，可作为一个可复用的验证组件使用，如约束的随机激励生成器、检查器、监视器及评估分析器（scoreboard）等。

10.5 基于片上网络互连的多核 SoC

10.5.1 MPSoC 简介

随着集成电路制造工艺技术的飞速发展以及市场应用对功能需求的不断提升，在 SoC 中的处理架构也在持续地演进，为了达到更高的处理性能和效率，多核系统级芯片（multi-processor system-on-chip，MPSoC）已成了新一代 SoC 的主流设计趋势。采用多核的目的，是因为将不同的工作配置给不同的处理器，通常比只用一颗高速 CPU 来执行所有任务更有效率。这种并行运算模式犹如大型计算机工作站的多任务运作架构，在各个微处理器核子系统中，可以有自己的软/硬件配置，来为特定功能提供最佳化的效能；所有子系统之间通过一个高效的通信机制彼此紧密地分工合作。因而，MPSoC 既可以利用单核的指令级并行性，在单一算法内，通过深流水、单指令多数据（SIMD）、超长指令字（VLIW）等技术使局部的吞吐量和效率大为增加，又可以基于多核技术挖掘应用程序内的线程级或者任务级并行性以提高整体系统的性能。

按照集成的处理器核结构是否相同，MPSoC 可以分为同构多核体系和异构多核体系。同构 MPSoC 内部集成了若干个结构对等的处理器核，不存在其他类型的处理器核；异构 MPSoC 除含有用作控制和通用计算的微处理器核之外，还针对特定应用集成专用内核（如数字信号处理器、媒体处理器、超长指令字处理器等）和专用硬件加速器（如音视频编解码器、图形加速器等）以提高专门应用领域的处理性能。

一般来说，同构 MPSoC 由于不需要像异构多核体系一样考虑各个不同处理器核的特性和需求，因而其整体结构规整、用户编程模型相对简单。异构 MPSoC 是面向特定应用而实现的差异化设计，对于一些特定的任务，比如多媒体信息、TCP/IP 处理等，一些专用内核或专用硬件在性能和功耗方面可能比通用处理器更有优势，因此，特定应用的需求限定了设计者必须通过集成不同特性的处理器核来加速该类应用的处理。

10.5.2 MPSoC 片上通信结构的发展

据国际半导体发展路线图（ITRS）预估，未来在 MPSoC 设计中嵌入式处理器核的数量将随着时间的推进而不断增加，且增长趋势基本上将随着每一代工艺节点的出现而翻一番。按此趋势，未来的MPSoC芯片上将可以集成数百个处理器核。对于这样大规模的复杂MPSoC系统来说，核间的通信机制将成为制约多核体系性能持续提升的一个重要影响因素。另外，据文献统计显示，在一个8核的MPSoC芯片中，片上通信所耗费的能源大约相当一个处理核，其所占的芯片面积大约相当于三个处理核，而其增加的延迟超过了一个二级cache的延迟的一半。因此，为未来的MPSoC设计一个低功耗、高性能以及可扩展的片上通信架构将是一个巨大的挑战；集成电路设计领域的研究热点与重点已从过去的以计算为中心的SoC设计转向了以通信为中心的MPSoC设计，从处理器核本身的研究转向了片上多核的通信和互连的研究。

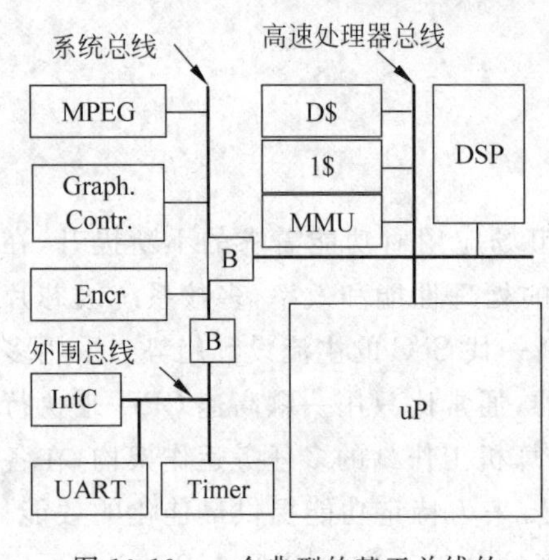

图10-19　一个典型的基于总线的MPSoC实例

传统的片上通信结构在目前的VLSI设计中已经遇到许多设计障碍。随着半导体工艺的发展，这些障碍将变得更加难以解决，它们要么与器件特征尺寸缩小相关，要么是随着设计复杂度上升而难以避免。例如图10-19所示的基于总线的典型通信架构(如ARM的AMBA总线、IBM的CoreConnect总线以及Silicore的Wishbone总线等)，即使采用总线分层结构(即高速的处理器总线、系统总线和低速的外围总线，由总线桥分割)，也将无法满足未来MPSoC的通信要求，原因可归结如下。

(1) 带宽、吞吐量限制。单个总线不能提供并发的事务处理，当多个数据流要求同时传输时，它们必须竞争相同的通信资源。无论采用怎样的调度算法，在当前的总线事务处理期间，其他总线请求必须等待，直至当前事务处理结束。随着系统中集成的IP核数量的增加，总线结构将无法有效地应对多个数据流并发传输时对通信资源的频繁竞争。另外，随着总线上挂接的设备数量的增加，总线上的寄生电容等参数也变大，从而导致总线的操作频率降低，进而限制了总线的带宽。因此，未来集成有上百个核的复杂MPSoC，必然要求一个带宽可扩展的片上通信架构，以适应任意规模大小的系统。

(2) 信号延时。随着工艺特征尺寸的缩小，连线的传输延时将逐渐取代门延时成为信号延时的主要部分。事实上，线延时已是目前VLSI设计面临的一大挑战，因为线延时是由最终的连线物理布图决定的，很难在设计初期就准确地预测出线延时的大小。因此，使通信方案具有很好的可预测性对未来MPSoC的设计是非常重要的。此外，随着MPSoC芯片尺寸的增大以及集成的IP核数量的增加，片上的全局互连线数目会急剧增多，连线长度难以得到有效控制，全局连线的延时在高时钟频率条件下可能会达到几个甚至十几个时钟周期，从而成为MPSoC系统的性能瓶颈。

(3) 能量消耗。能耗已经成为限制MPSoC系统复杂度的一个主要因素。随着工艺特征尺寸的缩小，互连线将逐渐成为系统能量的主要消耗者之一。而传统总线结构的能量效率极其低下，因为总线传输数据时要对挂接在总线上的所有设备(表现为负载电容)进行充放电，浪费了大量的能量。

(4) 信号完整性。出于能量考虑，未来VLSI设计将采用小的逻辑摆幅和小的电源电压(低于1V)。而且，工艺的提高也将导致连线越来越密集、相邻连线间的耦合电容越来越大。因此，未来VLSI系统将很容易受到各种形式信号噪声的影响，例如相邻连线之间的串扰(crosstalk)、电磁干扰(EMI)和辐射引起的软故障(soft errors)等。而总线介质上的更多功能部件则会进一步加重噪声的影响。信号完整性问题不仅会影响系统的性能、增加电路能耗，严重时还会导致电路工作故障。另外，横跨多个时钟域的全局连线在不同时钟域之间进行通信时，存在同步失效问题，这个问题虽少但不可避免。由于上述这些因素，连线上的数据传输将是固有的不可靠。因此设计者必须保证信号的完整性和数据的可靠传输，有时还不得不牺牲部分性能及功耗。

(5) 全局同步。随着工艺尺寸的缩小及时钟频率的提升，在整个MPSoC芯片内实现全局同步变得越来越困难。实现同步所需的时钟分布网络早已成为影响芯片功耗和面积开销的一个主要因素，而且，作为全局信号的时钟信号从芯片的一端传输到另一端将会花费数个周期，时钟偏斜将变得难以控制。因此，在大规模MPSoC芯片设计中实现严格的全局同步已不切实际，更可行的是采用全局异步局部同步(GALS)的时钟模式。

为了解决MPSoC日益提高的复杂性问题，传统的片上总线架构在不断地改进。例如，目前工业界中提出的一些比较先进的总线架构，如ST公司的STBUS和ARM公司的AMBA AXI总线等，它们除了允许设计者可以自由例化不同的总线拓扑(如多层的分段式总线结构)，还增加了许多新的特性，如分裂式事务处理、事务乱序传输、多线程处理、总线流水操作等特点以提高通信系统的并行性。尽管片上总线技术采取了许多改良的方法，可以满足目前小规模MPSoC系统的通信需求，但它依旧不能彻底全面解决未来复杂MPSoC片上通信所面临的严峻挑战。因此从长远来看，需要一种更彻底、更完善的片上通信解决方案。

10.5.3 片上网络技术

为了应对上述片上通信挑战，一种全新的通信技术——片上网络(network-on-chip，NoC)应运而生。NoC概念是在21世纪初由几个研究小组提出来的，其核心思想就是把传统的计算机网络技术移植到芯片内部，以成本低廉的点对点分组交换架构取代传统的总线架构。

在基于NoC的MPSoC中，整个系统可以被看成是IP核(这里的IP核可以是处理器核、多处理单元构成一个簇、存储部件，甚至小规模SoC等中的任何一种)的微网络，网络中的每个IP核被抽象为一个网络节点，并由微网络把这些节点互连起来。NoC的基本组成部件通常包括：网络适配器、路由器和全局链路。一个网格结构的NoC实例如图10-20所示，它采用分布于全芯片的路由器构成微网络，路由器之间由全局链路连接，用于MPSoC的全局通信，而网络适配器用于把IP核连接到微网络。其工作过程如下：

数据通过网络适配器从源 IP 核发送到路由器的输入通道,并由路由器中的交叉开关转发到相应的输出通道,再通过链路发送到下一个路由器,或者通过网络适配器发送到目的 IP 核。

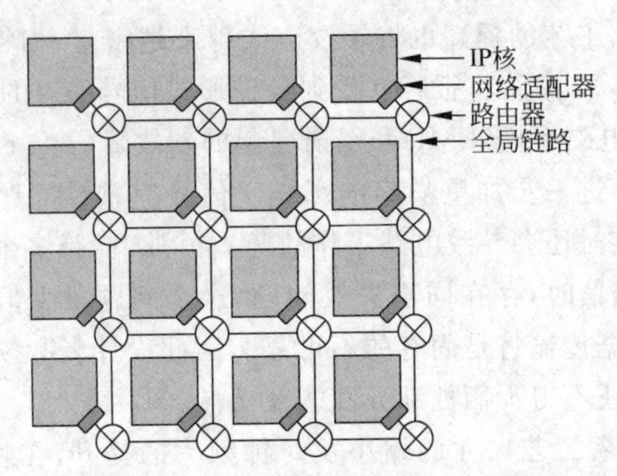

图 10-20　基于 4×4 网格的 NoC 例子

与传统的片上总线通信技术相比,NoC 在解决上述诸多的 MPSoC 互连问题时,具有许多明显的优势,具体如下。

(1) 可扩展性好。NoC 克服了总线结构可扩展性差的缺点,在连接更多 IP 核的同时,能够支持可扩展并行的点对点(P2P)或点对多(P2M)连接,实现了由同一通信资源提供多个并发数据流的目的,因此 NoC 为 10 亿晶体管时代提供了一种可行的片上系统通信机制。

(2) 能量效率高。NoC 不再像总线那样把能量浪费在广播通信方式所带来的无效通信上,因为它采用端对端的通信方式,只有参与通信的组件是激活的,再加上全局异步局部同步的时钟模式,因此大大降低了系统的能耗。

(3) 连线特性可预测。NoC 能够通过结构化全局连线,实现对连线电学参数的很好控制,从而使得路由节点之间的链路在设计初期就可以精确定义,并可对它们的信号完整性进行优化以实现低噪声和良好的信号传输特性。

(4) 设计效率高。NoC 支持模块化设计,具有可重用性高、计算与通信架构彻底分离的设计特点。在基于 NoC 的片上系统设计中,通信架构可以独立设计,除了各个 IP 核是可重用的,片上通信结构以及片上的通信服务也是可重用的。设计新的系统时,在原有的系统上添加路由器和新的功能部件即可完成,大大缩短了产品的设计周期、减少了开发成本。

10.6　SoC 技术的发展

10.6.1　SoC 技术发展趋势

随着信息技术的不断发展,微电子技术及其核心产品 SoC 技术也必然继续发展。

构成 SoC 的微处理器、存储器和逻辑器件需要基于硅的 CMOS 技术。这样的 SoC

其基本功能是数据存储和数字信号处理。然而,很多与功能需求,例如功耗、通信带宽、功率控制、无源元件、传感器和激励器等相关的元件难以采用CMOS技术按照摩尔定律按比例缩小来集成和实现。因此,需要采用非CMOS的解决方案,即将基于CMOS技术的SoC和非CMOS技术的功能元件封装在一个管壳内构成多芯片系统(system-in-package,SiP)。将来,SiP会变得越来越重要,同时最初在SiP中嵌入的由非CMOS技术实现的元件,在进一步发展中有可能和核心CMOS元件集成在一个SoC上。这样,在SoC和SiP内部的系统功能划分很可能会随着时间而动态变化。这将需要跨学科领域内的创新,例如纳米电子器件、纳米机械器件、纳米生物学等。

图10-21所示为国际半导体发展路线图给出的未来十几年内SoC技术的发展趋势。图中的左端纵坐标表明:为降低电路的成本和加强SoC的功能,片上基于CMOS器件的特征尺寸将按基于几何的和等效的摩尔定律持续缩小(称为More Moore)。图上端横坐标线表明:在缩小器件特征尺寸的同时,加入无法按照摩尔定律缩小,但是却能够以不同的方式为终端客户提供有附加价值的其他功能器件,扩展与CMOS逻辑器件兼容或不兼容的多样化非CMOS器件,称超越摩尔定律(More than Moore)。通常采用"More than Moore"技术集成的功能器件包括模拟/射频器件(analog/RF)、无源器件(passives)、高压功率器件(HV power)、传感器执行器(sensors actuators)、生物芯片(biochip)等来扩大SoC的应用范围。正在发展起来的相关异质材料的器件和系统包括以下几方面:塑料晶体管(plastic transistors);在塑料衬底上制备的薄膜晶体管(thin film transistor, TFT);光学器件(optical),利用光传输和与固体的交付作用来进行信息处理;纳米电子机械系统(nano-electro-mechanical systems, NEMS);仿生器件(bionic device)等。从图10-21中可以看出,在表示系统芯片发展趋势的箭头中SoC和SiP将同时推动系统芯片的发展。

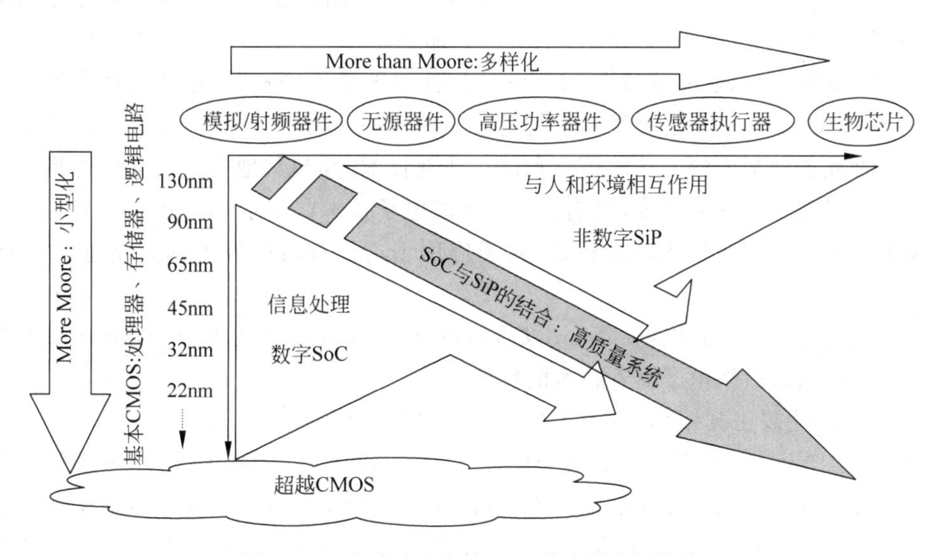

图10-21 未来十几年内SoC技术的发展趋势

10.6.2 纳米工艺制程中 CMOS 器件技术的发展

在第一只晶体管问世以来的 60 年时间里,以晶体管为基础的集成电路技术突飞猛进:体积不断缩小,开关速度不断提高,集成度也不断提升。国际上 2007 年 CMOS 集成电路产业化已达到 65nm 工艺水平;2007 年,英特尔公司(Intel)发布了采用 45nm 工艺制程生产的 Penryn 处理器;2010 年 1 月,Intel 公布了采用 32nm 工艺制程生产的 Core i3/i5、Pentium G6950 处理器,并积极向 22nm 工艺制程推进。以 CMOS 技术为基础的集成电路在未来的 15 年内,在信息技术高速发展的推动下,技术和产业水平将不断有新的创造和发展。

同时,随着工艺加工尺寸缩小,MOS 器件在进入纳米阶段以后,出现了很多不可忽略的问题,其中包括器件寄生效应,电源和阈值电压不能按比例缩小,高频器件和互连引入的噪声/干扰,信号完整性的分析和控制,衬底耦合、交调引起的延迟变化,制造加工的公差引起工艺模型不准、成品率下降,漏电功耗升高,可靠性下降,掩膜版和工艺复杂性提高导致投片费用提高等多种问题。以上这些问题在模拟和数字电路设计中同时成为需要考虑的重要因素。其中,晶体管发热和电流泄漏问题始终是制造更小的晶体管、让摩尔定律持久发挥效力的关键障碍。业界一直努力寻找以上各种由于线宽越来越小、设计和工艺复杂度越来越高所出现问题的解决方案,以推动半导体集成电路技术水平能够基本按照摩尔定律持续发展。但在近期的预测中指出,到 2024 年,特征尺寸将发展到 9nm,沟道长度小于 5nm,已接近物理极限,以 CMOS 器件为基础的集成电路线宽将达到发展的极限。

CMOS 电路直到特征尺寸缩小到 65nm,其器件的结构设计都一直采用按比例缩小规律;在特征尺寸从 65nm 缩小到 45nm 及更加缩小以后,按比例缩小的平面硅 CMOS 器件将会越来越困难,业界通过在 CMOS 结构框架下采用新材料、创造新的晶体管结构等非传统 CMOS 技术,以达到等效于线宽减小的目的;此外,目前正在进一步研究是否可能有一种或多种不依赖电荷的信息和信息处理技术,并与其他基于电荷的逻辑器件集成来进一步提高芯片集成密度,以期有可能将微电子技术在基于 CMOS 的器件达到特征尺寸极限以后继续发展带来新的机遇,对于应用于这一阶段的技术称为超越 CMOS 的技术。

下面简要介绍 65nm 以前、45nm 以后的体硅 CMOS 器件技术,及 CMOS 器件按比例缩小达到极限以后微电子器件技术的发展。

1) 几何尺寸按比例缩小:传统 CMOS 器件技术的发展

1974 年,R. Dennard 等人提出了 MOS 器件"按比例缩小"的理论,即将器件中的电场强度和形状在器件尺寸缩小后保持不变,这样许多影响器件性能并与电场呈非线性关系的因素将不会改变其大小,而器件性能却能得到明显的改善。这个理论已成为集成电路设计中 MOS 器件线宽缩小、集成度加大、性能提高的重要依据。从采用二氧化硅作为 MOS 晶体管栅介质以来已有 40 余年,主要是由于其具有良好的可加工性能,随着二氧化硅被加工得越来越薄，晶体管性能也取得了稳步提高。表10-1所示为Intel所发布的微处理器近40年的发展历程。从1971年采用10μm工艺生产出的包含2300个晶体管的微处理器到1989年采用1μm工艺的，包含125万个晶体管的微处理器，微处理器芯片内的晶体管数量已经超过了1971年微处理器内晶体管数量的500倍，工艺缩小了90%。1993年，采用0.8μm工艺生产的奔腾(Pentium)问世标志着集成电路制造技术从微米时代跨入了亚微米时代。近十几年来，集成电路制造工艺发展迅速，在经历了0.35μm、0.25μm和0.18μm等超深亚微米工艺后，于2001年进入了0.13μm时代，并朝着纳米时代大步前进。与0.18μm工艺相比，0.13μm工艺的氧化层厚度可减少30%以上，工作电压可达到更低，芯片面积更小。每块芯片的成本将大幅降低，这对提升芯片的价格竞争力大有裨益，因此0.13μm工艺制程便很快取代0.18μm工艺制程，成为了芯片制造界历史上一次重大的变革。

表10-1 Intel所发布的微处理器的发展历程

年份	1971	1974	1979	1982	1989	1993	1996	1999	2001	2004	2006
工艺(特征尺寸)/μm	10	6	3	1.5	1	0.8	0.35	0.18	0.13	0.09	0.065
MPU名称	4004	8080	8086	286	486	Pentium	Pentium Pro	Pentium Ⅲ	Pentium 4	Pentium M	Core Duo
晶体管数/万个	0.23	0.6	2.9	13.4	125	310	550	2800	5500	14 000	15 100
频率/Hz	0.1M	2M	10M	12.0M	100M	200M	200M	1.13G	3.4G	2.13G	2.33G

然而，集成电路制造工艺进入超深亚微米工艺后，随着特征尺寸的进一步缩小，原本仅数个原子层厚的二氧化硅绝缘层会变得更薄进而导致泄漏更多电流，随后泄漏的电流又增加了芯片额外的功耗。此时，由于受“泄漏电流”的影响，导致后续产品频率无法提升，功耗高居不下。2002年Intel宣布与90nm制程相关的若干技术取得突破，解决了上述问题，这些技术包括高性能低功耗晶体管、应变硅、高速铜连接和新兴低K介质材料，这是业界在生产中首次使用应变硅材料来加速MOS晶体管沟道的载流子迁移率，同时在互连引线中采用具有低电阻率R的金属铜和采用能降低电路层之间寄生电容C的低K介质材料，由于它们共同降低了互连线延时(RC)和串扰(cross talk)，从而提高了在较低电压下的工作速度。2004年，Intel发布了采用90nm制程技术的处理器，它集成了1.4亿个晶体管。2006年，Intel发布了采用65nm制程的第一款双核处理器Core Duo，它集成了1.51亿个晶体管。在65nm制程技术中，氧化硅栅介质的厚度缩小至1.2nm(相当于5个原子层)，虽然栅介质层做得越薄，更增加栅电极与硅通道耦合(增加栅场效应)，并且有助于增强“开状态”时的电流，降低“关状态”时的电流，但是栅介质不断缩小也使栅介质的漏电量逐步增加，导致电流浪费和不必要的发热，影响晶体管发挥其应有的作用。同时如果栅介质太薄，漏电流将会穿过普通的绝缘栅介质(二氧化硅层)，有可能会导致晶体管出现逻辑错误。

2）等效的按比例缩小：非传统 CMOS 器件技术的发展

根据按比例缩小的规则，通过缩小器件尺寸使得集成电路的集成度、速度等参数得到提升，但实际上，由于器件的部分参数并不能按比例缩小，因此集成电路的性能提升往往小于预测的提高速度。影响集成电路性能提升的因素主要有以下几种。

(1) 随着器件尺寸的缩小，电源电压降低，不仅使寄生效应的相对影响增加，而且使器件的阈值电压的设置和控制更加困难。此外，电压缩小的比例小于器件尺寸缩小的比例，这将导致器件内的电场增加。其结果将对小尺寸器件的性能带来一系列影响，比如，薄栅氧化层的可靠性；载流子迁移率退化和速度饱和；强场下的量子效应等。

(2) 寄生效应不能按比例缩小，当器件很小时寄生效应的影响将增大。比如，源、漏区寄生串联电阻增大，使得有效工作电压降低；金属互连线所占芯片面积相对增大，互连线的电阻和寄生电容对电路性能的影响不能随着器件尺寸的缩小而降低。

由于上述因素的影响，随着器件尺寸缩小至纳米量级时，按比例缩小规则将给集成电路设计带来极大的挑战，这种按比例缩小可能不再满足性能和功耗所设定的应用需求。这就需要对传统的器件结构作一些优化设计及工艺控制的改善，甚至研究各种新材料系统和新的器件架构，以突破按比例缩小的壁垒，也即等效的按比例缩小。

在研究新材料方面，解决氧化硅栅介质不断变薄导致晶体管栅漏电是近 10 年来摩尔定律面临的最大技术挑战。根据栅电容的公式 $C=K\varepsilon_0 A/t_{ox}$，如果采用高 K 栅介质，则在保证单位栅电容不变条件下，栅介质层的物理厚度将大于 SiO_2 层的物理厚度，从而可有效减小栅介质层的量子直接隧穿效应引入的极高的栅泄漏电流。2007 年 1 月，Intel 宣布在晶体管技术上取得了突破，展示了可工作的 45nm Penryn 处理器。其特点是采用了高 K 值材料的栅介质来代替原来的二氧化硅栅介质和使用特定金属制成的栅电极取代多晶硅栅电极，见图 10-22(a)。基于 45nm 制程技术的处理器的最高主频已达到 5GHz，功耗只有 0.5W，据报道其“晶体管切换功率降低 30%以上”、“源极-漏极漏电功率降低 80%以上”、“栅极氧化物漏电功率降低 90%以上”。戈登·摩尔给予这项新晶体管技术极高的评价：“采用高 K 栅介质和金属栅极材料，是自 20 世纪 60 年代晚期推出多晶硅栅极金属氧化物半导体(MOS)晶体管以来，晶体管技术领域中最重大的突破。”采用高 K 栅介质材料，可以解决为提高栅控制能力和降低栅介质厚度而带来的栅隧穿电流和静态漏电流增加等传统氧化硅栅介质的问题，与常规的氧化硅相比，高 K 栅介质材料的物理厚度更大，泄漏电流可以降低 4 个数量级。另外，采用金属栅电极可以解决传统多晶硅栅的耗尽效应带来的等效栅介质厚度和栅电阻增大等栅电极问题。

除了高 K 介质和金属栅材料的应用之外，为了解决因按比例缩小引起的载流子迁移率下降的问题，在沟道中引入了提高载流子输运特性的材料，如应变(stressors)硅材料、Ge、SiGe 或 SiGeC 等半导体材料，以及在源/漏区域中能够降低电阻和改进载流子诸多特性的异质新材料，如图 10-22(c)所示。

在新器件结构方面，国际上相关研究十分活跃，国际半导体发展路线图在 2001 年第 1 次增加了新结构器件方面的内容。目前预测未来的非传统新器件主要包括 SoI (silicon-on-insulator)MOS 器件和多栅器件等。SoI 指的是绝缘层上的硅，是在顶层硅和背衬底之间引入了一层埋氧化层,通过氧化层(一般为 SiO_2)实现了器件和衬底的全介质隔离。如果所加的氧化层没有紧贴源/漏,而是在其间还有一层衬底硅,则只是部分耗尽(partily deplete)SoI,而不是真正的全耗尽(fully deplete)SoI,其结构如图 10-22(b)所示。与体硅(bulk)CMOS 技术相比,由于埋氧化层的存在,SoI CMOS 技术具有突出优点:包括低功耗、低开启电压、高速、耐高温、高集成度、抗辐照及与现有集成电路完全兼容且减少工艺程序,切断了体硅 CMOS 的闩锁通路,避免了闩锁效应等。这些优点使得 SoI CMOS 技术在绝大多数硅基集成电路方面具有极其广泛的应用前景,从而受到世界各大集成电路制造商和各国政府的高度重视,被国际半导体发展路线图列为适于纳米尺寸 MOS 器件较有潜力的非传统 CMOS 器件结构之一。除了 SoI MOS 技术之外,多栅晶体管技术也是一种新型器件结构技术。传统晶体管是每个晶体管只有一个栅用来控制电流在两个结构单元之间通过或中断,进而形成计算中所需的"0"与"1";而多栅晶体管技术是每个晶体管有两个或三个栅,从而提高了晶体管控制电流的能力(即计算能力),并降低了功耗,减少了电流间的相互干扰。根据国际半导体发展路线图的预测,多栅场效应晶体管(MuGFET)将于 2016 年走向实用阶段,目前,Intel 也正在考虑在 15nm 制程节点上采用三维栅晶体管技术的可能性。

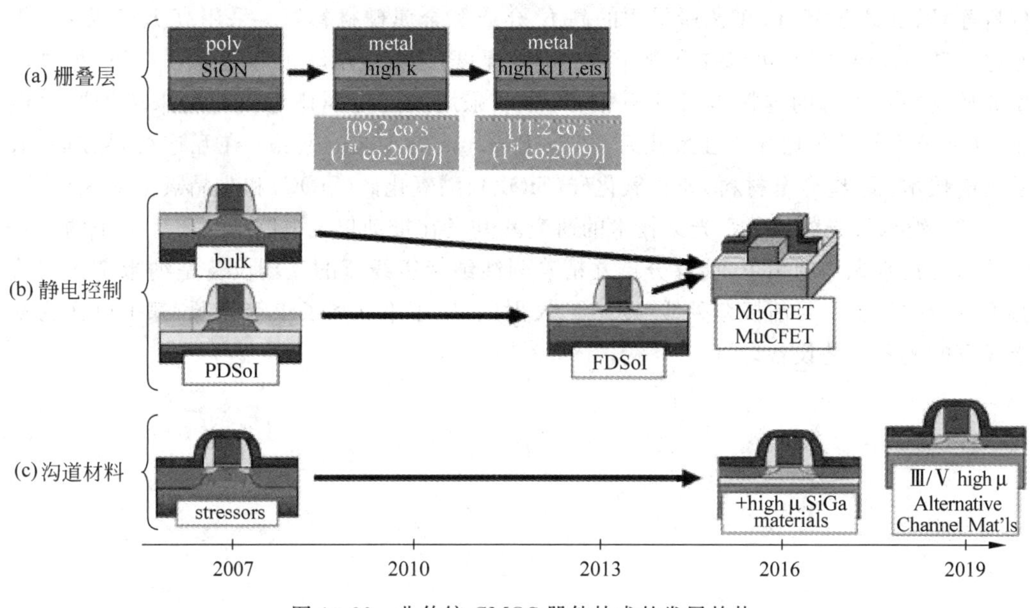

图 10-22　非传统 CMOS 器件技术的发展趋势

3) 超越 CMOS 技术的新兴器件预测

以硅材料为主的集成电路最小特征尺寸目前已经进入亚 100nm,在不远的将来,硅基 CMOS 器件必然走向它的物理极限,即使采用一些新的器件架构,这一趋势也不会改变。发展应用量子输运机制的固态纳米电子器件势在必行。

基于量子输运机制的纳米器件可能会和一种或多种新的信息处理技术相结合,使用新的逻辑"状态变量"来描述比特信号。如果这些器件能实现万亿(1T)以上晶体管的集成,会对很多应用有很大的好处,有可能与CMOS器件高度互补,进一步拓宽应用领域。目前正在研究很多可以实现非硅的存储器件和逻辑开关的技术,比如自旋电子器件(spin electronics)、单电子晶体管(single-electron transistors,SETs)、谐振隧道晶体管(resonant tunnel transistors,RTT)、碳纳米管(carbon nanotubes,CNT)、纳米线(nanowires)和分子电子器件(molecular electronics)等。

纳米电子器件技术是否能够满足未来的需要,目前还不清楚。但是,它们仍有可能和按比例缩小的CMOS器件高度互补,一起向新的领域扩展。

10.6.3 纳米级集成电路材料和工艺设备的发展

需要与纳米级集成电路同步发展的相关材料和设备主要包括以下几种。

(1) 高质量的晶圆抛光片及外延片。根据ITRS的估计,从直径300mm(12in)单晶片将发展到直径450mm(18in),以进一步提高产量。

(2) 纳米级工艺材料。主要包括器件材料和互连材料两个方面。在器件材料方面,有应变硅(strained silion)、SoI、新型纳米器件相关材料(如纳米线、纳米管、纳米带、分子材料等)以及最近45nm工艺所采用的高K介质和金属栅材料等。采用高K介质(如氧氮化铪硅(HfSiON)),可以提升栅介质的有效厚度,使漏电电流下降到10%以下,另外高K介质材料和现有的硅栅电极并不相容,必须采用新的金属栅电极材料来增加驱动电流,这种技术打开了通往特征尺寸为32nm及22nm的工艺的通路;在互连材料方面,有铜互连技术,低K介电材料(如氟氧化硅(SiOF)、碳氧化硅(SiOC)和非晶氟化碳等)等。

(3) 纳米级光刻设备。光刻技术的研究和开发在推动集成电路特征尺寸缩小的过程中扮演着技术先导的角色,能够分辨并精确刻蚀纳米级线宽的光刻设备是纳米工艺时代必不可少的设备。目前极紫外线(EUV)、X射线、电子束和离子束等光源,都可以作为纳米线宽的光刻工艺设备。

参考文献

1. Bardeen J, Brattain W H. The transistor, a Semiconductor Triode. Physical Review, 1948, 74(2): 230-231.
2. Shockley W. The Theory of P-N Junction in Semiconductors and P-N Junction Transistor. Bell System Technical Journal, 1949, 28(3): 435-489.
3. Jack S Kilby. Invention of the Integrated Circuit. IEEE Transactions on Electron Device, 1976, 23(7): 648-654.
4. Gordon E Moore. Cramming more components onto integrated circuits. Electronics, 1965, 38(8): 114-117.
5. The International Technology Roadmap for Semiconductors-ITRS, Semiconductor Ind. Assoc., http://www.itrs.net.
6. 张兴,黄如,刘晓彦. 微电子学概述. 北京: 北京大学出版社,2004.
7. 谢君堂,曲秀杰,陈禾,李卫. 微电子技术应用基础. 北京: 北京理工大学出版社,2006.
8. 杨之廉,申明. 超大规模集成电路设计方法学导论. 第2版. 北京: 清华大学出版社,1999.
9. 边计年,薛宏熙,苏明,吴为民. 数字系统设计自动化. 第2版. 北京: 清华大学出版社,2005.
10. Pierret R F 著. 半导体器件基础. 黄如,王漪,等译. 北京: 电子工业出版社,2004.
11. Richard S Muller, Theodore I Kamins, Mansun Chan 著. 集成电路器件电子学. 王燕,张莉译. 北京: 电子工业出版社,2004.
12. Ytterdal T, Cheng Y, Fjeldly T A. Device Modeling for Analog and RF CMOS Circuit Design. New York: John Wiley & Sons, 2003.
13. Xi X, Cao K M, Wan H, et al. BSIM4. 2. 1 MOSFET Model-User's Manual. Univeristy of California, Berkeley, CA, 2001.
14. Vladimirescu A, et al. 著. SPICE 通用电路模拟程序用户指南. 田淑清,译. 北京: 清华大学出版社,1983.
15. 高文焕,汪蕙. 模拟电路的计算机分析与设计——PSPICE 程序应用. 北京: 清华大学出版社,1999.
16. Gary S May, Simon M Sze. Fundamentals of Semiconductor Fabrication 1st Edition. New York: John Wiley & Sons, 2003.
17. Simon M Sze. Semiconductor Device: Physics and Technology 2nd Edition. New York: John Wiley & Sons, 2002.
18. 朱正涌. 半导体集成电路. 北京: 清华大学出版社,2001.
19. 高保嘉. MOS VLSI 分析与设计. 北京: 电子工业出版社,2002.
20. 王志功,朱恩,陈莹梅. 集成电路设计. 北京: 电子工业出版社,2006.
21. Rabaey J M 等著. 数字集成电路——电路、系统与设计. 第2版. 周润德,等译. 北京: 电子工业出版社,2004.
22. Gray P R, Meyer R G. Analysis and Design of Analog Integrated Circuits, 4th Edition. New York: John Wiley & Sons, 2001.
23. Razavi B 著. CMOS 模拟集成电路设计. 陈贵灿,等译. 西安: 西安交通大学出版社,2003.
24. David Johns, Ken Martin. Analog Intefrated Circuit Design. New York: John Wiley & Sons, 1997.

25. Phillip E Allen, Douglas R Holberg. CMOS analog Integrated Circuit, 2nd Edition. London: Oxford University Press, 2002.
26. Doernberg J, Gray P R, Hodges D A. A 10-bit 5-Msample/s CMOS Two-Step Flash ADC. IEEE Journal of Solid-State Circuits, 1989, 24(2): 241-249.
27. Norsworthy S R, Schreier R, Temes G C. Delta-Sigma Data Converters, Theory, Design, and Simulation. New York: Wiley-IEEE Press, 1996.
28. William K Lam 著. 硬件设计与验证——基于模拟与形式的方法. 王维维,译. 北京:机械工业出版社,2007.
29. 蔡懿慈,周强. 超大规模集成电路设计导论. 北京:清华大学出版社,2005.
30. 刘明业. 数字系统自动设计实用教程. 北京:高等教育出版社,2004.
31. 张明. Verilog HDL 实用教程. 成都:电子科技大学出版社,1999.
32. 雷绍充,邵志标,梁峰. 超大规模集成电路测试. 北京:电子工业出版社,2008.
33. Bushnell M L, Agrawal V D 著. 超大规模集成电路测试:数字存储器和混合信号系统. 蒋安平,冯建华,王新安,译. 北京:电子工业出版社,2005.
34. IEEE Standard Test Access Port and Boundary-scan Architecture (IEEE 1149). http://grouper.ieee.org/groups/1149/.
35. IEEE Standard for Embedded Core Test (IEEE 1500). http://grouper.ieee.org/groups/1500/.
36. Immaneni V, Raman S. Direct Access Test Scheme - Design of Block and Core Cells for Embedded ASICs. IEEE International Test Conference(ITC), Washington DC, 1990: 488-492.
37. Varma P, Bhatia S. A Structured Test Re-Use Methodology for Core-Based System Chips. IEEE International Test Conference(ITC), Washington DC, 1998: 294-302.
38. Whetsel L. A IEEE 1149.1 Base Test Access Architecture for ICs with Embedded Cores. IEEE International Test Conference(ITC), Washington DC, 1997: 69-78.
39. Touba N A, Pouya B Testing Embedded Cores Using Partial Isolation Rings. IEEE VLSI Test Symposium (VTS), Monterey, CA, 1997: 10-16.
40. Pouya B, Touba N A Modifying User-Defined Logic for Test Access to Embedded Cores. IEEE International Test Conference (ITC), Washington DC, USA, 1997: 60-68.
41. Marinissen E J, Arendsen R, Bos G, et al. A Structured and Scalable Mechanism for Test Access to Embedded Reusable cores. IEEE International Test Conference (ITC), Washington DC, 1998: 284-293.
42. Michael Keating, Pierre Bricaud. Reuse Methodology Manual for System-on-a-Chip Designs, 3rd Edition. Kluwer Academic Publishers, 2002.
43. 集成电路 IP 核转让规范. 信息产业部发布,2006.
44. 集成电路 IP 核模型分类法. 信息产业部发布,2006.
45. 集成电路 IP 核开发与集成的功能验证分类法. 信息产业部发布,2006.
46. 集成电路 IP/SoC 功能验证规范. 信息产业部发布,2006 .
47. 集成电路 IP 软核、硬核的结构、性能和物理建模规范. 信息产业部发布,2006.
48. Prakash Rashinkar, Peter Paterson, Leena Singh. System-on-a-Chip Verification: Methodology and Techniques. Kluwer Academic Publishers ,2001.
49. 沈理. SoC/ASIC 设计、验证和测试方法. 广州:中山大学出版社,2006.
50. 马光胜. SoC 设计与重用技术. 北京:国防工业出版社,2006.
51. Kumar R, Zyuban V, Tullsen D. Interconnections in Multi-Core Architectures: Understanding Mechanisms, Overhead and Scaling. International Symposium on Computer Architecture, Madison,

Wisconsin, USA, 2005: 408-419.

52. Bergramaschi R A. The A to Z of SoCs. IEEE/ACM International Conference on Computer-Aided Design, San Jose, California, USA, 2002: 790-798.
53. Dally W, Towles B. Route Packets, Not Wires: On-Chip Interconnection Networks. ACM/IEEE Design Automation Conference, Las Vegas, NV, USA, 2001: 684-689.
54. Benini L, Micheli G D. Networks on Chips: A New SoC Paradigm. IEEE Trans. on Computers, 2002, 35(1): 70-78.
55. Bjerregaard T, Mahadevan S. A Survey of Research and Practices of Network-on-Chip. ACM Computing Surveys, 2006, 38(3): 1-51.
56. Guo J, Datta S, Lundstrom M. Assessment of silicon MOS and carbon nanotube FET performance limits using a general theory of ballistic transistors. International Electron Devices Meeting Digest, San Francisco, 2002: 711-714.
57. Park K S, Kim S J. , et al. SOI Single-electron transistor with low RC delay for logic cells and SET/FET hybrid ICs. IEEE Transactions on Nanotechnology, 2005, 4(2) : 242-248.
58. Sanz M T, Celma S, Calvo B, Flandre D. Self-cascode SOI versus graded-channel SOI MOS transistors. IEE Proc. -Circuits Devices Syst. , 2006, 153(5): 461-465.
59. Song K W, Lee Y K, Sim J S, et al. SET/CMOS hybrid process and multiband filtering circuits. IEEE Transactions on Electron Devices, 2005, 52(8): 1845-1850.
60. Deepak K Nayak, Goto K, Yutani A, et al. High-Mobility Strained-Si PMOSFET's. IEEE Transactions on Electron Devices, 1996, 43(10): 1709-1716.
61. Krishnamohan T, Krivokapic Z, Uchida K, Nishi Y. High-Mobility Ultrathin Strained Ge MOSFETs on Bulk and SOI With Low Band-to-Band Tunneling Leakage: Experiments. IEEE Trans. Electron Devices, 2006, 53(5): 990-999.
62. Thean A V Y, et al. Performance of Super-Critical Strained-Si Directly on Insulator (SC- SSOI) CMOS Based on High- Performace PD- SOI Technology. IEEE Symp. VLSI Tech. , 2005: 134-135.
63. Ikegami Y, Arai Y, Hara K, et al. Total Dose Effects on 0. 15μm FD-SOI CMOS Transistors. IEEE Nuclear Science Symposium Conference Record, 2007: 2173-2177.
64. Mizuno T, Sugiyama N, Kurobe A, et al. Advanced SOI p-MOSFETs with strained-Si channel on SiGe-on-insulator substrate fabricated by SIMOX technology. IEEE Transactions on Electron Devices, 2001, 48(10): 1612-1618.
65. Datta S, et al. High Mobility Si/SiGe Strained Channel MOS Transistors with HfO2/TiN Gate Stack. IEDM Technical Digest, 2003: 653-656.
66. Choi W Y, Park B G, Lee J D, King Liu T J. Tunneling field-effect transistors (TFETs) with subthreshold swing (SS) less than 60 mV/dec. IEEE Electron Device Lett. , 2007, 28(8): 743-745.
67. Siyuranga O Koswatta, Mark S Lundstrom, Dmitri E Nikonov. Performance Comparison Between p-i-n Tunneling Transistors and Conventional MOSFETs. IEEE Transactions on Electron Devices, 2009, 56(3): 456-465.
68. James C Ellenbogen, Christopher Love J. Architectures for Molecular Electronic Computers: 1. Logic Structures and an Adder Designed from Molecular Electronic Diodes. Proceeedings of the IEEE, 2000, 88(3): 386-426.
69. Zhirnov V V, Cavin R K. Molecular Electronics: Chemistry of molecules or physics of contacts? Nature Materials, 2006, 5(1): 11-12.
70. Wolfs S A, Awschalom D D, Buhrman R A. Spintronics: A spin-based electronics vision for the

future. Science,2001,294(5546):1488-1495.

71. Wilk G D,Wallace R M, Anthony J M. High-k gate dielectrics: Current Status and Materials properties considerations. Journal of Applied Physics,2001,89(10):5243-5275.
72. Chau R,et al. High-k/Metal-Gate Stack and Its MOSFET Characteristics. IEEE Electron Device Lett. ,2004,25(6):408-410.
73. Yasuo Nara,Fumio Ootsuka,Seiji Inumiya,Yuzuru Ohji. High-k/Metal Gate Stack Technology for Advanced CMOS. IEIC Technical Report,2006,106(138):89-92.
74. Maex K,Baklanov M R,Shamiryan D,et al. Low dielectric constant materials for microelectronics. Journal of Applied Physics,2003,93(11):8793-8841.
75. 王阳元,康晋峰.超深亚微米集成电路中的互连问题——低 *K* 介质与 Cu 的互连集成技术.半导体学报,2002,23(11):1121-1134.
76. 朱长纯,贺永宁.纳米电子材料与器件.北京:国防工业出版社,2006.